화공유체역학

화학공학자를 위한 유체역학 교과목의 학부 과정을 위해 집필된 이 교과서는 수학적으로 접근할 수 있는 방식으로, 엄격하면서도 체계적으로, 기본 개념과 해석적인 전략을 제시한다. 차원 해석 및 위수-크기 계산 방법은 학생들로 하여금 힘들이 각기 다른 설정에 대하여 중요하다는 개념을 정립하는 데 도움을 줄 수 있는 도구로서 제공된다. 파이프 및 기타 도관에 대한 마찰 인자, 입자, 방울 및 기포의 종단속도, 그리고 다공성 매질, 충전층 및 유동층에서의 유동은 실험적 관점으로부터 설명된다. 단일방향 유동, 윤활 유동, 크리핑 유동, 유사정상 유동, 비회전 유동, 층류 경계층, 난류 전단 유동 그리고 압축성 유동을 포함하여, 주요한 유동 영역 사이의 물리적 및 수학적 차이점들이 설명된다. WEB(www.cambridge.org/deen)에서 제공되는 교강사를 위한 충분한 솔루션 설명서를 고려하면, 이 교재는 한 학기용으로 충분하다.

Deen 교수(Prof. William M. Deen)는 MIT 화학공학과의 Carbon P. Dubbs 교수이다. 그는 생체 공학, 콜로이드 과학, 막 과학, 정량적인 생리학 그리고 독성학 분야에서 200여 편의 연구 논문을 저술했으며, 대부분의 논문에서 확산이나 유체 유동의 주제를 포함한다. 그는 MIT에서 40년 간 가르쳤으며 학부 및 대학원 유체역학, 열전달 및 물질전달의 교과목에 중점을 두었다. 그는 대학원 수준의 이동현상관련 교과과정에서 널리 사용되는『*Analysis of Transport Phenomena* (2012)』의 저자이기도 하다. 특히, MIT School of Engineering으로부터 우수강의에 대하여 “2012 Bose Award for Excellence in Teaching”을 수상하였으며, 미국 화학공학회인 AIChE로부터 화학공학 교육에 대한 공로를 기념한 “2012 Warren K. Lewis Award”를 수상하기도 하였다.

DEEN의
화공유체역학
INTRODUCTION TO CHEMICAL ENGINEERING FLUID MECHANICS

INTRODUCTION TO CHEMICAL ENGINEERING FLUID MECHANICS

by William M. Deen

Massachusetts Institute of Technology

WILLIAM M. DEEN

INTRODUCTION TO CHEMICAL ENGINEERING FLUID MECHANICS

DEEN의
화공유체역학

윤도영 · 김진수 · 남재욱 · 류시옥 · 박병흥 · 오은석 · 이우결 옮김

한티미디어

역 자

대표역자	**윤도영**	광운대학교	화학공학과	yoondy@kw.ac.kr
	김진수	경희대학교	화학공학과	jkim21@khu.ac.kr
	남재욱	서울대학교	화학생물공학부	jaewooknam@snu.ac.kr
	류시옥	영남대학교	화학공학부	soryu@ynu.ac.kr
	박병흥	한국교통대학교	화공신소재고분자공학부	b.h.park@ut.ac.kr
	오은석	울산대학교	화학공학부	esoh1@ulsan.ac.kr
	이우걸	단국대학교	화학공학과	leewo@dankook.ac.kr

DEEN 의

화공유체역학

발 행 일 2018년 8월 1일 초판 1쇄
지 은 이 William M. Deen
옮 긴 이 윤도영 김진수 남재욱 류시옥 박병흥 오은석 이우걸
펴 낸 이 김준호
펴 낸 곳 한티미디어 | 서울시 마포구 연남로 1길 67 1층
등 록 제15-571호 2006년 5월 15일
전 화 02) 332-7993~4 | 팩 스 02) 332-7995
I S B N 978-89-6421-324-7 (93430)
가 격 32,000 원

마 케 팅 박재인 최상욱 김원국
편 집 김은수 유채원
관 리 김지영
인 쇄 우일미디어

이 책에 대한 의견이나 잘못된 내용에 대한 수정정보는 한티미디어 홈페이지나 이메일로 알려주십시오.
독자님의 의견을 충분히 반영하도록 늘 노력하겠습니다.

홈페이지 www.hanteemedia.co.kr | 이 메 일 hantee@hanteemedia.co.kr

1998년에 MIT 의 Deen 교수가 저술한 “Analysis of Transport Phenomena” 책을 접하였을 때, 본 역자는 유체, 열 및 물질에 대한 이동현상의 개념들을 공학교육에서 필수적인 수학적 기법을 통하여 상세히 설명하고, 또한 실용적이면서, 창의적인 다양한 문제들에 대한 솔루션을 제공하고 있음에, 이동현상 교과목들을 강의하고 있는 교육자로서 깊은 감명을 받았다. 최근 저술된 “Introduction to Chemical Engineering Fluid Mechanics”에서도 Deen 교수는 그의 교육적 방법론에 일관성이 있음은 화학공학에서 이동현상을 다루고 있는 후학들로 하여금 자존감과 동시에 존경심을 느끼게 해준다.

유체역학은 화학공학의 핵심 교과목인 단위조작, 반응공학, 공정제어를 위시하여, 실제 화학 공장 및 공정의 설계에서 차지하는 비중이 매우 크다. Deen 교수는 다양한 화학공학의 분야에서 유체역학의 원리를 많은 실제 현장의 사례들을 통하여 솔루션의 방법론을 제공하고 있다. 기본적인 자연현상의 법칙들을 바탕으로 하여, 결정론적인 아이디어, 그리고 수학적 해석법의 적용이라는 일관성을 학습 및 교육의 방법론으로 모두 공통적으로 강조하고 있다. 따라서 본 교재를 통하여 유체역학을 공부하는 학생은 유체역학의 개념들을 정립하기 위한 물리학적 기본 지식들과 벡터, 미적분 등의 고등 수학의 이해가 밑받침이 되는 전통적인 공학기술 학습의 접근 방식을 찾아야 할 것이다. 또한, 화학공학 유체역학의 솔루션이 필요한 현장의 엔지니어 또는 교강사들에게도 훌륭한 자료를 제공하여 줄 것으로 기대된다.

Deen 교수도 학창시절인 Stanford University 대학원 화학공학과에서 Andreas Acrivos 교수로부터 “Viscous Fluid Flow”라는 교과목을 수강하면서 이동현상에 대한 이해와 영감을 얻었다고 회고하듯이, 이 교재 역시 유체역학에 대한 이해와 기초를 다지는 데 있어 충분한 역할을 할 것으로 기대가 된다. Acrivos 교수가 “It is very well written, the explanations are clear and detailed, and it contains numerous original ‘real-world’ examples and problems”라고 이 교재에 대한 서평에서 언급했듯이 이 책은 훌륭한 역작이다.

이러한 맥락하에 본 역자는 원서에서 전달하고자 하는 내용을 충실히 표현하고자, 용어 통일부터 시작하여 감수의 과정을 통해, 오역이나 오자를 줄이려고 많은 노력을 기울였다. 잘못된 번역이나 오자들은 발견 즉시 역자진에게 연락하여 주기 바라며, 증간 시 오류가 급격히 감소될 수 있도록 독자들이 많이 도와줄 것으로 기대한다. 마지막으로 이 책이 발간될 수 있도록 도와주신 많은 분들, 특히 ㈜한티미디어 출판팀 담당자들께 깊은 사의를 표한다.

2018년 7월 31일

대표역자 윤도영
광운대학교 화학공학과 교수

화학공학 유체역학이란 무엇인가?

유체에 대한 정량적인 실험은 고대부터 시작되었고, 유체 유동의 수학적 해석을 위한 기초는 1800년대 중반에 이미 잘 확립되었다. 유체역학은 비록 고전적인 주제이긴 하지만, 공학, 응용 수학 및 물리학 분야에서 아직도 활발한 연구 분야이다. 유체역학은 흥미로우면서도 유용한 분야에 부합하기 때문에, 수많은 입문 교과서의 대상이 되어 왔다. 그러나 화학공학에서 가장 핵심적인 유체역학의 측면에만 초점을 맞추는 사람들이 있기도 하다.

유체의 질량 및 운동량 보존으로 인해 발생하는 특정 결과들은 모든 분야에 걸쳐 적용된다. 그러나 다양한 엔지니어링 분야별로 가장 높은 관심이 되는 유동의 종류들은 각기 상당히 다르다. 예를 들어, 화학공학에서의 유체역학이 항공공학이나 토목공학에서와 구별이 되는 핵심 중 하나는 유체의 점도이다. 점성 응력은 파이프의 유량을 예측하는 데 있어 결정적인 내용이며, 이는 화학공정의 설계에서 항상 유체역학의 주요 응용 분야이기도 하다. 또한, 화학공학은 작은 길이의 척도가 점도의 영향을 증폭시키는 거품, 방울, 입자, 다공성 매체 또는 액체 경막을 포함하는 많은 기술들을 포함한다. 표면장력은 다른 공학 분야에서는 일반적으로 중요하지 않으나, 이러한 길이의 척도에서는 또한 중요할 수도 있다. 이에 부가하여, 화학공학 분야에서는 기체조차도 일반적으로 비압축성으로 이상화될 수 있다. 화학공학 유체역학의 또 다른 특징은 속도장을 계산하기 위한 미시적인 해석을 강조하는 것이다. 속도와 압력을 결정하고, 그에 따른 힘 또는 우력(torque)을 계산하기도 하는데, 종종 그 자체로 끝나는 것은 아니다. 이동현상의 또 다른 분야인 농도와 온도의 분포들을 예측하기 위해서는 상세한 속도장에 대한 정보가 필요하며, 이는 결국에는 반응기 또는 분리 장치의 해석 및 설계에 있어서 필수적이다. 이에 비하여, 회전하는 기계의 유체 동역학, 개수로에서의 유동 그리고 음속 근처에서의 유동(이때는 기체의 압축성이 중요한 경우임)에서는 다른 분야보다 덜 우려되기도 한다. 따라서 화학공학 유체역학은 비압축성 점성 유동의 미시적인 해석에 대한 관심이 높다는 특징이 있다. 생의학 및 기계 공학자들은 이에 대하여 동일한 관점으로 우려 사항을 표하기도 한다.

목적과 구성

이 책은 주로 화학공학 학부생을 위한 교재로 설계되었다. 엄격하지만, 수학적으로 접근이 가능한 방식으로 기본 개념을 제시하는 것이 주된 의도이다. 새로운 상황에서 물리적으로 중요한 것이 무엇인지를 식별하는 방법과, 모델링에서 이러한 통찰력을 사용하는 방법을 통찰하기 위하여 되풀이되는 주제를 도입하였다. 그것은 화학공학의 전통적인 영역인 내부와 외부의 예들을 통해 설명하였다. 각 장의 끝에 있는 문제들은 도전적인 경향이 있다. 이는 단지 특정 종류의 계산을 실습 형태로 제공하려는 것이 아니라, 물리적으로 계를 해석하고 공학적인 판단을 개발하는 데 도움을 주기 위한 것이다.

필수 선수과목으로는 역학개론(예: 대학물리), 다변수 미적분과 상미분 방정식 과목들이 여기에 포함된다. 특정한 유도과정을 이해하는 데 필요한 벡터 및 텐서(tensor)에 대한 정보가 부록에 요약되어 있으며, 특히 수학의 일부가 자체적으로 포함되어 있다. 몇 가지 수치 방법(예: 1차 미분 방정식)에 익숙하면 도움이 되지만, 반드시 필요한 것은 아니다. 편미분 방정식에 대한 경험은 없는 것으로 가정하였다. 따라서 편미분 방정식의 해법은 필요할 때 설명하였다. 열역학의 기본 배경은 마지막 장에서만 도입하였다.

이 책은 네 부분으로 구성되어 있다. 제I부, 실험 데이터의 사용(1~3장)에서는 유체의 성질, 속도와 힘의 대표적인 크기 그리고 특정 종류의 설계에 대해 논의한다. 이 장들의 내용은 대부분 경험적인 것이다. 1장에서는 기체 및 액체 특성들을 조사한 후, 차원 해석과 무차원 그룹들의 여러 용도들에 대하여 소개를 하였는데, 서로 다른 힘들에 대한 상대적인 중요성들을 나타내는 무차원 그룹의 특징을 강조하였다. 2장은 긴 파이프 또는 도관에서 압력-유동 간의 관계에 중점을 두었다. 3장에서는 항력, 입자의 종단 유속, 다공성 매질, 충전층과 유동층을 논의하였다. 2장과 3장에서는 다양한 실험 결과들을 제시하고, 특정 공학 계산을 설명함으로써 나중에 보다 근본적인 관점에서 다시 살펴보겠지만, 현상과 관계식들을 소개하였다.

제II부, 유체역학의 기초(4~6장)는 예측 모델링의 토대가 된다. 4장에서는 정적 유체에 대하여 압력, 중력 및 표면장력 간의 상호 작용들을 설명하고, 힘의 계산을 보다 정확하게 시작하였다. 5장은 연속 방정식(질량 보존을 표현하는 미분 방정식), 변형률의 개념 및 운동학의 다른 측면인 유체 운동의 설명을 소개하였다. 6장에서는 점성 응력에 대한 일반적인 설명을 제공하고, 이를 선형 운동량 보존과 결합하였다. 주요 결과는 Navier-Stokes 방정식이며, 이는 유체 내의 운동량 변화를 일반적으로 지배하는 미분 방정식이다. 벡터, 텐서 및 해석 기하학의 측면이 관련성이 있게 됨에 따라, 독자는 부록의 특정 부분을 참조해야 할 것이다.

제III부, 미시적인 해석(7~10장)은 6장의 지배 방정식을 사용하여 속도와 압력장을 예측하는 방법과 이로부터 유체 힘과 우력을 계산하는 방법을 보여준다. 7장은 가장 간단한 예에

국한되긴 하였지만 단일방향 유동에 주력하였다. 8장에서는 유체의 점성 응력이 관성보다 훨씬 더 중요할 때, Navier-Stokes 방정식의 단순화를 예측하고 이를 검증하는 방법에 대해 설명하였다. 윤활, 크리핑 유동 및 유사정상 근사가 도입되었다. 9장에서는 각 근사를 경계층에서처럼 관성이 현저한 층류까지에 대한 논의를 확장하였다. 난류(Kolmogorov 척도, 시간-평활화, Reynolds 응력과 혼합 길이)에 대한 고유한 개념이 10장에 제시되어 있다. 제III부에서 유도된 결과들과 제I부에서의 실험적 관찰 사이에 수많은 연결고리들을 만들도록 하였다.

제IV부, 거시적인 해석(11~12장)은 제III부에서 접근법이 너무 복잡하지만 덜 상세한 해석이 필요할 경우에 해당되는 유동 문제들에 중점을 두었다. 보존 방정식들의 적분 형태들은 11장에서 도출되었으며, 공학용 베르누이 방정식과 같이, 이들은 응용 분야에 실용적인 대수 방정식으로 단순화되었다. 주요 가정은 제III부의 미시적인 결과들을 참고하면 확인된다. 단순화된 거시적인 수지식들은 11장에서 다양한 계에 적용되었다. 12장에서는 입구 영역과 파이프 부속으로 인한 저항을 포함하여, 파이프 유동을 재검토하였다. 이와 아울러, 압축성 흐름에 대한 소개로 끝을 맺는다.

비록 모든 핵심적인 이론적 결과들에 대한 증명이 제공되지만, 일부 유도과정을 '추가 학습' 코너에 제시하였다. 이 부가적인 절은 연속성에 상관없이 건너뛸 수 있다. 이와 대조적으로, 모든 예제들은 핵심적인 자료와 특이점의 학습방법을 설명하였다. 각 장 끝에 있는 '연습문제'에서는 이론적 또는 실험적 결과를 추가로 제시하거나, 새로운 종류의 응용 예제들을 설명하고 있다. 비록 해를 구할 수 없다고 하더라도 모든 문제들에 대한 서술을 해당 장들의 일부로서 반드시 숙지할 필요가 있다.

원고의 형태로, 이 책의 내용은 화학공학 학부생을 위한 한 학기 과정의 교재로서 성공적으로 사용되었다. 14주에 걸쳐 1주일에 4시간씩 강의실 강의에서 자료의 약 80 %를 강의에 사용하였다. 이 교재의 내용은 전반적으로 유체역학에 대한 기초적인 개념과 대학원 수준의 연구를 수행하기 위한 좋은 준비를 제공한다. 이에 부가하여 열과 물질 전달에 대하여 비슷한 수준의 소개가 보완된다면, 이동현상에 대한 대학원 연구를 위해 좋은 준비가 될 것이다.

감사의 말

몇몇 예제들과 연습문제들은 MIT의 동료와 다른 대학의 교수진으로부터 제공받았으며, 이러한 비공개 출처의 문제들에 대해서는 그 분들의 기여와 문제에 대한 신뢰성을 보장하기 위해 "이 문제는 ○○○로부터 제안되었다"라고 표기하였다. 종종 광범위하게 다른 이들이 과제 또는 시험 문제에서 썼거나, 또는 그들과 함께 토론한 내용을 좀 더 정교하게 수정해서 사용했는데, 이로 인해 있을지 모르는 오류나 혼란에 대해서는 모든 책임이 저자인 나에게 있음을 밝히는 바이다.

그동안 수년에 걸쳐 나에게서 유체역학 강의를 들었던 MIT 교수진 또는 다른 곳에서 토론을 함께했던 교수진들로부터 많은 것을 배웠다. 현재 또는 전직 동료들인 Robert C. Armstrong, Martin Z. Bazant, Robert A. Brown, Fikile R. Brushett, Arup K. Chakraborty, Patrick S. Doyle, Kenneth A. Smith, James W. Swan, 그리고 Preetinder S. Virk에게 감사를 드린다. 오래전 Stanford University에서 대학원생이었을 때, Andreas Acrivos 교수님께서 강의하였던 '점성 유동 이론(viscous flow theory)' 과목에서 영감을 받았다. 그리고 호기심과 배움에 대한 열정으로 나에게 깊은 인상을 준 MIT 학생들과의 소통과 상호작용을 통해 발전해왔음을 밝힌다. 그들의 질문에 대한 답을 통해 이 교과목에 대한 나 자신의 이해도는 계속해서 향상되었다.

이 책의 집필은 은퇴 후에 수행되었지만, 부분적으로 MIT의 화학공학과 학과장인 Carbon P. Dubbs로부터 지원을 받았다. 그 지원, 그리고 학과로부터 받아왔던 많은 격려에 대하여 감사를 드린다.

마지막으로 Cambridge 대학교 출판사의 편집자 Michelle Carey, Steven Holt, 그리고 Charles Howell을 비롯하여 이 책을 개선하고 출판하도록 도움을 준 사람들에게 감사를 표한다.

W. M. D.

비교적 통상적으로 사용된 기호들을 다음의 목록에 나타내었다. 좌표계(A.5절에 정의되어 있음)와 한 장에서만 나타나 있는 많은 량들은 생략하였다. 일반적으로 스칼라(scalar)는 이탤릭 Roman 또는 Greek(예, a 또는 δ), 벡터(vector)는 굵은 Roman(예, $\mathbf{v}$), 그리고 텐서(tensor)는 굵은 Greek(예, $\boldsymbol{\tau}$)을 각각 사용하였다. 벡터와 텐서의 크기(magnitude)들은 일반적으로 상응하는 이탤릭 문자(예, v 또는 τ)로 표시하였으며, 벡터와 텐서의 성분(component)들은 하첨자를 갖는 이탤릭(예, v_x 또는 τ_{yx})을 사용하여 나타내었다. 자연 대수(natural log)와 밑이 10인 대수(base-10 logarithm)는 각각 "ln"과 "log"로 쓰여졌다.

로마 문자

A	표면적 또는 단면적
Ar	Archimedes 수
Bo	Bond 수
C_D	항력계수 [식 (3.2-1)]
C_f	평판에 대한 마찰인자 또는 항력계수 [식 (3.2-13)]
Ca	모세관 수
D	지름(또는 d)
D_H	수력학적 지름 [식 (2.4-1)]
$\mathbf{e_i}$	좌표 i와 연관된 단위 벡터
E_c	압축에 의한 역학적 에너지 손실 률(rate) [식 (11.4-2)]
E_v	점성 소산에 의한 역학적 에너지 손실 률(rate) [식 (11.4-3)]
f	관 또는 다른 도관에 대한 마찰인자 [식 (2.2-4)]
F_D	항력
$\mathbf{F}$	힘 벡터
$\mathbf{F_0}$	정압 변화에 의한 힘
$\mathbf{F_B}$	순 부력 힘, $\mathbf{F_0} - \mathbf{F_G}$
$\mathbf{F_G}$	중력
$\mathbf{F_P}$	압력 힘
$\mathbf{F}_{\mathcal{P}}$	압력 힘의 유동-의존성 부분

$\mathbf{F}_\tau$	점성 힘
Fr	Froude 수
$\mathbf{g}$	중력 가속도 벡터
$\mathbf{G}$	우력 벡터
h	(통상적으로) 높이
k	(통상적으로) 벽 거칠기 매개인자 또는 Darcy 투과도(3장)
K_i	항목 또는 장치 i에 대한 손실계수 [식 (12.3-1)]
L	차원으로서 길이
L	물체 길이 또는 특성 길이
L_E	관 또는 다른 도관에 대한 입구 길이
m	질량
M	차원으로서 질량
Ma	Mach 수
$\mathbf{n}$	대상 부피로부터 외부로 또는 상 1에서 상 2로 향하는 표면에 수직인 단위 벡터
P	절대 또는 열역학적 압력
$\mathcal{P}$	동적 압력(수정된 압력 또는 상당 압력이라고도 함)
q	2차원 유동에서 단위 폭당 부피 유량
Q	부피 유량
$\mathbf{r}$	위치 벡터
R	(통상적으로) 반지름 또는 범용 기체상수 (1.2, 12.4 그리고 12.5절)
Re	Reynolds 수
$\mathbf{s}$	응력 벡터
S	표면적
t	시간
$\mathbf{t}$	표면에 접하는 단위 벡터
T	절대 온도
T	차원으로서 시간
$\mathbf{u}$	계면 속도(6장), 난류 속도 변동(10장), 또는 대상 부피 속도(11장)
u	경계층 유동에 대하여, 표면에서 계산된 바깥 속도(9, 10장)
u_τ	마찰 속도 [식 (10.2-4)]
U	특성 속도, 통상적으로 평균 유체 속도 또는 입자 속도
v_s	공탑 속도 [식 (3.4-1)]
$\mathbf{v}$	유체 속도
V	(통상적으로) 부피 또는 속도
w	질량 유량(11장과 12장)

$\mathbf{w}$	와류도 벡터
W_m	움직이는 표면에 의해 계에 행해진 일의 률(rate) (축 일)

그리스 문자

α	3상 접촉 선에서 접촉 각
β	축소 또는 확대, 작은 지름을 큰 지름으로 나눈 값
δ	(통상적으로) 경계층 두께
δ_{ij}	Kronecker 델타 [식 (A.3-6)]
$\boldsymbol{\delta}$	항등 텐서
Δ	유동 방향에 따른 차이(하류 값 빼기 상류 값) 또는 미분 변화
ε	다공성 매질 또는 충전층에서 유체의 부피 분율(공극율)
ε_{ijk}	순열 기호 [식 (A.3-15)]
ϕ	다공성 매질 내 부피 분율(3장) 또는 속도 포텐셜(5장과 9장)
$\mathbf{\Gamma}$	전단률 텐서 [식 (6.5-1)]
γ	(통상적으로) 표면장력, 또는 열용량 비 [식 (12.4-1)]
μ	점도
ν	동점도, μ/ρ
ρ	밀도
$\boldsymbol{\sigma}$	총 응력 텐서
$\boldsymbol{\tau}$	점성 응력 텐서
τ_w	벽 또는 다른 고체 표면에서의 전단응력(또는 τ_0)
$\mathbf{\Omega}$	와류도 텐서[식 (6.5-3)]
ψ	흐름 함수

특수 기호

D/Dt	물질 도함수, $\partial/\partial t + \mathbf{v} \cdot \nabla$
∇	구배 연산자
∇^2	라플라스 연산자 $\nabla \cdot \nabla$
~	위수 크기(OM) 상등

차례

Chapter 02
파이프 유동

Chapter 03

항력, 입자들, 그리고 다공성 물질

Part II __ 유체역학의 기초

Chapter 04 유체 정역학: 압력, 중력 및 표면장력

Chapter 05 유체 운동학

Chapter 06 응력과 운동량

Part III _ 미시적인 해석

Chapter 07 단일방향 유동

Chapter 08 점성 유동에 대한 근사

Chapter 09

관성을 포함하는 층류 유동

Chapter 10 난류 유동

Part IV _ 거시적인 해석

Chapter 11 질량, 운동량 및 에너지에 대한 거시적인 수지

Chapter 12

파이프 유동: 입구 효과, 부품, 압축성

Appendix
벡터, 텐서, 그리고 좌표계

Part I

실험 데이터의 사용

1

특징, 차원, 그리고 척도

1.1 서론

기체와 액체를 포함하는 유체는 전단력(shearing forces)이 주어지면 연속적으로 변형하는 물질이다. 만일 흐르는 유체에 염료 혹은 다른 종류의 추적물질 등이 들어가 있다면, 표지된 영역이 시시각각으로 변화하는 모습을 볼 수 있다. 유체의 점도는 이러한 변형에 대한 저항을 반영한다. 이 장에서는 점도를 포함해서 밀도, 동점도 그리고 표면장력과도 같은 유체역학에서 중요한 물질 특징의 정의로부터 이야기를 풀어나가고자 한다. 이러한 물질 특징에 대한 대표값들을 보여줄 예정이며, 뉴톤 유체와 비뉴톤 유체의 차이도 보여주려 한다.

물리량들은 질량(M), 길이(L), 그리고 시간(T)과 같은 *차원(dimensions)*을 가진다. 이러한 질량, 길이 그리고 시간의 개념은 특정 시스템의 측정에서 사용되는 특정 *단위들(units)*-예를 들면, SI계인 킬로그램(kg), 미터(m), 초(s)보다 좀 더 근본적인 개념들이다. 물리적 상관관계가 일반적 타당성(general validity)을 지니기 위해서는, 그 관계가 관찰자가 선택한 단위 및 그 관찰자와는 상관없이 결정되어야 한다. 이를 위해서 상관관계를 표현하는 수식에 사용되는 다양한 변수 및 매개변수들은 *무차원(dimensionless)*이 되어야 한다. 여기서 무차원화라 함은 다양한 물리량들을 조합하여 해당 물리량들이 지닌 차원들을 상쇄하는 행위라 할 수 있다. 무차원 매개변수(혹은 무차원 군)는 비율로서, 보통 분모와 분자는 각각 변수들의 *척도(scale)*를 나타낸다. 이러한 척도는 힘이나 속도와 같은 어떠한 물리량들의 최댓값을 의미한다. 따라서 이러한 무차원 군의 수치 값을 통해 분자와 분모를 비교할 수 있고, 그에 따라 중요도가 높은 현상을 결정할 수 있다. 이 장에서는 유체역학에 사용되는 다양한 무차원 군들에 대하여 짚어 보겠다.

이 장의 마지막 부분인 차원 해석에서는 시스템에서 중요한 무차원 군들을 찾아내는 과정을 설명하고자 한다. 보다 범용적인 관계식들을 부가적으로 만들어내고, 이 방법을 통하여 량들을 그룹화하면, 독립변수들의 개수를 줄일 수 있다. 이를 통하여 해당 시스템을 분석하기 위한 실험의 설계와 결과의 해석을 매우 용이하게 할 수 있으며, 이에 대한 내용은 이번 장뿐만 아니라, 2장과 3장에서도 다룰 예정이다.

1.2 유체의 특징

점도

유체의 점도에 대한 정의는 그림 1.1에서 보이는 가상 실험을 통해서 설명될 수 있다. 간격이 *H*만큼 떨어진 평행한, 그리고 각각의 면적이 *A*인 두 판 안에 채워진 유체를 생각해보자. 여기서 윗판이 오른쪽(*x*방향)으로 당겨져 등속도 *U*로 움직이고, 아랫판은 정지해 있는 경우를 생각해보자. 표면과 바로 맞닿아 있는 유체의 경우, 표면과의 상대적인 움직임, 혹은 '미끄럼(slip)'을 막기 위해 유체가 표면에 붙어 있으려 하므로, 윗판과 맞닿아 있는 부분의 유체는 등속도 *U*로 움직이고, 아랫판과 맞닿은 부분의 유체는 움직이지 않는다. 그림에서 화살표로 표현된 것처럼, 충분한 시간이 흐른 후에는 내부 유체의 속도가 높이 방향(*y*방향)에 대하여 선형적으로 변화하게 된다. 각기 다른 높이에 존재하는 유체의 작은 부분, 유체요소(elements)들이 서로 다른 속도로 움직이므로, 임의의 두 부분을 잡았을 때 이들 사이에서의 거리는 증가하게 된다. 두 부분을 잇는 가상의 선이 늘어난다는 것은 유체가 변형되고 있음을 암시한다.

윗판을 계속해서 움직이게끔 하려면, 일정한 크기의 힘 *F*가 오른쪽으로 가해져야만 하는데, 미끄럼이 없다면 바로 옆에 붙어있는 유체로 힘이 전달되게 된다. 이때 유체를 셀 수 없을 정도로 많은 층으로 구성되어 있다고 간주한다면, 각각의 층들은 각기 다른 속도로 움직이는 다른 이웃한 층들에 대해 저항하는 것으로 생각될 수 있다. 점도와 비례하는 이러한 내부 마찰은 연속적인 유체의 층들을 통해서 수평방향의 힘을 아랫판으로 전달해 주는 역할을 한다. (그림 1.1에서 아랫판을 움직이지 않도록 하기 위해 필요한 왼쪽방향의 고정해주는

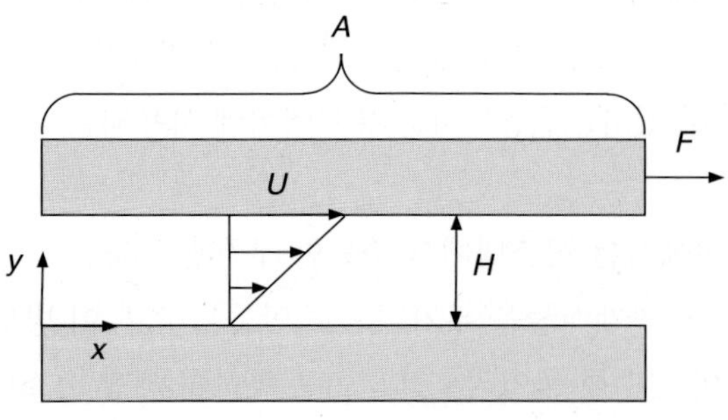

그림 1.1 평행판 안에서 일어나는 전단 유동(shear flow). 힘 *F*가 윗판에 작용하여 판을 오른쪽으로 등속도 *U*로 움직이게 하되, 아랫판은 움직이지 않는다. 이러한 움직임으로 인하여 내부의 유체는 아래에서는 움직이지 않으나 위에서는 *U*의 속도로 움직이게 된다.

힘 F는 표시되어 있지 않다.)

*응력(stress)*은 단위 면적당 힘이다. 원칙적으로, 표면 위에 있는 어느 점에서의 응력은 미소 면적 ΔA에 작용하는 미소 힘 ΔF을 계산한 후에 $\Delta A \rightarrow 0$으로 극한을 취할 때 이들 간의 비율 $\Delta F/\Delta A$로 계산될 수 있다. 이와 같은 세기 변수(intensive variables; 즉, 시스템의 크기와 상관이 없는 변수)는 유체역학의 해석에 있어서 매우 중요하다. *전단 응력(shear stress)*은 표면에 대하여 평행하게 혹은 접선방향으로 작용하며, *수직 응력(normal stress)*은 표면에 대하여 수직하게 혹은 법선방향으로 작용한다. 고체가 유체에 작용하는 전단 응력을 *벽 전단 응력(wall shear stress)*이라 부르고 τ_w로 표시한다.[1] 그림 1.1의 가상실험에 있어서 τ_w는 윗판에서는 어디에서나 똑같다. 이에 따라, 어느 지점에서든 그 값은 판 전체에서의 전단 응력의 평균값과 동일하다. 즉, $\tau_w = F/A$이다.

그림 1.1과 같은 실험을 통해서 어떤 유체의 τ_w가 U와 H 각각이 아닌, 이들의 조합인 U/H에 의해 결정됨을 알 수 있다. 이러한 속도와 두께의 비를 *전단률(shear rate)*, $s = U/H$로 표현한다.[2] τ_w는 s가 증가함에 따라 항상 증가한다고 알려졌으므로, 전단 응력과 전단률은 다음과 같이 연관될 수 있다.

$$\tau_w = \frac{\mu U}{H} = \mu s \qquad (1.2\text{-}1)$$

여기서 μ는 점도(viscosity)이다. *뉴톤(Newtonian)* 유체에서 μ는 s의 함수가 아니고, 전단 응력은 전단률에 정비례한다. 공학적으로 의미 있는 많은 유체들이 뉴톤 유체인데, 예를 들면 분자량(상대 분자량)이 10^3보다 작은 모든 기체와 액체들(물이나 흔한 유기용매들 같은), 그리고 응집이 안 된 입자들로 구성된 현탁액들이 그러한 사례이다. *비뉴톤(non-Newtonian)* 유체에서는 μ(즉, 비율 τ_w/s)의 값이 s에 따라 바뀔 수 있다. 비뉴톤 유체의 경우 또한, 이 절에서 나중에 다루겠지만, 구별되는 다른 특징들을 가지고 있다. 고분자 용융체, 고농도 고분자 용액, 그리고 입자들이 변형되거나 배향되거나 뭉쳐져 있는 고농도의 현탁액 등이 이러한 유체에 해당된다.

*쿠에트 점도계(Couette viscometer)*는 그림 1.1에 매우 근사되는 유동이 일어나는 장치로

---

1) 이 기호가 이 책의 제I부에서 쓰이고 있으나, 좀 더 체계적으로 각각의 응력 요소들을 확인할 수 있는 방법은 추후에 다룬다. 제II부에서 사용되는 기호로, 그림 1.1에서 윗판의 τ_w는 τ_{yx}로 표현될 것이다. 첫 번째 아래첨자는 y축과 수직인 표면($y = H$에서의 판)을 의미하며 두 번째 첨자는 x방향의 합력(resultant force)을 의미한다.

2) 대부분의 문헌에서 전단 률(rate)은 $\dot{\gamma}$으로 표현된다. 이 책에서는 표면장력을 γ로 표현하기 때문에 혼란을 막고자 s를 사용하였다.

서, 기다란 동심원 실린더들로 구성된 환형 공간 안에 액체 샘플들이 채워져 있는 장비이다. 만약 이러한 실린더 사이의 간격이 실린더의 반지름에 비해 작다면, 해당 간격에 들어있는 유체의 입장에서는 실린더의 표면을 (마치 지구 표면이 사람의 눈에는 평평(flat)하듯이) 평면(planar)이라 볼 수 있다. 이 장비는 주로 하나의 실린더가 움직이되 다른 실린더는 멈추어 있으며, 이때 움직이는 실린더의 선속도는 반지름과 각속도의 곱이고, σ는 선속도를 간격의 너비로 나눈 값을 가진다. 각각의 실린더에서 측정되는 우력(torque)값은 τ_w와 비례한다. 이 점도계와 다른 여러 점도계들의 경우, 그림 1.1과 같은 시스템에서 발생할 수 있는 다양한 문제들, 예를 들면 판과 판 사이의 간격을 H로 일정하게 유지시키는 문제, 혹은 유체와 고체가 접촉하는 면적을 일정하게 A로 고정하는 문제 등을 피할 수 있다.

밀도와 동점도

유체의 *밀도(density)* ρ는 단위 부피당 질량이다. 밀도와 속도의 곱이 결국 단위 부피당 운동량이므로, ρ는 관성을 나타내기 위해 필요하다. 게다가, g를 중력 가속도라 하면 ρg는 단위 부피당 중력이다. 원칙적으로, 유체 내 주어진 점에서의 밀도는 미소 부피 ΔV에서의 미소 질량 Δm을 반복적으로 정함으로써 구해질 수 있으며, $\Delta V \to 0$임에 따라 $\Delta m/\Delta V$의 극한값으로 구할 수 있다. ρ가 압력(P)에 거의 영향을 받지 않는 액체의 경우, 온도(T)의 변화가 매우 크지 않다면, ρ는 공간적으로 균일하다고 할 수 있다. 기체의 경우, ρ가 상태방정식(equation of state)에 의해 P와 T에 연결되어 있고, 비록 기체가 등온상태에 있다고 할지라도 압력 구배로 인하여 ρ값이 위치에 따라 바뀔 수 있다. 이상 기체 상태 방정식은 다음과 같은데, 이 식은 적당히 낮은 압력에서 잘 들어맞는다.

$$\rho = \frac{MP}{RT} \tag{1.2-2}$$

여기서 M은 평균 분자량, R은 범용 기체상수(universal gas constant), 그리고 T는 절대 온도이다. 기체라 하더라도 기체가 매우 높은 위치에 퍼져있거나, 기체가 매우 긴 파이프 안을 흘러가거나, 혹은 속도가 음속에 달하지 않는 이상, ρ를 상수라 가정해도 큰 문제가 없는 경우가 많다. 위와 같은 특수한 상황들은 화학공학에서의 상황들과 다르므로, 이 책의 경우 특별한 기술이 없는 경우 ρ가 일정하다고 가정한다, 이러한 이상적인 유동을 *비압축성 유동(incompressible flow)*이라고 한다. 비압축성 유동이 이 책의 주된 관심 대상이지만, 추후에 12장에서 ρ의 변화를 고려해야만 하는 *압축성 유동(compressible flow)*을 다루도록 하겠다.

점도와 밀도와의 비는 많은 상황에서 볼 수 있는데, 이를 *동점도(kinermatic viscosity)*라 부르며, 주로 그리스 문자 'nu'로 표기된다.

$$\nu = \frac{\mu}{\rho}. \tag{1.2-3}$$

단위와 값

이 책에서는 힘의 단위가 뉴톤($N = kg\ m\ s^{-2}$)인 SI계를 기본단위로 사용한다. 에너지와 일률의 단위는 각각 줄(joule) ($J = N\ m = kg\ m^2\ s^{-2}$) 그리고 와트($W = J\ s^{-1} = kg\ m^2\ s^{-3}$)이다. 압력(혹은 응력)의 단위는 파스칼($Pa = N\ m^{-2} = kg\ m^{-1}\ s^{-2}$)이다. 따라서 대기압은 1.013×10^5 Pa = 101.3 kPa이다. 표준 중력 가속도는 $g = 9.807\ m\ s^{-2}$이고 기체상수는 $R = 8314\ kg\ m^2\ s^{-2}\ kg\text{-}mol^{-1}\ K^{-1}$이다.

공학자들이 측정을 할 때는 항상 다양한 유체 특징에 대한 대표값들을 고려해야 한다. 표 1.1은 대기 조건(ambient conditions) 근처에서 다양한 기체들의 특징을 분자량이 증가하는 순서대로 보여주고 있는데, 분자량(M)이 20배나 차이가 남에도 불구하고, 점도 차이는 매우 작은 편이다(약 1×10^{-5}에서 2×10^{-5} Pa · s 사이 점도를 가짐). 이러한 작은 μ의 차이, 그리고 ρ가 M에 비례함을 고려할 때, ν의 변화는 주로 M의 변화로 인해 일어난다. 대부분의 기체의 밀도가 1 kg m^{-3}임을 감안하면, 상온, 상압에서 대표적인 동점도는 대략 $1 \times 10^{-5}\ m^2\ s^{-1}$이다.

표 1.2는 다양한 뉴톤 액체의 값들을 보여준다. 상온에서 물의 점도는 1×10^{-3} Pa · s, 밀도는 $1 \times 10^3\ kg\ m^{-3}$이고, 그 결과 동점도는 $1 \times 10^{-6}\ m^2\ s^{-1}$이다. 비록 물의 점도가 기체의 약 100배이나, 밀도가 1,000배 크기 때문에, 동점도는 대략 10배 정도 작다. 대표적 유기 용매인 벤젠과 에탄올의 점도, 밀도 그리고 동점도는 물의 특징과 그 위수 크기(order of magnitude)가 같다. 그러나 다른 액체에서의 μ와 ν의 변화는 대략 그 크기가 각각 10^4와 10^5에 이를 만큼 크다. 일상적 발표나 글에서 종종 나타나는데, 점도의 차이를 밀도의 차이와 혼

표 1.1 기체의 점도, 밀도, 그리고 동점도 (27°C, 100 kPa 기준)[a]

Gas	M(daltons)	$\mu(10^{-5}$ Pa · s)	$\rho(kg\ m^{-3})$	$\nu(10^{-5}\ m^2\ s^{-1})$
H_2	2	0.90	0.0819	11.0
CH_4	16	1.12	0.652	1.72
N_2	28	1.79	1.14	1.57
Air	29	1.86	1.18	1.58
C_2H_6	30	0.95	1.22	0.78
O_2	32	2.08	1.30	1.60
CO_2	44	1.50	1.79	0.84

[a] 점도는 Lide (1990), 밀도는 식 (1.2-2) 그리고 동점도는 이 점도와 밀도를 기준으로 계산되었으며, 여기서 '공기'는 건조 공기를 의미한다.

표 1.2 뉴톤 액체의 점도, 밀도, 그리고 동점도

Liquid	T(°C)	$\mu(10^{-3}$ Pa · s)	$\rho(10^3$ kg m$^{-3})$	$\nu(10^{-6}$ m^2 s$^{-1})$
Water	20	1.002	0.9982	1.004
Benzene	20	0.652	0.8765	0.744
Ethanol	20	1.200	0.7893	1.520
Mercury	20	1.554	13.55	0.115
Phenol	18	12.7	1.0576	12.0
Olive oil	20	84.0	0.918	91.5
Machine oils	16	114–661	0.87	130–760
Glycerol	20	1490	1.2613	1181
Honey	20	19,000	1.42	13,400

[a] 점도와 밀도는 Lide (1990)에서 가져왔고, ν는 μ와 ρ로부터 계산되었다. 단, '기계 오일(machine oils)' 밀도의 경우, 일반적인 모터 오일을 기준으로 했으며, 꿀의 특징의 경우 www.airborne.co.nz 를 참고했다.

동해서는 안 된다. 수은은 밀도가 크지만 점도는 적당한 편인 반면, 표 1.2의 아래에서부터 다섯 가지 액체의 경우에는 매우 큰 점도를 가지나 밀도는 그리 크지 않다.

그림 1.2의 공기와 물의 경우에서 보듯이, 기체의 점도는 온도에 비례하여 증가하는 반면 (대략 $T^{1/2}$ 만큼), 액체의 점도는 감소한다. 액체의 점도가 좀 더 온도에 민감하게 변하는데, T가 0에서 100°C로 변함에 따라, 액체 물의 μ는 84% 감소하는 반면, 기체의 μ는 단지 27% 증가한다.

점도에 대한 압력의 영향은 기체와 액체 모두 일반적으로 미비하다(Blevins, 2003). 이러한 경향은 기체의 경우, $P/P_c < 0.2$와 $T/T_c > 1$ 경우에 적용이 되며, 여기서 P_c와 T_c는 각각

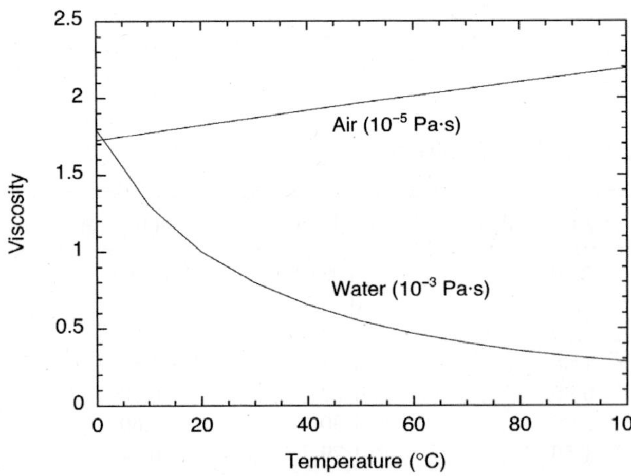

그림 1.2 온도에 따른 공기와 물의 점도. 공기의 값은 Kadoya *et al*. (1985)의 건조 공기에 대한 관계식을 사용하였으며, 액체 물의 특성은 Lide (1990)을 참고하였다.

임계 압력과 임계 온도이다. 공기의 경우 $P_c = 36.4$ atm이고 $T_c = 78.6$ K이다. 물의 경우, 50 atm에서의 동점도가 1 atm상의 동점도보다 단지 1% 정도 값이 작다.

특정 데이터가 없는 경우 예측할 수 있는 기법은 Reid *et al*. (1987)에 소개되어 있다. 기체 점도는 운동학 이론으로 잘 설명될 수 있다(Hirschfelder *et al*., 1954; Kennard, 1938). 액체의 점도를 간단하게 예측할 수 있는 이론은 없으나, 분자 동력학적 모의실험과 같은 기법을 통하여 점도 및 다른 이동현상 관련 특징들을 분자간 힘과 연결시켜 그 관계를 규명할 수 있다 (Allen and Tildesley, 1987).

비뉴톤 액체

앞서 언급했던 것처럼, 전단률(shear rate)에 의해 점도가 변한다는 점이 비뉴톤 유체의 특징이다. *유변학(rheology)*이란 이러한 유체들의 응력을 이론적과 실험적으로 연구하는 학문이다. 이러한 μ와 s와의 상관관계 이외에도 고분자 액체의 거동은 저분자 물질과 비교해서 크게 다를 수 있다. 예를 들어, 뉴톤 액체가 회전되는 봉(rod)을 통해 교반될 경우, 기-액 계면이 봉 근처에서 중력방향으로 내려가는데 반해, 다양한 고분자 용액의 경우 계면이 위로 볼록 솟아오르기도 하고 심지어는 봉을 타고 올라가기도 한다. 또한 작은 튜브를 통해 분출되는 정상 뉴톤 액체 유동(제트 유동)의 경우 그 지름이 튜브와 비슷한데 비해, 고분자 액체의 제트 유동은 튜브 지름의 몇 배 이상 부풀어 오르기도 한다. 게다가, 유연한 고분자들은 신장 움직임에 저항하기도 하고, 그 크기 때문에 주어진 외력에 대해 그 형태가 변화되기까지 수 초가 걸리기도 한다. 이러한 특징들이 유체에 탄성 성질을 부여하고, 점성 응력은 순간적인 전단률뿐만 아니라 샘플이 겪는 변형 이력에 의해서도 변하게 된다. 이렇게 시간에 따라 μ가 변화하는 유체의 특성을 *점탄성(viscoelastic)*이라 한다. 이러한 그리고 다른 고분자 용액의 특징들은 Bird *et al*. (1987) 책의 2장에 정리되어 있다. 콜로이드 분산액과 저분자 용매로 만든 입자 현탁액은 그 농도가 클 경우 비뉴톤 액체라 볼 수 있다. 예를 들어, 전체 부피의 반 정도가 적혈구로 되어 있는 혈액의 경우, s가 작을 경우 점도가 전단률에 의해 변한다.

다양한 고분자 용액의 물성 특징은 이 책의 범위를 벗어나지만, s와 μ의 상관관계와, 그로 인한 파이프 및 다른 도관에서 흐르는 비뉴톤 액체의 유량을 예측하는 것은 공학적으로 중요하므로 이 책에서 다루도록 하겠다. 실질적으로 유용한 s의 범위 내에서 많은 액체들의 점도는 다음의 식으로 표현될 수 있다.

$$\mu = ms^{n-1} \tag{1.2-4}$$

여기서 m과 n은 양의 값을 갖는 상수이다. m과 n의 값은 물질과 온도가 주어지면 결정되는 값이다. 고분자 용액의 경우, m과 n의 값 모두 농도에 따라 달라진다. 이 상수들은 식 (1.2-4)를 식 (1.2-1)에 대입해서 얻어지는 결과식을 s에 따라 달라지는 τ_w에 대한 데이터에 접합(fitting)시킴으로써 얻을 수 있다. 점도가 식 (1.2-4)를 따르는 물질을 *멱-법칙 유체(Power-law fluid)*라고 하며, 이러한 액체는 s의 값이 수 자릿수가 변해도 해당 관계를 따른다. 고분자 용액의 경우, n은 주로 0.2부터 0.8 사이의 값을 가진다(Bird *et al.*, 1987, pp.172~175; Tanner, 2000, pp.18~19). $n < 1$을 만족하는 유체는 s가 증가할 때 μ가 감소하며, 이러한 현상을 *전단 박화(shear-thinning)*라 한다. 드물게, $n > 1$인 경우 s가 증가함에 따라 μ가 증가하고, 이러한 현상을 *전단 강화(shear-thickening)*라 한다. $n = 1$인 경우, 점도는 s와 무관하고 뉴톤 액체로 되돌아가며, 이때 $\mu = m$이다.

식 (1.2-4)는 전단 박화 유체의 경우 $s \to 0$이 됨에 따라 $\mu \to \infty$가 됨을 의미한다. 실제로는 그림 1.3에서 볼 수 있듯이 전단률이 매우 낮은 경우 μ는 거의 상수이다. 매우 길게 늘어난 마이셀(micelles)을 형성하는 계면활성제 용액이 이러한 경우에 해당한다고 연구되었다. 그러나 전반적인 경향성은 많은 고분자 용액과 고분자 용융체들에 대해서도 발견된다. 그림 1.3에서 점선으로 표현된 것처럼, 낮은 전단률의 경우 용액은 점도가 10 Pa·s를 보이는 뉴톤 액체의 경향을 보인다. 높은 전단률의 경우, 다음과 같은 멱-법칙 영역이 존재한다.

$$\mu = \mu_0 \left(\frac{s}{s_0} \right)^{n-1} \tag{1.2-5}$$

이러한 관계는 $m = \mu_0 s_0^{1-n}$을 식 (1.2-4)에 적용하여 얻을 수 있다. 실선으로 표현된 곡선

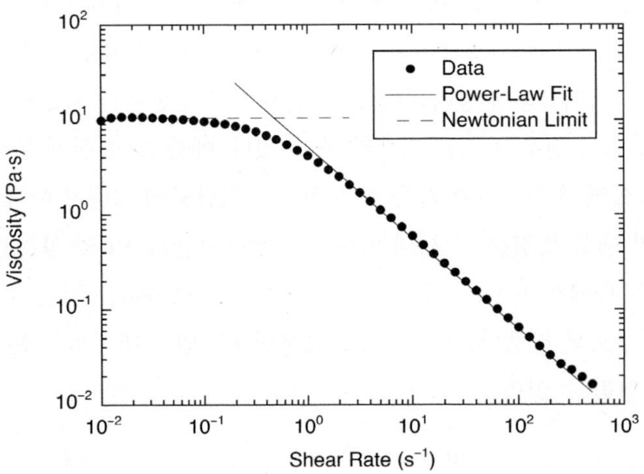

그림 1.3 66 mM cetylpyridinium chloride와 40 mM sodium salicilate가 포함된 용액의 전단률에 따른 점도 데이터(Haward and McKinley, 2012)

근사는 $\mu_0 = 10.5$ Pa · s, $n = 0.04$, 그리고 $s_0 = 0.48\ \mathrm{s}^{-1}$를 따른다. 비록 이러한 실험 범위를 넘어서지만, 매우 높은 전단률에서 낮은 점도를 보이는 또 다른 뉴톤 수렴값(Newtonian plateau)에 도달할 수 있다. 이러한 상한과 하한 뉴톤 한계들, 멱-법칙 영역, 그리고 전이(transition) 영역을 하나의 식으로 표현하기 위해서는 좀 더 많은 변수들이 필요하다. 이러한 수식 중의 하나가 *Carreau-Yasuda 방정식(Carreau-Yasuda equation)*이며 5개의 적합 상수(fitted constants)가 필요하다(Bird *et al*., 1987, p.171). 매우 큰 s의 경우, 부정확한 점도 예측치에도 불구하고, 식 (1.2-4)와 (1.2-5)가 주로 파이프 내 유동의 계산에 활용된다.

또 다른 종류의 물질은 *항복 응력(yield stress)*이라 불리는 특정 전단 응력 문턱치 이상의 전단 응력 하에서만 흐르기도 한다. 이 물질의 경우 점도가 다음과 같이 표현된다.

$$\mu = \begin{cases} \infty & \text{for } \tau_w < \tau_0 \\ \mu_0 + \dfrac{\tau_0}{s} & \text{for } \tau_w \geq \tau_0 \end{cases} \tag{1.2-6}$$

여기서 τ_0는 항복 응력이고 μ_0는 물질에 따라 결정되는 두 번째 물질 상수이다. [식 (1.2-5)에 사용된 μ_0와 혼동하지 말 것] 점도가 식 (1.2-6)을 따르는 물질을 *Bingham 유체(Bingham fluid)* 혹은 *Bingham 플라스틱(Bingham plastic)*이라 한다. $\tau_w < \tau_0$인 경우 보이는 무한히 큰 점도는 전단 응력이 충분치 않을 때 물질이 고체처럼 거동함을 의미한다. 그러나 $\tau_w \geqq \tau_0$의 경우 점도가 유한한 값을 가지고 s가 증가함에 따라 감소한다. 만약 s가 τ_0/μ_0를 크게 넘어서는 경우 유체는 점도가 μ_0인 뉴톤 유체가 된다. 도료(paint)나 다양한 음식들이 이러한 점도 변화 경향을 보인다.

그림 1.4는 뉴톤 유체, 멱-법칙 유체, 그리고 Bingham 유체의 대략적인 전단률에 따른 전

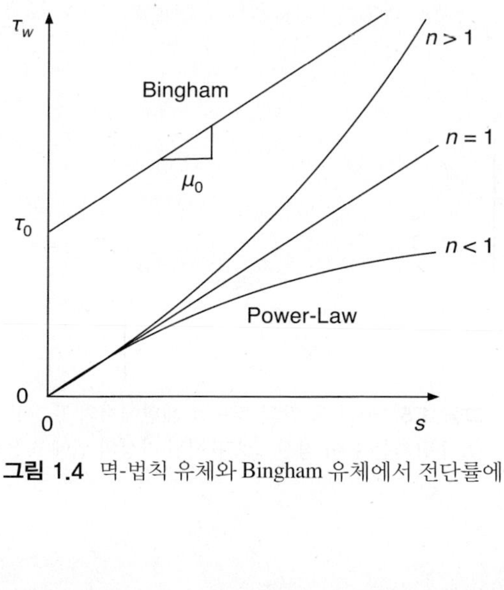

그림 1.4 멱-법칙 유체와 Bingham 유체에서 전단률에 따른 전단 응력의 변화

단 응력의 변화 경향을 보여준다. 뉴톤 유체($n = 1$)의 경우, 원점을 지나고 기울기가 μ로 일정한 직선을 보여주며 항복 응력이 없다. 멱-법칙 유체($n \neq 1$)의 경우, 함수 $\tau_w(s)$의 곡률에 따라 μ값이 결정되나, 해당 곡선이 원점을 지나므로 항복 응력이 없다. Bingham 모델의 경우, 절편값이 τ_0이고 기울기는 μ_0로 일정하다.

이러한 식 (1.2-4)~(1.2-6)들은 전형적인 유변학적 *구성 방정식(constitutive equations)*이다. 이러한 구성 방정식들은 점성 응력과 전단 혹은 점성 응력과 변형 간의 상관관계를 기술한다. 뉴톤 유체, 멱-법칙 유체 그리고 Bingham 유체에 대한 구성 방정식은 6.5절에서 더 자세히 다루도록 하겠다. 이외에도 다양한 비뉴톤 유체의 구성 방정식들이 제안되었는데, 일부는 경험식을 기반으로 제안된 것들이지만, 분자 수준의 역학을 기반으로 하여 제안된 것들도 있다(Bird *et al*., 1987; Tanner 2000).

표면장력

기체와 액체 사이의 계면이나 섞이지 않는 액체 사이의 계면에서는 표면장력(γ)이 존재한다. 표면장력은 단위 면적당 에너지(J/m^2) 혹은 단위 길이당 힘(N/m)으로 이해될 수 있다. 열역학적 관점에서, 이러한 에너지는 계면의 면적을 증가시키기 위해 필요한 에너지이고, 이 책에서 취하는 역학의 관점에서는 계면 위의 가상의 선이나 윤곽(contour)에 작용하는 힘을 의미한다. 이때 해당 힘은 계면에 평행하며 선이나 윤곽에서 멀어지는 방향을 가진다. 평면의 계면에서의 표면장력은 그림 1.5에서와 같은 상황을 보인다. 그림은 폭이 L인 컨테이너 안에 물이 반쯤 채워진 상황을 보여준다. 공기-물 계면 위의 (점선으로 표현된) 가상의 절단선에서는 길이가 L인 선의 양쪽으로, 크기가 γL이고 계면에 수평한, 서로 반대방향으로 작용하는 힘들이 존재한다. 이러한 힘들은 *인장성(tensile)*으로, 가상의 선을 잡아당기는 방향으로 작용한다.

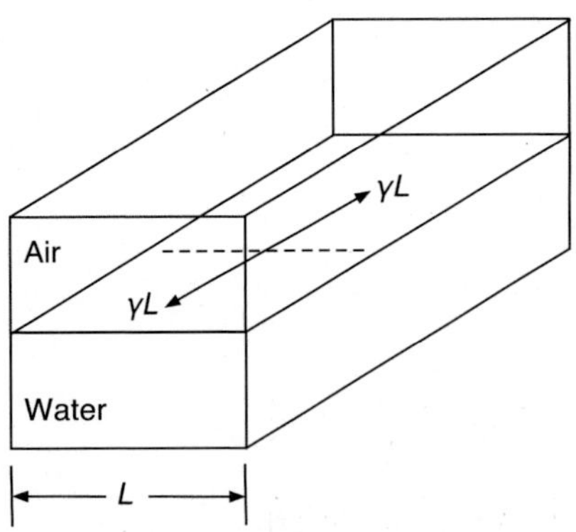

그림 1.5 공기-물 간의 평평한 계면에서의 표면장력. 크기가 γL인 당기는 힘이 점선으로 표시된 가상의 선에 작용한다.

만약 계면이 평평하고 γ가 상수라면, 표면장력으로 인한 힘은 평형을 이루어서 관찰될 수 없다. 그러나 계면이 비평면(nonplanar)이거나, 위치에 따라 γ가 바뀌거나(온도 구배나 계면활성제의 농도구배로 인해), 혹은 *삼상 접촉선(three-phase contact line)*과 같은 계면의 끝에서는 표면장력의 역할을 관측 혹은 관찰할 수 있다. 예를 들어, 고체 표면 위에 올려진 액체방울의 끝부분은 고체, 액체, 그리고 기체가 만나는 삼상 접촉선을 형성하며, 접촉선에 해당되는 윤곽선을 당기는 힘이 외부에서 작용하게 된다. 이러한 힘이 방울을 퍼지게 하거나 움츠러들게 하며, 이는 기-액 계면이 고체면과 이루는 *접촉각(contact angle)*이라 불리는 각도에 의해 결정된다. 4장에서 접촉각과 표면장력으로 인한 다른 효과들에 대하여 논의할 예정이다. 표면장력은 액체 방울, 비눗방울 그리고 발포 물질(foam)의 동적 거동에 영향을 미치고, 표면의 젖음 현상을 일으키며, 다공성 물질의 유체 흡수 등의 현상을 일으킨다. 특히 크기가 작은 시스템의 경우, 더욱 더 현저하게 큰 효과를 보인다. 많은 해당 현상들이 Adamson and Gast (1997)과 De Gennes *et al*. (2003)에 기술되어 있다.

표 1.3은 공기와 접촉하고 있는 다양한 액체의 γ값들을 보여준다. 물의 표면장력(약 7×10^{-2} N/m 또는 70 mN/m)은 대략 벤젠과 에탄올과 같은 유기 용매(20~30 mN/m)의 세 배 정도의 값을 가진다. 수은은 유기용매에 비해 대략 20배 정도(거의 500 mN/m)에 달할 정도로 크다. 물과 수은의 경우에서 볼 수 있듯이 표면장력은 온도가 증가함에 따라 감소한다.

섞이지 않는 다양한 액체와 접촉하고 있는 물의 표면장력의 크기는 물과 공기와의 계면에 작용하는 표면장력의 크기보다 작다. 예를 들어, 상온에서 decane/물 계면의 장력은 γ = 45.7 mN/m이고 올리브 오일/물 계면의 장력은 16.4 mN/m이다(Than *et al*., 1988).

표 1.3 액체-공기 계면에 작용하는 표면장력[a]

Liquid	T(K)	γ(mN/m)
Water	293	72.88
	303	71.40
	313	69.92
Benzene	293	28.88
Ethanol	293	22.39
Mercury	293	486.5
	303	484.5

[a] Jasper (1972)에서 발췌함.

연속체 근사

이 책에서는 분자에 대한 기술이 많지 않은데, 연속체(continuum) 역학에서는 이들이 무시되기 때문이다. 유체역학에서 연속체에 대한 묘사는 1700년대 중반, 즉 분자의 존재가 확립되기 전에 이미 매우 높은 수준으로 발달해 있었다. 연속체 모델링은 일상에서 접하는 공기와 물처럼, 개별적인 분자들을 고려하지 않은 채 다룬다는 점에서 매우 자연스러운 방법이다. 또한 속도, 응력 그리고 물질 특징들이 위치에 따라 매끄럽게 바뀐다고 가정함에 따라 미적분학이라고 하는 강력한 기법을 활용할 수 있다. 일반적으로, 이러한 연속체 기법은 주어진 시스템에 충분한 양의 분자가 있어서 그것들의 효과를 평균 냈을 때의 값이 유의미한 경우 적용할 수 있다. 가장 쉽게 생각해 볼 수 있는 것으로 밀도가 있다. 국부(local) ρ의 값을 $\Delta V \rightarrow 0$일 때 $\Delta m/\Delta V$의 비로 표현하는 경우, 이것이 실제 의미하는 바는 ΔV가 전체 시스템의 부피에 비해서는 작지만 충분한 개수의 분자들을 포함할 만큼 큰 경우를 말한다. 만약 ΔV가 매우 작아서 단지 몇 개의 분자만이 들어있는 경우, 분자들의 열운동으로 인하여 ΔV에 해당되는 가상의 박스 안팎으로 분자들이 들어오거나 나가게 된다. 따라서 ρ의 값이 매우 요동치게 된다. 그러므로 ρ의 값은 시스템이 매우 작을 때는 예측 불가능하게 되며, 다른 특성도 이와 비슷한 경향을 보인다. 만약 시스템 내부의 분자 숫자가 충분하지 않다면 유체를 기술하는 모델도 결정론적(deterministic)이 아닌 확률론적(stochastic)한 경향을 따라야 한다.

시스템 크기와 상관없는 연속체 거동의 특징을 가지기 위해서는 시스템의 가장 작은 선형 차원(l)은 반드시 다음의 2개의 분자 길이 척도 중 큰 것보다 훨씬 커야 한다. 첫 번째 척도는 평균 중심 간격 기반의 분자 사이의 거리(r)이고, 다른 하나는 무작위하게 '도약'하는 분자들의 평균 이동거리이다. 액체 내 하나의 분자의 이동거리는 주로 r에 비하여 작지만, 기체 상태의 평균 충돌 거리(λ, 평균 자유 경로)는 r에 비하여 매우 크다. 이러한 경향으로 인해, 액체의 경우에는 r이 중요한 크기 척도이고, 기체에 있어서는 λ이다. $l \gg r$인 조건은 밀도에 대한 논의를 보면 자명하며, $l \ll \lambda$인 경우 기체 분자 간의 충돌이 기체와 시스템의 벽과의 충돌보다 많다고 볼 수 있다. 기체 분자들 간의 충돌을 통해서 운동량이 전달되고, 이러한 충돌 빈도가 μ를 결정한다. 만약 컨테이너가 지나치게 작아서 충돌이 주로 벽들과 일어난다면, 일반적으로 알려진 μ값을 적용할 수 없다.

물이나 유기용매의 r값은 0.4 nm 정도이다. 10배 정도의 차이가 충분하다고 하면, $l >$ 4 nm가 그런 액체들의 연속체 모델링에 있어서 중요한 기준이 된다. 운동학 이론(Kennard, 1938)에 의하면, 기체에서의 평균자유경로(mean free path)는 다음과 같다.

$$\lambda = \frac{k_B T}{\sqrt{2}\,\pi d^2 P} \tag{1.2-7}$$

여기서 k_B는 볼츠만 상수(1.38×10^{-23} J K^{-1})이고 d는 분자의 지름이다. $d = 0.3$ nm이고 상온, 상압 조건($P = 101$ kPa이고 $T = 293$ K)인 경우, $\lambda = 0.1\ \mu$m이다. 다시 10배의 차이가 충분하다고 하면, $l > 1\ \mu$m가 기체에서 연속체 모델링이 가능한 시스템의 크기이다. λ가 P에 반비례하므로, 희박기체의 경우 최소 시스템의 크기가 매우 증가하게 된다. 이 책에서는 이러한 연속체 해석을 위한 조건들이 모두 충족되었다고 가정하고 있으며, 추가적인 논의와 해당 조건에 대한 실험적인 뒷받침은 Deen (2012, pp.19~21)에 기술되어 있다.

1.3 척도와 무차원군

척도

이미 언급했듯이, 변수의 *척도(scale)*는 그 최댓값을 의미한다. 이 경우 위수 크기 정확도(Order-of-magnitude precision)면 충분하며, 절댓값만이 중요하다. 척도를 논함에 있어서, 독립변수(위치 또는 시간)와 종속변수(속도, 압력 그리고 전단 응력) 간에 차이가 있어야 한다. 독립변수의 경우, 보통 절댓값이 아니라 종속변수의 변화를 일으키는 상대적인 증가분(increment)이 중요하다. 예를 들면, 초당 한 번 진동하는 심장의 경우, 심혈관의 기능을 점검하기 위하여 수 분에서 수 시간 점검을 하지만, 동맥에서 압력의 변화에 대한 시간의 척도는 일 초이다. 따라서 해당 관심사항에 따라, 길이와 시간의 척도들은 위치와 시간에 따라 주로 *바뀌게(changes)* 된다.

이 책의 제II부와 제III부에서 볼 수 있듯이, 유체역학의 미분형 방정식들은 매우 복잡해서 유용한 결과를 도출하기 위해서는 다양한 가정들이 필요하다. 해석적 혹은 전산 모델 안에 모든 가능한 힘을 다 포함시키는 것은 보통 실용적이지 않다. 그러나 주어진 시스템에서 어떤 힘들은 지배적이고 다른 힘들은 무시할 만큼 작으므로, 모든 힘을 다 포함시키는 것은 불필요하기도 하다. 이 경우, 어떤 힘이 시스템에서 중요한지 확인하기 위해 각 힘들의 척도를 비교할 수 있다. 비록 아직 다양한 가정의 활용이 명확히 설명되지는 않았으나, 지금부터 어떤 것이 '크고 작은지' 그리고 어떤 단순화 과정이 유용한지 고려해 보도록 하겠다.

앞서 1.2절에서 다룬 특징과 시스템에서의 길이와 속도 척도를 통해서 힘의 크기가 결정된다. 몇몇 크기 척도(L)와 속도 척도(U)는 표 1.4에 정리되어 있다. 여기서 다루는 시스템은 콜로이드성의 입자들이 물 안에 가라앉을 때; 물에서 유영하는 박테리아; 모세관에서 혈장의 유동; 미세유체소자 내의 물의 유동; 물 내부에서 솟아오르는 공기 방울; 커다란 동맥에서의 혈류; 화학공장에서 파이프 내 액체 유동; 커다란 파이프배관(pipeline)의 원유 유동; 고속도로에서의 차나 레일을 고속으로 달려가는 열차에 대한 상대적인 공기의 유동 등이 있고

표 1.4 유체역학의 길이와 속도 척도[a]

System	L(m)	U(m s^{-1})	LU(m^2 s^{-1})	Re
Colloidal particle	1×10^{-7}	5×10^{-9}	5×10^{-16}	5×10^{-10}
Bacterium	1×10^{-6}	1×10^{-5}	1×10^{-11}	1×10^{-5}
Blood capillary	1×10^{-5}	1×10^{-3}	1×10^{-8}	1×10^{-2}
Microfluidic channel	1×10^{-4}	1×10^{-2}	1×10^{-6}	1
Air bubble	1×10^{-3}	0.3	3×10^{-4}	3×10^{2}
Major artery	3×10^{-2}	0.1	3×10^{-3}	8×10^{2}
Process pipe	0.1	1	0.1	1×10^{5}
Oil pipeline	1	3	3	3×10^{5}
Automobile or train	3	30	90	6×10^{6}

[a] Re = LU/ν를 계산하기 위한 ν는 상온하의 물이나 공기에 해당하는 값을 사용했다. 혈액이나 가열된 파이프 배관(pipeline) 내 원유의 동점도는 상온의 물에 비해 대략 각각 4배에서 10배에 달한다고 가정했다. 37°C의 혈장의 경우, ν는 20°C의 물과 거의 같다. 공기 방울의 경우, 물의 ν값이 사용되었다.

그에 대한 값들이 정리되어 있다. 각각의 경우, L은 지름 혹은 다른 단면적의 크기이고 U는 유로 안의 평균 속도이거나 물체와 그를 둘러싼 유체와의 속도 차이이다. 교통수단의 경우들은 제외하고, 대부분의 시스템들은 화학공학에서 다루어질 수 있다. 비록 기상학, 선박 혹은 비행기 설계, 그리고 지구물리학 등의 분야들이 표 1.4에서 제외되어 있지만, 길이와 속도의 범위는 대략 각각 7과 10 자릿수의 변화를 포함할 정도로 매우 넓다. 만약 L과 U가 독립적으로 변한다면, LU와 같이 곱을 고려하는 경우에는 그 차이가 17 자릿수에 달하며, 차후에 정의될 무차원 수인 Reynolds 수 Re도 이와 비슷하게 변한다고 볼 수 있다.

차원

역학에 있어서, 충분한 주요 차원 집합(set)은 질량(M), 길이(L), 그리고 시간(T)이다. 표 1.5에서 볼 수 있듯이 다양한 차원들은 이들을 이용하여 유도될 수 있다. 차원(dimensions)과 관련된 식들은 대괄호 안에 넣어서 표현할 수 있다. 예를 들어 압력의 차원은 다음과 같이 표현된다.

$$[P] = \mathrm{ML^{-1}T^{-2}}. \tag{1.3-1}$$

이 경우 '차원'이 복수(dimensions)가 아닌 단수(dimension)로 사용되는데, 이는 여러 가지 기본 차원들(dimensions)의 조합이기 때문이다. 차원(dimensions)의 경우 로마자(예를 들면 L)로 표현되는 반면 변수 혹은 매개변수들은 이탤릭체로 표시된다(예를 들면 L).

표 1.5 질량, 길이 그리고 시간과 관련된 물리량의 차원

Quantity	Dimension	Quantity	Dimension
Mass	M	Energy	ML^2T^{-2}
Length	L	Power	ML^2T^{-3}
Time	T	Viscosity	$ML^{-1}T^{-1}$
Velocity	LT^{-1}	Density	ML^{-3}
Acceleration	LT^{-2}	Kinematic viscosity	L^2T^{-1}
Force	MLT^{-2}	Surface tension	MT^{-2}
Stress or pressure	$ML^{-1}T^{-2}$	Angle	None

응력 척도

다음에 볼 수 있듯이, 응력의 차원을 가지는 네 가지 독립적인 무차원 군은 μ, ρ, γ, g, L 그리고 U로부터 유도가 된다. 각각의 응력 척도는 힘의 종류와 연관이 되며, 해당되는 힘의 척도는 각각의 응력척도에 면적 척도 L^2를 곱해서 구해진다. 따라서 힘의 비는 응력의 비와 같다.[3)]

*관성 응력(inertial stress)*의 척도는 유체의 운동량에 상당한 변화를 일으키기 위한 힘이다. 이 크기는 유체요소(element)를 멈추기 위한 힘 혹은 그 운동량을 일정 시간 동안 두 배로 늘리는 데 걸리는 힘을 계산함으로써 유추할 수 있다. 길이가 l인 정육면체 형태의 유체요소를 고려해보자. 그 초기속도는 U이고 해당속도에서 한 길이 단위만큼 움직이는 데 걸리는 시간은 l/U이다. 유체요소의 질량은 ρl^3이고, 초기 운동량은 $\rho l^3 U$이다. 이때 운동량을 *변화시키*는 힘은 정육면체의 한쪽 면에 작용하는 응력으로 표현된다. 이러한 운동량의 변화를 응력, 면적 그리고 시간의 곱으로 표현하면 $\rho l^3 U$ = (응력)$(l^2)(l/U)$ 혹은 응력 = ρU^2이다.

관성 응력은 차원을 고려해서 유추할 수도 있다. ρU가 단위 부피당 운동량이므로, ρ와 U는 반드시 포함되어야 하고, 또한 L도 포함될 수 있다. 남아있는 다른 물리량들(μ, γ 및 g)은 관성 응력이 아닌 다른 종류의 응력들과 연관이 된다. 그러면, 이제 관심이 있는 사항은 ρ, U 그리고 L의 곱과 그것들의 지수승을 활용하여 응력의 차원을 가지는 값을 도출해내는 것이다. 이러한 상황을 다음과 같이 표시할 수 있다.

$$ML^{-1}T^{-2} = [\rho]^a[U]^b[L]^c = [ML^{-3}]^a[LT^{-1}]^b[L]^c \qquad (1.3\text{-}2)$$

---

3) 압력은 뒤에서 더 자세히 다룰 응력의 일종이지만, 다른 힘에 의해 유도가 되므로 지금은 무시될 수 있다. Kármán (1954. p75)에서는 다음과 같이 언급되어 있다. "비압축성 유체의 경우, 압력은 수동적인 반작용이며, 그 크기는 각 유체 구성요소에서 다른 힘들과 평형을 유지하기 위할 정도의 크기를 가진다."

여기서 a, b 그리고 c는 지수로서 결정되어야 할 값이다. 위의 관계식이 성립하기 위해서는 M, L 그리고 T 각각의 지수들이 서로 일치해야 하므로 다음과 같다.

$$\text{M:} \quad 1 = a \tag{1.3-3a}$$

$$\text{L:} \quad -1 = -3a + b + c \tag{1.3-3b}$$

$$\text{T:} \quad -2 = -b. \tag{1.3-3c}$$

위의 식 (1.3-3)을 만족시키는 값은 $a = 1, b = 2$ 그리고 $c = 0$이며 이는 관성 응력의 척도가 ρU^2임을 의미한다. 여기서 L이 차원에 근거하여 자연스럽게 제외됨을 확인할 수 있다.

다른 세 가지 응력의 척도들도 쉽게 확인할 수 있다. 식 (1.2-1)에서 볼 수 있듯이, 전단 응력은 점도와 속도의 곱을 길이로 나눈 값이다. 따라서 $\mu U/L$은 *점성 응력(viscous stress)* 척도이다. 중력으로 인한 단위 부피당 힘은 ρg이므로, 응력의 차원을 가지기 위해서는 이 값에다 L이 곱해져야 한다. 따라서 ρgL이 중력과 *관계된 응력(gravitational stress)*의 척도이다. γ가 단위 길이당 힘이므로, *표면장력(surface tension)*과 연관된 응력은 γ/L로 표현된다. 이 모든 스케일들은 정확하게 $\text{ML}^{-1}\,\text{T}^{-2}$의 차원을 가지는데, 이는 식 (1.3-2)를 통해서 확인할 수 있다.

무차원 군

무차원 군은 다양한 척도를 비교하는 방법을 제공한다. 조합가능한 모든 네 가지 응력(또는 힘)들의 비를 고려하는 경우, 6개의 독립적인 무차원 군 혹은 '숫자'들이 구성될 수 있다. 이 중 5개는 이미 저명한 학자들의 이름을 따서 지어졌다. 이 무차원 응력 비들은 주로 2개의 영문자로 표시되며 표 1.6에 정리되어 있다.

이들 중 가장 중요한 무차원 군은 *Reynolds 수(Reynolds number;* Re)이며 이는 관성에 대한 점성 응력의 비이다.[4] 2장과 3장에서 볼 수 있듯이, 이 수는 힘과 유량에 대한 실험 자료를 서로 연관시켜주는 중요한 역할을 한다. 또한 이 수는 제III부에서 보게 될 이론적인 해석에 있어서 수학적 어려움을 나타내는 가장 중요한 지표이기도 하다. 만약 Re가 1보다 매우 작다면, 운동량 보존을 묘사하는 미분항 방정식은 선형 방정식이 되기 때문에 계산이 매우 간단해진다. 반대로, Re가 일정 문턱치를 넘어 큰 값을 가지게 되면, 정렬된 형태의 층류

---

4) Osborne Reynolds (1842~1912)는 영국 맨체스터 대학의 공대 교수로, 그의 파이프 내 물의 유동에 대한 실험은 1883년에 수행되었다. 이 실험을 통해서 밝혀진 중요한 무차원군은 그의 이름을 따서 지어졌다. 그는 수력학적 윤활법(hydrodynamic lubrication) 이론을 정립했고(8장), 난류 유동의 해석에 아직도 사용되고 있는 시간평균(time-averaging) 방법을 고안해 냈다(10장).

표 1.6 응력 혹은 힘의 비와 연관된 무차원 군

Stress or force ratio	Definition	Name
$\frac{\text{Inertial}}{\text{Viscous}}$	$\text{Re} = \frac{\rho UL}{\mu} = \frac{UL}{\nu}$	Reynolds
$\frac{\text{Inertial}}{\text{Gravitational}}$	$\text{Fr} = \frac{U^2}{gL}$	Froude
$\frac{\text{Inertial}}{\text{Surface Tension}}$	$\text{We} = \frac{\rho U^2 L}{\gamma}$	Weber
$\frac{\text{Viscous}}{\text{Gravitational}}$	$\frac{\text{Fr}}{\text{Re}} = \frac{\mu U}{\rho g L^2} = \frac{\nu U}{g L^2} = \frac{\text{Ca}}{\text{Bo}}$	–
$\frac{\text{Viscous}}{\text{Surface Tension}}$	$\text{Ca} = \frac{\mu U}{\gamma}$	Capillary
$\frac{\text{Gravitational}}{\text{Surface Tension}}$	$\text{Bo} = \frac{\rho g L^2}{\gamma}$	Bond

로부터 벗어나서 혼돈 상태를 가지는 난류 형태로 전이(transition)하게 된다. 이 임계값(critical value)은 시스템마다 다르지만, 종종 수천 정도의 값을 가진다. 다양한 시스템에서 도출되는 다양한 Re의 값은 표 1.4에 정리되어 있다. 첫 세 항목은 낮은 Re 유동이고, 다음 세 항목은 중간 정도부터 큰 값의 Re에 해당되는 층류 유동이고, 나머지 세 항목은 난류와 연관되어 있다.

무차원 군이 단지 응력과 힘의 비로만 구성될 필요는 없다. 표 1.6에 나열되지 않은 세 가지 무차원 군은 1.2절의 내용에서 유추될 수 있다. 기체의 평균 자유 경로와 시스템의 차원의 비를 *Knudsen* 수, Kn이라고 한다. 따라서 좁은 공간 안의 기체 유동을 위한 연속체 모델링에 있어서 필요한 조건은 $\text{Kn} \ll 1$이다. 유체의 속도와 음속의 비는 *Mach* 수, Ma라 한다. 기체의 압축성을 무시하기 위해서는 $\text{Ma} \ll 1$의 조건이 필요하다. 고분자의 완화시간(relaxation time)과 실험 시간 척도(experimental time scale)의 비를 *Deborah* 수, De라고 한다. 점탄성 효과는 $\text{De} \ll 1$일 때 무시된다.

무차원 군은 종종 시간 척도의 비로 이해될 수 있다. *공정 시간 척도(process time scale*, t_p)는 전체 공정 시간을 의미하거나 혹은 해석하고자 하는 시스템에 부여된 시간 척도로 결정된다. 예를 들어 탱크 내의 유체를 비워내는 공정에서의 공정 시간 척도는 전체 공정 시간을 의미하고, 심장의 주기적인 맥동의 경우에는 부여된 시간 척도라 할 수 있다. 공정 시간 척도는 특징적인(characteristic) 길이와 속도로부터 유도될 수 있으며, 이를 *대류(convective)* 시간 척도 $t_c = L/U$라 한다. 과정 시간 척도와 대류 시간 척도의 비는 *Strouhal* 수 $\text{Sr} = t_p U/L$라 한다. 모든 속도의 비는 시간 척도의 비로 이해될 수 있으며, 시간 척도가 작을수록, 속도가 빠르다 할 수 있다. 물론, 힘은 운동량 전달의 속도라 볼 수 있다. $t_\upsilon = L^2/\upsilon$를 *점성(viscous)*

시간 척도라 할 때, Reynolds 수를 $\mathrm{Re} = t_v/t_c$로 해석할 수 있다. 시간 척도를 비교하는 것은 지속적으로 일어나는 현상들(events)과 연관된 공정의 해석에 유용하다. 만일, 반드시 일어나야 할 단계 중 하나의 단계가 다른 단계에 비하여 훨씬 더 긴 시간 척도를 가지는 경우, 얼마나 빨리 해당 과정들이 마무리 지어질지 결정하는 데 중요한 역할을 한다.

다양한 과학 및 공학 분야의 종류를 감안해 볼 때 무차원 수의 개수는 무한히 많다. 일부 화학공학 관련 서적(Catchpole and Fulford, 1966)의 경우 약 200개의 무차원수를 보고했다. 이러한 무수히 많은 숫자의 무차원 수 중, 유체역학에서 중요한 수는 표 1.6과 다음의 두 단락에서 볼 수 있다.

예제 1.3-1 • 깊은 물 파도. 커다란 규모의 물 파도(water waves)에 영향을 미치는 힘은 무엇일까? 일련의 파도를 해석하기 위해 파장(wavelength, λ), 파고(wave height, h) 그리고 파속(wave speed c)을 고려해 보자.

액체 표면의 평탄화 경향은 중력과 표면장력의 비교를 통해서 확인할 수 있다. 중력은 파장의 꼭대기(peak)에서 골(trough)을 향하는 유동을 유발함으로써 평탄화 경향을 만들고, 표면장력은 주름진 부분을 평탄하게 당기는 방향으로 작용한다. 표 1.6에 있는 *Bond* 수가 이 상황에서 사용될 수 있다. $L = h = 0.1$ m라고 하면 다음과 같다.

$$\mathrm{Bo} = \frac{\rho g h^2}{\gamma} = \frac{(1 \times 10^3)(9.81)(0.1)^2}{7 \times 10^{-2}} = 1.4 \times 10^3.$$

대양이나 큰 호수의 파도는 0.1 m보다 작지 않을 것이며 훨씬 클 것이다. 따라서 표면장력의 효과는 중력과 비교하여 무시할 수 있다. 일반적으로 $\lambda > h$이므로, Bo는 $L = \lambda$일 때 훨씬 더 커진다. Bo = 1이 되는 길이 $[\gamma = (\rho g)]^{1/2}$를 *모세관 길이(capillary length)*라 한다. 따라서 Bo는 단지 응력이나 힘의 비가 아니라, 시스템 크기를 모세관 길이로 나눈 비율(각각을 제곱한 것의 비)로도 볼 수 있다. 표면장력이 중력과 경쟁하기 위해서는 L이 모세관 길이보다 작거나 비슷해야 하는데, 상온에서 물의 모세관 길이는 3 mm이다. 결론적으로, 심해파도에서는 Bo ≫1일 경우, 깊은 물 파동의 크기가 평탄화되지 않고 유지된다고 결론지을 수 있다.

Reynolds 수의 값은 항상 중요하다. $L = h = 0.1$ m을 다시 한 번 사용하고, $U = c = 1$ m/s를 가정하면, 다음과 같이 된다.

$$\mathrm{Re} = \frac{hc}{\nu} = \frac{(0.1)(1)}{1 \times 10^{-6}} = 1 \times 10^5.$$

이는 관성 응력에 비해 점성 응력이 상대적으로 무시될 수 있음을 보여준다. 이러한 Re 관점에서도 실제파도의 길이와 속도가 위에서 사용된 값보다 크다는 점을 고려할 때 결론적으로 파도의 크기가 유지됨을 짐작할 수 있다. (역자 주: 점성력은 파도의 흐름을 방해하나 관성력은 파도의 모양을 유지하고자 한다.) 잊지 말아야 할 점은 일반적으로 고체 표면이 존재하는 경우, Re가 크더라도 점성 응력은 무시할 수 없다. 그러나 깊은 물 파동은 이러한 고체 표면을 고려할 필요가 없다.

마지막은 관성과 중력의 비교이며 이는 *Froude* 수(표 1.6)를 통해서 확인할 수 있다. 앞서 살펴본 길이와 속도를 그대로 사용하면, 다음과 같이 계산된다.

$$\mathrm{Fr} = \frac{c^2}{gh} = \frac{(1)^2}{(9.81)(0.1)} = 1.0.$$

여기서 Fr이 정확하게 1인 이유는 c와 h의 값들이 위수 크기 추산된 예측치이기 때문이다. 중요한 점은 Fr의 값이 1에서 크게 벗어나지 않는 이상 관성과 중력은 그 크기가 비슷하다 할 수 있다는 것이다. 위와 같은 무차원 수의 해석을 통해서 최종 얻을 수 있는 결론은 심해 파도의 경우, 중력과 관성력만이 깊은 물 파동의 움직임에 영향을 미친다는 점이며, 파도의 움직임에 대한 자세한 해석은 예제 1.4-1에서 더 진행하겠다.

예제 1.3-2 ● 잉크젯 출력. 액체 제트(jet)가 액적(drop)들로 끊어지는 현상은 잉크젯 출력에 있어서 매우 중요한 현상이다. 프린터의 노즐을 떠난 제트에 크게 영향을 미치는 힘은 무엇일까? 이와 같은 시스템에서 합리적인 길이와 속도의 척도는 각각 노즐의 지름과 제트의 속도이다. Wijshoff (2010)의 자료에 의하면, $L = 32\ \mu\text{m}$, $U = 7$ m/s, $\mu = 1 \times 10^{-2}$ Pa · s, $\gamma = 3 \times 10^{-2}$ N/m, $\rho = 1 \times 10^3$ kg/m^3 그리고 $\nu = 1 \times 10^{-5}$ m^2/s이다. 이를 보면 매우 작은 크기의 시스템에 비하여 속도가 매우 빠름을 확인할 수 있다. 잉크의 점도는 물의 10배 정도로 크나, 표면장력은 약 40% 정도밖에 안 된다.

우선 중력과 표면장력의 비를 조사하면, Bond 수는 다음과 같다.

$$\mathrm{Bo} = \frac{\rho g L^2}{\gamma} = \frac{(1 \times 10^3)(9.81)(3.2 \times 10^{-5})^2}{3 \times 10^{-2}} = 3.4 \times 10^{-4}$$

이 값은 중력이 무시될 수 있음을 보여준다. 잉크의 모세관 길이는 대략 2 mm이며 이는 노즐의 지름보다 훨씬 크다. 점성력과 표면장력의 비는 *모세관 수*에 의해 산출될 수 있다(표 1.6).

$$\mathrm{Ca} = \frac{\mu U}{\gamma} = \frac{(1 \times 10^{-2})(7)}{3 \times 10^{-2}} = 2.3.$$

해당 값이 1보다 현저하게 크지 않다는 점에서, 액적의 형성은 (제트를 끊으려 하는) 표면 장력과 (이러한 현상에 저항하는) 점성 응력의 경쟁으로 이루어진다고 볼 수 있다. 이때 Reynolds 수는 다음과 같다.

$$\mathrm{Re} = \frac{LU}{\nu} = \frac{(3.2 \times 10^{-5})(7)}{1 \times 10^{-5}} = 22$$

이 값은 시스템에서 관성력이 중요하나, 점성 응력의 역할을 무시할 만큼 크지는 않음을 확인 할 수 있다. 만일 이와 같이 위수 크기 추산(order-of-magnitude estimates)을 하는 경우, 특정한 종류의 힘을 해석에서 배제할 때 조심해야 한다. 최종 결론은 관성, 점성, 그리고 표면장력이 모두 중요하나 중력은 무시할 수 있다는 점이다. 이러한 결론은 Wijshoff (2010)가 설명한 실험 및 계산 결과와 일치한다. 이러한 방법 이외에도, Ohnesorge 수(문제 1.7)를 통하여 표면장력에 의해 액적으로 부서지는 현상에 저항하는 관성과 점도의 상대적인 중요도를 비교할 수도 있다.

1.4 차원 해석

1.3절에서는 다양한 물리량을 조합하여 무차원 군으로 표현하였을 때 현상을 통찰할 수 있음을 보여주었다. 여기서는 과정이나 현상에 연관된 물리량들의 차원을 통해서 얻을 수 있는 다양한 내용들을 보여주고자 한다. 이러한 *차원 해석(dimensional analysis)*은 크게 두 가지 목적을 가지고 있다. 첫 번째는 시스템이 지니고 있는 물리적인 상관관계를 매우 범용적인 방식으로 표현하기 위해서이고, 두 번째는 실험이나 계산의 수행에 필요한 변수들의 숫자를 최소화하기 위해서이다. 이러한 주제에 관심 있는 독자들은 이 후의 내용 이외에도 Bridgman (1931)과 Barenblatt (1996)의 1장을 살펴보길 권장한다.

Pi 이론

Pi 이론(Pi theorem)의 핵심은 다음과 같다. 만약 공정이나 현상이 m개의 독립적인 차원을 가진 n개의 물리량에 의해 좌우되면, 공정이나 현상을 좌우하는 독립적인 무차원 군의 개수가 $n - m$이다. 이를 다르게 해석하면, 구하고자 하는 하나의 무차원 군을 모르는 경우, 그것은 최대 $n - m - 1$개의 다른 무차원 군에 대한 함수이다. 만일 해석하고자 하는 물리량과 관련된 어떤 값이 무차원이라면 그것은 이미 무차원 군 중 하나라 할 수 있다. Pi 이론에 대한 증명은 Bridgman (1931, pp.37~40)에서 찾을 수 있다.

Pi 이론에서 주목해야 할 단어는 '독립적'이다. 만약 주어진 집합(set)의 어떤 차원이 다른 것들의 (지수승을 감안한) 곱으로 표현된다면 그것은 독립적이라 볼 수 없다. 가장 이해하기 쉬운 종속적인 형태는 둘 이상의 수량이 동일한 차원을 가지는 경우인데, 이 경우는 오직 하나만이 독립이다. 게다가, 단순히 값의 지수승을 바꾸는 것만으로는 독립적인 차원 혹은 독립적인 무차원 군이 만들어지지 않는다.

Pi 이론의 활용에 있어서, m은 종종 주요 차원(예를 들면 M, L, 그리고 T 중에서)의 개수로 볼 수 있다. m은 일반적으로 독립 차원의 수와 같지만 항상 동일하지는 않다. 이러한 차이는 다음의 간단한 예제로 쉽게 이해할 수 있다. 어떤 현상에 오직 2개의 속도 u와 v만이 관여한다고 가정하자. 두 변수 모두 차원은 LT^{-1}로서, 2개의 지배적인 물리량 중 단 하나의 독립적인 차원만 가지고 있다. 따라서 단 하나의 무차원 그룹이 존재하며 u/v 혹은 좀 더 일반적으로 지수 a가 1이 아닌 $(u/v)^a$ 형태로 표현된다. 여기서 $n - m = 2 - 1 = 1$ 로서 Pi 이론과 일치한다. 만일 주요 차원(L과 T)의 개수를 그대로 활용하면, $m = 2$인 동시에 $n = 2$이므로 무차원 군이 없다는 잘못된 결론을 도출할 수 있다.

예제 1.4-1 ● 파도의 속도. 예제 1.3-1에서 커다란 규모의 바다와 같은 규모의 물은 관성과 중력의 영향만을 받는다고 했다. 점도와 표면장력을 제외하고, 파동(wave)의 역학에서 중요하게 다루어지는 물리량들을 보면 ρ, g, 파속(wave speed, c), 파장(wave length, λ), 평균 수심(H), 그리고 파고(wave height, h) 등이 있다. 여기서 차원 해석의 목표는 c를 다른 5개의 물리량들과 연결시키는 것이다. 이는 곧, c를 5개의 매개변수들에 의존하는 알려지지 않은 값으로 간주함을 의미한다.

이 6개의 물리량 중 ρ, c 그리고 λ는 각각 차원적으로 볼 때 서로 독립적이다. 이들 중 ρ만 질량을 가지고 있으며, c만 시간을, 그리고 ρ와 c의 어떤 곱의 조합으로도 질량과 시간의 차원들을 상쇄하여 λ에 해당되는 길이를 도출하지 못한다. H와 h는 역시 길이의 차원을 가지고 있으므로, λ로부터 독립적일 수 없다. $g(LT^{-2})$의 차원은 c^2/λ와 같아서 다른 물리량들로부터 독립적이지 못하다. 따라서 6개의 물리량은 세 가지 독립적인 차원을 가지고 있고, 이것들의 총 개수는 주요 차원들의 개수와 동일하다.

$n = 6$이고 $m = 3$이므로, Pi 이론에 따르면 세 가지 독립적인 무차원 군이 존재하며 이를 N_1, N_2 그리고 N_3라 지칭하겠다. 편의상 이들 중 첫 번째 것을 고립시킬 수 있으며, 이는 N_1을 c와 속도 척도의 비로 표현한다는 것인데, 여기서 속도 척도는 ρ, g 그리고 λ를 통해서 도출되는 척도이다. (속도 척도를 구할 때, H나 h를 λ대신 사용할 수 있으나, 하나 이상의 길이

를 해석에 포함시키는 것은 어떤 차원 해석 관련 정보를 추가하지 못함을 명심하자.) 이때 속도 척도는 다음과 같이 정해질 수 있다.[5)]

$$LT^{-1} = [\rho]^a[g]^b[\lambda]^c = [ML^{-3}]^a[LT^{-2}]^bL^c. \tag{1.4-1}$$

여기서 M은 좌변에 없고, ρ에만 존재하므로, $a = 0$임은 자명하다. 식 (1.4-1)에 있는 나머지 지수들은 다음에 의해 결정된다.

$$\text{L:} \quad 1 = b + c \tag{1.4-2a}$$

$$\text{T:} \quad -1 = -2b. \tag{1.4-2b}$$

따라서 $b = c = 1/2$이고 첫 번째 무차원 그룹은 다음과 같다.

$$N_1 = \frac{c}{(g\lambda)^{1/2}} \tag{1.4-3}$$

이는 표 1.6에 등장하는 c와 λ를 사용한 Froude 수의 제곱근과 같다.

6개의 물리량 중 ρ만이 M을 지니므로, 이것은 N_1뿐만 아니라 다른 무차원 군들에서도 제외되어야 한다. 따라서 ρ는 포함되어서는 안 되며, 이는 사실상 $n = 5$이고 $m = 2$임을 의미한다. 총 무차원수는 여전히 3개로 동일하다. 두 번째와 세 번째 독립적 군은 N_1에서 사용되지 않는 다른 물리량들(H나 h)을 사용하여 구해질 수 있다. 가장 간단한 선택은 다음의 길이 비들이다.

$$N_2 = \frac{H}{\lambda} \tag{1.4-4}$$

$$N_3 = \frac{h}{\lambda}. \tag{1.4-5}$$

이 비들 만이 유일한 선택은 아니다. 예를 들어 h/H도 사용될 수 있다.

이 세 무차원 변수들을 이용하여, 파속은 다음과 같은 함수로부터 구해질 수 있다.

$$F(N_1, N_2, N_3) = 0. \tag{1.4-6}$$

비록 차원 해석이 함수의 형태를 알려주지는 않으나, 원칙상 이 함수를 통하여 N_1를 도출할 수 있다.

$$N_1 = f(N_2, N_3) \tag{1.4-7}$$

---

5) 지수 c를 파속과 혼동하면 안 된다.

여기서 $f(x, y)$는 또 다른 함수이다. 따라서 결론적으로 다음과 같은 식이 만들어진다.

$$\frac{c}{(g\lambda)^{1/2}} = f\left(\frac{H}{\lambda}, \frac{h}{\lambda}\right). \tag{1.4-8}$$

비록 차원 해석이 $f(x, y)$의 실제를 알려주지는 않으나, 그럼에도 차원 해석은 매우 유용하다. 이는 5개의 변수와(하나의 상수 g)로 구성된 문제를 단지 3개의 무차원 변수로 구성된 문제로 줄이는 효과를 가져온다. 만약 파속을 실험적으로 연구하기를 원한다면 파속 c를 다양한 λ, H 그리고 h에 대하여 측정하는 방법이 있다. 식 (1.4-8)을 활용한다면, H/λ와 h/λ 가 각각 열 가지 다른 상황(총 100개의 실험)을 통하여 의미 있는 $f(x, y)$의 형태를 구할 수 있을 것이다. 그러나 차원 해석이 없이는 λ, H, h 그리고 ρ 모든 물리량들에 대한 각각 열 가지 다른 값들에 대한 실험을 수행하게 되면 이는 결국 10,000개의 실험이 필요함을 의미한다!

실험, 이론 혹은 물리적 직관을 활용해서 더 많은 변수들이 제거될수록 차원 해석을 통해 얻어지는 결론은 더 엄밀해진다. 다음의 두 가지 경우가 파도에 대하여 적용될 수 있다. (i) $H/\lambda \to \infty$인 경우, 즉, 물의 깊이가 너무 깊어서 바닥이 표면에 영향을 주지 못하는 경우와 (ii) $h/\lambda \to 0$인 경우, 파고가 너무 작아 c에 영향을 주지 못하는 경우가 있다. 이 두 가지 극단적인 경우들에 대하여, 정확한 H/λ와 h/λ의 값들은 의미가 없다. 이는 곧, $x \to \infty$와 $y \to 0$일 때 $f(x, y)$가 상수로 점근함을 의미한다.[6] 이 상수를 K라 하면, 식 (1.4-8)은 다음과 같이 된다.

$$c = K(g\lambda)^{1/2} \quad (H/\lambda \to \infty \text{ and } h/\lambda \to 0). \tag{1.4-9}$$

자세한 이론적인 해석은 예제 9.2-3에서 볼 수 있는데, 이는 곧 작은 진폭의 심해 파도에 대해 c가 $(g\lambda)^{1/2}$의 크기에 의해 좌우됨을 볼 수 있다. 게다가, 이때 $K = (2\pi)^{-1/2} = 0.399$이다.

예제 1.4-2 • 파이프 유동 내의 전단 응력. 원통형 파이프 내부에서 뉴톤 유체가 시간에 따라 변하지 않는 정상상태 유동을 가지는 경우는 화학공학에서 가장 유명한 유체역학 문제로 자주 다루어진다. 이 문제에서는 차원 해석을 통해, 길고 지름이 D인 파이프를 평균 속도 U로 흐르는 유체에서 무엇이 벽 전단 응력 τ_w를 결정할 것이다.

실험과 이론에서, 충분히 길고 표면이 매끈한 파이프의 벽에서 τ_w는 오직 U, D, ρ 그리고

---

6) 반대로, 만약 $f(x, y)$와 같은 함수가 어떤 조건하에서 상수라면, 이는 곧 적어도 하나의 x와 y와 같은 독립변수 중 적어도 하나는 매우 작거나 매우 큼을 의미한다.

μ에 의해서만 결정된다. 그러한 파이프에서 τ_w는 표면에서 일정하다고 알려져 있기 때문에, 파이프의 위치와 길이는 고려대상이 아니다. 액-액 계면이 없으므로, 표면장력도 하는 역할이 없다. 게다가, 비록 g가 U에 영향을 미칠 수도 있으나(2장), 유체로 채워진 파이프에서는 중력도 중요한 역할을 하지 않는다.

D, U 그리고 ρ의 차원은 독립적이다. 왜냐하면, M은 ρ에서만 나타나고, T는 U에서만, 그리고 어떠한 ρ와 U의 조합으로도 M과 T를 상쇄시켜서 D로부터 얻을 수 있는 L을 구할 수 없기 때문이다. 그러나 μ는 독립적이지 않은데, 이는 ρUD와 $\tau_w D/U$ 모두 $\mathrm{ML^{-1}T^{-1}}$의 차원을 가지기 때문이다. 관성 응력(ρU^2)과 점성 응력($\mu U/D$)이 모두 관여하므로, τ_w 또한 독립적인 차원을 가지지 못한다.

다섯 가지 물리량과 세 가지 독립적인 차원을 가지고, Pi 이론을 활용하면 $5 - 3 = 2$가지 독립적인 무차원군을 찾을 수 있다. 여기서 τ_w가 미지수이므로, N_1에만 나타난다. 가장 간단한 N_1은 τ_w를 ρU^2 혹은 $\mu U/D$로 나누는 것이다. 일반적인 파이프 유동 해석에 많이 쓰는 방식을 따라, 관성 응력 척도의 절반을 사용해서 표현한다면 $N_1 = 2\tau_w/(\rho U^2)$ 가 된다. τ_w를 제외한 나머지 물리량으로는 Reynolds 수를 구성할 수 있다. 따라서 $N_2 = \mathrm{Re} = UD\rho/\mu = UD/\nu$이고, 결론은 다음과 같다.

$$\frac{2\tau_w}{\rho U^2} = f(\mathrm{Re}). \qquad (1.4\text{-}10)$$

파이프 유동에 대해서 함수 f를 *마찰인자(friction factor)*라고 하며, 2장에서는 이 함수를 데이터로부터 어떻게 도출해 내고, 디자인에 활용하는지를 다룬다. 여기서 5개의 차원을 가진 물리량을 줄여서 2개의 무차원 변수로 줄였으므로, 앞서 본 예제보다 더 많이 줄였기 때문에 차원 해석의 효과를 더 봤다고 할 수 있다.

차원 해석은 N_1의 분모에 적합한 선택이 관성 응력인지 점성 응력인지를 알려주지는 않는다. 식 (1.4-10)과 같이 관성을 강조하는 경우, 높은 Re의 경우에 사용된다(표 1.4 참조). 그러나 관심 있는 상황이 작은 Re를 가지는 파이프 유동이라면, 관성을 무시하고 점성 응력을 선택하는 것이 합리적이다. 이때 적합한 N_1은 다음과 같다.

$$\frac{\tau_w D}{\mu U} = K \quad (\mathrm{Re} \ll 1) \qquad (1.4\text{-}11)$$

여기서 K는 상수인데, 이는 더 이상 Re의 정확한 값이 별 의미가 없고 충분히 작기만 하면 되기 때문이다. 이와 같이 하나의 변수(Re)가 제거된 상황에서 남은 한 가지(새로운 N_1)는 위에서 보듯 상수가 되어야만 한다. 차원적으로, 관성이 무시되는 상황은 시스템을 지배하는 물리량에서 ρ가 제외되는 것을 의미하고, 이는 필요한 무차원 군이 하나가 됨을 의미한다. Re < 2100(2장)에서 f = 16/Re임이 실험과 이론 모두를 통해 알려져 있고, 이는 K = 8임을 의미한다. 파이프 유동의 더 상세한 해석(7장)은 왜 식 (1.4-11)이 Re ≪ 1이 아닌 Re < 2100 조건이면 충분한지를 보여준다.

예제 1.4-3 • 원자탄 폭발의 에너지. 저명한 영국의 유체역학자 G. I. Taylor는 매우 유명한 논문을 통해서 초기 미국의 폭발 테스트를 촬영한 시간 흐름에 따른 사진들로부터 원자탄 폭발의 에너지량(E)을 계산하였다(Taylor, 1950). 비록 그가 계산한 방식이 강력한 폭발로 인해 생기는 구형 충격파의 역학적 해석을 기반으로 하여 도출된 것이지만, 그가 도출한 주요 결과는 차원 해석만으로도 도출할 수 있다(Barenblatt, 1996, pp.47~50). 1947년에 출판된 영상에 의하면, 폭발로 인한 반구형 화구(fireball)의 반지름(R)이 시간(t)의 함수임을 보여준다. 이때 t = 0은 거의 순간적인 폭발(detonation)에 해당한다. 폭발이 주변 대기를 밀친다는 점에서, (압력이 급격하게 줄어드는 경계에 해당하는) 반구가 팽창하는 속도는 주위 공기의 밀도(ρ)에 영향을 받는다. 이러한 추론에 의하면, 이 현상을 조절하는 물리량은 2개의 변수들(R과 t)과 2개의 상수(E와 ρ)임을 알 수 있다.

R, t, 그리고 ρ가 차원적으로 서로 독립임은 쉽게 알 수 있다. 4개의 물리량과 세 가지 독립적인 차원이 있으므로, Pi 이론에 따르면 오직 하나의 무차원 군이 있음을 알고 있다. 해당 군은 E를 R, t 그리고 ρ로 만들어지는 에너지 척도로 나누어 주면 얻을 수 있다. 해당 에너지 척도는 다음의 식을 고려해서 만들어진다.

$$\mathrm{ML^2T^{-2}} = [R]^a[t]^b[\rho]^c \tag{1.4-12}$$

이로부터 다음의 수식이 도출되며, 다음과 같다.

$$\text{M:} \quad 1 = c \tag{1.4-13a}$$

$$\text{L:} \quad 2 = a - 3c \tag{1.4-13b}$$

$$\text{T:} \quad -2 = b. \tag{1.4-13c}$$

따라서 $a = 5, b = -2$ 그리고 $c = 1$이다. 이 에너지 척도 비로 구성된 무차원 군 이외에 다른 무차원 군이 없으므로, 해당 무차원 에너지는 명백히 상수이다. 이 상수를 K라 하면 다음과 같이 에너지를 표현할 수 있다.

$$E = \frac{KR^5\rho}{t^2} \tag{1.4-14}$$

이는 Taylor (1950)의 결과와 동일하다. 만약 E와 ρ가 상수라면 이 해석은 $R \propto t^{2/5}$가 된다.

E를 사진으로부터 유추하기 위해서, Taylor는 식 (1.4-14) 양변에 제곱근을 취하고 식을 변경해 최종적으로 log-log 도표상의 직선으로 표현되는 결과를 얻었다. 해당 직선의 방정식은 다음과 같다.[7)]

$$\frac{5}{2}\log R = \frac{1}{2}\log\left(\frac{E}{K\rho}\right) + \log t. \tag{1.4-15}$$

사진으로부터 측정한 값을 $\log t$에 대한 (5/2) $\log R$로 그리게 되면, 기울기가 1인 직선이 그려지게 되며, 절편이 $E/(K\rho)$가 된다. K값은 차원 해석으로 도출되지 못하나, 기체 역학을 이용한 해석에 의하면 $K = 0.86$(Taylor, 1950)임을 알 수 있다. 이 결과로부터 $E = 7.1 \times 10^{20}$ erg $= 7.1 \times 10^{13}$ J이다.

앞선 예제들은 모르는 무차원 군이 상수, 즉 K값을 가지게 되는 세 가지 상황을 포함하고 있다. 차원 해석으로부터 알아 낼 수 있을 것들을 보조할 수 있는 실험적, 이론적인 정보들을 통해서 식 (1.4-9), (1.4-11) 그리고 (1.4-14)에서 나타나는 K값이 각각 0.399, 8, 그리고 0.86이 됨을 알 수 있다. 알려지지 않은 상수가 대략 1에서 10배 정도의 차이 이내인 결과식을 도출하는 것은 이러한 종류의 해석에서 일반적이다. 따라서 보충 정보가 없더라도, 단순하게 $K = 1$이라 가정하면 모르는 물리량에 대한 올바른 위수 크기(order of magnitude)를 찾을 수 있다. 이렇게 올바른 위수 크기를 구할 수 있다면, 해석할 시스템의 크기에 상관없이 무차원 군에 적용된 척도들을 사용하여 시스템을 적절하게 설명할 수 있다.

동적 상사성

독립적인 변수들의 개수를 줄이는 것 이외에도, 차원 해석은 시스템이 크건 작건, 그 유동이 빠르건 느리건, 혹은 유체의 특징이 다른 값을 가지든 그러한 시스템에서 예상되는 결과들을 외삽(extrapolation)을 통해 예측할 수 있는 방법을 제시해 준다. 일반적으로, 무차원 군 N_1은 두 가지 다른 종류의 군들의 함수이다. 첫 번째 종류는 N_2, N_3 등으로 구성된 것으로 유체의 특징 이거나/혹은 속도들과 연관되어 있다. 다른 종류는 단순히 길이의 비, 혹은 *종횡비 (aspect ratio)*라 불리는 것이다. 이것들을 $\phi_i (i = 1, 2, \cdots)$라 하겠다. 예를 들어, 타원의 형태는 하나의 종횡비, 즉 단축을 장축으로 나눈 값으로 결정지어질 수 있다. 좀 더 복잡한 모양의 물체를 기술하기 위해서는 더 많은 수의 ϕ_i가 필요하다. 일반적으로, N_1을 다음과 같이 표현

7) 이 책에서 x의 자연로그는 $\ln x$로 표시하고, 밑이 10인 로그는 $\log x$로 표시한다.

할 수 있다.

$$N_1 = f(N_2, N_3, \ldots, \phi_1, \phi_2, \ldots). \tag{1.4-16}$$

아직 해석이 안 된 복잡한 시스템의 경우, 함수 f의 형태는 일반적으로 알 수 없다.

실제보다 크기가 작거나 큰 물체를 사용한 모델(scale model)을 통해서 실험이 진행되었다고 가정하자. 모델 내 모든 ϕ_i값이 같은 두 가지 물체들에 대해 *기하학적으로 상사(geometrically similar)*하다고 한다. 만약 추가적으로 유체의 특징들과 특성 속도(characteristic velocity)가 결정되어서 N_2, N_3 등의 무차원 군들이 같게 된다면 *동적으로 상사(dynamically similar)*하다고 한다. 식 (1.4-16)에 있는 함수 f의 인수들이 모두 같아지기 때문에, N_1의 값 역시 같게 된다. 따라서 유동을 지배하는 방정식들을 알지 못하거나 혹은 풀기에 너무 어려울지라도, 실제 크기 시스템의 N_1값을 크기가 다른 모델을 통해서 측정할 수 있다. 차량이나 비행기의 디자인을 위한 풍동 실험, 예인 수조안에서의 배 실험 등은 이러한 개념을 활용하고 있다. 그러나 일반적으로, 동적 상사성(dynamic similarity)은 기하 상사성(geometric similarity)에 비하여 더 유지하기 어려우므로, 앞서 말한 실험들의 결과를 이해하거나 해석할 때 어느 정도 동적 상사성의 차이를 감안해야 한다. 이런 면에서 볼 때, 2장에서 다루어질 파이프 유동 데이터의 외삽 관련 내용은 다소 쉬운 편인데, 이는 동적으로 상사한 파이프 유동들을 만들어 내기가 쉽기 때문이다.

1.5 결론

유동의 저항 정도를 보여주는 유체의 점도(μ)는 주어진 면에서 전단 응력을 전단률(shear rate)로 나눈 값이다. 만약 μ가 전단률에 무관하다면, 그 유체는 뉴톤 유체라 하며 그렇지 않은 경우를 비뉴톤 유체라 한다. 모든 기체 및 물 그리고 많은 유기 용매들이 뉴톤 유체다. 상온에서 물과 유기용매의 점도(μ)는 대략 ($\sim 10^{-3}$ Pa · s)로서 다른 일반적인 기체들($\sim 10^{-5}$ Pa · s)에 비교해서 대략 100배 정도이다. 윤활유처럼 더 큰 점도를 가지는 다른 뉴톤 액체도 있다. 비뉴톤 액체들은 고분자 용융체, 다양한 고분자 용액 그리고 고농도 현탁액 등이 있다. 일반적인 액체의 밀도(ρ)는 상온과 대기압 하 기체에 대비해서 대량 1,000배 정도 크다($\sim 10^{-3}$ kg/m^3 vs. 1 kg/m^3). 고점도 액체들은 대부분 평균 정도의 밀도를 가지며, 고밀도 액체라고 해서 점도가 높지는 않다.

응력은 단위 면적당 힘이다. 유체 내의 응력은 시스템의 물질 특징(μ, ρ 그리고 표면장력 γ), 중력가속도(g), 길이 척도(L), 그리고 속도 척도(U)에 의해 좌우된다. L과 U를 찾는 것은 대부분 간단하기 때문에, 다양한 종류의 응력들은 유동에 대한 자세한 내용을 알지 못해도 예측할 수 있다. 네 가지 응력 척도들이 존재한다. 관성 ρU^2, 점성 $\mu U/L$, 표면장력 γ/L, 그리고 중력 $\rho g L$인데 각각의 위수 크기(order of magnitude)는 각기 다른 원인이 있다. 이들 척도 간의 비를 살펴보는 것은 어떤 종류의 힘이 시스템에 영향을 크게 미치는지를 확인하는 데 도움이 된다. 관성 응력 척도를 점성 응력 척도로 나눈 Reynolds 수(Re)는 그러한 비 중 가장 중요한 수이다.

일반적으로, 무차원 변수들은 단위와 무관하므로 좀 더 범용적인 관계식을 구성할 수 있으며, 이는 해석에 필요한 변수의 개수를 가능한 한 줄여주기 때문에 실험 설계나 데이터 해석을 좀 더 효과적으로 할 수 있게 해준다. 차원 해석은 얼마나 많은 변수들이 필요하고 어떻게 그것들을 정의할 수 있는지를 알려준다. 만약 2개의 시스템이 같은 종류의 무차원 군들에 의해 좌우되며, 그것들의 값이 모두 같다고 하면, 두 시스템이 동적으로 상사하다(dynamically similar)고 말한다. 동적 상사성은 실제 크기의 시스템을 활용한 실험이 사실상 어려운 경우를 다른 실험이 용이한 크기로 줄이거나 늘려서 실험하여 유용한 결과를 도출할 수 있도록 해준다.

참고문헌

Adamson, A. W. and A. P. Gast. *Physical Chemistry of Surfaces*, 6th ed. Wiley, New York, 1997.

Allen, M. P. and D. J. Tildesley. *Computer Simulation of Liquids*. Clarendon Press, Oxford, 1987.

Barenblatt, G. I. *Scaling, Self-Similarity, and Intermediate Asymptotics*. Cambridge University Cambridge, 1996.

Bates, R. L., P. L. Fondy, and R. R. Corpstein. An examination of some geometric parameters of power. *Ind. Eng. Chem. Proc. Des. Develop.* 2: 310-314, 1963.

Bird, R. B., R. C. Armstrong, and O. Hassager. Dynamics of *Polymeric Liquids*, Vol. 1, 2nd ed. New York, 1987.

Blevins, R. D. *Applied Fluid Dynamics Handbook*. Krieger, Malabar, FL, 2003.

Bridgman, P. W. *Dimensional Analysis*. Yale University Press, New Haven, CT, 1931.

Catchpole, J. P. and G. Fulford. Dimensionless groups. *Ind. Eng. Chem.* 58(3): 46-60, 1966.

Deen, W. M. *Analysis of Transport Phenomena*, 2nd ed. Oxford University Press, New York, 2012.

De Gennes, P.-G., F. Brochard-Wyart, and D. Quéré. *Capillarity and Wetting Phenomena*. Springer, York, 2003.

Eggers, J. and E. Villermaux. Physics of liquid jets. *Rep. Prog. Phys.* 71: 036601, 2008.

Haward, S. J. and G. H. McKinley. Stagnation point flow of wormlike micellar solutions in a cross-slot device: effects of surfactant concentration and ionic environment. *Phys. Rev. E* 85: 031502, 2012.

Hirschfelder, J. O., C. F. Curtiss, and R. B. Bird. *Molecular Theory of Gases and Liquids*. Wiley, York, 1954.

Jasper, J. J. The surface tension of pure liquid compounds. *J. Phys. Chem. Ref. Data* 1: 841-1010, 1972.

Kadoya, K., N. Matsunaga, and A. Nagashima. Viscosity and thermal conductivity of dry air in the phase. *J. Phys. Chem. Ref. Data* 14: 947-970, 1985.

Kármán, T. von. *Aerodynamics*. Cornell University Press, Ithaca, New York, 1954.

Kennard, E. H. *Kinetic Theory of Gases*. McGraw-Hill, New York, 1938.

Kleiber, M. Body size and metabolic rate. *Physiol. Rev*. 27: 511-541, 1947.

Lide, D. R., Ed. *Handbook of Chemistry and Physics*, 71st ed. Chemical Rubber Co., Cleveland, OH, 1990.

R. C., J. M. Prausnitz, and B. E. Poling. *The Properties of Gases and Liquids*, 4th ed. McGraw- Hill, New York, 1987.

Tanner, R. I. *Engineering Rheology*, 2nd ed. Oxford University Press, Oxford, 2000.

Taylor, G. I. The formation of a blast wave by a very intense explosion. II. The atomic explosion of 1945. *Proc. Roy. Soc. Lond*. A201: 175-186, 1950.

Than, P., L. Preziosi, D. D. Joseph, and M. Arney. Measurement of interfacial tension between liquids with the spinning rod tensiometer. *J. Colloid Int. Sci*. 124: 552-559, 1988.

White, D. A. and J. A. Tallmadge. Theory of drag out of liquids on flat plates. *Chem. Eng. Sci*. 20: 33-37, 1965.

Wijshoff, H. The dynamics of the piezo inkjet printhead operation. *Phys. Rep*. 491: 77-177, 2010.

연습문제

1.1. 떨어지는 물체* 질량이 m인 물체가 아래로 h의 거리만큼 떨어질 때 걸리는 시간(t_h)을 예측하고자 한다. (중력 외의 모든 힘은 무시한다.)

(a) 물체가 놓이기 전에 정지해 있었다면, 차원 해석만으로 t_h에 대해 어떤 결론을 내릴 수 있는가?

(b) 물체가 초기 속도 U를 가지고 아래로 던져진다면 차원 해석이 어떻게 바뀌는가?

(c) 기본 역학으로 $U \geq 0$일 때 t_h에 대한 식을 유도하라. 식을 무차원 형태로 표현했을 때, (a)와 (b)에서 찾은 것과 어떻게 비교되는가?

*이 문제는 H. A. Stone이 제안하였다.

1.2. 진자 단단한 봉(rod)에 붙은 추의 질량이 m이고, 추의 중심으로부터 회전축(또는 고정점, pivot)까지의 거리가 R인 단진자가 있다. 봉의 질량과 추의 지름은 (각각 m과 R과 비교했을 때) 매우 작고, 회전축의 마찰과 주변 공기의 영향은 미비하다. 처음에 추는 봉과 회전축의 연직선(vertical line) 사이의 각도가 θ_0를 이룬 상태에서 멈춰있다. 추가 놓였을 때, 진동주기 t_p를 예측하고자 한다.

(a) 차원 해석을 통해 t_p에 대해 어떤 결론을 내릴 수 있는가?

(b) 기본 역학을 사용하여 t_p에 대한 식을 유도하라. 식을 무차원 형태로 표현했을 때, (a)에서 찾은 것과 어떻게 비교되는가?

1.3. 샐러드 드레싱* 식초와 식물성 기름을 1:3 비율로 섞고, 거품기로 강하게 저어주면 간단한 샐러드 드레싱을 만들 수 있다. 이렇게 만들어진 드레싱은 식초 방울이 기름 안에 분산된 에멀젼이 된다. 드레싱의 감칠맛은 식초 방울의 평균 부피 V에 따라 변한다. 만약 V가 젓는 속도(손의 속도) U, 거품기 와이어의 지름 D, 기름의 점도 μ, 기름-물의 표면 장력 γ에 따라 변한다면, 이 과정을 정량화하는데 사용될 무차원 군을 결정하라.

*이 문제는 P. S. Doyle이 제안하였다.

1.4. 열전달 계수 지름 D를 가진 구체가 액체에 대해 상대 속도 U로 움직이고, 구체의 온도 T_S는 멀리 떨어져 있는 액체의 온도 T_L보다 높다. 구체에서 액체로의 열전달 속도(단위 시간당 에너지)는 (P1.4-1)의 식으로 표현되는데, 여기서 A는 구체의 표면적이고 h는 열 전달 계수이다.

$$Q = hA(T_S - T_L) \tag{P1.4-1}$$

h는 액체의 열전도율(k, SI 단위 W/m^{-1} K^{-1}), 단위 질량당 정압 열용량($\hat{C}_P$, SI 단위 J/kg^{-1} K^{-1}), 그리고 D, U, ρ, μ에 의해 변하는 값이다. 주요 차원으로 (M, L, T)에 온도를 추가하고, Θ로 표기한다.

(a) 관습적으로 *Nusselt 수(Nusselt number)*에 h를 포함시키는데, Nu가 무차원수라는 것을 확인하라.

$$\mathrm{Nu} = \frac{hD}{k}. \tag{P1.4-2}$$

(b) $N_1 = \mathrm{Nu}$이고, U는 N_2에만, μ는 N_3에만 나타난다면, 두 무차원 군을 어떻게 선정하는 것이 적합한가?

1.5. 진동하는 액적 액적은 보통 구형으로 형성되지 않는데(예를 들어, 피펫으로부터 나오는 액체), 만약 방울 크기가 특정 범위 내에 있다면, 그 모양이 시간에 따라 변한다. 이러한 상황에서 진동 주기 t_0를 예측하고자 한다.

(a) t_0가 표면장력 γ, 액체의 밀도 ρ, 직선 차원 R(같은 부피를 가진 구체의 반지름)에 따라서만 변한다면, 차원 해석을 통해 무엇을 결론내릴 수 있는가?

(b) (a)에서 암시하는 것은 관성과 표면장력이 중요하다는 것이지만, 진동이 중력이나 점도에 영향을 받지는 않는다. 이때 물방울에 대해 R의 범위를 계산하라.

1.6. 담금 코팅 여러 산업 공정에서 평평한 시트가 균일한 액체 필름으로 코팅되길 요구한다. *담금 코팅(dip coating)*은 액체에 잠긴 기재를 기-액 계면을 통해 회수하는 과정을 말한다. 그림 P1.6에서 보는 것처럼 기재가 일정한 V의 속도로 위로 당겨질 때, 액체로부터 적당히 떨어진 높이에서 두께가 H로 균일한 코팅을 확보할 수 있다. 액체의 물성 (μ, ρ, γ)과 V를 통해 H를 예측하고자 한다.

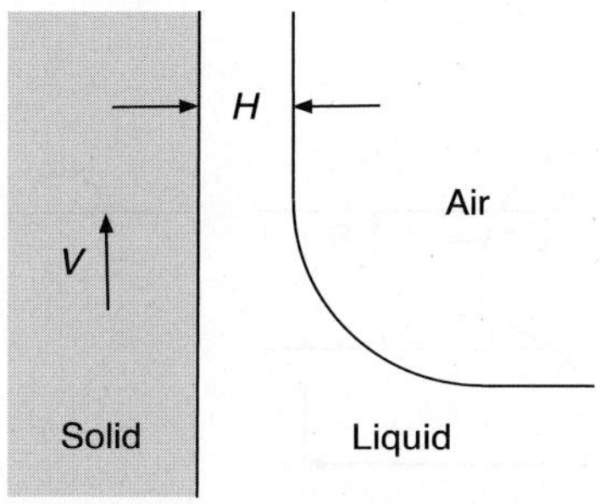

그림 P1.6 고체 시트 한 면이 액체 풀로부터 위로 당겨지고 있다.

(a) 무차원 군들이 가지는 값의 범위를 해석하여 점도, 중력, 표면 장력은 중요하지만 관성은 중요하지 않다는 것을 보여라.

(b) 여기에서 이론적으로 적용할 수 있는 결과는 다음의 식이다(White and Tallmadge, 1965).

$$H\left(\frac{\rho g}{\gamma}\right)^{1/2} = 0.944\left(\frac{\mu V}{\gamma}\right)^{2/3}\left(1 - \frac{H^2 \rho g}{\mu V}\right)^{2/3}. \qquad \text{(P1.6-1)}$$

위 식을 Bo와 Ca의 관계식으로 다시 나타내라.

(c) $N = (\text{Bo}/\text{Ca})^{1/2} = [H^2 g/(\nu V)]^{1/2}$과 Ca가 두 무차원 군으로 선택되면, 다음과 같음을 보여라.

$$\frac{N}{(1 - N^2)^{2/3}} = 0.944\text{Ca}^{1/6}. \qquad \text{(P1.6-2)}$$

이를 활용하여 Ca → 0일 때와 Ca → ∞일 때 N에 대한 식을 유도하라. 각각의 경우에 대해 H가 V에 대해 어떻게 변하는가?

1.7. 액체 제트의 붕괴(breakup) 원기둥 모양의 액체 제트는 굉장히 불안정하다. 액체 제트

가 액체 방울로 붕괴되는 것은 수도꼭지에서 나오는 얇은 물줄기에 손가락을 가져다 대었을 때, 노즐로부터 일정 거리에 있는 곳에서 일어나는 급격한 일련의 충돌을 보면서 확인할 수 있다. 여기서 알고자 하는 것은 왜 원기둥 액체가 끊어지는지, 그리고 물 제트가 얼마나 빠른 속도로 나가는지를 측정하는 것이다. 그림 P1.7(a)에서 보듯, 제트의 반지름은 R이고 실험실 기준 좌표계 관점에서 제트의 속도는 U이다. 그림 P1.7(b)의 확대된 그림은 제트를 따라 움직이는 좌표계 관점에서 나타나는 붕괴(breakup) 과정이다. 길이가 L인 부분이 반지름 a인 구체로 변하는 과정에서 수반되는 상대속도는 알려지지 않은 값이지만 그 크기를 υ라고 하자. 방울을 형성하기 위해서는 제트 기준 좌표계 관점에서 R보다 몇 배가 큰, 먼 거리를 액체의 일부가 이동해야만 한다.

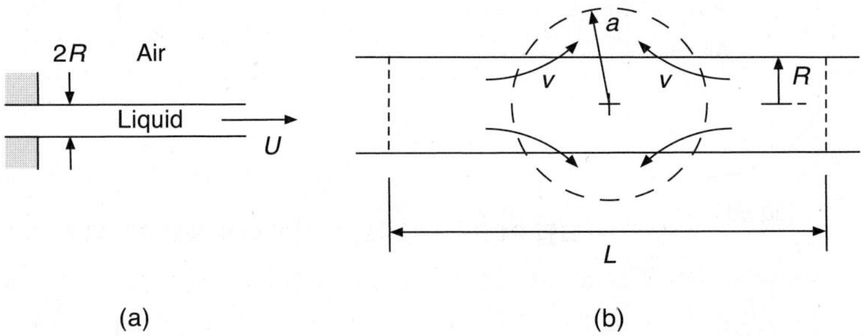

그림 P1.7 공기 중의 액체 제트. (a) 실험실 기준 좌표계에서 본 온전한 제트, (b) 평균 액체 속도로 움직이는 좌표계 관점에서의 붕괴 과정

(a) γ는 표면의 단위 면적당 에너지이다. 시스템은 더 낮은 에너지 상태를 향하기 때문에, 원통형의 액체는 그 표면적이 줄어들수록 불안정한 상태가 될 것이다. 그림 P1.7(b)처럼, 원통형에서 구형으로 형태가 변하면 $L/R > 9/2$일 때 면적이 감소함을 보여라. 이는 불안정성에 대한 실제 기준값과는 조금 차이를 보이는데($L/R > 2\pi$, 연습문제 4.12), 실제로는 형태의 변화가 계속될 경우 작은 변형에 의해 면적이 즉각적으로 줄어들기 때문이다.

(b) 물처럼 낮은 점도를 가진 액체에 대해, $L/R = 9.0$은 붕괴가 가장 빠르게 일어나는 조건(Eggers and Villermaux, 2008)이고, 이는 자주 발견되는 현상이다. 위와 같은 비율일 때, $R = 1$ mm인 물 제트가 붕괴되면서 나타나는 방울의 크기가 어떻게 될 것인지 예측하라.

(c) 표면장력에 의한 제트 붕괴는 관성과 점도의 저항을 받는다. 관성만이 관여하는 경우, 제트가 붕괴되는 데 걸리는 시간은 관성-표면장력 시간 척도인 t_{is}이고, 속도 척도는 $\upsilon = R/t_{is}$라 둘 수 있다. $R = 1$ mm인 물 제트 대해 t_{is}를 구하라.

(d) 점성-표면장력의 시간 척도(t_{vs})도 비슷하게 계산할 수 있다. 시간 척도의 비가 (P1.7-1)과 같이 나타남을 보여라.

$$\frac{t_{vs}}{t_{is}} = \frac{\mu}{(\rho R\gamma)^{1/2}} = \text{Oh} \qquad \text{(P1.7-1)}$$

또, *Ohnesorge* 수 Oh가 (c)의 물 분사의 경우에는 작은 값을 가짐을 보여라. Oh가 작다는 것은 제트가 방울로 붕괴되는 현상을 늦추는 데 점성보다 관성이 더 지배적임을 의미한다. 즉, 물 제트가 방울로 끊어지는 데 걸리는 실제 시간은 t_{is}이고, 물 제트는 끊어져서 방울이 되기 전에 대략 Ut_{is}만큼의 거리를 이동할 것이다.

1.8. 밸브 스케일 업(scale-up) 한 밸브 제작업체가 송유관(oil pipeline)에 사용될 대형 밸브를 제작해 달라는 요청을 회사로부터 받았다. 현재 생산되는 여러 종류의 밸브들을 사용할 수도 있지만, 필요한 크기의 밸브에 비해서는 훨씬 작다. 비싼 시제품 제작에 투자하기에 앞서, 제작업체는 현재 가지고 있는 디자인의 확대된 모델들에 대해 유동 저항이 어떻게 될지에 대해 알고자 한다. 저항의 측정은 열린 밸브에 걸리는 압력강하 $|\Delta P|$ (상류 압력 값과 하류 압력 값의 차이) 값이다. 제작업체는 지니고 있는 모든 밸브에 대해서, 상압 환경에서 공기 또는 물을 사용하여, 손쉽게 $|\Delta P|$를 평균 유체의 속도 U의 함수로 측정할 수 있다. 관의 지름은 D이고, 송유관용 밸브에 대해서는 위의 데이터를 사용하여 외삽을 통해 적용하고자 한다.

(a) $|\Delta P|$는 D, U, ρ, μ에 따라, 그리고 밸브 종류에 변하며 k개의 내부 차원인 $d_1, d_2, \cdots, d_k$에 따라 변한다는 가정에서 시작하자. 차원 해석을 통해 $|\Delta P|$에 대해 어떤 결론을 내릴 수 있는가?

(b) $D = 1.0$ m, $U = 2.0$ m/s^{-1}, $\rho = 900$ kg/m^{-3}, $\mu = 0.025$ Pa · s를 가진 송유관을 제작해야 한다. 제안 의뢰를 받은 송유관의 1/10 크기의 송유관(oil pipeline)으로 테스트를 하려고 한다면, 공기와 물 중 어떤 것으로 테스트 해보는 것이 좋겠는가? 그리고 얼마의 속도 값을 제안하겠는가?

(c) 회사 내 한 직원이 Re $> 10^5$일 때(특정 길이로 D를 사용), 회사의 경험상 $|\Delta P|$가 μ 값에 무관하다는 것을 지적했다. 만약 그러하다면, 위와 같은 사실이 당신이 제안한 속도 값을 어떻게 바꾸게 될 것인가?

(d) $D = 1.0$ m, $U = 2.0$ m/s^{-1}인 관 내부의 물의 $|\Delta P|$를 예측하기 위해서는 해석 및 실험 권장 사항을 어떻게 변경하겠는가?

1.9. 선박 스케일 업(scale-up) 선박 설계를 보조하는 수단으로, 척도(scale) 모형을 통한 실험

이 사용된다. 여기서 중요한 물리량은 선박의 진행방향에 저항하는 *항력(drag force)* (F_D)이다. 항력은 시험 탱크에서 일정한 속도로 선박 모형을 끌면서 생기는 장력을 측정함으로써 계산할 수 있다. F_D가 선박의 속도 U, 선박의 길이 L, k개의 다른 선박 차원들($d_1, d_2, \cdots, d_k$), 물의 μ와 ρ 그리고 g에 의해 결정된다고 가정하자. 선박의 표면은 파도에 의해 영향을 받기 때문에 중력은 중요한 역할을 하는데, 이 파도에는 선박의 표면이 만들어내는 파도도 포함된다. 표면 장력의 영향을 무시하기 위해, 모형의 크기를 모세관 길이보다 훨씬 크다고 가정하자.

(a) 차원 해석을 통해 F_D에 대해 어떤 결론을 내릴 수 있는가?

(b) 오늘날 선박의 실용적으로 가장 큰 크기의 배 모형은 1 m 길이를 가진 1/100 크기이다. 이상적으로는 예인용 탱크의 모형은 원래 크기의 배와 동적으로 상사할 것이다. 어느 정도까지 이것을 달성할 수 있는가?

1.10. 교반 탱크 안에서의 동력 입력 회분식 반응기나 다른 교반 탱크에서 혼합의 효과는 주로 교반시키는 동력에 의해 결정된다. 교반 동력 Φ는 움직이는 단위 시간당 임펠러에 의해 액체가 받는 일의 양이다. 또한 동력 Φ는 각속도 ω, 임펠러의 지름 d, ρ, μ의 영향을 받고 때로는 g의 영향도 받는다. 그림 P1.10은 터빈 임펠러 및 유체 조절을 위한 배플(baffle)이 달린 탱크를 보여준다. 임펠러 지름 d만큼은 아니라도 충분히 영향을 줄 수 있는 길이들을 여러 개 생각해 볼 수 있는데, 날개의 폭 w_i, 벽에 붙어있는 배플의 폭 w_b, 바닥으로부터 임펠러까

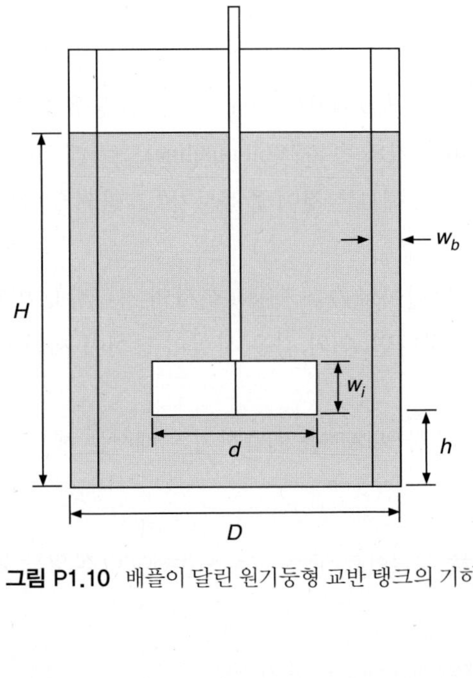

그림 P1.10 배플이 달린 원기둥형 교반 탱크의 기하학적 매개변수들

지의 높이 h, 액체 깊이 H, 탱크의 지름 D들이 그러한 길이들이다. 여기서는 논의를 간단히 하기 위해, 위와 같은 기하학적 매개변수들은 무시하고, 추가로 임펠러 날개의 개수와 피치, 그리고 배플의 개수들도 무시한다.

(a) $(\Phi, \omega, d, \rho, \mu, g, w_i, w_b, h, H, D)$을 모두 고려할 때, 차원 해석을 통해 Φ에 대해 어떤 결론을 내릴 수 있는가? 무차원 군을 Φ, μ, g가 각각 한 그룹에서만 나타나도록 정리하는 것이 효과적이다. Po를 *동력 수(power number)*라 할 때, 다음이 성립함을 보여라.

$$N_1 = \frac{\Phi}{\omega^3 d^5 \rho} = \text{Po} \qquad \text{(P1.10-1)}$$

(b) 배플들은 액체가 단순히 회전하는 것을 방지함으로 액체가 더 잘 섞이도록 한다. 또한 기액 계면을 평평하게 만드는데, 이는 유동 형태에 끼치는 중력의 영향을 최소화시킨다. 만약 g가 중요하지 않고, 기하학적으로 상사한 탱크들만 고려된다면, 차원 해석은 어떻게 간단해지는가?

(c) Re_i를 임펠러의 Reynolds 수, A와 B는 각각 주어진 임펠러 형태에 대한 상수라 할 때, Bates *et al*. (1963)은 Re_i가 작을 때는 $\text{Po} \to A/\text{Re}_i$, 클 때는 $\text{Po} \to B$임을 알아냈다. 이러한 상관관계가 생기는 것을 예상할 수 있는가?

1.11. 잠영 이 문제는 길이가 L인 유기체가 물속에서 일정한 속도 U로 헤엄치기 위해 사용해야 하는 동력 Φ에 대한 것이다. 일반적으로, Φ는 물의 밀도 ρ와 점도 μ, 그리고 L과 U에 영향을 받는다.

(a) 만약 N_1이 분자에 Φ를, 분모에는 ρ를 포함한다면, 차원 해석을 통해 어떤 결론을 내릴 수 있는가?

(b) 미생물에서 고래에 이르기까지, 전반적인 신진 대사 에너지 생산 속도는 체중의 3/4 제곱으로 변한다고 알려져 있다. 이는 20 g의 쥐에서부터 600 kg의 소 등의 포유류를 관찰한 결과로(Kleiber, 1947), *Kleiber의 법칙(Kleiber's law)*이라고 한다. 특정한 가정들을 함께 고려할 경우, Kleiber의 법칙은 수생동물에 대해 $\Phi = CL^{9/4}$(C는 상수)임을 보여준다. 어떤 가정들이 필요한가?

(c) $L = 0.5$ m, $U = 1$ m/s인 오늘날의 어류가 선사시대엔 $L = 5$ m였다고 가정하자. 오늘날 어류에 대한 Re가 상당히 크다는 것을 보여라. 이러한 큰 Re를 가지는 물체들에 대해, 항력(drag force) F_D(움직임에 저항하는 유체역학적 힘)는 대략 $F_D = K_1 L^2 \rho U^2$이고, 여기서 K_1은 물체의 형태에 대해서만 변하는 무차원 계수다. 오늘날 어류의 Re 값과 비교했

을 때 같거나 큰 모든 Re 값에 대해서 항력이 위와 같다고 가정하자. $\Phi \propto F_D U$라면, 지금은 멸종된 거대 어류의 헤엄치는 속도는 어땠을 것인지 추측하라.

(d) $L = 1\ \mu\text{m}$ 크기의 박테리아가 플라젤라의 움직임에 의해 $U = 20\ \mu\text{m/s}$으로 움직인다고 하자. $\text{Re} \ll 1$에 대해, 항력은 $F_D = K_2 \mu U L$이고, 여기서 K_2는 물체의 형태에 대해서만 바뀌는 무차원 상수다. 만약 기하학적으로 상사한 박테리아의 길이가 $L = 2\ \mu\text{m}$일 경우, 박테리아는 얼마나 빠르게 헤엄칠지 예측하라.

2

파이프 유동

2.1 서론

관(tube)이나 다른 유체가 채워진 도관에서의 유량(flow rate)의 예측은 화학공학의 유체역학 분야에서 가장 흔한 응용이다. 이 주제는 역사적으로도 중요한데, 1800년대 초기에 관들을 통한 액체 유동과 연관된 실험들이 점도를 정량화하기 위한 초기 노력 중의 일부이기 때문이다. 이 장은 일정한 단면을 가진 도관을 통한 뉴톤 유체(Newtonial fluids)의 정상상태(시간-독립적인) 유동에 초점을 두고 있다. 이 장은 파이프 유동과 연관된 다양한 양에 대한 정의로부터 시작하는데, 특히 무차원 벽 전단 응력인 *마찰인자(friction factor)*를 다룬다. 마찰인자의 Reynolds 수에 대한 관찰된 의존성은 층류와 난류 유동 모두에 대해 상세히 다루어진다. 그 후 벽 전단 응력과 관 길이에 따른 압력강하(pressure drop)와의 관계에 대해 논의된다. 비록 대부분의 논의될 데이터는 원통관들을 사용하여 얻어졌지만, 일부 결과는 *수력학적 지름(hydraulic diameter)*의 개념을 이용하여 원형이 아닌 단면들까지도 확장될 수 있다. 이후 벽 거칠기가 마찰인자에 미치는 영향들이 논의된다. 이러한 영향은 난류 유동에서 특히 중요하다.

2.2 전단 응력

기본량

배관 설계에서 일반적인 목적은 일정한 부피 유량(volume flow rate) Q 값을 얻는 것인데, 이 값은 단위 시간당 파이프를 통해 흐르는 부피(예: m^3/s)이다. 이 값은 *질량 유량*인 ρQ (kg/s)와도 밀접하게 연관되어 있다. 유량의 다른 척도는 평균 속도 U인데, 이 값은 Q 값을 단면적으로 나눈 값이다. 지름이 D인 원통관에서 면적은 $A = \pi D^2/4$이다. 따라서 다음과 같다.

$$U = \frac{Q}{A} = \frac{4Q}{\pi D^2}. \tag{2.2-1}$$

단단하고 투과되지 않는 벽을 가진, 꼭 원통형일 필요는 없는 도관이 일정 밀도(constant-density)의 유체로 완전히 채워진 유동에서 중요한 면은 Q가 위치에 따라 변하지 않는다는 것이다.[1] 만약 단면적이 일정하다면, U는 항상 상수이다.

파이프 벽과 같은 고체 표면을 따라 흐르는 유동은 그곳에 전단 응력(τ_w)을 발생시킨다. 1.2절에서 설명한 바와 같이, τ_w은 점도와 표면에서의 전단률의 곱과 동일하다. 결국 전단률은 표면으로부터 거리에 따라 속도가 변화하는 률(rate)이다. 따라서 주어진 유체에 대한 τ_w는 단면에서의 속도 변화 또는 속도 *프로파일(profile)*에 의해 결정된다. 길이가 L로 충분히 긴 관에서, U와 D가 일정하면, 그림 2.1에 정성적으로 묘사된 것 같이, 속도 프로파일은 위치에 상관없이 일정해진다. 속도 프로파일의 최종 형태가 얻어지면, 이 유동은 *완전발달(fully developed)* 되었다고 한다. 이는 *도입 길이(entrance length)*라 불리는 관 입구로부터 예측 가능한 거리에서 발생하는데, 보통 L과 비교하여 짧은 거리이다. 이 장에서는 관 입구 근처의 전이 영역을 무시하고 τ_w가 관 길이 방향 위치에 따라 변하지 않는다고 가정한다. 도입 길이와 도입 영역에 관련된 추가적인 유동 저항들에 대해서는 12.2절에서 논의될 것이다.

그림 2.1은 또한 수평관 내에서 유체에 작용하는 응력들을 나타낸다. 모든 유체를 포함하는 점선으로 표시된 직사각형은 검토될 계(system)를 나타낸다. 해석 목적들로 선택된 이러한 계는 *대상 부피(control volume)*라 부른다. 이러한 대상 부피에 외계(surroundings)에서 가

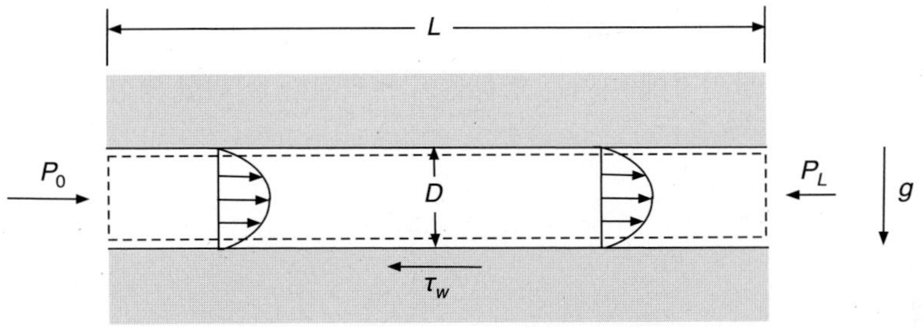

그림 2.1 긴 수평관의 속도 프로파일과 응력. 국부 속도는 중심에서 가장 크고 벽에서 0이다. 벽 전단 응력(τ_w)과 양단의 압력들(P_0와 P_L)로 인해 발생한 수평 힘들이 점선 직사각형에 의해 표시된 대상 부피에 작용하고 있다. 중력 방향은 화살표 'g'로 표시되었다.

---

1) 만약 Q가 모든 지점에서 똑같지 않다면, 파이프 내의 일정한 부분에 대해 도입되는 질량 유동 속도가 배출되는 질량 유동 속도와 다를 수 있고, 이것은 그 부분에서 질량이 지속적으로 생성되거나 소멸되는 것을 의미한다. 밀도(ρ)가 일정한 경우, 질량 보존은 부피 보존을 의미한다.

해지는 유일한 *수평*으로 작용하는 힘들은 양단에서의 압력들과 벽에서의 전단 응력에 기인한다. 각 힘은 응력과 면적의 곱이다. 정상 유동에 대하여, 대상 부피에 대한 순 힘(net force)은 0 이어야만 한다. 유동 방향으로의 힘을 양으로 정의하고, 반대 방향으로의 힘을 음으로 정의하면, 수평방향으로의 힘 수지는 다음과 같다.

$$(P_0 - P_L)\frac{\pi D^2}{4} - \tau_w \pi DL = 0. \tag{2.2-2}$$

따라서 전단 응력과 압력차는 다음과 같이 연관된다.

$$\tau_w = \frac{D}{4}\left(\frac{P_0 - P_L}{L}\right) = -\frac{D}{4}\frac{\Delta P}{L} = \frac{D}{4}\frac{|\Delta P|}{L} \quad \text{(horizontal tube)}. \tag{2.2-3}$$

유동 방향으로의 압력 감소는 벽에서의 점성 응력을 상쇄하는 데 필요한 것으로 보인다. Δ로 표현되는 유동 방향으로의 양적 변화는 하류에서의 값에서 상류에서의 값을 뺀 것으로 표현하는 것을 관례로 사용한다. $\Delta P = P_L - P_0 < 0$이므로, *압력강하*는 $|\Delta P|$이다.

마찰인자

관 유동에 대한 실험 데이터의 상관성을 조사할 때 주요 변수로 τ_w나 $|\Delta P|$를 선택해야 한다. 식 (2.2-3)에서 보듯이 둘 중의 하나를 알게 되면, 나머지는 쉽게 계산된다. 벽 전단 응력은 유동 방향으로 관을 따라 일정할 뿐 아니라, 관이 수평관인지 연직관인지에 따라서도 영향을 받지 않기 때문에 유용하다. 즉, U와 D 값이 주어지면, τ_w를 결정하는 속도 프로파일(profile)은 중력 방향에 독립적이게 된다. 반면, 2.3절에서 보듯이 τ_w가 주어지면 $|\Delta P|$ 값은 관의 방향에 매우 민감하다. 따라서 이 절에서는 τ_w와 U, D, ρ 및 μ를 결부시킬 것이다. Q는 U와 D에 독립적이지 않기 때문에 생략하고, L은 완전 발달 유동에서 U에 대한 영향을 통해서만 τ_w에 영향을 주기 때문에 제외한다.

예제 1.4-2에서 논의된 바와 같이, 5개의 지배 변수 중 3개는 차원적으로 독립적이기 때문에 단지 2개의 독립된 무차원 군들만이 존재하는 것을 알 수 있다. 따라서 한 군은 오직 또 다른 군의 함수이다. 무차원 벽 전단 응력을 정의함에 있어 τ_w를 수정된 관성 응력 척도인 $\rho U^2/2$ 로 나누는 것이 관례적이다. τ_w에 독립적인 두 번째 군은 D와 U를 기초로 한 Reynolds 수이다. 따라서 다음과 같다.

$$f(\text{Re}) = \frac{2\tau_w}{\rho U^2} \tag{2.2-4}$$

$$\text{Re} = \frac{UD\rho}{\mu} = \frac{UD}{\nu}. \tag{2.2-5}$$

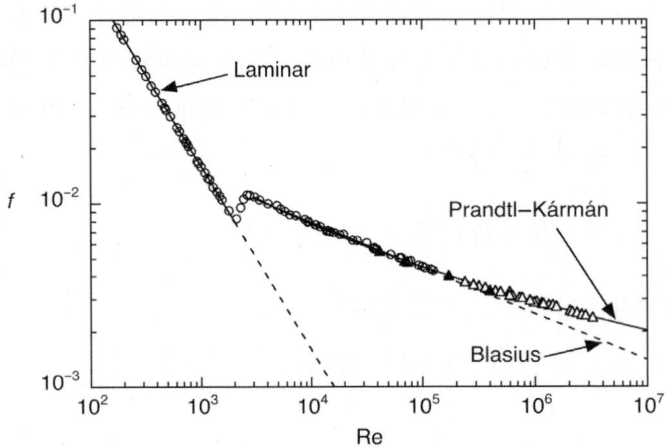

그림 2.2 매끈한 원형관들에 대한 마찰인자. Laminar, Pandtl-Kármán 및 Blasius로 표식된 곡선들은 각각 식 (2.2-6), (2.2-7) 및 (2.2-9)에 기초한다. 점선들은 외삽(extrapolation)되었다. 심볼들은 물에 대한 데이터를 나타낸다: 원, $D = 1$ cm (출처: Koury (1995)); 채워지고 빈 삼각형, 각각 $D = 5$ cm와 10 cm (출처: Nikuradse (1932))

이 무차원 전단 응력(f)은 *마찰인자(friction factor)*[2]라 불린다.

그림 2.2의 부호들은 네 자리 수의 위수-크기(order of magnitude)를 포함하는 넓은 영역의 Re 수 범위에 대해서 얻어진 f 값에 대한 대표 데이터를 보여준다. 이와 같은 로그-로그 좌표에서 f 값이 초기에는 선형으로 감소한다. Reynolds 수의 임계값($\text{Re}_c \cong 2100$)에서 f 값이 급격한 증가를 보인 후, 앞선 감소보다 더 완만하게 감소한다. 임계 Reynolds 수에서는 층류 유동에서 난류 유동으로의 전이(transition)가 발생한다. 층류 유동에서는 유체의 모든 요소들이 관 벽에 평행한 직선으로 이동하는 반면, 난류 유동에서는 다양한 크기의 에디(eddy)가 발생하고 소멸되며 유동 양상이 무질서 적이다. 이러한 에디는 10장에서 자세하게 소개될 것과 같이 τ_w를 매우 증가시킨다. 비록 $\text{Re}_c = 2{,}100$이 일반적인 실험실 또는 산업 조업조건에서 전형적이지만, 만약 진동이나 다른 유동 교란(disturbance)들을 제거하기 위해 특별한 예방조치가 취해진다면 Re_c 값은 현저하게 증가될 수도 있다. 따라서 층류-난류 전이가 발생하는 곳은 전적으로 예측할 수 없으며, 배관 설계에서 2,000에서 4,000 사이의 Re 수 값을 피하는 것이 좋다.

또한 그림 2.2에는 일정한 영역의 Re에서 데이터를 적합화(fitting)한 선들을 나타내었다. 층류 영역에서는 마찰인자가 정확하게 다음과 같이 주어진다.

$$f = \frac{16}{\text{Re}} \quad (\text{Re} \le 2100). \tag{2.2-6}$$

2) 이 책에서는 Fanning 마찰인자가 이용된다. 문헌에서 $4f$ 값을 갖는 Darcy 마찰인자가 이용되기도 한다.

이 식은 *Poiseuille 법칙*(또한 *Hagen-Poiseuille 방정식*이라고도 불림)의 무차원 형태이다(식 2.3-7 참조).[3] $f \propto \mathrm{Re}^{-1}$이라는 결과는 $\mathrm{Re} < \mathrm{Re}_c$인 경우 관성의 영향들은 완전히 무시할 수 있다는 것을 나타낸다. 즉, 식 (2.2-6)의 양변에 Re를 곱하면 이 식은 $\mathrm{Re}f = 2\tau_w D/(\mu D) = 16$ 또는 $\tau_w = 8\,\mu U/D$과 같이 된다. 이 경우 관성 응력 척도는 소거되며 오직 점성력에 대한 항인 $(\mu U/D)$만 남는다.

매끈한 관들에서의 난류 유동에 대해서 가장 폭넓게 인정된 식이 다음의 *Prandtl-Kármán 방정식*[4]이다.

$$\frac{1}{\sqrt{f}} = 4.0 \log(\mathrm{Re}\sqrt{f}) - 0.4 \quad (\mathrm{Re} \geq 3 \times 10^3). \tag{2.2-7}$$

이 식은 Re 값이 3×10^6까지는 오차가 약 4% 이내로 정확하다. 화학공학 응용분야에서 관에서의 Re 값은 거의 이 범위를 넘지 않는다(표 1.4). 매끈한 관에서 Re 수가 그 이상인 경우(3.5×10^7까지는 제한된 데이터가 있음)에는 식 (2.2-7)이 f 값을 작게 예측하기 시작하며 다른 수식들이 제안되었다(Zagarola and Smits, 1998). $\sqrt{f}$ 와 Re $\sqrt{f}$ 를 변수로 선택하기 위한 이론적 근거들은 10장에서 설명될 것이다.

Prandtl-Kármán 방정식은 f가 양변에 나타나기 때문에 사용에 불편할 수도 있다. $5 \times 10^3 \leq \mathrm{Re} \leq 5 \times 10^7$의 범위에서 식 (2.2-7)과 오차범위 1% 내의 결과를 보여주는 명확한 수식은 다음과 같다.

$$f = \left[3.6 \log\left(\frac{\mathrm{Re}}{6.9}\right)\right]^{-2} \quad (\mathrm{Re} \geq 5 \times 10^3). \tag{2.2-8}$$

---

3) Jean Poiseuille (1797~1869)는 프랑스 물리학자이며, 혈관 유동에 관심이 있어 1830년대와 1840년대에 유리 모세관에서 물과 다른 액체들에 대해 압력과 유동 지름과의 관계를 측정하게 되었다. 그는 또한 U자형 수은 마노미터의 개발자인데, 이를 이용하여 동물의 동맥 혈압을 측정하곤 했다(Sutera and Skalak, 1993). 독일 엔지니어인 Gotthilf Hagen (1797~1884)은 독자적으로 같은 시기에 관들에서의 유동을 정량화했다.

4) 식 (2.2-7)은 1930년대 초기부터 사용되었다. Ludwig Prandtl (1875~1953)은 수많은 중요한 업적들을 남긴 독일의 유체 동력학자이다. 그는 대상 부피에 대한 발상을 공학 해석에 소개한 장본인이다(Vincenti, 1982). 그는 또한 경계층 개념(9장)을 창안하였고 처음으로 난류 혼합 길이의 발상을 활용하였다(10장). 괴팅겐의 연구 그룹은 현대 비행기 설계의 기저를 이루게 된 많은 원리들을 확립하였다. Theodore von Kármán (1881~1963) 또한 항공역학에 큰 기여를 하였다. 헝가리 태생인 그는 Prandtl 지도하에 박사 연구를 했고 그 후 아헨(Aachen)에 자신의 연구 프로그램을 설립하였다. 그들은 공동연구자이자 절친한 경쟁자로 지냈다(Kármán, 1954). Von Kármán은 1930년에 미국으로 이민갔고 칼텍(Caltech)에서 제트 추진 연구소가 된 연구소를 공동 창립하였다.

원래 1939년 Colebrook에 의해 제안되고 1983년 Haaland에 의해 약간 수정된 상당히 단순한 이 표현은 대체로 간과되어 왔었다. 만약 그림 2.2에 포함된다면, 대응되는 선은 Prandtl-Kármán 방정식에 대한 것과 보기에 차이가 없을 것이다. 사용하기는 더욱 편리하지만 보다 제한된 Re 영역에서만 사용가능한 *Blasius 방정식*은 다음과 같다.

$$f = 0.0791\ \mathrm{Re}^{-1/4} \quad (3 \times 10^3 \leq \mathrm{Re} \leq 1 \times 10^5). \tag{2.2-9}$$

난류의 영향은 식 (2.2-6)과 식 (2.2-9)로부터 계산된 f 값들의 비교를 통해 추정될 수 있다. Re = 1×10^4에서, 난류 유동에서의 f 값은 만약 층류 유동이 유지될 수 있을 때의 값과 비교하여 대략 5배 정도이다. Re = 1×10^5에서는 f 값이 28배 증가한다. 증가된 전단 응력은 그림 2.3에 묘사된 것과 같이 속도 프로파일(profile)의 변화에 기인한다. 층류 유동에서는 반지름 방향으로의 위치에 따른 속도 변화가 포물선(7장)이고, 반면 난류 유동에서는 프로파일이 보다 뭉뚝하다(10장). 난류는 반지름 방향으로 서로 다른 위치에서의 유체 요소들이 혼합되도록 유도하여 대부분 유체 요소들이 비슷한 속도로 이동한다. 만약 평균 속도가 층류 유동과 동일하다면, 난류 유동은 관의 중심 부분에서 상대적으로 일정한 속도가 주어지므로 벽 근처에서는 더 큰 속도 구배가 존재하게 된다. 벽에서의 더 큰 전단률이 난류 유동에서 τ_w를 증가시키는 것이다.

난류는 에너지 사용 측면에서 비경제적일 수 있다. 수평관에서 요구되는 펌프 동력은 $Q|\Delta P|$(11.4절)이고 $|\Delta P|$은 τ_w에 비례한다[식 (2.2-3)]. 액체에서 난류의 τ_w에 대한 영향은 용해된 고분자들의 작은 농도들에 의해 크게 감소될 수 있는데, 이것은 항력 감소(drag reduction)라 불리는 현상이다(McComb, 1990, pp.130~141; Virk, 1975). 예를 들어, 평균 분자량이 5×10^6인 폴리에틸렌 옥사이드(polyethylene oxide) 10 ppm(100만 분율, 무게 기준)은 f 값을 70%나 감소시킬 수 있는데, 층류 유동에서는 f 값이 그 이상으로 유지된다. 이러한 첨가제는 송유관(oil pipeline)에서와 같이 펌핑 가격이 크고 고순도가 필요하지 않은 경우에 사용이 적절하다. 항력 감소는 연습문제 2.7에서 좀 더 논의될 것이다. 특정한 목적에서는 난류가 유리

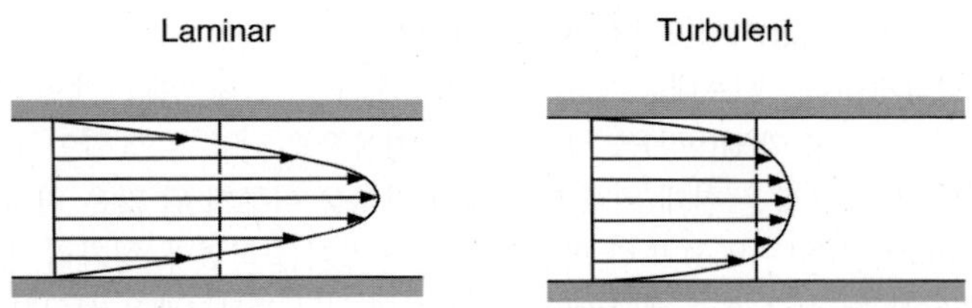

그림 2.3 관에서 층류 또는 난류 유동에 대한 속도 프로파일. 각 경우의 평균값은 점선으로 나타내었다. 난류 유동에서 국부 속도는 순간순간 변동한다. 보인 것은 시간-평활화 속도(time-smoothed velocity)이다.

할 수도 있다. 예를 들어 난류의 에디로 인해 향상된 혼합은 유체와 관벽 사이의 열전달을 용이하게 해준다. 이것은 공정 스트림이 반드시 가열되거나 냉각되어야 할 때 유리하다.

2.3 압력강하와 동적 압력

마찰인자와 압력강하

비록 τ_w가 보다 핵심적인 양인 것은 틀림없지만, $|\Delta P|$가 측정하기는 훨씬 더 용이하다. 또한 펌프들은 본질적으로 배관 네트워크에서 선택된 지점들에서 압력을 올리는 장치들이므로, 설계에 있어 $|\Delta P|$의 값들이 필요하다. 이러한 이유들로 마찰인자를 $|\Delta P|$에 대해 재정리하는 것이 바람직하다. 식 (2.2-3)을 식 (2.2-4)에 대입하면 다음과 같은 식이 얻어진다.

$$f = \frac{D}{2\rho U^2}\frac{|\Delta P|}{L} \quad \text{(horizontal tubes)} \tag{2.3-1}$$

이 식은 보다 실용적인 형태의 마찰인자이나, 수평 유동에만 적용될 수 있다. 필요한 것(그리고 다음에 유도될 것)은 어떤 각으로 기울어져 있는 파이프들에도 적용 가능한 관계식이다.

그림 2.4에 2개의 기울어진 관들을 보였다. 이전과 같이, 대상 부피는 관내에서의 모든 유체로 구성된다. 그림 2.4(a)에서와 같이 α의 각으로 아래로 흐르는 유동에 대해, 유동 방향에서의 중력은 유체 질량과 중력 벡터의 해당 방향 성분의 곱으로 다음과 같다.

$$\left(\frac{\pi D^2 L\rho}{4}\right) g\sin\alpha = \left(\frac{\pi D^2 L}{4}\right)\rho g\left(\frac{h_0 - h_L}{L}\right) = -\rho g\,\Delta h\frac{\pi D^2}{4}. \tag{2.3-2}$$

관 길이는 서로 상쇄되며, 중요한 양은 관의 양 끝에서의 높이차이인 Δh이다. 식 (2.2-2)의 힘 수지에서 중력항을 포함시키면 다음과 같다.

$$-\Delta P\frac{\pi D^2}{4} - \rho g\,\Delta h\frac{\pi D^2}{4} - \tau_w \pi DL = 0 \tag{2.3-3}$$

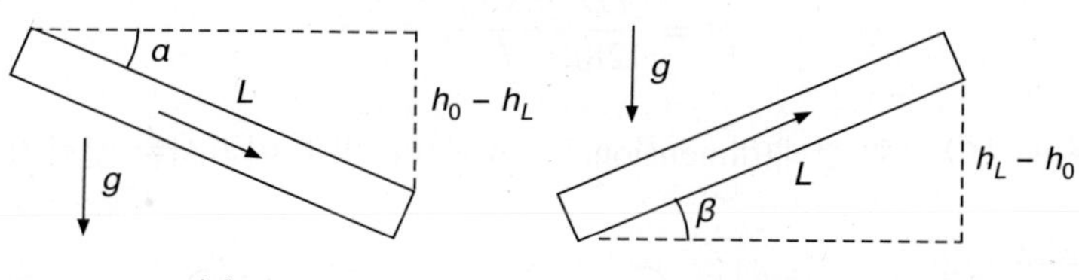

그림 2.4 각 길이가 L인 경사진 관들. (a) α의 각으로 아래로 흐르는 유동과 (b) β의 각으로 위로 흐르는 유동. 관 입구 및 출구의 높이들은 각각 h_0과 h_L이다.

또는 전단 응력에 대해 정리하면 다음과 같다.

$$\tau_w = -\frac{D}{4}\frac{\Delta(P+\rho gh)}{L} = -\frac{D}{4}\frac{\Delta\mathcal{P}}{L}. \tag{2.3-4}$$

그림 2.4(b)에서와 같이 β의 각으로 위로 흐르는 유동에 대해, 유동 방향으로의 중력 성분은 $-g\sin\beta = -g\Delta h/L$이고 최종 결과는 동일하다.

식 (2.3-4)의 마지막 식은 다음 정의를 이용한다.

$$\mathcal{P} \equiv P + \rho gh. \tag{2.3-5}$$

$\mathcal{P}$은 *동적 압력(dynamic pressure)*이라 불린다. 또한, *상당 압력(equivalent pressure)* 또는 *수정된 압력(modified pressure)*[5]이라고도 불린다. 이 변수는 압력과 중력의 영향을 매끄럽게 결합한다. 이것은 파이프 유동 계산에서만 유용할 뿐 아니라, 이 책에서 매우 자주 접하게 될 다양한 상황에서도 적용 가능하다. 식 (2.3-4)에서 예시되었듯이, 중요한 것은 단지 높이 *차이*이다. 따라서 h는 임의의 편리한 수평면으로부터 측정될 수 있다. 절댓값인 P는 물리적으로 의미 있는 반면, $\mathcal{P}$값(h를 어떻게 선택하느냐에 따라 달라짐)은 그렇지 않다. 단지 $\mathcal{P}$의 변화만이 중요하다.

지금 분명한 것은 일반적으로 전단 응력은 P의 차이가 아니라 $\mathcal{P}$의 차이에 의해 균형을 이룬다. 식 (2.2-4)에서 τ_w를 계산하기 위해 식 (2.3-4)를 이용하면 다음 식이 얻어진다.

$$f = \frac{D}{2\rho U^2}\frac{|\Delta\mathcal{P}|}{L}. \tag{2.3-6}$$

이 식은 파이프 유동을 포함하는 대부분의 설계 계산을 위한 시작점이 된다. 수평 파이프의 경우, $\Delta h = 0$이고 $\Delta P = \Delta\mathcal{P}$이므로, 식 (2.3-1)과 같이 된다. 일반적으로, 펌프에 의해 제공되어야만 하는 동력은 $Q|\Delta\mathcal{P}|$이다(11.4절).

식 (2.3-6)에서 $f = 16/\mathrm{Re}$를 사용하고 U를 Q로 대체하면, 층류 유동에서의 결과는 다음과 같다.

$$Q = \frac{\pi D^4}{128\mu}\frac{|\Delta\mathcal{P}|}{L}. \tag{2.3-7}$$

이 식은 Poiseuille 법칙의 차원 형태(dimensional form)이다. 비록 여기서는 경험적 결과로 소

---

5) 6.6절에서 논의되듯이, $\mathcal{P}$는 정지 유체 전체에서 상수이다. $\mathcal{P}$의 변화들이 유동의 원인과 결과라는 점에서 '동적 압력'은 매우 사실에 근거한다. 그러나 이 용어는 저자들마다 다르다. 특히, 여기서 사용된 '수정된 관성 응력 척도', $\rho U^2/2$는 종종 동적 압력이라고 불린다.

개되었지만, 7장에서 기본 원칙들로부터 유도될 것이다.

회로 유사성

식 (2.3-7)은 층류 유동의 경우 Q가 $|\Delta\mathcal{P}|$에 비례하는 것을 보여준다. 이 관계식은 전기회로에서 옴의 법칙(Ohm's law)과 유사한데, Q는 전류에 해당하고 $|\Delta\mathcal{P}|$는 전압차에 해당한다. 상응되는 저항은 $r = |\Delta\mathcal{P}|/Q = 128\,\mu L/(\pi D^4)$이다. 전기를 이용하는 유사성(electrical analogy)은 미세유체(microfluidic) 장치에서와 같이 Re가 작거나 크지 않을 때 복잡한 유동 네트워크를 설계할 때 잘 활용될 수 있다(Oh *et al.*, 2012). 각각의 저항이 $r_1, r_2, \cdots, r_n$인 n개의 튜브가 직렬로 연결된 층류 유동에서 전체 저항은 $r_T = r_1 + r_2 + \cdots + r_n$이다. n개의 튜브가 병렬적으로 놓여있을 때는 $1/r_T = (1/r_1) + (1/r_2) + \cdots + (1/r_n)$이다.

난류 유동에서 Q와 $|\Delta\mathcal{P}|$의 관계는 비선형적이다. 예를 들어, $f \propto \text{Re}^{-1/4}$인 Blasius 영역에서는 Q는 $|\Delta\mathcal{P}|^{4/7}$에 비례한다. 만약 매우 거친 관들에서 난류 유동이 발생할 때처럼 f가 완전히 Re에 독립적이라면, Q는 $|\Delta\mathcal{P}|^{1/2}$에 따라 변할 것이다. 전기를 이용하는 유사성은 난류 유동에서 덜 유용한데, 저항($|\Delta\mathcal{P}|/Q$)이 전류(Q)에 의존하기 때문이다.

파이프-유동 문제들은 주어진 조건들과 계산해야 할 값들에 따라 많은 다양성을 갖는다. 가능할 때마다, Re가 먼저 구해져야 하는데, 이 값에 따라 식 (2.2-6)~(2.2-9) 중에 어떤 식이 f를 계산할 수 있는지 결정되기 때문이다. 다음 예제들은 기능적으로 매끈한 것으로 가정된 벽들을 가진 원통관을 포함한다.

예제 2.3-1 • 공정 파이프에서 물의 압력강하. 두 파이프 중 하나를 통해 20°C의 물 유동에 대한 $|\Delta P|$의 값들을 구하고자 한다. 하나는 완전히 수평이고 또 다른 하나는 수평(horizontal)과 연직(vertical) 부분들을 가진다. 각각에서, 유동 속도는 $Q = 8.0 \times 10^{-3}\ \text{m}^3\,\text{s}^{-1}$, 지름은 $D = 0.1$ m이고, 총 길이는 $L = 30$ m이다. 두 번째 파이프는 벤드(bend)를 가졌는데, 처음 20 m에서의 유동은 수평이고 마지막 10 m에서의 유동은 상승 방향이다. 표 1.2에서 주어진 것처럼, $\rho = 1.00 \times 10^3\ \text{kg m}^{-3}$이고 $\nu = 1.00 \times 10^{-6}\ \text{m}^2\,\text{s}^{-1}$이다.

이 문제에서 Re는 최초에 계산될 수 있다. 식 (2.2-1)을 이용하면, 명시된 Q와 D에 상응하는 평균 속도는 다음과 같다.

$$U = \frac{4Q}{\pi D^2} = \frac{4(8 \times 10^{-3})}{\pi (0.1)^2} = 1.02\ \text{m s}^{-1}.$$

따라서 Reynolds 수는 다음과 같다.

$$\text{Re} = \frac{DU}{\nu} = \frac{(0.1)(1.02)}{1 \times 10^{-6}} = 1.02 \times 10^5$$

이 식은 유동이 난류이며 Blasius 방정식이 적용 가능한 것을 나타낸다. 식 (2.2-9)로부터, 마찰인자는 다음과 같다.

$$f = 0.0791(1.02 \times 10^5)^{-1/4} = 4.43 \times 10^{-3}.$$

식 (2.3-6)을 재정렬하면 다음 식이 얻어진다.

$$|\Delta\mathscr{P}| = \frac{2\rho U^2 L}{D} f = \frac{2(1 \times 10^3)(1.02)^2(30)}{0.1}(4.43 \times 10^{-3}) = 2.76 \times 10^3 \text{ Pa}.$$

유량(flow rate), 규격 치수들, 그리고 유체 특성값은 두 파이프에 대해 동일하기 때문에, $|\Delta\mathscr{P}|$의 값들은 똑같다. 파이프 양끝이 같은 높이인 첫 번째 경우, $|\Delta P| = |\Delta\mathscr{P}|$이다. 출구가 입구보다 10 m 높은 두 번째의 경우, 압력강하는 다음과 같다.

$$|\Delta P| = |\Delta\mathscr{P}| + \rho g\Delta h = (2.76 \times 10^3) + (1 \times 10^3)(9.81)(10) = 1.01 \times 10^5 \text{ Pa}.$$

두 번째 파이프에서 연직 부분은 $|\Delta P|$에서 거의 40배 증가를 발생시킨다고 보인다.

두 번째 파이프의 수평부와 연직부를 연결시키는 90° 엘보우와 같은 파이프 이음쇠들은 자체적으로 추가적인 압력강하들을 발생시킨다. 입구 영역 또한 완전 발달 유동에 대한 압력강하를 초과하는 총 압력강하를 초래한다. 충분히 긴 파이프들에서는 무시될 수 있는 이러한 보정들에 대해서는 12.2절과 12.3절에서 논의될 것이다.

예제 2.3-2 • 송유관(oil pipeline)에서 압력강하. 이 예제의 목적은 큰 송유관에서 주어진 유량(flow rate)에서의 압력강하를 계산하는 것이다. 평균 속도는 3.0 m s^{-1}, 파이프 지름은 1.0 m, 길이는 100 km, $\rho = 850$ kg m^{-3}이고 $\nu = 1.06 \times 10^{-5}$ $m^2 s^{-1}$이다. 높이에서의 순 변화는 없다. 비록 다음에서 부피 유량은 필요하지 않지만, 주어진 U와 D의 값들은 $Q = 2.4$ $m^3 s^{-1}$에 상응한다.

다시, Reynolds 수는 즉시 계산될 수 있다.

$$\text{Re} = \frac{DU}{\nu} = \frac{(1)(3)}{1.06 \times 10^{-5}} = 2.83 \times 10^5.$$

이것은 충분히 커서 식 (2.2-7)과 식 (2.2-8) 중의 하나를 필요로 한다. Prandtl-Kármán 방정식으로부터 구한 $|\Delta P|$ 값은 Colebrook 방정식으로부터의 값과 비교될 것이다.

미지의 값인 f는 양변에서 모두 나타나기 때문에, Prandtl-Kármán 방정식은 반복 계산을 요구한다. f에 대한 초기 추측값은 그림 2.2나 Blasius 방정식을 사용하는 것 중 하나로부터 얻어질 수 있다. 식 (2.2-9)로부터, 다음과 같이 계산된다.

$$f = 0.0791(2.83 \times 10^5)^{-1/4} = 3.43 \times 10^{-3}.$$

식 (2.2-7)의 우변에 이 식을 사용하면, f에 대한 향상된 값은 다음과 같다.

$$\begin{aligned} f &= [4.0 \log(\text{Re}\sqrt{f}) - 0.4]^{-2} \\ &= \{4 \log[(2.83 \times 10^5)(3.43 \times 10^{-3})^{1/2}] - 0.4\}^{-2} = 3.68 \times 10^{-3}. \end{aligned}$$

식 (2.2-7)의 우변에 이 새로운 값을 사용하면 $f = 3.66 \times 10^{-3}$이 주어진다. f가 분명하게 1% 이내에서 수렴되었고 Prandtl-Kármán 방정식이 그것보다 더 정확하지 않다면, 계속함으로써 더 이상 얻을 수 있는 것이 없다. (실제로, 추가적인 반복은 f의 세 자리 숫자까지 같은 값을 준다.) 파이프배관(pipeline)의 양끝 사이에 높이 차이가 없는 경우, 압력강하는 다음과 같다.

$$|\Delta P| = \frac{2\rho U^2 L}{D} f = \frac{2(8.5 \times 10^2)(3)^2(1.0 \times 10^5)}{1}(3.66 \times 10^{-3}) = 5.59 \times 10^6 \text{ Pa}.$$

다른 방법으로, f는 식 (2.2-8)을 이용하여 한 번에 계산될 수 있다.

$$f = \left[3.6 \log\left(\frac{2.83 \times 10^5}{6.9}\right)\right]^{-2} = 3.63 \times 10^{-3}.$$

Colebrook 방정식으로부터 이 값은 Prandtl-Kármán 방정식으로부터의 값보다 약 1% 더 작다. 이 차이는 난류 유동에서 전형적인 데이터 분산 내에 있다.

예제 2.3-3 • 송유관(oil pipeline)에서 유동 속도. 예제 2.3-2의 파이프배관(pipeline)에서 펌프 시설의 고장으로 $|\Delta P|$가 반으로 줄어 2.80×10^6 Pa이 되었다고 가정하자. 유량은 얼마나 영향을 받을 것인가?

비록 U의 새로운 값은 알려지지 않았지만, Re는 확실히 충분히 큰 상태를 유지하여 유동은 난류일 것이다. Blasius 방정식이 주어진 지름과 유체 특성값들에 대해 $U \propto (|\Delta \mathcal{P}|/L)^{4/7}$인 것을 상기함으로 빠른 예측 값이 얻어질 수 있다. 이것은 $|\Delta P|$를 반으로 줄이는 것이 U와 Re 각각을 단지 약 1/3만 줄인다는 것을 시사한다[즉, $(0.5)^{4/7} = 0.67$]. 원래 Re 값은 난류 범위 안에 있었기 때문에(예제 2.3-2에서 Re $\cong 3 \times 10^5$), Prandtl-Kármán 방정식이 적용 가능하도록 유지될 것이라는 것을 확신할 수 있다.

비록 Re는 알려지지 않았지만, Re $\sqrt{f}$ 는 U에 독립적이고 다음과 같이 계산될 수 있다.

$$\mathrm{Re}\sqrt{f} = \frac{UD}{\nu}\left(\frac{D\,|\Delta P|}{2\rho U^2 L}\right)^{1/2} = \left(\frac{D^3\,|\Delta P|}{2\nu^2 \rho L}\right)^{1/2}$$
$$= \left[\frac{(1)^3(2.80 \times 10^6)}{2(1.06 \times 10^{-5})^2(8.5 \times 10^2)(1.0 \times 10^5)}\right]^{1/2} = 1.21 \times 10^4.$$

이것을 식 (2.2-7)에 대입하면 반복 계산 필요 없이 다음 식이 얻어진다.

$$f = [4\log(1.21 \times 10^4) - 0.4]^{-2} = 3.94 \times 10^{-3}$$

그러면 Reynolds 수와 평균 속도는 다음과 같다.

$$\mathrm{Re} = \frac{\mathrm{Re}\sqrt{f}}{f^{1/2}} = \frac{1.21 \times 10^4}{(3.94 \times 10^{-3})^{1/2}} = 1.93 \times 10^5$$
$$U = \frac{\nu \mathrm{Re}}{D} = \frac{(1.06 \times 10^{-5})(1.93 \times 10^5)}{1} = 2.04 \text{ m s}^{-1}.$$

Re와 U의 값들은 예제 2.3-2의 값들의 각각 68%이며, 이는 빠른 예측 값과 매우 일치한다. D는 변하지 않기 때문에, Q 또한 전의 값의 68%이다.

예제 2.3-2와 대조적으로, Colebrook 방정식은 Prandtl-Kármán 방정식보다 여기서 덜 편리하다. 식 (2.2-8)은 U에 독립적인 f와 Re의 조합을 포함하지 않기 때문에, 반복 계산을 필요로 할 것이다.

예제 2.3-4 • 모세관 점도계. 뉴톤 액체의 점도를 결정하는 단순한 방법은 주어진 $|\Delta\mathcal{P}|$에서 정확히 알려진 치수들을 가진 관을 통한 부피 유량을 측정하는 것이다. *모세관 점도계*라고 불리는 이러한 장치들은 전형적으로 U-형태의 유리관을 포함하는데, 그중 한쪽 다리에는 작은 지름의 시험 구간(test section)이 있다. 부피 유동 속도는 시험 구간 위의 한 쌍의 표시된 선들 사이의 메니스커스(meniscus) 이동을 시간 측정하여 구할 수 있고, $|\Delta\mathcal{P}|$는 두 다리 사이의 액체 높이 차이로부터 계산될 수 있다. 이러한 점도계들은 층류 영역에서 조작되며, μ가 Poiseuille 법칙으로부터 얻어질 수 있도록 한다. 밀도가 900 kg m^{-3}이고, $|\Delta\mathcal{P}| = 880$ Pa일 때 점도계를 통해 0.4 ml가 20 s에 통과되며, 시험 구간 지름과 길이가 각각 0.5 mm와 5 cm일 때, 액체의 점도를 구하려고 한다고 가정하자.

부피 유동 속도는 $Q = (4.0 \times 10^{-7}\text{ m}^3)/(20\text{ s}) = 2.0 \times 10^{-8}\text{ m}^3\text{ s}^{-1}$이다. 식 (2.3-7)로부터,

$$\mu = \frac{\pi D^4 |\Delta \mathscr{P}|}{128QL} = \frac{\pi (5 \times 10^{-4})^4 (8.8 \times 10^2)}{128(2 \times 10^{-8})(5 \times 10^{-2})} = 1.35 \times 10^{-3} \text{ Pa} \cdot \text{s}.$$

이 액체의 점도는 물의 점도와 비슷한 것으로 보인다. Reynolds 수는 다음과 같다.

$$\text{Re} = \frac{UD\rho}{\mu} = \frac{4Q\rho}{\pi D\mu} = \frac{4(2 \times 10^{-8})(9 \times 10^2)}{\pi(5 \times 10^{-4})(1.35 \times 10^{-3})} = 34$$

이것은 유동이 층류임을 확인한다. 여기서 예를 들었듯이, 어떤 양이 미지의 값인지 상관없이 층류 파이프-유동 계산들에서는 반복계산이 불필요하다.

2.4 비원형 단면

난류 유동

많은 도관들은 원통형이 아니다. 예를 들어, 난방용과 환기용 덕트는 종종 직사각형의 단면을 가지며, 특정 열교환기에서의 유동은 2개의 동심관 사이의 환상 공간에 존재한다. 난류 유동에서 적절한 유효 지름(effective diameter)이 사용된다면 원통형 단면들에 대한 결과들이 비원형 단면들에 적용될 수 있다는 것은 주목할 만한 발견이다. 효과 있는 것은 *수력학적 지름(hydraulic diameter)*이다.

$$D_H = \frac{4A}{C} \tag{2.4-1}$$

여기서 A는 단면적이고, C는 *젖음 둘레(wetted perimeter)*인데 단면에서 유체와 접촉하고 있는 벽의 길이이다. 원통형 튜브에서 $A = \pi D^2/4$이고 $C = \pi D$이며, 식 (2.4-1)의 분자에 있는 숫자 4는 $D_H = D$가 되도록 한다.

몇 가지 단면들에 대한 수력학적 지름들을 표 2.1에 나타내었다. 유동 방향은 페이지 안쪽으로 또는 페이지로부터 바깥쪽이다. *평행판* (또는 *슬릿*) 구조는 사각형 유로의 너비 (b)가 높이 (a)보다 훨씬 커서 양쪽 벽이 무시될 수 있는 이상적인 경우이다. 환형 유로에서는 유체가 동심의 원통관들 사이에 존재하며, 각각의 관은 젖음 둘레에 기여한다.

비원형 단면의 경우, 마찰인자와 Reynolds 수 모두에서 D가 D_H로 대체되어 다음과 같다.

$$f(\text{Re}_H) = \frac{D_H}{2\rho U^2}\frac{|\Delta \mathscr{P}|}{L}, \quad \text{Re}_H = \frac{UD_H}{\nu} \tag{2.4-2}$$

여기서 $U = Q/A$이다. 주요한 가정은 f가 여전히 식 (2.2-7)~(2.2-9)에 의해 주어진다는 것

표 2.1 다양한 도관들의 수력학적 지름

Cross-sectional shape	Dimensions	Hydraulic diameter
Circular	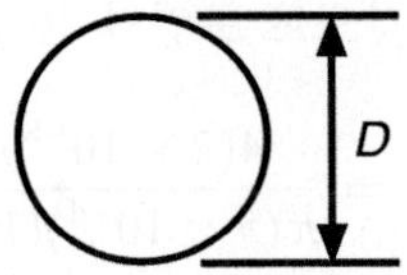	$D_H = D$
Rectangular	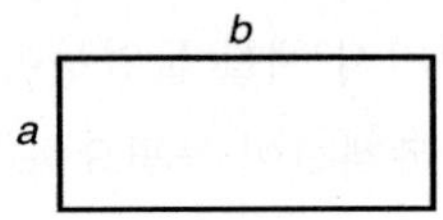	$D_H = \dfrac{2ab}{a+b}$
Parallel plate (slit)	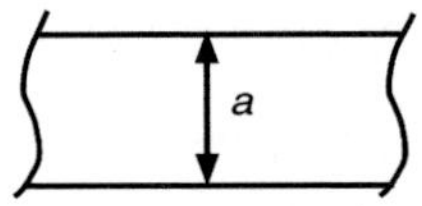	$D_H = 2a$
Annular	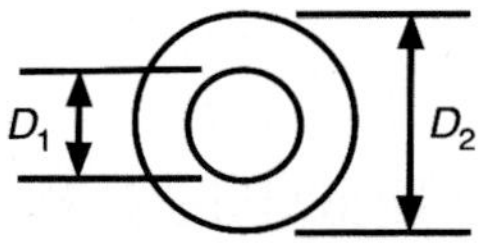	$D_H = D_2 - D_1$
Triangular	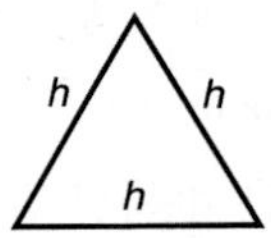	$D_H = \dfrac{h}{\sqrt{3}}$

이다. 이것은 단면이 정사각형, 직사각형, 삼각형, 환형 유로들에 대해 Schlichting(1968, p. 576)에 의해 보여졌듯이 난류 유동에 대해 상당히 정확하다는 것을 증명한다.

이러한 접근 방법이 매우 효과적인 이유는 일정한 단면을 가진 어떤 도관에 대해 D_H는 총괄 힘 수지로부터 자연스럽게 발생한다. 도관 내의 모든 유체를 포함하는 대상 부피에 대해, 각 끝에서의 압력은 면적 A에 작용하고, 벽 전단 응력은 면적 CL에 작용하며, 중력은 부피 AL에 작용되는데, 여기서 L은 유로 길이이다. 따라서 2.3절에 있는 것과 같은 힘 수지는 다음 식으로 유도된다.

$$\tau_w = \frac{A\,|\Delta \mathcal{P}|}{CL}. \tag{2.4-3}$$

양변을 $\rho U^2/2$로 나눈 후 $A/C = D_H/4$로 놓으면 식 (2.4-2)에서 f에 대한 식이 주어진다. 즉, 전단 응력이 압력강하와 연관될 때 D_H는 단면의 차원이다. 이것은 유동이 층류인지 난류인지에 관계없이 적용된다. 난류 유동에 대해 특별한 것은 벽에 매우 근접한 속도 프로파일은 거의 범용적인 형태이다(10장). 벽 부근에서의 프로파일은 유로 형태에 민감하지 않기 때문에 f와 Re_H 사이의 관계도 그러하다.

층류 유동

비록 난류 유동에 대해 정확하지만, $f(\mathrm{Re}_H)$가 모든 유로 형태들에 대해 동일하다는 가정은 층류 영역에서는 맞지 않는다. 즉, 만약 식 (2.2-6)이 $f\mathrm{Re}_H = c$로 일반화된다면, 비원통형 도관에 대한 c는 보통 16이 아닌 다른 값을 가진다. 초래된 어려움은 c가 종종 기본 원칙들로부터 예상될 수 있다는 사실에 의해 줄어든다. 이것은 표 2.1의 모든 형태들에 대해 적용되고, 일부 결과는 7장에서 유도된다. 결과적으로, 층류 유동에 대한 상세한 실험은 보통 불필요하다.

평행판 유로의 경우 $c = 24$이고, 정삼각형-단면 유로의 경우 $c = 40/3$이다. $\alpha = a/b \le 1$인 직사각형 도관의 경우는 다음과 같다.

$$f\,\mathrm{Re}_H = c = \frac{24}{(1+\alpha)^2}\left[1 - 6\alpha \sum_{n=0}^{\infty} \frac{\tanh(\lambda_n/\alpha)}{\lambda_n^5}\right]^{-1}, \quad \lambda_n = \left(n + \frac{1}{2}\right)\pi \tag{2.4-4}$$

여기서 n은 정수값이다. 이 수식은 보이는 것보다는 덜 복잡한데, 네 자리 수 정확도를 위해 합계에서 오직 3개 항($n = 0, 1, 2$)만이 필요하기 때문이다. $\kappa = D_1/D_2$인 환형 유로의 경우는 다음과 같다.

$$f\,\mathrm{Re}_H = c = \frac{16(1-\kappa)^2 \ln\kappa}{[1-\kappa^2 + (1+\kappa^2)\ln\kappa]}. \tag{2.4-5}$$

그림 2.5에서와 같이, 직사각형 유로들에서의 c 값은 $\alpha \to 0$일 때 24에서 $\alpha = 1$일 때 14.23으

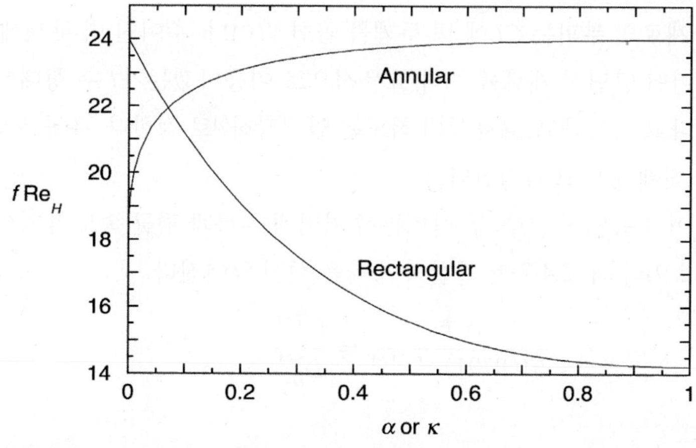

그림 2.5 직사각형 또는 환형 유로에서의 층류 유동에 대한 마찰인자. 표 2.1의 도식들을 참고하여, 직사각형에 대해 $\alpha = a/b$이고 환형에 대해 $\kappa = D_1/D_2$이다.

로 감소한다. 환형 유로들에 대해서는, 극한값들이 $\kappa \to 0$일 때 $c \to 16$이고, $\kappa \to 1$일 때 $c \to 24$이다. 평행판 결과($c = 24$)는 다음 두 극한 중 하나에 해당한다: 측면 사이가 멀리 떨어져 있는 직사각형 유로 또는 좁은 간격을 가진 환형 유로. 따라서 평행판 이상화(idealization)가 실제로 구현될 수 있는 두 가지 방법이 있다. 이제 논의될 예제 중에는 c 값이 원통형일 때의 값인 16보다 17% 작은 값부터 50% 큰 값까지 다양하다.

예제 2.4-1 ● 삼각형-단면 덕트에서 공기에 대한 압력강하. 정삼각형-단면 덕트를 통한 공기 유동에 대해 $|\Delta\mathcal{P}|$를 구하고자 한다. 주어진 값들은 $h = 0.5$ m(변 길이), $L = 20$ m, $Q = 0.25$ m^3 s^{-1}, $\rho = 1.2$ kg m^{-3}이고 $\nu = 1.6 \times 10^{-5}$ m^2 s^{-1}이다.

단면적은 $A = (\sqrt{3}\,/4)h^2$, 평균 속도는 $U = (4/\sqrt{3})\,Q/h^2 = 2.31$ m/s, 수력학적 지름은 $D_H = h/\sqrt{3} = 0.289$ m이다. 따라서 Reynolds 수를 계산하면 다음과 같다.

$$\mathrm{Re}_H = \frac{UD_H}{\nu} = \frac{(2.31)(0.289)}{1.6 \times 10^{-5}} = 4.17 \times 10^4.$$

이것은 유동이 난류이고 Blasius 방정식이 적용 가능함을 나타낸다. 식 (2.2-9)와 식 (2.4-2)를 결합하면, 동적 압력강하는 다음과 같다.

$$|\Delta\mathcal{P}| = 2(0.0791)\frac{\rho U^2 L}{h}\mathrm{Re}_H^{-1/4} = \frac{2(0.0791)(1.2)(2.31)^2(20)}{0.289}(4.17 \times 10^4)^{-1/4} = 4.91 \text{ Pa}.$$

예제 2.4-2 ● 정사각형과 원형 덕트의 재료 효율. 젖음 둘레가 C이고 길이가 L인 얇은 벽을 가진 덕트에서 벽 재료의 부피는 CL에 벽 두께를 곱한 값이다. 주어진 벽 두께에 대하여, 정사각형과 원형 중 어떤 단면이 재료를 보다 효율적으로 이용하겠는가? 두 형태에 대하여 C, L, Q 값은 모두 같다고 가정하고, 효율성의 척도는 압력강하[6]로 정한다. 유동은 난류이고 Re 값은 Blasius 범위 내에 있다고 가정한다.

유체 특성값과 길이가 동일한 경우, 두 덕트는 수력학적 지름과 평균 속도의 차이에 의해서만 구별된다. 식 (2.2-9)와 식 (2.4-2)를 결합하면 다음 식이 얻어진다.

$$\frac{|\Delta\mathcal{P}|}{2(0.0791)\rho L \nu^{1/4}} = \frac{U^{7/4}}{D_H^{5/4}}.$$

---

6) 작은 $|\Delta\mathcal{P}|$를 갖는 형태가 펌핑 동력을 덜 요구하겠지만, 실제로 어떤 것이 더 경제적인지를 결정하기 위해서는 구입 및 설치비용 또한 필요하다(연습문제 2.8).

따라서 압력강하들의 비는 다음과 같다.

$$\frac{|\Delta\mathcal{P}|_c}{|\Delta\mathcal{P}|_s} = \left(\frac{U_c}{U_s}\right)^{7/4}\left(\frac{D_{H,s}}{D_{H,c}}\right)^{5/4}$$

여기서 아래첨자 c와 s는 원통형과 정사각형을 각각 의미한다. 수력학적 지름은 a와 D이다. 두 경우에 대해 젖음 둘레가 동일하다면, $C_c = \pi D = C_s = 4a$이고 $a/D = D_{H,s}/D_{H,c} = \pi/4$이다. 단면적이 다른 것을 고려하면, $U_c/U_s = A_s/A_c = 4a^2/(\pi D^2) = \pi/4$이다. 따라서 다음과 같다.

$$\frac{|\Delta\mathcal{P}|_c}{|\Delta\mathcal{P}|_s} = \left(\frac{\pi}{4}\right)^{7/4}\left(\frac{\pi}{4}\right)^{5/4} = \left(\frac{\pi}{4}\right)^{3} = 0.484.$$

주어진 재료 양에 대하여 원형 덕트에서의 압력강하는 정사각형 덕트와 비교하여 대략 반 정도인 것으로 보인다.

2.5 벽 거칠기

유체 도관들이 아무리 조심스럽게 제조된다고 하더라도, 항상 표면에서는 적어도 미세하게 불규칙한 부분은 존재하게 된다. 이것은 유리나 연신 금속(drawn metals)의 경우 매우 작고, 상용 강철의 경우 보통이며, 콘크리트는 상대적으로 크다. 불규칙 정도는 시간이 경과함에 따라 커질 수 있는데, 부식, 무기물 함침 또는 미생물 성장 등의 결과 때문이다. 벽 거칠기는 주어진 Reynolds 수에서 마찰인자를 증가시키며, Re 값이 충분히 클 때는 f가 거칠기에만 영향을 받는 것을 알 수 있다. 거칠기의 영향은 난류 유동에서만 뚜렷하다. 대부분의 속도 변화가 일어나는 벽과 매우 가까운 영역에서는(그림 2.3), 작은 돌출부나 들어간 부분조차도 속도 프로파일(profile)의 주요부에 영향을 미칠 수 있다. 층류 유동에서는 속도 프로파일이 벽과 매우 근접한 부분에서 발생하는 것에 훨씬 덜 민감하다.

거칠기의 영향을 정량화하기 위해 필요한 것은 최소한 불규칙한 부분의 높이이다. k로 표시되는 새로운 길이 척도는 추가적인 무차원 군(dimensionless group)을 만들어낸다. 지름이 D인 원통관에 대해 k/D를 새로운 군으로 선택한다. 따라서 차원 해석은 $f = f(\mathrm{Re}, k/D)$를 나타낸다. 거칠기 요소들은 크기 또는 형태에서 다를 수 있고 규칙적인 또는 무작위적인 간격을 가질 수 있기 때문에, 몇몇의 다른 무차원 군들이 관련될 수 있다. 그러나 각각의 표면에 대한 지나치게 세세한 것들을 특징지어야만 하고 f에 대한 개별적인 영향을 측정해야만 하는 것을 피하기 위해 공학적으로 중요한 재료들에 대해 *유효* 거칠기 높이들을 지정하는 것이 관례적이다.

k를 위해 사용되는 척도는 1930년대 초기에 독일의 J. Nikuradse에 의해 행해진 인위적으로 거칠게 만든 관들을 사용한 실험으로부터 유래한다. 좁은 크기 범위로 체 분리된 모래는 래커(lacquer)에 부유되고, 다양한 지름의 매끄러운 관들의 벽들을 피복(coating)하는 데 사용되었다. 피복층이 건조된 후, 조밀하게 채워진 모래 단일층이 벽에 부착되었다(Nikuradse, 1933). 조사된 가장 높은 유동 속도에서 f는 Re 수에 독립적이게 되었다. 모래 알갱이 지름인 k를 이용하여, 다음 식이 얻어졌다.

$$\frac{1}{\sqrt{f}} = -4\log\left(\frac{k}{3.7D}\right) \quad (\mathrm{Re} \to \infty). \tag{2.5-1}$$

그 후에 식 (2.5-1)은 자연적으로 또는 인위적으로 거칠어진 관에 대한 f의 높은 Re 값을 유효한 모래 알갱이 지름으로 전환하는 데 사용되어 왔다. 몇몇 재료에 대해 이렇게 얻어진 거칠기 높이를 표 2.2에 나타냈다. 비록 예외가 있을 수는 있지만, 주어진 재료에 대한 k는 D에 독립적이라고 가정하는 것이 관례적이다.

거친 파이프들에 대해 가장 폭넓게 인정된 일반식은 *Colebrook-White 방정식*이고 (Colebrook, 1939), 다음과 같다.

$$\frac{1}{\sqrt{f}} = -4\log\left(\frac{1.26}{\mathrm{Re}\sqrt{f}} + \frac{k}{3.7D}\right). \tag{2.5-2}$$

이 식은 $k/D \to 0$일 때 식 (2.2-7)로, $\mathrm{Re} \to \infty$일 때 식 (2.5-1)로 단순화된다. Prandtl-Kármán 방정식의 경우와 같이, 양 변에 f가 존재하는 것은 어떤 종류의 문제들에 대해서는 이 식의 사용을 불편하게 만든다. Haaland (1983)에 의해 제안된 명확한 관계식은 식 (2.5-2)로부터 $<2\%$ 의 차이를 보이는데, 다음과 같다.

표 2.2 다양한 파이프 재질들의 유효 거칠기[a]

Material	k(mm)
Glass and drawn metals[b]	0.0015
Commercial steel or wrought iron	0.046
Asphalt-coated cast iron	0.12
Galvanized iron	0.15
Cast iron	0.26
Concrete	0.30–3.0

[a] 전형적인 값들 (출처: Moody (1944)). 추가적인 데이터는 Brater et al. (1996) 참조.

[b] 구리, 황동과 납 포함.

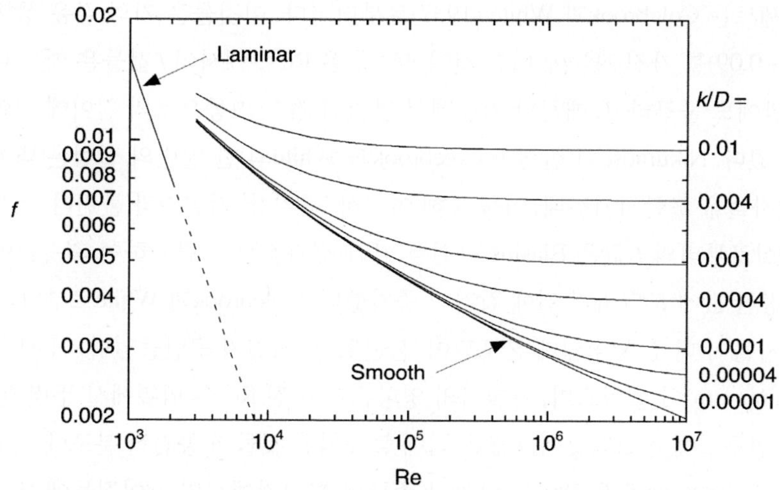

그림 2.6 Reynolds 수와 상대 거칠기에 따른 원통관의 마찰인자. Re > 3000에 대한 곡선들은 식 (2.5-3)에 기초한다.

$$f = \left\{ 3.6 \log \left[\frac{6.9}{\text{Re}} + \left(\frac{k}{3.7D} \right)^{1.11} \right] \right\}^{-2}. \tag{2.5-3}$$

이 식은 $k/D \rightarrow 0$일 때 식 (2.2-8)로 단순화되고, 한 번 더 $\text{Re} \rightarrow \infty$일 때 식 (2.5-1)이 된다.

식 (2.5-3)을 이용하여 계산된 마찰인자들을 그림 2.6에 나타냈으며, Moody (1944)가 제안한 선도의 한 형태이다. 층류 유동에서 f는 벽 거칠기에 영향을 받지 않아서 Re < 2100에는 오직 1개의 곡선이 존재한다. 난류 유동에서는, 관은 Re 수가 일정한 한계값보다 작을 때만 기능적으로 매끈한데, 이 값은 상대 거칠기에 따라 달라진다. 이 경우 f는 처음에는 Re 수가 증가함에 따라 단조롭게 감소하나, 결국에는 k/D에 의해 결정된 일정한 값에 도달한다. $k/D \geq 0.001$의 경우, Re가 난류에 해당할 만큼 충분히 크기만 하면 거칠기는 분명해진다. k/D가 감소함에 따라 매끈한 관들일 때의 f값으로부터 벗어남은 갈수록 더 지연된다. 그러나 일단 Re 수가 충분히 크면, f가 Re 수에 독립적이며 식 (2.5-1)로 표현되는 '완전히 거친' 거동이 $k/D > 0$인 모든 경우에 대해 보여진다.

비록 식 (2.5-2)와 (2.5-3)은 전형적인 상용 파이프들에 대해 만족스럽지만, f는 Re와 k/D뿐만 아니라 인자들(factors)에 영향을 받을 수 있다. 이것은 그림 2.7에 도식되었는데, 여기서 다양한 종류의 표면들에 대해 측정된 f는 제한된 범위의 Re에 대해 보여진다. 기능적으로 매끈한 관들에 대한 Koury (1995) 데이터 일부는 그림 2.2로부터 가져왔다. 다른 3개의 데이터 세트는 인위적으로 거칠게 만든 표면들에 대한 것으로, 한 세트는 Nikuradse (1933)로부터, 다른 두 세트는 Colebrook과 White (1937)로부터이다. 이것들은 거의 같은 상대 거칠기 (k/D = 0.07~0.09)를 가진 관들에 대한 것이므로 높은 Re 수에서의 f 값들은 매우 비슷하다. k/D가 비슷함에도 불구하고, 매끈한 거동에서 완전히 거친 거동으로의 전이에 있어서는 현저한 차이가 있다. Nikuradse의 실험과 Colebrook과 White의 한 일련의 실험은 벽에 빽빽하게 채워진 입자들을 포함시키는데, 이를 통해 여기서 '균일한' 거칠기라 불린다. 이들의 경우 각각의 실험실로부터의 f 값은 Blasius 곡선을 따라 점차적으로 감소하여 최솟값에 도달하고, 그 후 일정한 값에 도달하기 전에 갑자기 증가했다. Colebrook과 White로부터의 다른 실험에서는 입자들이 더 컸으나 넓게 분포되어 '불균일한' 거칠기를 만들었다. 이 경우 국부 최솟값(local minimum)이 없었으며, 거칠기의 영향은 보여진 Re 수 범위에서 뚜렷했다. 이 결과들과 다른 연구들에서 보였듯이, f 값은 벽에 불규칙한 것들의 공간적 분포에 영향을 받는다. Schlichting (1968, pp.586~589)는 다양한 종류의 거칠기에서의 차이점들에 대해 고찰하였는데, 다양한 방식으로 정렬된 규칙적인 형상의 돌출부를 이용하여 얻어진 결과들을 요약하였다.

Colebrook (1939)에서 논의되었듯이, 자연적으로 발생하는 거칠기를 가진 상용 파이프에서 일반적으로 보이는 것은 그림 2.6에서와 같이 f 값의 변화 없는 감소이고 '불균일한' 경우는 그림 2.7에 나타내었다. 이것이 설계 계산에서 Colebrook-White 방정식(또는 Haaland alternative)을 사용하는 근거이다.

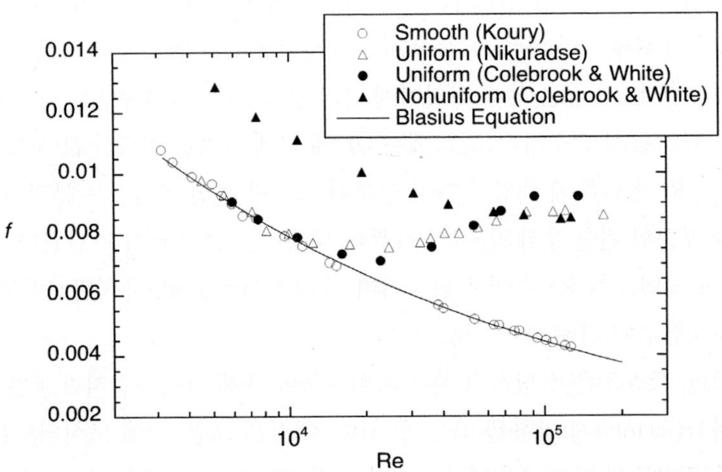

그림 2.7 매끈하고 인위적으로 거칠게 만든 관들에서의 마찰인자들. 데이터는 Koury (1995), Nikuradse (1933) 및 Colebrook과 White (1937)로부터 가져왔다. "Uniform(균일)"과 "nonuniform(불균일)"은 본문에서 설명되었고, 곡선은 식 (2.2-9)로부터 그려졌다.

예제 2.5-1 • 거칠기가 공정 파이프에서 물의 유동에 미치는 영향. 만약 예제 2.3-1의 파이프가 상용 강철로 만들어졌다면, 압력강하는 얼마나 증가하겠는가?

$k = 0.046$ mm(표 2.2)이고 $D = 0.1$ m이면, $k/D = 4.6 \times 10^{-5}/0.1 = 4.6 \times 10^{-4}$이다. 전에 구한 것과 같이, $\text{Re} = 1.02 \times 10^5$이다. 식 (2.5-3)으로부터, 강철 파이프에 대한 마찰인자는 다음과 같다.

$$f = \left\{ 3.6 \log \left[\frac{6.9}{1.02 \times 10^5} + \left(\frac{4.6 \times 10^{-4}}{3.7} \right)^{1.11} \right] \right\}^{-2} = 4.96 \times 10^{-3}.$$

이것은 완벽하게 매끈한 파이프에 대한 f 값을 Blasius 방정식을 사용하여 계산하거나($f = 4.43 \times 10^{-3}$), $k/D = 0$일 때 식 (2.5-3) 로부터 얻어진 값($f = 4.44 \times 10^{-3}$) 보다 12% 큰 값이다. 따라서, 압력강하 또한 12% 클 것이다.

예제 2.5-2 • 실질적인 거칠기. 관이 기능적으로 매끈하기 위해서는 얼마나 벽 거칠기가 작아야만 할까? 물론 그에 대한 대답은 요구되는 정밀도 정도에 의존한다. 또한 그림 2.6에 보듯이, 실제 관에 대한 f 값이 완벽하게 매끈한 관에 대한 값에서 벗어나기 시작하는 k/D 값은 Re 수에 의존한다.

그림 2.6에서 매끈함으로부터 약간 벗어나는 것을 정량화하는 것은 어렵기 때문에, 식 (2.5-3)을 이 목적에 편리한 형태로 재정열할 것이다. 실제와 완벽하게 매끈한 관들에 대한 마찰인자들을 각각 f와 f_0로 나타낼 때, 거칠기 때문에 발생하는 마찰인자의 상대적 증가는 다음과 같다.

$$\varepsilon = \frac{f - f_0}{f_0}. \tag{2.5-4}$$

우리가 구하는 것은 지정된 작은 값의 ε에 대해 k/D를 계산하는 간단한 방법이다. 식 (2.5-3)은 다음과 같이 표기될 수도 있다.

$$f = \{3.6 \log [a(1 + b)]\}^{-2} \tag{2.5-5}$$

여기서 $a = 6.9/\text{Re}$이고 $b = (\text{Re}/6.9)(k/3.7\,D)^{1.11}$이다. 중간 결과를 단순화하기 위하여 $(1 + x)^{1/2} \simeq 1 + (x/2)$와 $a^x \simeq 1 + x \ln a$ (각각 $x \to 0$일 때 유효) 두 식을 활용하면, 다음의 식이 얻어진다.

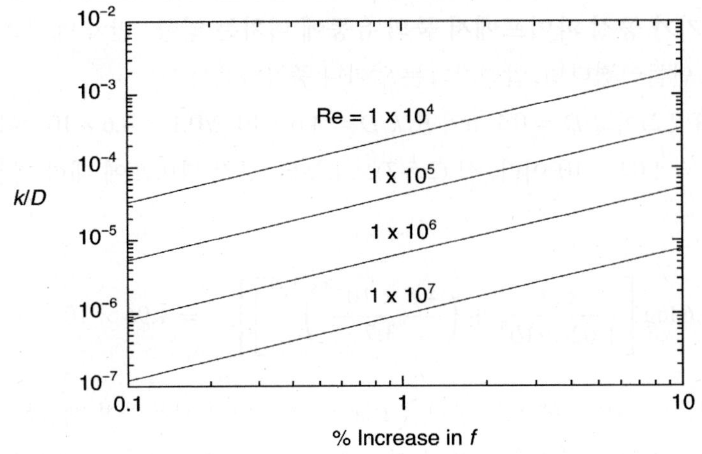

그림 2.8 식 (2.5-7)에 따라 다양한 Re 수에서 마찰인자에서의 특정한 백분율 증가를 나타내는 상대 거칠기들. 가로 좌표는 100ε이다.

$$b = -\frac{\varepsilon}{2} \ln a. \tag{2.5-6}$$

원래 변수들로 돌아가면 다음 식이 얻어진다.

$$\frac{k}{D} = 3.7\left[-\frac{\varepsilon}{2}\left(\frac{6.9}{\mathrm{Re}}\right)\ln\left(\frac{6.9}{\mathrm{Re}}\right)\right]^{1/1.11} \tag{2.5-7}$$

식 (2.5-7)로부터 결과들은 그림 2.8에 나타내었다. f의 백분율 증가가 가로좌표에서의 증가분 이하가 되기 위해서는 k/D는 세로좌표에서의 증가분을 넘지 말아야만 한다. 예를 들어, $\mathrm{Re} = 1 \times 10^5$과 1×10^7일 때 거칠기의 영향을 1%로 제한하는 것은 k/D가 각각 4.3×10^{-5}와 9.6×10^{-7}을 넘지 말 것을 요구한다. $D = 10$ mm이고 $\mathrm{Re} \leq 1 \times 10^5$인 Koury (1995) 결과에 대해서는 전형적인 거칠기(표 2.2의 $k = 0.0015$ mm)가 그림 2.2와 그림 2.7에 나타낸 Blasius 곡선들과 매우 일치하는 결과를 주기에 충분했을 것이다. 그러나 $D = 129$ mm이고 $\mathrm{Re} \leq 3.5 \times 10^7$인 Zagarola와 Smits (1998)의 결과에 대해서는 기능적으로 매끈한 시험 부분을 만들기 위해 특별한 기계 가공과 연마가 필요했을 것이다.

2.6 결론

파이프에서의 유량(flow rate)을 그에 따른 압력강하와 연관시키는 것은 어떠한 배관 시스템의 설계를 위해 필수적이다. 이러한 계산들의 중심에는 마찰인자(f)가 있는데, 이것은 무차원 벽 전단 응력[식 (2.2-4)]이다. 매끈한 관에서 f는 오직 Reynolds 수(Re)에만 의존하며, 일반적으로 Re가 증가할수록 감소한다. 그러나 Re ≅ 2100에서 f가 갑자기 증가하는데, 이것은 층류에서 난류 유동으로의 전이(transition)에 해당한다. f(Re)에 대한 가장 잘 알려진 공식은 층류 유동에서는 Poiseuille 법칙의 형태[식 (2.2-6)]이고 난류 유동에서는 Prndtl-Kármán 방정식[식 (2.2-7)]이다.

벽 전단 응력, 파이프 치수, 그리고 입구 및 출구 압력들을 연관 짓는 힘 수지는 설계 계산에서 필요하듯이 f가 무차원 압력강하에 관한 식[식 (2.3-6)]으로 표현될 수 있도록 한다. 수평관, 경사진 관 또는 연직관을 통한 유동은 압력강하가 동적 압력($\mathcal{P}$)에 관하여 표현된다면 하나의 관계식으로 표현될 수 있다. 상당 압력 또는 수정된 압력이라고도 불리는 이 변수는 실제 압력 차이와 중력의 영향을 결합한다.

모든 도관이 원통형인 것은 아니고, 층류 유동에 대해 각각의 단면 모양은 개별적으로 조사되어야만 한다. 그러나 난류 유동에서 그나마 다행인 점은 원통관에 대한 결과들이 다른 형태의 관으로도 적용될 수 있다는 것이다. 이것은 관의 지름을 관의 단면적과 둘레로부터 계산되는 수력학적 지름[식 (2.4-1)]으로 대체함으로써 이루어진다.

어떤 파이프 벽이라도 어느 정도의 거칠기를 가진다. 재질과 제조 방법에 따라 불규칙한 정도는 현미경으로 봐야할 정도로 미세한 것부터 뚜렷히 보이는 것까지 다양하다. 벽 거칠기는 층류 유동에서 f에 영향을 미치지는 않지만 난류 유동에서는 f를 크게 증가시킬 수 있다. 따라서 보다 일반적으로 f는 단지 Re의 함수뿐만 아니라 k/D의 함수이기도 하며, 여기서 k는 유효 거칠기 높이이고 D는 관 지름이다. 가장 잘 알려진 관계식은 Colebrook-White 방정식[식 (2.5-2)]이다. k/D의 f에 대한 영향은 Re가 일정한 한계점을 넘어야지만 분명하다. k/D가 작을수록, Re의 한계점은 더 커진다. Re가 증가함에 따라 f가 k/D에만 의존하는 '완전히 거친' 영역에 결국 도달하게 된다.

참고문헌

Brater, E. F., H. W. King, J. E. Lindell, and C. Y. Wei. *Handbook of Hydraulics*, 7th ed. McGraw-Hill, New York, 1996.

Colebrook, C. F. Turbulent flow in pipes, with particular reference to the transition region between the smooth and rough pipe laws. *J. Inst. Civ. Eng.* 11: 133–156, 1939.

Colebrook, C. F. and C. M. White. Experiments with fluid friction in roughened pipes. *Proc. Roy. Soc. Lond.* A 161: 367–381, 1937.

Haaland, S. E. Simple and explicit formulas for the friction factor in turbulent pipe flow. *J. Fluids Eng.* 105: 89–90, 1983.

Kármán, T. von. *Aerodynamics*. Cornell University Press, Ithaca, NY, 1954.

Koury, E. Drag reduction by polymer solutions in riblet pipes. Ph.D. thesis, Department of Chemical Engineering, Massachusetts Institute of Technology, 1995.

McComb, W. D. *The Physics of Fluid Turbulence*. Clarendon Press, Oxford, 1990.

Moody, L. F. Friction factors for pipe flow. *Trans. ASME* 66: 671–684, 1944.

Murray, C. D. The physiological principle of minimum work. I. The vascular system and the cost of blood volume. *Proc. Natl. Acad. Sci. (USA)* 12: 207–214, 1926.

Nikuradse, J. *Gesetzmäßigkeiten der turbulenten Strömung in glatten Rohren*. VDI Forschungsheft 356, 1932. [English translation in NASA Technical Report No. TT-F-10359, 1966.]

Nikuradse, J. *Strömungsgesetze in rauhen Rohren*. VDI Forschungsheft 361, 1933. [English translation in NACA Technical Memorandum No. 1292, 1950.]

Oh, K.W., K. Lee, B. Ahn, and E. P. Furlani. Design of pressure-driven microfluidic networks using electrical circuit analogy. *Lab Chip* 12: 515–545, 2012.

Peters, M. S., K. D. Timmerhaus, and R. E. West. *Plant Design and Economics for Chemical Engineers*, 5th ed. McGraw-Hill, New York, 2003.

Schlichting, H. *Boundary-Layer Theory*, 6th ed. McGraw-Hill, New York, 1968.

Sherman, T. F. On connecting large vessels to small. The meaning of Murray's law. *J. Gen. Physiol.* 78: 431–453, 1981.

Sturm, T. W. Open *Channel Hydraulics*, 2nd ed. McGraw-Hill, New York, 2010.

Sutera, S. P. and R. Skalak. The history of Poiseuille's law. *Annu. Rev. Fluid Mech.* 25: 1–19, 1993.

Tilton, J. N. Fluid and Particle Dynamics. In *Perry's Chemical Engineers' Handbook*, D. E. Green and R. H. Perry (Eds.), 8th ed. McGraw-Hill, New York, 2007.

Vincenti, W. G. Control-volume analysis: a difference in thinking between engineering and physics. *Technol. Culture* 23: 145–174, 1982.

Virk, P. S. Drag reduction fundamentals. *AIChE* J. 21: 625–656, 1975.

Zagarola, M. V. and A. J. Smits. Mean-flow scaling of turbulent pipe flow. *J. Fluid Mech.* 373: 33–79, 1998.

연습문제

2.1. 공동화 액체에서의 압력이 증기압(P_v) 이하로 떨어지는 곳마다 기포들이 형성되는 경향이 있으며, 이 현상은 공동화(cavitation)라고 불린다. 이러한 기포들이 빠르게 붕괴되며 생성되는 충격파는 장치들을 매우 손상시킬 수 있다. 이것이 문제가 될 수 있는 시스템을 그림 P2.1에 나타내었다. 수리를 위해 수영장을 비워야 한다. $Q = 3.93 \times 10^{-3}$ m^3/s의 유량을 가진 펌프가 5 cm의 지름을 가진 50 m의 고무호스와 연결될 것이다. 호스는 유체역학적으로 매끈하다. 펌프 흡입구는 호스 입구보다 3 m 위의 바닥에 놓여 있고, 초기 물의 깊이는 2 m이다. 물의 특성값들은 표 1.2와 같다.

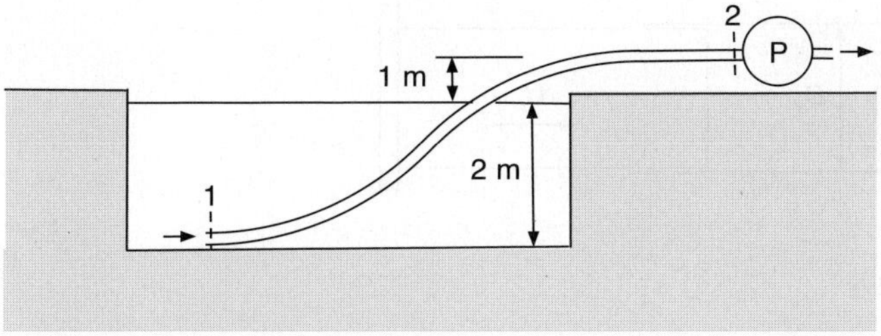

그림 P2.1 수영장을 비우기 위한 펌프와 호스 (그림 치수는 비례가 아님)

(a) 호스 입구 바로 안쪽(position 1)에서 펌프 입구(position 2)까지의 $|\Delta\mathcal{P}|$를 계산하라.

(b) 수영장이 거의 비었고 $P_1 = 1.01 \times 10^5$ Pa일 때, P_2를 구하라. 20°C의 물에 대해, $P_V =$ 2339 Pa이다. P_0가 대기압일 때, $P_V < P_2 < P_0$인 것을 알게 될 것이다.

(c) 공동화의 위험 없이 Q는 얼마나 증가될 수 있겠는가? Q가 주어졌을 때 수영장의 수면이 내려감에 따라 위험은 왜 증가하는가?

2.2. 꿀을 병에 담기 식품 제조업자는 탱크로부터 중력에 의한 유동을 이용하여 꿀을 병에 담고자 한다. 장비를 사용가능한 공간에 맞추기 위해 4 m의 파이프 길이를 필요로 하는데, 입구는 출구보다 2 m 위에 있다. 탱크 레벨이 낮을 때, 입구에서의 압력은 대기압에 가깝다. 꿀의 특성값들은 표 1.2에 나타낸 것과 같다.

적어도 분당 1개의 17온즈 병(0.482 kg)의 생산 속도를 얻기 위해 필요한 파이프 지름은 얼마인가? 제안된 방식은 실현 가능한가?

2.3. 보일러 채우기 특정한 스팀 보일러는 사용되기 전에 7.57 m^3(2000 US 갤런)의 물로 채워져야만 한다. 이것은 상수도와 2.60 cm의 지름을 가진 15 m 길이의 동관(copper tubing)에 의해 연결되어 있다. 보일러 주입구(관 출구)는 관 입구로부터 3 m 위이며 급수 압력은 $|\Delta P| = 4.0 \times 10^5$ Pa이다.

(a) 20°C의 물(표 1.2)이 사용되었다면, 탱크를 채우는 데 얼마나 걸리겠는가?

(b) 뜨거운 액체가 차가운 액체보다 더 막힘없이 흐른다는 것을 아는 운전자가 52°C의 물($\mu = 5.29 \times 10^{-4}$ Pa · s, $\rho = 987$ kg m^{-3})을 이용하여 더 빠르게 채우기로 결정했다. 만약 급수 압력이 변함없다면, 얼마의 시간이 절약되겠는가?

2.4. 시린지 펌프 실험실 실험에서 수용액이 30분 동안 100 μl/min의 일정한 유량으로 개방된 용기로 이송되어야 한다고 가정하자. 시린지(syringe) 펌프가 적용가능한데, 이것은 고정된 속도로 어떤 시린지의 피스톤봉(plunger)을 나아가게 하는 모터와 기어 구동을 가지고 있

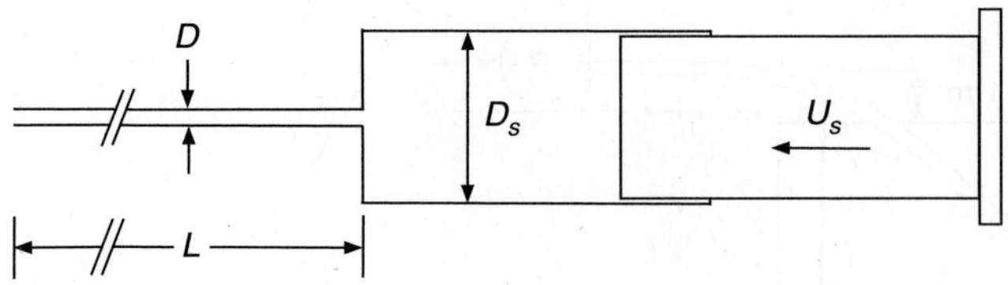

그림 P2.4 시린지(syringe) 펌프

다. 그림 P2.4에 보인 것과 같이, 시린지(syringe) 지름은 D_s이고, 피스톤봉(plunger)의 속도는 U_s이다. 시린지는 $L = 50$ cm의 길이와 $D = 0.86$ mm의 지름을 가진 플라스틱 관과 연결될 것이다. 관의 양 끝점 사이의 높이 차이가 있을 수 있다. 시린지 크기는 선택되어야만 한다.

(a) 펌프 제조업자에 따르면, U_s는 0.08에서 80 mm/min까지 조절될 수 있다. 특정한 실험실에서 이용 가능한 3개의 시린지 크기는 1 ml ($D_s = 4.8$ mm), 5 ml ($D_s = 12.1$ mm), 그리고 50 ml ($D_s = 26.7$ mm)이다. 어떤 것이 가장 적합할까?

(b) 관의 입구와 출구가 같은 높이라면, 관내에서 $|\Delta P|$는 얼마가 될 것인가? 이것은 시린지 크기에 의해 영향을 받겠는가?

(c) 관 출구가 10 cm 높다면, 새로운 $|\Delta P|$는 얼마가 될 것인가?

2.5. 연도 가스 큰 로(furnace)로부터 나온 고온 연소 생성물들이 평행하게 배열되어 있는 수평 강관들(각 강관은 지름 6.4 cm, 길이 6.1 m)을 통해 지나간다. 입구 온도는 600 K, $\mu = 2.6 \times 10^{-5}$ Pa · s이고, $\rho = 0.63$ kg m^{-3}이다. 압력강하는 63 Pa이다.

만약 온도가 일정하게 유지된다면, 관당 질량 유량(mass flow rate per tube)은 얼마인가?

2.6. 수력학적 파쇄 수력학적 파쇄(hydraulic fracturing) 또는 '프랙킹(fracking, 셰일가스 시추 기술)'은 석유 및 가스가 매장된 곳으로부터 생산을 활성화시키기 위해 폭넓게 사용된다. 깊은 유정은 강관으로 길게 연결되어 있다. 큰 부피의 물이 펌프에 의해 바닥의 암석 형성을 파쇄하기에 충분한 압력으로 유정으로 주입된다. 그 후 '프로팬트(propants: 모래 또는 세라믹 입자들)'를 포함한 슬러리는 그 형성물로 주입되고, 가해진 압력이 빠질 때 그 입자들은 갈라진 틈들이 계속 열려 있도록 도와주는 역할을 한다.

파이프 지름은 15 cm이고 유정 깊이는 2.3 km라고 가정하자. 순수한 물만 공급될 때의 유량은 0.21 m³/s이고, 이것은 지질학에서 알려진 것에 기초하여 유정 바닥에서 $P = 44$ MPa(6500 psi)의 압력을 내는 것으로 예측된다. 60°C의 물이 사용될 계획인데, 대기압 하에서 물의 $\mu = 0.467 \times 10^{-3}$ Pa · s이고, $\rho = 0.983 \times 10^{-3}$ kg m^{-3}이다. 만약 이런 특성값들이 파이프 전체에 대해 일정하다면, 상부에서 압력 P는 얼마로 유지되어야 할까?

2.7. 항력 감소 2.2절에서 언급되고 Virk (1975)가 자세히 살펴보았듯이, 고분자 첨가제는 난류 파이프 유동에서 저항을 크게 줄일 수 있다. 이것은 주어진 Re 값에서 f의 감소로서 명확해진다. 매우 작은 농도가 사용되었을 때(보통 질량기준으로 수십에서 수백 ppm), μ는 용매의 점도와 매우 근접해지고 전단 희박(shear thinning)과 같은 비뉴톤 유체 양상이 명확히 나타나지는 않는다. 층류 유동은 영향을 받지 않는다. 난류 유동에서는, $\tau_w > \tau_w^*$일 때 f의 감소가 발생한다. 고분자 분자량을 증가시킬수록 문지방 전단 응력인 τ_w^*은 감소하나, 고분자 농도와 용매 점도에는 무관하다. 일단 τ_w^*를 넘었다면, 첨가제 농도나 분자량의 증가는 f를 크게 감소시킨다. 그러나 '최대 항력 감소'는 고분자의 종류와 농도에 영향을 받지 않는 것처럼 보이며, 다음과 같이 표현된다(Virk, 1975).

$$\frac{1}{\sqrt{f}} = 19.0 \log(\mathrm{Re}\sqrt{f}) - 32.4. \tag{P2.7-1}$$

이것은 그림 P2.7에서 층류 결과 및 Prandtl-Kármán 상관 관계와 비교되었다.

예제 2.3-2의 송유관(oil pipeline)에 대해, 고분자 첨가제를 사용함으로 압력강하가 얼마나 감소될수 있겠는가?[7)]

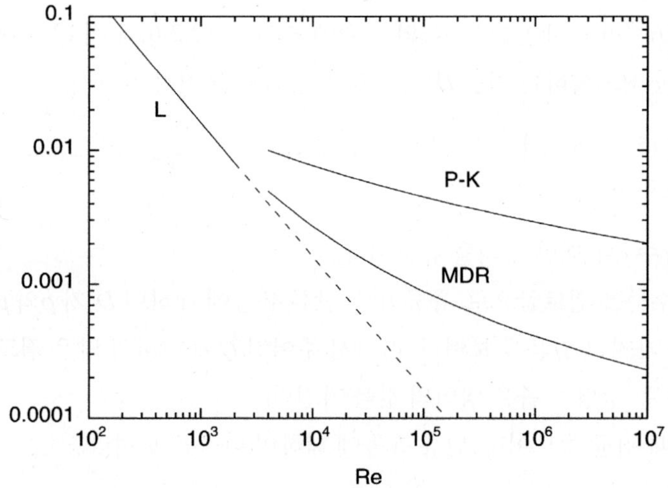

그림 P2.7 층류 유동[L, 식 (2.2-6)], 매끈한 관에서 난류 유동[P-K, 식 (2.2-7)], 그리고 최대 항력 감소를 가진 난류 유동[MDR, 식 (P2.7-1)]에 대한 마찰인자들의 비교

7) 첨가제 농도가 증가할수록 더 많은 첨가제를 사용하여 증대되는 이익은 감소하기 때문에, 최대 항력 감소를 구하지 않는 것이 가장 경제적인 경향이 있다.

2.8. 경제적인 파이프 지름 화학공장의 많은 곳에서 주어진 유체를 명시된 유량 Q로 이송하기 위하여 길이가 L인 파이프를 필요로 한다. 설계자는 적절한 파이프 지름 D를 선정해야만 한다. 지름이 큰 파이프는 구매 시 더 비싸지만 운전비는 더 저렴하다. 보다 정확하게, 파이프의 총 연간 비용 C는 다음과 같이 표현될 수 있다.

$$C = K_1 D^n L + K_2 Q\,|\Delta\mathcal{P}|. \qquad \text{(P2.8-1)}$$

파이프와 관련된 이음쇠들의 구매, 설치 및 유지 비용들이 차원상수 K_1에 포함되어 있는데, 단위 길이와 시스템에서 일정 수명을 가정하여 1년 단위의 금액을 기준으로 한 값이다(Peters *et al*., 2003, pp.401~406). 강관의 경우, $n \simeq 1.5$이다. 펌프가 곧은 관을 통한 유동을 위해 제공해야만 하는 동력은 $Q|\Delta\mathcal{P}|$이다. 계수 K_2는 전기요금과 연간 운전 시간, 그리고 펌프의 효율과 이음쇠에서의 압력강하를 보정하는 인자들의 곱이다. 고정 비용은 D에 따라 증가하지만 펌프 운전비용은 감소하기 때문에 D의 최적 값이 존재한다.

(a) 경제성 계산에서 마찰인자는 다음과 같이 어림잡을 수 있다.

$$f = a\,\mathrm{Re}^{-b} \qquad \text{(P2.8-2)}$$

여기서 a와 b는 상수들이다. Peters 등(2003)은 새로운 강관에서 난류 유동에 대해 $a = 0.04$이고 $b = 0.16$이라고 제안했다. Re의 범위에 따라 식 (2.2-6)과 식 (2.2-9) 또한 사용될 수 있었다. C를 최소화하는 지름 D^*는 다음과 같음을 보여라.

$$D^* = \left[\frac{(5-b)cK_2}{nk_1}\right]^{1/(5+n-b)} \rho^{(1-b)/(5+n-b)}\mu^{b/(5+n-b)}Q^{(3-b)/(5+n-b)} \qquad \text{(P2.8-3)}$$

그리고 무차원 상수 c에 대한 수식을 유도해라.

(b) 식 (P2.8-3)의 지수들을 검토함으로, 층류 또는 난류 유동에 대하여 D^*가 ρ와 μ에 대하여 약한 의존성만을 가지고 있음을 보여라. 따라서 주어진 Q에 대하여 낮은 점도의 액체와 기체에 대하여 D^*는 상당히 좁은 영역의 값을 가진다.

(c) U^*는 $D = D^*$일 때 평균 속도이다. 난류 유동에 대하여 다음을 보여라.

$$U^* \propto Q^{(n+b-1)/(5+n-b)} \cong Q^{0.1} \qquad \text{(P2.8-4)}$$

따라서 D^*와는 다르게 U^*는 거의 Q에 독립적이다. Schedule 40 강관에 대하여, 액체에 대한 U^*는 전형적으로 1.8과 2.4 m/s 사이에 있다(Tilton, 2007).

2.9. 미세유체 장치* 그림 P2.9는 직렬과 병렬 유로들을 함께 가진 미세유체(microfluidic) 장치의 배치도이다. 첫 번째 부분은 $L_1 = 1$ mm의 길이를 가졌고 다른 부분들의 상대 길이는

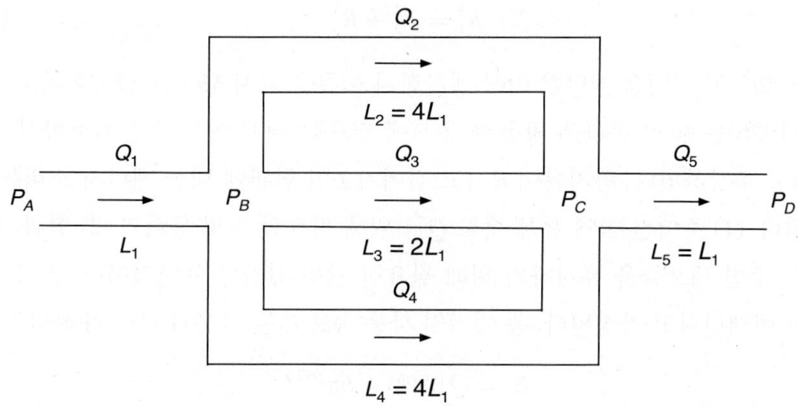

그림 P2.9 미세유체 장치(Oh *et al.*, 2012에서 수정). 유로 길이들과 너비들은 비례가 아니다.

표기된 것과 같다. 각 유로는 한 변의 길이가 100 μm인 정사각형 단면을 가졌고 모든 유동은 수평적이라고 가정하자. 물에 대한 총괄 압력강하는 $P_A - P_D = 3000$ Pa이다. 유로들은 충분히 길어서 벤드류(bends)와 접합부(junctions)와 관련된 추가 저항들은 무시할 수 있다고 가정하자.

(a) $Q_2/Q_1, Q_3/Q_1, Q_4/Q_1$, 및 Q_5/Q_1의 유량 비를 구하라.

(b) Q_1을 계산하라.

* 이 문제는 P. S. Doyle이 제안하였다.

2.10. Murray 법칙 그림 P2.10은 반지름이 R_1인 혈관과 이로부터 갈라진 반지름이 R_2와 R_3인 '자손' 혈관을 나타낸다. 각각의 유량은 Q_1, Q_2, 및 Q_3이다. 포유류의 순환에 대한 해부학 연구는 이러한 혈관 갈라짐에서의 반지름들은 혈관 길이와 갈라지는 각에 독립적으로 다음과 같이 연관된다고 알려졌다.

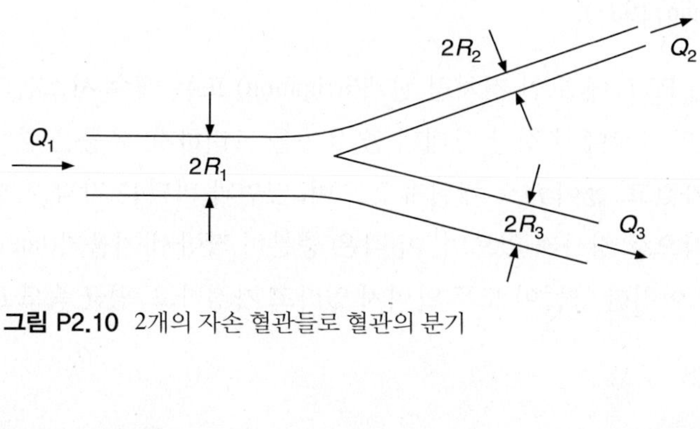

그림 P2.10 2개의 자손 혈관들로 혈관의 분기

$$R_1^3 = R_2^3 + R_3^3 \tag{P2.10-1}$$

이것은 아래 요약된 설명을 제안한 미국 생물학자 이름을 따서 *Murray 법칙*이라고 불린다.

Murray(1926)는 혈액 순환은 활동과 유지에 필요한 대사 에너지를 최소화시키기 위해 진화되었다고 주장하였다. 반지름이 R이고 길이가 L인 혈관에 대한 에너지 소비는 두 부분으로 고려된다. (1) 주어진 혈액 유동 속도 Q를 위해 필요한 펌핑 동력과 (2) 혈관 내의 혈액을 재생하고 주변 세포들을 유지하기 위해 필요한 단위 시간당 에너지이다. 유지 에너지는 혈액 부피에 비례한다고 가정된다. 총 에너지 사용 속도 E_t는 다음과 같이 표현되었다.

$$E_t = Q\,|\Delta\mathcal{P}| + b\pi R^2 L \tag{P2.10-2}$$

여기서 비례 상수 b는 혈관 크기에 독립적이라고 가정되었다. 순환 시 혈액 유동은 거의 완전히 층류이다. 따라서 비록 유동이 맥이 뛰고(특히 큰 동맥에서) 정확하게 뉴톤 유체는 아니지만(특히 모세관에서), Q에 대해 Poiseuille의 법칙이 이용된다.

(a) 주어진 혈관에 대해 Q와 L은 고정되었다고 가정할 때(조직에 산소와 영양분을 공급하기 위한 필요에 의해), 그 혈관을 위한 E_t를 최소화시킬 수 있는 R의 값을 구하라.

(b) Murrary 법칙이 (a)의 결과를 분기점에서 각 혈관으로 적용함으로써 얻어진다는 것을 보여라.

(c) 네트워크에서 각 세트의 분기(가지침)는 혈관의 새로운 '세대(generation)'를 창조한다. R_{ij}를 j세대에서 혈관 i의 반지름이라고 놓고, N_j는 그 세대에서 혈관들의 총 수라고 놓는다. 만약 (a)로부터 결과를 모든 혈관에 적용할 때, 다음이 성립함을 보여라.

$$\sum_{i=1}^{N_j} R_{ij}^3 = \sum_{i=1}^{N_k} R_{ik}^3 \tag{P2.10-3}$$

여기서 세대 j와 k는 꼭 인접할 필요는 없다. 즉, 에너지-극소화 원칙은 네트워크가 교차되었을 때 교차점의 합은 일정하게 유지될 것이라는 것을 예측한다. 이것은 근사적으로 알려진 것이다(Sherman, 1981).

2.11. 개방-유로 유동 그림 P2.11에 보인 것처럼 관개(irrigation) 또는 배수 시스템의 일부일 수 있는 개방된 직사각형의 유로에서 정상 상태의 물 유동을 고려하자. 유동은 중력 때문이다. 유로는 W의 너비를 가졌고, 높이 H로 채워져 있으며, 옆면과 바닥은 각각 거칠기 높이 k를 가진다. 유로는 θ의 각으로 경사져 있으며, 이 각은 충분히 작아서 기울기($\tan\theta$)를 $S = \sin\theta$로 근사시킬 수 있다. 이러한 양들이 모두 알려져 있다고 가정하고, 평균 속도 U를 예측하고자 한다.

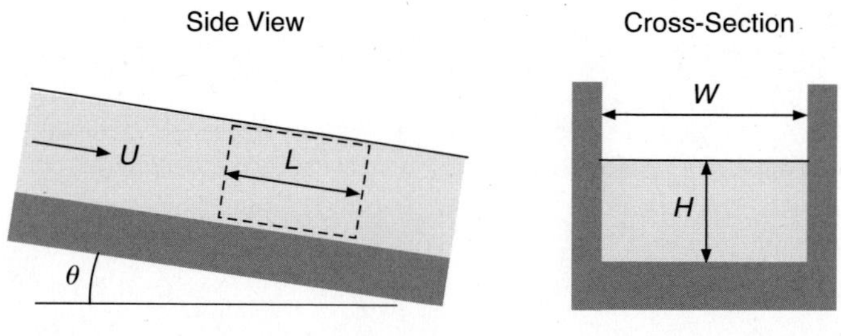

그림 P2.11 직사각형 단면을 가진 경사지고 개방된 유로를 따라 아래로 진행하는 유동

(a) 차원 해석으로부터 U에 대해 어떤 결론을 낼 수 있나? (힌트: 주요 무차원 군으로 U, g, 및 H를 포함하라.)

(b) 인접한 기체에 의해 액체에 가해진 전단 응력은 보통 무시할 수 있다. 이것을 염두에 두고, 길이가 L인 유로에 대해 힘 수지(그림 P2.11)를 이용하여 고체 표면에서의 전단 응력 τ_w를 ρ, g, S, W, 및 H로 나타내라.

(c) 만약 적절한 수력학적 지름이 사용된다면, (b)의 힘 수지는 어떤 형태의 개방 유로에 적용될 것이다. 이러한 일반화를 허용하기 위해, 어떻게 D_H를 정의해야만 하나?

(d) 개방-유로 유동에서 Re와 k/D_H는 각각 충분히 커서 f가 Re에 독립적이다(즉, 완전히 거친 영역에 존재한다). 이럴 경우, 다음을 보여라.

$$\frac{U}{(gD_H)^{1/2}} = \left(\frac{S}{2f}\right)^{1/2}. \quad \text{(P2.11-1)}$$

만약 개방-유로 유동에 대한 ASCE에 의해 추천된 것과 같이 식 (2.5-1)이 다음과 같이 수정된다면,

$$\frac{1}{\sqrt{f}} = 4.0 \log\left(\frac{3D_H}{k}\right) \quad \text{(P2.11-2)}$$

식 (P2.11-2)는 *Gauckler-Manning 공식*(Sturm, 2010, pp.114~123)과 거의 동등하다. 이와 같이 폭넓게 사용되는 방정식에서, f는 다음과 같은 근사식으로 표현된다.

$$\frac{1}{\sqrt{f}} = C\left(\frac{D_H}{k}\right)^{1/6} \quad \text{(P2.11-3)}$$

여기서 C는 상수이다. $C = 4.45$일 때, 식 (P2.11-3)은 $16 < D_H/k < 2000$의 범위에 대해 식 (P2.11-2)의 ±5% 내에 있다. 그러한 유로들에서 $U \propto D_H^{2/3} S^{1/2}$라는 결론을 얻는다.

3

항력, 입자들, 그리고 다공성 물질

3.1 서론

물체에 작용하는 *항력*은 유체역학적인 힘으로 병진운동(translational motion)에 저항하는 힘이다. 항력은 유체와 물체와의 속도 차이가 증가할수록 커진다. 이러한 항력을 예측하는 것은 분자들의 확산에서부터 배나 비행기의 디자인에 이르기까지 다양한 분야에 사용된다. 이번 장은 항력이 발생하는 역학적인 원인과 무차원 그룹 간의 상관관계를 이용한 항력의 측정법에 대하여 다룰 것이다. 구형, 원반형, 원통형, 그리고 평판형 물체들에 대한 결과는 다양한 형상의 물체의 항력을 예측할 때 도움이 된다. 중력과 같이 일정한 힘으로 움직이는 물체들에 대하여, 상대 속도는 항력이 주어진 힘과 균형을 이룰 때까지 증가하거나 감소하며, 균형 이후에는 일정하게 유지된다. *종단속도(terminal velocity)*는 항력, 중력, 부력 간의 균형을 통해서 도달하게 되며 이에 대하여서는 좀 더 자세히 다룰 예정이다. 종단속도는 결국 고밀도 입자나 액적이 가라앉거나 공기방울들이 올라가는 현상과 연관이 있으므로, 공정 디자인이나 자연 현상의 해석과 같은 다양한 응용분야에 활용된다.

고분자, 세포, 그리고 미세분말 등과 같은 작은 물체들이 분산된 저농도 현탁액에 있어서, 각각 개별 입자들의 움직임은 사실상 독립적이므로, 단일 개체의 항력으로 인한 결과를 적용할 수 있다. 그러나 이러한 결과들은 고농도 현탁액에서는 별로 정확하지 않으며, 입자나 섬유(fiber)들이 모여서 형성하는 다공성 물질[딱딱한 바탕체(rigid matrix) 액체가 채워진 세공(interstices)들로 구성됨]을 형성하는 경우도 적용이 불가능하다. 이 경우, 개별적인 입자들의 항력보다는 입자로 구성된 배열들에서의 유동 저항성(resistance) 혹은 전도성(conductance)에 대한 내용이 중요하다. *Darcy 투과도(permeability)*는 전도성에 대한 척도이다. 이러한 성질이 다공성 물질의 미세구조와 어떻게 연관이 있는지 살펴볼 것 이다.

*충전층(packed beds)*은 단위 부피당 큰 고체 표면적을 제공하기 때문에, 반응기, 흡수기, 크로마토그래피(chromatography) 컬럼(columns)과 같은 고체와 유체의 접촉을 요구하는 여

러 가지 장치에 사용되고 있다. 충전층은 용기의 일부 혹은 전체를 입자로 채운 형태로, 용기 안에서 알갱이로 구성된 다공성 물질을 형성하게 된다. 이 장에서는 이러한 층과 유동의 관계에 대해 다룰 예정이다. 일반적으로 여기서 유체는 기체를 의미하며, 기체는 입자들이 떠오르지만 용기 밖으로 빠져나가지 않는 속도 범위에서 흐르게 된다. 이로 인해 충전층에 형성된 밀집된 입자와 기체로 구성된 현탁 물질은 특정 화학 반응기 종류에 적용되기 아주 적합하다.

3.2 항력

기원

물체에 작용하는 항력을 물체의 크기와 모양, 유체의 밀도와 점도, 그리고 유체와 물체와의 상대적인 속도에 의하여 결정된다. 물체, 벌크 유체 또는 둘 모두가 특정한 기준 틀에서 0이 아닌 속도를 갖는지 여부는 중요하지 않다; 중요한 것은 속도차이다. 따라서 종종 물체는 고정되어 있고, 멀리서부터 유체가 일정한 속도 U로 접근하는 것이라 가정하는 경우(그림 3.1)가 많다. 물체를 통과하기 위해서 물체 근처의 흐름은 복잡한 모양을 띠게 된다. 따라서 유체의 경로는 곡선 모양을 가지거나 복잡한 형태의 후류(wake)가 하류 쪽에 형성되기도 한다. 실제 해석에 있어서는 이러한 복잡한 현상을 너무 지나치게 정밀하게 고려하기보다는 물체로 접근하는 속도 U를 이용하여 항력을 계산한다.

그림 3.1에 주어진 좌표에서, 물체에 작용하는 힘은 x방향이다. 이 항력이라는 힘은 압력

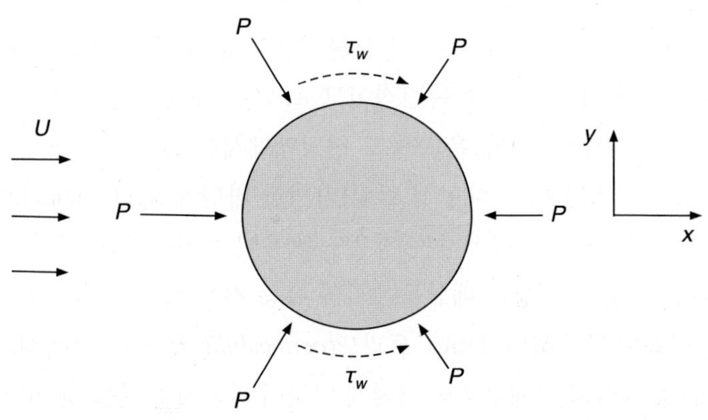

그림 3.1 일정한 속도 U로 고정된 물체에 접근하는 유체. 압력과 흐름으로 인한 점성 응력은 각각 국부적으로 점선과 실선 화살 방향으로 작용한다.

과 점성 응력에 의한 효과들이 더해져서 나타난다. 국부적으로, 압력은 표면에 수직으로 작용하고, 이는 'P'로 표시된 실선 화살표로 표현되었다. 유동이 상류 쪽 압력을 올리는 경향이 있으므로, 총 합력의 효과는 x방향으로 작용한다. 이외에도, 물체 표면에서 접선 방향으로 작용하는 점성 응력이 존재하고 이는 그림에서 'τ_w'로 표시된 점선 화살표로 표현되었다. 비록 이 전단 응력의 x성분, y성분들은 표면을 따라 달라지지만, 전체적으로는 x방향의 힘으로 작용한다. 이러한 압력과 점성에 의한 효과들을 일반적으로 각각 *형태 항력(form drag)* 그리고 *마찰 항력(friction drag)*이라 한다. 이들의 상대적인 중요도는 물체의 모양과 Reynolds 수에 좌우된다. 더 뭉툭한 (혹은 덜 유선형인) 물체와 좀 더 큰 Re에 대하여 형태 항력이 더 커지게 된다.[1)]

파트 II에서는 물체 근처의 압력과 속도 장을 바탕으로 하여 항력과 같은 힘을 계산하는 방법에 대하여 다룰 것이다. 이 장에서는 실험 결과를 어떻게 사용할지에 초점을 맞추어서 설명할 것이다.

항력계수

항력 힘 (F_D)을 면적으로 나눈 값은 응력(stress)의 차원을 가진다. 항력의 계산에는 일반적으로 *투사면(projected area, $A_\perp$)*이 사용된다. 스크린에 투사된 불투명한 물체의 그림자를 상상해 보자. 만약 스크린이 유동의 수직 방향으로 놓여 있다면, $A_\perp$는 그림자의 면적을 나타낸다. 지름이 D인 구형 입자에 대해, 그림자는 $A_\perp = \pi D^2/4$를 면적으로 가지는 원이다. 지름이 D인 원반 표면이 유동의 직각 방향으로 배열되어 있고 지름이 D인 원통이 유동 방향으로 배열되어 있다면, 각각은 같은 투사면을 가지게 된다. 길이가 L인 원통이 흐름과 직각 방향으로 배열되어 있다면, 그림자는 $A_\perp = DL$을 면적으로 가지는 직사각형 모양이다.

유의미한 무차원 군은 $F_D/A_\perp$를 점성 응력 스케일이나 관성 응력 척도로 나누어서 얻을 수 있다. 2장에서 다루었던 파이프 유동의 마찰인자와 같이, 주로 사용되는 기준 응력은 $\rho U^2/2$이다. 차원 해석을 통해 주어진 형태와 방향을 가진 물체의 무차원 응력은 Reynolds 수만의 함수로 표현됨을 알 수 있다. 따라서 다음의 식이 만들어진다.

$$C_D(\text{Re}) = \frac{2F_D}{\rho U^2 A_\perp} \tag{3.2-1}$$

---

1) 그림 3.1의 물체보다 대칭성이 떨어지는 경우, 유체역학적 힘은 다른 성분을 가지게 된다. 이때 y성분을 *상승(lift) 힘*이라고 한다. 이런 상승 힘이 비행기 날개 디자인 등의 응용에서는 중요하나, 여기서는 항력만 다루도록 하겠다.

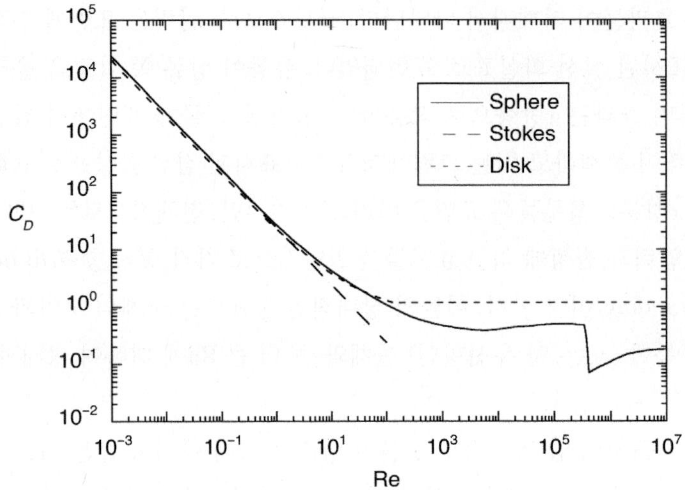

그림 3.2 구형과 원반형 물체의 항력계수. 곡선들은 거대 물체의 실험치 데이터를 맞추어 표현한 것이다. 'Stokes'로 표시된 점선은 식 (3.2-2)로 예측된 값이다.

여기서 C_D는 *항력계수*이다. 구, 원반(disk) 혹은 원통에 대하여 Re에 사용되는 길이는 지름이다. 파이프 유동에서 표면 거칠기는 C_D에 영향을 미치고, 무차원 군을 1개 이상 추가시킬 수도 있다. 그러나 이 책에서는 거칠기 효과를 다루지는 않겠다.

구

그림 3.2는 실험을 이용해 10의 지수증가 범위의 Re 값에 대하여 구한 C_D 값을 보여주고 있다. 실선은 많은 연구들의 데이터(Clift *et al*., 1978, p.111)를 가장 잘 맞출 수 있는 선이다. 이 log-log C_D 그래프는 작은 Re 수에 대하여서는 Re 값의 증가에 대하여 선형적으로 감소하나 Re 값이 더 커짐에 따라 수평을 유지하게 된다. 이후 Re = 2×10^5 지점에서 갑자기 떨어진 후에, 결국에는 서서히 증가하게 된다.

'Stokes'라고 표시된 선에서 볼 수 있듯이, Re < 1인 경우 다음의 식으로 잘 표현된다.

$$C_D = \frac{24}{\text{Re}} \quad (\text{Re} < 1). \tag{3.2-2}$$

이 결과는 Re → 0인 극한에서 정확하게 맞고, *Stokes 법칙*의 무차원 형태로 불린다. 2.2절에서 다룬 파이프 층류의 마찰인자와 같이 $C_D \propto \text{Re}^{-1}$라는 관계는 Re 값이 작은 경우에 대해 관성을 무시할 수 있다는 것을 뒷받침하는 근거가 된다.

$$F_D = 3\pi\mu UD. \tag{3.2-3}$$

이는 8장에서와 같이 제1원리(first principle)를 통해서 구할 수 있다.[2)]

중간 정도의 Re 값에 대하여 C_D 값이 수평하게 되어가는 과정을 기술하기 위해 제안된 여러 가지 수식 중 정확하면서도 간편한 수식은 다음과 같다(Kurten *et al*., 1966).

$$C_D = 0.28 + \frac{6}{\mathrm{Re}^{1/2}} + \frac{21}{\mathrm{Re}} \quad (0.1 < \mathrm{Re} < 4000). \tag{3.2-4}$$

이 수식은 대략 ±7 % 이내로 정확한 편이다(Clift *et al*., 1978, p.111). 주어진 Re 범위 안에서, 그림 3.2의 곡선과 거의 차이가 없는 결과를 낼 수 있다. 해당 식이 적용되는 범위는 식 (3.2-2)와 다소 겹치기도 한다.

그래프에서 평평한 영역은 다음과 같이 근사될 수 있다.

$$C_D = 0.445 \quad (750 < \mathrm{Re} < 2 \times 10^5) \tag{3.2-5}$$

이는 ±13% 정도로 정확하다(Clift *et al*., 1978, p.108). 이러한 C_D에 대한 일관성은 점성 응력이 무시될만하고, 항력이 ρU^2에 비례함을 의미한다. 뉴톤의 가설에 의하면, 어떤 물체에 작용하는 항력은 유체의 밀도, 속도의 제곱, 그리고 특성 면적(characteristic area)에 정비례해야 하며, 이를 *뉴톤 법칙(Newton's law) 영역*이라 한다. 이 또한 앞선 식의 적용범위와 겹치는 부분이 존재한다.

평평한 구간 이후에 $\mathrm{Re} = 2 \times 10^5$일 때 $C_D = 0.5$에서 $\mathrm{Re} = 4 \times 10^5$일 때 $C_D = 0.07$ 로 급격히 떨어지는 현상은 *Eiffel 현상*이라고 한다.[3)] 이것은 갑작스런 난류의 등장과 그에 따른 후류(wake)의 크기 감소에 의해 나타난다. 해당 Re 영역에서는 데이터의 분산 정도가 매우 심하고, 따라서 계산 방법을 신경 써서 설계해야 한다. 더 큰 Re에 대해서는 다음의 상관관계가 권장된다(Clift *et al*., 1978, p.112).

---

2) 영국-아일랜드 출신의 물리학자인 Geroge Stokes (1819~1903)는 케임브리지 대학에서 일하는 동안 유체역학, 고체역학, 광학 그리고 수학에 있어서 수많은 업적을 남겼다. 그의 1851년 논문 8장에 인용된 작은 구에 걸리는 항력 계산은 유체역학에서 가장 유명한 연구 내용 중 하나이며, 해당 내용은 점성 응력이 강한 유동에 대한 최초 해석이었다.

3) Gustave Eiffel (1832~1923)은 프랑스 토목공학자이자 건축가로, 파리의 에펠탑으로 유명한 사람이다. 은퇴한 후에, 기상학과 공기역학에 관련된 연구를 수행하였다. 그와 독일의 저명 유체역학자 Prandtl 그룹은 연구 데이터를 교환하면서 결국 작은 국제적인 사건을 만들어낸다(Kármán 1954, p.87). 한번은 Prandtl의 항력계수가 $\mathrm{Re} \sim 2 \times 10^5$일 때 Eiffel의 계수보다 2배 보다 큰 경우가 있었다. Prandtl 그룹의 젊은 엔지니어가 혹여 Eiffel이 단순히 C_D의 분모에서 2를 빼고 계산하지 않았다고 주장하였다. Eiffel은 이런 주장에 크게 분노하여, 그의 Re 실험 범위를 확대하여 실험을 수행하였고 매우 확고하게 C_D가 갑자기 감소함을 확인하였다. 흥미롭게도, 이 현상은 Prandtl에 의해 차후에 설명되었다.

$$C_D = 0.19 - \frac{8 \times 10^4}{\mathrm{Re}} \quad (\mathrm{Re} > 10^6). \tag{3.2-6}$$

원반

그림 3.2의 결과는 고정된 원반(disk)에 접근하는 유체에 대한 결과이다. 점선은 다음의 식을 통해서 계산되었다.

$$C_D = \frac{64}{\pi \mathrm{Re}}(1 + 0.138\,\mathrm{Re}^{0.792}) \quad (\mathrm{Re} \leq 133) \tag{3.2-7}$$

$$C_D = 1.17 \quad (\mathrm{Re} > 133). \tag{3.2-8}$$

식 (3.2-7)은 낮거나 중간정도의 Re에서 사용되는 다른 수식과 대략 1% 정도 차이 이내의 값을 도출해주며, 식 (3.2-8)은 큰 Re에서 대부분의 데이터와 대략 10% 정도 차이가 나는 값이다(Clift *et al*., 1978, p.145). Re < 100인 경우, 구와 원반(disk)의 C_D 값은 거의 비슷하다. 예를 들어 Re → 0의 경우, 원반은 Re $C_D \to 64/\pi = 20.4$의 값을 만족하고, 구는 24의 값을 보이므로 그림 3.2의 척도를 고려하면 거의 차이가 없는 셈이다. Re가 높은 경우에 대해 원반은 구보다 더 넓은 뉴톤 법칙 영역을 나타내며, Eiffel 현상은 관찰되지 않는다. 이러한 고정된 원반에 대한 결과는 Re < 100이 되는 영역에서 자유 낙하하거나 올라가는 경우에 적용될 수 있다. 작거나 중간 정도의 Re에서 움직이는 원반의 원형 표면은 흐름에 수직을 유지할 수 있다. 그러나 Re > 100이 되는 경우에는 원반이 흔들거리거나, 좌우로 미끄러지듯이 움직이거나, 구를 수 있다.

원통

일반적으로, 원통형 물체의 항력 계수는 Re뿐만 아니라 길이 대비 지름 비(L/D)와 방향도 영향을 미친다. 만약 L/D가 커서 양 끝에 가해지는 힘을 무시할 만하게 된다면, 원통이 '길다'고 할 수 있다. 가장 관심이 있는 것은 L과 무관한 값인 단위 길이당 항력을 구하는 것이다. 여기서 보여줄 결과는 축이 흐름 방향과 수직인 긴 원통에 대한 결과이다.

원통의 항력계수를 Re에 대하여 그래프로 그린 결과가 그림 3.3에 그려져 있다. 실선은 다양한 연구들의 결과를 근사시킨 그래프이다(Sucker and Brauer, 1975). 전반적인 경향은 구와 비슷하다: log-log 그래프에서 선형적인 감소를 보인 후에 평행한 추세를 보이게 된다. Eiffel 현상이 일어나서 C_D 값이 Re = 2×10^5일 때 1.2에서 0.3으로 급격히 떨어진다. 이후에 C_D는 서서히 증가한다.

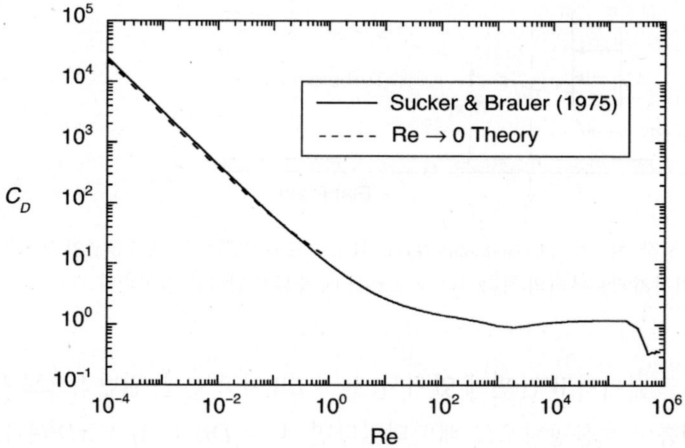

그림 3.3 유동의 수직으로 배열된 긴 원통의 항력 계수. 실선은 Sucker와 Brauer (1975)의 데이터를 기반으로 그려졌다. Re = 2 × 10⁵까지의 결과는 식 (3.2-9)에서 도출되었다. 점선은 식 (3.2-10)의 이론적인 결과를 바탕으로 그려졌다.

Eiffel 문턱치 이하의 Re에 대하여, 실선은 다음의 식을 그린 결과이다.

$$C_D = 1.18 + \frac{6.8}{\mathrm{Re}^{0.89}} + \frac{1.96}{\mathrm{Re}^{1/2}} - \left(\frac{4 \times 10^{-4}\,\mathrm{Re}}{1 + 3.64 \times 10^{-7}\,\mathrm{Re}^2}\right) \quad (\mathrm{Re} < 2 \times 10^5). \tag{3.2-9}$$

좀 더 간단하지만 Re → 0일 때만 적용가능한 제한적인 수식은 다음과 같다(Batchelor, 1967, p.246).

$$C_D = \frac{8\pi}{\mathrm{Re}\,\ln(7.4/\mathrm{Re})}. \tag{3.2-10}$$

그래프에서 보여주듯이, 식 (3.2-9)와 (3.2-10)은 Re < 1에서 잘 맞는다. 무한대로 긴 원통의 특이한 점은 C_D 가 Re^{-1}에 정확하게 비례하지 않는다는 점이다. 다시 말해, 관성의 효과가 완전히 사라지는 것은 아니라는 것이다. 이는 식 (3.2-10)의 분모에 나타난 로그함수를 통해서 볼 때 명확해진다.

평판

지금까지 논의된 것은 실질적인 투사면을 가지고 있는 구조체들이었다. 이제부터는 얇고 다가오는 유체와 평행하게 배열된 평판(flat plate)들에 대하여 다루어 보겠다. 이러한 물체는 앞서 살펴본 물체들과 크게 다른데, $A_\perp$가 판을 흐름의 평행한 방향으로 정사영한 $A_\parallel$보다 훨

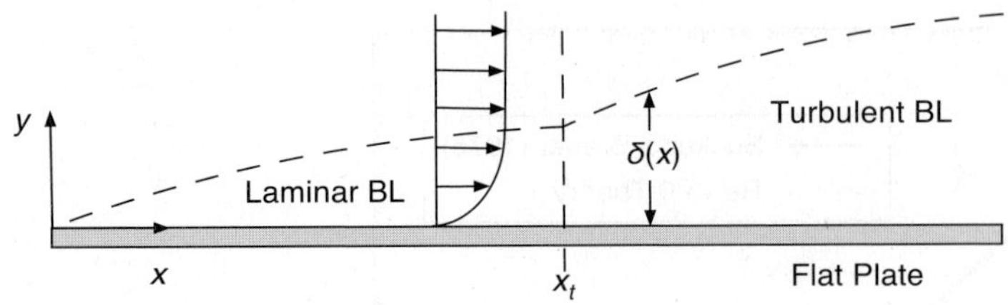

그림 3.4 평판을 따라서 성장하는 경계층(Boundary layer, BL). 속도의 변화는 두께가 $\delta(x)$인 두께의 유체층에 국한된다. 여기서 x는 앞 가장자리로부터의 거리이다. $x = x_t$ 일 때 층류가 난류로 전이된다.

씬 작다.[4] 길이가 L이고 넓이가 W인 판에 있어서, $A_\parallel = LW$이고 $A_\perp$는 일반적으로 무시할 만하다. 비슷하게, 긴 원통이 흐름방향으로 배열되었다면, $A_\parallel = DL \gg A_T = \pi D^2/4$가 된다. 만약 $A_\perp$를 무시할 만하다면, 압력은 유동 방향으로 작용하지 못하고 형태(form) 항력은 존재하지 않을 것이다. 따라서 얇은 판의 경우 마찰 항력만이 존재한다. 반대로, 어떤 얇은 물체가 다가오는 유체에 $A_\parallel$이 무시할 만하게 배열된다면, 흐름 방향으로의 전단 응력과, 마찰 항력이 사라진다.

그림 3.4에 나타난 것과 같이 Re가 클 때 평판에 가해지는 전단 응력이 커지게 된다. 멈추어 있는 판의 상류쪽 끝부분을 $x = 0$이라고 하자. 화살표가 가리키는 *경계층(boundary layer)*이라고 하는 얇은 영역 내에서만 x방향의 속도가 변화한다. (표시를 위해 그림에서의 두께는 매우 과장되어 그려졌다.) 유속은 고체의 표면 ($y = 0$)에서 0이었다가, 경계층의 끝부분인 $y = \delta(x)$에 가까워질수록 U에 접근하게 된다. 경계층의 두께는 판을 따라서 증가하지만, $\mathrm{Re} = UL/\nu$ 값이 큰 경우 경계층의 두께는 언제나 판의 길이 L에 비해 작다. 매우 작은 거리 δ 안에서 일어나는 0에서 U까지의 유속 증가로 인해 높은 전단률이 나타나고, 이에 따라 전단 응력도 큰 값을 가진다. δ가 x가 증가함에 따라 증가하므로, 국부(local) 전단률은 판을 따라서 감소한다. 구와 원통 같은 다른 물체들도 Re가 클 때 경계층이 존재한다. 평판(flat plate)이 특별한 것은 전단 응력이 유일한 항력의 원인이라는 점이다.

긴 판 위에서의 경계층은 작은 x에서는 층류이나 $x > x_t$가 되면 난류로 된다. 이러한 전이(transition)는 x_t의 함수인 Reynolds 수 $\mathrm{Re}_t = Ux_t/\nu$에 의하여 일어난다. 이러한 Re_t 값의 범위는 일반적으로 3×10^5에서부터 3×10^6으로 알려져 있다. 그림 3.4에서 정성적으로 보여진 것과 같이, 일단 경계층이 난류화되면 그 두께가 매우 빠르게 증가한다. 두께 δ에서 난

---

4) 접근하는 유체와 정렬된 축을 중심으로 보는 방향을 회전시킬 수 있기 때문에, 흐름과 평행한 평면이 여러 개가 있다. 만약 물체가 해당 축을 통해서 대칭이라면(마치 유동 안에 정렬된 원통과 같이), 면적은 보는 시점과 무관하게 된다. 그렇지 않다면, $A_\parallel$는 그러한 면적 중 *최대치*라고 보면 된다.

류의 속도 프로파일은 같은 두께에서의 층류의 유속과 매우 다르며, 전단 응력도 층류의 전단 응력보다 매우 크다. 난류는 즉각적으로 전단 응력을 증가하게 만들며, 결국에는 층류에 비하여 x가 증가함에 따라 전단 응력도 서서히 감소하게 만든다.

평판에서 국부 경계층 두께(local boundary layer thickness)는 다음과 같이 표현된다.

$$\frac{\delta(x)}{x} = 1.72\,\mathrm{Re}_x^{-1/2} \quad \text{(laminar)} \tag{3.2-11}$$

$$\frac{\delta(x)}{x} = 0.017\,\mathrm{Re}_x^{-0.14} \quad \text{(turbulent)} \tag{3.2-12}$$

여기서 $\mathrm{Re}_x = Ux/\nu$이다(Schlichting, 1968, pp.130, 605).[5] 두 번째 수식은 $x \gg x_t$임을 가정했다. 최대 두께는 $x = L$과 $\mathrm{Re}_x = \mathrm{Re}$로 정의함으로써 얻어진다. 판이 짧아서 전체적으로 층류만 가지게 한다면($\mathrm{Re} = 3 \times 10^5$), $\delta/L = 0.0031$이다. 길어서 난류가 지배적이라면($\mathrm{Re} = 1 \times 10^7$), $\delta/L = 0.018$이 된다. 이러한 값을 볼 때 경계층의 두께는 상대적으로 작다고 볼 수 있다.

다른 종류의 Reynolds 수는 경계층의 두께로부터 도출될 수 있으며 $\mathrm{Re}_\delta = U\delta/\nu$로 표현된다. 이는 주요 유동 방향과 수직인 길이 스케일을 채택한다는 점에서 파이프 유동에 대한 Re와 비슷하다. 이 수는 앞 가장자리로부터의 거리를 기준으로 한 Reynolds 수와 $\mathrm{Re}_\delta = (\delta/x)\,\mathrm{Re}_x$와 같은 관계를 가진다. 식 (3.2-11)을 이용하여 δ/x를 계산하면, 층류-난류 변화가 일어나는 값은 $\mathrm{Re}_\delta = 1.72\,\mathrm{Re}_x^{1/2}$이다. Re_t의 경우 범위가 3×10^5에서 3×10^6이었다면, Re_δ에서는 전이(transition)가 940에서부터 3,000 사이에서 전이된다. 이러한 값은 파이프에서 난류가 형성되는 Re = 2,100과 비슷한 값을 보이며, 이는 흐름의 직각방향의 길이 스케일이 난류로의 전이를 결정짓는다는 의미가 될 수 있다.

다시 한번 $\rho U^2/2$를 기준 응력으로 설정하면, 평판 위에서의 무차원 전단 응력은 다음과 같이 정의된다.

$$C_f = \frac{2\langle \tau_w \rangle}{\rho U^2} \tag{3.2-13}$$

여기서 C_f는 파이프에서의 마찰인자와 비슷하다. 완전히 발달된 파이프 유동에서 전단 응력은 항상 일정한데 반해, 판에서는 그 값이 x에 대한 함수가 된다. 꺽쇠 괄호는 τ_w가 판의 $x = 0$에서부터 $x = L$까지 평균을 구한 값을 의미한다. 폭이 W이고 길이가 L인 *평판의 한쪽* 면에

5) 경계층에서의 속도는 외부 유체에서의 속도에 점근적으로 접근하기 때문에(붕괴 지수와 비슷하게), 어떤 δ의 값에 도달하는 다른 방법들이 존재한다. 따라서 모든 종류의 표준적인 정의 모두 비슷한 크기를 가지게 된다. 식 (3.2-11)과 (3.2-12)는 *변위 두께(displacement thickness)*를 제공한다(9장).

작용하는 항력은 다음과 같다.

$$F_D = \langle \tau_w \rangle LW = \frac{C_f \rho U^2 LW}{2}. \tag{3.2-14}$$

만일 판이 완전히 잠겨 있다면, 경계층은 판의 양쪽 모두에서 발생하고, 해당되는 총 면적은 $2LW$이고 F_D의 값은 두 배가 된다.

9장에서 유도되듯이, 경계층이 완전 층류이고 Re > 100라면,

$$C_f = 1.328\,\mathrm{Re}^{-1/2} \quad (L < x_t). \tag{3.2-15}$$

만일 층류와 난류 영역이 모두 있다면,

$$C_f = \frac{0.455}{(\log \mathrm{Re})^{2.58}} - \frac{B}{\mathrm{Re}} \quad (L > x_t). \tag{3.2-16}$$

첫 번째 항은 완전한 난류 경계층에서의 전단 응력이고 두 번째 항은 경계층이 처음에는 층류였다는 사실을 고려한 보정 항이다. 이러한 C_f 값을 줄여주는 보정치는 Re가 클 때 무시할 수 있다. B의 값은 어디서 전이(transition)가 일어나는지에 따라 영향을 받으며, $\mathrm{Re}_t = 3 \times 10^5$인 경우 $B = 1{,}050$이고 $\mathrm{Re}_t = 3 \times 10^6$인 경우 $B = 8{,}700$이다(Schlichting, 1968, p. 601).

그림 3.5는 식 (3.2-15)와 (3.2-16)에서 나온 결과를 바탕으로 그려졌다. 이 log-log 그래프는 경계층이 층류일 때 Re가 증가함에 따라 C_f가 감소한다. 난류의 경우 Re가 커지면, 다시 줄어들기 전까지 C_f가 급격하게 오르게 된다. 2개의 난류 선들이 에워싼 부분들은 x_t에 따라

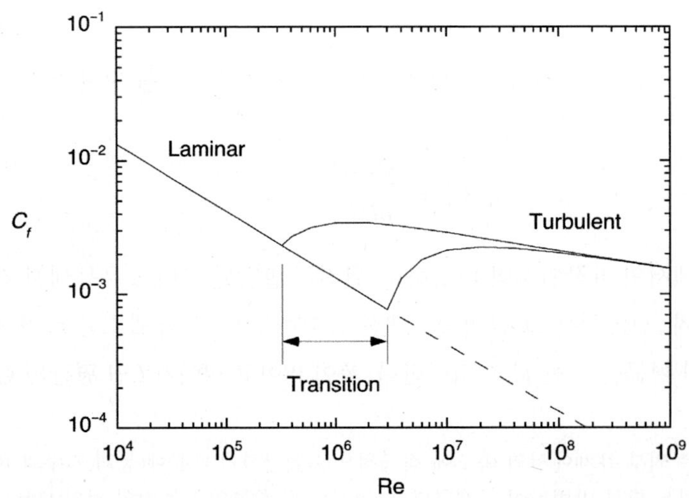

그림 3.5 길이가 L인 평판의 항력계수, 식 (3.2-15)와 (3.2-16)에서 도출되었다.

다양한 결과가 나타날 수 있음을 의미한다. 층류의 결과를 외삽한 결과와 비교하면 Re = 10^8 인 경우, 난류가 항력을 크게 증가시킨다. 관성은 모든 영역의 Re에서 중요하게 되며, 이는 C_f가 Re에 반비례하는 영역이 없음에서 확인할 수 있다. 완전한 층류에서 $C_f \propto \mathrm{Re}^{-1/2}$이다.

2개의 난류 선들이 Re_t 영역에서 관측되며, 점선은 순수하게 층류라는 가정 하에 외삽된 선이다.

예제 3.2-1 • 물 안의 원통에서 걸리는 항력. 길이가 긴 원통이 흐름 축에 직각으로 배열되어 있을 때 단위 길이당 걸리는 항력을 계산할 수 있다. 지름은 $D = 0.10$ m이고, 상대 속도는 $U = 1.0$ m/s, $\rho = 1.0 \times 10^3$ kg/m³이며 $\mu = 1.0 \times 10^{-3}$ Pa · s이다.

Reynolds 수는

$$\mathrm{Re} = \frac{UD\rho}{\mu} = \frac{(1)(0.1)(1 \times 10^3)}{1 \times 10^{-3}} = 1.0 \times 10^5.$$

정사영된 면적은 $A_\perp = DL$이고, 식 (3.2-9)로부터, $C_D = 1.18$이다. 따라서 단위 길이당 항력은

$$\frac{F_D}{L} = \frac{\rho U^2 D}{2} C_D = \frac{(1 \times 10^3)(1)^2)(0.1)}{2}(1.18) = 59 \text{ N/m}.$$

이다.

예제 3.2-2 • 원통과 평판에 가해지는 항력 비교. 이 예제의 목적은 예제 3.2-1과 같은 조건에서 동일한 표면적을 가진 긴 원통과 평판(flat plate)에 걸리는 항력을 비교하는 것이다. 원통이 평평해져서 판이 되는 상태를 가정해 보자. 흐름방향의 길이를 원통의 원주의 반($L_p = \pi D/2$)이라고 하면 판의 폭은 실린더의 길이와 같다($W = L_c$). 이 경우, (판에서) F_D/W와 (원통에서의) F_D/L_c를 비교하는 것이 바람직하다.

$D = 0.1$ m일 때, 판의 길이에 해당하는 값은 $L_p = \pi(0.1)/2 = 0.157$ m이다. 그리고 판의 Reynolds 수는 다음과 같다.

$$\mathrm{Re} = \frac{UL_p\rho}{\mu} = \frac{(1)(0.157)(1 \times 10^3)}{1 \times 10^{-3}} = 1.57 \times 10^5.$$

이 값이 3×10^5보다 작으므로, 경계층은 층류이다. 따라서

$$C_f = 1.328\,\mathrm{Re}^{-1/2} = 1.328(1.57 \times 10^5)^{-1/2} = 3.35 \times 10^{-3}.$$

식 (3.2-14)를 재배치하고 판의 양쪽 모두 경계층이 있다고 하면, 단위 폭당 걸리는 항력은 다음과 같다.

$$\frac{F_D}{W} = \rho U^2 L_p C_f = (1 \times 10^3)(1)^2(0.157)(3.35 \times 10^{-3}) = 0.53 \text{ N/m}.$$

이는 예제 3.2-1에서 F_D/L_c에 해당되는 59 N/m의 약 1% 정도이다. 면적이 비슷하므로 평판(flat plate)의 항력은 비슷한 크기를 가진 실린더에 작용하는 마찰 항력과 대략적으로 같다. 따라서 Re가 클 때, 실린더에는 대부분 형태 항력(form drag)만이 가해지는 것을 보여주고 있다. 압력에 대한 측정과 좀 더 정밀한 계산을 통해 이와 같은 사실을 확인할 수 있다.

3.3 종단속도

부력과 중력

멈추어 있는 유체 안에 담겨있는 모든 물체는 압력의 변화로 인하여 물체를 위쪽으로 밀어 올리는 힘을 받게 된다. 움직이지 않는 유체는 깊이가 깊어질수록 압력이 증가한다(이는 4장에서 다룬다). 이는 물체의 윗면에서 아래를 누르는 압력보다 아랫면에서 위로 올리는 압력의 더 큼을 의미한다. 해당 현상의 결과인 *부력은 Archimedes 법칙*에 의해 표현된다.

$$F_0 = \rho g V \tag{3.3-1}$$

여기서 ρ는 *유체*의 밀도를 의미하고, V는 부피를 의미한다. 물체의 부피만큼 차지하는 유체의 질량은 ρV이다. 따라서 부력의 크기는 이 유체의 해당되는 무게와 같다.

부력은 항상 중력의 반대방향으로 작용한다. 밀도가 ρ_0인 물체에 대하여, 이 물체에 작용하는 중력은 아랫방향으로 작용하고 그 크기가 $F_G = \rho_0 g V$이다. 따라서 부력과 중력의 합력이 위로 작용하는 경우 그 크기는 다음과 같다.

$$F_B = F_0 - F_G = (\rho - \rho_o) g V \tag{3.3-2}$$

이를 순 *부력(net bouyance force)*이라 한다. 이 크기는 $\rho = \rho_0$일 때 없어지며, 이러한 물체를 *중립 부력 상태(neutrally buoyant)*라고 한다. 지름이 D이고 부피가 $V = \pi D^3/6$일 때, 순 부력은 다음과 같다.

$$F_B = \frac{\pi}{6}(\rho - \rho_o) g D^3. \tag{3.3-3}$$

고체 구의 종단속도

중력에 의하여 떨어지거나 올라가는 물체는 종국적으로 순 부력과 항력과 균형을 이루게 되는 속도에 도달하게 된다. 그림 3.6은 무거운 구와 가벼운 구에 대한 힘들을 묘사하고 있다. 기준 좌표계는 구가 움직이지 않도록 조정되어 있으며, 유체의 속도는 U이다. 그림 3.6(a)과 같이 무거운 구의 경우, 이 좌표계에서는 유체의 속도가 위쪽으로 흐르고 있으며, 따라서 항력도 같은 방향을 향하고 있다. 그림 3.6(b)와 같은 경우, 속도와 항력 모두 아래쪽을 향하고 있다. 부력과 중력 모두 움직임과 무관하며, 각각 항상 위와 아래로 향하고 있다. 각각의 화살표의 길이가 서로 다른 이유는 ρ_0의 값의 차이에 따른 변화를 표현하며, 해당 영향이 F_0이 아닌 F_G 에만 미친다는 것을 의미한다. 해석을 간단하게 하기 위해, F_B는 부호만 바뀌고 F_D와 U의 크기가 변화하지 않다고 하자.

식 (3.2-1)의 $A_\perp = \pi D^2/4$를 이용하면, 구에 작용하는 항력은 다음과 같이 표현된다.

$$F_D = \frac{\pi}{8}\rho U^2 D^2 C_D. \tag{3.3-4}$$

속도가 일정한 경우, 총 힘(total force)은 반드시 0이다. *떨어지는* 구에 대해($\rho_0 > \rho$), 종단속도에서의 *위쪽 방향*으로의 순 힘은

$$0 = F_D + F_B = \frac{\pi}{8}\rho U^2 D^2 C_D + \frac{\pi}{6}(\rho - \rho_o) g D^3. \tag{3.3-5}$$

U^2에 대하여 풀면,

$$U^2 = \frac{4}{3}\left(\frac{\Delta\rho}{\rho}\right)\frac{gD}{C_D} \tag{3.3-6}$$

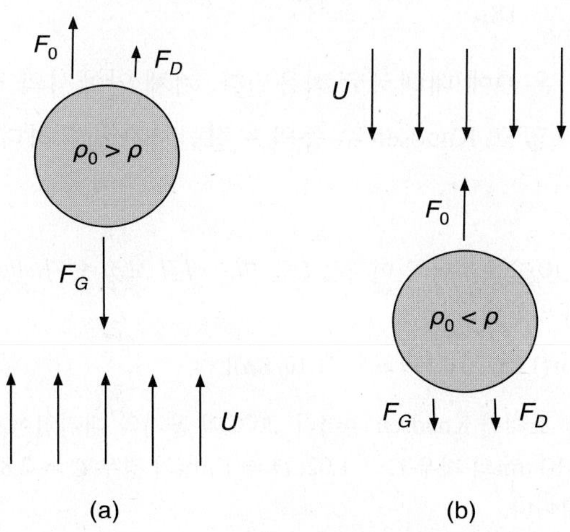

그림 3.6 구가 유체 안에서 (a) 떨어질 때 (b) 올라갈 때 힘들. 모든 경우에, 기준 좌표계는 구가 움직이지 않도록 정해져 있다.

여기서 $\Delta\rho = \rho_0 - \rho$이다. 만약 $\Delta\rho = \rho - \rho_0$라면 올라가는 구체에 대한 결과를 얻을 수 있다($\rho_0 < \rho$). 지금부터는 모든 상황을 다 고려하기 위해 $\Delta\rho = |\rho_0 - \rho|$로 정한다.

식 (3.3-6)은 제한적으로 사용되는데, C_D는 Re의 함수이므로 U에 의해 바뀌기 때문이다. 따라서 해당 관계식을 Re와 *Archimedes* 수(Ar)로 표현하는 것이 더 효과적인데, 이 Ar 수는 U의 영향을 받지 않는다. 양쪽 변에 $(D\rho/\mu)^2 C_D$를 곱하면,

$$\mathrm{Re}^2 C_D(\mathrm{Re}) = \frac{4}{3}\mathrm{Ar} \tag{3.3-7}$$

여기서

$$\mathrm{Ar} = \left(\frac{\Delta\rho}{\rho}\right)\frac{gD^3}{\nu^2}. \tag{3.3-8}$$

Ar에서의 동적 점도는 *유체*의 밀도를 기반으로 되어 있다($\nu = \mu/\rho$). 구와 유체의 종류가 주어진다면, Ar은 계산될 수 있다. U를 찾는 것은 결국에는 식 (3.3-7)을 Re$(= UD/\nu)$에 대하여 풀어낸 것이라 할 수 있다. 최종적으로 도달하는 Re값을 알 수 있다면, U를 구하는 것은 매우 명료해진다.

만약 Re < 1이라면, C_D는 Stokes법칙[식 (3.2-2)]으로 구할 수 있다. 그리고 식 (3.3-7)은

$$\mathrm{Re} = \frac{\mathrm{Ar}}{18} \quad (\mathrm{Ar} < 20). \tag{3.3-9}$$

와 같이 된다.

Stokes 법칙이 적용가능할 정도로 작은 Re 값에 대해, Ar은 20보다 작게 된다. 따라서 Re를 미리 알 수 없다 하더라도, 식 (3.3-9)의 적용 가능성은 Ar 값을 통해서 짐작할 수 있다. Stokes 종단속도를 차원이 있는 형태로 표현하면 다음과 같다.

$$U = \frac{gD^2\Delta\rho}{18\mu} \quad (\mathrm{Re} < 1). \tag{3.3-10}$$

액체에 있어서, 이 수식은 수 nm의 작은 D에 대해서도 적용된다. 기체 안에서의 작은 입자들에 대하여, 연속체 근사는 적용할 수 없고, Knudsen 수 등의 보정인자가 필요하다.[6)]

---

6) 기체 안의 미세 입자들의 경우, 식 (3.3-10)으로부터 얻어지는 U는 *미끄러짐 보정 인자(slip correction factor)* C로 곱해진다. Jennings (1988)에 의하면,

$$C = 1 + \mathrm{Kn}\,[1.252 + 0.399\exp(-1.10/\mathrm{Kn})]$$

여기서 $\mathrm{Kn} = 2\lambda/D$는 입자의 반지름을 고려한 Knudsen 수이다. 20°C의 공기와 대기압에서, 평균 자유 거리는 $\lambda = 0.0654$ μm이므로, $D = 10$ μm의 경우 $C = 1.02$, $D = 1$ μm의 경우 $C = 2.867$, 그리고 $D = 0.01$ μm $= 10$ nm의 경우 $C = 22.2$이다.

뉴톤의 법칙 영역($750 < \text{Re} < 2 \times 10^5$)에 대하여, 식 (3.2-5)와 (3.3-7)을 합치면 다음과 같다.

$$\text{Re} = (3\text{Ar})^{1/2} \quad (2 \times 10^5 < \text{Ar} < 1 \times 10^{10}). \tag{3.3-11}$$

이 관계식의 적용은 Ar의 값에 의해서 결정된다. 식 (3.3-6)에 제곱근을 취하고, $C_D = 0.445$ 라고 하면, 뉴톤 종단 속도(terminal velocity)는 다음과 같다.

$$U = \left(3\frac{\Delta\rho}{\rho}gD\right)^{1/2} \quad (750 < \text{Re} < 2 \times 10^5). \tag{3.3-12}$$

만약 Ar이 Stokes 영역과 뉴톤 영역의 사이($20 < \text{Ar} < 2 \times 10^5$)라면, 다음의 예제와 같이 반복과정(iterative procedure)을 이용하여 식 (3.2-4)를 풀어야 한다. 만약 Ar이 뉴톤 영역을 벗어난다면 식 (3.3-6)이 C_D에 사용될 수 있다.

예제 3.3-1 • 공기 중에 떨어지는 모래알갱이. 대기 중에서 굵은 모래 알갱이가 도달하는 종단속도를 구하려 한다. 입자의 지름은 $D = 1$ mm이고 밀도는 $\rho_0 = 3000$ kg/m³이다. 공기의 밀도는 $\rho = 1.2$ kg/m³이고 $\nu = 1.06 \times 10^{-5}$ m²/s이다.

첫 번째 단계는 Ar을 고려함으로써 흐름의 영역을 파악하는 것이다. ρ가 ρ_0에 비하여 무시할 만하다면

$$\text{Ar} = \left(\frac{3000}{1.2}\right)\left(\frac{9.81(0.001)^3}{(1.6 \times 10^{-5})^2}\right) = 9.58 \times 10^4.$$

이 된다. 이 Ar 값은 뉴톤 영역의 하한선인 2×10^5이나, 해당 하한선과 비슷해서 식 (3.3-11)이 Re의 매우 좋은 초기 조건이 된다. 그 초기 값은

$$\text{Re} = [3(9.58 \times 10^4)]^{1/2} = 536.$$

이다. 여기서 식 (3.2-4)는 항력 계수의 첫 번째 예측치가 된다.

$$C_D = 0.28 + \frac{6}{\sqrt{536}} + \frac{21}{536} = 0.578.$$

이 결과를 식 (3.3-7)에 사용해서 좀 더 정확한 Re 값을 구하면

$$\text{Re} = \left(\frac{4}{3}\frac{\text{Ar}}{C_D}\right)^{1/2} = \left[\frac{4}{3}\frac{(9.58 \times 10^4)}{0.578}\right]^{1/2} = 470.$$

이다.

마지막의 두 단계를 반복하면 $C_D = 0.601$이고 Re = 461이다. 최종 반복단계에서 $C_D = 0.605$와 Re = 459로 되며, 이 값들 모두 참값 대비 오차 1% 이내로 근접한 값이 된다. 더 이상 계산을 반복할 이유가 없는데, 이는 중간 정도 크기의 Re에서 적용되는 C_D 상관관계[식 (3.2-4)]의 경우 사실상 대략 7% 정도 안에서만 정확성이 보장되기 때문이다. Re = 459일 때

$$U = \frac{\nu}{D}\mathrm{Re} = \left(\frac{1.6 \times 10^{-5}}{1 \times 10^{-3}}\right) 459 = 7.4 \text{ m/s}.$$

이다.

예제 3.3-2 • 미세유체 세포 분리. 희귀한 세포를 혼합물로부터 분리하기 위해 묽은 세포 현탁액을 수평으로 배열된 미세유체(microfluidic) 유로에 흘려보내려고 한다. 분리하고자 하는 세포를 잡기 위한 항체는 유로의 바닥에 고정시킨다. 세포를 항체에 결합시키려면, 세포는 반드시 침전을 통해 바닥에 가라앉아야 한다. 주어진 유로의 높이와 평균 속도에 대해, 세포를 분리할 수 있는 최소 유로 길이를 파악하고자 한다. 세포들은 $D = 10\ \mu\text{m}$, $\rho_0 = 1.11 \times 10^3\ \text{kg/m}^3$를 가지는 구형이다. 액체는 체온(37°C) 수준의 묽은 수용액이며, $\rho = 1.01 \times 10^3\ \text{kg/m}^3$이고 $\nu = 6.85 \times 10^{-7}\ \text{m}^2/\text{s}$이다. 유로의 높이는 $h = 100\ \mu\text{m}$이고 장치를 통해 평균속도 $u = 1$ mm/s의 흐름을 설정하였다.

이러한 조건에서 Archimedes 수는 다음과 같다.

$$\mathrm{Ar} = \left(\frac{100}{1010}\right)\left(\frac{9.81(1 \times 10^{-5})^3}{(6.85 \times 10^{-7})^2}\right) = 2.09 \times 10^{-3}$$

이 값은 Stokes 범위 안의 값이다. 따라서 식 (3.3-9)에 의하면 $\mathrm{Re} = \mathrm{Ar}/18 = 1.16 \times 10^{-4}$이다. 그렇다면 세포의 종단속도는

$$U = \frac{\nu}{D}\mathrm{Re} = \frac{(6.85 \times 10^{-7})}{(1.0 \times 10^{-5})}(1.16 \times 10^{-4}) = 8.0 \times 10^{-6} \text{ m/s}$$

혹은 8.0 μm/s이다. 유로의 윗부분으로 들어온 세포가 가장 오랜 시간 동안 아래로 내려오게 되는데, 이때 세포의 중심위치가 유로의 위에서부터 아래까지 총 90 μm의 거리를 움직이는 동안 걸리는 시간은 $t = (90\ \mu\text{m})/(8\ \mu\text{m/s}) = 11.3$ s이다. 따라서 미세유로를 통과하는 시간은 이 시간보다 길어야 한다. 이 이송 시간의 예측은 평균 속도를 통하여 이루어지며 그 값은 L/u이므로 $L > ut = (0.1\ \text{cm/s})(11.3\ \text{s}) = 1.13$ cm 이상이 필요함을 의미한다.

유체 구에 대한 종단속도

액적이나 기포의 역학을 고려하기 어려운 것은 그것들의 모양이 중력, 압력, 점성력 그리고 표면장력의 영향으로 수시로 변하기 때문이다. 그러나 표면장력의 영향으로 작은 액적이나 방울들은 거의 구형에 가깝게 변하며, 관성의 영향이 작을 때 Stoke의 이론적인 결과를 통해서 해석할 수 있다. 1911년에 Hadamard와 Rybczyński가 서로 독립적으로 유도한 작은 유체 구에 작용하는 항력에 대한 결과는 다음과 같다.

$$C_D = \frac{8}{\text{Re}}\left(\frac{2+3\kappa}{1+\kappa}\right) \quad (\text{Re} < 1) \tag{3.3-13}$$

여기서 $\kappa = \mu_0/\mu$는 액체 구의 점도를 주변 유체의 점도로 나누어 준 값이다. $\kappa \to \infty$일 때 고체구의 결과[식 (3.2-2)]로 변하게 되며, $\kappa = 0$이 된다면 기포의 예측결과를 낼 수 있다. 종단속도에 대한 해당 식은 다음과 같다.

$$U = \frac{1}{6}\left(\frac{1+\kappa}{2+3\kappa}\right)\frac{gD^2\Delta\rho}{\mu} \quad (\text{Re} < 1). \tag{3.3-14}$$

이 식은 기포($\kappa \to 0$)의 종단속도가 고체 구($\kappa \to \infty$)의 종단속도에 비하여 50% 이상 큼을 확인할 수 있다.

실제로는, 작은 액적이나 기포들의 경우 표면장력으로 인하여 식 (3.3-10)이 식 (3.3-14)보다 더 정확한 결과를 낼 수 있다(Clift *et al.*, 1978. pp.35~41). 특별히 조심하지 않는 이상, 계면 위의 불순물이 위치별 표면장력의 크기를 바꿀 수 있으며, 이러한 현상들이 액적이나 기포 내부의 순환흐름을 막을 수 있다. 내부적인 움직임이 없는 조건에서, 유체 구의 항력은 고체 입자의 항력과 비슷한 값을 가질 것이다. 특히 물과 같은 경우가 이러한 미세량의 오염물에 취약하다. 따라서 일반적으로 발생하는 다양한 액적 및 기포의 경우, 식 (3.3-10)이 종단속도의 예측에 더 합리적일 수 있으며, 식 (3.3-14)는 U의 최댓값으로 이해될 수 있다.

액적이나 기포의 크기가 지름이 1 mm 이상인 경우는 구에서 모양이 벗어나므로 위의 결과를 적용할 수 없다. Clift *et al*. (1978)에서 다양한 비구형과 구형 유체 물체에 대한 결과를 리뷰하였다. 큰 액적이나 방울은 종종 잘려진 구형, '구형 모자(spherical cap)'의 모양으로 형성된다. 이러한 형태에 대한 종단속도는 연습문제 9.13에서 다룬다.

종단속도에 도달

처음에 멈추어져 있던 물체가 종단속도에 도달하기까지는 일정 시간이 걸린다. 고체와 같은 항력이 걸리는 구에 대하여, 가속을 위한 시간 스케일은 다음과 같다.

$$t_o = \frac{(\alpha + 1/2)}{|\alpha - 1|}\frac{U}{g} \tag{3.3-15}$$

여기서 $\alpha = \rho_0/\rho$이다. 이러한 t_0의 몇 배 정도 되는 시간이 흐르면, 고체 구의 속도는 U에 가까워진다. 정확한 배수의 값은 흐름 영역과 정밀도에 따라 달라진다. 이에 대한 내용은 큰 구의 경우 다음의 예제에서, 작은 구의 경우에는 연습문제 3.6에서 다루도록 하겠다.

t_0의 값은 물체의 크기가 줄어듦에 따라 급격하게 감소한다. 예를 들어 공기 중의 1 mm의 모래 알갱이(예제 3.3-1)의 경우, $t_0 = 0.75$ s이고, 물 안의 10 μm의 세포(예제 3.3-2)의 경우, $t_0 = 13$ μs이다. 이러한 초기 속도 변경 시간의 중요성은 t_0값 자체 혹은 가속에 걸리는 거리(대략 Ut_0)에 의해서 살펴볼 수 있다. 모래 알갱이의 경우 $U = 7.4$ m/s이고 $Ut_0 = 5.6$ m이다. 따라서 초기 속도 변경은 모래 알갱이의 크기보다 훨씬 더 높은 곳에서 모래 알갱이가 추락할 때는 고려할 필요가 없다. 식 (3.3-2)에서 내포된 가정은 세포가 유로의 맨 위에서 떨어지는 즉시 종단속도에 도달한다는 것이다. 이러한 가정은 t_0의 값이 13 μs이고 이 값은 낙하시간인 12.5 s에 비해서 매우 작다는 점에서 합리적이다.

예제 3.3-3 • 큰 구가 종단속도에 도달하는 방식. 이 예제의 목적은 식 (3.3-15)을 뉴튼 법칙을 따르는 구형 입자에도 적용할 수 있는지 확인하는 것이다. 지름이 수 mm에 해당되는 구도 이런 관점에서 크다고 볼 수 있다. 가속과 관련된 시간 상수는 아래로 가라앉는 ($\alpha > 1$) 구의 순간적인 속도를 고려하여 결정된다. 주변 액체가 움직이지 않고, $u(t)$가 시간이 t일 때 아래로 가라앉는 속도인 기준 좌표계가 선택된다. 이때 종단속도는 $u(\infty) = U$이다.

뉴튼 제2법칙을 적용할 때 복잡한 이유 중의 하나는 가속되는 구에 의해 구 주변에 위치한 주변 유체들의 거리도 멀어지면서 또한 가속된다는 점이다. 변화하는 유체의 속도는 구의 가속을 저지시킨다. 이는 마치 구의 질량이 실제 값보다 더 큰 것과 같다. 이를 고려하기 위하여 구의 질량을 효과 또는 가상의 질량 m^*로 치환하면 된다. 부피가 V인 구에 있어서 *더해진 질량(added mass)*은 $\rho V/2$ 또는 치환되는 유체 질량의 절반 정도라고 볼 수 있다.[7)] 따라서 $m^* = (\rho_0 - \rho/2)V = (\alpha + 1/2)\rho V$이다.

가상의 질량과 가속도의 곱이 아래로 작용하는 모든 힘의 합과 균형을 이룬다 하면,

$$m^*\frac{du}{dt} = (\rho_o - \rho)gV - \frac{\pi}{8}\rho u^2 D^2 C_D, \quad u(0) = 0 \tag{3.3-16}$$

---

7) 이 식에 대한 유도는 연습문제 9.5에 있다.

단, 구는 처음에 멈추어 있다고 한다. 이 식을 ρV로 나누고 $C_D = 0.445$라 하면,

$$(\alpha + 1/2)\frac{du}{dt} = (\alpha - 1)g - \frac{u^2}{3D}, \quad u(0) = 0. \tag{3.3-17}$$

이다. 뉴톤 종단속도[식 (3.3-12)]는 $du/dt = 0$을 통해서 구할 수 있다. 식 (3.3-17)은 무차원 수 $\theta = u/U$와 $\tau = t/t_0$을 통해서 단순화 될 수 있다. 여기서 t_0는 차후에 구해진다. 이 단순화된 식은

$$(\alpha + 1/2)\frac{U}{t_o}\frac{d\theta}{d\tau} = (\alpha - 1)g - \frac{U^2}{3D}\theta^2, \quad \theta(0) = 0. \tag{3.3-18}$$

양변을 $3D/U^2$으로 곱하고 모든 매개변수들을 시간에 대한 미분 항의 계수로 모으면 다음과 같다.

$$\frac{3D(\alpha + 1/2)}{Ut_o}\frac{d\theta}{d\tau} = 1 - \theta^2, \quad \theta(0) = 0. \tag{3.3-19}$$

만약 t_0를 식 (3.3-15)로 정하면 이 또한 단순화 되고,

$$\frac{d\theta}{d\tau} = 1 - \theta^2, \quad \theta(0) = 0. \tag{3.3-20}$$

이 1차 방정식(first-order equation)은 비선형이지만 분리가 가능하다. $\int(1 - x^{-2})^{-1}\,dx =$

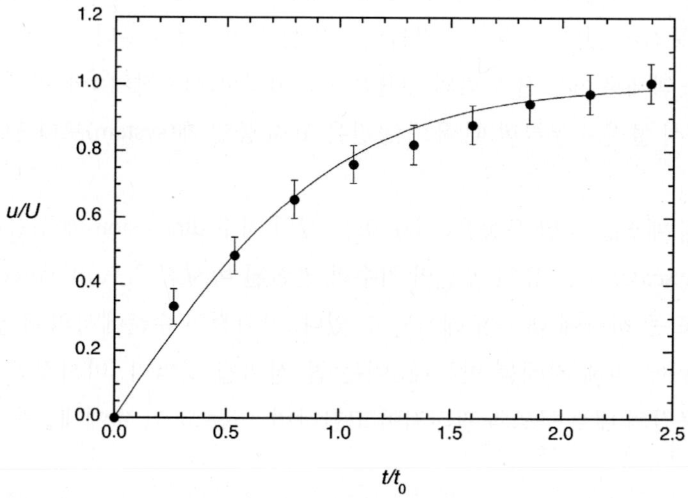

그림 3.7 물에서 가라앉는 철제 구에서 관찰되는 속도의 예측치와 실측치. 실선은 식 (3.3-21)에서 도출되었으며, 데이터는 Owen and Ryu (2005)에 보고된 값이다. 해당 보고된 값의 경우 측정된 종단속도의 값 $U = 1.003$ m/s과 t_0를 사용하여 표준화 되었다. 식 (3.3-15)에 $\alpha = 8.02$와 $U = 1.003$ m/s를 적용하면, $t_0 = 0.124$ s이다.

$\tanh^{-1}x$을 적용하면 다음의 식을 얻을 수 있다.

$$\theta(\tau) = \tanh\tau. \tag{3.3-21}$$

$\tanh^{-1}(0.95) = 1.83$이므로, 위 식은 가속의 95%가 $\tau = 1.83$ 또는 $t = 1.83t_0$에서 완료된다는 사실을 말해준다. 이는 식 (3.3-15)가 시간에 대한 척도를 제공한다는 점으로 확인할 수 있다.

초기에 멈추어 있던 구의 Re는 뉴톤 최저 한계 값인 750을 넘기지 못하는 점에서, C_D가 상수라고 가정한 것은 $u(t)$의 계산에 있어서 오차를 발생할 수 있다. 좀 더 근본적인 문제는 (3.2절에서 다룬) $C_D = 0.455$의 값이 정상상태의 데이터를 기반으로 한다는 점이다. 이에 비해 실제 흐름은 비정상 상태이다. 그림 3.7은 식 (3.3-21)을 지름이 3.18 mm인 철제 구가 가라앉을 때의 데이터이다(Owen and Ryu, 2005). 비록 종단속도가 측정된 Re가 3,250이나, 위에 기술된 모델이 예측한 값은 매우 정확하다.

3.4 다공성 매질

간단히 말해서, *다공성 매질*은 구멍이 난 고체이다. 수많은 종류의 물체들이 다공성 매질로 분류될 수 있으며, 이는 하이드로젤, 종이, 바위, 그리고 충전층 및 합성 분리막까지 포함된다. 결합 조직, 모세 혈관의 벽, 세포 분리막 등이 모두 다공성 물질이다. 딱딱하든 부드럽든, 천연 소재이건 합성 소재이건 간에 이러한 물질과 물체들은 액체로 채워진 공간들로 구성된 구조를 가진다는 공통점이 있다. 이러한 공간들의 크기는 분자구조로부터 육안으로 관찰 가능한 크기에 이르고, 액체로 채워진 부피의 비율은 거의 0에서부터 거의 1에 이르기까지 다양하다. 그러나 다공성 물질로 분류할 때 유체 공간은 고려 중인 계(system)보다 훨씬 작아야 한다.

이에 따라 다공성 매질을 통한 유동은, 시료 또는 계의 치수(dimension)에 상응하는 *거시적 척도(macroscopic scale)* 또는 유체 공간의 치수와 관련된 *미시적 척도(microscopic scale)*의 두 가지 길이 척도 중 하나에 대하여 해석될 수 있다. 거시적인 수준에서의 유동은 *Darcy 투과도(permeability)*에 의해 지배를 받는데, 이는 곧 정의될 것이다. 미시적인 해석들은 Darcy의 투과도를 물질의 내부 구조와 관련지어 고찰하며, 이는 몇 가지 예제들을 통해 설명될 것이다.

Darcy 투과도

거시 규모에서의 관점은 그림 3.8에 나타나 있다. 두께가 L이고 단면적이 일정하게 A인 샘플

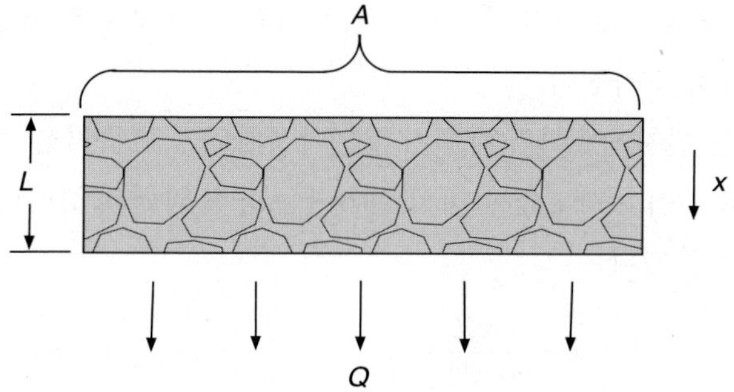

그림 3.8 구조와 조성을 알 수 없는 다공성 물질을 투과하는 유동

다공성 물질이 있다고 하자. 주어진 압력이 x방향의 부피 유량 Q를 만들어 낸다. 파이프 내부의 유동 관점에서 볼 때, 만약 시료의 부피와 유체 밀도가 각각 상수라면, Q는 x와 무관하다. 모식도에 아래 방향으로 표시되어 있긴 하지만, x방향이 항상 중력 방향일 필요는 없다.

물질 안의 유체가 차있는 공간의 크기와 모양은 전체적으로 알기 어렵거나 특징짓기 어렵다. 단일 유로 수준에서 흐름을 자세하게 기술하는 것을 피하기 위하여, 다음과 같은 *공탑 속도(superficial velocity)*를 정의하자.

$$v_s = \frac{Q}{A}. \tag{3.4-1}$$

고체가 없는 상황에서, v_s는 시료안의 평균 속도와 같고, 파이프 속도 U와 비슷하다(2장). 그러나 흐름의 면적을 제한하면, 입자, 섬유 등 기타 장애물들에 의해 기공 안의 유체 속도가 v_s를 넘어서게 된다. 이 공탑 속도(superficial velocity)는 실제 내부 속도를 지나치게 작게 추산할지도 모르지만, Q와 A만을 통해서 명료하게 결정할 수 있다는 장점을 가진다.

다공성 물질 안의 유동은 일반적으로 공탑 속도가 압력 구배에 의해 좌우되는 *Darcy의 법칙*에 의해 기술된다. 중력의 효과와 **이로 인한** 연직 유동(vertical flow)의 가능성을 포함시키기 위해서, 동적 압력 $\mathscr{P}$ [식 (2.3-5)]가 사용된다. 파이프와 같이, 유동의 방향은 P가 감소하는 방향과 같다. x방향의 공탑 속도는 다음 식과 같다.

$$v_s = -\frac{k}{\mu}\frac{d\mathscr{P}}{dx} \tag{3.4-2}$$

여기서 k는 *Darcy 투과도*이다. v_s와 $d\mathscr{P}/dx$의 관계가 전류 밀도와 전압 구배의 관계와 비슷한데, 이 관점에서 k/μ는 전도도(conductivity), 그리고 μ/k는 저항성(resistivity)이라 할 수 있다. 보여준 것과 같이 점도는 상쇄될 수 있는데, 그 이유는 다공성 매질의 전형적인 낮은 Reynolds 수로 인해 관성은 무시할 만하고, 유동 저항은 μ에 비례하기 때문이다. 이러한 방식에서 점도의 영향을 고려할 때, k는 유체의 특성과 독립적이되 기공 구조에 대한 함수라 볼 수 있고, 그 단위는 길이의 제곱을 가진다.

만일 시료가 균질하다면, k는 위치 x에 따라 바뀌지 않는다. k와 v_s가 변하지 않는다면, 압력 구배 역시 상수이다. 만약 $|\Delta\mathscr{P}|$이 두께 L을 걸쳐서 일어나는 동적 압력의 강하라하면, 식 (3.4-2)는 다음과 같이 재배치될 수 있다.

$$k = \frac{\mu v_s L}{|\Delta\mathscr{P}|}. \tag{3.4-3}$$

즉, 주어진 액체와 알려진 시료의 두께에서(액체의 종류와 샘플의 두께가 주어졌을 때) v_s를 $|\Delta\mathscr{P}|$로 측정하는 것은 k를 측정하는 방법이라 할 수 있다. 즉, 액체의 종류와 시료의 두께가 주어졌을 때, $|\Delta\mathscr{P}|$를 통하여 v_s를 측정하면 k를 계산할 수 있다. 원칙적으로, 주어진 다공성 물질의 k는 모든 종류의 유체에 있어서 같아야 한다. 그러나 평균 자유 경로가 기공의 너비와 비슷하거나 너비보다 큰 기체의 경우, μ의 겉보기 값이 영향을 받게 되면, 이는 k를 예측하는 데 영향을 미친다. 또한, 만약 액체가 전체 기공의 부피를 차지하지 못한다면, 표면장력과 고체의 제한적인 젖음성 또한 k 값의 측정에 영향을 미친다.

미세구조 모델

Darcy의 투과율을 미세구조와 연관 짓는 모델들은 기공 구조가 알려진 물질의 k 값을 예측하거나 k 값의 측정을 통해 잘 파악되지 않은 물질의 구조를 추론하는 데 사용할 수 있다. 세 가지 종류의 미세구조가 그림 3.9에 나와 있다. (a) 분리된 기공들이 고체 안에 존재하는 경우, (b) 입자들이 충전된 층 그리고 (c) 무작위로 배열된 섬유들이 있다. 각각의 경우에 대하여 파악가능한 길이 척도, 즉 기공, 입자 혹은 섬유의 지름이 있는데, 이를 d로 나타낸다. 각각의 물질들은 포함된 액체나 고체의 양에 의해 구분될 수 있다. 액체로 채워진 부피의 분율을 *다공도(porosity)* 혹은 *공극율(void fraction)*이라 하며 ε으로 표시한다. 차원 해석은 각각의 경우에 대하여 다음의 식을 제안한다.

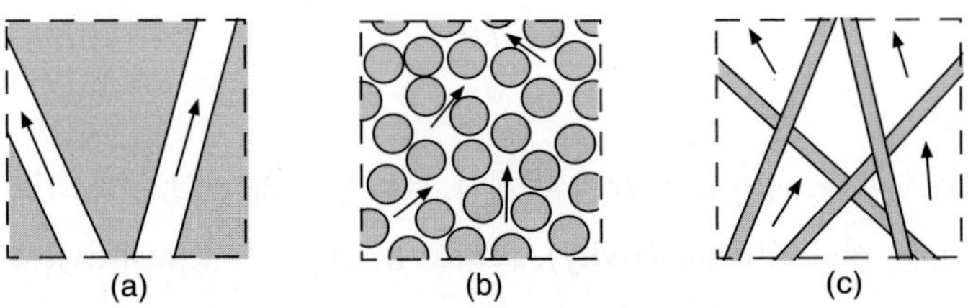

그림 3.9 다공성 매체의 미세구조. (a) 이산 기공(discrete pore), (b) 충전된 입자 그리고 (c) 섬유의 배열. (b)와 (c)에 그려진 화살은 가능한 몇 가지 경로만 보여준다.

$$\frac{k}{d^2} = f(\varepsilon). \tag{3.4-4}$$

함수 $f(\varepsilon)$은 구조의 종류에 의해 결정이 되지만, 유체의 물성과는 독립적이다. 차원 해석은 $f(\varepsilon)$의 형태에 대한 정보를 주지는 않는다. 그리고 Re → 0이 암시적으로 Darcy의 법칙에 사용되었기 때문에, Reynolds 수가 직접적으로 나타나지 않는다. 세 가지 경우에 대해 $f(\varepsilon)$이 유도될 수 있다.

그림 3.9(a)에 나타난 구조의 종류에 대한 가장 간단한 변형은 균일한 지름을 가진 기공들이 모두 시료의 표면에 수직으로 배열된 경우이다. 이러한 배열을 가진 기공의 경우, 기공의 길이가 샘플의 두께 L과 같고 기공에 겹쳐진 단면적의 부분이 분할 기공 부피(fractional pore volume, ε)와 같다. 분할 기공 면적은 단위 면적당 기공의 수 (n)와 기공당 단면적을 곱한 값($\varepsilon = n\pi d^2/4$)이다. 공탑 속도(superficial velocity)는 총 면적당 부피 유량 혹은 n 곱하기 기공당 부피 유량이다. Poiseuille의 공식[식 (2.3-7)]을 활용하여 기공당 유량을 계산하면 다음과 같다.

$$v_s = \left(\frac{4\varepsilon}{\pi d^2}\right)\left(\frac{\pi d^4|\Delta\mathscr{P}|}{128\ \mu L}\right) = \frac{\varepsilon d^2|\Delta\mathscr{P}|}{32\ \mu L} = \varepsilon v_p \tag{3.4-5}$$

여기서 v_p는 기공 내부에서 평균 속도이다. $\varepsilon < 1$라는 사실은 $v_s < v_p$임을 명확하게 해준다. 식 (3.4-5)와 (3.4-3)의 비교를 통해 다음의 관계를 도출할 수 있다.

$$k = \frac{\varepsilon d^2}{32}. \tag{3.4-6}$$

따라서 이상적인 물질의 경우 $f(\varepsilon) = \varepsilon/32$가 된다. 기공 반지름(크기)이나 기울어진 각도가 다양한 범위인 물질들에 대한 함수 관계도 같은 방법으로 얻을 수 있다.

식 (3.4-6)은 시료 표면에 *수직한 흐름*에 대하여서만 적용된다. 시료 표면에 *평행한 유동*의 경우, 공극의 방향이 같은 방향으로 배열되지 않으므로, 겉보기 k 값은 0이 된다. 어떤 물질이 공극이 배열되어 있는 특정 흐름 방향으로 *이방성(anisotropic)*을 가진다고 한다. 나머지 두 가지 구조[즉 그림 3.9(b)와 (c)]는 모든 방향으로 같은 k 값을 가진다고 하는 점에서 모두 *등방성(isotropic)*을 가진다고 한다.

그림 3.9(b)와 같은 충전층의 경우는 매우 해석하기 복잡하다. 이러한 복잡함을 극복할 수 있는 방법은 입자 간의 굴곡진 흐름 경로를 대등한 수력학적 지름 d_H와 길이가 L인 직선 유로로 대체해서 다루는 것이다. 2.4절에서 소개된 것처럼, 크기가 고정되어 있지만 단면적이 원형이 아닌 유로에 대하여 $d_H/4$는 단면적을 젖은 바깥둘레로 나눈 값, 혹은 동일하게 유체의 부피를 젖어있는 표면적으로 나눈 값과 같다. 후자의 비율을 활용하면 다음과 같다.

$$d_H = \frac{4\varepsilon AL}{S} \tag{3.4-7}$$

여기서 AL은 총 충전층의 부피, εAL은 유체의 부피, S는 총 입자 표면적이다. 충전층에 지름이 d인 구형 입자들이 N개 있는 경우, $S = N\pi d^2$이다. 구형 입자들의 총 부피와 입자 개수당 부피로부터 얻어지는 총 입자 개수는 $N = (1 - \varepsilon)AL/(\pi d^2/6)$이다. 따라서 총 구의 부피는 $S = 6(1 - \varepsilon)AL/d$이고 수력학적 지름은 다음과 같다.

$$d_H = 4\varepsilon AL\left(\frac{d}{6(1-\varepsilon)AL}\right) = \frac{2}{3}\left(\frac{\varepsilon}{1-\varepsilon}\right)d. \tag{3.4-8}$$

식 (3.4-5)에서 $d = d_H$로 잡고 무차원 상수 c_0를 분모에 넣으면, 다음과 같다.

$$v_s = \frac{\varepsilon d_H^2 |\Delta\mathcal{P}|}{32c_0\mu L}. \tag{3.4-9}$$

원통형 유로의 경우 $c_0 = 1$이지만, 그러나 충전층에 대해서는 $c_0 \neq 1$이라 예측할 수 있다. 식 (3.4-8)을 이용하여 수력학적 지름을 고려하면 다음과 같은 식이 구해진다.

$$v_s = \left[\left(\frac{2}{3}\right)^2 \frac{1}{32c_0}\right] \frac{\varepsilon^3}{(1-\varepsilon)^2} \frac{d^2\,|\Delta\mathcal{P}|}{\mu L} \equiv \frac{\varepsilon^3}{c(1-\varepsilon)^2} \frac{d^2\,|\Delta\mathcal{P}|}{\mu L}. \tag{3.4-10}$$

마지막 수식은 c_0를 다른 상수 $c = 72\, c_0$로 치환해서 단순화시킨 것이다. 이 식으로부터 Darcy 투과도는 다음과 같다.

$$k = \frac{d^2}{c}\frac{\varepsilon^3}{(1-\varepsilon)^2} = \frac{d^2}{150}\frac{\varepsilon^3}{(1-\varepsilon)^2}. \tag{3.4-11}$$

이를 *Kozeny-Carman 식*[8]이라 한다. 이 알갱이 구조를 위한 다공성 함수는 첫 번째 등식에서 볼 수 있듯 $f(\varepsilon) = \varepsilon^3/[c(1 - \varepsilon)^2]$이다. 모델 없이는 예측이 매우 어려운 ε에 대한 k의 의존성은 실험 결과에 의해 잘 뒷받침된다. 구형 입자들로 채워진 충전층 데이터와 가장 잘 맞는 데이터는 $c = 150$ (Ergun, 1952)이며, 이는 두 번째 등식에서 나타나 있다. 이는 $c_0 = 150/72 = 2.1$임을 의미한다. 그리고 이 값은 원통형 튜브($c_0 = 1$)와 같은 정도의 크기이며, 이는 반드시 그 정도의 크기를 가져야 한다. 구형 입자들의 혼합물이나 보다 복잡한 형태의 입자들에

8) Carman (1956)이 리뷰한 내용에 따르면, 수력학적 지름 콘셉트를 충전층에 적용하는 것은 F.C. Blake에 의해 1922년 개발되었다. 1927년에 J. Kozney가 독자적으로 Blake와 비슷한 방법을 보고하였으며, 해당되는 결과가 1937년 P. C. Carman에 의해 좀 더 다듬어졌다. 식 (3.4-3)의 k를 계산하기 위해 식 (3.4-11)을 사용하여 얻은 v_s에 대한 표현 역시 또한 Kozeny-Carman 식이다.

도 적용될 수 있도록, 식 (3.4-11)의 적용 범위를 확장하기 위해 다양한 보정 인자들이 사용되었다(Carman,1956, p.18).

입자 간의 공간에서 생기는 유동의 저항이 입자들과 용기의 벽 사이의 공간에서 생기는 유동의 저항과 다르다는 사실은 중요하다. 식 (3.4-11)에서처럼 벽의 효과를 무시하려면 용기의 크기가 d보다 훨씬 더 커야만 한다.

지금까지 고려된 다공성 물질의 종류를 보면, 대부분의 부피가 고체로 채워져 있다. 예를 들어, 구형 입자들로 무작위로 채워진 층의 경우 $\varepsilon \simeq 0.36$이다. 반대로, 그림 3.9(c)에 나온 섬유로 구성된 매체의 경우, $\varepsilon > 0.9$도 충분히 일어날 수 있다. 아주 적은 양의 고체만 있는 경우, 분리된 유로들의 집합으로 다공성 물질을 이해할 수는 없다. 섬유 매질(fibrous media)에 대해 계산을 할 때는 일반적으로 ε 대신 섬유들(fibers)의 분율인 $\phi = 1 - \varepsilon$을 사용한다. 지름이 d이고 무작위로 배열된 원통형 섬유들의 경우, 많은 연구로부터 얻은 데이터들은 다음의 식으로 표현될 수 있다(Jackson and James, 1986).

$$\frac{k}{d^2} = \frac{3}{80\phi}(-\ln\phi - 0.931). \tag{3.4-12}$$

이 식에 대한 이론적인 기반과 무작위 배열 혹은 정렬된 섬유들에 대한 k 값의 예측은 Clague와 Phillips (1997)에 논의되어 있다. 이를 위해서 연습문제 7.6을 한번 살펴보는 것을 권장한다. $f \to 0$이 됨에 따라 $k \to \infty$임을 유의하자. 섬유들(fibers)을 제거할수록 흐름에 대한 저항이 줄어들어서 전도도는 무한대의 크기로 증가한다. 실제로는 그러한 섬유 배열(fiber array)들은 어떤 컨테이너 안에 존재할 것이므로, 해당 컨테이너의 벽으로 인한 저항은 결국 $f \to 0$이 됨에 따라 섬유들(fibers)에 의한 저항을 초과할 것이다. 식 (3.4-11)처럼 벽의 효과는 식 (3.4-12)에서 고려되지 않았다.

예제 3.4-1 ● 구형 입자들로 채워진 충전층을 통과하는 공기 유동. 여기서는 상온에서 주어진 공탑 속도(superficial velocity)를 유지하기 위한 $|\Delta P|$의 값을 예측하고자 한다. 문제는 유동이 수평 혹은 연직임에 따라 결정된다. 입자의 지름은 $d = 1$ mm이고 공극율은 $\varepsilon = 0.36$, 층의 길이는 $L = 1$ m, 공탑 속도는 $v_s = 1$ cm/s, 그리고 공기의 밀도와 점도는 각각 $\rho = 1.2$ kg/m^{3}과 $\mu = 1.8 \times 10^{-5}$ Pa · s이다.

먼저 층의 Darcy 투과도를 계산하고, $|\Delta \mathcal{P}|$를 계산한 후에 $|\Delta P|$를 계산하려 한다. 식 (3.4-11)로부터

$$k = \frac{d^2}{150}\frac{\varepsilon^3}{(1-\varepsilon)^2} = \frac{(1\times10^{-3})^2(0.36)^3}{150(0.64)^2} = 7.59\times10^{-10}\ \text{m}^2.$$

Reynolds 수가 충분히 작아서 Darcy 법칙이 적용 가능하다면, 식 (3.4-3)은 다음과 같이 된다.

$$|\Delta\mathcal{P}| = \frac{\mu v_s L}{k} = \frac{(1.8\times10^{-5})(1\times10^{-2})(1)}{7.59\times10^{-10}} = 237\ \text{Pa}.$$

만약 수평 방향의 유동이라면, $|\Delta P| = |\Delta\mathcal{P}|$이다. 만약 연직 방향이라면, L은 양끝 간의 거리, 즉 높이 차가 되고, $|\Delta P|$와 $|\Delta\mathcal{P}|$는 $\pm\rho g L = \pm(1.2)(9.81)(1) = \pm12$ Pa가 된다. 중력을 거스르는 위로 향하는 유동에 있어서, $|\Delta P| = |\Delta\mathcal{P}| + \rho g L = 249$ Pa이고, 중력의 도움을 받는 아래 방향 유동의 경우, $|\Delta P| = |\Delta\mathcal{P}| - \rho g L = 225$ Pa이다. 즉, 낮은 밀도의 공기와 그다지 크지 않은 높이 차이에도 불구하고, 방향에 대한 효과는 현저하다는 것이다.

3.5절에서 유도된 것과 같이, 충전층에 대한 Reynolds 수를 구형 입자의 지름 d와 속도 $v_s/(1-\varepsilon)$을 척도로 하여 Re_p라고 정의한다. Kozeny-Carman 식은 $\text{Re}_p < 10$ (Ergun, 1952)의 경우 정확하다고 알려져 있다. 이 문제의 경우, Reynolds 수는 다음과 같이 계산된다.

$$\text{Re}_p = \frac{v_s d\rho}{(1-\varepsilon)\mu} = \frac{(1\times10^{-2})(1\times10^{-3})(1.2)}{(0.64)(1.8\times10^{-5})} = 1.0$$

이는 식 (3.4-3)과 (3.4-11)의 사용을 뒷받침해준다.

1.2절에서 말한 것처럼, 대기 중 평균 자유 경로는 약 0.1 μm이다. 구형 입자들로 채워진 충전층 안의 평균적인 유로의 너비는 0.1 d보다는 작지 않으며, 이 문제에서는 100 μm이다. 이는 대략 평균 자유 경로의 10^3배이고, 공기의 점도를 그대로 사용하는 것을 정당화시켜준다.

예제 3.4-2 • 입상 및 섬유 매질의 비교 특성. 촉매반응기, 흡착기 그리고 다른 연속 유동 공정들에 있어서, 단위 부피당 표면적(s_v)을 극대화하되, 압력강화를 작게 유지하는 것이 필요하다. 주어진 s_v에 대해, 작은 유동 저항을 제공해주는 것은 구형 입자들로 채워진 충전층인가 아니면 무작위로 배열된 섬유들(fibers)인가? 각각의 경우 고체들이 상대적으로 밀집되어 있어서, 예를 들자면 구형 입자들로 채워진 충전층의 경우, $\varepsilon = 0.36$이고, 섬유들(fibers)로 된 배열의 경우 $\phi = 0.10$이다.

구형 입자들로 채워진 충전층의 경우, s_v는 구형 입자의 부피당 표면적 곱하기 전체 충전층 부피당 구형 입자의 부피이다.

$$s_v = \left(\frac{\pi d^2}{\pi d^3/6}\right)(1-\varepsilon) = \frac{6(1-\varepsilon)}{d}.$$

이를 이용하여 d를 식 (3.4-11)부터 제거하면 $\varepsilon = 0.36$인 경우, 다음과 같다.

$$k = \frac{6}{25}\frac{\varepsilon^3}{s_v^2} = \frac{0.0112}{s_v^2}$$

마찬가지로, 지름이 d이고 길이가 L인 긴 섬유소의 다발인 경우, 다음과 같다.

$$s_v = \left(\frac{\pi dL}{\pi d^2 L/4}\right)\phi = \frac{4\phi}{d}$$

여기서 섬유소의 끝부분은 무시하자. 식 (3.4-12)로부터 s_v를 사용하여 d를 제거하면 $\phi = 0.10$에 대하여, 다음과 같다.

$$k = \frac{3}{5}\frac{\phi}{s_v^2}(-\ln\phi - 0.931) = \frac{0.0823}{s_v^2}$$

두 경우에 있어서, k는 s_v^{-2}에 따라 다양한 값을 가진다. 따라서 모든 s_v에 대하여, k(fibers)/k(spheres) = 0.0823/0.0112 = 7.35이다. 다시 말해, 같은 부피 분율을 가정했을 때, 섬유소 다발의 유동 저항은 구형 입자로 채워진 충전층 유동 저항 값의 1/7 정도이다.

3.5 충전층과 유동층

충전층

충전층을 통과하는 낮은 Reynolds 수의 유동은 Darcy 투과도에 의해 결정된다. 그러나 관성에 의해 Darcy 법칙이 적용되지 않는, 유량이 충분히 큰 경우에도 충전층으로서 역할을 한다. Ergun (1952)은 3.4절의 구로 채워진 충전층에 사용된 수력학적 지름 기법을 해석에 적용하였다. 그러나 결과를 기공 Reynolds 수(Re_p)로만 결정되는 층 마찰인자(bed friction factor, f_p)로 정리를 하였다. 그는 다양한 범위의 공정조건 하에서 수집된 데이터를 맞출 수 있는 간단한 함수 형태를 제안하였고, 이를 다음에 설명하고자 한다.

튜브에 대한 식 (2.3-6)과 비슷하게, 충전층(packed bed)에 대한 마찰인자는 다음과 같다.

$$f_p = c_1 \frac{d_H}{\rho v_p^2}\frac{|\Delta\mathcal{P}|}{L} \tag{3.5-1}$$

$|\Delta\mathcal{P}|$는 길이가 L인 층 안에 작용하는 동적 압력 강하, 그리고 v_p와 d_H는 각각 유효 기공속도(effective pore velocity)와 수력학적 지름이다. 무차원 상수 c_1은 최종 수식을 간단하게 하고자 도입하였다. 3.4절에서 논의되었듯, 기공속도는 $v_p = v_s/\varepsilon$, 여기서 v_s는 공탑 속도(superficial velocity)이고, ε은 기공률이다. 이런 식으로 v_p를 예측하는 경우, 식 (3.4-8)을 활

용하여 d_H와 구형 입자의 지름(d)과 연관시키고 $c_1 = 3/2$라고 하면, 식 (3.5-1)은 (3.5-2)가 된다.

$$f_p = \frac{d}{\rho v_s^2} \frac{|\Delta \mathcal{P}|}{L} \left(\frac{\varepsilon^3}{1-\varepsilon} \right). \tag{3.5-2}$$

같은 방법으로, 기공의 Reynolds 수는 다음과 같이 쓸 수 있다.

$$\mathrm{Re}_p = c_2 \frac{v_p d_H \rho}{\mu}. \tag{3.5-3}$$

v_p와 d_H를 계산하고, $c_2 = 3/2$라 하면, Reynolds 수는 다음과 같이 된다.

$$\mathrm{Re}_p = \frac{v_s d \rho}{(1-\varepsilon)\mu}. \tag{3.5-4}$$

식 (3.5-2)와 (3.5-4)는 충전층에 대한 실험 결과를 연관시킬 무차원 군을 정의해준다.

구형 입자들로 찬 충전층의 f_p와 Re_p와의 경험 관계식은 다음과 같다.

$$f_p = \frac{150}{\mathrm{Re}_p} + 1.75 \tag{3.5-5}$$

이를 *Ergun 식*이라 한다. 2.2절과 3.2절에서 보듯, Reynolds 수에 대한 마찰인자와 항력계수의 역관계(inverse dependency)가 관성을 무시할 수 있는 흐름의 특징이다. 그리하여, Re_p가 작아서 식 (3.5-5)의 두 번째 항이 무시할만하다면(대략, $\mathrm{Re}_p < 10$에 대하여), 마찰인자 관계는 Kozney-Carman 식 (3.4-11)과 동등해진다. 만약 처음 항을 무시할 수 있다면(대략, $\mathrm{Re}_p > 1000$), 관성이 지배적인 뉴톤 영역과도 같은 부분이 나타나고, f_p가 사실상 상수와 같이 된다.

때때로 마치 지금 절에 포함될 유동층에 대한 해석에 있어서와 같이, 충전층 안의 모든 입자에 가해지는 전체 항력이 필요할 때가 있다. 유동 저항이 연직 또는 수평 파이프 안에서 같듯, 충전층의 항력 계수 역시 연직 또는 수평 파이프 안에서 같다. 평평하게 뉘어진 (수평한) 충전층에 대한 항력 계산은 약간 간단하다. 대상 부피는 (입자들을 제외한) 충전층 안의 모든 유체로 정의된다. 정상상태 유동의 경우, 충전층의 양쪽 끝에서 유체에 작용하는 순 압력 힘과, 입자로 인하여 유체로 작용하는 힘을 더하면 반드시 0이 되어야 한다. (용기의 벽에서 유체에 작용하는 점성 힘은 무시한다.) 유체에 작용하는 입자의 힘은 입자에 작용하는 전체 항력과 같고 그 방향은 반대이다. 그러므로 단면적이 A인 수평으로 배열된 충전층에 걸리는 힘은 $F_D = |\Delta P| A$이다. 식 (3.5-5)의 높고 낮은 Re_p 영역에 대한 극한 값은 다음과 같다.

$$F_D = 150 \frac{(1-\varepsilon)^2}{\varepsilon^3} \frac{\mu v_s A L}{d^2} \quad (\mathrm{Re}_p < 10) \tag{3.5-6}$$

$$F_D = 1.75\frac{(1-\varepsilon)}{\varepsilon^3}\frac{\rho v_s^2 AL}{d} \quad (\mathrm{Re}_p > 1000). \tag{3.5-7}$$

$\varepsilon = 0.4$인 충전층에 있어서, 2개의 F_D식 모두 입자당 항력이 대략 고립된 입자를 위한 C_D 값의 80배 정도가 된다. 이를 통해 충전층(packed bed) 내부의 서로 가깝게 놓인 입자 사이에 강한 수력학적 상관관계가 있음을 알 수 있다.

유동층

유동화 반응은 그림 3.10으로 도식화 할 수 있다. 세 가지 조건들이 그려져 있는데, 각 도식마다 구형 입자들의 집합체를 거쳐서 위쪽으로 흘러가는 기체를 보여준다. 그림 3.10(a)와 같이 낮은 속도에서 위쪽으로 향하는 항력은 충전층(packed bed)의 바닥 부분(구멍 뚫린 판이나 스크린 등)에 가라앉아 있는 입자들을 떨어뜨리기에 충분하지 않다. 그러나 속도가 증가함에 따라, 입자에 가해지는 항력은 증가하여, 중력과 부력의 합력으로 나타나는 효과보다 충분히 커진다. 이러한 현상이 일어나는 공탑 속도(superficial velocity)를 *최소 유동화 속도(minimum fluidization velocity)*, v_f라 한다. 입자는 마치 무게가 없는 것처럼 되며, 더 이상 바닥에 다른 입자들과 함께 머물러 있지 않는다. 이 현상이 일어남에 따라 충전층은 늘어나서 길이가 L에서 L_f로 늘어나고, 공극율도 ε에서 ε_f로 증가한다. 그림 3.10(b)는 이와 같은 현상을 표현한 것이다. 속도를 더 증가시키면, 층이 더 확대가 되고, 입자들이 점점 더 움직이기 시작하지만, 결국에는 그림 3.10(c)와 같이 입자들을 맨 위까지 끌고 가 버린다. 공학적으로

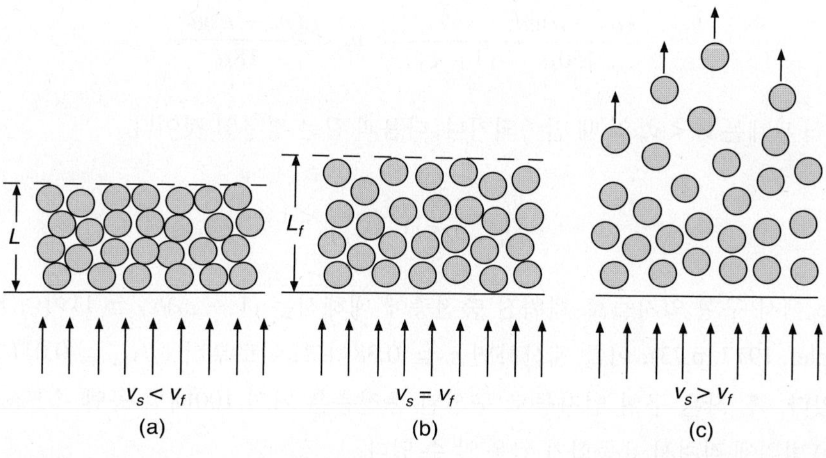

그림 3.10 유동층의 단계. (a) 공탑 속도(v_s)가 최소 유동화 속도(v_f)보다 작은 충전층, (b) 초기의 유동층. 입자들이 층의 바닥에서 머물러 있지 않고, 층의 크기가 L에서 L_f로 증가한다. (c) 비말동반(entrainment)이 일어나서 입자들이 없어지는 경우

는 위 유동화 과정에서 입자들이 소실되지 않는 속도 범위에 대해 주로 관심을 가진다. 이러한 유동화는 $0.001 \le \mathrm{Re}_p \le 4000$ (Kunii와 Levenspiel, 1977, p.73)의 넓은 범위의 Reynolds 수에서 걸쳐서 일어난다. 다음의 예제에서 Re_p는 작다고 가정한다. Re_p가 큰 값을 가질 때는 연습문제 3.11에서 다루어지고 있다.

예제 3.5-1 • 낮은 Reynolds 수에서의 유동화. $\mathrm{Re}_p < 10$일 때 유동화가 어떤 속도 범위에서 일어나는지 확인하고자 한다. 식 (3.5-6)을 이용하여 항력을 계산하면 유동화가 시작될 때 $(v_s = v_f)$ 위로 향하는 힘들의 합은 다음과 같다.

$$0 = F_D + F_B = 150\frac{(1-\varepsilon_f)^2}{\varepsilon_f^3}\frac{\mu v_f A L_f}{d^2} + (\rho - \rho_o)g(1-\varepsilon_f)AL_f \tag{3.5-8}$$

여기서 ρ_0과 ρ는 각각 입자와 유체의 밀도들이다. 유동화를 위한 최소 속도는 다음과 같다.

$$v_f = \frac{(\rho_o - \rho)gd^2}{150\mu}\frac{\varepsilon_f^3}{(1-\varepsilon_f)}. \tag{3.5-9}$$

최고 운전 속도(v_m)에서는 충전층이 충분히 확장되어서 단일 입자에 대한 결과가 사용될 수 있다. 유체의 속도가 침강 종단 속도(v_t)를 넘어서면 입자들은 위쪽 방향으로의 유동을 타고 따라서 올라가게 된다. 만약 구형 입자에 대하여 $\mathrm{Re}_p < 1$라면, 종단속도는 식 (3.3-10)과 같이 주어진다. v_f와 v_m의 결과를 더하면, 유동화가 되는 속도범위는 다음과 같다.

$$\frac{(\rho_o - \rho)gd^2}{150\mu}\frac{\varepsilon_f^3}{(1-\varepsilon_f)} < v_s < \frac{(\rho_o - \rho)gd^2}{18\mu} \tag{3.5-10}$$

두 부등식 관계는 $v_f < v_m$일 때 만족되거나, 다음과 같은 경우일 것이다.

$$\frac{v_f}{v_m} = \frac{3}{25}\frac{\varepsilon_f^3}{(1-\varepsilon_f)} < 1. \tag{3.5-11}$$

작은 Re_p에서 구형 입자들로 채워진 충전층에 대해서는 $(1-\varepsilon_f)/\varepsilon_f^3 \cong 11$이며(Kunii and Levenspiel, 1977, p.73), 이를 계산하면 $\varepsilon_t \cong 0.38$이고, 이로부터 $v_f/v_m \cong 0.011$임을 확인할 수 있다. 즉, 작은 구형 입자들로 구성된 충전층은 거의 100배의 공탑 속도(superficial velocity) 범위에 걸쳐서 유동화가 됨을 알 수 있다.

3.6 결론

물체에 작용하는 항력은 유체역학적인 힘으로 병진운동을 방해하는 힘이다. 그 크기는 물체의 크기와 모양, 유체의 밀도와 점도, 그리고 상대 속도에 의해 결정된다. 일반적으로, 고체에 작용하는 항력은 압력(형태 항력)과 점성 전단(마찰 항력)이다. 항력 계수 C_D[식 (3.2-1)]은 힘을 정사영된 면적과 수정된 관성 응력 척도의 곱으로 나누어 준 값이다. 이러한 무차원 힘은 구, 원반(disk), 원통 등의 모양을 가진 대부분의 물체에 적용된다. 얇은 판 위에 발생하는 평행 유동의 경우, 마찰 항력만이 존재하고, 이에 해당되는 항력 계수는 C_f[식 (3.2-13)]이다. 물체의 형상에 상관없이 C_D(혹은 C_f)는 표면의 거칠기가 무시될 때 Reynolds 수에 의해서만 결정된다.

입자, 액적 혹은 공기방울이 형성되거나 움직일 때, 항력, 중력 그리고 부력들이 균형을 이루기까지 가속되거나 감속된다. 그 후에 그것들은 일정한 속도로 오르거나 떨어지며 이 속도를 종단속도라 한다. Archimedes 수[Ar, 식 (3.3-8)]는 물체의 크기, 물체의 밀도 그리고 유체의 성질에 의해 결정되며, 종단속도를 예측하기 위한 유동 영역을 확인하는 데 효과적으로 사용할 수 있다. 그리고 물체가 종단속도 U에 도달할 때 걸리는 시간은 대략 U/g의 몇 배 정도[식 (3.3-15)]가 된다.

다공성 매체 내의 유체가 차지하는 공간은 이산 기공(discrete pores)이나 입자계나 섬유소 물질 사이의 세공(interstices)이다. 그 기공의 크기가 작아서 관성이 무시되고, 시스템의 크기가 커서 물체가 균질하다고 볼 수 있을 때, 유동 저항은 Darcy 투과도 k[식 (3.4-2)]에 의해서 기술될 수 있다. 관 유동과 물체가 배열된 사이로 흐르는 유동에 대한 실험과 이론적인 해석 결과는 k와 다양한 미세 구조를 연결 짓는 데 사용될 수 있다. 구형 입자들로 가득 채워진 충전층에서 Kozney-Carman 식[식 (3.4-11)]에 의하면 k는 입자의 지름과 기공률과 관련이 있으며, 이러한 결과는 수력학적 지름 개념을 이용하여 유도할 수 있다.

촉매반응기와 같은 장비에서 사용되는 충전층은 알갱이로 구성된 다공성 매질로서 입자들의 크기는 미시구조라기보다는 거시구조에 가깝다. 구형 입자들로 채워진 충전층을 지나는 기체 혹은 액체의 유동은 Ergun 식[식 (3.3-5)]에 의해 기술될 수 있다. 입자 Reynolds 수가 작은 경우, Ergun 식은 Darcy 규칙과 Kozney-Carman 식의 조합과 동일하다. 그러나 Ergun 식은 Reynolds 수가 커서 관성이 중요하게 되는 충전층 유동에서도 역시 적용된다.

특정 범위의 공탑 속도[식 (3.5-10)과 (P3.11-1)]에서, 충전층을 통하여 기체를 위로 흘렸을 경우에도 유동화가 발생한다. 이런 충전층 안의 속도가 증가하다 보면 어느 순간에 입자들이 부유하거나 움직일 수 있다. 최소 유동화 속도는 일종의 종단속도들의 집합체로서, 가까이 위치한 많은 입자들에 걸리는 총 항력이 중력과 균형을 이루게 되는 시점에서의 속도를 의미한다. 그리고 유동층 안의 속도의 상한값(최댓값)은 입자들이 위에서 유실되지 않는 조건 하에서 개별입자들의 종단속도이다.

참고문헌

Batchelor, G. K. *An Introduction to Fluid Dynamics*. Cambridge University Press, Cambridge, 1967.

Carman, P. C. *Flow of Gases Through Porous Media*. Butterworths, London, 1956.

Chisnell, R. F. The unsteady motion of a drop moving vertically under gravity. *J. Fluid Mech*. 176: 443–464, 1987.

Clague, D. S. and R. J. Phillips. A numerical calculation of the hydraulic permeability of threedimensional disordered fibrous media. *Phys. Fluids* 9: 1562–1572, 1997.

Clift, R., J. R. Grace, and M. E. Weber. *Bubbles, Drops, and Particles*. Academic Press, New York, 1978.

Ergun, S. Fluid flow through packed columns. *Chem. Eng. Progr*. 48: 89–94, 1952.

Hagerman, F. C. Applied physiology of rowing. Sports Medicine 1: 303–326, 1984.

Jackson, G. W. and D. F. James. The permeability of fibrous porous media. *Can. J. Chem. Eng*. 64: 364–374, 1986.

Jennings, S. G. The mean free path in air. *J. Aerosol Sci*. 19: 159–166, 1988.

Kármán, T. von. *Aerodynamics*. Cornell University Press, Ithaca, NY, 1954.

Kunii, D. and O. Levenspiel. *Fluidization Engineering*. Krieger, Huntington, NY, 1977.

Kürten, H., J. Raasch, and H. Rumpf. Beschleunigung eines kugelförmigen Feststoffteilchens im Strömungsfeld konstanter Geschwindigkeit. *Chem. Ing. Tech*. 38: 941–948, 1966.

McClements, D. J. *Food Emulsions: Principles, Practices, and Techniques*, 2nd ed. CRC Press, Boca Raton, FL, 2005.

Owen, J. P. andW. S. Ryu. The effect of linear and quadratic drag on falling spheres: an undergraduate laboratory. *Eur. J. Phys*. 26: 1085–1091, 2005.

Schlichting, H. *Boundary-Layer Theory*, 6th ed. McGraw-Hill, New York, 1968.

Sucker, D. and H. Brauer. Fluiddynamik bei quer angeströmten Zylindern. *Wärme-und Stoffübertragung* 8: 149–158, 1975.

Wang, C.-S. *Inhaled Particles*. Elsevier, Amsterdam, 2005.

연습문제

3.1. 사슬-고리 울타리 사슬-고리(chain-link) 울타리가 고속의 바람에 견뎌내는 능력을 측정하기 위해서, 울타리에 가해지는 수평 방향의 힘을 추정하고자 한다. 1.8 m 높이의 울타리는 지름이 6.0 cm인 강철기둥에 의해 지지되어 있고, 강철기둥은 3.0 m마다 설치되어 있다. 각 기둥 사이는 지름 3.2 mm의 강철 철사를 이용해 한 변의 길이가 5.0 cm인 정사각형 모양으로 짜인 울타리가 설치된다.

U = 25 m/s인 대기 중의 공기에 대해, 각 기둥에 대한 항력과 5.0 cm 길이의 철사에 대한 항력을 계산하라. 그리고 기둥에 대한 항력과 비교했을 때, 그물 형태의 철사가 설치된 울타리 전체에 대한 항력은 어떻게 변화하는지 비교하라.

3.2. 조정 동력(rowing power) 조정용 쉘(shell)의 모양은 물에 의한 항력을 야기하기 때문에 매우 좁다. 일반적으로 8명의 노 젓는 선원(추가적으로 키잡이가 함께 탄다)이 타는 쉘(shell)은 물과의 접촉부의 길이가 16.9 m이고 젖은 부분의 넓이가 9.41 m^2이다. 남성 8인 종목 국제대회에서 경쟁력 있는 속도는 6 m/s이다. 이 속도를 유지하기 위해 각각의 노 젓는 선원이 내야 하는 동력(power)을 계산해보고, 이 힘이 좋은 컨디션을 가진 운동선수가 낼 수 있는 동력과 비교하여 계산이 합당한지 확인하라.

(a) 만약 물의 경계층이 평판에서 형성되는 경계층과 비슷하다면, 경계층은 선체의 규모에 비해 매우 얇게 형성됨을 확인하라. 이는 젖은 표면을 동등한 평판으로 펼쳐냄(unwrapping)의 개념을 뒷받침한다.

(b) 선체의 점차 가늘어지는(gradual taper) 구조를 갖고 경계층의 두께가 얇아 평판에 대한 결과를 적용 가능하다고 가정할 때, 물의 마찰 항력을 계산하라.

(c) 공기의 마찰 항력을 계산하라. 지휘 선원이 맨 앞에 앉고, 그 뒤로 선원들이 따라 앉는 배열로 앉아 있고, 선원들은 앉았을 시 1.0 m 높이를 가지고 서로 0.5 m의 간격을 두고 앉는다. 앞부분의 폭이 넓고 경사진 다른 물체들(구, 원반, 원통)에 대한 결과들을 기초로 했을 때, 합리적인 C_D 값은 얼마인가?

(d) 각각의 선원이 내야 하는 동력(power in W)을 구하기 위해 전체 마찰 항력을 사용하라. 생리학자들이 발견한 바에 따르면, 우수한 선원은 2,000 m 경주 시간인 6분 이상 동안 평균 390 W의 일률을 낸다고 한다(Hagerman, 1984). 그러나 모든 에너지가 보트를 나아가게 하는 데 소모되지는 않는다. 노를 젓는 동작, 선원의 움직임, 쉘(shell) 안에서 좌석의 미끄러짐 등으로 인해 에너지의 손실이 발생한다. 역학적 효율을 전체 선원의 소모 에너지 대비 추진력으로 정의할 때, 역학적 요율은 약 60%라고 예측된다. 이 수치를 고려해 보았을 때, 추정한 동력은 합당한 것인가?

3.3. 꽃가루의 분산 식물의 꽃가루 입자는 지름이 10~100 μm인 구형의 형태를 띠고, 밀도는 1,000 kg/m^3이다. 갑작스러운 돌풍으로 꽃가루 입자가 5 m 높이로 흩날리게 되고, 이후에는 4 m/s로 미풍이 불고 있다.

(a) 입자의 지름이 D = 10 μm, 100 μm인 두 가지 경우에 대해, 각 입자의 종단속도를 구하라.

(b) 입자가 떠오른 즉시 종단속도에 도달했다고 가정할 때, 입자가 땅에 닿을 때까지 이동한 거리를 구하라.

(c) 앞에서 다룬 두 가지 크기의 입자에 대해, 종단속도에 이르기까지의 시간 차이가 무시 가능할 정도인지 확인하라.

3.4. 활강 스키 경주 세계 최고 수준의 스키선수들은 시속 150 km/h까지 속도를 낸다. 이 문제에서는 그 속도에서 스키선수에게 가해지는 힘을 추정하고자 한다. 간결함을 위해, 스키선수는 구형의 몸통에 2개의 원기둥 모양의 다리가 달린 형태로 취급하기로 한다. 이 가정에서 스키선수의 양 다리는 $D = 14$ cm, $L = 70$ cm이고, 나머지 몸통은 $D = 70$ cm라고 하자. 공기의 온도는 0°C이고 $\rho = 1.29$ kg/m³, $\nu = 1.32 \times 10^{-5}$ m²/s이다.

(a) 스키선수에게 작용하는 공기 항력을 계산하라.

(b) 스키의 움직임에 대해 작용하는 저항하는 힘은 공기 항력과 눈과의 접촉 마찰의 조합으로 표현된다. 스키선수의 몸무게가 90 kg이고, 기울기가 45°인 경사로를 내려온다고 할 때, 스키에 가해지는 전체 저항은 스키에 가해지는 힘과 비교했을 때 얼마만큼의 비율을 보이는가?

(c) 각각의 스키를 평판형이고 너비 $W = 7$ cm, 길이 $L = 220$ cm이며 한쪽 면이 공기에 노출되어 있다고 할 때, 공기 항력을 추정하라. 이는 눈과의 마찰에 비해 얼마나 중요하게 고려되어야 하는가?

3.5. 균질 우유 우유는 젖당, 단백질과 무기물을 담고 있는 수용액에 지방 입자들이 분산된 에멀젼이다. 지방의 밀도가 물의 밀도보다 80 kg/m³ 정도 작기 때문에, 지방 입자는 위로 떠올라 크림층을 만드는 경향이 있다. *균질화*에 의한 지방 입자들의 역학적 분해는 우유를 안정하게 만들어서 크림이 생기는 것을 막는다. 천연 소 우유에 들어있는 지방 입자의 평균 지름은 약 2 μm인데, 균질 우유에서는 0.2 μm으로 작아진 평균 지름을 가진다(McClements, 2005, pp.519~520).

균질 우유와 천연 우유에 대해, 모든 지방 입자들이 20 cm 높이의 우유갑 위로 떠오르는 데 걸리는 시간을 비교하라. 사이즈에 상관없이 입자들이 바로 종단속도를 가지게 된다고 가정할 수 있는가?

3.6. 작은 유체 구에 대한 종단속도에 도달 구체의 종단속도 도달 처음에는 움직이지 않는 유동성 구체가 종단속도에 이를 때까지 걸리는 시간을 예측하고자 한다. Re < 1에 대해 일반적인 결과를 유도하기 위해 Hadamard-Rybczyński 항력계수[식 (3.3-13)]가 적용 가능하다

고 가정하자. $\kappa \to \infty$의 극한을 통해 고체 구체(또는 고체의 거동을 보이는 유동성 구체)에 대한 결과를 얻을 수 있다.

(a) 입자 속도가 따르는 미분 방정식을 사용하여 시간 상수가 다음과 같음을 보여라.

$$t_o = \frac{1}{6}\left(\frac{1+\kappa}{2+3\kappa}\right)\left(\alpha+\frac{1}{2}\right)\frac{D^2}{\nu}. \qquad \text{(P3.6-1)}$$

이 결과는 작은 유동성 구체 내부와 외부의 압력 및 속도장의 해가 Chisnell (1987)에서 유도된 바와 같다. 또한 식 (3.3-15)와 동등한 식임을 보여라.

(b) 예제 3.3-3의 표기를 사용하여 무차원 속도가 식 (P3.6-2)임을 보여라.

$$\theta(\tau) = 1 - e^{-\tau}. \qquad \text{(P3.6-2)}$$

이는 $e^{-3} = 0.05$이므로, $\tau = 3$ 또는 $t = 3t_0$에서 속도가 종단속도의 95% 값에 도달함을 의미한다.

3.7. 흡입된 입자들 기도 내부의 들이마신 공기 안의 입자들이 침강(settling)되는 메커니즘은 두 가지가 있는데, 하나는 3.3절에서 다룬 중력에 의해 침강되는 과정과, 그림 P3.7에 묘사된 관성에 의한 침강이다. 기도가 두 갈래로 갈릴 때 유체의 경로가 갑자기 꺾인다면 상대적으로 큰 입자들은 똑바로 나아가려 할 것이고, 벽에 부딪힐 것이다. 기도 내부의 여러 위치에서의 중력에 의한 침강과 관성에 의한 침강률(settling rate)을 비교하고자 한다.

(a) 입자 관성의 척도는 입자에 가해지는 동력이 사라졌을 때 입자가 갈 수 있는 거리인 멈춤 거리 D_s이다. 간단한 논의를 위해 x방향으로는 처음에 $u(0) = u_0$의 속도로 움직인다고 가정하고, 유체가 갑자기 90° 회전을 한다고 하자. 더 이상 x방향으로의 유체 속도는 존재하지 않으니, 항력은 점점 $u(t)$를 0으로 감소시킨다. 식 (3.3-16)에서 $g = 0$으로 설정하면 이런 모델을 세울 수 있다. 지름 d를 가지고 $u_0 d/\nu < 1$인 입자에 대해 다음과 같음

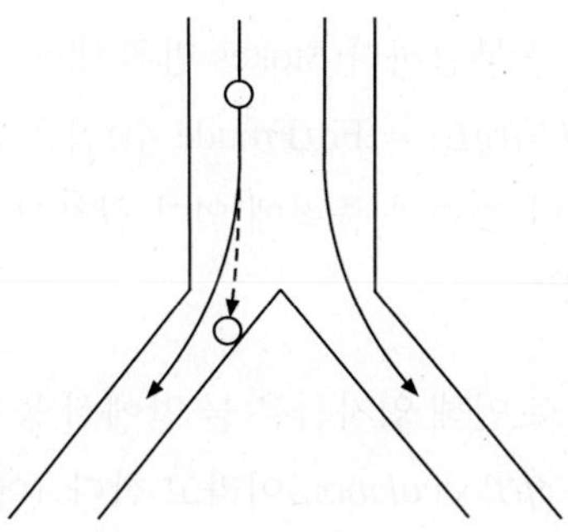

그림 P3.7 기도가 갈라지는 지점의 입자 침강(settling). 입자의 관성에 의해 입자가 따르던 유체의 경로(실선)로부터 다른 궤도(점선)로 이동한다.

표 P3.7 정선된 인체 기도의 특성[a]

Generation	No. of airways	D(cm)	L(cm)	U(cm/s)
1	2	1.220	4.760	215
4	16	0.450	1.270	202
7	128	0.230	0.760	98
10	1024	0.130	0.460	37
13	8192	0.082	0.270	11
16	65,536	0.049	0.112	2.2
19	524,288	0.036	0.070	0.51
22	4,194,304	0.029	0.067	0.099

[a] 누락된 부분에 대한 완전한 표는 Wang (2005, p. 40)에서 확인할 수 있다.

을 보여라.

$$D_s = \frac{\rho_o d^2 u_o}{18\mu}. \tag{P3.7-1}$$

(b) 기관에서 폐 안 깊숙이 위치한 작은 폐포에 이르기까지, 기도의 작은 부분은 수백만 개에 이른다. 표준 해부학 모델에 따르면, 인체의 기도는 23번 갈라져서 가지의 수는 총 8.39×10^6개에 이른다고 한다. 선택된 위치에서의 지름(D), 길이(L), 그리고 공기의 속도(U) 값들은 표 P3.7에 주어져 있다. 주어진 부분 안에서 관성에 의한 충격이 일어날 확률에 대한 위수 크기 측정값은 $p_i \sim D_s/D$ 정도이다. D_s/D를 d와 위치에 대한 함수로서 계산하라. 치료를 위한 에어로졸이 폐 안으로 깊숙이 이동하여 도달해야 한다면, 왜 d = 1 μm 또는 10 μm를 가진 입자가 d = 100 μm인 입자보다 더 효과적인지 설명하라. 입자의 밀도는 ρ_0 = 1,000 kg/m^{3}이고, 체온 37°C에서 습한 공기는 $\mu = 1.90 \times 10^{-5}$ Pa · s, ρ = 1.11 kg/m^{3}을 가진다.

(c) 중력에 의한 침강의 확률은 어림잡아 가라앉는 거리를 D 또는 $p_s \sim u_s L/(UD)$로 나눈 값이고, 여기서 u_s는 Stokes 종단속도 값이다. D_s와 u_s 모두 d^2에 따라 변하기 때문에, 두 가지 메커니즘의 상대적인 중요성은 입자의 크기와 무관하다(Stokes 범위 내에서). 그러나 입자의 위치에 대해서는 크게 변한다. $p_i/p_s \sim U^2/(gL)$ = Fr (Froude 수)임을 보이고, Fr을 생성 수에 대한 함수로 도시하라. 관성에 의한 충격과 중력에 의한 침착이 각각 기관계 내부의 어떤 위치에서 더 강하게 나타나는가?

3.8. 응집 입자 간의 소수성이나 반데르발스 인력으로 인해 입자들은 물 안에서 뭉친다. 이러한 응집체를 *플록(floc)*이라고 부르고, 그 공정을 *응집(flocculation)*이라고 한다. (에어로졸도

응집된다.) 이 응집 현상이 중력에 의해 가라앉는 것에 어떤 영향을 주는지 탐구하라. 구형 개개 입자의 지름은 $d = 10\ \mu\text{m}$, 밀도 $\rho_0 = 2{,}000\ \text{kg/m}^3$이다.

(a) 입자의 종단속도 u를 계산하라.

(b) 1,000개의 입자들이 지름 D를 가진 거의 구형 응집체를 형성한다고 가정하자. 응집체의 빈 공간 비율 $\varepsilon = 0.50$이라면, D는 얼마인가?

(c) (b)의 응집체가 비투과성 구체의 거동을 보인다면, 그 종단속도 U는 얼마인가? u와 U를 비교하라.

(d) 응집체를 통과하는 물이 실질적으로 무시가능한지의 여부는 응집체를 소형 충전층으로 보고 공탑 속도(superficial velocity)를 계산해서 확인할 수 있다. 응집체의 k를 예측하라. 식 (3.4-3)으로 v_s를 구하기 위해 $L = D/2$라 하고($\text{Re}_p < 1$이므로), 점성 압력 척도를 $|\Delta\mathcal{P}|$ 추정값으로 사용하자. 이때 (c)에서 가정한 것처럼 $u_s \ll U$인가?

3.9. 하이드로젤 원반(disk) 물로 채워진 세공(interstices)을 포함하는 가교 결합된 고분자로 이루어진 젤의 Darcy 투과도 k를 측정하고자 한다. 이 하이드로젤은 똑같은 형태로 제작되고, 지름 $D = 5\ \text{mm}$, 두께 $h = 0.5\ \text{mm}$, 밀도 $\rho_0 = 1{,}030\ \text{kg/m}^3$을 가진다. 물에서 원반이 가지는 종단속도 U를 통해 k를 추정할 수 있다고 한다. 동등한 사이즈의 고체 원반과는 확연히 다르게 젤 원반을 통해서는 U를 만들기 충분한 유동이 있다고 가정하자. 장비를 구매하기 전에 이 아이디어를 평가하라.

(a) 가라앉으면 수평을 유지하는 고체 원반에 대해 Ar과 C_D를 Re에 연관지어라. 이 물체에 대해서는 Ar이 어떻게 정의되어야 하는가?

(b) 주어진 물성 값들로 고체 원반에 대한 U를 계산하라.

(c) 형태에 대한 항력만 작용한다고 가정했을 때, 원반을 지나는 압력 차이 ΔP를 계산하라. 이 값은 원반 바닥 표면의 압력에서 원반 위 표면의 압력을 뺀 값의 평균이다.

(d) 고분자 사슬은 약 2 nm 크기의 섬유들로 묶이고, 고체(고분자)의 부피 분율은 0.03에서 0.10에 이른다고 할 때, k와 공탑 속도(superficial velocity) v_s는 대략 얼마쯤이겠는가? 제시된 실험이 따를만한 실험인가?

3.10. 충전층 우회하기 뜨거운 가스를 전처리하는 데 사용되는 실린더 반응기는 지름 $D = 20\ \text{cm}$, 길이 $L = 2\ \text{m}$이고 지름이 $d = 5\ \text{mm}$인 구형 촉매 입자로 채워져 있다. 빈 공간의 비율은 $\varepsilon = 0.35$이고, 기체의 물성은 $\rho = 0.705\ \text{kg/m}^3$, $\mu = 2.71 \times 10^{-5}\ \text{Pa}\cdot\text{s}$이고 공탑 속도(superficial velocity)는 $v_s = 0.5\text{m/s}$이다.

(a) 충전층의 $|\Delta\mathcal{P}|$를 계산하라.

(b) 공급 기체의 조성 변화로 인해 전처리 과정이 필요 없어져서, 기체가 같은 길이의 관을 통과하게 되었다. 공장의 다른 공정에 영향을 주지 않기 위해 $|\Delta\mathcal{P}|$를 전과 똑같이 유지하려면 관의 지름 D_p를 얼마로 해야 하는가? (힌트: 해당 관에서의 Re는 Blasius 범위의 값을 가지고, 이를 통해 $x = D_p/D$에 대한 식을 유도할 수 있다.)

3.11. 높은 Reynolds 수에서의 유동화 $\text{Re}_p > 1{,}000$이고 C_D가 식 (3.2-5)를 따를 때, 지름 d와 밀도 ρ_0를 가진 유동화된 구체들이 가질 수 있는 속도의 범위가 다음과 같음을 보여라.

$$\left[\frac{\varepsilon_f^3}{1.75}\left(\frac{\rho_o-\rho}{\rho}\right)gd\right]^{1/2} < v_s < \left[3\left(\frac{\rho_o-\rho}{\rho}\right)gd\right]^{1/2}. \tag{P3.11-1}$$

이러한 조건(Kunii and Levenspiel, 1977, p.73)에서 $\varepsilon_f \cong 0.41$일 때 $v_f/v_m = 0.11$이다. 즉 낮은 Re_p를 가질 때는 속도가 100배 범위에 있지만 높은 Re_p를 가질 때 가능한 속도는 약 10배 범위 정도이다.

Part II

유체역학의 기초

4

유체 정역학: 압력, 중력 및 표면장력

4.1 서론

정적 유체(static fluid)에서 중력은 압력을 깊이에 따라 증가시키는 원인이 되며, 유체-유체 계면에서 압력은 표면장력에 의해서도 영향을 받는다. 이러한 두 종류의 압력변화는 이번 장에서 논의될 것처럼 수많은 현실적인 결과를 가져온다. 정역학으로써 유체역학의 보다 자세한 해석을 시작하는 것의 장점은 개념적으로, 수학적으로 가장 어려운 점성응력들이 정지해 있는 유체에는 존재하지 않는 것이다. 따라서 먼저 압력, 중력, 그리고 표면장력에 집중하고 난 후 점성응력들에 대한 보다 일반적이고 명확한 서술로 되돌아갈 것이다. 유체 내 운동량 변화를 정량화하는 것 또한 이후에 다루도록 할 것이다. 점성응력과 관성은 6장에서 자세히 다룰 예정이다.

이 장은 벡터 표기법 이용부터 시작하므로 계속 진행하기 전에 부록의 일부분을 다시 복습하기를 바란다. 특히, 벡터 표현법(A.2절), 벡터 내적(A.3절), 구배연산자(A.4절), 그리고 원통형 및 구형 좌표계(A.5절의 마지막 부분)를 숙지할 필요가 있다.

4.2 정적 유체 내 압력

압력의 특징

압력은 단위 면적당 힘이므로, 응력의 한 종류라 말할 수 있으며, 유동의 존재 여부와 상관없이 세 가지 특징을 가지고 있다.

(i) 압력힘은 표면에 수직으로만 작용한다.

(ii) 양의 압력은 압축하는 (인장보다는) 것이다. 바꿔 말하면, 압력은 표면에서 미는 (당기기보다는) 것이다.

(iii) 압력은 등방성(isotropic)이다. 즉, 압력 P는 유체 내 한 점에서 단 하나의 값을 가지며 모든 방향으로 동일하게 작용하는 경향이 있다.

특징 (i)과 (ii)는 압력의 역학적 정의(mechanical definition)를 제공하고, $P > 0$일 때 압력힘들의 방향을 설정해 준다. 특징 (iii)는 이 절의 끝부분에 보인 것처럼 특징 (i)의 결과이다. (i)과 (iii)가 서로 모순되는 것처럼 보일지라도 압력 자체는 스칼라이고, 반면에 표면에 작용하는 *압력힘(pressure force)*은 벡터임을 주지할 필요가 있다. 표면의 배향은 P의 값이 아니라, 힘 벡터의 방향을 결정해준다.

정압 방정식

정적 유체 내에서 압력 변화를 표현하는 미분방정식은 그림 4.1의 소형 유체 입방체에 대한 힘 수지를 시용하여 유도될 수 있다. 이 작은 대상 부피(control volume)의 모서리들은 직교형 좌표축들과 평행하고, 대상 부피의 크기는 $\Delta x \times \Delta y \times \Delta z$이다. 여기서 중력가속도 벡터 $\mathbf{g}$는 $-z$방향을 가리키는 것으로 가정한다.

유체 내부가 정지해 있기 위해서는 주위가 대상 부피에 발휘하는 순 힘은 0이어야 한다. z 성분으로 시작해 보자. 만약 대상 부피 내 밀도 차이를 무시한다면, 그것을 포함하는 유체의 질량은 밀도와 부피의 곱, 또는 $\rho\Delta x\Delta y\Delta z$이다. 중력힘의 z 성분은 $-\rho g\Delta x\Delta y\Delta z$이며, 여기서 g는 벡터 $\mathbf{g}$의 크기이다. z축이 위로 향하고 중력은 아래로 작용하므로 −부호가 필요하다. 주변 유체가 각 면에 발휘하는 압력힘은 P와 표면적의 곱과 같은 크기를 가지고 있다. 그것의 방향은 안쪽으로 표면에 수직이다. 바닥면과 윗면의 높이를 각각 z와 $z + \Delta z$로 표기하면, 이에 부합하는 z방향의 압력힘들은 각각 $+P(x, y, z)\Delta x\Delta y$와 $-P(x, y, z + \Delta z)\Delta x\Delta y$이다. 그러면 힘 수지의 z 성분은 다음과 같다.

$$P(x, y, z)\Delta x\,\Delta y - P(x, y, z + \Delta z)\Delta x\,\Delta y - \rho g\Delta x\,\Delta y\,\Delta z = 0. \qquad (4.2\text{-}1)$$

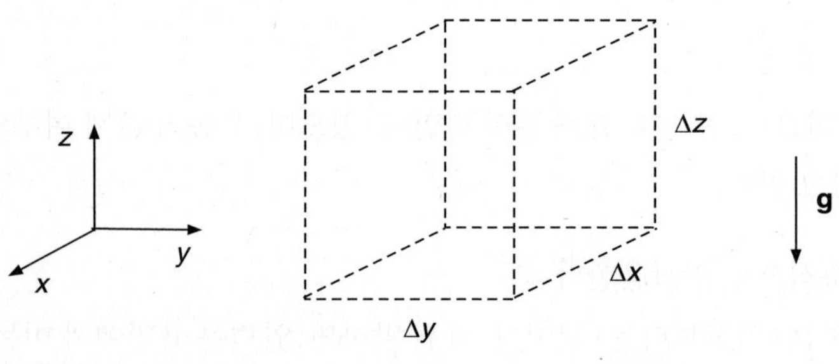

그림 4.1 미분 크기의 입방체 대상 부피

$\Delta x\Delta y\Delta z$로 나누고 $\Delta z \to 0$ 극한을 취하면 다음과 같다.

$$\frac{\partial P}{\partial z} = -\rho g. \tag{4.2-2}$$

작은 대상 부피에 대한 수지를 작성한 후 그 부피를 점으로 줄여 미분방정식을 유도하는 이러한 전략은 앞으로 수없이 자주 이용하게 될 것이다. 미분 크기의 영역을 내포하고 있는 식 (4.2-1)은 소위 *껍질 수지(shell balance)*의 일례이다.

x 및 y 성분들에 대한 절차도 위와 동일하나, 그 방향들에서 중력은 존재하지 않는다. 따라서 다음과 같다.

$$\frac{\partial P}{\partial x} = 0 = \frac{\partial P}{\partial y}. \tag{4.2-3}$$

식 (4.2-2)와 (4.2-3)을 함께 고려하면, P는 높이에 따라 감소하며(또는 깊이에 따라 증가), 수평면 내에서는 다르지 않는 것을 알 수 있다.

압력힘을 계산하고 다른 좌표계에서도 사용하기 위하여 식 (4.2-2)와 (4.2-3)의 보다 일반적인 표현들이 요구되며, 이는 중력 벡터 **g**를 먼저 다음과 같은 성분 형태로 나타냄으로써 얻게 된다.

$$\mathbf{g} = \mathbf{e_x}g_x + \mathbf{e_y}g_y + \mathbf{e_z}g_z. \tag{4.2-4}$$

그림 4.1의 경우에, $g_x = g_y = 0$이고 $g_z = -g$이다. 식 (4.2-2)의 $-g$를 g_z로 바꾸면 다음과 같다.

$$\frac{\partial P}{\partial z} = \rho g_z. \tag{4.2-5}$$

비슷하게, 다른 성분들에 대하여도 다음과 같다.

$$\frac{\partial P}{\partial x} = \rho g_x \tag{4.2-6}$$

$$\frac{\partial P}{\partial y} = \rho g_y. \tag{4.2-7}$$

위의 세 결과를 조합하면 하나의 벡터 방정식이 생성된다. 각 식에 상응하는 단위벡터를 곱하고 그들을 더하면 다음과 같다.

$$\nabla P = \rho \mathbf{g} \tag{4.2-8}$$

$$\nabla = \mathbf{e_x}\frac{\partial}{\partial x} + \mathbf{e_y}\frac{\partial}{\partial y} + \mathbf{e_z}\frac{\partial}{\partial z} \tag{4.2-9}$$

여기서 ∇은 *직교형 구배연산자(Cartesian gradient operator)*이다. 식 (4.2-8)이 *정압 방정식(static pressure equation)*의 가장 일반적인 형태이다. 다시 한번 나타내자면, 정적 유체 내 압력은 **g**가 향하는 방향이므로 깊이에 따라 증가한다. 비록 직교형 성분들을 더하여 유도되었지만, 식 (4.2-8)은 어느 좌표계에도 적용될 수 있다. 단 한 가지 필요한 변화는 식 (4.2-9)의 교체로서, 원통형 및 구형 구배연산자들은 표 A.3과 A.4에 각각 주어져 있다.

압력 분포

정적 유체 내 압력분포는 가장 편리한 정압 방정식의 어느 형태이든 적분함에 의하여 구할 수 있다. z축이 위로 향하는 직교형 좌표계에서 출발점은 식 (4.2-2)이고, 다음과 같이 된다.

$$P(z) = -g\int \rho\, dz + C. \tag{4.2-10}$$

상수 C를 구하기 위하여 어느 높이에서 P를 알아야 한다. 만약 $P(0) = P_0$라면, 다음과 같이 된다.

$$P(z) = P_0 - g\int_0^z \rho\, dZ \tag{4.2-11}$$

여기서 Z는 더미변수(dummy variable, 즉 부정적분이 계산될 때 사라지는 변수)이다. 대부분의 상황에서 ρ는 거의 일정하다. 심지어 높이 차이가 크지 않다면 기체에서도 일정하다. 그런 경우에 ρ는 식 (4.2-10)의 적분 밖으로 나올 수 있어 다음과 같이 된다.

$$P(z) = -\rho g z + C. \tag{4.2-12}$$

예제 4.2-1 ● 마노미터(manometer). 식 (4.2-12)의 간단한 응용으로서 밀도 ρ_m의 액체를 포함하고 있는 그림 4.2의 U-관 마노미터를 살펴보자. 두 계면 사이의 압력차 $P_1 - P_2$를 그림에 나타낸 높이들로 나타내도록 하자.

왼편부터 시작하면, 관 바닥에서 압력은 $P_1 + \rho_m g h_1$이고, 오른편에서 시작하면, 바닥에서 압력은 $P_2 + \rho_m g h_2$이다. 어느 높이에서도 압력은 하나의 값만을 가지므로, 이 두 식은 같아야 한다. 따라서 다음과 같다.

$$P_1 - P_2 = \rho_m g(h_2 - h_1) = \rho_m g h. \tag{4.2-13}$$

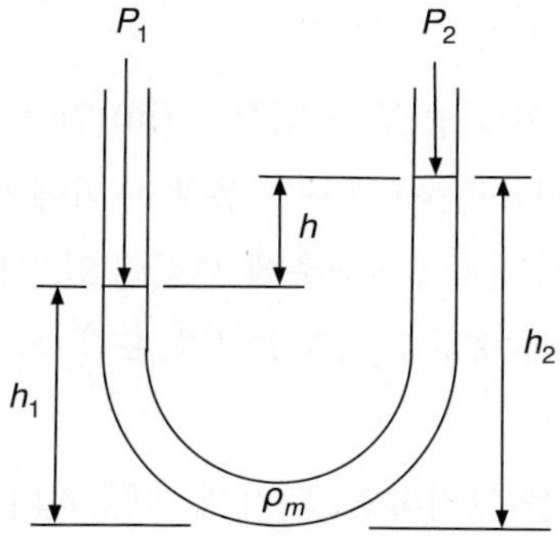

그림 4.2 마노미터

예제 4.2-2 ● 층상 유체(layered fluid). 물 위의 기름 또는 분리용 깔때기 내 혼합되지 않는 용매들처럼 만약 밀도가 다른 둘 또는 그 이상의 유체들이 층들을 형성한다면, 식 (4.2-12)는 각 층 안에서 구분적으로 적용될 수 있다. 각 평면 계면(planar interface)에서 한쪽에 대한 압력은 다른 쪽과 같으며, 이는 다음 층에 대한 시작값을 제공한다. 이는 그림 4.3의 시스템을 이용하여 설명될 것이다. 유체 1의 윗면 $z = 0$에서 압력 P_0일 때 두 유체 내 $P(z)$를 구하고자 한다.

압력이 알려진 곳으로부터 아랫방향으로 풀면, 유체 1 안의 압력은 다음과 같다.

$$P(z) = P_0 - \rho_1 g z \quad (-h_1 \leq z \leq 0). \tag{4.2-14}$$

유체 1과 유체 2 사이 계면에서는 다음과 같다.

$$P(-h_1) = P_0 + \rho_1 g h_1. \tag{4.2-15}$$

아래 방향으로 계속하기 위하여 밀도를 ρ_1에서 ρ_2로 바꿔야 한다. 유체 2 내 압력 분포는 다음과 같다.

$$\begin{aligned} P(z) &= P(-h_1) - \rho_2 g(z + h_1) \\ &= P_0 + \rho_1 g h_1 - \rho_2 g(z + h_1) \quad (-h_1 - h_2 \leq z \leq -h_1). \end{aligned} \tag{4.2-16}$$

그러면 바닥에서 압력은 다음과 같다.

$$P(-h_1 - h_2) = P_0 + g(\rho_1 h_1 + \rho_2 h_2). \tag{4.2-17}$$

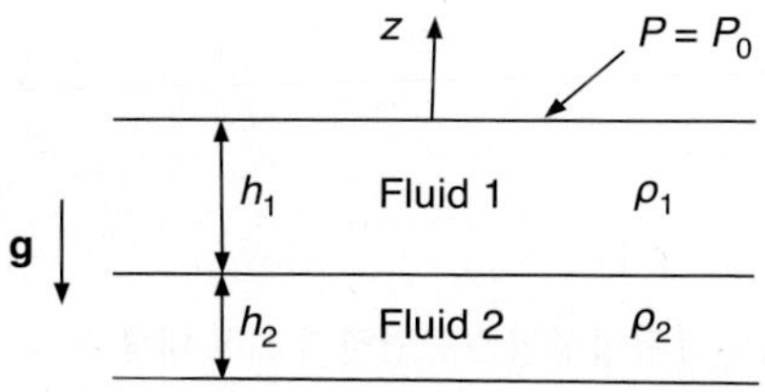

그림 4.3 다른 밀도의 층상 유체들

추가 학습: Pascal 법칙

지금부터는 *Pascal 법칙*으로서 알려진 결과인, 압력이 *등방성* 응력[특징 (iii)]임을 보이고자 한다. 정적인 힘 수지가 그림 4.4의 작은 쐐기형(wedge-type) 모양의 유체 부피에 대하여 수행될 것이다. 먼저 압력은 P_x, P_y, P_z 값들이 가지고, 각각 x, y, z축에 수직인 표면들에 작용한다고 가정한다. 쐐기의 윗면(각도 α로 기울어진)에 대한 압력은 P이다. 모든 이러한 압력들이 동일해야 함을 증명하고자 한다.

압력은 표면에 오로지 수직으로 작용한다는 것을 고려하면, 쐐기에 대한 힘의 z 성분은 다음과 같다.

$$(-P\cos\alpha)\frac{\Delta x\,\Delta y}{\cos\alpha} + P_z\Delta x\,\Delta y - \rho g\frac{\Delta x\,\Delta y\,\Delta z}{2} = 0. \qquad (4.2\text{-}18)$$

여기서 첫 번째 항, $-P\cos\alpha$는 윗면에 대한 수직응력의 z 성분이고 $\Delta x\Delta y/\cos\alpha$는 그 표면의 면적이다. ($P$에 투사면적 $\Delta x\Delta y$를 곱하여도 같은 전체 힘을 얻을 수 있다.) $\Delta x\Delta y$로 나누고 다시 정리하면 다음과 같이 된다.

$$-P + P_z = \frac{\rho g}{2}\,\Delta z. \qquad (4.2\text{-}19)$$

여기서 $\Delta z \to 0$ 와 같이 극히 작은 대상 부피에 대하여, $P = P_z$라는 결론에 도달한다.

힘 수지의 y 성분은 윗면과 오른쪽 면에 대한 압력을 포함하지만 중력은 포함하지 않는다.

$$(P\sin\alpha)\frac{\Delta x\,\Delta y}{\cos\alpha} - P_y\Delta x\,\Delta z = 0. \qquad (4.2\text{-}20)$$

Δx로 나누고 다시 정리하면 다음과 같이 된다.

$$\frac{P_y}{P} = \frac{\sin\alpha}{\cos\alpha}\frac{\Delta y}{\Delta z} = \tan\alpha\frac{\Delta y}{\Delta z} = \frac{\Delta z}{\Delta y}\frac{\Delta y}{\Delta z} = 1. \qquad (4.2\text{-}21)$$

쐐기를 x-y 평면에서 90° 회전하여 $P_x/P = 1$를 보일 수 있다. 따라서 $P = P_x = P_y = P_z$가 된다.

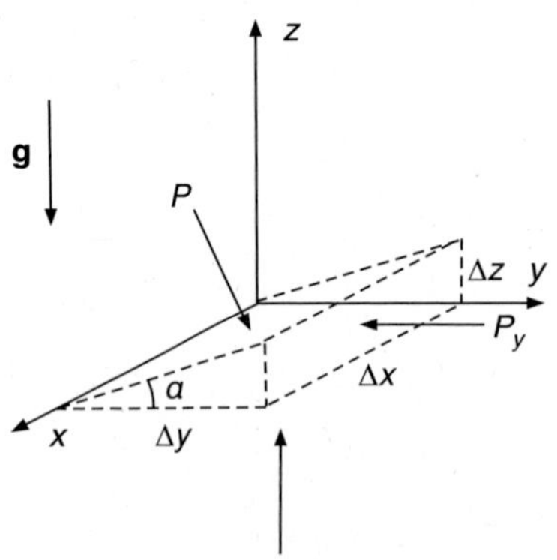

그림 4.4 압력이 등방성임을 증명하기 위한 대상 부피

4.3 압력힘

응력 및 힘 벡터

4.2절의 시작 부분에 열거된 압력을 정의하는 특성들은 상응하는 *응력 벡터(stress vector)*가 $-\mathbf{n}P$라는 것으로 요약된다. 여기서 $\mathbf{n}$은 표면에 수직인 단위벡터이고 힘을 발휘하는 유체로 향한다. P에 $-\mathbf{n}$을 곱하는 것은 고유 ($P > 0$일 때, 표면에 수직이고 압축적인) 방향을 가진 벡터를 만든다. 압력응력에 대한 이 식은 정지해 있는 또는 흐르는 어떤 유체에도 해당된다. 미소면적 dS에 대한 *압력힘(pressure force)*은 $d\mathbf{F_P} = -\mathbf{n}P\,dS$이다. 따라서 표면 S에 대한 압력힘 $\mathbf{F_P}$는 다음과 같다.

$$\mathbf{F_P} = -\int_S \mathbf{n}P\,dS \tag{4.3-1}$$

여기서 $\int_S dS$는 표면에 대한 적분을 표기한다. (마찬가지로 $\int_V dV$는 부피 V에 대한 적분을 표기할 것이다.) 일반적으로 $\mathbf{n}$의 방향은 표면 S의 점마다 각각 다르며, 단지 평면 표면(planar surface)에서 $\mathbf{n}$은 위치에 무관하다.

경계

압력힘은 다음 두 유형의 상황 중 어느 하나에서 계산될 필요가 있을 것이다. 첫 번째는 용기 벽 또는 다른 물체의 단지 한 면만 관심 있는 유체와 접촉하고 있다. 이러한 경우에 그 표면은 아마도 유체를 경계로 하고 있는 것들의 일부분일 것이다. 나머지 상황은 물체가 완전하게 잠겨 있고 압력은 닫힌 표면(closed surface)에 작용한다. 부분적인 경계들에 대한 압력힘들이 먼저 논의될 것이다.

예제 4.3-1 ● 직사각형 탱크. 그림 4.5에 보인 바와 같이, 면적 $L \times W$를 가지고 있는 열린 직사각형 탱크에 H 높이만큼 정지액체로 채워져 있는 것을 상상해 보자. 그 탱크는 실험실 용기 또는 식물 내 큰 도관일 수 있다. 탱크에 대한 유체 힘들을 계산해 보자.

오른쪽 벽에 대한 액체 힘에서 시작한다. 액체로 향하는 단위 법선 벡터는 $\mathbf{n} = -\mathbf{e_x}$이고, 이것은 압력힘 벡터의 0이 아닌 성분은 오로지 F_{Px}밖에 없음을 나타낸다. 면적 요소는 $dS = dy\,dz$이다. (그림에 보인 바와 같이) 윗면을 원점으로 하면 $0 \le y \le W$와 $-H \le z \le 0$이다. 따라서 힘은 다음과 같다.

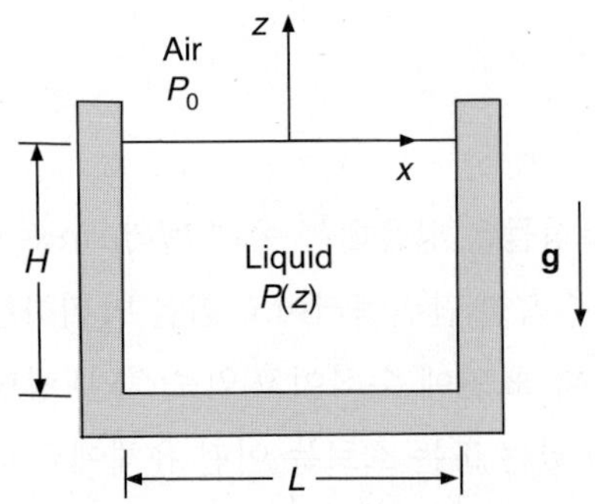

그림 4.5 정적 액체가 부분적으로 채워진 탱크. 액체의 위와 탱크의 옆면들은 일정 압력 P_0에서 공기에 노출되어 있다. y방향의 길이는 (보이진 않지만) W이다.

$$F_{Px} = \int_S P\,ds = \int_{-H}^{0}\int_{0}^{W} P(z)\,dy\,dz = W\int_{-H}^{0} P(z)\,dz. \tag{4.3-2}$$

공기 압력 P_0와 액체 밀도 ρ에 대하여, 액체 내 압력은 다음과 같다.

$$P(z) = P_0 - \rho g z. \tag{4.3-3}$$

이를 식 (4.3-2)에 대입하고 맨 마지막 적분을 구하면 다음과 같다.

$$F_{Px} = WH\left(P_0 + \frac{\rho g H}{2}\right). \tag{4.3-4}$$

왼쪽 벽에 대한 계산도 $-\mathbf{e_x}$ 대신 $\mathbf{n} = \mathbf{e_x}$를 제외하고는 이와 동일하여, 간단하게 F_{Px}의 부호만 바뀐다.

바닥에서는 $\mathbf{n} = \mathbf{e_z}$이고 압력힘은 $-z$방향이다. 여기서 $dS = dx\,dy$이고, $-L/2 \le x \le L/2$와 $0 \le y \le W$이다. P가 x와 y에 무관하므로 힘은 즉각적으로 다음과 같이 쓰일 것이다.

$$F_{Pz} = -WL(P_0 + \rho g H). \tag{4.3-5}$$

비록 바닥에서의 압력—면적 곱으로 계산되었지만, 이것은 또한 액체 표면에 대한 공기의 힘(P_0WL)과 액체의 무게($\rho gHWL$)의 합임을 주지하자. 사실, 정적 유체 총 부피에 대한 중력 및 위아래 면의 압력을 포함한 모든 힘들의 합은 0이어야 한다.

탱크의 *바깥쪽*에 작용하는 것은 주위 공기로부터 압력힘이다. 왼편 또는 오른편 벽들에 대하여, 액체 레벨까지 압력힘의 크기는 WHP_0이다. 그 위에서는, 안쪽에 대한 압력힘은 바깥쪽에 대한 압력힘과 균형을 이룬다. 주위 압력은 식 (4.3-4)의 P_0항을 상쇄하고, 결국 양쪽 벽들에 대한 순 수평힘은 $\rho gWH^2/2$가 된다. 이것이 건축의 강도를 판단할 때 고려해야 하는 힘이다.

예제 4.3-2 ● 기울어진 평면 표면. 열린 탱크의 한 벽이 기울어져 있다고 상상해 보자. 그림 4.6에 보인 바와 같이, 그 표면은 수평거리 L에 대하여 높이 H까지 올라온다. 액체가 기울어진 벽에 발휘하는 압력힘을 결정하도록 하자.

새로운 특색은 고려되는 벽이 *좌표면(coordinate surface)*이 아니라는 것이다. 즉, 그 벽은 x와 같은 좌표의 일정한 값에 부합하지는 않는다. z축에 대한 그것의 경사도는 $\mathbf{n}$이 x와 z 성분 둘 다 가지게 하며, 표면이 평면이므로 이들 각각은 일정한 값을 갖는다. 단위 수직벡터(unit normal vector)들은 일반적으로 다음처럼 구해진다.

$$\mathbf{n} = \frac{\nabla G}{|\nabla G|} \tag{4.3-6}$$

여기서 $G(x, y, z) = 0$는 표면의 위치를 정의한다. $\mathbf{n}$이 원하는 방향을 향하도록 함수 G가 선택된다. 그림 4.6의 기울어진 표면에 대하여, $G(x, z) = -Hx + Lz$로 놓자. 이는 다음과 같이 된다.

$$\nabla G = \mathbf{e_x}\frac{\partial G}{\partial x} + \mathbf{e_y}\frac{\partial G}{\partial y} + \mathbf{e_z}\frac{\partial G}{\partial z} = -H\mathbf{e_x} + L\mathbf{e_z} \tag{4.3-7}$$

$$|\nabla G| = (H^2 + L^2)^{1/2} \tag{4.3-8}$$

$$\mathbf{n} = \frac{-H\mathbf{e_x} + L\mathbf{e_z}}{(H^2 + L^2)^{1/2}}. \tag{4.3-9}$$

여기서, $n_x < 0$와 $n_z > 0$라는 사실에 입각하여, 이 벡터는 액체를 향하고, 이는 액체가 벽에 가해지는 압력힘을 계산하기 위하여 필요하다. $G(x, z) = Hx - Lz$를 선택하는 것은 말하자면, n_x와 n_z에 대한 잘못된 부호를 보이고 있으므로 둘 다 반대로 되어야 한다.

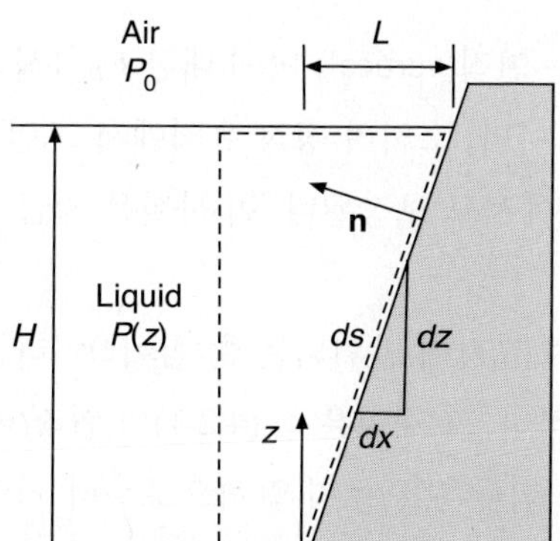

그림 4.6 기울어진 벽에 대한 압력힘

깊이 H의 액체층의 바닥을 원점 좌표로 하면, 압력은 다음과 같다.

$$P(z) = P_0 + \rho g(H - z). \tag{4.3-10}$$

이때, s를 표면을 따르는 호 길이로 놓으면, 미소면적은 $dS = dy\,ds$이다. 그림 4.6으로부터, $(ds)^2 = (dx)^2 + (dz)^2$이므로 다음과 같다.

$$ds = \left[\left(\frac{dx}{dz}\right)^2 + 1\right]^{1/2} dz = \left[\left(\frac{L}{H}\right)^2 + 1\right]^{1/2} dz. \tag{4.3-11}$$

이 식들을 식 (4.3-1)에 대입하고 y에 대하여 적분하면 다음과 같다.

$$\mathbf{F_P} = W\left(\mathbf{e_x} - \frac{L}{H}\mathbf{e_z}\right)\int_0^H [P_0 + \rho g(H - z)]\,dz. \tag{4.3-12}$$

적분은 다음과 같이 구해진다.

$$\int_0^H [P_0 + \rho g(H - z)]\,dz = H\left(P_0 + \frac{\rho g H}{2}\right). \tag{4.3-13}$$

이때 압력힘의 수평과 연직 성분들은 각각 다음과 같이 된다.

$$F_{Px} = WH\left(P_0 + \frac{\rho g H}{2}\right) \tag{4.3-14}$$

$$F_{Pz} = -WL\left(P_0 + \frac{\rho g H}{2}\right) \tag{4.3-15}$$

투사면

기울어진 벽에 대한 F_{Px} [식 (4.3-14)]는 상응하는 연직(vertical) 벽에 대한 F_{Px} [식 (4.3-4)]와 같다는 것을 주목하자. 그것은 우연의 일치가 아니라, 오히려 정적 유체에서 그런 상등성은 같은 높이와 너비를 가지고 있는 어떠한 두 표면에서도 보장된다. 이 사실은 지금 기술된 힘 계산에 대하여 매우 유용한 지름길을 제공한다.

정적 유체에 관한 특이한 점은 주위에 의하여 그것에 발휘되는 순 힘이 0이라는 것이다. 그것은 유체 부피의 전체 또는 일부분에도 유효하다. 그 개념은 식 (4.2-1)의 *연직(vertical)* 힘들에 적용되었다. 정적 유체 내 *수평(horizontal)* 힘들은 오로지 압력으로부터 기인한다. 그림 4.6의 점선으로 나타낸 대상 부피를 고려해 보자. 거기서 x방향의 순 힘이 존재하지 않기

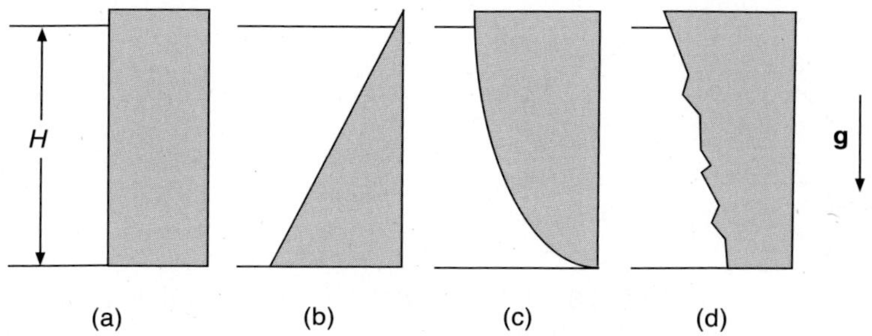

그림 4.7 높이 H의 액체와 접촉하고 있는 동일한 너비 W(보이지 않지만)의 다양한 모양의 표면. 각 표면은 연직면 쪽으로 같은 투사면적을 가지고 있다.

위해서는 왼쪽 연직 표면에 대한 $|F_{Px}|$가 오른쪽 기울어진 면에 대한 $|F_{Px}|$와 같아야 한다. 이에 대한 장점은 왼쪽에서 힘은 계산하기에 훨씬 수월하다는 것이다. 그것은 간단하게 연직 표면의 면적(WH)과 평균 압력의 곱으로서 식 (4.3-14)의 괄호 안의 값이다. 연직 표면의 면적은 기울어진 표면의 *투사면적(projected area)*이다. 그러므로 기울어진 표면에 대한 수평힘은 그것의 투사면적에 투사면에 대하여 평균된 압력을 곱하는 것이다.

그림 4.7에 도시된 바와 같이, 표면들은 훨씬 복잡할 수 있다. 지금까지 살펴본 것은 그림 4.7(a)와 (b)의 표면들에 대한 수평힘들은 동일하다는 것이다. 투사면적이 동일하기 때문에 그림 4.7(c)의 완만하게 굽은 표면과 그림 4.7(d)의 불규칙한 표면들에 대한 힘 또한 동일하다. 불규칙한 표면들에 대하여 $\mathbf{n}$을 구하고 $\mathbf{n}P$를 적분하는 것은 수고스러울 뿐만 아니라, 심지어 실행하지 못할 수도 있다. 그러므로 투사면적 접근법은 정적 유체와 관련한 힘을 계산하는 데 노력을 크게 절감시킬 수 있다.

일정압력에 잠긴 물체

이제 완전히 잠긴 물체로 돌아가 보자. 만약 P가 일정하다면, 잠긴 어떤 물체에도 $\mathbf{F_P} = \mathbf{0}$이다. 그림 4.8의 원통과 같은 대칭체에 대하여, 만약 압력이 일정하다면, 곡면 위의 어느 한 점에 작용하는 미소 힘은 화살표에 의하여 그려진 바와 같이, 반대쪽에 작용하는 힘과 균형을 이루게 될 것이라는 것은 아주 명백하다. 마찬가지로 가장자리에 작용하는 힘들은 균형을 이루고, 결과적으로 순 압력힘은 0이 된다.

일정 압력에서 어떠한 모양의 물체에 대하여 $\mathbf{F_P} = \mathbf{0}$인 것은 식 (A.4-30), 미적분학의 발산정리(divergency theorem)와 관련 있는 항등식을 사용하여 증명될 수 있다. 만약 부피 V가 표면 S에 의하여 둘러싸여 있다면, 어느 미분 가능한 스칼라 함수 f에 대하여도 다음과 같이 성립한다.

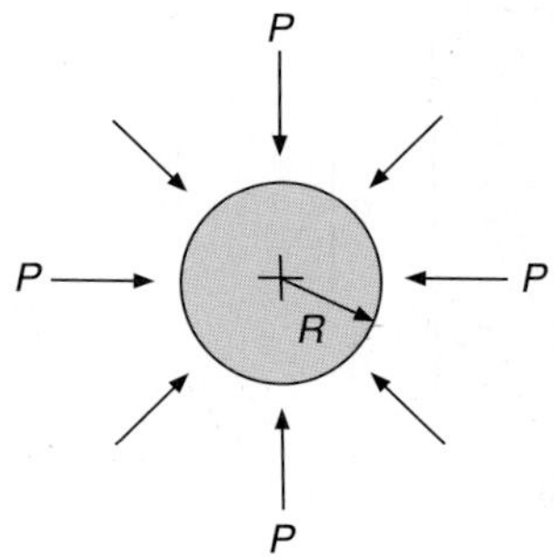

그림 4.8 일정한 압력 P에서 유체로 둘러싸인 반지름 R의 원통에 대한 힘

$$\int_S \mathbf{n} f\, dS = \int_V \nabla f\, dV \tag{4.3-16}$$

그림 4.9(a)의 임의의 물체가 그림 4.9(b)처럼 같은 크기와 모양을 지닌 유체 부피에 의하여 대체되는 것을 상상해 보자. 정적 유체에서, 압력은 단지 높이에 의존하므로 점선에 의하여 나타낸 대상 부피 바깥쪽 어디에서도 P를 변화시키지 않는다. 즉, S가 고체 또는 유체의 일부분을 둘러싸는 것과 상관없이 표면 S의 어느 점에서도 P는 동일하다. 고체를 대체함으로써 V 안의 P(액체에 대한 압력만을 정의하였음)를 구할 수 있다. 만약 $f = P =$ 상수이면, 모든 곳에서 $\nabla P = \mathbf{0}$이고 부피 적분은 사라진다. 따라서 어떠한 모양의 물체에 대하여도 다음과 같다(일정 P에서 닫힌 표면).

$$\mathbf{F_P} = -\int_S \mathbf{n} P\, dS = \mathbf{0} \quad \text{(closed surface at constant } P) \tag{4.3-17}$$

식 (4.3-17)은 어떤 상수를 P에 부가하는 것은 닫힌 표면에 대한 압력힘을 변하지 않게 함

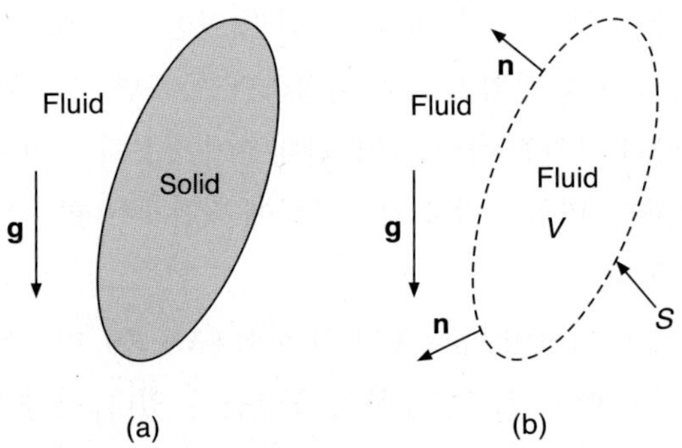

그림 4.9 (a) 안에 완전히 잠긴 물체에 대한 압력힘은 (b)와 같이, 그 물체가 동일한 부피를 지닌 유체에 의하여 대체된다는 상상에 의하여 구할 수 있다.

을 내포한다. 결과적으로 편의에 따라 절대(absolute) 또는 계기(gauge) 압력을 사용하여 계산을 수행할 수 있다. 압력 계기들은 절대 압력과 주위 압력의 차이를 측정하고 P로부터 일정한 주위 값을 빼는 것은 순 힘에 영향을 미치지 않는다.

부력

벡터 $\mathbf{F_0}$는 *정압(static pressure)* 변화로 야기되는 물체에 대한 힘을 표시한다. Archimedes에 의하여 발견되고 3장에서 이미 사용된 바와 같이, 일정한 밀도 ρ를 지닌 유체에 의하여 둘러싸인 부피 V의 물체는 다음과 같은 크기의 윗방향 힘을 겪게 된다.

$$F_0 = \rho g V. \tag{4.3-18}$$

압력이 깊이에 따라 증가하므로, 물체의 바닥에 대한 윗방향의 힘은 윗면에 대한 아랫방향의 힘을 초과한다. 그러므로 윗방향으로 작용하는 부력(buoyancy force)이 있으며 크기는 동일한 크기로 대체된 유체의 무게와 같게 된다. 비록 기체의 경우 ρ가 매우 작아서 F_0가 보통 무시될 수 있지만, 식 (4.3-18)은 액체나 기체 안의 물체에도 동일하게 적용된다.

Archimedes 법칙의 유도는 복잡하지 않다. 한 물체를 (그림 4.9처럼) 동일한 부피의 유체로 대체하고 정적 유체(static pressure) 전체를 통하여 $\nabla P = \rho \mathbf{g}$ 임을 상기하면, 일정 ρ에 대하여 다음과 같다.

$$\mathbf{F_P} = -\int_S \mathbf{n} P\, dS = -\int_V \nabla P\, dV = -\int_V \rho \mathbf{g}\, dV = -\rho \mathbf{g} V = \mathbf{F_0} \tag{4.3-19}$$

마지막 등식은 식 (4.3-18)의 벡터 형태이다. 음의 부호는 순 압력힘이 ($\mathbf{g}$의 방향과 반대인) 위로 향하는 것을 입증한다. 또한 정적 유체 내 잠긴 물체에 작용하는 *수평* 압력힘이 없음을 알 수 있다.

Archimedes 법칙은 공기-물 계면과 같은 두 유체 사이 경계면에 존재하는 물체에도 쉽사리 확대될 수 있다. 밀도 ρ_1을 가지고 있는 유체 1 안에 부피 V_1과 밀도 ρ_2을 가지고 있는 유체 2 안에 부피 V_2를 가지고 정지해 있는 물체를 상상해 보자. 물체의 총 부피는 $V_1 + V_2$이다. 식 (4.3-19)를 도출하기 위하여 수행한 것과 유사하게 하면, 그 물체는 개념적으로 두 유체 부피들에 의하여 대체될 수 있고 그들에 대한 힘들이 더해진다. 그러므로 전체 부력은 $\rho_1 g V_1 + \rho_2 g V_2$가 된다. 그러나 유체의 많은 층들이 물체를 에워싸고 있어 부력은 항상 그것을 대체하는 유체의 전체 무게와 같다.

예제 4.3-3 • 구의 부력. 그림 4.10 같이 정적 유체에 잠긴 반지름 R의 구에 대하여 증명될

것처럼 부력은 또한 식 (4.3-1)의 표면 적분을 직접적으로 계산하여 얻을 수 있다. 구에 대한 Archimedes 법칙을 증명하는 것에 부가하여, 이는 압력힘을 계산하는 것에 대한 일반적인 절차를 보여 준다.

그림 4.10의 직교형 z좌표는 압력 차이를 표현하는 데 편리하고, 구형 좌표들은 표면에 대한 적분을 수월하게 한다. 구해야 하는 것은 다음과 같다.

$$F_0 = \mathbf{e_z} \cdot \mathbf{F_P} = -\int_S (\mathbf{e_z} \cdot \mathbf{n}) P \, dS. \tag{4.3-20}$$

유체쪽으로 향하는 단위 법선벡터는 반지름 방향 벡터 $\mathbf{e_r}$이다. 일정한 크기를 지니지만 그것의 방향은 구의 각도 θ와 ϕ에 의존한다. 식 (A.5-42a)를 사용하면 다음과 같이 된다.

$$\mathbf{e_z} \cdot \mathbf{n} = \mathbf{e_z} \cdot \mathbf{e_r} = \mathbf{e_z} \cdot (\sin\theta \cos\phi \ \mathbf{e_x} + \sin\theta \sin\phi \ \mathbf{e_y} + \cos\theta \ \mathbf{e_z}) = \cos\theta. \tag{4.3-21}$$

$z = 0$에서 $P = P_0$(임의 상수)로 놓으면, 유체 압력은 $P(z) = P_0 - \rho g z$이다. $r = R$ 또는 [식 (A.5-40)을 사용] $z = R\cos\theta$에서 구하면, 구 표면에서 $P(\theta) = P_0 - \rho g R \cos\theta$이 된다. 식 (A.5-46)으로부터, 미소 면적은 $dS = R^2 \sin\theta \, d\theta \, d\phi$이다. 이들을 식 (4.3-1)에 대입하면 다음과 같이 된다.

$$F_0 = -\int_0^{2\pi}\int_0^{\pi} (P_0 - \rho g R \cos\theta) R^2 \cos\theta \sin\theta \, d\theta \, d\phi. \tag{4.3-22}$$

ϕ가 0부터 2π까지이므로, 표면 전체를 다루기 위해서는 θ는 0부터 π까지 변한다. 그런 의미에서 모든 것이 z축에 대한 회전에 독립적(즉, ϕ에 무관하다)이라는 점에서, 이는 *축대칭(axisymmetric)* 문제이다. ϕ에 대하여 적분하고 상수들로 묶으면 다음과 같이 된다.

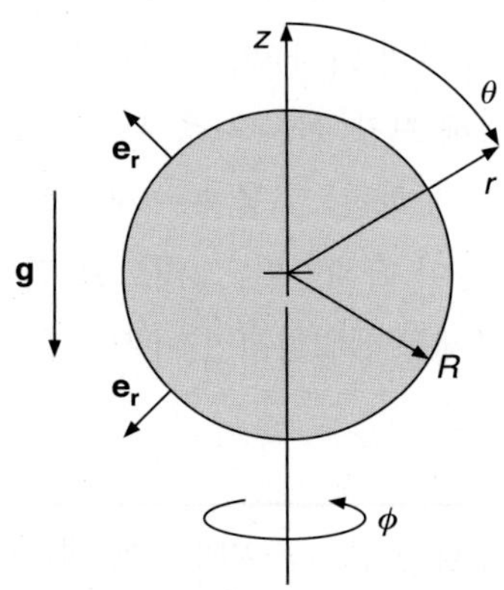

그림 4.10 반지름 R의 정지한 구에 대한 직교형 및 구형 좌표계

$$F_0 = -2\pi R^2 \left(P_0 \int_0^\pi \cos\theta \sin\theta \, d\theta - \rho g R \int_0^\pi \cos^2\theta \sin\theta \, d\theta \right). \qquad (4.3\text{-}23)$$

삼각함수 적분들은 다음과 같다.

$$\int_0^\pi \cos\theta \sin\theta \, d\theta = 0, \quad \int_0^\pi \cos^2\theta \sin\theta \, d\theta = \frac{2}{3}. \qquad (4.3\text{-}24)$$

그러므로 닫힌 표면에 대한 힘은 부가 상수 P_0에 이전에 논의된 바와 같이 무관하다.

$$F_0 = \rho g \left(\frac{4}{3}\pi R^3 \right) = \rho g V \qquad (4.3\text{-}25)$$

이는 식 (4.3-18)과 일치한다.

4.4 표면장력

인장힘과 접촉선

1.2절에 논의된 바와 같이, 유체-유체 계면에서 표면장력 (γ)은 단위 길이당 힘 또는 단위 면적당 에너지로서 보여질 수도 있다. 비록 에너지에 대한 해석 또한 유체역학에서 사용되고 있지만 (연습문제 4.12) 이 책에선 힘 해석을 더 선호한다. 표면장력은 계면에 접하는 힘을 만들어 낸다. 평평한 액체-공기 계면의 아랫방향 조망이 도시된 그림 4.11(a)에 표면장력이 표현되어 있다. 계면을 관통하는 가상의 절단선에서 (점선) 길이 L인 선의 양쪽에 작용하는 $F_\gamma = \gamma L$ 크기의 인장힘이 있다. 만약 γ가 일정하고 계면이 평면이면 그 힘은 균형을 이루고 표면장력은 분명하지 않다. 그러나 곡면을 가지고 있는 계면에서는 표면장력이 보통 상들

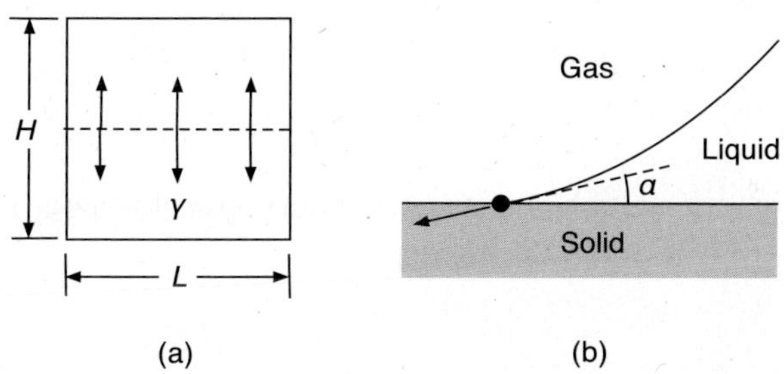

그림 4.11 (a) 평면 계면 내, 그리고 (b) 삼상(three-phase) 접촉선에 작용하는 표면장력

사이에 압력차를 형성한다. 예를 들어, 작은 물방울이나 기포 안쪽의 압력은 주위 유체의 압력을 초과한다(예제 4.4-1).

유체-유체 계면이 고체를 만나 삼상 *접촉선(contact line)*을 형성하는 특이한 상황이 존재한다. 그림 4.11(b)에 기체-액체-고체 접촉선이 '정면으로' 보인다. 그 위치에서 기체-액체 계면은 소위 *접촉각(contact angle)*이라 불리는 각도 α로 고체와 접하고 있으며, 접촉각은 물질들의 특성이다.[1)] 만약 (보인 바와 같이) $\alpha < 90°$이면, 액체 경막(film)은 퍼지는 경향이 있고, 이때 액체는 고체를 *적신다(wet)*라고 한다. 만약 $\alpha > 90°$이면, 액체는 방울로 수축되려는 경향을 가지게 되며 이를 *젖지 않음(nonwetting)*이라 한다. 퍼짐(spreading)이나 수축(contraction)은 접촉선에서 불균형적인 표면장력 힘에 기인한다. 그림 4.11(b)에 화살표로 나타낸 것처럼, 주변은 기체-액체 계면에 접하면서 액체로부터 멀어지는 힘을 발휘하는 것으로 간주될 수 있다.

곡면 계면에 걸쳐 압력 차이를 형성하는 것에 더하여, 표면장력은 젖기 쉬운 물질의 모세관이나 기공과 같은 작은 유로 안으로 액체의 자발적인 흡수를 일으키고, 심지어 액체보다 밀도가 큰 작은 물체들을 뜨게 할 수도 있다. 이러한 현상들은 다음 예제들과 이 장 말미의 몇몇 연습문제들로부터 명확하게 증명된다.

예제 4.4-1 • Young-Laplace 방정식. 정지해 있는 기포의 표면에 걸리는 압력차를 표면장력 및 기포 크기와 연관시키는 식을 유도하라. 예를 들어, 주사기를 사용하여 물에 잠겨 있는 모세관 내 공기를 윗방향으로 부드럽게 배출함으로써 정지 기포를 형성할 수 있다. 충분히 작은 기포는 관(tube)의 팁에 부착될 것이다. 그림 4.12에 보인 바와 같이, 반지름 R의 구형 기포를 고려해 보자. 기포가 충분히 작아서 내·외부 압력은 각각 P_{in}과 P_{out}으로 거의 균일하다고 가정하자. 압력차가 구해진 후에 그 가정의 한계들을 조사하고자 한다.

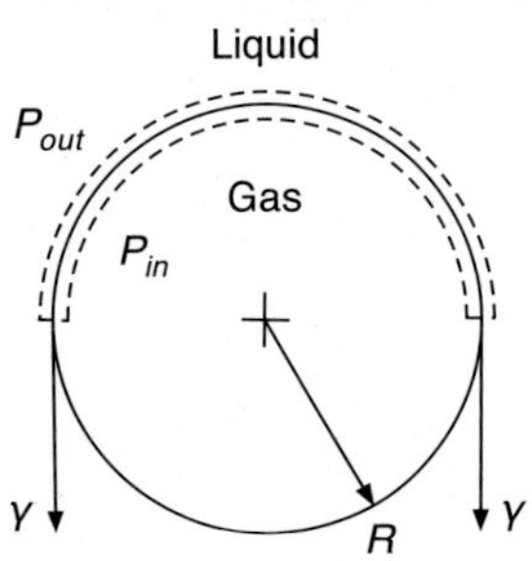

그림 4.12 반지름 R의 구형 기포에 작용하는 압력 및 표면장력. 대상 부피는 점선으로 표시된 반구형 껍질이다.

1) 비록 정적 조건들 아래서 접촉각은 물질 특성이지만 접촉선의 운동에 의하여 영향을 받을 수 있다.

편리한 대상 부피는 기체-액체 계면의 절반을 감싸는 미소 두께의 반구형 껍질이다. 이러한 선택으로 인하여 주변이 대상 부피에 발휘하는 표면장력 힘은 그림처럼 아래로 향한다. 계면과 대상 표면의 교선에 의하여 형성된 절단선의 길이는 반지름 R인 원의 원주이다. 그래서 표면장력 힘은 $2\pi R\gamma$이다. 압력힘은 4.3절에 소개된 투사면적 개념에 의하여 간단하게 계산된다. 투사면적 πR^2에 균등한 압력이 작용한다. 대상 부피가 매우 얇아서 무시할만한 질량을 가지므로 중력은 고려할 필요가 없다. 그러면, 아래 방향으로 작용하는 순 힘은 다음과 같이 된다.

$$\pi R^2 P_{out} - \pi R^2 P_{in} + 2\pi R\gamma = 0. \tag{4.4-1}$$

이를 압력차에 대하여 풀면 다음과 같다.

$$\Delta P = P_{in} - P_{out} = \frac{2\gamma}{R} \tag{4.4-2}$$

이 식을 *Young-Laplace 방정식*이라 한다. 기체 안의 구형 액적에도 동일한 결과가 적용된다. 다시 말하지만, 유체 구 안쪽의 압력이 높다. 반지름 R의 원통형 계면도 이와 유사하게 $\Delta P = \gamma/R$이 된다.

균일한 내부 및 외부 압력들은 기포(또는 액적)가 작다는 가정을 필요로 한다. 보다 엄밀하게는 각 유체 내 압력 편차들은 ΔP 비하여 무시될 수 있어야 한다. 액체의 경우, 매우 큰 밀도(ρ_L)로 인하여 보다 주의를 기울여야 한다. 액체의 높이 $2R$에 대하여 중력에 의한 압력 차이는 $2\rho_L gR$이다. 따라서 Young-Laplace 방정식은 $2\rho_L gR \ll 2\gamma/R$을 필요로 한다. 달리 표현하자면, $\text{Bo} = \rho_L gR^2/\gamma \ll 1$이 요구된다. 여기서 Bo는 Bond 수이다(표 1.6). 상온에서 공기-물 계면에 대하여, Bo = 1인 반지름(모세관 길이)은 3 mm이다. 정지 기포나 방울이 구형이 되기 위해서는 이것보다 작은 반지름이 요구된다. 만약 P_{in} 또는 P_{out}이 높이에 따라 크게 변하면 구는 더 이상 평형 형태가 아니다.

예제 4.4-2 ● 모세관 상승. 그림 4.13(a)에 도시된 바와 같이, 좁은 관(tube)의 한쪽 끝부분이 습윤성 액체에 잠겨 있을 때(물속에 수직으로 세워진 유리 모세관), 액체는 관 안쪽에서 어떤 최종 높이 H까지 상승한다. H가 관 반지름(R), 표면장력 및 접촉각(α)에 어떻게 의존하는지를 보여라.

CV1과 CV2로 표기된 두 대상 부피 중의 하나에 대한 힘 수지를 사용하여 해석을 수행한다. 둘 모두 교란되지 않은 레벨의 바닥면에서 메니스커스 윗면까지 관 안쪽의 액체를 둘러싸고 있다. 단지 차이점은 CV1의 윗면은 메니스커스의 공기쪽이고 CV2의 윗면은 액체쪽이

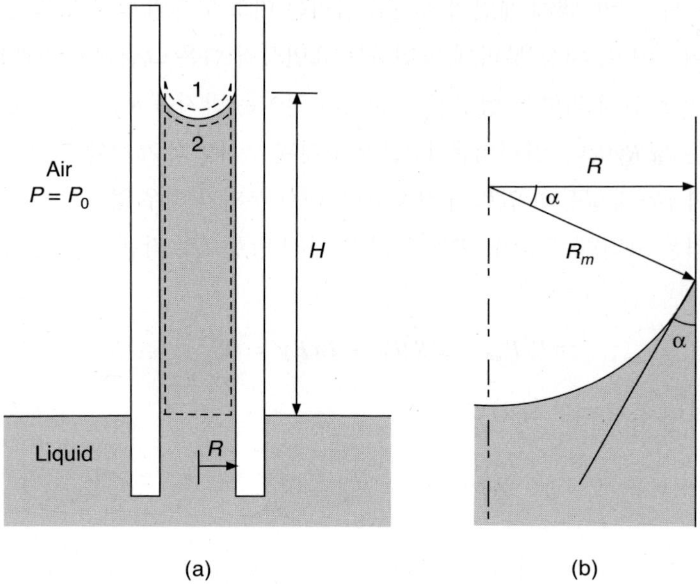

그림 4.13 작고 젖음이 가능한 관 내 액체의 상승. (a) 각각 1과 2로 표시된 대상 부피 CV1과 CV2의 윗면들을 포함하는 전체도, (b) 메니스커스 부분 확대도

다[그림 4.13(a)]. 만약 R이 충분히 적으면, 메니스커스는 반지름 $R_m = R/\cos\alpha$인 구의 표면의 일부분이라 할 수 있다[그림 4.13(b)].

CV1 대상 표면은 공기-액체 계면을 관통하여 자른다. 그러므로 주위는 액체에 대한 표면장력 힘을 발휘하고, 그것의 윗방향 성분은 $2\pi R\gamma \cos\alpha$이다. 그것의 반대는 액체에 대한 중력이다. CV1의 윗면과 아랫면은 같은 압력(주위의 값, P_0)과 같은 투사면적(πR^2)을 가지고 있기 때문에 순 압력힘은 없다. 이러한 정지계에서 윗방향 힘들의 합이 0이기 때문에 다음과 같이 된다.

$$2\pi R\gamma \cos\alpha - \rho g\pi R^2 H = 0 \tag{4.4-3}$$

여기서 ρ는 액체 밀도이다. H에 대하여 풀면 다음과 같이 된다.

$$H = \frac{2\gamma \cos\alpha}{\rho g R}. \tag{4.4-4}$$

그래서 관 반지름이 작을수록 접촉각은 작아지고, 액체는 높게 올라간다. 만약 γ, ρ 및 R이 알려진다면, H를 측정하는 것은 특별한 액체-고체 조합에 대한 α를 결정하기 위한 한 방법이 된다. 이 식 유도에는 $H \gg R$이기 때문에 상승된 액체의 부피는 거의 원형 실린더의 부피($\pi R^2 H$)와 같다라는 가정이 내포되어 있다.

CV2 대상 표면은 공기-액체 계면을 관통하여 자르지 않아, 주위로부터 표면장력 힘은 없다. 그러나 곡면 계면 내 표면장력이 액체 기둥의 윗면의 압력을 낮추기 때문에 순 압력힘이 존재한다. 만약 $\mathrm{Bo} = \rho g R^2/\gamma \ll 1$이면, 기체—액체 계면은 구형 기포의 일부분과 닮았으며 또한 Young-Laplace 방정식을 적용할 수 있다. 식 (4.4-2)로부터, 액체쪽에 대한 압력은 $P_0 - 2\gamma/R_m$이다. CV2에 대한 연직힘 수지는 다음과 같이 된다.

$$\pi R^2 P_0 - \pi R^2 \left(P_0 - \frac{2\gamma \cos \alpha}{R} \right) - \rho g \pi R^2 H = 0. \tag{4.4-5}$$

H에 대하여 풀면 다시 식 (4.4-4)에 이르게 된다. 비록 최종결과가 동일하지만, 구두 설명은 대상 부피의 선택에 의존한다. 모세관 상승이 (1) 액체에 대하여 위로 잡아당기는 표면장력 또는 (2) 액체기둥의 윗면에서 부분적인 진공을 형성하는 표면장력에 기인한다는 것은 동등하게 타당하다.

다양한 곡률을 가지고 있는 계면

앞의 예들은 표면장력에 의하여 유발되는 압력차이가 위치에 무관한 계면들을 다루었다. 일반적으로, 압력차는 계면의 곡률과 비례하여 점들마다 바뀐다. 정적 유체 A와 B 사이 국부(local) 압력차는 다음과 같다.

$$\Delta P = P_A - P_B = -2\mathcal{H}\gamma \tag{4.4-6}$$

여기서 *평균 곡률(mean curvature)* $\mathcal{H}$는 위치의 함수이고 단위 법선벡터 $\mathbf{n}$은 A에서 B로 향한다. 표면이 굽을수록 $\mathbf{n}$의 방향은 위치에 따라 보다 빠르게 변하고, $\mathcal{H}$는 그 변화 률의 정도이다. $x = f(x, y)$로 정해진 계면상의 주어진 한 점에서 $\mathcal{H}$ 값은 다음 두 방법 중 하나로 계산될 수 있다: (이름처럼) 두 곡률을 평균하는 것 또는 $\mathbf{n}$의 발산(divergence)을 계산하는 것에 의한다. 첫 번째 접근법이 여기서 채택된다. f의 모든 일차 및 이차 편미분들을 포함한 표현(Deen, 2012, p. 636)을 생성하는 두 번째 접근법은 복잡한 형태에 바람직한 경향이 있다.

$\mathbf{n}$을 따라 교차하는 2개의 수직 평면들을 상상하고 그 계면을 관통하여 잘라보자. 그 평면들의 어떠한 편리한 쌍도 사용될 수 있으며, 또한 원하는 대로 $\mathbf{n}$에 관하여 그들을 회전시킬 수도 있다. 계면과 함께 각 교선은 질문 안에 점을 통과하는 곡선으로 정의한다. 간단히 하기 위하여, 두 곡선이 원의 일부분이라고 가정하자. 원의 곡률은 반지름의 역수이다(Thomas and Finney, 1984, p.772). 만약 반지름들이 R_1과 R_2이면, 다음과 같다.

$$\mathcal{H} = \frac{1}{2} \left(\pm \frac{1}{R_1} \pm \frac{1}{R_2} \right). \tag{4.4-7}$$

부호의 선택은 $\mathbf{n}$의 방향(즉, A로부터 B를 향하여)에서 보았을 때 곡선이 오목 또는 볼록한지에 따라 의존하는데, 오목한 경우에 양의 부호이고 볼록한 경우에 음의 값을 가진다.

구와 원통의 면들은 $\mathscr{H}$가 위치에 무관하다는 점에서 특이하다고 할 수 있다. 반지름이 R이고 $\mathbf{n}$이 바깥쪽으로 향하는 구에 대하여, $R_1 = R_2 = R$이고 두 곡선 모두 볼록하여 표면의 어느 곳에서나 $\mathscr{H} = -1/R$이다. 이것을 식 (4.4-6)에 대입하면 식 (4.4-2)가 된다. 반지름이 R이고 $\mathbf{n}$이 다시 바깥쪽으로 향하는 원통에 대하여, 축에 수직인 한 평면과 축에 평행인 다른 평면을 선택하면 $R_1 = R, R_2 = \infty, \mathscr{H} = -1/2R$ 및 $\Delta P = \gamma/R$이 된다. 이와 같은 결과는 예제 4.4-1처럼 힘 수지를 사용하여 쉽사리 확인된다.

식 (4.4-6)과 (4.4-7)로부터 통찰할 수 있는 것은 심지어 표면장력이 상당히 크고 계면이 평평하지 않더라도 계면의 어느 위치에서는 $\Delta P = 0$을 가지는 것이 가능하다는 것이다. 일례가 그림 4.14에 도시된 전구와 유사한 계면이다. 비록 정확한 평형 형태는 다소 복잡하지만 액체에 잠긴 관으로부터 발생하는 기포에 대해서는 정성적으로 올바른 모양이다. 밑면이 x-y 평면에서 반지름 a의 원을 형성하고, 보여진 x-z 평면을 포함하는 어떠한 연직 평면(vertical plane)에서도 같은 반지름을 가지고 바깥쪽으로 곡선을 이룬다고 가정하자. 그 곡선 중 하나는 볼록하고 다른 것은 오목하므로 $z = 0$의 모든 점들은 *안장점(saddle points)*이다. x-y 평면과 x-z 평면이 x축을 따라 교차하기 때문에 $(x, y, z) = (a, 0, 0)$에서 평균 곡률을 계산하는 것에 적절하며, 여기서 $\mathbf{n} = \mathbf{e_x}$이다. 비록 반지름들은 같지만, 식 (4.4-7)의 부호는 서로 반대이기 때문에 $z = 0$에서 $\mathscr{H} = 0$과 $\Delta P = 0$이 된다. 윗방향으로 움직이면, 바깥쪽 방향으로 볼 때 표면이 대부분 오목하기 때문에 처음에는 $\mathscr{H} > 0$과 $\Delta P < 0$이 되나, 표면이 점차적으로 구형화되어 볼록하게 되기 때문에, 결국은 $\mathscr{H} < 0$과 $\Delta P > 0$이 된다.

표면장력은 액체 표면의 잔물결(ripple)을 잔잔하게 하려는 경향이 있으며, 이는 윗방향으로 볼 때 표면이 볼록한 파정점(wave peak)에서 액체압을 증가시킴으로써, 표면이 오목한 파골(wave trough)에서는 액체압을 감소시킴으로써 그렇게 한다. 그런 압력 차이들은 정점-골 유

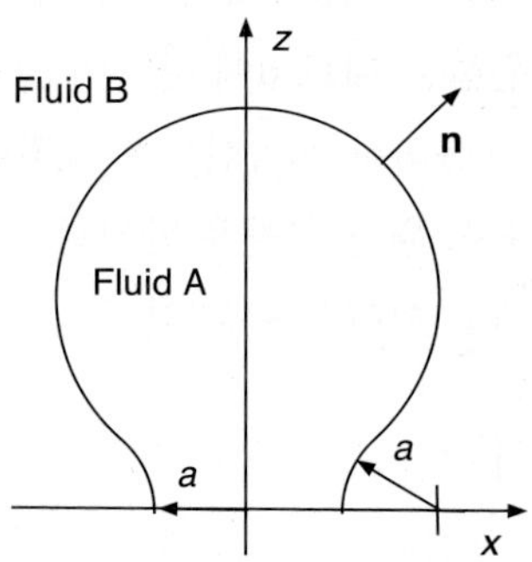

그림 4.14 다양한 곡률을 가지고 있는 유체-유체 계면

동(peak-to-trough flow)을 촉진시킨다. 그러나 이러한 효과는 단지 작은 교란(disturbance)들일 때만 두드러진다. 만약 Bo $\gg$ 1이면, 중력이 보다 중요한 수평조절 힘이 된다(예제 1.3-1).

표면장력과 접촉각에 대한 보다 자세한 정보를 위하여 Adamson과 Gast (1997)를 살펴보기 바란다. 표면장력과 관련한 모세관 현상, 습윤 및 다른 현상들에 대한 광범위하고 관심 있는 개론은 De Gennes *et al*. (2003)에서 찾을 수 있을 것이다.

4.5 결론

역학적인 관점에서 압력은 표면에 수직으로 작용하는 응력이고 $P > 0$일 때 압축한다. 점성 응력이 부재한 정적 유체에서 중력 및 표면장력의 효과들은 압력 차이에 의하여 좌우된다. 중력의 효과는 정압 방정식[식 (4.2-8)] 내에 구체화되어 있으며, 이 식은 움직임이 없는 유체에서 P는 (ρg에 비례한) 높이에 따라 감소하나, 어떠한 수평 평면 안에서는 다르지 않다는 것을 나타낸다. 기체의 경우, ρ는 충분히 작아서 P의 연직 편차는 일반적으로 무시된다. 정적 유체에서 표면에 대한 압력힘의 수평 성분은 아무리 고르지 못하더라도 연직 평면으로 투사된 면적과 투사면에 대한 평균압력의 곱이다. 액체에 의하여 발휘되는 압력힘의 아랫방향 성분은 비슷하게 계산될 수 있으나, 여기에 액체의 무게를 포함한다. P가 균등한 유체 안에 완전히 잠긴 물체에 대한 순 압력힘은 없다. 부력은 부분적으로 또는 완전히 잠긴 물체에 대한 압력힘의 윗방향 성분이다. Archimedes에 의하여 발견된 바와 같이, 부력은 대체된 유체의 무게와 같다[식 (4.3-18)].

역학에서 표면장력은 유체-유체 계면 안의 상상의 윤곽(contour)에 작용하는 단위 길이당 힘으로써 해석된다. 그것은 계면에 접하는 방향으로 윤곽에서 멀어지도록 잡아당긴다. 비평면의 계면에서 표면장력은 대개 유체 사이 압력차를 만들어 낸다. Young-Laplace 방정식[식 (4.4-2)]에 의하여 설명된 바와 같이, 구형 기포나 방울 안쪽 압력은 바깥쪽 압력을 초과한다. 삼상 접촉선은 주위들이 접촉각에 의하여 결정된 방향으로 잡아당기는 윤곽선이다. 결과적인 힘의 불균형이 표면 위 방울 퍼짐(spreading) 또는 수축(contraction), 좁은 유로(모세관 유동) 안으로 유체 흡수 등을 포함한 다양한 현상들을 유발시킨다.

참고문헌

Adamson, A. W. and A. P. Gast. *Physical Chemistry of Surfaces*, 6th ed. Wiley, New York, 1997.

Blanchard, D. C. and L. D. Syzdek. Production of air bubbles of a specified size. *Chem. Eng. Sci*. 32:

1109–1112, 1977.
Deen, W. M. *Analysis of Transport Phenomena*, 2nd ed. Oxford University Press, New York, 2012.
De Gennes, P.-G., F. Brochard-Wyart, and D. Quéré. *Capillarity and Wetting Phenomena*. Springer, New York, 2003.
Hu, D. L., B. Chan, and J. W. M. Bush. The hydrodynamics of water strider locomotion. *Nature* 424: 663–666, 2003.
Thomas, G. B., Jr. and R. L. Finney. *Calculus and Analytic Geometry*, 6th ed. Addison-Wesley, Reading, MA, 1984.

연습문제

4.1. 액체 파이프 유동에 대한 마노미터법 파이프 안에 유량을 모니터하는 한 방법은 알려진 거리만큼 떨어져 있는 탭들 사이 압력강하 $P_1 - P_2$를 측정하기 위한 마노미터를 사용하는 것이다. 액체 파이프 유동에 대한 두 가지 배열이 그림 P4.1에 도시되어 있다. 만약 마노미터 유체가 상대적으로 밀도가 높으면 U-관이 파이프 아래 놓이고, 밀도가 낮으면 위에 놓인다. 가장 가까운 파이프 벽으로부터 점 $i(= A, B,$ 또는 C)의 거리는 h_i이다. U-관을 통한 유동 그 자체는 작은 지름을 사용함에 의하여 무시할 수 있다.

(a) 그림 P4.1(a)의 마노미터에 대하여 $P_1 - P_2$를 $h = |h_A - h_B|$로 관계지어라.

(b) 그림 P4.1(b)의 마노미터에 대하여 h_B가 h_A보다 큰가 또는 작은가? 다시 $P_1 - P_2$를 h로 관계지어라.

(c) 만약 물에 대한 동일한 압력강하가 수은($\rho_m/\rho = 13$) 또는 기름($\rho_o/\rho = 0.80$)을 포함하는 마노미터들에 의하여 측정된다면, h 값들을 비교하면 어떠한가?

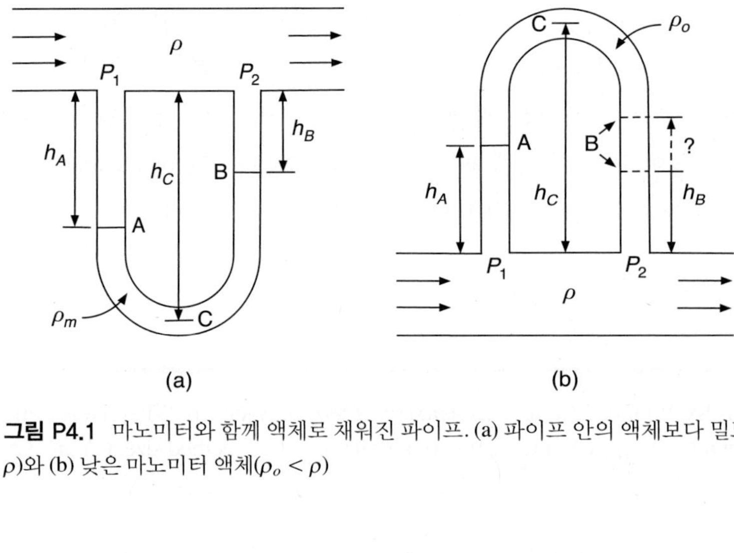

그림 P4.1 마노미터와 함께 액체로 채워진 파이프. (a) 파이프 안의 액체보다 밀도가 높은 마노미터 액체($\rho_m > \rho$)와 (b) 낮은 마노미터 액체($\rho_o < \rho$)

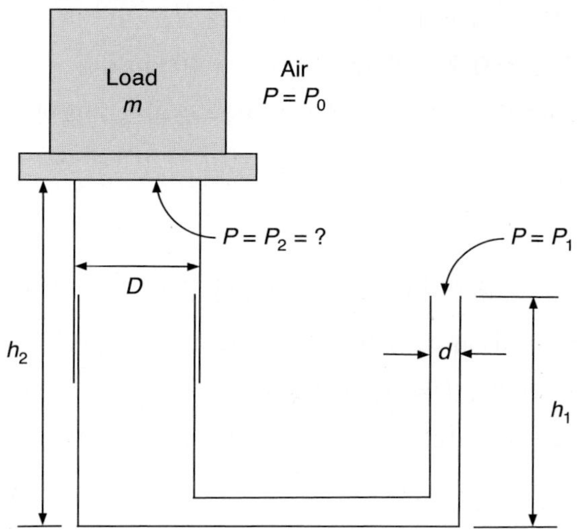

그림 P4.2 상승된 위치의 수력 승강기

4.2. 수력학적 상승 그림 P4.2에 보인 바와 같이, 수력 승강기 내 지름 D를 가진 확장성 챔버가 지름 $d \ll D$의 파이프와 연결되어 있다. 둘 다 밀도 ρ의 기름으로 채워져 있다. 상승하는 동안 펌프는 플랫폼이 최종 높이 h_2에 도달할 때까지 부가 오일을 보낸다. 그 후 펌프는 닫히고 파이프 내 높이 h_1에서 압력 P_1이 유지된다.

(a) 정지한 플랫폼의 바닥에서 압력 P_2를 P_1과 길이들로 관계지어라.

(b) 보여진 위치에서 지지될 수 있도록 전체 질량 m(하중과 플랫폼의 합)에 대한 식을 유도하라.

(c) 힘을 압력과 면적의 곱으로 알고 있는 한 친구는, $d \ll D$로 인하여 위치 1에서 압력힘이 위치 2에서 압력힘보다 훨씬 적음에도 불구하고, 큰 하중이 지지될 수 있다는 것에 혼란스럽다. 그 친구의 오해는 무엇인가?

4.3. 공기 중 정압 변화 힘을 계산하는 데 있어 대개 움직이지 않는 공기의 압력은 일정하다고 가정한다. 그 가정의 한계를 조사하고자 한다.

(a) z축이 위로 향하고 $P(0) = P_0$일 때, 움직이지 않는 공기 내 $P(z)$에 대한 식을 유도하라. 온도가 T_0로 일정하다는 가정하에 $\rho(z)$를 구하기 위하여 이상기체 법칙을 사용하라.

(b) (a) 결과의 응용으로서, 높이 H와 너비 W를 가진 연직 평면에 대한 압력힘을 고려하자. 만약 $T_0 = 15^\circ$C이라면, 압력편차가 1% 이내로 힘에 영향을 미치기 위해서는 H는 얼마나 커야 하는가?

(c) $T(z) = T_0 - Gz$로 가정하여 (a)를 반복하라. 여기서 G는 양의 상수이다.

(d) 평균적으로 지구의 대기온도는 $z = 0$에서 약 15°C부터 $z = 10$ km에서 −25°C까지 선형적으로 감소한다. (대기권의 아랫부분인 대류권의 높이는 중위도 지방에서 17 km이다.) z에 대하여 10 km까지 $P(z)/P_0$를 도시하라. P가 P_0로부터 처음으로 1% 벗어나는 곳은 어디인가?

4.4. 후버 댐(Hoover dam)에 대한 힘 하류에서 바라보면, 미국의 후버댐은 그림 P4.4처럼 대략적으로 사다리꼴이다(www.usbr.gov/dataweb/dams/nv10122.htm 참조). 윗면의 너비는 W_H = 1244 ft, 아랫면의 너비는 약 윗면의 2/3, 또는 W_0 = 830 ft로부터 거의 윗면까지 도달한다고 가정하면 저장소의 높이는 H = 576 ft이다. 그 댐은 비중이 2.4인 콘크리트를 4,400,000 입방야드 포함하고 있다.

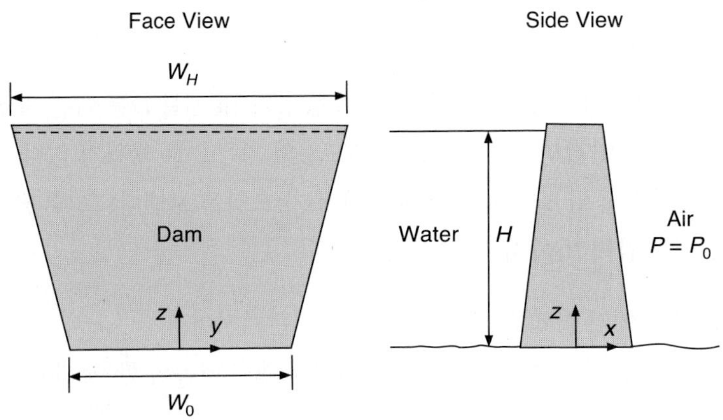

그림 P4.4 후버댐 (정확한 척도는 아님)

(a) 댐에 수평으로 작용하는 순 압력힘에 대한 식을 유도하라. 그림 P4.4와 같은 좌표에서 그것은 F_{Px}이다.

(b) 수평힘(in N)을 콘크리트의 무게와 비교하면 어떠할까?

4.5. 떠 있는 컵 그림 (P4.5)처럼 물 위에 떠 있는 세라믹 컵을 상상해 보자. 원통형 컵의 높이는 그 지름 ($2R$)과 같고, 벽들은 얇으며($W \ll R$), 테두리는 수면 위 높이 H에서 정지해 있다. 크기들은 표면장력을 무시할 수 있을 정도로 충분히 크다.

(a) R, H 및 W로부터 세라믹의 비중 (ρ_0/ρ)을 어떻게 계산할 지를 보여라. 만약 $W/R = 0.1$이고 컵의 3/4가 잠겨 있다면 ($H = R/2$), ρ_0/ρ의 값은 얼마인가?

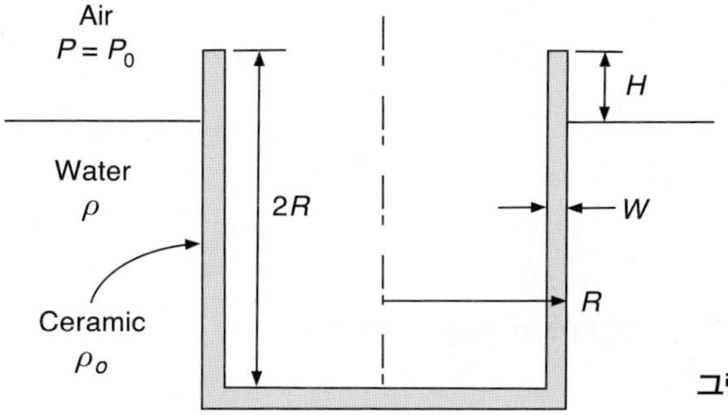

그림 P4.5 물 위에 떠 있는 세라믹 컵

(b) (a)의 컵이 부분적으로 물로 채워져 있는 것을 상상해 보자. 물의 깊이 D가 얼마 이상이 되어야 그 컵이 가라앉을까?

(c) 심지어 컵이 비어 있더라도 어떤 ρ_0/ρ 값에서 그 컵이 결코 뜨지 않을까?

4.6. 수크로스(sucrose) 구배 내 침전* 공간적으로 밀도를 다른 액체들에서 원심분리는 셀 성분과 바이러스들을 정제하기 위하여 사용된다. 이 문제는 시스템 내 중력 침전과 관련된다. 액체의 밀도를 변화시키는 한 방법은 수크로스 농도에 구배를 주는 것이다. 그림 P4.6에 나타낸 바와 같이, 반지름 R, 길이 L, 밀도 ρ_p의 봉형(rod-like) 바이러스 또는 다른 입자가 높이 H의 관 안에 잠겨 있는 것을 상상해 보자. (입자 길이들은 크게 과장되어 있다.) 수크로스 구배는 용액 밀도를 다음과 같이 변화시킨다.

$$\rho(z) = \rho_0 \left(1.23 - 0.23\frac{z}{H}\right) \qquad \text{(P4.6-1)}$$

여기서 관 바닥에서 $z = 0$이고 윗면에서 $\rho = \rho_0$이다. 만약 봉(rod)이 끝부분에 놓인다면, 그것의 최종 높이 h는 얼마인가?

* 이 문제는 P. S. Doyle이 제안하였다.

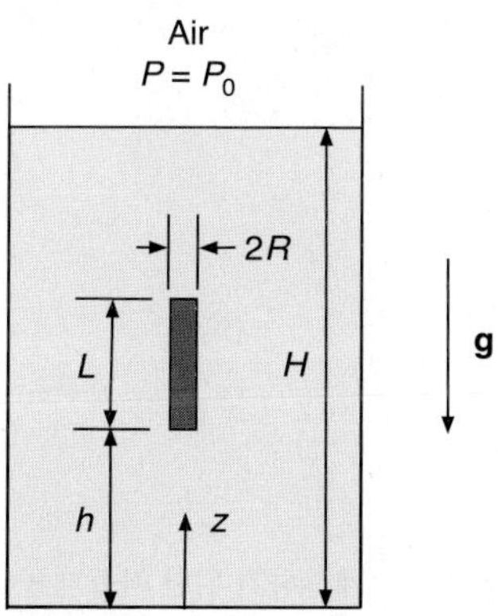

그림 P4.6 수크로스 구배 내 놓여 있는 봉형(rod-like) 입자

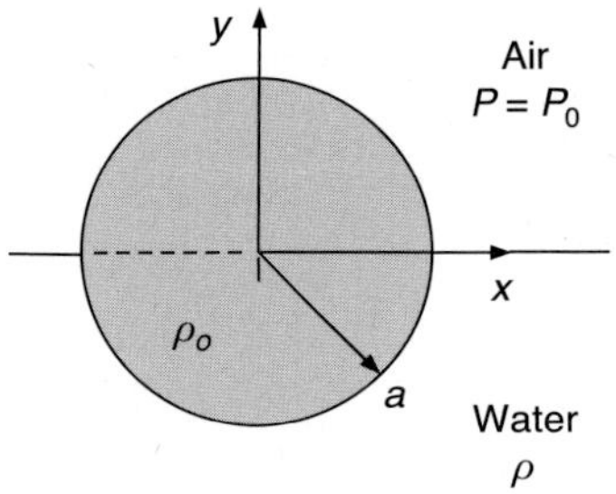

그림 P4.7 절반이 잠긴 원통

4.7. 절반이 잠긴 원통 그림 P4.7에 보인 바와 같이, 반지름 a의 긴 원통이 물에 정확하게 절반 잠겨 있는 것을 상상해 보자. 원통의 밀도는 ρ_0, 물의 밀도는 ρ, 공기의 밀도는 무시한다.

(a) 식 (4.3-1)을 사용하여 F_{Py}를 직접적으로 계산하여 이러한 경우에 대한 Archimedes 법칙을 증명하라.

(b) 만약 표면장력 힘을 무시한다면 ρ_0/ρ 값은 얼마여야 되는가?

4.8. 원뿔의 부력 식 (4.3-1)을 사용하여 직접 계산함으로써, 반지름이고 R 높이가 H인 상향 원뿔에 대하여 Archimedes 법칙을 증명하라. 그림 P4.8에 보인 바와 같이, 직교형 및 구형 좌표계들의 조합을 사용하고, $z = 0$에서 $P = 0$으로 놓은 것이 편리하다. 원뿔의 옆면은 $\theta = \pi - \beta$에 상응하는 것을 명심하라. 여기서 β는 원뿔 각도이다.

4.9. 작은 기포들의 형성 Blanchard와 Syzdek (1977)은 그림 P4.9에 보인 방법을 이용하여 근-정적(near-static) 조건 아래서 물 내에 개별 공기 기포들을 형성시켰다. 팁에서 서서히 커지는 기포를 형성하기 위하여 잠긴 유리 모세관을 통하여 공기를 밀어냈다. 임계 크기에 이르러 떨어진 후에 기포는 민감함 저울에 붙어 있는 뒤집어진 컵 위에서 정지될 때가지 상승하였다. 저울은 기포가 컵에 발휘하는 윗방향 힘 F를 측정하였다. 모세관 팁의 내부 지름과 임계 기포 지름을 각각 d와 D로 표기한다. (F로부터 계산된) D의 값들은 20~22°C에서 d의 함

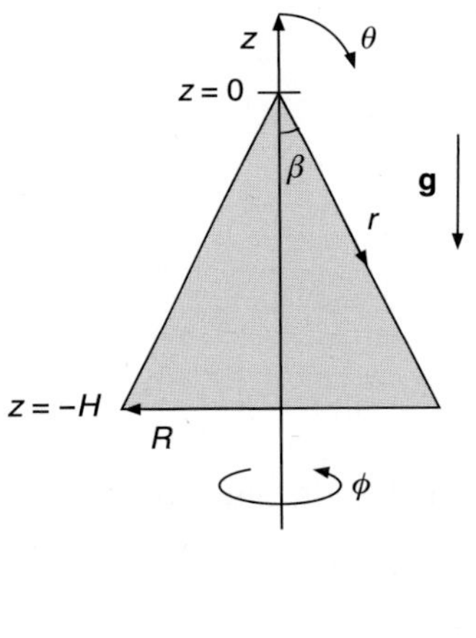

그림 P4.8 원뿔에 대한 부력을 계산하기 위한 좌표계들

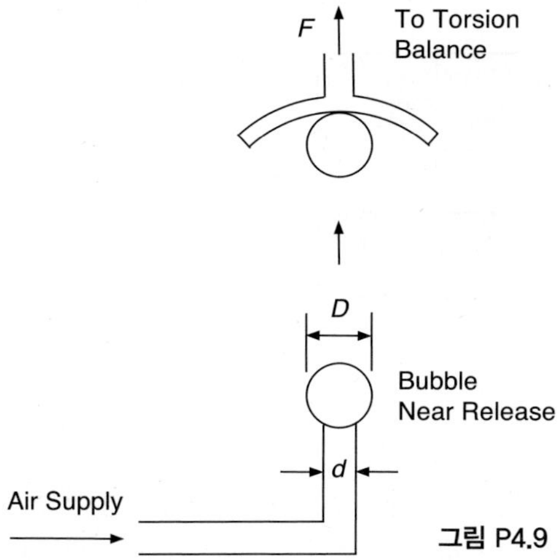

그림 P4.9 개별 기포 형성과 그 크기를 측정하기 위한 방법

수로 얻게 되었다.

(a) F와 D의 관계는 무엇인가?

(b) 그것이 연직 관으로부터 떨어질 때, 기포의 실제 모양은 그림 4.14의 모양과 비슷할 것이다. '전구'의 부피 V는 지름 D의 최종 구의 부피와 같다. D를 d와 γ로 관계 짓기 위하여 주의 깊게 정의된 대상 부피(control volume)에 대한 힘 수지를 사용하라.

(c) $D(d)$에 대하여 예상된 곡선과 표 P4.9의 실험결과를 비교하기 위하여 log-log 그래프를 그려라. 여러분의 식이 얼마나 정확한가?

4.10. 모세관 부착(capillary adhesion) 그림 P4.10에 보인 바와 같이, 물 한 방울이 두 유리판 사이에 놓인 후, 두께 $2h$, 반지름 R의 경막(film)을 만들기 위하여 두 판을 함께 압축하는 것을 상상해 보자. 유리에 대한 물의 접촉각은 거의 0으로 가정할 수 있다.

표 P4.9 Blanchard와 Syzdek (1977)[a]로부터 모세관과 기포의 크기

d (μm)	D (μm)	d (μm)	D (μm)
1.6	409	56.9	1360
3.6	601	117	1720
4.0	557	320	2330
6.3	719	674	2940
10.8	796	1220	3510
14.2	860	2700	4770
15.5	860		

[a] ±2%–3%의 추정 불확실성을 가지고 그래프로부터 읽은 값들

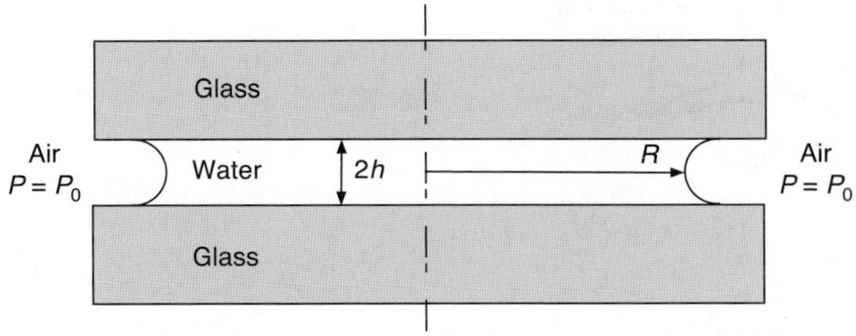

그림 P4.10 유리판 사이 물의 얇은 경막에 의한 모세관 부착

(a) 물 경막(film) 내 P에 대한 일반적인 식을 유도하라. $h \ll R$을 가정하면 이를 간소화할 수 있다. (힌트: 비록 공기-물 계면이 보인 수평 관측에서 바깥쪽 방향으로 오목하지만, 연직 방향으로 보았을 때 바깥쪽 방향으로 *볼록*하다.)

(b) 만약 $h = 5\ \mu m$이고 $R = 1$ cm라면 얼마나 큰 하중(아래쪽 판의 질량과 그것에 붙어 있는 어떤 것의 합)이 지지될 수 있나?

4.11. 모세관 부양(capillary flotation) 물보다 밀도가 매우 큰 물체라도 충분히 작고 적절한 표면 특성을 가지고 있다면 뜰 수 있다. 표면장력의 결과로서, 이를 *모세관 부양*이라 한다. 앞으로, 각 물체가 지름 D와 길이 L인 원통이며, $L \gg D$라고 가정하자.

(a) 그림 P4.11의 두 상황 중에 어느 것이 밀도가 높은($\rho_0 > \rho$) 원통을 띄울 수 있는가? 정성적으로 설명하라.

(b) 표면장력에 기인하는 *최대* 윗방향 힘에 대한 식을 유도하라. 언제 끝부분 효과(end effect)가 무시될 수 있는가?

(c) 소금쟁이는 일상적으로 물 위를 걷는 곤충이다(Hu *et al.*, 2003). 이 종의 대표 개체는 80 μm 지름의 6개의 다리를 가지고 있고 표면 위에서 움직이지 않을 때 물과 접촉하고 있는 다리당 평균 길이는 4 mm이다. 연못 물에 대하여 $\gamma = 67$ mN/m이다. 표면장력에 비하여 부력은 무시할 수 있음을 보여라. 이 곤충이 가라앉지 않을 최대 질량 m은 얼마인

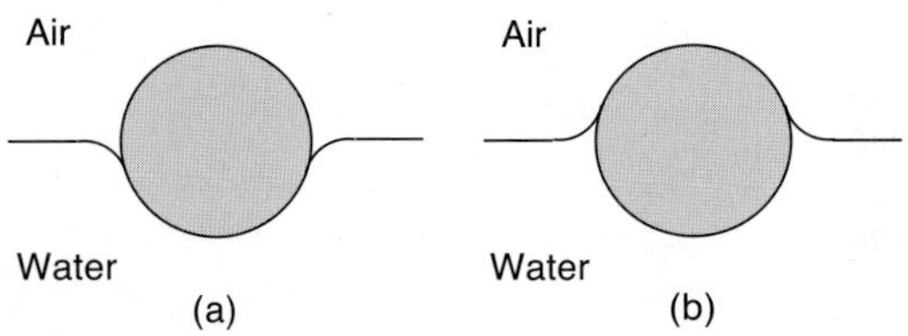

그림 P4.11 물 위에 떠 있는 원통. (a) 저조하게 젖은 표면($\alpha > 90°$)과 (b) 쉽사리 적셔지는 표면($\alpha < 90°$)

가? 실제 질량은 대략 0.01 g이다.

(d) 일반적으로 나무는 뜨지만, 때때로 연못에 저장된 통나무는 물보다 밀도가 커 바닥으로 가라앉는다. 심지어 나무의 표면 특성(접촉각)이 최적일지라도, 표면장력이 그런 불편함을 피하는 데 거의 도움이 되지 않는 이유를 설명하라.

4.12. Plateau-Rayleigh 불안정성 표면장력은 잔물결들을 부드럽게 함으로써 평면의 기체-액체 계면을 안정화시킨다. 그러면 원통형 계면에서 표면장력이 액체를 붕괴시키는 원인이란 것도 놀라운 것이며, 이를 *Plateau-Rayleigh 불안정성(instability)*이라 한다. 그림 P4.12(a)에 반지름 b의 습윤성 섬유가 바깥 반지름 a의 액체 경막으로 덮여져 있다. 여기서 a는 충분히 작아서 $\text{Bo} \ll 1$이고 중력은 무시한다. 작은 교란(예: 진동)에 대한 응답으로서, 그런 경막은 그림 P4.12(b)에 보인 바와 같이 보통 목걸이 형태의 액적들의 집합으로 재정렬한다.

원통형 경막의 불안정성은 보다 낮은 에너지를 구하기 위한 시스템의 결과이다. 중력을 무시하면, 총 에너지의 변화는 표면에너지의 변화 $\gamma\Delta S$와 같다. 그림 P4.12(a)의 점으로 나타낸 곡선과 같이, 계면의 사인파 변형을 일으키는 어떤 것을 상상해 보자. 그런 변형은 파장 λ를 가질 수 있다. 보여진 것은 $\lambda > 2\pi a$일 때 파형 표면의 면적(S_w)은 완만한 표면의 면적(S_0)보다 작다는 것이다. 이것의 실용적인 결과는 원주보다 긴 액체 원통은 자발적으로 붕괴된다는 것이다.

(a) 평균 반지름 h_0를 가지고 있는 자그마한 파형 원통의 국부 반지름은 다음과 같다.

$$h(z) = h_0\left[1 + \varepsilon \sin\left(\frac{2\pi z}{\lambda}\right)\right] \qquad \text{(P4.12-1)}$$

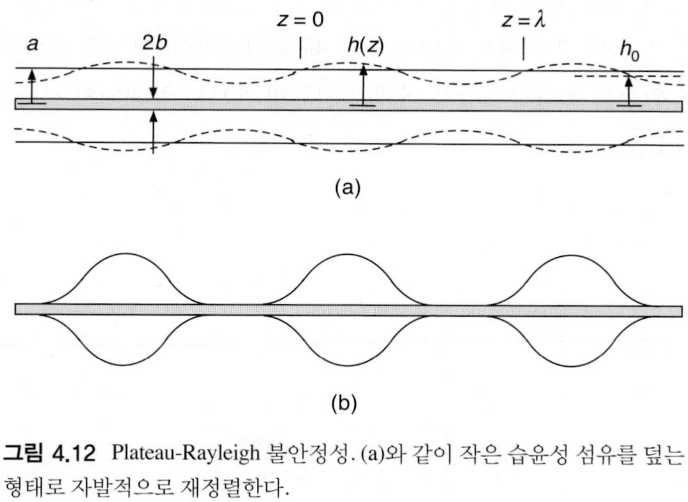

그림 4.12 Plateau-Rayleigh 불안정성. (a)와 같이 작은 습윤성 섬유를 덮는 액체 경막은 (b)처럼 액적들을 꿴 줄 형태로 자발적으로 재정렬한다.

여기서 $\varepsilon \ll 1$이다. (표기를 명백히 하기 위해, 그림 P4.12(a)의 파도 크기 εh_0는 크게 과장되어 있다.) 파형의 부드러운 경막들이 동일한 부피를 가지기 위하여, 다음을 보여라.

$$\frac{h_0}{a} = \left(1 + \frac{\varepsilon^2}{2}\right)^{-1/2} \cong 1 - \frac{\varepsilon^2}{4}. \tag{P4.12-2}$$

여기서 $(1 + x)^{1/2} = 1 + x/2 + \cdots$ 와 $(1 - x)^{-1} = 1 - x + \cdots$를 사용하고, x의 고차 거듭제곱을 포함하고 있는 항들은 무시된다. 그래서 파형 원통의 평균 반지름은 교란되지 않는 반지름보다 약간 작다.

(b) 파장당 계면 면적의 변화는 다음과 같다.[2)]

$$\Delta S = 2\pi \int_0^\lambda h\left[1 + \frac{1}{2}\left(\frac{dh}{dz}\right)^2\right] dz - 2\pi a\lambda. \tag{P4.12-3}$$

$\lambda > 2\pi a$와 작은 ε값에 대하여 $\Delta S < 0$임을 보여라. 따라서 원통형 표면은 초기 진폭이 아무리 적더라도 어떠한 장파장 교란(disturbance)에 대해서도 불안정하다. 진폭은 경막이 그림 P4.12(b)의 '진주들'의 꿴 줄을 형성할 때까지 커진다. 최종 액적 모양을 어떻게 계산할지는 De Gennes *et al*. (2003, p.11)에 논의되어 있다.

임계 파장은 섬유반지름 b와 무관하다는 것을 명심하라. 사실, 내부 원통이 없더라도 이 유도의 중요 부분들은 바뀌지 않는다. 임계파장 $\lambda = \pi d$(여기서 d는 액체 원통의 지름이다)는 약 1870년 벨기에 물리학자 Joseph Plateau에 의하여 실험적으로 발견되었고 후에 Lord Rayleigh에 의하여 이론적으로 확인되었다. De Gennes *et al*. (2003, pp.119~120)에 서술된 바와 같이, Plateau는 물 안에 잠긴 기름 액적들이 서로 밀쳐서 원통 형태로 합체되는 것을 발견하였다. 그러나 원통들은 λ/d가 3.13에서 3.18보다 클 때 붕괴되었다. 잉크젯 출력과 같은 기술에서 원통의 길이가 원주를 초과하자마자 액체의 원통형 제트가 붕괴되기 시작한다는 것은 중요하다(연습문제 1.7).

---

2) 파형 표면(wavy surface)의 미소면적은 원주($2\pi h$)와 호 길이의 미소변화(ds)의 곱이다. 작은 $|dh/dz|$에 대하여 다음과 같다.

$$ds = \left[1 + \left(\frac{dh}{dz}\right)^2\right]^{1/2} dz \cong \left[1 + \frac{1}{2}\left(\frac{dh}{dz}\right)^2\right] dz.$$

5

유체 운동학

5.1 서론

*운동학(kinematics)*은 관련된 힘들에 대한 고려 없이 운동의 서술에 주안을 두는 역학의 한 분야이다. 이 장은 6장의 유체 동역학의 기본적인 방정식을 유도하고 제III부의 다양한 종류의 유동들을 해석하는 데 필요한 배경들을 제공한다. 어떠한 속도장도 유체 내 각 점에서 질량보존의 법칙을 만족해야 한다. 이 요구사항은 연속방정식(continuity equation)에 구체화되어 있으며, 먼저 유도될 것이다. 그리고 난 후 이동 관찰자에 의하여 인지되는 변화 률(rate of change)들이 고려된다. 유체역학에서 특별한 관심사는 유체와 함께 움직이는 가상의 관찰자에 의하여 보인 밀도와 속도의 변화 률이다. 다음에 논의할 것은 유체변형(fluid deformation) 속도를 변형률(rate of strain)로 어떻게 정량화할 것인가이며, 이는 점성응력을 표현하는 데 초석을 제공한다. 두 동적 함수들에 대한 소개로 이 장을 마무리 한다: 회전의 국부 척도인 와류도(vorticity) 및 유동 방향과 속도를 시각화하는 데 유용한 흐름 함수(stream function).

4.1절에서 언급된 부록 자료와 더불어, 부록 A.3절의 벡터 외적(cross product), 부록 A.4절의 벡터의 발산(divergence) 및 회전(curl, 컬), 라플라시안(Laplacian) 연산자 등을 숙지하는 것이 필요하다.

5.2 연속

지금까지는 질량보존의 개념을 부수적으로만 사용하였다. 2장 전체를 통하여 정상상태 파이프 유동에서 입구의 질량 유량(mass flow rate)은 출구에서와 서로 같다는 사실을 이용하였다. 이와 같은 전체 수지가 어떤 목적들에 대하여는 충분한 반면에, 유동을 자세히 예측하기 위하여 필요된 것에는 부족하다. 유체 내 어느 점에서나 질량보존을 표현하는 미분 방정식이 필요하다.

질량보존의 국부(local) 형태는 그림 4.1의 작은 입방체의 부피를 다시 이용함으로써 유도된다. 질량의 축적률을 질량의 순 유입률과 동일시하는 것이 바람직하다. 대상 부피의 전체 질량은 $\rho\Delta x\Delta y\Delta z$이고 시간에 대하여 그것의 증가율은 $\partial(\rho\Delta x\Delta y\Delta z)/\partial t$이다. 질량은 입방체의 여섯 면 중의 어느 것을 통하여 입방체로 들어오거나 나갈 수 있다. x축에 수직인 표면에서 ('x 표면') 부피 유량은 $v_x\Delta y\Delta z$이고 질량 유량은 $\rho v_x\Delta y\Delta z$이다. y와 z 표면들에 대한 식들도 유사하다. x, y, z에 위치한 표면에서 양의 속도는 질량유입을 나타낸 반면에 $x + \Delta x, y + \Delta y, z + \Delta z$에 위치한 표면에서는 질량 유출을 나타내기 때문에, 질량 수지는 다음과 같이 된다.

$$\begin{aligned}\frac{\partial}{\partial t}(\rho\Delta x\ \Delta y\ \Delta z) = (\rho v_x)|_x\ \Delta y\ \Delta z - (\rho v_x)|_{x+\Delta x}\ \Delta y\ \Delta z \\ + (\rho v_y)|_y\ \Delta x\ \Delta z - (\rho v_y)|_{y+\Delta y}\ \Delta x\ \Delta z \\ + (\rho v_z)|_z\ \Delta x\ \Delta y - (\rho v_z)|_{z+\Delta z}\ \Delta x\ \Delta y.\end{aligned} \tag{5.2-1}$$

$\Delta x\Delta y\Delta z$로 나누고 대상 부피(control volume)를 한 점으로 줄이면 다음과 같이 된다.

$$\frac{\partial\rho}{\partial t} = -\frac{\partial}{\partial x}(\rho v_x) - \frac{\partial}{\partial y}(\rho v_y) - \frac{\partial}{\partial z}(\rho v_z). \tag{5.2-2}$$

이는 속도 성분들의 공간적인 편차들은 밀도의 어떤 변화에 대한 보상으로서 필요하다는 것을 증명한다.

식 (5.2-2)의 보다 간결하고 일반적인 형태는 우변이 벡터 $\rho\mathbf{v}$의 음의 발산이라는 것을 인지함에 의하여 얻게 된다. 그 항을 왼쪽으로 옮기면 다음과 같다.

$$\frac{\partial\rho}{\partial t} + \nabla\cdot(\rho\mathbf{v}) = 0. \tag{5.2-3}$$

이것이 유체 내 어느 점에서 질량의 보존을 표현하는 *연속방정식*의 가장 일반적인 형태이다. 비록 벡터를 사용하는 방식으로 쓰여 있지만, 어떠한 좌표계에서도 타당하다. 표 5.1은 직교형, 원통형 및 구형 좌표계들에 대한 그것의 형태를 제공한다.

화학공학에서 다루는 유동에서, 유체 밀도들은 대개 거의 일정하다. 액체뿐만 아니라 기체에서도 사실이다.[1)] 그러면 식 (5.2-3)은 아래와 같이 간단하게 된다.

$$\nabla\cdot\mathbf{v} = 0 \quad (\text{constant } \rho). \tag{5.2-4}$$

비압축성 유체들에 대한 이 관계식은 앞으로 거의 항상 사용할 관계식이다. 이것의 직교형,

1) 12.4절과 12.5절에서 각각 논의된 바와 같이, 매우 긴 도관 또는 음속 근처의 속도에 있는 기체 유동들은 예외이다.

표 5.1 직교형, 원통형 및 구형 좌표계에서 연속방정식

Cartesian (x, y, z):

$$\frac{\partial \rho}{\partial t} + \frac{\partial}{\partial x}(\rho v_x) + \frac{\partial}{\partial y}(\rho v_y) + \frac{\partial}{\partial z}(\rho v_z) = 0$$

Cylindrical (r, ϕ, z):

$$\frac{\partial \rho}{\partial t} + \frac{1}{r}\frac{\partial}{\partial r}(r\rho v_r) + \frac{1}{r}\frac{\partial}{\partial \theta}(\rho v_\theta) + \frac{\partial}{\partial z}(\rho v_z) = 0$$

Spherical (r, θ, ϕ):

$$\frac{\partial \rho}{\partial t} + \frac{1}{r^2}\frac{\partial}{\partial r}(r^2\rho v_r) + \frac{1}{r\sin\theta}\frac{\partial}{\partial \theta}(\rho v_\theta \sin\theta) + \frac{1}{r\sin\theta}\frac{\partial}{\partial \phi}(\rho v_\phi) = 0$$

원통형, 구형 형태들은 표 5.1로부터 $\partial\rho/\partial t = 0$로 설정하고 다른 항들로부터 ρ를 인수화함으로써 얻어진다. 세 좌표계들에 대한 $\nabla \cdot \mathbf{v}$ 또한 표 A.2, A.3, A.4에 각각 주어져 있다. 비록 비압축성이 예제와 연습문제들의 기본 가정이지만 중요한 유도들에는 ρ의 변화를 지속적으로 허용할 것이다.

예제 5.2-1 ● 미지의 속도 성분. 식 (5.2-4)는 속도의 다른 성분들이 주어질 때 미지의 속도 성분을 구하는 데 사용될 수 있다. v_x와 v_y 각각 기껏해야 x와 y에 의존하고 $v_z = 0$인 정상 유동을 고려하자. 단지 2개의 좌표들만 참여하므로, 이 문제는 *2차원*이다. 2개의 0이 아닌 속도 성분을 가지고 있는 두 *방향(bidirection)* 유동이다. 특히, 유체가 $y > 0$인 공간을 차지하고 $v_y = -Cy$, 여기서 $C > 0$인 것을 상상해 보자. 마치 그 평면이 비투과성 표면인 것처럼, $y = 0$에서 $v_y = 0$임을 명심하자. 또한 평면 $x = 0$에 대하여 *반사대칭(reflective symmetry)*이 있다고 상상하자(즉, $x < 0$에 대한 속도장은 $x > 0$에 대한 속도장의 거울 이미지이다). 그런 유동이 그림 5.1에 정성적으로 도시되어 있다. 평평한 표면을 향하는 반사대칭을 가진 유동은 *평면 정체 유동(planar stagnation flow)*이라 일컫는다. C가 알려져 있다는 가정 하에 $v_x(x, y)$를 결정하고자 한다.

$v_z = 0$과 상수 ρ에 대하여, 직교형 연속방정식은 다음과 같이 줄어든다.

$$\frac{\partial v_x}{\partial x} + \frac{\partial v_y}{\partial y} = 0. \tag{5.2-5}$$

$\partial v_x/\partial x$에 대하여 풀고 x에 대하여 적분하면 다음과 같다.

$$v_x(x, y) = -\int \frac{\partial v_y}{\partial y}\, dx = -\int (-C)\, dx = Cx + D \tag{5.2-6}$$

여기서 D는 상수이다. 평면 $x = 0$을 통한 어느 방향의 유동도 가정한 대칭성을 위반하므로, $x = 0$에서 $v_x = 0$이어야 한다. 그래서 $D = 0$와, 다음과 같이 된다.

$$v_x(x) = Cx. \tag{5.2-7}$$

이러한 유동에서 v_x는 실제로 단지 x에만 의존함을 알 수 있다.

예제 5.2-2 ● 우주의 팽창. 우주는 ρ가 시간에 의존하지만, 위치에는 의존하지 않는 시스템이다. 미국 우주비행사 Edwin Hubble (1889~1953)은 각 물체가 지구로부터 거리에 비례하는 속도로 퇴각한다는 것을 관측한 것으로 유명하다. 이 관계식은 *허블 법칙(Hubble's law)*으로 알려져 있다. *허블 상수(Hubble's constant)*로 불리고 여기서 H로 표기된, 속도와 거리 사이 비례인자는 실제로 시간의 함수로 여겨진다. 연속체 모델링(continuum modelling)을 정당화하기 위하여 필요한 메가파섹(megaparsec) 길이 스케일에서(1 parsec = 3×10^{13} km), 우주의 밀도는 공간적으로 균일하다는 것 또한 발견되었다. 이와 같은 관측이 $\rho(t)$에 관하여 무엇을 암시하는 것을 알아보고자 한다.

허블 법칙이 모든 방향에 균등하게 적용되기 때문에, 이것은 *구형 대칭(spherical symmetry)* 문제이다. 즉, 위치들이 지구를 원점으로 한 구형 반지름 좌표 (r)를 사용하여 표현될 수 있다. 운동은 순전히 반지름 방향이고 구형 각도 어느 것에도 의존하지 않는다. 이 좌표계에서 허블 법칙은 간단하게 $v_r = Hr$이다. 구형 연속방정식은 다음으로 단순화 한다.

$$\frac{d\rho}{dt} = -\frac{\rho}{r^2}\frac{\partial}{\partial r}(r^2 v_r). \tag{5.2-8}$$

$v_r = Hr$로 설정하고 밀도항들을 함께 모으면 다음과 같이 된다.

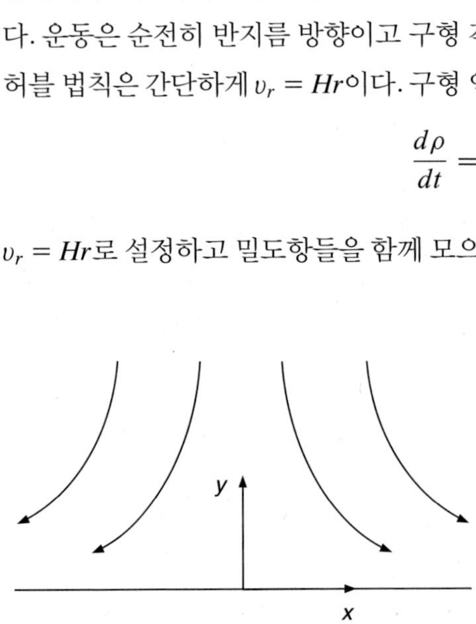

그림 5.1 평면 정체 유동의 정성적 묘사

$$\frac{1}{\rho}\frac{d\rho}{dt} = -3H(t). \tag{5.2-9}$$

$\rho(t)$에 대하여 풀기 위하여 함수 $H(t)$가 필요하다. $\rho(0) = \rho_0$와 H가 일정하다고 가정하면 $\rho(t) = \rho_0 \exp(-3Ht)$가 된다.

예제 5.2-3 ● 공중사에서 여과. 멤브레인(membrane) 여과 장치의 일반적인 유형은 평행하게 배열된 많은 공중사(hollow fiber)들로 구성된다. 각 섬유의 벽은 매우 작은 구멍들을 가지고 있고 압력차가 용매의 유동을 바깥쪽으로 함으로써, 섬유 안쪽에 함유된 거대분자 또는 입자들을 농축시킨다. 그림 5.2는 반지름 R과 길이 L의 섬유 하나를 보여준다. 그 장치의 성능을 예측하기 위하여 섬유 안쪽의 $\mathbf{v}$에 대한 정보가 필요하다. 관심 있는 원통형 속도 성분들은 $v_z(r, z)$와 $v_r(r, z)$이다. 유동은 축대칭이고 (θ에 무관함) 소용돌이가 없다($u_\theta = 0$)고 가정한다. 섬유를 따라 어느 위치에서도 평균 축방향 속도는 $u(z)$이고 벽에서 반지름 방향 속도는 $v_w(z) = v_r(R, z)$이다. 입구와 출구의 평균속도들은 각각 u_0와 u_L이다. 질량보존이 적용될 수 있는 세 가지 수준의 세부 사항들이 설명된다.

총 관계식은 섬유 안쪽의 모든 액체를 대상 부피로 선택함으로써 얻어진다. ρ가 일정하면 질량 수지는 부피 수지와 동일하다. 섬유 안쪽 부피가 일정하므로, 유입과 유출은 같아야 한다. 이를 수지식으로 표현하면 다음과 같다.

$$\pi R^2 u_0 = \pi R^2 u_L + 2\pi R \int_0^L v_w \, dz. \tag{5.2-10}$$

이 식은 다음과 같이 재정렬될 수도 있다.

$$u_L = u_0 - \frac{2}{R}\int_0^L v_w \, dz \tag{5.2-11}$$

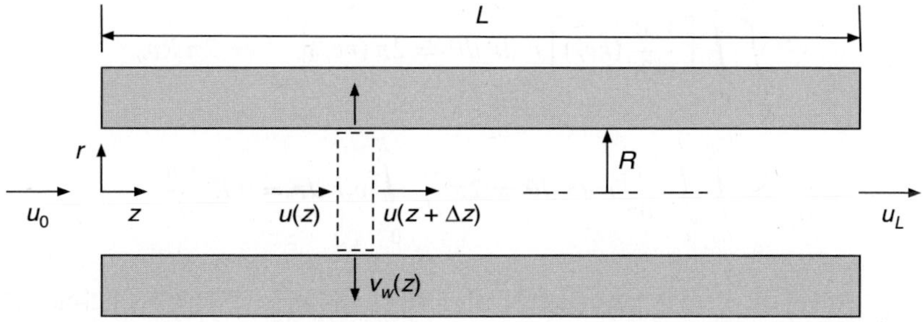

그림 5.2 공중사(hollow fiber)에서 여과

이 식은 출구에서 평균속도가 여과에 의하여 얼마나 많이 감소되는지를 보여준다.

중간 수준의 세부 사항은 그림 5.2의 점선들로 표기된 바와 같이 반지름 R과 어떤 위치 z에 위치한 미소길이 Δz의 대상 부피를 선택함으로써 알려진다. 길이 중의 하나가 미소길이이기 때문에 구축되어야 할 것은 껍질 수지(shell balance)의 일종이다. 이러한 영역에 대한 부피 유입과 유출을 같게 하면 다음과 같이 된다.

$$\pi R^2 u(z) = \pi R^2 u(z + \Delta z) + (2\pi R\,\Delta z)\, v_w(z). \tag{5.2-12}$$

Δz로 나누고 $\Delta z \to 0$으로 놓으면 평균속도를 결정하는 미분방정식이 된다.

$$\frac{du}{dz} = -\frac{2v_w}{R}, \quad u(0) = u_0. \tag{5.2-13}$$

만약 $v_w = (z)$가 알려진다면 $u(z)$에 대하여 풀 수 있다. 따라서 이 접근법은 섬유를 따라 중간 위치에서 평균속도를 제공한다. 가장 간단한 가능성은 일정한 벽속도이며, 이 경우에 대하여 다음과 같이 된다.

$$u(z) = u_0 - \frac{2v_w z}{R} \quad (\text{constant } v_w). \tag{5.2-14}$$

v에 대한 가장 자세한 정보는 식 (5.2-4)에 포함되어 있으며, 표 5.1은 이미 각 좌표계에 대한 그 방정식의 가장 일반적인 형태를 제공한다. ρ가 일정하고 $v_\theta = 0$이면, 원통형 연속방정식은 다음과 같이 줄어든다.

$$\frac{1}{r}\frac{\partial}{\partial r}(rv_r) + \frac{\partial v_z}{\partial z} = 0. \tag{5.2-15}$$

식 (5.2-11)과 (5.2-13) 각각은 질량보존의 보다 자세한 형태로부터 얻을 수 있다. 식 (5.2-11)은 식 (5.2-13)을 유로 길이에 대하여 적분함으로써 구할 수 있다. 마찬가지로, 식 (5.2-13)은 다음과 같이 식 (5.2-15)를 단면적에 대하여 적분함으로써 유도될 수 있다. 원형 단면적에 대한 미소면적은 $dS = r\,dr\,d\theta$이다. 식 (5.2-15)의 각 항을 적분하면 다음과 같이 된다.

$$\int_0^{2\pi}\int_0^R \left[\frac{1}{r}\frac{\partial}{\partial r}(rv_r)\right] r\,dr\,d\theta = 2\pi (rv_r)\Big|_{r=0}^{r=R} = 2\pi R v_w \tag{5.2-16}$$

$$\int_0^{2\pi}\int_0^R \frac{\partial v_z}{\partial z} r\,dr\,d\theta = 2\pi \frac{d}{dz}\int_0^R v_z r\,dr = \pi R^2 \frac{du}{dz} \tag{5.2-17}$$

이 결과들을 조합하면 식 (5.2-13)이 된다. 비록 어느 접근법이든 같은 결과에 이르지만, 식 (5.2-12)와 같은 껍질 수지가 일반적으로 평균속도가 도관을 따라 어떻게 변하는지를 결정하기 위한 보다 간단한 방법이다.

질량보존을 표현하기 위한 세 가지 방법 중에 연속방정식만이 알려지지 않는 속도 성분의 계산을 허용한다. 처음에는 $v_\theta = 0$이라고 가정하였고, 만약 v_w가 너무 크지 않다면, 예제 8.2-2에서 다음의 식이 보여진다.

$$v_z(r, z) = 2u(z)\left[1 - \left(\frac{r}{R}\right)^2\right] \tag{5.2-18}$$

알려지지 않는 것은 v_r이다. 이는 식 (5.2-15)에 식 (5.2-18)과 (5.2-13)을 사용하여 다음을 얻을 수 있다.

$$\frac{1}{r}\frac{\partial}{\partial r}(rv_r) = -\frac{\partial v_z}{\partial z} = -2\frac{du}{dz}\left[1 - \left(\frac{r}{R}\right)^2\right] = \frac{4v_w(z)}{R}\left[1 - \left(\frac{r}{R}\right)^2\right]. \tag{5.2-19}$$

r을 곱한 후 적분하고 다시 r로 나누면 다음과 같이 된다.

$$v_r(r, z) = \frac{2v_w(z)}{R}\left(r - \frac{r^3}{2R^2}\right) + \frac{C}{r}. \tag{5.2-20}$$

상수 C는 v_r이 $r = 0$을 포함한 모든 곳에서 유한해야 한다는 것으로부터 구해진다. 따라서 $C = 0$이고, 다음과 같이 된다.

$$\frac{v_r(r, z)}{v_w(z)} = 2\left(\frac{r}{R}\right) - \left(\frac{r}{R}\right)^3. \tag{5.2-21}$$

5.3 이동 관찰자의 변화 률

유체 유동이나 다른 전달공정들을 해석할 때 움직이는 관찰자에 의하여 감지되는 변화 률이 자주 요구된다. 시간과 위치에 의존 가능한 밀도 또는 온도와 같은 스칼라 함수 f를 고려해 보자. 속도 $\mathbf{u}$로 움직이고 있는 관찰자에 대하여 f의 외관상 변화 률을 $(df/dt)_\mathbf{u}$로 표기한다. 고정된 위치에서, 짧은 시간 간격 Δt에 대한 f의 변화는 $(\partial f/\partial t)\Delta t$이다. 만약 f가 위치에 따라 변하면, 관찰자의 운동은 부가적인 변화를 일으킨다. 예를 들어, x방향으로 적은 정도 Δx 만큼의 이동은 $(\partial f/\partial x)\Delta x$ 변화를 생성한다. 짧은 시간 증가에 대하여 $\Delta x = u_x\Delta t$이고 f의 변화는 $u_x(\partial f/\partial x)\Delta t$와 같다. 비슷한 기여들이 y 및 z 방향 안의 관찰자 움직임으로부터 생겨난다. 그래서 그 시간 간격동안 f의 총 변화는 다음과 같다.

표 5.2 직교형, 원통형 및 구형 좌표계에서 물질 도함수

Cartesian (x, y, z):

$$\frac{D}{Dt} = \frac{\partial}{\partial t} + v_x \frac{\partial}{\partial x} + v_y \frac{\partial}{\partial y} + v_z \frac{\partial}{\partial z}$$

Cylindrical (r, θ, z):

$$\frac{D}{Dt} = \frac{\partial}{\partial t} + v_r \frac{\partial}{\partial r} + \frac{v_\theta}{r} \frac{\partial}{\partial \theta} + v_z \frac{\partial}{\partial z}$$

Spherical (r, θ, ϕ):

$$\frac{D}{Dt} = \frac{\partial}{\partial t} + v_r \frac{\partial}{\partial r} + \frac{v_\theta}{r} \frac{\partial}{\partial \theta} + \frac{v_\phi}{r \sin\theta} \frac{\partial}{\partial \phi}$$

$$\Delta f = \Delta t \left(\frac{\partial f}{\partial t} + u_x \frac{\partial f}{\partial x} + u_y \frac{\partial f}{\partial y} + u_z \frac{\partial f}{\partial z} \right) = \Delta t \left(\frac{\partial f}{\partial t} + \mathbf{u} \cdot \nabla f \right). \tag{5.3-1}$$

마지막 식에는 속도 성분들과 공간 미분들의 조합은 내적과 동일하다는 것을 사용하였다. $\Delta t \to 0$에 대하여 다음과 같다.

$$\left(\frac{df}{dt} \right)_{\mathbf{u}} = \frac{\partial f}{\partial t} + \mathbf{u} \cdot \nabla f. \tag{5.3-2}$$

그래서 인지된 변화 률은 고정된 위치에서 시간에 대한 변화와 관찰자 운동과 공간 구배들의 조합으로 유래되는 변화들의 조합이다.

유체와 함께 움직이는 관찰자가 특히 흥미롭다. $\mathbf{u} = \mathbf{v}$에 대한 변화 률은 다음과 같다.

$$\left(\frac{df}{dt} \right)_{\mathbf{v}} = \frac{\partial f}{\partial t} + \mathbf{v} \cdot \nabla f \equiv \frac{Df}{Dt}. \tag{5.3-3}$$

미분 연산자 D/Dt를 *물질 도함수(material derivative)* 또는 *실질 도함수(substantial derivative)*라 한다. 시간 미분, 유체 속도 및 구배들의 조합은 종종 그 부호들은 충분히 가치 있게 한다. *유선(streamline)*은 유체의 한 작은 요소가 따라가는 궤도이다(5.6절). 그래서 유체와 함께 움직이는 관찰자의 변화 률은 유선을 따른 변화 률이다. 표 5.2에 세 가지 일반 좌표계들에 대한 D/Dt 연산자가 주어져 있다.

비록 여기선 스칼라 함수 f에 대하여 제시되어 있지만, 물질 도함수는 벡터에 대해서도 작용한다. 사실 6장에 보인 바와 같이, $D\mathbf{v}/Dt$는 선형 운동량보존에 대한 미분방정식 내 유체 가속도를 표현한다. 다양한 좌표계에서 $\mathbf{v} \cdot \nabla \mathbf{v}$를 어떻게 구할지는 A.5절에 설명되어 있다.

예제 5.3-1 ● 날씨 관측기구에 의하여 탐지된 온도 변화. 부력에 의하여 떠있고 또한 바람에 의하여 움직이는 풍선 위 한 장치에 의하여 측정되는 온도 변화 률을 계산하도록 해보자. 풍선의 연직 및 수평속도 성분들은 각각 2 m/s와 5 m/s로 일정하다고 가정한다. 대기 온도는 정상 상태이고, 지구의 표면(z) 위의 높이에 따라 다음과 같이 변한다고 상상해 보자.

$$T(z) = T_0 - Gz \tag{5.3-4}$$

여기서 $T_0 = 15°\text{C}$이고 $G = 6.5°\text{C/km}$이다.

온도가 z만의 함수이므로, 식 (5.3-2)는 다음과 같이 줄어든다.

$$\left(\frac{dT}{dt}\right)_{\mathbf{u}} = u_z \frac{\partial T}{\partial z} = -u_z G. \tag{5.3-5}$$

$\partial T/\partial x = 0 = \partial T/\partial y$ 때문에 u_x와 u_y 값들은 상관없음을 명심하라. 관측된 온도 변화 률은 (2 m/s)(10^{-3} km/m)(−6.5 °C/km) = −0.013°C/s이다.

물질 도함수(material derivative)는 연속방정식이 또 다른 형태로 쓰일 수 있도록 한다. 표 A.1로부터, $\nabla \cdot (\rho\mathbf{v}) = \mathbf{v} \cdot \nabla\rho + \mathbf{v}$이며, 이를 식 (5.2-3)에 대입하면 다음과 같이 된다.

$$\frac{1}{\rho}\frac{D\rho}{Dt} = -\nabla \cdot \mathbf{v}. \tag{5.3-6}$$

이것은 속도 $\mathbf{v}$로 움직이는 관찰자가, 만약 $\nabla \cdot \mathbf{v} < 0$이면 유체의 압축($\rho$의 증가)을, 그리고 만약 $\nabla \cdot \mathbf{v} > 0$이면 유체의 팽창($\rho$의 감소)을 경험하는 것을 각각 보여준다.

5.4 변형률

유체를 정의하는 특성은 유체가 전단힘을 받을 때 계속적으로 변형한다는 것이다. 고체역학에서 변형(deformation)은 일반적으로 길이의 비인 *변형도(strain)*로 표현된다. ΔL만큼 늘어난 초기 길이 L의 샘플에 대하여 변형도는 $\Delta L/L$이다. 이것이 점성응력들을 결정하는 변형의 속도이기 때문에, 유체역학에서 $L^{-1}dL/dt$로 정의되고, 시간의 역수 차원을 가지고 있는 *변형률(rate of strain)*에 관심을 가지게 된다.

유체에서 변형률을 정량화하기 전에, 변형이 일어나고 일어나지 않는 때를 명확하게 해야 한다. 2차원 유체 운동에 대한 네 가지 기본적인 형태가 그림 5.3에 도시되어 있다. 각 경우에 정사각형들은 시간 t에서 작은 유체요소의 위치를 나타내며, 점선 모양은 시간 $t + \Delta t$에서 그들의 위치이다. 유체 속도에서 움직이고 정체성을 유지하는 그런 요소들을 *물질 점*

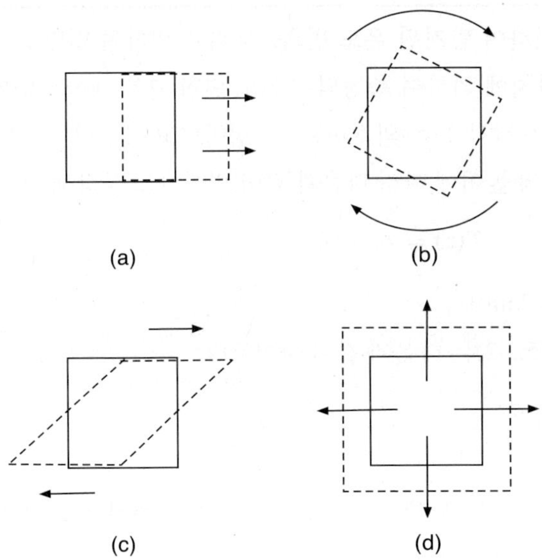

그림 5.3 2차원에서 유체운동의 기본 형태. (a) 균등 병진, (b) 강체 회전, (c) 단순 전단, (d) 부피팽창(dilatation). 시간 t와 $t + \Delta t$에서 유체요소들의 위치들은 각각 실선과 점선으로 나타내었다.

*(material points)*라 한다.

속도가 모든 곳에서 같기 때문에 균등 병진(uniform translation)으로부터 변형은 없다[그림 5.3(a)]. 그림에서 사각형의 어떠한 두 점도 오른쪽으로 움직인 후에도 동일한 거리를 유지한다. *강체 회전(rigid-body rotation)* 또한 선형속도가 위치에 따라 변함에도 불구하구 변형은 존재하지 않는다[그림 5.3(b)]. 비록 변형과는 관련이 없지만, 강체 회전은 와류도와 관련 있고 5.5절에서 다시 다룬다. 정지한 질량 중심으로 도시된[그림 5.3(c)] *단순 전단(simple shear)*에서는 사각형의 연직면이 기울어지고 길어짐에 의하여 변형이 명백해진다. 이것이 일정한 밀도에서 일어날 수 있음을 강조하기 위하여, 닫힌 면적은 일정하게 유지되었다. 대조적인 타입의 변형은 *부피팽창(dilatation)*으로서[그림 5.3(d)], 전적으로 밀도의 변화로부터 기인한다. 정사각형의 팽창(expansion)은 밀도의 지속적인 감소에 상응한다. 요약하면, 변형은 단지 마지막 두 종류의 운동에 의하여만 일어난다. 단순 전단은 '부피를 보존'하고 순수 부피팽창(dilatation)은 '모양을 보존'한다는 사실로부터 그 두 가지가 어느 정도 구별이 된다. 이러한 정성적인 차이는 점성 응력들의 정량화에 영향을 미친다(6장).

그 두 종류의 변형들이 아래에 보다 자세하게 검토된다.

예제 5.4-1 • 단순 전단유동에서 변형률. 단순 전단유동에 있는 한 쌍의 물질 점들에 대한 변형률을 계산하도록 하자. 그림 5.4에 보인 바와 같이, 기준 프레임은 점 1이 정지해 있고 점

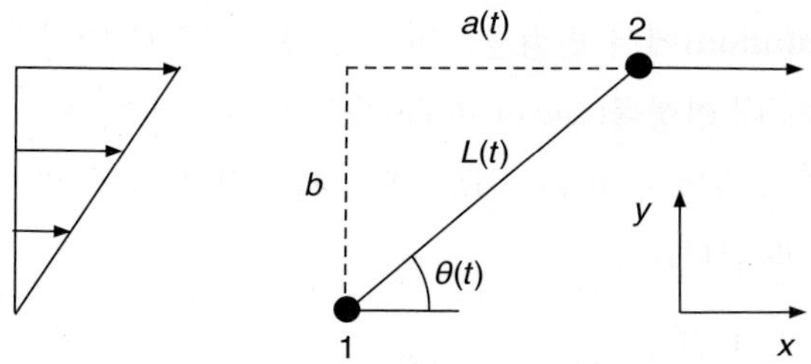

그림 5.4 단순 전단유동 내 두 물질 점들. 정지해 있는 점 1과 오른쪽으로 움직이고 있는 점 2 사이, 거리 $L(t)$는 시간에 따라 증가하고 각도 $\theta(t)$는 감소한다.

2가 x축과 평행하게 움직이도록 선택되었다. 주어진 순간에 점 2의 x 및 y 좌표들은 점 1의 좌표들과 각각 $a(t)$와 b만큼 다르다. 그 점들은 거리 $L(t)$만큼 떨어져 있으며, 그들 사이 직선은 x축과 각도 $\theta(t)$를 이루고 있다. 점 1을 $y = 0$에 놓으면, 유체속도는 다음과 같이 주어진다.

$$v_x(y) = cy, \quad v_y = 0 = v_z \tag{5.4-1}$$

여기서 c는 1.2절에서 정의된 전단률(shear rate)에 상응하는 상수이다.

$L^2 = a^2 + b^2$이고, b가 일정하므로 다음과 같이 된다.

$$\frac{d(L^2)}{dt} = 2L\frac{dL}{dt} = 2a\frac{da}{dt}. \tag{5.4-2}$$

a의 변화 률은 바로 $y = b$에서 v_x값, 또는 $da/dt = cb$이다. 이것을 식 (5.4-2)에 대입하고 L^2으로 나누면 다음과 같이 된다.

$$\frac{1}{L}\frac{dL}{dt} = \frac{abc}{L^2}. \tag{5.4-3}$$

$a = L\cos\theta$와 $b = L\sin\theta$를 사용하면, 변형률은 다음과 같다.

$$\frac{1}{L}\frac{dL}{dt} = c\,\sin\theta\,\cos\theta. \tag{5.4-4}$$

단순 전단에서 변형률은 같지는 않지만 전단률(shear rate) c에 비례함을 알 수 있다. 이러한 특이한 종류의 유동에서 변형률은 공간적으로 균일하다. 즉, 변형률은 점 1의 위치에 무관하다. 그러나 점들을 연결하는 직선의 방향에는 의존한다. 만약 그 직선이 오른쪽으로 기울어진다면 (그림 5.4처럼) 양수이고 왼쪽으로 기울어진다면 음수이다. 그 점들이 x 또는 y축에 일직선으로 배열된다면 ($\pi/2$의 정수배인 θ) 사라지게 되고, 그것의 절댓값은 θ가 $\pi/4$의 곱일 때 가장 크다.

예제 5.4-2 ● 순수 부피팽창(dilatation)에서 변형률. 밀도가 공간적으로 일정하나 시간에 따라 알려진 방식으로 변하는 유체 내 변형률(rate of strain)을 계산하고자 한다.

만약 밀도가 알려진다면, 단위 질량당 부피 $\hat{V}(=1/\rho)$ 또한 알려진 것이다. 위치와 무관한 ρ와 $\hat{V}$로 인하여 식 (5.3-6)은 다음과 같다.

$$\frac{1}{\hat{V}}\frac{d\hat{V}}{dt} = \nabla \cdot \mathbf{v} = f(t). \tag{5.4-5}$$

순간적인 값에 대한 상대적인 $\hat{V}$의 변화 률(rate of change)이 *부피팽창 률(rate of dilatation)*이다. 그래서 균등한 밀도의 유체에서 부피팽창 률(rate of dilatation)은 속도의 발산과 같다. 부피팽창 률(rate of dilatation)은 주어진 $\rho(t)$로부터 계산될 수 있어, $f(t)$는 알려진 것으로 간주된다.

이것은 구형적 대칭 문제이다. 변형률(rate of strain)을 계산하기 위한 물질 점들은 그림 5.5에 보인 바와 같이 점 1은 원점에 있고 점 2는 $r = L(t)$ 반지름 방향에 놓이도록 선택된다. 비록 바깥쪽으로 향하는 화살표들이 감소하는 밀도(또는 증가하는 비부피)를 암시하지만, 아래 유도는 증가하는 밀도에도 동등하게 적용된다. 단지 차이는 감소하는 ρ에 대하여 $f > 0$이고 증가하는 ρ에 대하여 $f < 0$이다.

dL/dt가 점 2에서 반지름 방향 속도와 같으므로, 변형률은 다음과 같다.

$$\frac{1}{L}\frac{dL}{dt} = \frac{1}{L}v_r(L, t). \tag{5.4-6}$$

v_r을 구하기 위해, 먼저 속도의 발산을 다음과 같이 나타낼 수 있다.

$$\nabla \cdot \mathbf{v} = \frac{1}{r^2}\frac{\partial}{\partial r}(r^2 v_r) = f(t). \tag{5.4-7}$$

r^2을 곱하고 적분한 후 다시 r^2으로 나누면 다음과 같다.

$$v_r(r, t) = \frac{r f(t)}{3} + \frac{a(t)}{r^2} \tag{5.4-8}$$

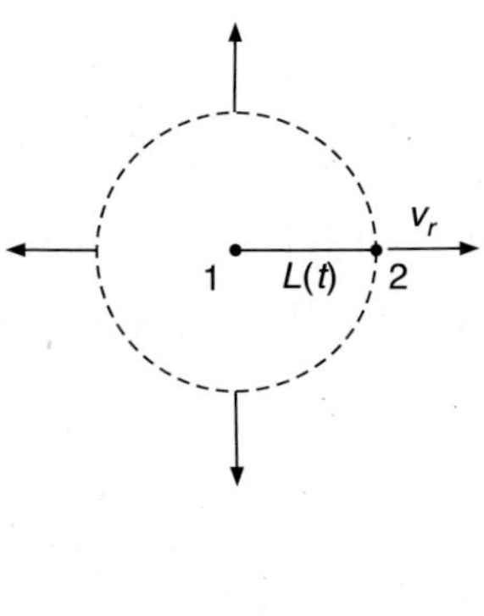

그림 5.5 확장(dilatation) 시 변형률을 계산하기 위한 개략도. 점 1은 원점에 있고, 점 2는 속도 v_r로 반지름 방향으로 움직이며, $L(t)$는 두 점 사이 거리이다.

이 되며, 여기서 $a(t)$는 적분 '상수(실제로, 시간에 대한 함수일 수 있다)'이다. $r = 0$에서 속도가 유한하기 위해서는 $a(t) = 0$이어야 한다. 따라서 다음과 같이 된다.

$$v_r(r, t) = \frac{r\,f(t)}{3}. \tag{5.4-9}$$

$r = L$에서 이것을 구하여 그 결과를 식 (5.4-6)으로 대입하면 다음과 같이 된다.

$$\frac{1}{L}\frac{dL}{dt} = \frac{f(t)}{3} = \frac{1}{3}\nabla \cdot \mathbf{v}. \tag{5.4-10}$$

그래서 순수 부피팽창(dilatation)에서 변형률(rate of strain)은 속도 발산의 1/3이다.

5.5 와류도

정의

와류도(vorticity) 벡터 **w**는 속도의 *회전(curl, 컬)*으로 정의된다.

$$\mathbf{w} = \nabla \times \mathbf{v}. \tag{5.5-1}$$

따라서 어떤 공간 도함수를 구하는 것은 **w**를 알려진 속도장에 대한 위치와 시간의 함수로써 계산되도록 한다. 세 가지 공통 좌표계에 대한 일반적인 식들이 표 5.3에 주어진다.

'vortex'(유체의 소용돌이치고 있는 강체)로부터 'vorticity'란 단어의 유도가 암시하는 것처럼, **w**는 회전운동의 척도이다. 그것은 강체 회전을 겪고 있는 유체에 대하여 가장 뚜렷하

표 5.3 직교형, 원통형 및 구형 좌표계에서 와류도

Cartesian (x, y, z):

$$\mathbf{w} = \left(\frac{\partial v_z}{\partial y} - \frac{\partial v_y}{\partial z}\right)\mathbf{e_x} + \left(\frac{\partial v_x}{\partial z} - \frac{\partial v_z}{\partial x}\right)\mathbf{e_y} + \left(\frac{\partial v_y}{\partial x} - \frac{\partial v_x}{\partial y}\right)\mathbf{e_z}$$

Cylindrical (r, θ, z):

$$\mathbf{w} = \left(\frac{1}{r}\frac{\partial v_z}{\partial \theta} - \frac{\partial v_\theta}{\partial z}\right)\mathbf{e_r} + \left(\frac{\partial v_r}{\partial z} - \frac{\partial v_z}{\partial r}\right)\mathbf{e_\theta} + \left(\frac{1}{r}\frac{\partial}{\partial r}(r v_\theta) - \frac{1}{r}\frac{\partial v_r}{\partial \theta}\right)\mathbf{e_z}$$

Spherical (r, θ, ϕ):

$$\mathbf{w} = \frac{1}{r\sin\theta}\left(\frac{\partial}{\partial \theta}(v_\phi \sin\theta) - \frac{\partial v_\theta}{\partial \phi}\right)\mathbf{e_r} + \left(\frac{1}{r\sin\theta}\frac{\partial v_r}{\partial \phi} - \frac{1}{r}\frac{\partial}{\partial r}(r v_\phi)\right)\mathbf{e_\theta} + \left(\frac{1}{r}\frac{\partial}{\partial r}(r v_\theta) - \frac{1}{r}\frac{\partial v_r}{\partial \theta}\right)\mathbf{e_\phi}$$

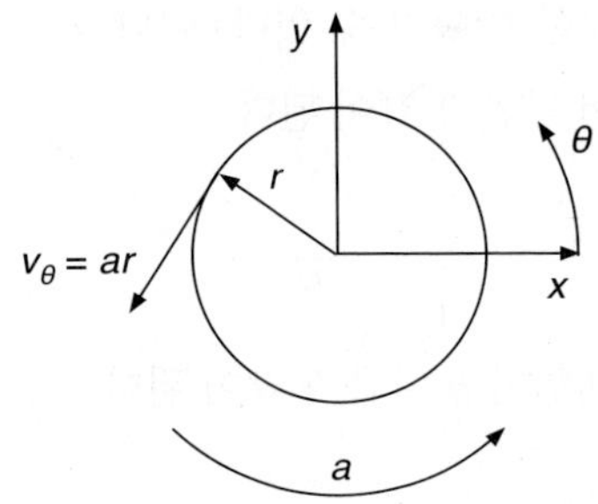

그림 5.6 z축을 각속도 a로 강체 회전(rigid-body rotation)하는 동안 물질 점의 원형 경로. 직교형 및 원통형 좌표계들로 나타내었다.

다. 그림 5.6과 같이, z축에 대하여 각속도 a로 회전하는 것을 상상해 보자. 원통형 좌표계를 이용하여, θ 방향의 선형속도는 $v_\theta = ar$이다. 반지름 또는 축 방향 유동은 없다($v_r = 0 = v_z$). 따라서 0이 아닌 $\mathbf{w}$ 성분은 다음과 같다.

$$w_z = \frac{1}{r}\frac{\partial}{\partial r}(rv_\theta) = \frac{1}{r}\frac{\partial}{\partial r}(ar^2) = 2a. \tag{5.5-2}$$

그래서 강체 회전(rigid-body rotation)에 대하여 와류도(vorticity)는 공간적으로 일정하며, 그것의 크기는 각속도의 두 배이다.

강체 회전처럼, 단순 전단 유동(simple shear flow)에서도 일정하면서 0이 아닌 와류도가 존재한다. $v_x = cy$ 와 $v_y = 0 = v_z$에 대하여(예제 5.4-1처럼) 다음과 같다.

$$w_z = -\frac{\partial v_x}{\partial y} = -c \tag{5.5-3}$$

이때, $\mathbf{w}$의 다른 성분들은 0이다. 여기서 그리고 식 (5.5-2)에서 w_z의 부호는 회전의 방향을 가리킨다. 양의 z로부터 볼 때, $w_z > 0$에 대하여 시계반대 방향이며(그림 5.6), $w_z < 0$에 대하여 시계방향이다(그림 5.4). 보다 복잡한 유동에서 $\mathbf{w}$는 위치에 의존하여 쉽사리 분간할 수 있는 회전축들이 없다.

비회전 유동

만약 어떠한 이유에서도 모든 곳에서 $\mathbf{w} = \nabla \times \mathbf{v} = 0$이면, 유동은 *비회전성(irrotational)*이라 한다. 평면 정체 유동(예제 5.2-1)이 하나의 예이다. 비회전 유동들은 특이한 수학적인 특성을 가지고 있다. 어떤 스칼라 함수 f에 대해서도 $\nabla \times \nabla f = \mathbf{0}$(표 A.1)라는 점에서, 만약 $\mathbf{w} = \mathbf{0}$이면 명백하게 다음과 같은 *속도포텐셜(velocity potential)* ϕ가 존재한다.

$$\mathbf{v} = \nabla \phi. \tag{5.5-4}$$

비압축성 유체($\nabla \cdot \mathbf{v} = \mathbf{0}$)에 대한 연속방정식은 그 함수가 *Laplace 방정식*을 만족하게 한다.

$$\nabla^2\phi = 0 \tag{5.5-5}$$

여기서 $\nabla^2 = \nabla \cdot \nabla$은 라플라스 연산자이다. 일반 공통 좌표계들에서 ∇^2에 대한 식들이 A.5절에 주어져 있다. 식 (5.5-5)가 적용될 때, *포텐셜 유동(potential flow)*이 존재한다. 그래서 비회전 유동과 포텐셜 유동은 같은 뜻을 가진다.

$\mathbf{w} = \mathbf{0}$일 때 속도포텐셜의 존재는 적절한 경계조건들을 가지고 식 (5.5-5)를 풀어 속도장을 구할 수 있음을 나타낸다. Laplace 방정식에 대해서는 각 경계($\mathbf{n}$이 단위 법선벡터인)에서 $\mathbf{n} \cdot \nabla\phi$를 지정하는 것만으로도 충분하며, 각 경계에서 $\mathbf{v}(= \nabla\phi)$가 알려진다면 이 정보는 이용 가능하다. 이것을 흥미롭게 하는 것은 Laplace 방정식의 선형성과 시간 도함수의 부재가 그것을 풀기 쉬운 편미분 방정식 중의 하나로 만든다는 것이다. 그것을 물리적으로 의미 있는 것으로 만드는 것은 비회전성 속도장이 비압축성 뉴톤 유체(Newtonian fluid)에 대한 운동량 보존을 표현하는 *Navier-Stokes 방정식*의 정확한 해라는 것이다. Navier-Stokes 방정식은 6장에서 유도되고, $\mathbf{w} = \mathbf{0}$일 때 왜 그것이 만족되어야 하는지는 9장에서 설명한다. 질량 및 운동량보존을 만족하기 위한 포텐셜 유동 수식의 역량과 동시에 Laplace 방정식을 해석적으로 풀기 위한 많은 방법들이, 그런 문제들을 응용수학 세대들의 가장 좋아하는 분야로 만들었다.

모든 경계에서 명시된 $\mathbf{n} \cdot \nabla\phi$를 가지고 식 (5.5-5)의 해는 부가상수 내에서만 유일하게 된다. $\mathcal{P}$ 또는 전기포텐셜에 대해서는 단지 ϕ 의 구배만이 물리적인 의미가 있고 상수는 자유로이 선택될 것이다. 실제로, '상수'는 함수 $f(t)$를 ϕ에 부가하는 것이 식 (5.5-4) 또는 (5.5-5)에 영향을 미치지 않는다는 점에서 시간의 함수일 수 있다. 부가 상수 또는 시간의 함수를 떠나서, 만약 경계 속도들이 t에 의존한다면 ϕ는 위치뿐만 아니라 t에 의존할 것이다. 심지어 그렇더라도 ϕ는 아직도 식 (5.5-5)에 의하여 좌우된다.

요약하면, 만약 유동이 비회전성($\mathbf{w} = \mathbf{0}$)으로 알려진다면 속도포텐셜이 존재하고 속도장을 결정하는 것은 상대적으로 간단하다. 그렇지 않으면($\mathbf{w} \neq \mathbf{0}$), 식 (5.5-4)를 만족하는 함수 ϕ가 없고 어떤 다른 접근법이 필요하다. 실제 유동들이 거의 비회전성이라는 상황들은 9장에서 논의될 것이다.

5.6 흐름 함수

*흐름 함수(stream function, ψ)*는 해석적으로 또는 수식적으로 구해진 속도장을 시각화하기 위하여 사용될 수 있다.[2] 그것은 두 방향의 비압축성 유동들에 적용될 수 있다. 단일방향 유

---

2) 예를 들어, Deen (2012)이 보인 바와 같이, ψ는 속도를 지배하는 미분방정식을 푸는 데 또한 유용할 수 있다.

동에서 ψ에 대한 필요는 거의 없으며, 만약 3개의 속도성분들이 있거나 ρ가 변하면 ψ는 정의되지 않는다.

기술적 또는 과학적 관심의 대상이 되는 많은 유동들은 좌표계가 적절하게 선택된다면 단일방향 또는 두 방향 유동이 된다. 두 방향 유동들은 세 번째 속도 성분을 삭제하여 만드는 대칭의 종류에 따라 2개의 넓은 부류로 분류된다. *평면(planar)* 유동에서, $v_z = 0$이고 다른 속도 성분들은 z와 무관하다. 평면 정체 유동(예제 5.2-1)이 한 예이다. 모델에 따라 평면 문제는 직교형(x, y) 또는 원통형(r, θ) 좌표계를 이용하여 해석될 수 있다. *축대칭(axisymmetric)* 유동에서는 z축에 대한 회전대칭이 있어, 모든 값들은 원통형 또는 구형 각도와 무관하다. 원통형 좌표계에서 0이 아닌 속도성분들은 v_r과 v_z이고 어느 것도 θ에 의존하지 않는다. 그런 상황에서 z축에 대한 회전 운동이 없다고 가정하여 $v_\theta = 0$이다. 투과성 관내 유동(예제 5.3-2)이 일례이다. 구형 좌표계에서 z축에 대한 회전을 표현하는 각은 ϕ이고, 만약 유동이 축대칭이면, $v_\phi = 0$이고 아무것도 ϕ에 의존하지 않는다. 이 경우에 0이 아닌 속도 성분들은 구의 v_r과 v_θ이다. 회전 타원체들이나 원뿔들과 같은 회전체들을 지나는 유동들이 이 분류에 속한다.

직교형 좌표계에서 평면 유동에 대하여 $\psi(x, y, t)$는 다음과 같이 정의된다.

$$v_x = \frac{\partial \psi}{\partial y}, \quad v_y = -\frac{\partial \psi}{\partial x}. \tag{5.6-1}$$

단지 공간 도함수들만이 명시되었기 때문에 ψ는 전기포텐셜 $\mathcal{P}$ 또는 속도포텐셜처럼 자유로이 선택될 수 있는 부가 상수를 포함한다. 식 (5.6-1)의 중요한 측면은 연속방정식과의 일관성이다. 즉, 다음과 같다.

$$\nabla \cdot \mathbf{v} = \frac{\partial v_x}{\partial x} + \frac{\partial v_y}{\partial y} = \frac{\partial}{\partial x}\left(\frac{\partial \psi}{\partial y}\right) + \frac{\partial}{\partial y}\left(-\frac{\partial \psi}{\partial x}\right) = 0. \tag{5.6-2}$$

이때, 일정 ρ에 대한 연속방정식이 시간을 포함하지 않기 때문에 식 (5.6-1)의 정의는 정상 또는 비정상 유동에 대하여 동일하게 잘 작동한다.

흐름 함수는 어떠한 직교(orthogonal), 곡면(curvilinear) 좌표계에도 구성될 수 있다(Deen 2012, pp.255~256). 두 평면과 두 축대칭 경우에 대하여 정의한 식들이 표 5.4에 주어진다.

유선과 유맥선

유동 가시화(visualization)에 대하여 흐름 함수를 가치 있게 만드는 것은 일정한 ψ 값들이 *유선(streamline)*에 상응한다는 것이다. 유선은 모든 곳에서 속도 벡터에 접하는 곡선이다. 그

표 5.4 평면 또는 축대칭 유동에 대한 흐름 함수의 정의

Planar, Cartesian (x, y):

$$v_x = \frac{\partial \psi}{\partial y}, \quad v_y = -\frac{\partial \psi}{\partial x}$$

Planar, cylindrical (r, θ):

$$v_r = \frac{1}{r}\frac{\partial \psi}{\partial \theta}, \quad v_\theta = -\frac{\partial \psi}{\partial r}$$

Axisymmetric, cylindrical (z, r):

$$v_z = \frac{1}{r}\frac{\partial \psi}{\partial r}, \quad v_r = -\frac{1}{r}\frac{\partial \psi}{\partial z}$$

Axisymmetric, spherical (r, θ):

$$v_r = \frac{1}{r^2 \sin\theta}\frac{\partial \psi}{\partial \theta}, \quad v_\theta = -\frac{1}{r \sin\theta}\frac{\partial \psi}{\partial r}$$

림 5.6의 원은 특별하게 단순한 유선이다. 일정 ψ의 곡선이 유선에 상응하는 것은 정상유동에서 국부(local) 유체속도로 움직이는 관찰자에 의하여 보인 f의 변화 률이 $\mathbf{v} \cdot \nabla f$임을 상기함으로써 알 수 있다. 식 (5.6-1)을 사용하면 다음과 같다.

$$\mathbf{v} \cdot \nabla \psi = v_x \frac{\partial \psi}{\partial x} + v_y \frac{\partial \psi}{\partial y} = \left(\frac{\partial \psi}{\partial y}\right)\frac{\partial \psi}{\partial x} + \left(-\frac{\partial \psi}{\partial x}\right)\left(\frac{\partial \psi}{\partial y}\right) = 0. \qquad (5.6\text{-}3)$$

그래서 ψ는 언급된 바와 같이 주어진 유선을 따라서 일정하다. 조만간 증명될 것이지만, 만약 유선들의 한 집합, ψ의 다른 값에 상응하는 각각이 계산된다면, 유동 형태는 등고선 도(contour plot)를 사용하여 가시화될 수 있다.

정의에 의하여, 어떠한 유선에 수직인 (가로지르는) 유동은 없다. 따라서 비투과성 표면은 항상 유선과 일치하고 ψ의 어느 상수값에 상응한다. 대칭면에 대하여도 그러하다.

일반적으로, 물질 점이 따라가는 경로는 *유맥선(streakline)*이다. 정상 유동에서 유맥선이 유선과 같은 반면에 시간-의존성 유동에서 그들은 같지 않다. 그 차이는 유선들은 단지 속도장의 순간적인 '스냅사진(snapshot)'을 제공한다는 사실로부터 기인한다. 위치뿐만 아니라 시간에 따라 변하고 있는 속도는 순간순간 유선의 형태를 변경할 것이다. 따라서 비정상 유동에서 물질 점은 주어진 순간에 거주하고 있는 유선을 따라갈 수 있는 시간을 가지지 못한다. 이러한 이유로 기포 또는 반사입자들의 경로를 보여주는 시간-노출 사진들은 만약 유동이 정상적이면 해석하기 가장 쉽고, 그런 경우에 사진의 유맥들은 이론적으로 계산될 수 있는 유선들과 일치한다. 많은 흥미롭고 유익한 사진들이 이러한 방식으로 생성되었다(Van

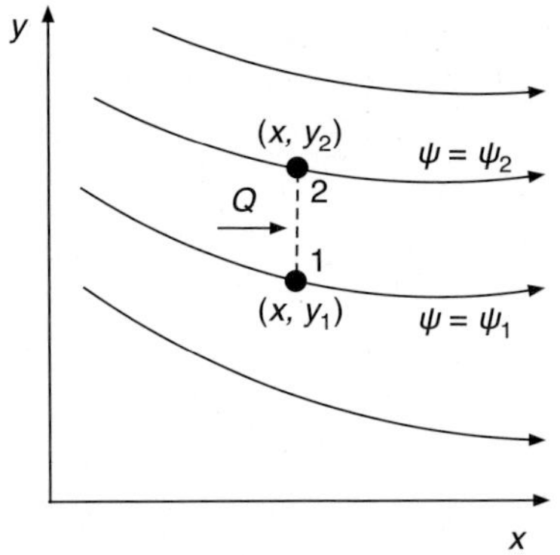

그림 5.7 근접한 유선상의 점 1과 2의 좌표들을 보여주고 있는 가상적인 유선 그림

Dyke, 1982).

유선 그림은 유동 방향뿐만 아니라 상대적인 유동 속도를 가리킨다. 만약 각 쌍의 유선 사이 ψ의 간격이 같다면, 유선 사이 거리는 국부 속도(local velocity)에 반비례한다. 이것은 그림 5.7에 보인(x, y_1)과 (x, y_2)이다. 만약 z방향의 길이가 W이면 점선으로 보인 평면을 가로지르는 총 유속은 다음과 같다.

$$Q = W \int_{y_1}^{y_2} v_x \, dy = W \int_{y_1}^{y_2} \frac{\partial \psi}{\partial y} \, dy = W(\psi_2 - \psi_1) \tag{5.6-4}$$

여기서 ψ_1과 ψ_2는 유선들의 ψ값들이다. 그래서 만약 ψ의 증가가 일정하다면 유선들의 어떠한 쌍 사이 유량은 같다.[3] 그러면 보다 가까운 거리는 (유동에 대하여 보다 작은 면적) 보다 큰 속도에 상응해야 한다. 우연하게도, 그림 5.7의 유선상의 $v_x = \partial\psi / \partial y > 0$를 나타내는 화살표들은 $\psi_2 > \psi_1$에 상응한다.

예제 5.6-1 ● 흐름 함수로부터 유선. 예제 5.2-1의 평면 정체 유동(planar stagnation flow)에 대하여 유선들을 그리고자 한다. 거기서 $y > 0$인 공간상의 유체에 대하여 상수 C를 가지고 $v_x = Cx$와 $v_y = -Cy$ 임을 보였다. 식 (5.6-1)은 $\partial\psi / \partial y = Cx$임을 나타낸다. 적분하면 다음과 같다.

$$\psi(x, y) = Cxy + f(x). \tag{5.6-5}$$

3) ψ의 일정한 값은 실제로 곡선보다는 표면에 상응한다. 유선 그림의 곡선들은 x-y 평면과 같은 한 평면과 그들의 표면 사이의 교선들이다. 비록 '흐름 표면'이 보다 정확해지고 때때로 사용되기도 하지만, ψ를 일정하게 유지하는 결과를 유선이라 부르는 것이 일반적이다.

편미분으로 시작하였기 때문에 적분 '상수'는 x에 의존할 수 있어 $f(x)$로 표기된다. 비슷하게, 식 (5.6-1)은 $\partial\psi/\partial x = Cy$를 나타내고 적분은 다음에 이르게 된다.

$$\psi(x, y) = Cxy + g(y) \tag{5.6-6}$$

여기서 $g(y)$는 또 다른 함수이다. $f(x) = g(y)$인 경우에만 $\psi(x, y)$에 대한 두 표현들이 일치될 수 있다. f와 g가 다른 변수의 함수이기 때문에 둘 다 상수일 때만 같아질 수 있다. 이전에 언급한 바와 같이, ψ에는 자유로이 선택될 수 있는 부가 상수가 항상 존재한다. $f = g = 0$를 선택하면, 흐름 함수(stream function)는 다음과 같이 된다.

$$\psi(x, y) = Cxy. \tag{5.6-7}$$

평면 $x = 0$과 $y = 0$ 각각이 0으로 선택한 ψ의 동일한 상수값에 대응한다. 다시 말하자면, 둘 다 $\psi = 0$에 대한 유선의 일부분이다. 이전에 언급된 바와 같이, ψ는 어떠한 대칭 평면 또는 비투과성 표면상에서 일정하다. ψ가 위치의 연속함수이고 표면 $x = 0$(대칭 평면)과 $y = 0$(비투과성 표면)은 원점에서 교차하기 때문에, ψ는 두 표면상에서 동일한 상수로 같아야 한다.

유선을 그리기 위하여 $\Delta\psi = \psi_{n+1} - \psi_n$가 일정한 ψ_n 값들의 한 집합을 선택한다. $\Delta\psi = 0.1C$에 대하여, y축의 오른쪽에 대한 첫 번째 유선에 대한 방정식은 $y = 0.1/x$이고, 두 번째는 $y = 0.2/x$ 등이다. y축의 왼쪽에 대한 첫 번째 유선에 대한 방정식은 $y = -0.1/x$로 서술된다. 그림 5.8은 그런 유선들을 보여준다. $C > 0$에 대하여, 유동 방향은 아래로 향하고 측면을 향하여 나간다. $C < 0$에 대하여, 측면으로부터 들어오고 위로 향한다. 두 속도 성분들이 사라지는 원점이 *정체점(stagnation point)*이다. 중앙 유선은 음과 양의 x에 대한 가지들로 분기한다.

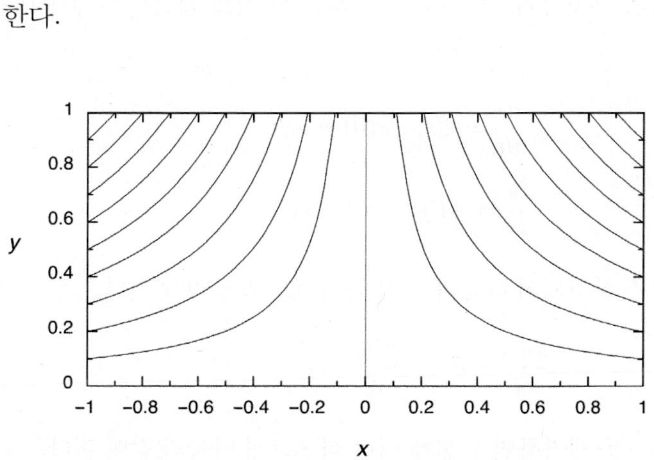

그림 5.8 평면 정체 유동에 대한 유선들

궤적

물질 점이 따라가는 경로인 유맥선은 궤적(trajectories)의 일종이다. 정상 유동에서 유맥선과 유선 사이 일치는 후자를 계산하는 또 다른 방법을 제공한다. 만약 특정한 기간 동안 물질 점의 움직임을 따라가면, 비록 정상 유동일지라도 시간은 변수이다. 평면 유동(planar flow)을 고려하고 $t = 0$에서 그 점의 좌표가 (x_0, y_0)인 것을 상상해 보자. 후 시간들에서 그 점의 좌표들은 다음을 따른다.

$$\frac{dx}{dt} = v_x(x, y), \quad x(0) = x_0 \tag{5.6-8}$$

$$\frac{dy}{dt} = v_y(x, y), \quad y(0) = y_0. \tag{5.6-9}$$

이 방정식들을 $x(t)$와 $y(t)$에 대하여 풀면 (x_0, y_0)를 통과하는 유선을 표현하는 함수 $y(x)$를 산출할 수 있다.

정상 유동을 고려한다는 변수로서 t를 도입하는 것은 인위적이다. 사실, 최종 함수 $y(x)$는 물질 점이 그것의 유선을 얼마나 빨리 또는 천천히 따라가는지와는 무관하다. 그래서 공간을 통한 물질 점의 운동을 따라가는 것의 t 못지않게 호 길이 또는 호 길이에 비례하는 어떤 것도 잘 쓰일 수 있다.

예제 5.6-2 • 궤적으로부터 유선. 평면 정체 유동(planar stagnation flow)에 대한 유선들을 정의하기 위하여 식 (5.6-8)과 (5.6-9)를 사용하고자 한다.

$v_x = Cx$와 $v_y = -Cy$를 가지고 (x_0, y_0)에서 출발하는 한 점의 궤적은 아래에 의하여 좌우된다.

$$\frac{dx}{dt} = Cx, \quad x(0) = x_0 \tag{5.6-10}$$

$$\frac{dy}{dt} = -Cy, \quad y(0) = y_0. \tag{5.6-11}$$

이러한 미분방정식은 종종 분리되어 다음과 같이 독립적으로 풀리게 된다.

$$\frac{x(t)}{x_0} = e^{Ct}, \quad \frac{y(t)}{y_0} = e^{-Ct}. \tag{5.6-12}$$

이 결과들을 곱하여 변수 t를 제거하면 유선에 대한 식으로서 다음과 같이 된다.

$$xy = x_0 y_0 \tag{5.6-13}$$

식 (5.6-7)과 같이, 이것은 곱 xy가 유선을 따라 일정함을 보여준다.

5.7 결론

운동학에서 가장 중요하게 고려해야 할 것은 속도장이 질량보존과 일치해야 한다는 것이다. 유체 내 어느 점에서 질량의 보존은 속도벡터($\mathbf{v}$)의 공간적인 변화들이 밀도(ρ)의 변화와 어떻게 관련되는지를 설명하는 연속방정식[식 (5.2-3)과 표 5.1]에 구체화되어 있다. 화학공학에 보통 응용할 수 있는 비압축성 유체(일정 ρ)에 대하여, 연속방정식은 $\nabla \cdot \mathbf{v} = 0$으로 단순화 한다. 이와 같은 비압축성 연속방정식은 다른 속도 성분이 알려져 있을 때 알려지지 않는 속도 성분을 계산할 수 있게 한다. 물질 점은 유동과 함께 움직이면서 정체성을 유지하는 유체의 작은 요소이다. 물질 점의 경로를 따라 다양한 값들의 변화 률은 종종 유체유동과 다른 전달공정들을 해석하는 데 필요하다. 물질 도함수[D/Dt, 식 (5.3-3)과 표 5.2]는 그런 변화 률이 계산될 수 있도록 허용한다. 이는 고정된 위치에서 일시적인 변화들의 효과와 이동 관찰자에 의하여 표본 조사된 공간상 변화들의 효과를 한 연산자로 조합한다.

유체는 전단힘에 노출될 때 계속적으로 변형하는 물질이다. 변형은 물질 점들의 쌍 사이 거리의 변화에 의하여 입증된다. 균등 병진과 강체 회전은 변형을 수반하지 않는 반면에, 단순 전단과 순수 부피팽창(모든 곳의 ρ를 변화시킴)은 변형을 수반하는 두 종류의 운동이다. 변형률(rate of strain)은 유체의 몸체가 얼마나 빨리 변형되고 있는가를 정량화하기 위하여 중요한 항목이다. 단순 전단유동에서, 변형률은 1.2절에 소개된 전단률에 (같지는 않지만) 비례한다. 순수 부피팽창(dilatation)에서, 변형률은 $(\nabla \cdot \mathbf{v})/3$이다.

와류도[$\mathbf{w} = \nabla \times \mathbf{v}$, 표 5.3]와 흐름 함수[$\psi$, 표 5.4]는 각각 $\mathbf{v}$가 알려질 때 계산될 수 있다. 와류도는 회전운동의 척도이다. 강체 회전에서, $\mathbf{w}$는 일정하고 크기는 각속도의 두 배이다. 일반적으로 $\mathbf{w}$는 점마다 다르다. 만약 어떠한 이유에서든 모든 곳에서 $\mathbf{w} = \mathbf{0}$이면, 유동은 비회전성이라 한다. 비회전 유동은 $\mathbf{v}$의 예측을 간단히 할 수 있는 속도포텐셜의 정의를 허용한다[식 (5.5-4)]. 두 방향의 비압축성 유동들에 사용되는 흐름 함수는 유동 패턴을 시각화할 수 있는 방법을 제공한다. ψ의 일정한 값들은 정상유동에서 물질 점의 경로인 유선들에 일치한다. 동일하게 간격을 둔 ψ의 값들을 사용하여 구성된 등고선 도(contour plots)는 유동 방향뿐만 아니라 상대적인 속도를 가리킨다.

참고문헌

Deen, W. M. *Analysis of Transport Phenomena,* 2nd ed. Oxford University Press, New York, 2012.
Van Dyke, M. *An Album of Fluid Motion*. Parabolic Press, Stanford, CA, 1982.

연습문제

5.1. 기포를 지나는 유동 그림 P5.1과 같이, 반지름 R의 구형 기포에 대하여 상대 속도 U의 정상유동을 고려해 보자. 유동은 축대칭(ϕ에 무관하고 $v_\phi = 0$임)이고 유체 둘 다 $UR/\upsilon \to 0$이다. Hadamard-Rybczyński 해석은 기포 안쪽 속도를 다음과 같이 예측한다.

$$v_\theta(r,\theta) = -U\sin\theta\left[\left(\frac{r}{R}\right)^2 - \frac{1}{2}\right] \qquad \text{(P5.1-1)}$$

기포 안쪽($0 \le r \le R$)의 $v_r(r,\theta)$을 결정하라. 고정된 크기의 기포에 대한 $v_r(R,\theta) = 0$임을 명심하라.

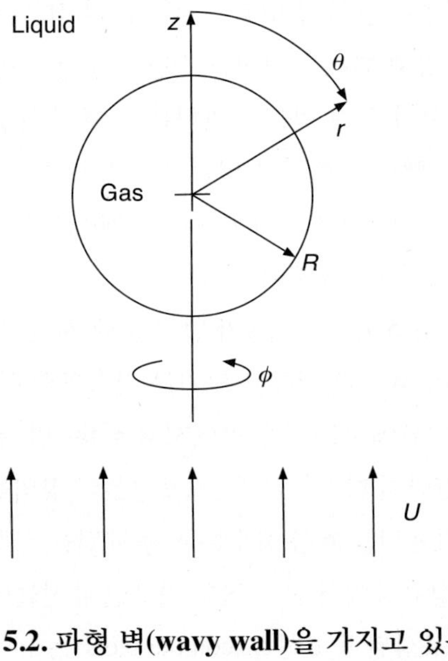

그림 P5.1 구형 기포를 지나는 유동

5.2. 파형 벽(wavy wall)을 가지고 있는 유로 그림 P5.2의 2차원 유로 내 정상유동을 고려해 보자. 여기서 절반-높이가 다음처럼 변한다.

$$h(x) = h_0\left(1 + \varepsilon \sin\frac{2\pi x}{L}\right). \qquad \text{(P5.2-1)}$$

Q가 부피 유량이고 W가 유로의 너비일 때, $q = Q/W$는 알려져 있다고 가정하자.

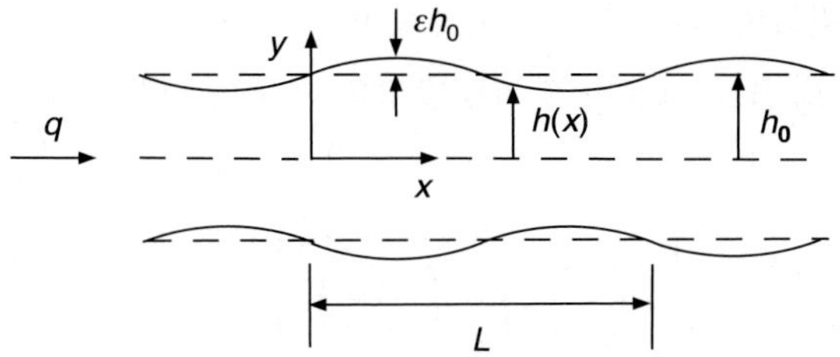

그림 P5.2 파형의 벽을 가지고 있는 유로

(a) x방향의 평균속도인 $u(x)$를 q와 $h(x)$로 관계지어라.

(b) 만약 높이변화가 충분히 완만하여 $2\pi\varepsilon h_0/L \ll 1$이면, 8.2절의 방법을 사용하여 다음이 증명될 수 있다.

$$v_x(x,y) = \frac{3}{2}u(x)\left[1-\left(\frac{y}{h(x)}\right)^2\right]. \tag{P5.2-2}$$

$v_y(x,y)$에 대한 식을 q와 $h(x)$의 항들로 유도하라. 평면 $y=0$ 관한 반사대칭이 있음을 명심하라.

5.3. 연직벽 위 응축 그림 P5.3에 보인 바와 같이, 증기가 차가운 벽 위에서 일정한 률(rate)로 응축되는 것을 상상해 보자. 액체가 벽 아래로 흘러감에 따라 경막(film) 두께 $\delta(x)$와 평균속도 $u(x)$ 둘 다 증가한다. 응축은 $x=0$에서 시작해서 $u(0)=0=\delta(0)$임을 가정하자. 위치 x에서 $x+\Delta x$까지 부피 유량의 증가는 $v_c W\,\Delta x$이며, 여기서 응축속도 v_c는 주어지고 W는 벽의 너비이다.

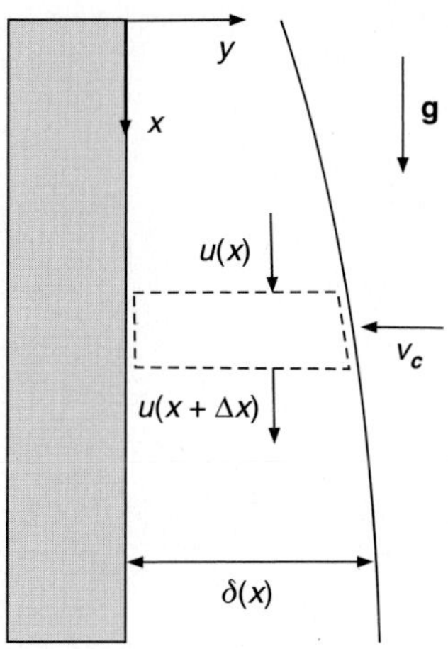

그림 P5.3 연직벽 위 응축

(a) $\delta(x)$와 $u(x)$를 v_c에 관계 짓기 위하여 껍질 수지를 사용하라.

(b) 만약 $d\delta/dx \ll 1$이면, 8.2절의 방법을 사용하여 아랫방향의 속도는 다음과 같음을 알 수 있다.

$$v_x(x, y) = \frac{g\delta^2(x)}{2\nu}\left[2\left(\frac{y}{\delta(x)}\right) - \left(\frac{y}{\delta(x)}\right)^2\right]. \qquad \text{(P5.3-1)}$$

위 식과 (a)의 결과를 사용하여 $u(x)$와 $\delta(x)$를 구하라.

(c) $v_y(x, y)$를 결정하라.

5.4. 고체 구를 지나는 유동 그림 P5.1과 같은 좌표계와 $UR/\nu \to 0$를 가지고 고체 구를 지나는 유동에 대하여, 예제 8.3-2에 보인 바와 같이, 다음과 같다.

$$v_r(r, \theta) = U\cos\theta\left[1 - \frac{3}{2}\left(\frac{R}{r}\right) + \frac{1}{2}\left(\frac{R}{r}\right)^3\right] \qquad \text{(P5.4-1)}$$

$$v_\theta(r, \theta) = -U\sin\theta\left[1 - \frac{3}{4}\left(\frac{R}{r}\right) - \frac{1}{4}\left(\frac{R}{r}\right)^3\right] \qquad \text{(P5.4-2)}$$

이것이 비회전 유동이 *아님*을 보여라. 가장 큰 와류도와 가장 작은 와류도는 각각 어디인가?

5.5. 쐐기 유동 그림 P5.5처럼, $\beta\pi$ 각도를 지닌 고체 쐐기(wedge) 주위 2차원 유동을 고려해 보자. 이 무한히 긴 물체의 윗면을 따라 유동은 도시된 (x, y) 좌표계를 사용하여 표현될 수 있다. 만약 유체가 무시할만한 점도를 가지고 있다면, $x \geq 0$에 대하여 아래를 알 수 있다.

$$v_x(x) = Cx^m \qquad \text{(P5.5-1)}$$

여기서 C는 상수이고 $m = \beta/(2 - \beta)$이다.

(a) $v_y(x, y)$를 결정하라.

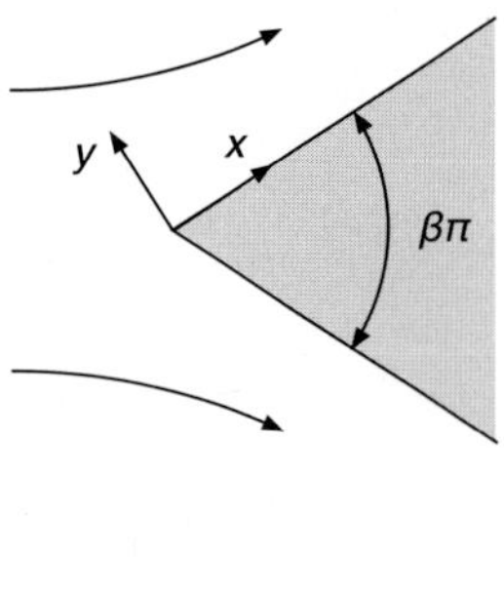

그림 P5.5 쐐기를 지나는 유동

(b) m과 β의 어떤 값에서 이 유동이 비회전성인가?

(c) $m = 1/3$ (90° 쐐기)에 대하여 흐름 함수 $\psi(x, y)$를 계산하고 여러 ψ/C 값들에 해당하는 유선들을 그려라.

5.6. 다공성 원반과 고형 원반 사이 유동 무한히 큰 반지름의 두 원반(disk)들이 그림 P5.6에서와 같이 H 거리만큼 떨어져 있다. 하나는 다공성이고 다른 하나는 고형이다. 유체가 다공성 원판으로부터 둘 사이 공간으로 일정한 속도 v_0로 투입되며, $\mathrm{Re} = v_0H/\nu \ll 1$이다. 높이 H에 대한 평균적인 반지름 방향 속도는 $u(r)$이다.

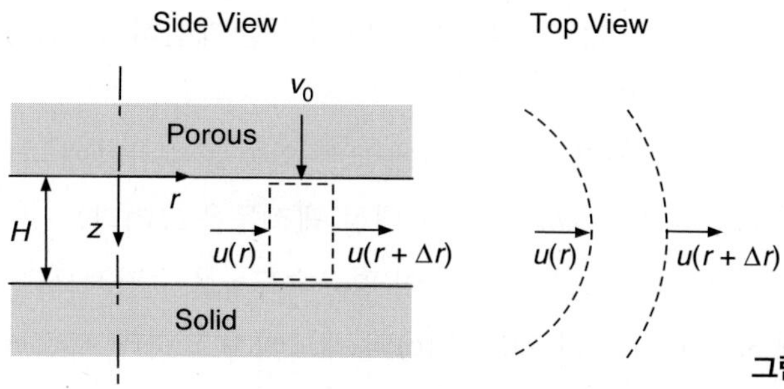

그림 P5.6 다공성과 고체 원반(disk) 사이 유동

(a) $u(r)$를 결정하기 위하여 껍질 수지(shell balance)를 사용하라.

(b) 예제 8.3-1로부터 다음이 알려진다.

$$v_r(r, z) = \frac{3v_0r}{H}\left[\left(\frac{z}{H}\right) - \left(\frac{z}{H}\right)^2\right] \tag{P5.6-1}$$

$$v_z(z) = v_0\left[1 - 3\left(\frac{z}{H}\right)^2 + 2\left(\frac{z}{H}\right)^3\right]. \tag{P5.6-2}$$

흐름 함수(stream function)를 결정하고 $\psi/(H^2v_0)$의 여러 값들에 해당하는 유선들을 그려라. 무차원 좌표들 $\eta = r/H$와 $\zeta = z/H$이 사용된다면 ψ에 대한 식은 매우 간단하다.

5.7. 침강입자들의 궤적 그림 P5.7과 같이, 평행판 유로를 통한 구형 현탁액 입자들의 정상 및 층류 유동을 상상해 보자. 판 사이 공간은 h이고, 유로 길이는 L, 유로를 따라 평균 유체 속도 u, 각 입자는 일정한 아래 방향 속도 U를 가지고 있다. 7장의 방법들을 사용하여 알 수 있듯이 국부 유체 속도는 다음과 같다.

$$v_x(y) = 6u\left[\left(\frac{y}{h}\right) - \left(\frac{y}{h}\right)^2\right], \quad v_y = 0 = v_z. \tag{P5.7-1}$$

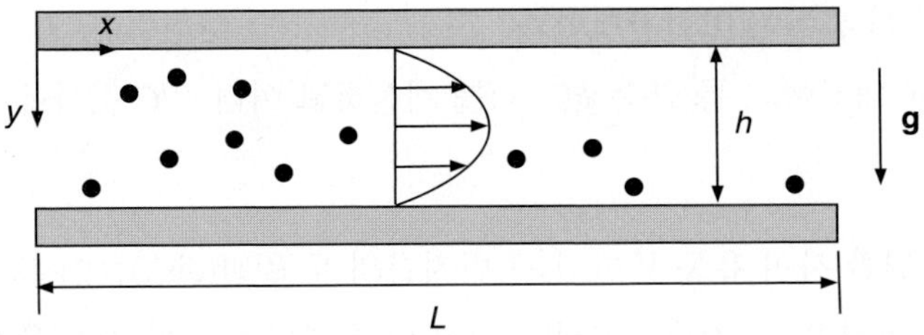

그림 P5.7 평행판 유로 내 입자들의 침강. 입자크기는 크게 과장되었다.

(a) u가 사실 $0 \le y \le h$에 대한 v_x의 평균임을 확인하라.

(b) 위로부터 거리 y_0에서 유로로 들어오는 점–크기 입자의 궤적을 계산하라. 즉, $x(0) = 0$와 $y(0) = y_0$일 때 $x(t)$와 $u(t)$를 결정하라.

(c) L이 충분히 커 현탁액들이 유로를 빠져 나가기 전에 모든 입자들이 바닥에 다다른 것을 가정하자. 두 입구 높이들 $y_0/h = 0$와 $y_0/h = 1/2$에 대한 궤적들을 그려라.

(d) 보다 간단하지만 덜 정확한 접근법은 모든 입자들이 평균속도 u로 수평적으로 움직인다고 가정하는 것이다(예제 3.3-2). 이 결과 궤도를 (c)의 궤도와 비교하라. 이 간단한 접근법이 모든 입자들이 침강하기 위해 필요한 L의 계산된 최솟값에 얼마나 영향을 미치는가?

6

응력과 운동량

6.1 서론

제5장에서는 연속방정식을 유도하였으며, 변형률의 개념을 포함하여 유체 운동의 다른 여러 측면이 논의되었다. 유체역학의 기본식들에 대한 유도를 완료하는 데 있어 주요 작업은 뉴톤의 제2법칙을 유체에 적용하는 것이다. 이를 위해서는 점성 응력에 대해 1장보다는 더욱 일반적인 설명이 요구된다. 응력에 대한 보다 정확한 표기법을 소개하고 그 방정식은 유체 안의 임의의 점에서의 단위 부피당 힘에 대해 유도되었다. 그것은 어떤 점에서의 선형 운동량의 보존을 표현하기 위해 관성에 대한 설명과 결합되고 점성 응력을 구할 수 있는 구성방정식(constitutive equation)이 제시된다. 운동량수지와 합쳐질 경우, 뉴톤 관계식은 유명한 Navier-Stokes 식을 이끌어낼 수 있다. 이 장은 계면에서의 역학적 조건(운동량수지식과 연속방정식을 위한 경계조건들을 제공)과 힘의 계산에 대한 일반적인 논의로 끝을 맺는다. 기본식들을 특별한 종류의 유동에 적용하는 것은 7장에서 다루어질 것이다.

이 장에서는 텐서의 식(부록 A.2), 벡터-텐서의 내적(부록 A.3), 그리고 텐서를 포함한 미분 연산(부록 A.4)과 관련된 내용에 대해 익숙해질 필요가 있다.

6.2 응력 벡터와 응력 텐서

응력 혹은 단위 면적당 힘은 표면상의 점을 따라 변하는 벡터이다. 힘 벡터를 힘이 작용하는 면의 면적으로 나누고 면적이 0에 접근하는 극한을 취한다고 상상해 보자. 응력은 압력과 점성의 부가적인 효과 때문이다. 1.3절에서의 힘과 비교할 때 중력, 표면 장력, 그리고 관성에 대한 응력 척도를 추론하는 데 유용했지만, 그들은 표면력이 아니다. 중력은 유체의 질량 또는 부피(*체력(body force)*를 만든다)에 작용하며, 표면 장력은 계면내의 윤곽(contour)에 작용하며, 관성은 힘이 아니라 오히려 동등한 운동량 변화 률이다.

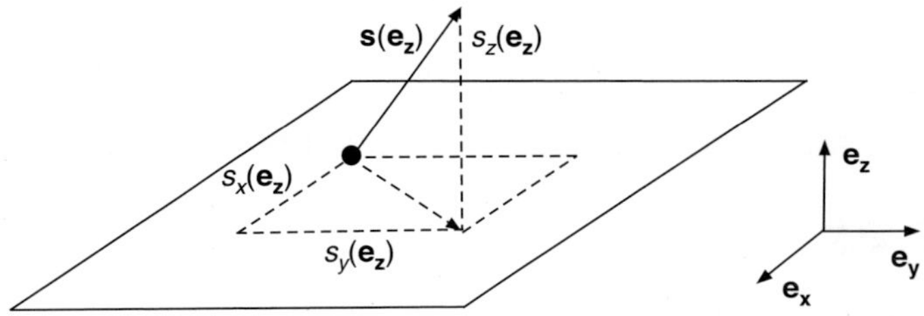

그림 6.1 z축에 수직인 시험 면에 대한 응력 표기

4.2절에서 논의된 압력의 특성들 외에도 압력에 관해서는 좀 더 자세히 알아볼 필요가 있다. 그러나 점성에 의해 제시되는 문제는 전체 응력에 미치는 각각의 영향이 2개의 방향과 관련이 있다는 것이다. 즉, 합력의 방향이다. 그러나 응력은 단위 면적당 힘이기 때문에 잠재적인 것은 유체 내 가상의 *시험 면*을 선택하는 것이다. 시험 면의 개념은 응력이 유체 내에서 어떻게 전달되는지와 실제 계면에서 응력이 어떻게 작용하는지에 대해 설명하지는 않는다. 응력은 시험 면의 방향성이 언급될 때까지는 분명하지 않으며, 이는 표면에 수직인 단위 벡터 $\mathbf{n}$을 지정함으로써 방향성을 나타내게 된다. 이로 인해 두 방향(합력과 단위법선 $\mathbf{n}$의 방향)을 동시에 추적해야 하는 필요성 때문에 텐서를 사용하여야 한다.

응력은 표면이 향하는 방향성에 의존한다는 것은 이미 압력의 특성으로부터 입증되었다. 만약 $\mathbf{n}$이 힘을 가하는 유체 쪽으로 향하고 있다면, 압력은 $-\mathbf{n}$ 방향으로 작용한다. 다시 말하면, 압력 P로부터 발생하는 응력 벡터는 $-\mathbf{n}P$이다. 이 벡터의 *크기*는 표면이 향하는 방향으로는 동일하지만, $\mathbf{n}$이 지정될 때까지는 그 방향을 알 수가 없다. 압력에 대한 방향의 모든 정보는 $\mathbf{n}$에 의해 제공되기 때문에 4장에서는 응력의 양방향 성질이 나타나지 않았다. 이제는 임의의 시험 면에서 응력이 어느 방향으로 작용하는지를 확인할 수 있는 효율적인 방법이 필요하다.

응력 표기

그림 6.1에 나타난 바와 같이 $\mathbf{e_z}$에 수직인 시험 면에 위치한 어느 한 점을 고려하자. 더 큰 z에서 유체에 의해 가해지는 전체 응력은 $\mathbf{s}(\mathbf{e_z})$로 표기되는데, 이것이 응력 벡터이다. 함수적 편각(functional argument) $\mathbf{e_z}$는 z면(이 면에서의 z는 일정하다)과 관련이 있다는 것을 상기시켜준다. 응력 벡터는 실선 화살표로 표시하였고 시험 면으로의 투영은 점선 화살표로 표시하였다. 응력 벡터는 점선으로 나타낸 바와 같이 직교형 성분 $s_x(\mathbf{e_z})$, $s_y(\mathbf{e_z})$, 그리고 $s_z(\mathbf{e_z})$를 가지며, 이 특정한 응력 벡터의 구성 성분은 모두 양수이다. 즉, 면 위의 유체는 $+x$ 및 $+y$ 방향뿐만 아니라 위쪽으로($+z$ 방향으로) 끌어당겨지고 있다. z 성분은 *수직응력*이고 나머지는 *전단응력(shear* *stress)*이다.

어떤 시험 면은 모든 좌표축에 수직일 수 있다. 일반적으로 이러한 좌표 면에 대한 응력 벡터는 다음과 같이 정의된다.

$$\mathbf{s}(\mathbf{e_i}) = \text{힘}/(\mathbf{e_i}\text{가 가리키는 쪽의 유체에 의해 영향을 받는 } i \text{ 면의 면적}) \tag{6.2-1}$$

이미 앞에서 강조한 바와 같이 면 방향성은 응력의 정의에서 매우 중요한 부분이다. 즉, 유체의 동일한 점에서 응력을 구했더라도 서로 다른 방향으로 마주하는 시험 면에 대한 응력 벡터는 일반적으로 동일하지 않다. 다른 말로 하자면, $\mathbf{s}(\mathbf{e_x}) \neq \mathbf{s}(\mathbf{e_y}) \neq \mathbf{s}(\mathbf{e_z})$이다. 또한 응력이 계산되는 시험 면의 측면도 중요하다. 어느 한 측면을 선택하게 되면 각 응력 성분에 그에 따른 대수 부호가 부여된다.

$\mathbf{s}(\mathbf{e_i})$ 표기법은 일반적이고 정확한 반면에 조금은 어색하게 느낄 수 있다. 유체의 응력을 보다 더 편리하게 설명하기 위하여 3 × 3 배열의 원소 $\sigma_{ij} = s_j(\mathbf{e_i})$를 정의하고자 한다. σ_{ij}에서 첫 번째 아래첨자는 시험 면의 방향을 나타내고, 두 번째 아래첨자는 합력의 방향을 나타낸다는 것을 명심하자. 즉, σ_{ij}는 i 면에서 응력의 j 성분을 나타내는 것이다. 직교형 면에 대한 응력의 각 성분은 다음과 같이 표현할 수 있다.

$$\mathbf{s}(\mathbf{e_x}) = \boldsymbol{\sigma}_{xx}\mathbf{e_x} + \boldsymbol{\sigma}_{xy}\mathbf{e_y} + \boldsymbol{\sigma}_{xz}\mathbf{e_z} \tag{6.2-2}$$

$$\mathbf{s}(\mathbf{e_y}) = \boldsymbol{\sigma}_{yx}\mathbf{e_x} + \boldsymbol{\sigma}_{yy}\mathbf{e_y} + \boldsymbol{\sigma}_{yz}\mathbf{e_z} \tag{6.2-3}$$

$$\mathbf{s}(\mathbf{e_z}) = \boldsymbol{\sigma}_{zx}\mathbf{e_x} + \boldsymbol{\sigma}_{zy}\mathbf{e_y} + \boldsymbol{\sigma}_{zz}\mathbf{e_z}. \tag{6.2-4}$$

위의 세 식들은 다음과 같이 간략하게 표현할 수 있다.

$$\mathbf{s}(\mathbf{e_i}) = \sum_j \sigma_{ij}\mathbf{e_j} \tag{6.2-5}$$

여기서 i와 j는 x, y, 혹은 z이다. 따라서 σ_{ij}의 9개 성분을 모두 안다면 세 좌표 면에서의 응력을 구할 수 있다. 동일한 9개의 스칼라 세트는 임의로 기울어진 면에서의 응력을 계산하는 데 사용할 수 있다. 다른 말로 표현하자면, 일련의 σ_{ij}는 주어진 순간에 유체 내의 주어진 점에서 응력의 상태를 완전하게 설명할 수 있다. 이 9개의 스칼라는 *총 응력 텐서*, $\boldsymbol{\sigma}$의 구성 성분이다.

임의의 면에서의 응력

벡터 $\mathbf{a}$와 텐서 $\boldsymbol{\tau}$의 내적은 다음과 같다.

$$\mathbf{a} \cdot \boldsymbol{\tau} = \sum_i \sum_j a_i \tau_{ij}\mathbf{e_j}. \tag{6.2-6}$$

만약 $\mathbf{a} = \mathbf{e_i}$이고 $\boldsymbol{\tau} = \boldsymbol{\sigma}$이라면, 식 (6.2-5)와 같아진다. ($i$ 방향에서의 $\mathbf{e_i}$의 성분은 1이고 다른 성분들은 0이므로 i에 대한 합은 제거할 수 있다.) 따라서 어떤 좌표 면에 대한 응력 벡터는 다음과 같이 응력 텐서와 관련이 있다.

$$\mathbf{s}(\mathbf{e_i}) = \mathbf{e_i} \cdot \boldsymbol{\sigma}. \tag{6.2-7}$$

이는 식 (6.2-2)~(6.2-4)를 표기함에 있어서 훨씬 더 간결한 방법일 뿐만 아니라, 어떤 방향성을 갖는 면에 일반화할 수 있다. 만약 $\mathbf{n}$이 힘이 작용하는 유체로 향하는 단위 법선이라면, 다음과 같다.

$$\mathbf{s}(\mathbf{n}) = \mathbf{n} \cdot \boldsymbol{\sigma}. \tag{6.2-8}$$

이 핵심적인 관계식의 증명은 선형 운동량 수지로부터 차례로 이어지는 국부(local) 응력 평형의 개념에 의존한다. 이 내용은 6.4절의 끝 부분에서 다루어질 것이다.

또 다른 일반적인 결과는 시험 면의 앞과 뒤에서의 응력 벡터 사이의 관계이다.

$$\mathbf{s}(-\mathbf{n}) = -\mathbf{s}(\mathbf{n}). \tag{6.2-9}$$

따라서 한쪽 면(유체로 향하는 단위법선 $-\mathbf{n}$)에 작용하는 응력의 각 성분은 크기는 동일하지만 반대쪽 면(유체로 향하는 단위법선 $\mathbf{n}$)에 작용하는 응력의 부호는 정반대로 나타난다. 그림 6.1의 예에서 $\mathbf{s}(\mathbf{e_z})$의 모든 구성 요소가 양수이면 $\mathbf{s}(-\mathbf{e_z})$의 모든 구성 요소(그림에 표시되지 않음)는 음수이다. 식 (6.2-9)에 대한 증명은 국부 응력 평형에 의존하며 6.4절의 끝 부분에서 주어질 것이다.

6.3 한 점에서의 힘

유체의 어느 한 점에서 운동량수지를 설명하려면 한 점에서의 단위 부피당 총 힘에 대한 표현식이 필요하다. 4.2절에서 이미 보았듯이, 단위 부피당 중력 힘은 $\rho\mathbf{g}$이다. 압력과 점성 응력의 기여도는 그림 4.1의 작은 정육면체의 유체로 다시 돌아가서 유도할 수 있다. 대상 표면(control surface)에서 주변 유체에 의해 작용하는 총 힘을 $\Delta\mathbf{F_S}$로 표시한다. 이 힘은 응력 벡터의 항으로 나타낸 다음 응력 텐서의 항으로 나타낼 것이다. 6개의 표면에서 힘의 x성분은 다음과 같다.

$$\begin{aligned}\Delta F_{Sx} = {} & s_x(\mathbf{e_x})|_{x+\Delta x}\,\Delta y\,\Delta z + s_x(-\mathbf{e}_x)|_x\,\Delta y\,\Delta z \\ & + s_x(\mathbf{e_y})|_{y+\Delta y}\,\Delta x\,\Delta z + s_x(-\mathbf{e_y})|_y\,\Delta x\,\Delta z \\ & + s_x(\mathbf{e_z})|_{z+\Delta z}\,\Delta x\,\Delta y + s_x(-\mathbf{e_z})|_z\,\Delta x\,\Delta y.\end{aligned} \tag{6.3-1}$$

주변 유체가 대상 표면에 가하는 힘을 계산해야 하는 필요에 따라 위 식의 각 항에서 표면이 향하는 방향을 나타내는 단위 벡터가 *바깥쪽*을 향하고 있음에 유의하라.

식 (6.2-7)과 식 (6.2-9)로부터 다음의 관계식을 얻을 수 있다.

$$s_x(\mathbf{e_i}) = \mathbf{e_x} \cdot (\mathbf{e_i} \cdot \boldsymbol{\sigma}) = \sigma_{ix} \tag{6.3-2}$$

$$s_x(-\mathbf{e_i}) = -s_x(\mathbf{e_i}) = -\sigma_{ix}. \tag{6.3-3}$$

식 (6.3-1)은 다음과 같이 응력 텐서의 항으로 다시 표현할 수 있다.

$$\begin{aligned} \Delta F_{Sx} = {} & \sigma_{xx}|_{x+\Delta x}\, \Delta y\, \Delta z - \sigma_{xx}|_x\, \Delta y\, \Delta z \\ & + \sigma_{yx}|_{y+\Delta y}\, \Delta x\, \Delta z - \sigma_{yx}|_y\, \Delta x\, \Delta z \\ & + \sigma_{zx}|_{z+\Delta z}\, \Delta x\, \Delta y - \sigma_{zx}|_z\, \Delta x\, \Delta y. \end{aligned} \tag{6.3-4}$$

*단위 부피당 표면력*의 x성분은 $\Delta F_{Sx}/\Delta V$이며, 여기서 $\Delta V = \Delta x \Delta y\ \Delta z$이다. 이를 부피로 나누고 모든 길이가 0에 접근하는 극한 값을 취하면, 다음과 같다.

$$\lim_{\Delta V \to 0} \frac{\Delta F_{Sx}}{\Delta V} = \frac{\partial \sigma_{xx}}{\partial x} + \frac{\partial \sigma_{yx}}{\partial y} + \frac{\partial \sigma_{zx}}{\partial z}. \tag{6.3-5}$$

y 및 z 성분에 대해서도 동일하게 적용하면, 단위 부피당 전체 표면 힘(surface force)은 다음과 같다.

$$\begin{aligned} \lim_{\Delta V \to 0} \frac{\mathbf{\Delta F_S}}{\Delta V} = {} & \left(\frac{\partial \sigma_{xx}}{\partial x} + \frac{\partial \sigma_{yx}}{\partial y} + \frac{\partial \sigma_{zx}}{\partial z} \right) \mathbf{e_x} \\ & + \left(\frac{\partial \sigma_{xy}}{\partial x} + \frac{\partial \sigma_{yy}}{\partial y} + \frac{\partial \sigma_{zy}}{\partial z} \right) \mathbf{e_y} \\ & + \left(\frac{\partial \sigma_{xz}}{\partial x} + \frac{\partial \sigma_{yz}}{\partial y} + \frac{\partial \sigma_{zz}}{\partial z} \right) \mathbf{e_z}. \end{aligned} \tag{6.3-6}$$

식 (6.3-6)의 우변은 응력 텐서의 발산이다. 이를 통해 단위 부피당 표면 힘을 다음과 같이 훨씬 더 간단히 표현할 수 있다.

$$\lim_{\Delta V \to 0} \frac{\mathbf{\Delta F_S}}{\Delta V} = \nabla \cdot \boldsymbol{\sigma}. \tag{6.3-7}$$

이미 앞에서 언급했듯이 단위 부피당 중력은 $\rho\mathbf{g}$이다. 그러므로 $\mathbf{\Delta F}$가 미소 대상 부피의 총 힘이라면, 한 점에서의 단위 부피당 힘은 다음과 같다.

$$\lim_{\Delta V \to 0} \frac{\mathbf{\Delta F}}{\Delta V} = \rho\mathbf{g} + \nabla \cdot \boldsymbol{\sigma}. \tag{6.3-8}$$

더 나아가서는 총 응력을 압력부분과 점성부분으로 나누어 다루겠지만, 이것이 우리가 찾고자 하는 주된 결과이다.

4.2절에서 유도한 정압 방정식은 $\nabla \cdot \boldsymbol{\sigma}$에 대한 압력의 영향을 확인하는 데 도움이 된다. 정적 유체(static fluid)의 경우, 식 (4.2-8)로부터 다음과 같다.

$$\mathbf{0} = \rho \mathbf{g} - \nabla P. \tag{6.3-9}$$

식 (6.3-9)의 오른쪽 항들은 압력과 중력으로 인한 단위 부피당 순 힘이며, 이는 정적 유체에서는 0이다. 식 (6.3-8)과 식 (6.3-9)를 비교하면 정적 유체에서는 $\nabla \cdot \boldsymbol{\sigma} = -\nabla P$라는 것을 알 수 있다. 유체가 흐를 때에는 압력의 형태는 변하지 않지만, 점성 응력으로 인해 추가적인 영향이 $\nabla \cdot \boldsymbol{\sigma}$에 미치게 된다. *점성 응력 텐서(viscous stress tensor)*를 $\boldsymbol{\tau}$로 표시하면 점성 부분을 $\nabla \cdot \boldsymbol{\tau}$로 나타낼 수 있고 식 (6.3-8)은 다음과 같이 다시 표현할 수 있다.

$$\lim_{\Delta V \to 0} \frac{\Delta \mathbf{F}}{\Delta V} = \rho \mathbf{g} - \nabla P + \nabla \cdot \boldsymbol{\tau}. \tag{6.3-10}$$

식 (6.3-10)에서는 압력과 점성의 영향이 구분되어 있다.

$\boldsymbol{\sigma}$를 P와 $\boldsymbol{\tau}$에 연관시키기 위해선 정적 유체에서 단위법선 $\mathbf{n}$을 갖는 한 면에 대한 응력 벡터가 $-\mathbf{n}P$임을 상기할 필요가 있다. 그러므로, 다음과 같다.

$$\mathbf{s}(\mathbf{n}) = \mathbf{n} \cdot \boldsymbol{\sigma} = -\mathbf{n}P. \tag{6.3-11}$$

만약 $\boldsymbol{\sigma} = -P\boldsymbol{\delta}$이면 두 번째 등식이 성립된다. 즉, 등치 텐서 $\boldsymbol{\delta}$는 $\mathbf{a} \cdot \boldsymbol{\delta} = \mathbf{a}$ (부록 A.3절)의 특성을 가지기 때문에 $\mathbf{n} \cdot (P\boldsymbol{\delta}) = \mathbf{n}P$와 식 (6.3-11)을 만족한다. 따라서 응력 텐서의 압력부분을 $-P\boldsymbol{\delta}$과 같다고 하면, 압력의 역학적 특성을 유지하게 되며, 그 특성은 정적 유체와 유동하는 유체에서 같다. 점성 응력도 함께 존재할 때, 총 응력 텐서는 다음과 같다.

$$\boldsymbol{\sigma} = -P\boldsymbol{\delta} + \boldsymbol{\tau}. \tag{6.3-12}$$

점성 응력 텐서에 관해 지금까지 주장해온 모든 것은 정적 유체에서 $\boldsymbol{\tau} = \mathbf{0}$이라는 것이다. 점성 응력 텐서 $\boldsymbol{\tau}$를 변형률 및 재료특성과 어떻게 연관시킬지가 6.5절의 주제이다. 그러나 다음 단계(6.4절)는 어떠한 $\boldsymbol{\sigma}$ 또는 $\boldsymbol{\tau}$에도 유효한 운동량 방정식을 얻는 것이다. 이를 진행하기 전에 식 (6.3-12)이 $\boldsymbol{\tau}$를 실제로 정의한다는 것을 명심하자. 즉, 일반적으로 $\boldsymbol{\tau}$는 총 응력 텐서에서 압력에 의해 작용하는 부분이 아닌 부분이다. 부분적으로 탄성을 갖는 중합체 유체에서 나타나는 과도한 응력은 점성으로 인해 나타나는 것만은 아니다. 점탄성 현상은 이 책의 범위를 벗어나기 때문에 여기서는 계속해서 $\boldsymbol{\tau}$를 *점성* 응력 텐서라고 한다.

6.4 운동량 보존

강체의 선형 운동량은 그 물체의 질량과 병진 속도의 곱이다. 변형 유체에서 속도는 위치에 따라 변하고, $\rho\mathbf{v}$는 주어진 점에서 단위 부피당 선형 운동량이다. 유체 체적의 총 운동량은 $\rho\mathbf{v}$를 그 부피에 대해 적분한 것이다.

크기와 위치가 고정된 대상 부피의 경우, 선형 운동량의 보존을 위해서는 다음의 식이 성립되어야 한다.

$$\text{힘} = (\text{운동량 변화 률}) + (\text{운동량 순 유출률}). \tag{6.4-1}$$

대상 표면(control surface)을 가로지르는 유동이 없다면, 위의 식은 힘은 질량 곱하기 가속도와 같다는 가장 기본적인 형태인 뉴톤의 제2법칙이다. 그러나 개방형 시스템에서 운동량은 경계를 넘나드는 유동에 의해 대상 부피 안팎으로 전달될 수 있다. 로켓이 그러한 시스템의 대표적인 예이다. 중력 또는 항력이 없는 무력 환경(force-free environment)에서도 배기가스에서 운동량이 유출됨에 따라 로켓이 가속된다.

유동에 의한 운동량의 전달은 질량의 전달과 유사하다. 임의의 점에서의 질량 농도(단위부피당 질량)는 밀도이다. 질량이 유체 내의 가상 면을 가로지르는 속도는 ρ와 면을 가로지르는 부피유량(volume flow rate)의 곱과 같다. 비슷하게 임의의 점에서의 운동량의 밀도(단위 부피당 운동량)는 $\rho\mathbf{v}$이며, 한 면을 가로지르는 운동량 유동률은 $\rho\mathbf{v}$와 부피유량의 곱과 같다.

식 (6.4-1)에서 힘의 항은 6.3절에서 유도되었다. 운동량 축적과 유출을 설명하기 위해 그림 4.1의 미소 대상 부피로 다시 돌아가 보자. 힘을 유도할 때와 마찬가지로 한 번에 운동량 벡터의 한 성분씩을 고려할 것이다. x 운동량의 농도는 ρv_x이고, 미소 부피 내에서 x 운동량의 총량은 $\rho v_x\,\Delta x\,\Delta y\,\Delta z$이며, x 운동량의 변화 률은 시간에 대한 도함수이다. 유체의 유동 항을 포함하면 식 (6.4-1)은 다음과 같이 된다.

$$\begin{aligned} force = {} & \frac{\partial(\rho v_x)}{\partial t}\,\Delta x\,\Delta y\,\Delta z \\ & + (\rho v_x v_x)|_{x+\Delta x}\,\Delta y\,\Delta z - (\rho v_x v_x)|_x\,\Delta y\,\Delta z \\ & + (\rho v_x v_y)|_{y+\Delta y}\,\Delta x\,\Delta z - (\rho v_x v_y)|_y\,\Delta x\,\Delta z \\ & + (\rho v_x v_z)|_{z+\Delta z}\,\Delta x\,\Delta y - (\rho v_x v_z)|_z\,\Delta x\,\Delta y. \end{aligned} \tag{6.4-2}$$

위치 x, y, z에서 유체가 안쪽 방향으로 흐르므로 유출 항에는 마이너스 부호를 사용한다. 단위 부피당 힘을 계산하기 위하여 각 항을 $\Delta x\,\Delta y\,\Delta z$로 나누고, 부피가 0으로 접근하는 극한을 취하고, 식 (6.3-8)을 사용하면, x 운동량 방정식은 다음과 같이 된다.

$$\rho g_x + \mathbf{e}_x \cdot \nabla \cdot \boldsymbol{\sigma} = \frac{\partial}{\partial t}(\rho v_x) + \frac{\partial}{\partial x}(\rho v_x v_x) + \frac{\partial}{\partial y}(\rho v_x v_y) + \frac{\partial}{\partial z}(\rho v_x v_z). \tag{6.4-3}$$

$\mathbf{e}_x$와의 내적은 벡터 $\nabla \cdot \boldsymbol{\sigma}$의 x 성분을 얻기 위해 필요하다.

식 (6.4-3)의 우변은 상당히 단순화시킬 수 있는데, 이는 다음의 식과 같이 여러 도함수의 곱을 확장함으로써 가능해진다.

$$\begin{aligned}&\frac{\partial}{\partial t}(\rho v_x)+\frac{\partial}{\partial x}(\rho v_x v_x)+\frac{\partial}{\partial y}(\rho v_x v_y)+\frac{\partial}{\partial z}(\rho v_x v_z)\\&=v_x\left[\frac{\partial \rho}{\partial t}+\frac{\partial}{\partial x}(\rho v_x)+\frac{\partial}{\partial y}(\rho v_y)+\frac{\partial}{\partial z}(\rho v_z)\right]\\&+\rho\left[\frac{\partial v_x}{\partial t}+v_x\frac{\partial v_x}{\partial x}+v_y\frac{\partial v_x}{\partial y}+v_z\frac{\partial v_x}{\partial z}\right].\end{aligned} \tag{6.4-4}$$

표 5.1로부터 연속방정식의 직교형은 다음과 같다.

$$\frac{\partial \rho}{\partial t}+\frac{\partial}{\partial x}(\rho v_x)+\frac{\partial}{\partial y}(\rho v_y)+\frac{\partial}{\partial z}(\rho v_z)=0. \tag{6.4-5}$$

이것은 식 (6.4-4)에서 대괄호 안의 첫 번째 항이 0이라는 것을 알려준다. 대괄호 안의 두 번째 항은 단지 v_x의 물질 도함수(material derivative)이다(5.3절). 따라서 식 (6.4-3)은 다음과 같이 된다.

$$\rho\frac{Dv_x}{Dt}=\rho g_x+\mathbf{e}_x\cdot\nabla\cdot\boldsymbol{\sigma}. \tag{6.4-6}$$

식 (6.3-10)에서와 같이 압력과 점성 응력의 영향을 분리하면, x-운동량 방정식의 등가 형태는 다음과 같다.

$$\rho\frac{Dv_x}{Dt}=\rho g_x-\frac{\partial P}{\partial x}+\mathbf{e}_x\cdot\nabla\cdot\boldsymbol{\tau}. \tag{6.4-7}$$

운동량 방정식의 다른 성분들은 식 (6.4-6) 또는 식 (6.4-7)에서 x를 단순히 y 또는 z로 치환하여 얻을 수 있다. 단일 벡터 방정식은 성분 방정식과 대응되는 단위 벡터를 곱하고 그 결과를 더함으로써 다음과 같이 얻어진다.

$$\rho\frac{D\mathbf{v}}{Dt}=\rho\mathbf{g}+\nabla\cdot\boldsymbol{\sigma}=\rho\mathbf{g}-\nabla P+\nabla\cdot\boldsymbol{\tau}. \tag{6.4-8}$$

$\boldsymbol{\sigma}$ 또는 $\boldsymbol{\tau}$로 표현된 식 형태를 *Cauchy 운동량 방정식*이라고 부른다. 선형 운동량 보존에 대한 기본적인 방정식은 연속성(continuum)으로 모델링할 수 있는 모든 유체에 적용할 수 있다.

직교형, 원통형, 그리고 구형 좌표에서 식 (6.4-8)의 P–$\boldsymbol{\tau}$ 형태의 성분은 각각 표 6.1, 6.2, 그리고 6.3에 나타내었다. 각 식의 좌변과 우변에 괄호로 표시된 항은 각각 $D\mathbf{v}/Dt$와 $\nabla\cdot\boldsymbol{\tau}$의 구성 성분이다.

표 6.1 직교형 좌표의 Cauchy 운동량 방정식

x component:	$\rho\left[\frac{\partial v_x}{\partial t} + v_x\frac{\partial v_x}{\partial x} + v_y\frac{\partial v_x}{\partial y} + v_z\frac{\partial v_x}{\partial z}\right] = \rho g_x - \frac{\partial P}{\partial x} + \left[\frac{\partial \tau_{xx}}{\partial x} + \frac{\partial \tau_{yx}}{\partial y} +_z \frac{\partial \tau_{zx}}{\partial z}\right]$
y component:	$\rho\left[\frac{\partial v_y}{\partial t} + v_x\frac{\partial v_y}{\partial x} + v_y\frac{\partial v_y}{\partial y} + v_z\frac{\partial v_y}{\partial z}\right] = \rho g_y - \frac{\partial P}{\partial y} + \left[\frac{\partial \tau_{xy}}{\partial x} + \frac{\partial \tau_{yy}}{\partial y} + \frac{\partial \tau_{zy}}{\partial z}\right]$
z component:	$\rho\left[\frac{\partial v_z}{\partial t} + v_x\frac{\partial v_z}{\partial x} + v_y\frac{\partial v_z}{\partial y} + v_z\frac{\partial v_z}{\partial z}\right] = \rho g_z - \frac{\partial P}{\partial z} + \left[\frac{\partial \tau_{xz}}{\partial x} + \frac{\partial \tau_{yz}}{\partial y} + \frac{\partial \tau_{zz}}{\partial z}\right]$

표 6.2 원통형 좌표의 Cauchy 운동량 방정식

r component:	$\rho\left[\frac{\partial v_r}{\partial t} + v_r\frac{\partial v_r}{\partial r} + \frac{v_\theta}{r}\frac{\partial v_r}{\partial \theta} - \frac{v_\theta^2}{r} + v_z\frac{\partial v_r}{\partial z}\right]$
	$= \rho g_r - \frac{\partial P}{\partial r} + \left[\frac{1}{r}\frac{\partial}{\partial r}(r\tau_{rr}) + \frac{1}{r}\frac{\partial \tau_{\theta r}}{\partial \theta} - \frac{\tau_{\theta\theta}}{r} + \frac{\partial \tau_{zr}}{\partial z}\right]$
θ component:	$\rho\left[\frac{\partial v_\theta}{\partial t} + v_r\frac{\partial v_\theta}{\partial r} + \frac{v_\theta}{r}\frac{\partial v_\theta}{\partial \theta} + \frac{v_r v_\theta}{r} + v_z\frac{\partial v_\theta}{\partial z}\right]$
	$= \rho g_\theta - \frac{1}{r}\frac{\partial P}{\partial \theta} + \left[\frac{1}{r^2}\frac{\partial}{\partial r}(r^2\tau_{r\theta}) + \frac{1}{r}\frac{\partial \tau_{\theta\theta}}{\partial \theta} + \frac{\partial \tau_{z\theta}}{\partial z}\right]$
z component:	$\rho\left[\frac{\partial v_z}{\partial t} + v_r\frac{\partial v_z}{\partial r} + \frac{v_\theta}{r}\frac{\partial v_z}{\partial \theta} + v_z\frac{\partial v_z}{\partial z}\right]$
	$= \rho g_z - \frac{\partial P}{\partial z} + \left[\frac{1}{r}\frac{\partial}{\partial r}(r\tau_{rz}) + \frac{1}{r}\frac{\partial \tau_{\theta z}}{\partial \theta} + \frac{\partial \tau_{zz}}{\partial z}\right]$

표 6.3 구형 좌표의 Cauchy 운동량 방정식

r component:	$\rho\left[\frac{\partial v_r}{\partial t} + v_r\frac{\partial v_r}{\partial r} + \frac{v_\theta}{r}\frac{\partial v_r}{\partial \theta} + \frac{v_\phi}{r\sin\theta}\frac{\partial v_r}{\partial \phi} - \frac{v_\theta^2 + v_\phi^2}{r}\right]$
	$= \rho g_r - \frac{\partial P}{\partial r} + \left[\frac{1}{r^2}\frac{\partial}{\partial r}(r^2\tau_{rr}) + \frac{1}{r\sin\theta}\frac{\partial}{\partial \theta}(\tau_{\theta r}\sin\theta) + \frac{1}{r\sin\theta}\frac{\partial \tau_{\phi r}}{\partial \phi} - \frac{\tau_{\theta\theta} + \tau_{\phi\phi}}{r}\right]$
θ component:	$\rho\left[\frac{\partial v_\theta}{\partial t} + v_r\frac{\partial v_\theta}{\partial r} + \frac{v_\theta}{r}\frac{\partial v_\theta}{\partial \theta} + \frac{v_\phi}{r\sin\theta}\frac{\partial v_\theta}{\partial \phi} + \frac{v_r v_\theta}{r} - \frac{v_\phi^2\cot\theta}{r}\right]$
	$= \rho g_\theta - \frac{1}{r}\frac{\partial P}{\partial \theta} + \left[\frac{1}{r^2}\frac{\partial}{\partial r}(r^2\tau_{r\theta}) + \frac{1}{r\sin\theta}\frac{\partial}{\partial \theta}(\tau_{\theta\theta}\sin\theta) + \frac{1}{r\sin\theta}\frac{\partial \tau_{\phi\theta}}{\partial \phi} + \frac{\tau_{r\theta}}{r} - \frac{\cot\theta}{r}\tau_{\phi\phi}\right]$
ϕ component:	$\rho\left[\frac{\partial v_\phi}{\partial t} + v_r\frac{\partial v_\phi}{\partial r} + \frac{v_\theta}{r}\frac{\partial v_\phi}{\partial \theta} + \frac{v_\phi}{r\sin\theta}\frac{\partial v_\phi}{\partial \phi} + \frac{v_\phi v_r}{r} + \frac{v_\theta v_\phi\cot\theta}{r}\right]$
	$= \rho g_\phi - \frac{1}{r\sin\theta}\frac{\partial P}{\partial \phi} + \left[\frac{1}{r^2}\frac{\partial}{\partial r}(r^2\tau_{r\phi}) + \frac{1}{r}\frac{\partial \tau_{\theta\phi}}{\partial \theta} + \frac{1}{r\sin\theta}\frac{\partial \tau_{\phi\phi}}{\partial \phi} + \frac{\tau_{r\phi}}{r} + \frac{2\cot\theta}{r}\tau_{\theta\phi}\right]$

추가 학습: 응력 평형

유체 내의 어느 한 점에 적용되는 응력수지 식은 이제 유도하였고, 응력 벡터의 핵심적인 특성[식 (6.2-8)과 (6.2-9)]은 그 결과로 나타난다. 선형 치수 L과 표면적 S를 갖는 공간에 고정된 작은 대상 부피를 고려해 보자. 그 부피는 $V = \alpha L^3$이며, α는 대상 부피의 형태에만 의존하는 무차원상수이다. 예를 들면, 대상 부피가 반지름이 L인 구형인 경우 $\alpha = 4\pi/3$이 된다. 대상 부피 전체에 대한 운동량보존 방정식은 식 (6.4-8)의 $\boldsymbol{\sigma}$ 형태를 V에 대해 적분함으로써 표현될 수 있다. 이때 $\nabla \cdot \boldsymbol{\sigma}$의 부피 적분을 식 (A.4-32)를 사용하여 $\mathbf{n} \cdot \boldsymbol{\sigma}$의 면 적분으로 변환하고, 면 적분을 $\mathbf{s}(\mathbf{n})$의 항으로 다시 정리하면 그 결과는 다음과 같다.

$$\int_V \rho \frac{D\mathbf{v}}{Dt}\, dV = \int_V \rho \mathbf{g}\, dV + \int_S \mathbf{s}(\mathbf{n})\, dS. \tag{6.4-9}$$

부피 적분을 합하고 다시 정리하면, 다음과 같다.

$$\int_V \rho \left(\frac{D\mathbf{v}}{Dt} - \mathbf{g}\right) dV = \alpha L^3 \left\langle \rho \left(\frac{D\mathbf{v}}{Dt} - \mathbf{g}\right)\right\rangle_V \tag{6.4-10}$$

여기서 꺽쇠괄호는 V에 대한 평균을 나타내며, 모든 부피 적분은 부피와 피적분 함수의 평균값을 곱한 것과 같다는 사실을 이용한다. 이 결과를 합하고 L^2로 나누면 다음과 같다.

$$\alpha L \left\langle \rho \left(\frac{D\mathbf{v}}{Dt} - \mathbf{g}\right)\right\rangle_V = \frac{1}{L^2} \int_S \mathbf{s}(\mathbf{n})\, dS. \tag{6.4-11}$$

$L \to 0$로 접근하는 극한을 취하면 식 (6.4-11)의 좌변은 사라진다. 이는 α가 상수이고 괄호로 묶인 양은 한 점에서 그 값에 접근하여 L과 무관하게 되기 때문이다. 따라서 좌변은 L에 비례하여 사라진다. 결과적으로 다음과 같이 된다.

$$\lim_{L \to 0} \frac{1}{L^2} \int_S \mathbf{s}(\mathbf{n})\, dS = 0. \tag{6.4-12}$$

이 식은 한 점에서의 *응력 평형(stress equilibrium)*을 나타내며, 대상 부피가 충분히 작으면 어떻게 응력이 균형을 이루어야 하는지를 보여준다.

시험 면의 양쪽에 가해지는 응력이 같고 부호가 서로 반대임[식 (6.2-9)]을 증명하기 위해서 식 (6.4-12)를 h/L이 임의로 작은 그림 6.2의 대상 부피에 적용한다. 면적이 L^2인 상부 면과 하부 면의 외측 법선은 각각 $\mathbf{n}$과 $-\mathbf{n}$이다. 나머지 4개의 가장자리 면은 각각 면적 hL을 가진다. 전체 표면적 S에 대한 응력 벡터의 적분은 면과 가장자리에 대한 기여도를 합하여 평가된다.

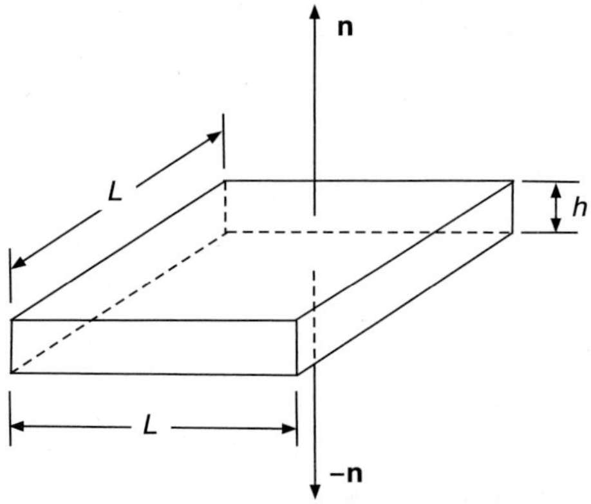

그림 6.2 $\mathbf{s}(\mathbf{n}) = -\mathbf{s}(-\mathbf{n})$를 증명하기 위한 대상 부피

$$\int_S \mathbf{s}(\mathbf{n})\,dS = \langle \mathbf{s}(\mathbf{n})\rangle_{S_1} L^2 + \langle \mathbf{s}(-\mathbf{n})\rangle_{S_2} L^2 + \text{edge contributions} \tag{6.4-13}$$

여기서 S_1과 S_2는 각각 상부 면과 하부 면의 면적이고 꺾쇠괄호는 면적 평균을 나타낸다. $hL \ll L^2$이므로, 가장자리의 기여도는 무시할 수 있으므로, 다음과 같이 된다.

$$\frac{1}{L^2}\int_S \mathbf{s}(\mathbf{n})\,dS = \langle \mathbf{s}(\mathbf{n})\rangle_{S_1} + \langle \mathbf{s}(-\mathbf{n})\rangle_{S_2}. \tag{6.4-14}$$

$L \to 0$의 극한에서 응력은 점의 양들이 되고 꺾쇠괄호는 더 이상 필요하지 않게 된다. 게다가 면적 S_1과 S_2는 동일하므로 식 (6.4-12)를 참고하면, $\mathbf{s}(\mathbf{n}) = -\mathbf{s}(-\mathbf{n})$이라는 결론을 얻을 수 있다.

$\mathbf{s}(\mathbf{n})$와 σ 사이의 일반적인 관계식[식 (6.2-8)]을 유도하기 위하여 그림 6.3의 사면체 대상 부피를 사용한다. 3개의 표면이 좌표축에 수직이고 경사진 네 번째 표면은 단위 외측 법선(unit outward normal) $\mathbf{n}$ 및 면적 ΔA를 갖는다. 길이 척도 L은 $L^2 = \Delta A$로 설정함으로써 정의되며, 각 좌표 표면의 면적은 관심 평면에 ΔA를 투영한 것으로 평가할 수 있다. 예를 들면, $\mathbf{e_x}$에 수직인 면의 면적은 $(\mathbf{e_x}\cdot\mathbf{n})L^2$이 된다. 식 (6.4-12)의 적분을 구하고 꺾쇠괄호를 생략하면 다음과 같다.

$$\lim_{L\to 0}\frac{1}{L^2}[\mathbf{s}(\mathbf{n})L^2 + \mathbf{s}(-\mathbf{e_x})(\mathbf{e_x}\cdot\mathbf{n})L^2 + \mathbf{s}(-\mathbf{e_y})(\mathbf{e_y}\cdot\mathbf{n})L^2 + \mathbf{s}(-\mathbf{e_z})(\mathbf{e_z}\cdot\mathbf{n})L^2] = 0. \tag{6.4-15}$$

L^2 항을 생략하고 $\mathbf{s}(\mathbf{n})$에 대해 풀면 다음과 같다.

$$\mathbf{s}(\mathbf{n}) = -(\mathbf{e_x}\cdot\mathbf{n})\mathbf{s}(-\mathbf{e_x}) - (\mathbf{e_y}\cdot\mathbf{n})\mathbf{s}(-\mathbf{e_y}) - (\mathbf{e_z}\cdot\mathbf{n})\mathbf{s}(-\mathbf{e_z}). \tag{6.4-16}$$

음의 부호를 없애기 위해 식 (6.2-9)를 사용하면, 다음의 식을 얻게 된다.

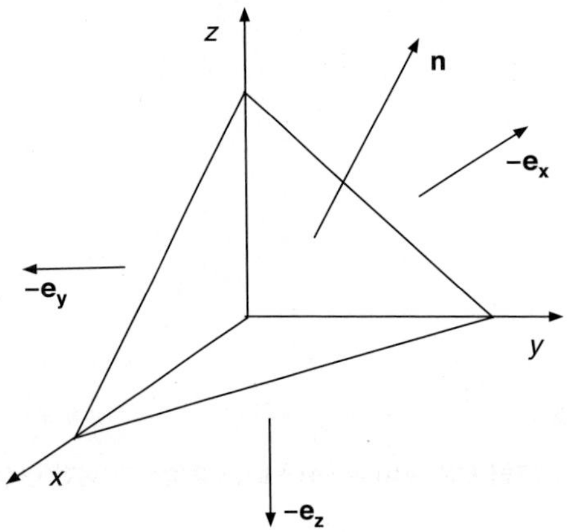

그림 6.3 $\mathbf{s}(\mathbf{n}) = \mathbf{n}\cdot\boldsymbol{\sigma}$를 증명하기 위한 대상 부피

$$\mathbf{s}(\mathbf{n}) = (\mathbf{e_x}\cdot\mathbf{n})\mathbf{s}(\mathbf{e_x}) + (\mathbf{e_y}\cdot\mathbf{n})\mathbf{s}(\mathbf{e_y}) + (\mathbf{e_z}\cdot\mathbf{n})\mathbf{s}(\mathbf{e_z}). \tag{6.4-17}$$

식 (6.2-7)을 사용하여 $\mathbf{s}(\mathbf{e_i})$를 $\boldsymbol{\sigma}$와 연결하고 $\mathbf{e_i}\cdot\mathbf{n} = n_i$로 표기하면 다음의 식을 얻는다.

$$\begin{aligned}\mathbf{s}(\mathbf{n}) &= (\mathbf{e_x}\cdot\mathbf{n})(\mathbf{e_x}\cdot\boldsymbol{\sigma}) + (\mathbf{e_y}\cdot\mathbf{n})(\mathbf{e_y}\cdot\boldsymbol{\sigma}) + (\mathbf{e_z}\cdot\mathbf{n})(\mathbf{e_z}\cdot\boldsymbol{\sigma}) \\ &= \sum_i (\mathbf{e_i}\cdot\mathbf{n})(\mathbf{e_i}\cdot\boldsymbol{\sigma}) = \left(\sum_i n_i\mathbf{e_i}\right)\cdot\boldsymbol{\sigma} = \mathbf{n}\cdot\boldsymbol{\sigma}.\end{aligned} \tag{6.4-18}$$

6.5 점성 응력

변형률 텐서

유체의 변형률에 대한 일반적인 설명을 얻기 위해 5.4절의 개념을 확장하고자 한다. 이 논의의 중심은 *변형률 텐서*($\boldsymbol{\Gamma}$, rate-of-strain tensor)이다.

$$\boldsymbol{\Gamma} = \frac{1}{2}[\nabla\mathbf{v} + (\nabla\mathbf{v})^t]. \tag{6.5-1}$$

3×3 배열로 나타나는 $\boldsymbol{\Gamma}$의 직교형 행렬은 다음과 같다.

$$\boldsymbol{\Gamma} = \begin{bmatrix} \dfrac{\partial v_x}{\partial x} & \dfrac{1}{2}\left(\dfrac{\partial v_y}{\partial x} + \dfrac{\partial v_x}{\partial y}\right) & \dfrac{1}{2}\left(\dfrac{\partial v_z}{\partial x} + \dfrac{\partial v_x}{\partial z}\right) \\ \dfrac{1}{2}\left(\dfrac{\partial v_x}{\partial y} + \dfrac{\partial v_y}{\partial x}\right) & \dfrac{\partial v_y}{\partial y} & \dfrac{1}{2}\left(\dfrac{\partial v_z}{\partial y} + \dfrac{\partial v_y}{\partial z}\right) \\ \dfrac{1}{2}\left(\dfrac{\partial v_x}{\partial z} + \dfrac{\partial v_z}{\partial x}\right) & \dfrac{1}{2}\left(\dfrac{\partial v_y}{\partial z} + \dfrac{\partial v_z}{\partial y}\right) & \dfrac{\partial v_z}{\partial z} \end{bmatrix}. \tag{6.5-2}$$

이 텐서는 *대칭*(즉, $\Gamma_{ij} = \Gamma_{ji}$)이라는 것에 유의하라. 보완적인 구조는 *와류도 텐서*($\mathbf{\Omega}$, vorticity tensor)이다.

$$\mathbf{\Omega} = \frac{1}{2}[\nabla\mathbf{v} - (\nabla\mathbf{v})^t]. \tag{6.5-3}$$

배열로 표시되는 직교형의 와류도 텐서는 다음과 같다.

$$\mathbf{\Omega} = \begin{bmatrix} 0 & \frac{1}{2}\left(\frac{\partial v_y}{\partial x} - \frac{\partial v_x}{\partial y}\right) & \frac{1}{2}\left(\frac{\partial v_z}{\partial x} - \frac{\partial v_x}{\partial z}\right) \\ \frac{1}{2}\left(\frac{\partial v_x}{\partial y} - \frac{\partial v_y}{\partial x}\right) & 0 & \frac{1}{2}\left(\frac{\partial v_z}{\partial y} - \frac{\partial v_y}{\partial z}\right) \\ \frac{1}{2}\left(\frac{\partial v_x}{\partial z} - \frac{\partial v_z}{\partial x}\right) & \frac{1}{2}\left(\frac{\partial v_y}{\partial z} - \frac{\partial v_z}{\partial y}\right) & 0 \end{bmatrix}. \tag{6.5-4}$$

이 텐서는 *비대칭*(즉, $\Omega_{ij} = -\Omega_{ji}$)이며, $\mathbf{\Gamma}$가 6개의 독립적인 성분을 가지고 있는 반면, $\mathbf{\Omega}$는 와류도 벡터(5.5절)와 같은 단지 3개의 성분을 가지고 있다.[1)]

변형률 텐서(rate-of-strain tensor)와 와류도 텐서(vorticity tensor)는 서로가 더해졌을 때 속도구배 텐서(velocity gradient tensor)를 제공하도록 구축되어 있다.

$$\nabla\mathbf{v} = \mathbf{\Gamma} + \mathbf{\Omega}. \tag{6.5-5}$$

$\nabla\mathbf{v}$를 대칭 및 비대칭 부분으로 분해하는 것은 다른 텐서도 가능하기 때문에 그 자체로는 특별히 언급할 정도의 가치는 없으나, $\mathbf{\Gamma}$로 대표되는 $\nabla\mathbf{v}$는 점성 응력 $\boldsymbol{\tau}$를 구하기 위해서는 반드시 필요한 것으로 간주된다. 반대로 $\mathbf{\Omega}$은 점성 응력에는 아무런 영향을 주지 않는다.

$\mathbf{\Gamma}$와 변형률의 관계는 유체 내의 한 쌍의 물질 점을 고려함으로써 알 수 있다. $L(t)$가 이 점들 사이의 순간 거리가 되도록 점 1에서 점 2로 향하는 벡터 $\mathbf{L}$을 상상해 보자. 벡터 $\mathbf{L}$에 평행한 단위벡터 $\mathbf{p}$는 $\mathbf{p} = \mathbf{L}/|\mathbf{L}| = \mathbf{L}/L$이다. 다음의 식은 가깝게 인접한 점들에 대한 것이다.

$$\frac{1}{L}\frac{dL}{dt} = \mathbf{p}\cdot\mathbf{\Gamma}\cdot\mathbf{p} \tag{6.5-6}$$

다시 말하면, 어떤 유체의 유동에서의 국부 변형률은 $\mathbf{\Gamma}$로부터 계산할 수 있다.

식 (6.5-6)의 증명은 인접한 두 점 사이의 속도 차이가 다음과 추정할 수 있다는 것을 인식함으로부터 시작한다.

---

1) 식 (6.5-4)를 $\mathbf{w} = \nabla \times \mathbf{v}$와 비교하면 $\Omega_{xy} = w_z/2 = -\Omega_{yx}$, $\Omega_{xz} = -w_y/2 = -\Omega_{zx}$, 그리고 $\Omega_{yz} = w_x/2 = -\Omega_{zy}$라는 것을 알 수 있다. 따라서 Ω와 $\mathbf{w}$는 동일한 3개의 독립적인 양을 포함한다.

$$\Delta \mathbf{v} = \mathbf{v}_2 - \mathbf{v}_1 = \mathbf{L} \cdot \nabla \mathbf{v}|_1 \tag{6.5-7}$$

여기서 속도 구배는 점 1에서 구한 것이다. 이것은 속도의 Taylor 급수 전개에서 나온 것으로, L의 더 높은 지수승과 $\mathbf{v}$의 더 높은 차수의 도함수를 포함하는 항들은 무시되었다. 이와 같은 다차원 확장이 어떻게 작용하는지 예를 들어보자. 어느 순간에 점 1과 점 2는 각각 z 축의 $z = H$와 $z = H + L$에 위치하며, 유체의 속도는 $\mathbf{v} = az^2\mathbf{e_x} + bz^2\mathbf{e_y}$ 로 주어지며, 여기서 a와 b는 상수로 간주한다. 정확한 속도 차이는 다음과 같다.

$$\Delta \mathbf{v} = [(H+L)^2 - H^2](a\mathbf{e_x} + b\mathbf{e_y}) = (2HL + L^2)(a\mathbf{e_x} + b\mathbf{e_y}). \tag{6.5-8}$$

식 (6.5-7)로부터 $\Delta\mathbf{v}$를 얻기 위해서, $\mathbf{L} = L\mathbf{e_z}$와 $\nabla \mathbf{v}|_1 = 2z(a\mathbf{e_z}\mathbf{e_x} + b\mathbf{e_z}\mathbf{e_y})|_{z=H} = 2H(a\mathbf{e_z}\mathbf{e_x} + b\mathbf{e_z}\mathbf{e_y})$의 관계식을 이용한다. $\nabla\mathbf{v}$의 다른 모든 구성 성분은 0이다. 절삭된 전개로부터 속도 차는 다음과 같다.

$$\Delta \mathbf{v} = L\mathbf{e_z} \cdot [2H(a\mathbf{e_z}\mathbf{e_x} + b\mathbf{e_z}\mathbf{e_y})] = 2HL(a\mathbf{e_x} + b\mathbf{e_y}) \tag{6.5-9}$$

이는 식 (6.5-8)에서 $L \to 0$일 경우에 얻을 수 있는 결과와 거의 근접해진다.

식 (6.5-7)에서처럼 속도 차를 식으로 나타내면 다음과 같다.

$$\Delta \mathbf{v} \cdot \mathbf{L} = \mathbf{L} \cdot \nabla \mathbf{v} \cdot \mathbf{L}. \tag{6.5-10}$$

그러나 $\Delta\mathbf{v}$ 역시 $\mathbf{L}$의 변화 률이므로 $\Delta\mathbf{v} = d\mathbf{L}/dt$가 된다. 따라서 다음과 같다.

$$\Delta \mathbf{v} \cdot \mathbf{L} = \frac{d\mathbf{L}}{dt} \cdot \mathbf{L} = L\frac{dL}{dt}. \tag{6.5-11}$$

$\Delta\mathbf{v}\cdot\mathbf{L}$에 대한 두 방정식을 등식으로 놓고 L^2로 나누고 $\mathbf{p}$, $\boldsymbol{\Gamma}$, 그리고 $\boldsymbol{\Omega}$의 정의를 사용하면 다음의 결과를 얻을 수 있다.

$$\frac{1}{L}\frac{dL}{dt} = \mathbf{p} \cdot \nabla \mathbf{v} \cdot \mathbf{p} = (\mathbf{p} \cdot \boldsymbol{\Gamma} \cdot \mathbf{p}) + (\mathbf{p} \cdot \boldsymbol{\Omega} \cdot \mathbf{p}). \tag{6.5-12}$$

식 (6.5-6)에 대한 증명을 마무리하기 위해 이제 남은 것은 $\boldsymbol{\Omega}$이 반대칭(예제 A.3-1)이기 때문에 $\mathbf{p}\cdot\boldsymbol{\Omega}\cdot\mathbf{p} = 0$라는 것을 인식하는 것이다. 와류도는 회전과 관련이 있고 그 회전은 변형이 없이도 발생할 수 있다는 것을 5장으로부터 상기한다면, 유체의 변형률은 $\boldsymbol{\Gamma}$에 의해서만 결정되고 $\boldsymbol{\Omega}$에 의해서는 아무런 영향을 받지 않는다는 것은 그리 놀라운 일이 아니다.

예제 6.5-1 ● 단순 전단 유동에서의 변형률. 이 예제를 통해 얻고자 하는 것은 식 (6.5-6)

의 변형률을 계산하기 위해 일반적인 방법을 사용하면 예제 5.4-1의 결과 식으로 귀결된다는 것을 보여주는 것이다.

그림 5.4를 참조하면, $\mathbf{p} = \cos\theta\mathbf{e_x} + \sin\theta\mathbf{e_y}$, $\boldsymbol{\Gamma} = c\mathbf{e_y}\mathbf{e_x}$, 그리고 다음과 같다.

$$\begin{aligned}\frac{1}{L}\frac{dL}{dt} &= (\cos\theta\mathbf{e_x} + \sin\theta\mathbf{e_y})\cdot(c\,\mathbf{e_y}\mathbf{e_x})\cdot(\cos\theta\mathbf{e_x} + \sin\theta\mathbf{e_y}) \\ &= c\cos^2\theta(\mathbf{e_x}\cdot\mathbf{e_y}\mathbf{e_x}\cdot\mathbf{e_x}) + c\sin^2\theta(\mathbf{e_y}\cdot\mathbf{e_y}\mathbf{e_x}\cdot\mathbf{e_y}) \\ &\quad + c\sin\theta\cos\theta[(\mathbf{e_y}\cdot\mathbf{e_y}\mathbf{e_x}\cdot\mathbf{e_x}) + (\mathbf{e_x}\cdot\mathbf{e_y}\mathbf{e_x}\cdot\mathbf{e_y})] \\ &= c\sin\theta\cos\theta\end{aligned}$$

이는 식 (5.4-4)와 일치한다.

이제 $\boldsymbol{\tau}$를 물성 및 다양한 종류의 유체의 운동과 관련지어 보도록 한다. 제시될 구성 방정식(constitutive equation)에는 두 가지 공통점이 있다. 첫째, 균일한 병진, 강체 회전, 또는 정적 조건에서와 같이 유체가 변형되지 않는 경우에는 $\boldsymbol{\tau} = \mathbf{0}$이다. 둘째, $\boldsymbol{\tau}$는 대칭이다. 이 절의 끝 부분에서 볼 수 있듯이, $\boldsymbol{\sigma}$와 $\boldsymbol{\tau}$의 대칭성은 통상적으로 각운동량(angular momentum)의 보존방정식에 의해 함축된다.

뉴톤 유체

1.2절에서 뉴톤 유체는 전단 응력이 전단률에 비례하는 유체로 정의하였다. 내용은 단순 전단 유동을 포함하는 가상의 실험이었다. 보다 일반적으로 뉴톤 유체에 대한 $\boldsymbol{\tau}$의 각 성분은 변형률에 비례한다. 변형률을 설명하는 $\boldsymbol{\Gamma}$는 $\boldsymbol{\tau}$와 마찬가지로 대칭이므로 $\boldsymbol{\tau}$는 단순히 $\boldsymbol{\Gamma}$에 비례한다고 추정할 수 있다. 일정한 밀도를 가지는 뉴톤 유체의 경우에는 이 추정은 맞다. 비례상수로 2μ를 선택하면 다음과 같다.

$$\boldsymbol{\tau} = 2\mu\boldsymbol{\Gamma} = \mu[\nabla\mathbf{v} + (\nabla\mathbf{v})^t] \quad (\text{Newtonian}, \rho = \text{constant}). \tag{6.5-13}$$

이 식은 다음 장에서 거의 모든 점성-응력 계산의 출발점이 될 것이다.

원래 점도를 정의하기 위해 사용한 식, $\tau_w = \mu s$ [식 (1.2-1)]은 식 (6.5-13)을 단순 전단 유동(simple shear flow)에 적용함으로써 얻게 되었다. 그림 1.1의 이상화된 실험에서, $\upsilon_x = sy$이고 $\upsilon_y = \upsilon_z = 0$이며, 여기서 $s = U/H$는 전단률이고 상수이다. 식 (6.5-2)의 각각의 속도 도함수를 구하면, $\Gamma_{xy} = \Gamma_{yx} = s/2$이고 나머지 $\Gamma ij = 0$임을 알 수 있다. 따라서 식 (6.5-13)은 0이 아닌 $\boldsymbol{\tau}$의 성분은 $\tau_{xy} = \tau_{yx} = \mu s$임을 가리킨다. $\tau_w = \mu s$가 식 (6.5-13)의 특별한 경우라는 것을 확인하기 위해선, $y = H$에서 $\tau_w = \tau_{yx}$임을 인지하는 것만이 필요하다.

만약 뉴톤 유체가 비압축성이 아니라면 식 (6.5-13)은 수정되어야 한다. 5.4절에서 논의된 바와 같이, 밀도 ρ의 변화로 인한 변형은 전단에 의한 변형과는 질적으로 다르다. 순수 부피팽창(dilatation)의 경우에 유체는 모든 방향으로 동일하게 팽창하거나 수축한다. 단순 전단의 경우에는 마치 한 벌의 카드가 테이블 위에서 펼쳐지듯 유체의 각 층들이 서로 겹치면서 미끄러진다. 이는 τ를 이에 상응하는 변형률과 연관지을 때, 분자 수준의 마찰 양과 다른 비례 상수의 양이 서로 다를 가능성을 제시한 것이다. 지금까지 우리는 $\mathbf{\Gamma}$가 총 변형률을 나타낸다는 것을 알고 있다. 예제 5.4-2에서와 본 바와 같이, 순수 부피팽창에서의 변형률은 부피팽창 률(rate of dilatation)의 1/3 또는 (1/3) $(\nabla \cdot \mathbf{v})$이고 이에 대응되는 등방성 텐서는 (1/3) $(\nabla \cdot \mathbf{v})\boldsymbol{\delta}$이다. 두 종류의 변형을 분리하고 편의상 비례 상수 2μ와 3κ를 사용하면, 뉴톤 유체에 대한 보다 일반적인 구성 방정식(constitutive equation)을 전개할 수 있다.

$$\boldsymbol{\tau} = 2\mu\left(\mathbf{\Gamma} - \frac{1}{3}(\nabla \cdot \mathbf{v})\boldsymbol{\delta}\right) + 3\kappa\left(\frac{1}{3}(\nabla \cdot \mathbf{v})\boldsymbol{\delta}\right) = 2\mu\mathbf{\Gamma} + \left(\kappa - \frac{2}{3}\mu\right)(\nabla \cdot \mathbf{v})\boldsymbol{\delta} \quad (6.5\text{-}14)$$

여기서 μ는 일반적인 *전단 점도(shear viscosity)*이고 κ는 *벌크 점도(bulk viscosity)* 또는 *부피팽창 점도(dilatational viscosity)*이다. 2μ를 곱한 항이 있는 첫 번째 등식에서, 부피팽창에 대한 중복 계산을 피하기 위하여 Γ로부터 변형의 부피팽창 률(dilatational rate of strain)을 차감하였다.

유체 역학에 미치는 κ의 영향을 감지하기는 어렵다. 운동 이론에 따르면 이상적인 단원자 기체의 경우에 $\kappa = 0$이며, 다른 유체의 경우에는 $\kappa \ll \mu$이다. κ의 영향을 최소화한다는 것은 $\nabla \cdot \mathbf{v}$가 일반적으로 매우 작다는 것을 의미한다. 따라서 $\kappa = 0$으로 하면 가변 밀도에 대한 구성 방정식은 다음과 같이 간략하게 된다.

$$\boldsymbol{\tau} = 2\mu\left(\mathbf{\Gamma} - \frac{1}{3}(\nabla \cdot \mathbf{v})\boldsymbol{\delta}\right) \quad \text{(Newtonian, } \rho \neq \text{constant).} \quad (6.5\text{-}15)$$

우리가 지금까지 다뤘던 예제와 문제에서처럼 만약 ρ가 일정하다는 가정을 적용하면, $\nabla \cdot \mathbf{v} = 0$이고 식 (6.5-15)는 식 (6.5-13)으로 줄어들게 된다.

식 (6.5-15)에서의 τ의 성분이 직교형, 원통형, 그리고 구형 좌표계에 대해 표 6.4, 6.5, 그리고 6.6에 각각 나타나 있다. τ_{ii}를 제외하고는 식 (6.5-13)의 성분들은 모두 동일하다. 표에서 $\nabla \cdot \mathbf{v} = 0$으로 설정하면 식 (6.5-13)으로부터 τ_{ii}를 구할 수 있다.

비뉴톤 유체

식 (6.5-13)을 따르지 않는 모든 비압축성 유체를 비뉴톤 유체라고 한다. 멱-법칙 유체와 Bingham 유체는 이미 1.2절에서 소개되었으며, *일반화된 뉴톤 유체*의 대표적인 예이다. 그러한 액체는 표 6.4에서 6.6까지의 응력 방정식을 따르며, $\nabla \cdot \mathbf{v} = 0$이 적용된다.

이 식들을 비뉴톤 유체 식으로 만드는 것은 μ가 변형률에 의존하기 때문이다. 즉 $\mu = \mu(\Gamma)$이며, 여기서 Γ는 변형률 텐서(rate-of-strain tensor)의 크기이다. 식 (A.3-27)로부터 다음과 같다.

$$\Gamma = \left(\frac{1}{2} \sum_i \sum_j \Gamma_{ij}^2 \right)^{1/2}. \tag{6.5-16}$$

표 6.4 직교형 좌표계에서 뉴톤 유체에 대한 점성 응력 성분

$$\tau_{xx} = 2\mu \left[\frac{\partial v_x}{\partial x} - \frac{1}{3}(\nabla \cdot \mathbf{v}) \right]$$

$$\tau_{yy} = 2\mu \left[\frac{\partial v_y}{\partial y} - \frac{1}{3}(\nabla \cdot \mathbf{v}) \right]$$

$$\tau_{zz} = 2\mu \left[\frac{\partial v_z}{\partial z} - \frac{1}{3}(\nabla \cdot \mathbf{v}) \right]$$

$$\tau_{xy} = \tau_{yx} = \mu \left[\frac{\partial v_x}{\partial y} + \frac{\partial v_y}{\partial x} \right]$$

$$\tau_{yz} = \tau_{zy} = \mu \left[\frac{\partial v_y}{\partial z} + \frac{\partial v_z}{\partial y} \right]$$

$$\tau_{zx} = \tau_{xz} = \mu \left[\frac{\partial v_z}{\partial x} + \frac{\partial v_x}{\partial z} \right]$$

$$\nabla \cdot \mathbf{v} = \frac{\partial v_x}{\partial x} + \frac{\partial v_y}{\partial y} + \frac{\partial v_z}{\partial z}$$

표 6.5 원통형 좌표계에서 뉴톤 유체에 대한 점성 응력 성분

$$\tau_{rr} = 2\mu \left[\frac{\partial v_r}{\partial r} - \frac{1}{3}(\nabla \cdot \mathbf{v}) \right]$$

$$\tau_{\theta\theta} = 2\mu \left[\frac{1}{r}\frac{\partial v_\theta}{\partial \theta} + \frac{v_r}{r} - \frac{1}{3}(\nabla \cdot \mathbf{v}) \right]$$

$$\tau_{zz} = 2\mu \left[\frac{\partial v_z}{\partial z} - \frac{1}{3}(\nabla \cdot \mathbf{v}) \right]$$

$$\tau_{r\theta} = \tau_{\theta r} = \mu \left[r\frac{\partial}{\partial r}\left(\frac{v_\theta}{r}\right) + \frac{1}{r}\frac{\partial v_r}{\partial \theta} \right]$$

$$\tau_{\theta z} = \tau_{z\theta} = \mu \left[\frac{\partial v_\theta}{\partial z} + \frac{1}{r}\frac{\partial v_z}{\partial \theta} \right]$$

$$\tau_{zr} = \tau_{rz} = \mu \left[\frac{\partial v_z}{\partial r} + \frac{\partial v_r}{\partial z} \right]$$

$$\nabla \cdot \mathbf{v} = \frac{1}{r}\frac{\partial}{\partial r}(r v_r) + \frac{1}{r}\frac{\partial v_\theta}{\partial \theta} + \frac{\partial v_z}{\partial z}$$

표 6.6 구형 좌표계에서 뉴톤 유체에 대한 점성 응력 성분

$$\tau_{rr} = 2\mu\left[\frac{\partial v_r}{\partial r} - \frac{1}{3}(\nabla\cdot\mathbf{v})\right]$$

$$\tau_{\theta\theta} = 2\mu\left[\frac{1}{r}\frac{\partial v_\theta}{\partial\theta} + \frac{v_r}{r} - \frac{1}{3}(\nabla\cdot\mathbf{v})\right]$$

$$\tau_{\phi\phi} = 2\mu\left[\frac{1}{r\sin\theta}\frac{\partial v_\phi}{\partial\phi} + \frac{v_r}{r} + \frac{v_\theta\cot\theta}{r} - \frac{1}{3}(\nabla\cdot\mathbf{v})\right]$$

$$\tau_{r\theta} = \tau_{\theta r} = \mu\left[r\frac{\partial}{\partial r}\left(\frac{v_\theta}{r}\right) + \frac{1}{r}\frac{\partial v_r}{\partial\theta}\right]$$

$$\tau_{\theta\phi} = \tau_{\phi\theta} = \mu\left[\frac{\sin\theta}{r}\frac{\partial}{\partial\theta}\left(\frac{v_\phi}{\sin\theta}\right) + \frac{1}{r\sin\theta}\frac{\partial v_\theta}{\partial\phi}\right]$$

$$\tau_{\phi r} = \tau_{r\phi} = \mu\left[\frac{1}{r\sin\theta}\frac{\partial v_r}{\partial\phi} + r\frac{\partial}{\partial r}\left(\frac{v_\phi}{r}\right)\right]$$

$$\nabla\cdot\mathbf{v} = \frac{1}{r^2}\frac{\partial}{\partial r}(r^2 v_r) + \frac{1}{r\sin\theta}\frac{\partial}{\partial\theta}(v_\theta\sin\theta) + \frac{1}{r\sin\theta}\frac{\partial v_\phi}{\partial\phi}$$

벡터의 크기와 마찬가지로 Γ 값은 좌표계와 무관하다. 변형률은 $(2\Gamma)^2$로 표현되며 3개의 일반 좌표계에 대한 변형률을 표 6.7에 나타내었다.

그림 1.1의 단순 전단 유동(simple shear flow)에서 $\Gamma = |\Gamma_{xy}| = |\Gamma_{yx}| = s/2$이며, 여기서 s는 전단률(shear rate)이다. 따라서 전단률은 변형률의 두 배가 된다. 식 (1.2-4)와 (1.2-6)에서 s를 2Γ로 치환하면, 멱-법칙(power-law) 유체와 Bingham 유체에 대한 구성 방정식의 일반적인 형태는 다음과 같다.

$$\mu = m(2\Gamma)^{n-1} \quad \text{(power-law)} \tag{6.5-17}$$

$$\mu = \begin{cases} \infty & \text{for } \tau < \tau_0 \\ \mu_0 + \dfrac{\tau_0}{2\Gamma} & \text{for } \tau \geq \tau_0 \end{cases} \quad \text{(Bingham).} \tag{6.5-18}$$

제1장에서 제시된 것과는 달리, 이러한 식은 단순 전단 유동에만 국한되지 않는다. Bingham 모델에 필요한 점성 응력 텐서 (τ)의 크기는 식 (6.5-16)에서와 같이 계산되고 직교형 좌표계에 대한 그 결과는 다음과 같다.

$$\tau = \left\{\frac{1}{2}\left[\left(\tau_{xx}^2 + \tau_{yy}^2 + \tau_{zz}^2\right) + \left(\tau_{xy}^2 + \tau_{yx}^2\right) + \left(\tau_{yz}^2 + \tau_{zy}^2\right) + \left(\tau_{xz}^2 + \tau_{zx}^2\right)\right]\right\}^{1/2}. \tag{6.5-19}$$

그림 1.1의 유동에서는 τ_{yx}와 τ_{xy}가 0이 아닌 유일한 $\boldsymbol{\tau}$의 성분이며, 이는 $\tau = |\tau_{xy}| = |\tau_{yx}|$로

표 6.7 변형률의 크기

Rectangular:	$(2\Gamma)^2 = 2\left[\left(\frac{\partial v_x}{\partial x}\right)^2 + \left(\frac{\partial v_y}{\partial y}\right)^2 + \left(\frac{\partial v_z}{\partial z}\right)^2\right] + \left[\frac{\partial v_y}{\partial x} + \frac{\partial v_x}{\partial y}\right]^2 + \left[\frac{\partial v_z}{\partial y} + \frac{\partial v_y}{\partial z}\right]^2 + \left[\frac{\partial v_x}{\partial z} + \frac{\partial v_z}{\partial x}\right]^2$
Cylindrical:	$(2\Gamma)^2 = 2\left[\left(\frac{\partial v_r}{\partial r}\right)^2 + \left(\frac{1}{r}\frac{\partial v_\theta}{\partial \theta} + \frac{v_r}{r}\right)^2 + \left(\frac{\partial v_z}{\partial z}\right)^2\right] + \left[r\frac{\partial}{\partial r}\left(\frac{v_\theta}{r}\right) + \frac{1}{r}\frac{\partial v_r}{\partial \theta}\right]^2 + \left[\frac{1}{r}\frac{\partial v_z}{\partial \theta} + \frac{\partial v_\theta}{\partial z}\right]^2 + \left[\frac{\partial v_r}{\partial z} + \frac{\partial v_z}{\partial r}\right]^2$
Spherical:	$(2\Gamma)^2 = 2\left[\left(\frac{\partial v_r}{\partial r}\right)^2 + \left(\frac{1}{r}\frac{\partial v_\theta}{\partial \theta} + \frac{v_r}{r}\right)^2 + \left(\frac{1}{r\sin\theta}\frac{\partial v_\phi}{\partial \phi} + \frac{v_r}{r} + \frac{v_\theta \cot\theta}{r}\right)^2\right] + \left[r\frac{\partial}{\partial r}\left(\frac{v_\theta}{r}\right) + \frac{1}{r}\frac{\partial v_r}{\partial \theta}\right]^2 + \left[\frac{\sin\theta}{r}\frac{\partial}{\partial \theta}\left(\frac{v_\phi}{\sin\theta}\right) + \frac{1}{r\sin\theta}\frac{\partial v_\theta}{\partial \phi}\right]^2 + \left[\frac{1}{r\sin\theta}\frac{\partial v_r}{\partial \phi} + r\frac{\partial}{\partial r}\left(\frac{v_\phi}{r}\right)\right]^2$

줄어들게 된다.

추가 학습: 응력 대칭

식 (6.4-12)를 유도했던 것과 같은 추론은 선형 치수 L인 고정된 대상 부피에 대하여 다음식이 성립한다는 것을 의미한다.

$$\lim_{L\to 0} \frac{1}{L^3} \int_S \mathbf{r} \times \mathbf{s}(\mathbf{n})\, dS = 0 \tag{6.5-20}$$

여기서 $\mathbf{r}$은 원점으로부터 대상 표면(control surface) 위의 한 점으로 이어지는 벡터이다 (Whitaker, 1968, p.120). 따라서 아주 작은 대상 부피에서의 응력이 균형을 이루는 것과 마찬가지로 표면 우력(surface torque)도 균형을 이루게 된다.

응력 텐서가 대칭임을 보여주기 위해 식 (6.5-20)을 한 변의 길이가 L이고 중심에 $\mathbf{r}$의 원점을 두고 있는 입방체 대상 부피에 적용해 보자. z축을 따른 단면이 그림 6.4에 묘사되어 있다. 왼쪽(위치 x)에서의 표면적은 S_x이며, 그 중심에서의 위치 벡터는 $\mathbf{r} = -(L/2)\mathbf{e_x}$이고 바깥쪽 법선은 $-\mathbf{e_x}$이며, 응력 벡터는 다음과 같다.

$$\mathbf{s}(-\mathbf{e_x}) = -(\mathbf{e_x} \cdot \boldsymbol{\sigma})|_x = -\sum_j \sigma_{xj}|_x \mathbf{e_j}. \tag{6.5-21}$$

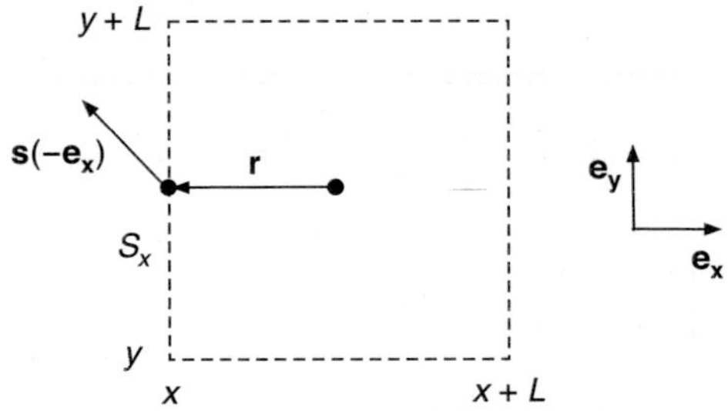

그림 6.4 σ가 대칭임을 증명하는 대상 부피

S_x에서의 우력(torque)은 다음과 같다.[2)]

$$\int_{S_x} \mathbf{r} \times \mathbf{s}(-\mathbf{e_x})\, dS = \left(-\frac{L}{2}\mathbf{e_x}\right) \times (-\sigma_{xx}\mathbf{e_x} - \sigma_{xy}\mathbf{e_y} - \sigma_{xz}\mathbf{e_z})\Big|_x L^2$$
$$= \frac{L^3}{2}(\sigma_{xy}\mathbf{e_z} - \sigma_{xz}\mathbf{e_y})\Big|_x . \quad (6.5\text{-}22)$$

r과 **s**(**n**)의 부호가 모두 반대로 바뀌었기 때문에 오른쪽 가장자리(위치 $x + L$)에도 같은 표현이 적용된다. 6개 표면에 대한 것을 모두 더하고 $L^3/2$로 나눠주면 식 (6.5-20)이 된다.

$$0 = \lim_{L \to 0}[(\sigma_{xy}|_x + \sigma_{xy}|_{x+L})\mathbf{e_z} - (\sigma_{xz}|_x + \sigma_{xz}|_{x+L})\mathbf{e_y}$$
$$+ (\sigma_{yz}|_y + \sigma_{yz}|_{y+L})\mathbf{e_x} - (\sigma_{yx}|_y + \sigma_{yx}|_{y+L})\mathbf{e_z} \quad (6.5\text{-}23)$$
$$+ (\sigma_{zx}|_z + \sigma_{zx}|_{z+L})\mathbf{e_y} - (\sigma_{zy}|_z + \sigma_{zy}|_{z+L})\mathbf{e_x}].$$

$L \to 0$으로 접근함으로써 $\sigma_{xy}|_{x+L} \to \sigma_{xy}|_x, \sigma_{yz}|_{y+L} \to \sigma_{yz}|_y$ 등으로 되며, 극한을 취하고 2로 나눠주고 벡터 성분을 그룹화하면 다음의 식을 얻을 수 있다.

$$\mathbf{0} = (\sigma_{yz} - \sigma_{zy})\mathbf{e_x} + (\sigma_{zx} - \sigma_{xz})\mathbf{e_y} + (\sigma_{xy} - \sigma_{yx})\mathbf{e_z}. \quad (6.5\text{-}24)$$

이 벡터 방정식의 각 성분이 없어지려면 $\sigma_{ij} = \sigma_{ji}$가 되어야 한다. 즉, $\boldsymbol{\sigma}$는 대칭이어야 한다. $\boldsymbol{\sigma}$와 $\boldsymbol{\tau}$는 동일한 비대각 성분(즉, $i \neq j$일 때 $\sigma_{ij} = \tau_{ij}$)을 갖기 때문에, $\boldsymbol{\sigma}$의 대칭은 $\boldsymbol{\tau}$의 대칭을 의미한다.

이러한 유도과정에서 표면 우력(torque)만 고려되었다는 것에 유념해야 한다. 물체의 힘에 반응하여 정렬할 수 있는 입자의 현탁액에는 $\boldsymbol{\sigma}$와 $\boldsymbol{\tau}$를 비대칭으로 만드는 추가적인 '미시

2) 식 (6.5-22)의 첫째 등식에서 $\mathbf{r} \times \mathbf{s}(\mathbf{n})$의 표면 평균은 표면의 중심에서 **r**을 구하고 **s**(**n**)을 균일한 것처럼 다루어 근사적으로 구하였다. 이는 대상 부피가 나중에 한 점으로 축소되기 때문에 가능한 것이다.

적인' 또는 '내적인' 우력(torque)이 있을 수 있다(Dahler and Scriven, 1963). 미시적 우력은 콜로이드 자철석이나 영구 또는 유도 자기 쌍극자가 있는 입자의 현탁액에서 발생한다. 이러한 현탁액들을 *자성유체*라고 부르고 이들은 특정 기술 분야에서는 중요하다(Rosensweig, 1985). 그러나 일반적인 유체에서는 $\boldsymbol{\sigma}$와 $\boldsymbol{\tau}$가 대칭이다.

6.6 지배 방정식

우리의 주요 관심사인 *비압축성* 유동에서, 최대 4개의 미지수가 있을 수 있으며, 압력과 속도 벡터의 3개의 성분이 이들 미지수이다. 질량보존 방정식과 선형 운동량보존 방정식의 세 성분은 필요한 미분방정식의 수를 결정한다. 미분방정식의 유도는 거의 끝나가고 이제 남은 것은 6.5절의 점성 응력 텐서의 적절한 형태를 6.4절의 운동량 방정식으로 대체하는 것이다. 또한 미분방정식을 위한 경계 조건을 제공하는 계면에서의 속도 및 응력 성분에 대한 논의가 필요하다. 이 장의 최종적인 주제는 힘 계산에 대한 논의이다.

일정한 성질의 뉴톤 유체

우리의 기본적 가정은 유체가 뉴톤 유체이고 거의 등온이어서 μ와 ρ가 모두 알려진 상수라는 것이다. 응력 텐서의 발산은 다음에서와 같이 구할 수 있다.

$$\nabla \cdot \boldsymbol{\tau} = \mu \nabla \cdot [\nabla \mathbf{v} + (\nabla \mathbf{v})^t] = \mu[\nabla^2 \mathbf{v} + \nabla(\nabla \cdot \mathbf{v})] = \mu \nabla^2 \mathbf{v}. \tag{6.6-1}$$

두 번째 등식을 얻는 데 사용된 등치(identity)는 예제 A.4-2에서 증명하였다. 식 (6.6-1)을 식 (6.4-8)의 Cauchy 운동량 방정식에 대입하면 다음과 같다.

$$\rho \frac{D\mathbf{v}}{Dt} = \rho \mathbf{g} - \nabla P + \mu \nabla^2 \mathbf{v} \tag{6.6-2}$$

위 식은 *Navier–Stokes 식*의 한 형태이다.[3] 이 벡터 방정식은 P와 $\mathbf{v}$의 세 구성 성분을 찾는 데 필요한 4개의 미분 방정식 중 3개를 나타낸다. 네 번째 식은 비압축성 유체의 연속 방정식이며 다음과 같다.

$$\nabla \cdot \mathbf{v} = 0. \tag{6.6-3}$$

2.3절에서 본 바와 같이 P가 $\mathcal{P}$로 대체되면, 동일한 식이 수평, 경사, 그리고 연직 파이프

3) 뉴톤 점성 응력과 운동량 방정식의 통합은 1822년 프랑스의 물리학자 L. Navier (1785~1836)와 1845년 G. G. Stokes가 서로 독립적으로 발표하였다(3장 참조).

에서의 유량을 계산하는 데 사용될 수 있다. 동적 압력 $\mathscr{P}$는 3.4절과 3.5절에서 다공성 매체와 충진층을 통과하는 유체 유동을 논의할 때에도 언급되었다. 동적 압력(dynamic pressure)이 편리하게 압력과 중력의 영향을 결합한다는 점에서, 동적 압력 $\mathscr{P}$는 일반적으로 비압축성 유동의 해석에 아주 유용하다. 이전에는 $\mathscr{P}$를 기준면 위의 높이 h의 항으로 정의하였으나($\mathscr{P} = P + \rho gh$), 구배 연산자를 사용할 경우에는 다음과 같이 정의된다.

$$\nabla\mathscr{P} \equiv \nabla P - \rho\mathbf{g}. \tag{6.6-4}$$

Navier-Stokes 방정식의 다른 형태는 다음과 같다.

$$\rho\frac{D\mathbf{v}}{Dt} = -\nabla\mathscr{P} + \mu\nabla^2\mathbf{v}. \tag{6.6-5}$$

식 (6.6-5)에서 $\mathbf{v} = \mathbf{0}$으로 설정하는 것은 정적 유체에서 $\nabla\mathscr{P} = \mathbf{0}$라는 것을 나타낸다. 따라서 $\mathscr{P}$의 공간 변화는 유체 이동의 원인이거나 결과로서 나타나는 것이다. $\mathscr{P}$는 압력구배 또는 기준면 위의 높이로 정의되기 때문에 정적 유체에서의 상수 값은 임의적이다. 정적 유체에서 $\mathscr{P} = 0$으로 설정하는 것이 때로는 편리하다.

비압축성 유체에서의 절대압력(P)에 대한 이해는 유체-유체 계면이 있는 경우에만 중요하게 된다. 액체로 가득 채워진 파이프에서와 같이 이러한 계면이 없다면, 식 (6.6-5)는 Navier-Stokes 방정식의 선호하는 형태이다. 앞에서 이미 보았듯이 $\mathscr{P}$를 사용하면 보다 범용적인 결과를 이끌어낼 수 있다. 또한, 이 절의 뒷부분에서 알 수 있듯이 $\mathscr{P}$를 사용하여 압력을 계산하게 되면 유동의 영향을 부력의 영향으로부터 자동적으로 구분할 수 있게 된다.

직교형, 원통형, 그리고 구형 좌표에서의 식 (6.6-5)의 성분들은 표 6.8, 6.9, 그리고 6.10에 각각 주어졌다. 각 항목의 좌변과 우변에 대괄호로 표시된 항들은 각각 $D\mathbf{v}/Dt$와 $\nabla^2\mathbf{v}$의 성분이다. 식 (6.6-2)의 항들은 표 6.1, 6.2, 그리고 6.3에서 $\mathscr{P}$를 P와 g_i 항으로 치환하면 구할 수 있다. 마찬가지로, 이들 표를 지침으로 사용하여 이전에 나온 표들에 있는 Cauchy 운동량 방정식의 항들을 $\mathscr{P}$ 항으로 다시 나타낼 수 있다. 표 5.1에서 ρ를 상수로 간주함으로써 각 좌표

표 6.8 직교형 좌표에서의 Navier–Stokes 방정식

x component:	$\rho\left[\frac{\partial v_x}{\partial t} + v_x\frac{\partial v_x}{\partial x} + v_y\frac{\partial v_x}{\partial y} + v_z\frac{\partial v_x}{\partial z}\right] = -\frac{\partial\mathscr{P}}{\partial x} + \mu\left[\frac{\partial^2 v_x}{\partial x^2} + \frac{\partial^2 v_x}{\partial y^2} + \frac{\partial^2 v_x}{\partial z^2}\right]$
y component:	$\rho\left[\frac{\partial v_y}{\partial t} + v_x\frac{\partial v_y}{\partial x} + v_y\frac{\partial v_y}{\partial y} + v_z\frac{\partial v_y}{\partial z}\right] = -\frac{\partial\mathscr{P}}{\partial y} + \mu\left[\frac{\partial^2 v_y}{\partial x^2} + \frac{\partial^2 v_y}{\partial y^2} + \frac{\partial^2 v_y}{\partial z^2}\right]$
z component:	$\rho\left[\frac{\partial v_z}{\partial t} + v_x\frac{\partial v_z}{\partial x} + v_y\frac{\partial v_z}{\partial y} + v_z\frac{\partial v_z}{\partial z}\right] = -\frac{\partial\mathscr{P}}{\partial z} + \mu\left[\frac{\partial^2 v_z}{\partial x^2} + \frac{\partial^2 v_z}{\partial y^2} + \frac{\partial^2 v_z}{\partial z^2}\right]$

표 6.9 원통형 좌표에서의 Navier–Stokes 방정식

r component:	$\rho\left[\frac{\partial v_r}{\partial t} + v_r\frac{\partial v_r}{\partial r} + \frac{v_\theta}{r}\frac{\partial v_r}{\partial \theta} - \frac{v_\theta^2}{r} + v_z\frac{\partial v_r}{\partial z}\right]$
	$= -\frac{\partial \mathcal{P}}{\partial r} + \mu\left[\frac{\partial}{\partial r}\left(\frac{1}{r}\frac{\partial}{\partial r}(rv_r)\right) + \frac{1}{r^2}\frac{\partial^2 v_r}{\partial \theta^2} - \frac{2}{r^2}\frac{\partial v_\theta}{\partial \theta} + \frac{\partial^2 v_r}{\partial z^2}\right]$
θ component:	$\rho\left[\frac{\partial v_\theta}{\partial t} + v_r\frac{\partial v_\theta}{\partial r} + \frac{v_\theta}{r}\frac{\partial v_\theta}{\partial \theta} + \frac{v_r v_\theta}{r} + v_z\frac{\partial v_\theta}{\partial z}\right]$
	$= -\frac{1}{r}\frac{\partial \mathcal{P}}{\partial \theta} + \mu\left[\frac{\partial}{\partial r}\left(\frac{1}{r}\frac{\partial}{\partial r}(rv_\theta)\right) + \frac{1}{r^2}\frac{\partial^2 v_\theta}{\partial \theta^2} + \frac{2}{r^2}\frac{\partial v_r}{\partial \theta} + \frac{\partial^2 v_\theta}{\partial z^2}\right]$
z component:	$\rho\left[\frac{\partial v_z}{\partial t} + v_r\frac{\partial v_z}{\partial r} + \frac{v_\theta}{r}\frac{\partial v_z}{\partial \theta} + v_z\frac{\partial v_z}{\partial z}\right]$
	$= -\frac{\partial \mathcal{P}}{\partial z} + \mu\left[\frac{1}{r}\frac{\partial}{\partial r}\left(r\frac{\partial v_z}{\partial r}\right) + \frac{1}{r^2}\frac{\partial^2 v_z}{\partial \theta^2} + \frac{\partial^2 v_z}{\partial z^2}\right]$

계에 대한 비압축성 연속식[식 (6.6-3)]을 얻을 수 있다. $\nabla\cdot\mathbf{v}$에 대한 방정식은 표 6.4, 6.5, 그리고 6.6의 하단에도 나와 있다.

예제 6.6-1 • 평면 정체 유동에서의 압력. 만약 속도를 알고 있다면, Navier-Stokes 방정식을 사용하여 압력을 계산할 수 있다. 이는 $v_x = Cx, v_y = -Cy$ 및 $v_z = 0$인 평면 정체 유동(planar stagnation flow)에 대한 설명으로 알 수 있다(예제 5.2-1).

이러한 2차원의 유동과 가장 관련이 있는 것은 표 6.8에서 볼 수 있듯이 식 (6.6-5)의 x와 y 성분이다. 주어진 속도장에서 모든 점성항과 대부분의 관성항은 0이다. 적절하게 식을 간단히 하여 압력에 대한 편미분 방정식을 풀면 다음과 같다.

$$\frac{\partial \mathcal{P}}{\partial x} = -\rho v_x\frac{\partial v_x}{\partial x} = -\rho C^2 x \tag{6.6-6}$$

$$\frac{\partial \mathcal{P}}{\partial y} = -\rho v_y\frac{\partial v_y}{\partial y} = -\rho C^2 y. \tag{6.6-7}$$

이미 $v_z = 0$이고 아무것도 z에 의존하지 않는다는 사실을 알고 있기 때문에 z 성분에 대한 정보는 주어지지 않았다. 식 (6.6-6)과 식 (6.6-7)을 적분하면 다음과 같다.

$$\mathcal{P}(x, y) = -\frac{\rho C^2 x^2}{2} + f(y) + a \tag{6.6-8}$$

표 6.10 구형 좌표에서의 Navier–Stokes 방정식

r component:	$\rho\left[\frac{\partial v_r}{\partial t}+v_r\frac{\partial v_r}{\partial r}+\frac{v_\theta}{r}\frac{\partial v_r}{\partial \theta}+\frac{v_\phi}{r\sin\theta}\frac{\partial v_r}{\partial \phi}-\frac{v_\theta^2+v_\phi^2}{r}\right]$ $=-\frac{\partial \mathcal{P}}{\partial r}+\mu\left[\nabla^2 v_r-\frac{2}{r^2}v_r-\frac{2}{r^2}\frac{\partial v_\theta}{\partial \theta}-\frac{2}{r^2}v_\theta\cot\theta-\frac{2}{r^2\sin\theta}\frac{\partial v_\phi}{\partial \phi}\right]$
θ component:	$\rho\left[\frac{\partial v_\theta}{\partial t}+v_r\frac{\partial v_\theta}{\partial r}+\frac{v_\theta}{r}\frac{\partial v_\theta}{\partial \theta}+\frac{v_\phi}{r\sin\theta}\frac{\partial v_\theta}{\partial \phi}+\frac{v_r v_\theta}{r}-\frac{v_\phi^2\cot\theta}{r}\right]$ $=-\frac{1}{r}\frac{\partial \mathcal{P}}{\partial \theta}+\mu\left[\nabla^2 v_\theta+\frac{2}{r^2}\frac{\partial v_r}{\partial \theta}-\frac{v_\theta}{r^2\sin^2\theta}-\frac{2\cos\theta}{r^2\sin^2\theta}\frac{\partial v_\phi}{\partial \phi}\right]$
ϕ component:	$\rho\left[\frac{\partial v_\phi}{\partial t}+v_r\frac{\partial v_\phi}{\partial r}+\frac{v_\theta}{r}\frac{\partial v_\phi}{\partial \theta}+\frac{v_\phi}{r\sin\theta}\frac{\partial v_\phi}{\partial \phi}+\frac{v_\phi v_r}{r}+\frac{v_\theta v_\phi\cot\theta}{r}\right]$ $=-\frac{1}{r\sin\theta}\frac{\partial \mathcal{P}}{\partial \phi}+\mu\left[\nabla^2 v_\phi-\frac{v_\phi}{r^2\sin^2\theta}+\frac{2}{r^2\sin\theta}\frac{\partial v_r}{\partial \phi}+\frac{2\cos\theta}{r^2\sin^2\theta}\frac{\partial v_\theta}{\partial \phi}\right]$
Laplacian:	$\nabla^2=\frac{1}{r^2}\frac{\partial}{\partial r}\left(r^2\frac{\partial}{\partial r}\right)+\frac{1}{r^2\sin\theta}\frac{\partial}{\partial \theta}\left(\sin\theta\frac{\partial}{\partial \theta}\right)+\frac{1}{r^2\sin^2\theta}\left(\frac{\partial^2}{\partial \phi^2}\right)$

$$\mathcal{P}(x,y)=-\frac{\rho C^2 y^2}{2}+g(x)+b \qquad (6.6\text{-}9)$$

여기서 $f(y)$와 $g(x)$는 미지의 함수이고 a와 b는 미지의 상수이다. 두 결과를 비교하면 $f(y) = -\rho C^2y^2/2$, $g(x) = -\rho C^2x^2/2$, 그리고 $a = b$임을 알 수 있다. 편의상, 부가 상수를 0으로 두면, 최종 결과는 다음과 같다.

$$\mathcal{P}(x,y)=-\frac{\rho C^2}{2}(x^2+y^2). \qquad (6.6\text{-}10)$$

점도가 가변적인 유체

일반화된 뉴톤 유체에서, μ는 국부(local) 변형률에 의존하게 된다. μ가 위치에 따라 변할 수 있음을 염두에 두고 식 (6.4-8)의 Cauchy 방정식으로 돌아가면, 그러한 유체에 대한 운동량 방정식은 다음과 같다.

$$\rho\frac{D\mathbf{v}}{Dt}=\rho\mathbf{g}-\nabla P+\nabla\cdot\{\mu(\mathit{\Gamma})[\nabla\mathbf{v}+(\nabla\mathbf{v})^t]\}. \qquad (6.6\text{-}11)$$

함수 $\mu(\mathit{\Gamma})$는 식 (6.5-17)과 식 (6.5-18)에 의해 예시된 것처럼 특별한 유형의 유체에 의해 결정된다. ρ가 일정하기 때문에 식 (6.6-3)이 다시 적용된다.

상 경계에서의 속도

계면에서의 역학적 조건은 그림 6.5의 표기법을 사용하여 설명할 수 있다. 상 1과 상 2는 모두 유체이거나 어느 한쪽이 고체일 수도 있다. 계면 영역은 일반적으로 양쪽으로 분자 몇 개의 지름으로 확대하지만, 연속성(continuum) 모델링에서 관심이 있는 길이 척도는 계면을 수리적 표면으로 볼 수 있게 한다. 상 1에서 상 2로 향하는 단위법선 벡터는 **n**이고 단위접선 벡터는 **t**이다. 다음은 **n**에 대한 **t**의 회전에 의해 생성될 수 있는 접선 벡터에 적용하는 것이 뒤따르게 된다. 일반적으로 **n**과 **t**의 방향은 계면에서의 위치에 따라 달라지며, 이들 관계는 주어진 임의의 점에 적용된다. 두 상에서의 속도는 $\mathbf{v}^{(1)}$와 $\mathbf{v}^{(2)}$이다. 계면의 동일한 지점에서 구해지는 경우에도 이러한 속도는 계면 자체의 속도와 다를 수 있으며, 이는 **u**로 표시된다. 예를 들면, 중심이 고정된 상태에서 녹고 있는 얼음 육면체는 고체 전반에 걸쳐 속도가 0이고, 얼음이 녹아서 줄어드는 속도에 해당하는 계면 속도와 계면의 액체 쪽에 또 다른 (작은) 속도가 존재한다.

계면에 수직이거나 접선 방향의 속도 성분은 아래 첨자 n 또는 t를 사용하여 식별된다. 예를 들면, 계면에 수직인 **u**의 성분은 $u_n = \mathbf{n}\cdot\mathbf{u}$이고, 접선 성분은 $u_t = \mathbf{t}\cdot\mathbf{u}$이다.

수직 속도 성분. 계면에 수직인 속도 간의 관계는 질량수지식에 의해 주어진다. 일반적으로 질량은 계면에 축적되지 않는다.[4] 질량이 상 1을 통해 도달하는 속도와 상 2를 통해 떠나는 속도를 같게 하면 다음과 같다.

$$\rho_1\left(v_n^{(1)} - u_n\right) = \rho_2\left(v_n^{(2)} - u_n\right). \tag{6.6-12}$$

각 상에서 계면과 관련한 질량 유속(단위 면적당 단위 시간당 질량)은 밀도와 상대 속도를

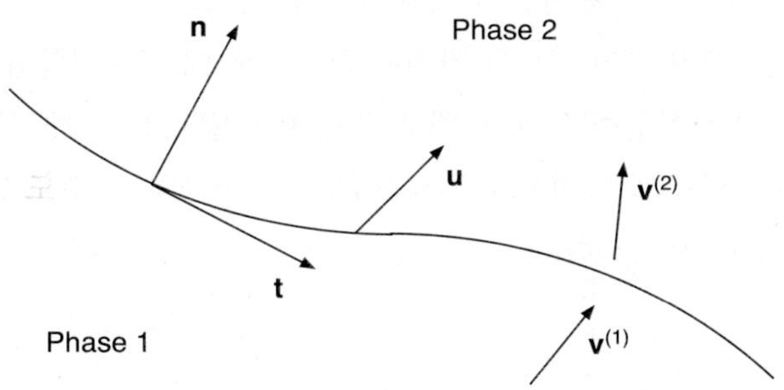

그림 6.5 계면에서의 단위 벡터와 속도. 수직 벡터와 접선 벡터는 각각 **n**과 **t**이다. 상 1의 속도는 $\mathbf{v}^{(1)}$이고, 상 2의 속도는 $\mathbf{v}^{(2)}$이며, 계면 자체의 속도는 **u**이다. 단위 법선은 상 2로 향한다.

4) 예외로는 유체-유체 계면에서 발생할 수 있는 계면 활성제의 축적과 고체 표면에서의 기체 흡착 등이 있다. 이와 같은 문제는 혼합물에서의 물질 전달을 포함하고 있으므로 이 책의 범위를 벗어난다.

곱한 값이다. 식 (6.6-12)는 일반적으로 요구되는 것보다 더 일반적이다. 상 1이 용융 또는 고체화와 같은 상변화가 일어나지 않는 정지된 고체라면, $v_n^{(1)} = u_n = 0$이고, 다음과 같다.

$$v_n^{(2)} = 0. \tag{6.6-13}$$

이렇게 유체 속도의 수직 성분이 사라지는 것을 *비-침투 조건(no-penetration condition)*이라고 하며, 이는 정지되었거나 불침투성인 모든 고체 표면에 적용된다.

접선 속도 성분. 계면에서의 접선 속도는 일반적으로 다음과 같이 동일하다고 가정한다.

$$v_t^{(1)} = v_t^{(2)}. \tag{6.6-14}$$

상대적인 접선 방향으로의 움직임이 없는 경우를 *비-미끄럼(no-slip) 조건*이라고 한다. 만약 상 1이 정지된 고체라면, 다음 식은 당면한 비-미끄럼 조건을 나타내는 식이다.

$$v_t^{(2)} = 0 \tag{6.6-15}$$

수직 속도 조건과 곧 언급될 응력 조건과는 달리, 비-미끄럼 조건은 연속성(continuum) 원리로부터 유도할 수는 없다. 이 조건은 분자 동역학 모사에 의해 뒷받침되지만, 주로 경험적 관찰에 의한 것이다. 연속성 역학으로부터 이 문제에 대한 답을 얻지 못함으로써, 1900년 무렵까지 특히 고속 유동에 대해서는 비-미끄럼 조건의 유효성에 의문이 제기되었다. 그때까지는 의문을 제기한 대부분의 학자들의 의견에 동조하기에 충분한 실험적 증거가 있었다. 그러나 최근 미세 가공 기술의 발전으로 잘 정의된 구조를 흘러가는 유체 유동을 더 작은 길이의 스케일에서 검사할 수 있게 됨으로써 비-미끄럼 조건은 다시 활발한 연구 영역이 되었다(Lauga *et al.*, 2007).

뉴톤 액체에 대한 조건은 다음과 같이 요약될 수 있다. 비-미끄럼 조건은 시스템이 수 nm (연속성 모델의 하한 또는 그 근처)의 길이 척도를 가지는 경우에도 때로는 정확하며, 1 μm가 넘는 길이 척도에 대해서는 거의 항상 정확하다. 매우 작은 치수 및 다른 특정 상황(예: 움직이는 접촉선 부근에 있는 뉴톤 액체 및 특정 비뉴톤 액체)에서 비록 실패할 수도 있으나 대부분의 경우에는 비-미끄럼 조건이 유효하다.

상 경계에서의 응력

총 응력 텐서의 법선 및 접선 성분은 각각 σ_{nn}과 σ_{nt}로 표시된다. 그림 6.5의 단위 벡터에 관해서는 계면에서 $\sigma_{nn} = \mathbf{n}\cdot\boldsymbol{\sigma}\cdot\mathbf{n}$과 $\sigma_{nt} = \mathbf{n}\cdot\boldsymbol{\sigma}\cdot\mathbf{t}$로 계산된다. 마찬가지로, 계면에서 점성 응력 텐서의 수직 성분과 전단 성분은 각각 τ_{nn}과 τ_{nt}이다.

표면 장력이 없으면 유체 내의 어느 시험 면과 마찬가지로 계면에서의 응력은 균형을 이루어야 한다. 식 (6.4-12)를 계면에 중심을 둔 한 얇은 대상 부피(control volume)에 적용하면 $\mathbf{s(n)}^{(1)} = \mathbf{s(n)}^{(2)}$가 된다. 따라서 응력 텐서는 다음의 식을 만족하여야 한다.

$$(\mathbf{n} \cdot \boldsymbol{\sigma})^{(1)} = (\mathbf{n} \cdot \boldsymbol{\sigma})^{(2)}. \tag{6.6-16}$$

위 식은 표면 장력이 없는 경우 수직 응력과 전단 응력 관계식을 이끌어내는 데 사용될 것이며, 표면 장력에 의해 요구되는 각각의 수식에 대한 수정부분이 논의될 것이다.

수직 응력. σ_{nn}은 식 (6.3-12)에서와 같이 압력항과 점성항이 있다는 것을 염두에 두고, 식 (6.6-16)의 양변에 $\mathbf{n}$을 내적하면 다음과 같다.

$$-P^{(1)} + \tau_{nn}^{(1)} = -P^{(2)} + \tau_{nn}^{(2)}. \tag{6.6-17}$$

부호 차이는 양의 압력은 압축성인 반면 τ_{nn}의 양의 값은 인장력이라는 사실에 근거하며, 수직 점성 응력은 종종 무시되기도 한다. 비압축성 뉴톤 유체가 고체와 접촉하는 곳이면 어디에서나 수직 점성 응력은 0이다. 움직이거나 정지된 어떠한 형태의 물체에 대한 증명은 Deen (2012, p.266)의 저서에 요약되어 있으며, 또한 연습문제 6.5를 참조하라. 따라서 공통적인 수직-응력 조건은 간단히 $P^{(1)} = P^{(2)}$이다.

비평면 계면과 충분히 작은 척도에서의 표면 장력(surface tension)은 다음과 같다.

$$-P^{(1)} + \tau_{nn}^{(1)} = -P^{(2)} + \tau_{nn}^{(2)} + 2\mathscr{H}\gamma. \tag{6.6-18}$$

유체가 정적이거나 수직 점성 응력을 무시할 수 있는 경우, 위 식은 식 (4.4-6)으로 된다. 평면 계면의 경우에는 $\mathscr{H} = 0$(4.4절)이므로 식 (6.6-17)은 원래대로 된다.

전단 응력. 압력은 전단 응력(shear stress)에 아무런 기여도 하지 않기 때문에, $\sigma_{nt} = \tau_{nt}$이다. 따라서 식 (6.6-16)의 양변에 $\mathbf{t}$를 내적하면 다음과 같다.

$$\tau_{nt}^{(1)} = \tau_{nt}^{(2)}. \tag{6.6-19}$$

즉, 계면의 양면에 작용하는 전단 응력은 보통은 균형을 이루고 있다. 계면이 곡면인 경우에도 표면 장력이 일정할 때마다 이 식은 성립한다. 가변적인 표면 장력을 가지는 평면 계면(planar interface)에 대해서는 이 결과를 어떻게 보완하는지의 예는 다음과 같다. 변수 γ를 갖는 비평면 계면(nonplanar interface)에 대한 관계는 Deen의 저서(2012, pp.245~246)에 주어져 있다.

예제 6.6-2 ● 표면 장력이 가변적인 전단-응력 경계 조건. 불균일한 표면 장력의 영향은 그림 6.6의 대상 부피를 사용하여 설명을 하고자 한다. 평면 계면의 중심이 $y = 0$에 있고 길이는 x와 z 방향으로 각각 Δx와 Δz이다. 대상 부피의 y 치수는 중력, 관성, 모서리에서의 압

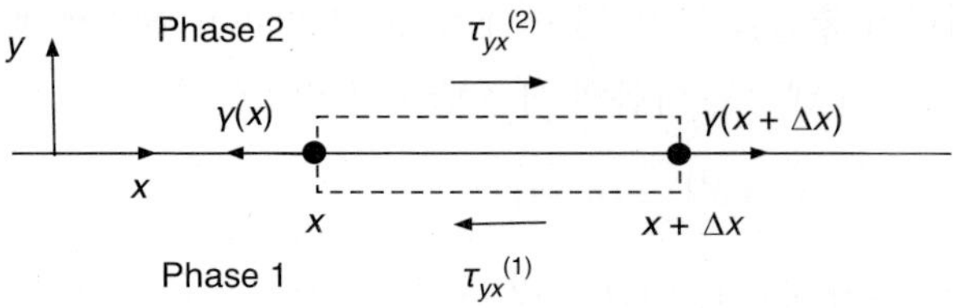

그림 6.6 평면 계면에서 표면 장력 변화의 영향을 알아보기 위한 대상 부피

력 및 점성력을 무시하기에 충분히 작기 때문에 이 시스템에서는 $\tau_{nt} = \tau_{yx}$이다. 우리가 구하고자 하는 것은 γ가 x에 따라 변할 때 두 상의 τ_{yx} 사이에서의 관계이다.

충분히 얇은 대상 부피의 경우에는 x 방향으로 작용하는 것은 상부와 하부의 전단력과 대상 표면이 계면과 교차하는 윤곽(contour)에서의 표면 장력이 전부이다. 관성을 무시할 수 있는 수준에서는 이러한 힘이 균형을 이루어야 한다. 따라서 다음과 같다.

$$\tau_{yx}^{(2)}\Delta x\,\Delta z - \tau_{yx}^{(1)}\Delta x\,\Delta z + \gamma(x+\Delta x)\Delta z - \gamma(x)\Delta z = 0. \tag{6.6-20}$$

$\mathbf{n} = \mathbf{e_y}$인 상부 면에서 $+\tau_{yx}^{(2)}$는 $+x$ 방향으로 힘이 가해지는 반면에 $\mathbf{n} = -\mathbf{e_y}$인 하부 면에서 $+\tau_{yx}^{(1)}$은 $-x$ 방향으로 힘이 작용한다. 그림 6.6에 표시한 힘이 작용하는 화살표 방향과 식 (6.6-20)에서의 대수 기호는 이를 나타내고 있다. 이 식을 $\Delta x\ \Delta z$로 나누고 $\Delta x \to 0$로 접근하는 극한을 취하면 다음과 같다.

$$\tau_{yx}^{(2)} - \tau_{yx}^{(1)} + \frac{\partial \gamma}{\partial x} = 0. \tag{6.6-21}$$

그러므로 표면 장력의 공간적 변화는 전단 응력의 불균형을 초래하게 된다. 만약 $\partial\gamma/\partial x \neq 0$이면 정적 시스템에서는 이 관계가 만족될 수 없으며, 두 상 모두에서 $\tau_{yx} = 0$이다. 따라서 표면 장력의 변화는 항상 유체의 이동을 발생시킨다. 이러한 유체 유동을 *Marangoni 유동*이라고 한다. 만약 γ가 일정하다면, 식 (6.6-21)은 식 (6.6-19)와 같다.

위에서 제시된 속도 및 응력 경계 조건은 특정 문제에 존재하는 대칭의 유형에 따라 때로는 보완되어야 한다. 대칭에 대한 사용을 완전히 이해하기 위해서는 미시적 해석에 대한 예를 알고 있어야 하기 때문에, 그러한 조건은 7.6절까지 논의되지 않을 것이다.

힘의 계산

이 장의 주요 결과는 Navier-Stokes 방정식이다. 연속 방정식과 방금 논의된 경계 조건과 함께 비압축성 뉴톤 유체 내의 속도 및 압력 변화를 예측할 수 있는 방법을 이 방정식이 제시한다. 속도와 압력을 알고 나면 유체가 물체에 가하는 힘을 계산하는 것이 바람직하다. 그 힘(**F**)은 응력 벡터를 해당 표면에 대해 적분하여 얻을 수 있다. 그러므로 다음과 같이 표시된다.

$$\mathbf{F} = \int_S \mathbf{n} \cdot \boldsymbol{\sigma}\, dS = -\int_S \mathbf{n}P\, dS + \int_S \mathbf{n} \cdot \boldsymbol{\tau}\, dS = \mathbf{F_P} + \mathbf{F_\tau} \tag{6.6-22}$$

여기서 $\mathbf{n}$은 *유체*(즉, 힘을 가하는 상) 쪽으로 가리킨다. 압력과 점성력은 각각 $\mathbf{F_P}$와 $\mathbf{F_\tau}$로 표시되며, $\mathbf{F_P}$에 대한 방정식은 4.3절에서 주어졌다. 다음은 물체가 유체에 의해 완전히 둘러싸여 있다고 가정함으로서 S가 닫힌 면이 되도록 한다.

$\mathbf{F_P}$에 영향을 미치는 것은 식 (4.3-19)로 주어지는 부력 $\mathbf{F_0}$에 의해 발생하는 정적 압력 변화와 유체의 운동으로 인한 압력 변화이다. 유체의 유동으로 인해 발생하는 과도한 압력을 $\mathbf{F}_{\mathcal{P}}$로 표시하면 다음과 같다.

$$\mathbf{F_P} = \mathbf{F_0} + \mathbf{F}_{\mathcal{P}}. \tag{6.6-23}$$

일반적으로 구하고자 하는 것은 $\mathbf{F}_{\mathcal{P}}$이다. 즉, Archimedes의 법칙이 반복적으로 유도될 필요는 없다. $\mathbf{F}_{\mathcal{P}}$를 계산하는 방법은 $P = -\rho g h + \mathcal{P}$를 상기함으로써 알 수 있으며, 여기서 h는 기준면 위의 높이이다. 압력 $\mathbf{F}_{\mathcal{P}}$는 다음과 같다.

$$\mathbf{F_P} = \rho g \int_S \mathbf{n} h\, dS - \int_S \mathbf{n}\mathcal{P}\, dS. \tag{6.6-24}$$

식 (4.3-17)로부터 정적 유체에서 두 번째 적분은 없어지며, 여기서 $\mathcal{P}$는 상수이다. 따라서 식의 첫 번째 항은 $\mathbf{F_0}$과 같아야 한다. 식 (6.6-23)과 식 (6.6-24)를 비교하면 다음의 식을 얻을 수 있다.

$$\mathbf{F}_{\mathcal{P}} = -\int_S \mathbf{n}\mathcal{P}\, dS. \tag{6.6-25}$$

$\mathbf{F}_{\mathcal{P}}$는 단지 $\mathcal{P}$를 P로 치환함으로써 $\mathbf{F_P}$와 같은 방식으로 계산할 수 있다.

3장에서 이미 소개했듯이 물체에 대한 항력은 병진 운동에 저항하는 유체 역학의 구성 요소이다. z 방향으로 접근하는 유체 유동을 가진 정지된 물체의 경우에 부력을 제외하고 유체가 물체에 가하는 힘은 z 성분의 힘이다. 따라서 항력 F_D는 다음과 같이 주어진다.

$$F_D = \mathbf{e_z} \cdot (\mathbf{F}_{\mathcal{P}} + \mathbf{F_\tau}) = -\int_S \mathbf{e_z} \cdot \mathbf{n}\mathcal{P}\, dS + \int_S \mathbf{n} \cdot \boldsymbol{\tau} \cdot \mathbf{e_z}\, dS. \tag{6.6-26}$$

유체의 유동 방향이 수평일 때, 위쪽으로 작용하는 힘(상승 힘)을 계산하기 위해서는 $\mathbf{e_z}$를 위쪽으로 향한 단위 벡터로 대체한다.

항력과 상승 힘과 마찬가지로 유체 역학적 *우력(torque)*은 $\mathcal{P}$와 τ로 결정된다. 우력(torque) 벡터 $\mathbf{G}$는 다음과 같다.

$$\mathbf{G} = -\int_S \mathbf{r} \times \mathbf{n}\mathcal{P}\, dS + \int_S \mathbf{r} \times (\mathbf{n} \cdot \boldsymbol{\tau})\, dS \tag{6.6-27}$$

여기서 위치 벡터 $\mathbf{r}$의 원점은 일반적으로 물체의 질량 중심이며, 일반적인 관심 대상은 우력(torque)(G)의 크기이다.

예제 6.6-3 ● 구의 항력에 대한 일반적인 방정식. 반지름 R인 구에 관해 속도 U에서의 유동에 대한 항력을 계산하고자 한다. 구는 고체, 기포, 또는 물방울일 수도 있다. 사용되는 좌표는 그림 6.7과 같다. 유동이 축 대칭(ϕ와 무관)이고 $\mathcal{P}(R, \theta)$와 $\tau(R, \theta)$가 이론, 전산모사 또는 실험으로 알려져 있다고 가정한다.

식 (6.6-26)은 동적 압력과 점성 응력의 특정 부분을 구의 표면에 대해 적분하여야 함을 나타낸다. 식 (A.5-46)에서 $r = R$로 하면, 미분 면적은 $dS = R^2 \sin\theta\, d\theta\, d\phi$이고, 여기서 $0 \leq \theta \leq \pi$이고 $0 \leq \phi \leq 2\pi$이다. 주변 유체로 향하는 단위법선(힘을 가하는 상)은 $\mathbf{n} = \mathbf{e_r}$이다. 예제 4.3-3에서 볼 수 있듯이, 압력 항의 내적은 $\mathbf{e_z} \cdot \mathbf{e_r} = \cos\theta$ 이다. 응력 벡터의 점성 부분은 다음과 같다.

$$\mathbf{e_r} \cdot \boldsymbol{\tau} = \tau_{rr}\mathbf{e_r} + \tau_{r\theta}\mathbf{e_\theta} + \tau_{r\phi}\mathbf{e_\phi}. \tag{6.6-28}$$

필요한 것은 이 벡터의 z 성분이다.

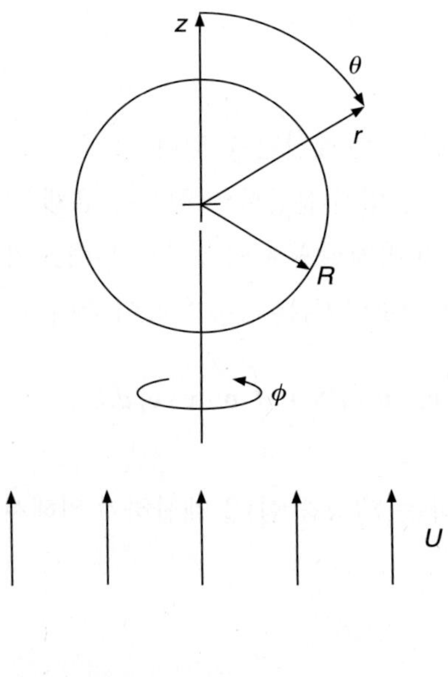

그림 6.7 속도 U로 반지름 R의 구를 지나는 유동

$$\mathbf{e_r} \cdot \boldsymbol{\tau} \cdot \mathbf{e_z} = \tau_{rr}\mathbf{e_r} \cdot \mathbf{e_z} + \tau_{r\theta}\mathbf{e_\theta} \cdot \mathbf{e_z} + \tau_{r\phi}\mathbf{e_\phi} \cdot \mathbf{e_z}. \tag{6.6-29}$$

식 (A.5-42)를 사용하면, 추가적인 단위-벡터 내적은 $\mathbf{e_\theta} \cdot \mathbf{e_z} = -\sin\theta$와 $\mathbf{e_\phi} \cdot \mathbf{e_z} = 0$이다. 이 모두를 식 (6.6-26)에 대입하고 ϕ에 대해 적분하면 다음의 식을 얻는다.

$$F_D = 2\pi R^2 \int_0^\pi [-\mathscr{P}(R,\theta)\cos\theta + \tau_{rr}(R,\theta)\cos\theta - \tau_{r\theta}(R,\theta)\sin\theta]\sin\theta\, d\theta. \tag{6.6-30}$$

여기서 중요한 점성 응력 텐서의 유일한 성분은 τ_{rr}과 $\tau_{r\theta}$이다. *고체* 구의 경우에는 고체 표면에서는 수직 점성 응력이 없기 때문에 방정식이 더 간단해질 수 있다. 이 경우, $\tau_{rr}(R,\theta) = 0$이다.

6.7 결론

응력 벡터 **s**는 표면의 한 점에서 다른 한 점까지 변화하는 단위 면적당 힘이다. 표면이 유체 내에 실제로 존재하는 계면인지 가상의 평면인지에 관계없이 **s**는 방향에 따라 달라진다. 표면의 국부 방향은 힘을 가하는 물체로 향하는 단위법선 **n**으로 설명된다. 한 번에 **n**과 합력의 두 방향 모두를 고려하기 위해서는 응력 표기법을 필요로 한다. 응력 텐서 σ는 $\mathbf{s}(\mathbf{n}) = \mathbf{n} \cdot \boldsymbol{\sigma}$로 정의된다. 유체의 임의 지점에서의 단위 부피당 표면력은 $\nabla \cdot \boldsymbol{\sigma}$ 이며, 중력을 포함하여 단위 부피당 총 힘은 $\rho\mathbf{g} + \nabla \cdot \boldsymbol{\sigma}$이다. 그 힘을 **v**의 시간적 및 공간적 변화와 관련된 관성 항과 같게 하면, 유체의 선형 운동량 보존에 대한 가장 일반적인 방정식인 Cauchy 운동량 방정식을 얻을 수 있다. $\boldsymbol{\sigma} = -P\boldsymbol{\delta} + \boldsymbol{\tau}$와 같이 $\boldsymbol{\sigma}$를 압력과 점성 항으로 나누는 것은 Cauchy 방정식의 'P-$\boldsymbol{\tau}$ 형태'로 이어진다(표 6.1~6.3). 여기서 δ는 항등 텐서이고 $\boldsymbol{\tau}$는 점성 응력 텐서이다.

뉴톤 유체에서 $\boldsymbol{\tau}$의 각 성분들은 변형률에 비례한다(표 6.4~6.6). 편의상, 비압축성 유체의 비례 인자는 전단 점도의 2배 또는 2μ로 한다. μ가 위치에 독립적이라면 운동량 보존은 Navier-Stokes 방정식으로 이어진다(표 6.8~6.10). Navier-Stokes 방정식과 연속 방정식은 비압축성 유체의 유동을 해석하기 위한 출발점이다.

v의 수직 성분을 포함하는 경계 조건은 계면에 대한 질량 유량(flow rate)을 동일시함으로써 유도된다. **v**의 접선 성분을 포함하는 경계 조건은 일반적으로 미끄러짐이 없다는 가정 또는 2개의 상이 접촉하는 곳에서 상대 운동이 없는 것으로부터 온다. 추가적인 경계 조건은 표면 장력의 영향을 받거나 또는 받지 않고 계면에서 응력의 수직 및 접선 성분이 균형을 잡을 필요성에서 비롯된다.

이 장에서 운동 방정식은 특정 유동들(flows)을 해석할 때 유도과정이 반복될 필요가 없도록 포괄적이다. 각 문제를 운동량 및 질량 보존에 대한 식들을 새로이 유도하는 것부터 시작하기보다는 어떤 항(또는 어떤 식)이 필요하지 않은지를 식별하는 데 초점을 맞출 수 있다. 0과 같거나 무시할 수 있는 항들을 제거함으로써, 표에 나온 방정식을 다루기 쉬운 방정식으로 간략하게 할 수 있다. 공학적 관심의 다양한 기하학적 및 동적 조건에 대해 가능한 단순화하고 그 결과로 나타나는 물리적 통찰력은 제III부의 초점이 될 것이다.

참고문헌

Dahler, J. S. and L. E. Scriven. Theory of structured continua. I. General consideration of angular momentum and polarization. *Proc. Roy. Soc. Lond. A* 275: 504–527, 1963.

Deen, W. M. *Analysis of Transport Phenomena,* 2nd ed. Oxford University Press, New York, 2012.

Lauga, E., M. P. Brenner, and H. A. Stone. Microfluidics: the no-slip boundary condition. *In Handbook of Experimental Fluid Dynamics*, C. Tropea, A. Yarin, and J. F. Foss (Eds.). Springer, New York, 2007, pp. 1219–1240.

Rosensweig, R. E. *Ferrohydrodynamics*. Cambridge University Press, Cambridge, 1985.

Schlichting, H. *Boundary-Layer Theory*, 6th ed. McGraw-Hill, New York, 1968.

Whitaker, S. *Introduction to Fluid Mechanics*. Prentice-Hall, Englewood Cliffs, NJ, 1968.

연습문제

6.1. 응력 벡터와 텐서 유체에서 점 P의 응력은 그곳에 작은 변환기를 설치하고 다른 변환기 방향에 대한 단위 면적당 힘을 측정하여 결정한다고 가정한다. 다음과 같은 시간에 독립적인 결과가 얻어졌다.

Surface orientation	Stress vector
$\mathbf{e}_x$	$\mathbf{e}_x + 2\mathbf{e}_y$
$\mathbf{e}_y$	$2\mathbf{e}_x + 3\mathbf{e}_y - \mathbf{e}_z$
$\mathbf{e}_z$	$-\mathbf{e}_y + 4\mathbf{e}_z$

(a) 응력 텐서의 직교형(Cartesian) 성분 σ_{ij}를 구하라.

(b) 방향이 있는 시험면에 대해 점 P에서 응력 벡터 **s**를 구하라.

$$\mathbf{n} = \frac{1}{3}(\mathbf{e}_x + 2\mathbf{e}_y + 2\mathbf{e}_z). \tag{P6.1-1}$$

(c) (b)의 표면에 대한 응력 벡터의 법선 성분을 계산하라.

(d) (b)의 표면에 접하고, x-y 평면에 있고, $+x$ 방향의 위치(즉, $t_z = 0$ 및 $t_x > 0$)에 있는 단위

벡터 **t**를 구하라. 응력 벡터의 해당 접선 성분을 계산하라.

6.2. 응력 벡터에 대한 면 배향의 효과 유체의 점 P에서 직교형(Cartesian) 응력 텐서는 다음과 같다.

$$\boldsymbol{\sigma} = \begin{pmatrix} 4 & 6 & 3 \\ 6 & 0 & 9 \\ 3 & 9 & 0 \end{pmatrix}. \tag{P6.2-1}$$

(a) x축에 수직인 시험면에 대해 점 P에서 응력 벡터 **s**를 계산하라. $+x$ 쪽에서 유체가 가하는 응력을 구하라.

(b) y축에 수직인 시험면에 대해 (a)를 반복하여 유체가 $+y$ 쪽에 가하는 응력을 구하라.

(c) 이 응력 텐서에서는 $\mathbf{s} = \mathbf{0}$인 특정 표면 배향이 있다. 응력이 없는 표면에 대한 단위법선 **n**을 찾아라.

6.3. 평면 쿠에트 유동에 대한 힘의 수지 그림 P6.3은 수평 평행-판 유로에서의 유동을 나타내며, 상부 벽에서 $v_x = U$이고, 하부 벽은 고정되어 있고, P는 x와 무관하다. 1.2절에서 소개된 이 평면 쿠에트 유동(plane Couette flow)은 벽 간격이 H, 길이는 L, 너비는 W이다. 유체의 유동이 정상상태이고, 층류이며, 완전히 발달되었다고 가정하면, 국부 속도는 다음과 같다(예제 7.3-1).

$$v_x(y) = \frac{Uy}{H}, \quad v_y = 0 = v_z. \tag{P6.3-1}$$

(a) 이 유동에 대한 $\boldsymbol{\tau}$ 의 각 구성 성분을 계산하라.

(b) 그림 P6.3의 대상 부피에 힘 수지 식을 사용하여 표면 S_3과 S_4(각각 $x = 0$과 $x = L$)에서의 평균 압력이 동일하다는 것을 확인하라. 점성력의 x성분을 계산하기 위해 (a)의 결과를 사용할 때, 4개의 단위 법선의 방향과 대수 기호에 주의해야 한다.

6.4. 평면 Poiseuille 유동에 대한 힘의 수지 그림 P6.4는 벽 간격이 H, 길이가 L, 폭이 W인 수평 평행-판 유로에서의 압력-구동 유동을 나타낸다. 이를 평면 Poiseuille 유동(plane Poiseuille flow)이라고 한다. 유체의 유동이 정상상태이고, 층류이며, 평균 속도 u로 완전히

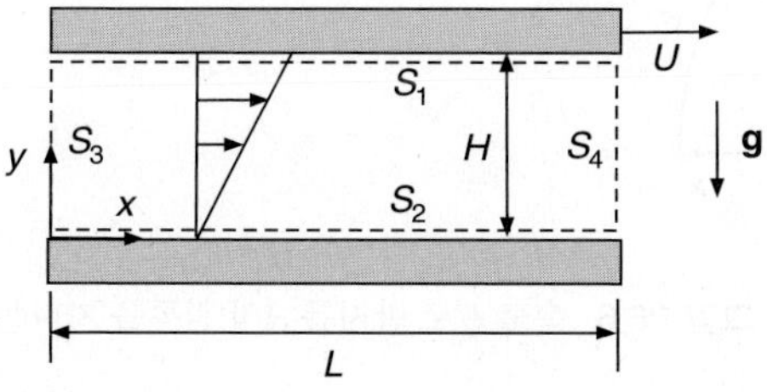

그림 P6.3 수평 유로에서의 평면 쿠에트 유동. 전체적인 힘의 수지에 대한 대상 부피는 점선으로 표시되었다.

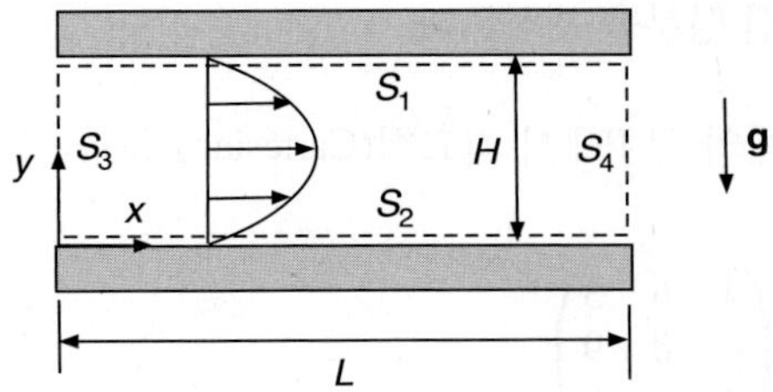

그림 P6.4 수평 유로에서 평면 Poiseuille 유동. 전체적인 힘의 수지에 대한 대상 부피는 점선으로 표시되어 있다.

발달되었다고 가정하면, 국부 속도는 다음과 같다(예제 7.2-1).

$$v_x(y) = 6u\left[\left(\frac{y}{H}\right) - \left(\frac{y}{H}\right)^2\right], \quad v_y = 0 = v_z. \tag{P6.4-1}$$

(a) 이 유동에 대한 $\boldsymbol{\tau}$의 각 구성 성분을 계산하라.

(b) 그림 P6.4의 대상 부피에 힘 수지 식을 사용하여 표면 S_3과 S_4(각각 $x = 0$과 $x = L$)에서의 평균 압력 차이를 계산하라. (a)의 결과를 사용하는 경우, 4개의 단위 법선의 방향과 대수 기호에 주의해야 한다. (2.4절의 정보를 사용하여 압력 강하를 확인할 수 있다.)

6.5. 고체 표면에서의 수직 점성 응력 비압축성 뉴톤 또는 일반화된 뉴톤 유체의 경우, 수직 점성 응력은 고체 표면에서 사라진다는 것을 보여라. 표면이 고정되어 있고 미끄럼 방지 상태가 유지된다고 가정할 수 있다. 평면의, 원통의, 그리고 구형의 표면을 고려하는 것이 좋다. (힌트: 연속 방정식을 사용하라.)

6.6. 높은 Reynolds 수에서 원통에 작용하는 항력 그림 P6.6에서와 같이 반지름 R과 길이 L의 단단한 원통 축에 수직으로 속도 U로 접근하는 유체의 유동을 고려하자.

(a) $\mathcal{P}(R,\theta)$와 $\boldsymbol{\tau}(R,\theta)$가 알려진 경우 어떻게 항력을 계산하는지를 보여라. 원통의 끝은 무

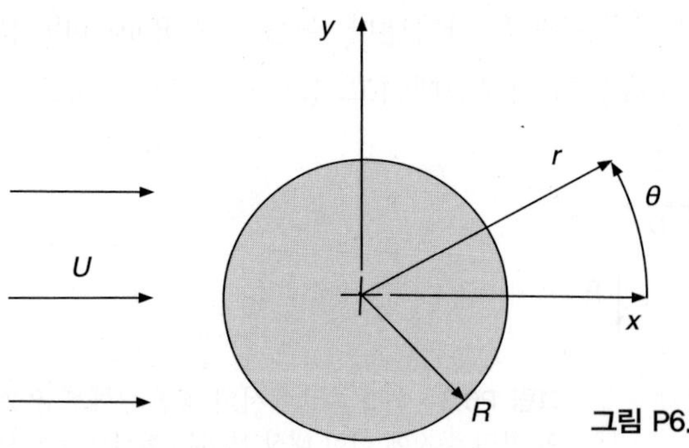

그림 P6.6 속도 U로 반지름 R의 원통을 지나는 유동

시(즉, $L \gg R$이라고 가정)하고 0이 되는 $\boldsymbol{\tau}(R, \theta)$의 모든 구성 성분을 식에서 제외한다.

(b) Re = 1.86×10^5 (Schlichting, 1968, p.21)에 대해 얻어진 일련의 압력 측정은 대략 다음과 같이 나타낼 수 있다.

$$\frac{\mathcal{P}(R,\theta)}{\rho U^2/2} = \begin{cases} -1 & \text{for } 0 \le \theta \le \dfrac{2\pi}{3} \\ 1 - \dfrac{8}{3}\sin^2\theta & \text{for } \dfrac{2\pi}{3} \le \theta \le \pi. \end{cases} \tag{P6.6-1}$$

이 식을 사용하여 C_D에 미치는 *형태 항력(form drag)*의 기여도를 계산하고 그 결과를 3장에 있는 정보와 비교하라. 높은 Re 수에서 원통에 작용하는 형태 항력과 마찰 항력(friction drag)의 상대적 중요성에 대해 이 비교 결과가 나타내는 것은 무엇인가?

6.7. 고체 구를 지나는 크리핑 유동(creeping flow)에 대한 압력 단단한 구를 지나는 작은 Re 수(크리핑 유동)에서의 유동을 위해 문제 5.4의 속도장을 사용하여 다음의 식을 구하라.

$$\mathcal{P}(r,\theta) = -\frac{3}{2}\frac{\mu U}{R}\left(\frac{R}{r}\right)^2 \cos\theta \tag{P6.7-1}$$

Navier-Stokes 방정식의 모든 관성 항들이 크리핑 유동에 대해서는 무시할 수 있다고 가정할 수 있다.

6.8. 다공성 원반과 고체 원반 사이의 압력 문제 5.6(b)의 속도장을 사용하여 다공성과 고체 원반들(disks) 사이의 작은 Re에서의 유동에 대해 $\mathcal{P}(r, z)$를 계산하라. Navier-Stokes 방정식의 모든 관성 항들이 이 유동에 대해서는 무시할 수 있다고 가정할 수 있다.

Part III

미시적인 해석

7

단일방향 유동

7.1 서론

*단일방향 유동(unidirectional flow)*은 하나의 0이 아닌 속도 성분을 가진 유동이다. 연속 방정식과 운동량 방정식의 결과적인 단순화는 이러한 유동들이 어떻게 속도장과 압력장을 예측할지 논의하기 위한 논리적인 시작점을 만들어 준다. 또한 단일방향 유동들은 공학에서 매우 중요하다. 특히, 유체로 채워진 파이프나 일정한 단면을 가진 다른 도관에서 충분한 길이가 있다면 층류 유동은 단일방향 유동이 된다. 7장은 주로 이러한 상황에서 6장의 지배 방정식을 어떻게 적용할지에 대한 예제들로 이루어진다. 주제로는 완전 발달 유동(Poiseuille 법칙의 유도 포함), 움직이는 표면들에 의해 기인한 유동, 자유 표면(유체-유체 계면들)을 포함한 문제들과 비뉴톤 유체의 유동을 포함한다. 이 장과 8장, 9장에서는 층류 유동에 대해서만 다룬다. 난류 유동에 대한 논의는 10장에서 다룬다.

7.2 완전 발달 유동

예제 7.2-1 ● 평면 Poiseuille 유동에서의 속도 및 압력. 그림 7.1의 평행판 유로에서 정상상태의 완전 발달 유동에 대한 속도장과 압력장을 예측하도록 하자. 유로 높이($2H$)와 길이(L), 그리고 입구 및 출구 압력(각각 $\mathcal{P}_0$ 및 $\mathcal{P}_L$이며, $\mathcal{P}_0 > \mathcal{P}_L$)이 주어졌다. 평균 속도 U는 모르는 상태이다.

일반적으로 '완전 발달(fully developed)'이 의미하는 것은 유동 방향으로 속도가 변하지 않는 것이다. 이 경우 $\mathbf{v}$는 x에 독립적이다. 2장에서와 같이, 입구 영역(entrance region)은 충분히 짧아서 거의 유로 길이 전체에 대해 유동이 완전 발달되었다고 가정한다. 12.2절에서 상술되었듯이, $L/H \gg 0.5 + 0.1\ \mathrm{Re}$인 경우 이것은 적절한 근사(approximation)이며, 여기서

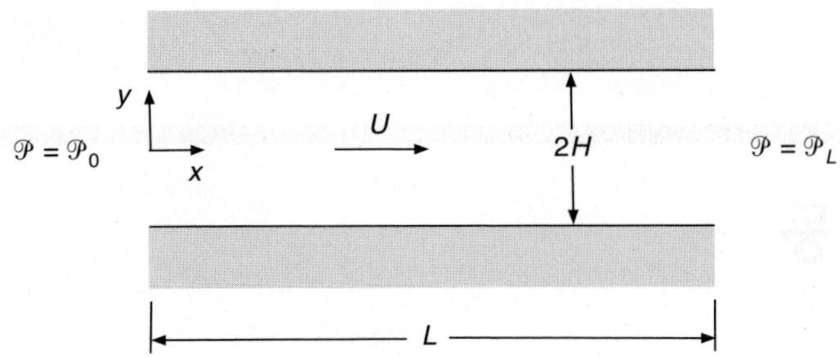

그림 7.1 평행판 유로 내에서 압력-구동 유동

Re = 2 UH/ν이다. 유로는 충분히 넓어서 측벽(side wall)은 무시될 수 있으며, 이를 통해 결과적으로 단지 x와 y만을 포함한 2차원 문제가 된다. 즉, $v_z = 0$이고 속도와 압력은 z에 의존하지 않는다. 다양한 너비의 직사각형 유로에 대한 이러한 근사의 정확도는 2.4절에서 살펴보았다. 이러한 기하학적 구조에서의 압력-구동 유동은 *평면 Poiseuille 유동(plane Poiseuille flow)*이라고 불린다.

이러한 유로에서 완전 발달된 2차원의 유동에 대하여 $v_y = 0$이다. 이것은 다음과 같이 보일 수 있다. 표 5.1로부터 일정한 ρ에 대한 직교형(Cartesian) 연속 방정식은 다음과 같다.

$$\frac{\partial v_x}{\partial x} + \frac{\partial v_y}{\partial y} + \frac{\partial v_z}{\partial z} = 0. \tag{7.2-1}$$

문제 설명으로부터 첫 번째와 세 번째 항들은 각각 0이므로, 위 식은 $\partial v_y/\partial y = 0$이 된다. 즉, v_y는 y에 독립적이다. 고체 벽들은 고정되어 있고 투과하지 못하기 때문에, $y = \pm H$에서 $v_y = 0$이다. v_x가 벽에서 소멸되고 질량 보존에 의해 y에 독립적인 것이 요구되므로, 모든 곳에서 $v_y = 0$이라고 결론지을 수 있다.

Navier-Stokes 방정식(표 6.8)의 y와 z 성분들에서의 각 속도 항은 v_y 또는 v_z를 포함한다. 그래서 $v_y = 0 = v_z$는 다음을 의미한다.

$$\frac{\partial \mathcal{P}}{\partial y} = 0 = \frac{\partial \mathcal{P}}{\partial z}. \tag{7.2-2}$$

따라서 운동량 보존은 $\mathcal{P}$가 y와 z에 독립적이거나 오직 $\mathcal{P} = \mathcal{P}(x)$인 것을 필요로 한다. y와 z에 대해서는 독립적이기 때문에, 속도 또한 오직 $v_x = v_x(y)$인 것과 같이 단지 하나의 좌표에만 의존한다.

Navier-Stokes 방정식의 x 성분의 거의 모든 항들은 동일하게 0이다. 남은 항들은 다음과 같이 정리될 수 있다.

$$\frac{d^2 v_x}{dy^2} = \frac{1}{\mu}\frac{d\mathcal{P}}{dx}. \tag{7.2-3}$$

v_x와 $\mathcal{P}$는 단지 한 변수(각각 y와 x)만의 함수이므로 이제 상도함수들(ordinary derivatives)이 적절하다. 2차 미분 방정식은 2개의 경계 조건을 필요로 하는데, 이는 벽에서의 비-미끄럼 조건들(no-slip conditions)에 의해 다음과 같이 주어진다.

$$v_x(H) = 0 = v_x(-H). \tag{7.2-4}$$

식 (7.2-4)를 적용하여 식 (7.2-3)을 풀면 $v_x(y)$를 구할 수 있게 된다. $x = 0$과 $x = L$에서의 알려진 압력들을 함께 이용하면, $\mathcal{P}(x)$ 또한 구할 수 있게 된다.

식 (7.2-3)의 좌변은 y에만 의존하는 반면, 우변은 x에만 의존한다. 공통의 변수가 없기 때문에, 각 변은 일정한 값을 가져야만 한다. $d\mathcal{P}/dx$가 일정한 것과 양 끝점에서 주어진 압력을 이용하면, 국부 압력(local pressure)은 다음과 같이 계산된다.

$$\mathcal{P}(x) = \mathcal{P}_0 + (\mathcal{P}_L - \mathcal{P}_0)\frac{x}{L}. \tag{7.2-5}$$

따라서, 유로에 따른 압력 감소는 선형적이다. 식 (7.2-3)은 입구 및 출구 압력들에 대한 항으로 이제 다음과 같이 표시된다.

$$\frac{d^2 v_x}{dy^2} = -\frac{|\Delta\mathcal{P}|}{\mu L}. \tag{7.2-6}$$

y에 대한 두 번의 적분을 통해 다음 식이 얻어진다.

$$v_x(y) = -\frac{|\Delta\mathcal{P}|}{2\mu L}y^2 + ay + b \tag{7.2-7}$$

여기서 a와 b는 상수이다. 비-미끄럼 조건[식 (7.2-4)]은 2개의 미지 상수에 대한 2개의 대수 방정식을 제공한다. 두 식을 만족시키는 상수들은 다음과 같다.

$$a = 0, \quad b = \frac{|\Delta\mathcal{P}|}{2\mu L}H^2. \tag{7.2-8}$$

그럼 국부 속도(local velocity)는 다음과 같다.

$$v_x(y) = \frac{H^2\,|\Delta\mathcal{P}|}{2\mu L}\left[1 - \left(\frac{y}{H}\right)^2\right]. \tag{7.2-9}$$

이 프로파일(profile)은 그림 2.1에서 보듯이 포물선 형태이다. 이것은 유로의 중심 평면($y = 0$)에 대해 대칭이며 거기서 다음과 같은 최댓값을 갖는다.

$$v_{\max} = \frac{H^2\,|\Delta\mathcal{P}|}{2\mu L}. \tag{7.2-10}$$

속도 프로파일(velocity profile)은 또한 평균 속도인 U에 대해서도 표현될 수 있는데, 평균 속도는 유로 높이에 대해 v_x를 평균하여 계산된 값이다. v_x는 $y = 0$에 대해 대칭이기 때문에, 이 평균값은 윗부분 반절만 적분하여 계산할 수 있다. 따라서 다음과 같다.

$$U = \frac{1}{H}\int_0^H v_x\,dy = \frac{H^2\,|\Delta\mathcal{P}|}{3\mu L} = \frac{2}{3}v_{\max}. \tag{7.2-11}$$

속도 프로파일의 또 다른 형태는 다음과 같다.

$$v_x(y) = \frac{3}{2}U\left[1-\left(\frac{y}{H}\right)^2\right]. \tag{7.2-12}$$

비록 이 문제는 마치 $|\Delta\mathcal{P}|$이 알려진 것으로 주어졌지만, U가 대신 주어질 수도 있었다. 본질적으로 똑같은 해석 후에, 식 (7.2-11)을 재정리함으로 U로부터 $|\Delta\mathcal{P}|$가 계산될 수 있었다. 따라서 압력강하는 유동의 원인 또는 결과로 여겨질 수 있다. 동적 압력(dynamic pressure)만이 포함된 경우, 이 결과들은 수평, 경사, 또는 연직 유로들에 동일하게 잘 적용된다(2.3절).

예제 7.2-2 ● Poiseuille 유동에 대한 속도 및 압력. 반지름이 R인 원통관(cylindrical tube)에서 정상상태 완전 발달 유동에 대한 속도 프로파일을 결정하고자 한다. 이 시스템은 R이 H를 대체하고 실린더 좌표계 z와 r이 x와 y를 각각 대체하는 것을 제외하고는 그림 7.1에서의 것과 같다. 유동은 중심축 대칭으로 가정되었고, 이것은 속도와 압력이 실린더 방향의 각(cylindrical angle) θ에 의존하지 않으며 회전하는 움직임(swirling motion)은 없다는 것을 의미한다($v_\theta = 0$). 이러한 기하학적 구조에서 압력-구동 유동은 *Poiseuille 유동*이라고 불린다.

예제 7.2-1에서와 같은 논의들은 $v_r = 0, v_z = v_z(r)$만의 함수이며, $\mathcal{P} = \mathcal{P}(z)$만의 함수인 것을 나타낸다. 또한 이것은 완전 발달 유동이 단일방향인 것을 보여준다. 이것은 표 2.1에 보인 것들에만 제한되는 것이 아닌 어떤 단면 모양을 가진 도관에 대해서도 성립한다. 원통형 Navier-Stokes 방정식(표 6.9)의 z 성분은 다음과 같이 간단해진다.

$$\frac{1}{r}\frac{d}{dr}\left(r\frac{dv_z}{dr}\right) = \frac{1}{\mu}\frac{d\mathcal{P}}{dz}. \tag{7.2-13}$$

좌변은 단지 r에만 의존하고 우변은 z에만 의존하므로, 각 변은 상수이어야만 한다. 따라서 식 (7.2-5)와 유사하게 관을 따라서 압력이 선형적으로 감소한다. $d\mathcal{P}/dz$를 계산하고 r을 곱하면 다음 식이 얻어진다.

$$\frac{d}{dr}\left(r\frac{dv_z}{dr}\right) = -\frac{r\,|\Delta\mathcal{P}|}{\mu L}. \tag{7.2-14}$$

위 식을 한 번 적분하고, r로 나눈 후 다시 적분하면 다음 식이 얻어진다.

$$v_z(r) = -\frac{r^2\,|\Delta\mathcal{P}|}{4\mu L} + a\ln r + b \tag{7.2-15}$$

여기서 a와 b는 상수이다. 반지름 방향으로 단지 하나의 실제 경계(관 벽)가 존재하나, 반지름 방향으로의 범위는 $0 \le r \le R$이기 때문에 관 축은 수학적 경계이다. $r = 0$에서 무한 속도를 갖는 물리적 불가능성을 없애기 위해, $a = 0$으로 놓는다. 비-미끄럼 조건[$v_z(R) = 0$]을 이용하여 b를 계산하면, 속도는 다음과 같이 얻어진다.

$$v_z(r) = \frac{R^2\,|\Delta\mathcal{P}|}{4\mu L}\left[1-\left(\frac{r}{R}\right)^2\right]. \tag{7.2-16}$$

다시 이 프로파일(profile)은 포물선 모양이다. 최대 속도(중심축) 값은 다음과 같다.

$$v_{\text{maz}} = \frac{R^2\,|\Delta\mathcal{P}|}{4\mu L}. \tag{7.2-17}$$

평균 속도[1)]는 다음과 같다.

$$U = \frac{2}{R^2}\int_0^R v_z r\,dr = \frac{R^2\,|\Delta\mathcal{P}|}{8\mu L} = \frac{1}{2}v_{\text{max}}. \tag{7.2-18}$$

평행판 유로에 대해 $U/v_{\text{max}} = 2/3$인 반면, 원통관에 대해서는 $U/v_{\text{max}} = 1/2$이다. U에 대해 표현하면, 속도 프로파일은 다음과 같다.

$$v_z(r) = 2U\left[1-\left(\frac{r}{R}\right)^2\right]. \tag{7.2-19}$$

부피 유량(volume flow rate)은 다음과 같다.

---

1) 일정한 z의 평면에서 원통형 좌표계에서의 미분 면적은 $r\,dr\,d\theta$이다. 따라서 반지름 R의 원형 면적에 대한 함수 $f(r,\theta)$ 평균값은 다음과 같다.

$$\frac{\int_0^{2\pi}\int_0^R f\,r\,dr\,d\theta}{\int_0^{2\pi}\int_0^R r\,dr\,d\theta}.$$

$f = f(r)$만의 함수인 경우, θ에 대한 적분은 각각 2π만을 곱하게 해주며, 이는 서로 약분이 된다. 그러면 분모는 $R^2/2$가 된다.

$$Q = \pi R^2 U = \frac{\pi R^4 |\Delta \mathcal{P}|}{8\mu L}. \tag{7.2-20}$$

이 식은 전에 식 (2.3-7)로 표현되었던 *Poiseuille 법칙*이다. 이제 Poiseuille의 실험 관계식들은 기본 원칙들로부터 유도될 수 있도록 보인다. 관(tube)을 통한 유동에 대한 이론적 해석은 Poiseuille의 실험이 있은 지 약 20여년 후인 1860년에 바젤의 E. Hagenbach에 의해 처음 보고되었던 것처럼 보인다(Sutera and Skalak, 1993).

예제 7.2-3 ● 층류 관 유동에 대한 마찰인자. 원통 관에서 층류 유동에 대한 마찰인자는 경험적 발견으로서 2장에서 소개되었다. 그러나 이것은 두 가지 방법 중 하나에서의 기본 원칙으로부터 유도될 수 있다. 한 접근방법은 f와 압력강하의 관계식[식 (2.3-6)]으로 시작한 후, 압력강하를 평균 속도와 연관시키기 위해 식 (7.2-18)을 이용하는 것이다. 또 다른 방법은 무차원 벽 전단응력으로의 f의 정의[식 (2.2-4)]로 시작한 후, 그 응력을 계산하기 위해 식 (7.2-19)에 있는 속도 프로파일을 사용하는 것이다. 점성 응력들에 대한 계산을 보여주기 위해 여기서는 후자의 접근방법이 사용된다.

제I부에서 사용되었듯이, τ_w은 유로 벽이나 다른 고체 표면에 의해 유체에 가해진 전단응력이다. 6장에서 도입된 좀 더 체계적인 기호(notation)를 사용하면, 반지름이 R인 원통관에 대해 다음과 같다.

$$\tau_w = -\tau_{rz}(R) = -\mu \frac{dv_z}{dr}(R) \tag{7.2-21}$$

$\tau_w > 0$이고 관 벽에서의 τ_{rz}은 음의 값이기 때문에 음의 기호가 필요하다. 즉, 벽에 의해 유체에 가해진 힘은 $-z$ 방향으로 작용하며, 유체의 움직임을 방해한다. 두 번째 등호는 표 6.5의 응력 관계식으로부터 주어진다. 모든 곳에서 $v_r = 0$이므로 $\partial v_r/\partial z$ 항은 없으며, 이것은 τ_{rz}(또는 τ_{zr}) 항들이 0이 되도록 한다. 비록 유동이 완전히 발달되지 않았고 v_r이 단지 벽에서만 소멸되었다고 할지라도, 여전히 $r = R$에서 $\partial v_r/\partial r = 0$이고 식 (7.2-21)도 여전히 적용된다.

벽 전단응력을 구하기 위해 식 (7.2-19)를 미분하면 다음과 같다.

$$\tau_w = -\mu(2U)\left(-\frac{2r}{R^2}\right)\bigg|_{r=R} = \frac{4\mu U}{R}. \tag{7.2-22}$$

그러면 식 (2.2-4)로부터 계산된 마찰인자는 다음과 같다.

$$f = \frac{2\tau_w}{\rho U^2} = \frac{2}{\rho U^2}\left(\frac{4\mu U}{R}\right) = \frac{8\mu}{\rho U R} = \frac{16}{\text{Re}} \tag{7.2-23}$$

이는 식 (2.2-6)과 잘 맞는다. 마지막 인자인 2는 Reynolds 수의 길이 척도로서 (R보다는) 지름을 사용함으로써 나온 것이다. 물론, 같은 결과가 식 (2.3-6)과 식 (7.2-18)로부터 얻어진다.

앞선 예제에서는 단면 내에서 위치를 특정하기 위해 단지 하나의 가로지르는 좌표(transverse coordinate; y 또는 r)가 필요했다. 다른 도관 형태에 대해서는 2개의 좌표가 필요할 수 있다. 예를 들어, 적당한 너비의 직사각형 유로는 y와 z 좌표 모두를 필요로 할 것이다. 또한, 완전 발달 유동들은 박동형 펌프가 있을 때와 같이 시간 의존적이다. 이와 같은 경우에는, 모든 축방향에서 유체가 일제히 빨라지거나 느려져서, 유체는 여전히 완전 발달된 상태이며 단일방향으로 흐른다. v_y와 v_z 모두 0이라는 주장은 연속 방정식과 투과되지 않는 조건들과도 일관되도록 유지되는데, 복잡한 단면 형태나 시간-의존적인 압력들에 대해서조차도 성립한다.

x 방향으로의 완전 발달 유동에 대한 Navier-Stokes 방정식의 가장 일반적인 직교형(Cartesian) 형태는 다음과 같다.

$$\frac{1}{\nu}\frac{\partial v_x}{\partial t} = -\frac{1}{\mu}\frac{\partial \mathcal{P}}{\partial x} + \frac{\partial^2 v_x}{\partial y^2} + \frac{\partial^2 v_x}{\partial z^2} \tag{7.2-24}$$

여기서 $v_x = v_x(y, z, t)$이고 $\mathcal{P} = \mathcal{P}(x, t)$이다. z와 t가 없을 때, 위의 편미분 방정식은 식 (7.2-3)의 상미분 방정식이 된다. 하나 이상의 독립 변수들이 존재할 때 여전히 해석적인 방법을 통해 해를 구할 수 있지만, 필요한 방법들은 대체로 이 책의 범위를 벗어난다. 예를 들어, 식 (7.2-24)는 *고유함수 전개(eigenfunction expansion)*를 이용하여 직사각형 유로에 대해 풀 수 있고, 거기서 v_x는 Fourier series로 표현된다(예를 들어 Deen (2012) 5장 참조). 이것이 식 (2.4-4)가 유도된 방법이다. 그 방법은 유로 벽의 한 부분이 좌표 표면(coordinate surface)이기만 하면 적용가능하다. 더욱 불규칙적인 형태에 대해서는 식 (7.2-24)가 상용 유한요소 패키지를 이용하여 수치적으로 풀 수 있다.

7.3 움직이는 표면

예제 7.3-1 ● 평면 쿠에트 유동. 이제 점도를 소개하기 위해 1.2절에서 사용된 전단 유동(shear flow)으로 돌아가자. 그러한 유동의 주요 측면은 압력 구배의 부재이다. 유체는 움직이는 표면에 의해 유체에 가해진 전단응력에 의해서만 움직인다. 그림 1.1에 보인 것과 같이, $y = 0$에서 평평한 표면은 고정되어 있고 $y = H$인 평판은 $+x$ 방향으로 일정한 속력 U로 움직이고 있다. 유동은 정상상태이고, 2차원이며, 완전 발달되어 있다고 가정한다. 즉, 평판들

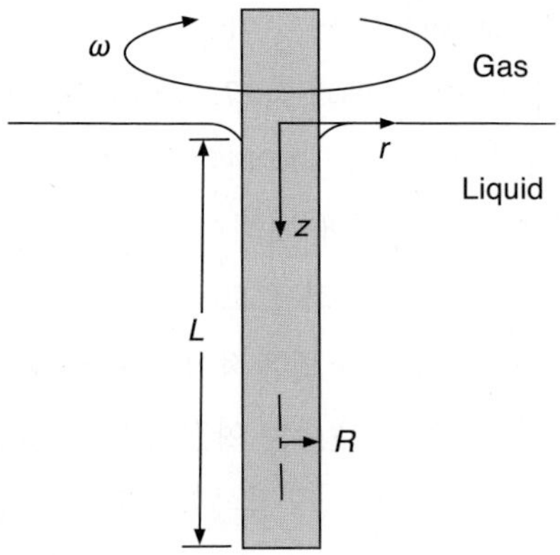

그림 7.2 액체에서 회전하는 연직 봉(rod)

은 충분히 길고 넓어서 끝 부분과 측벽의 영향을 무시할 수 있다고 고려한다. 이러한 기하학 구조에서 표면-유도 유동은 *평면 쿠에트 유동(plane Couette flow)*이라고 불린다. 여기서는 $v_x(y)$를 결정하고 식 (1.2-1)을 입증하고자 한다.

직교형(Cartesian) 좌표계에서 정상상태이며, 단일방향 유동이라는 점에서 $v_x(y)$를 지배하는 미분 방정식은 식 (7.2-24)로부터 z와 t를 소거하고 $\partial\mathcal{P}/\partial x = 0$이라고 놓음으로써 얻어질 수 있다. 따라서 지배 방정식들은 다음과 같다.

$$\frac{d^2 v_x}{dy^2} = 0 \tag{7.3-1}$$

$$v_x(0) = 0, \quad v_x(H) = U. \tag{7.3-2}$$

식 (7.3-1)은 $v_x(y)$가 선형인 것을 나타낸다. 식 (7.3-2)의 비-미끄럼 조건을 만족시키는 선형 프로파일(profile)은 다음과 같다.

$$v_x(y) = \frac{Uy}{H} \tag{7.3-3}$$

그림 1.1에 도시된 것과 같다. 상부 벽에 의해 유체에 가해진 전단응력은 다음 식과 같다.

$$\tau_{yx}(H) = \mu \frac{dv_x}{dy}(H) = \frac{\mu U}{H} \tag{7.3-4}$$

이는 식 (1.2-1)과 일치한다. 이러한 단순한 전단 유동에서 dv_x/dy는 y에 독립적이기 때문에, 이것 또한 유체가 바닥 벽에 가하는 전단응력이다.

예제 7.3-2 ● 회전 봉(rod). 그림 7.2에 보인 것과 같이, 반지름이 R인 연직 봉(rod)이 큰 액체 용기 내에서 일정한 각속도 ω로 회전되고 있다고 가정하자. 잠긴 길이는 L이다. 유동은 축대칭이고 단일방향 유동이며, $v_\theta = v_\theta(r)$이고 $v_r = 0 = v_z$라고 가정한다. 이것은 원통형 연속 방정식(표 5.1)과 일치하며, Navier-Stokes 방정식의 모든 세 성분을 만족시킬 수 있음은 그러한 유동이 가능하다는 것을 확인해 줄 것이다. v_θ가 z에 독립적이라는 가정이 내포하는 것은 L이 충분히 커서 봉의 아래 근처에 더 복잡한 유체 움직임을 무시할 수 있다는 것이다. 속도, 압력, 주어진 우력(torque)을 결정하고자 한다.

대칭성은 $\partial\mathcal{P}/\partial\theta = 0$인 것을 암시한다. v_r과 v_z 또한 0인 경우, 원통형 Navier-Stokes 방정식(표 6.9)의 θ 성분은 다음과 같이 간단해진다.

$$\frac{d}{dr}\left(\frac{1}{r}\frac{d}{dr}(rv_\theta)\right) = 0. \tag{7.3-5}$$

봉(rod)에서 비-미끄럼 조건을 적용하고 멀리 떨어진 유체는 움직이지 않는다고 가정하면,

$$v_\theta(R) = \omega R, \quad v_\theta(\infty) = 0. \tag{7.3-6}$$

v_θ는 선형 속도(m/s의 단위)이기 때문에, 봉 표면에서의 그 값은 각속도와 반지름의 곱이다. 두 번째 경계 조건에서 용기 반지름이 실질적으로 무한하다고 가정되었다(즉, 충분히 커서 봉 근처 유동에 영향을 주지 않음).

식 (7.3-5)를 두 번 적분하면 다음 식을 얻는다.

$$v_\theta(r) = ar + \frac{b}{r} \tag{7.3-7}$$

여기서 a와 b는 상수이다. 봉으로부터 멀리 떨어진 정지된 액체는 $a = 0$인 것을 요구하고, 비-미끄럼 조건은 $b = \omega R^2$을 얻게 한다. 속도에 대한 최종 결과는 다음과 같다.

$$v_\theta(r) = \frac{\omega R^2}{r}. \tag{7.3-8}$$

두 경계 조건 모두를 만족시킬 수 있는 것은 떨어져 있는 액체는 봉의 회전에 의해 영향을 받지 않는다고 가정하는 것이 현실적임을 확인한다.

액체가 봉(rod)에 가하는 우력(torque)은, 모터에 의해 공급되는 크기와 균형을 맞춰야만 하는데, 식 (6.6-27)을 사용하여 계산할 수 있다. $r = 0$에서 우력을 주는 위치 벡터는 $\mathbf{r} = R\mathbf{e_r}$이고 유체에 수직한 단위벡터는 $\mathbf{n} = \mathbf{e_r}$이다. 외적(cross product) 규칙에 따라 $\mathbf{r} \times \mathbf{n} = \mathbf{0}$이고 $\mathbf{r} \times (\mathbf{n} \cdot \tau) = R(\tau_{r\theta}\,\mathbf{e_z} - \tau_{rz}\,\mathbf{e}_\theta)$이다. 표 6.5의 검토는 이 시스템에서 $\tau_{rz} = 0$이고 표면에서 전단응력이 0이 아닌 성분이 다음과 같음을 나타낸다.

$$\tau_{r\theta}(R) = \mu r \frac{d}{dr}\left(\frac{v_\theta}{r}\right)\bigg|_{r=R} = -\frac{2\mu\omega R^2}{r^2}\bigg|_{r=R} = -2\mu\omega. \tag{7.3-9}$$

표면적 요소는 $dS = R\,d\theta\,dz$이다. 따라서 우력(torque) 벡터는 다음과 같다.

$$\mathbf{G} = \int_0^L \int_0^{2\pi} (-2\mu\omega R\mathbf{e_z})R\,d\theta\,dz = -4\pi\,\mu\omega R^2 L\mathbf{e_z}. \tag{7.3-10}$$

또 다른 방법으로는, 우력 크기 G는 간단히 지렛대 팔(lever arm)과 θ 방향으로의 힘을 곱하여 계산할 수 있는데, 이것은 결국 전단응력과 측면적(lateral area)을 곱한 것이다. 따라서

$$G = R|\tau_{r\theta}(R)|(2\pi RL) = 4\pi\,\mu\omega R^2 L. \tag{7.3-11}$$

비록 회전하는 봉(rod) 근처의 유동은 고체 표면에 가해진 전단응력에 의해 야기된 평면 쿠에트 유동과 비슷하지만, 회전하는 액체에서는 $\mathcal{P}$가 상수가 아니라는 점에서 다르다. $v_z = 0$ 인 축대칭인 유동에 대하여, 원통형 Navier-Stokes 방정식의 z 성분은 $\partial\mathcal{P}/\partial z = 0$으로 단순화된다. 그러나 $v_r = 0$일 때 r 성분은 다음과 같이 된다.

$$\frac{d\mathcal{P}}{dr} = \frac{\rho v_\theta^2}{r} = \frac{\rho\omega^2 R^4}{r^3} \tag{7.3-12}$$

이는 r이 커짐에 따라 $\mathcal{P}$가 증가하는 것을 나타낸다. 이것은 관성(inertia)의 결과이다. 반지름 방향으로의 압력 구배는 각 유체 요소가 원형 경로에 머물도록 하는 힘이다. 물론 일정한 속력으로, 지속적으로 방향을 바꾸면서 움직이는 것은 가속의 일종이다. 식 (7.3-12)를 적분하고 $\mathcal{P}(\infty) = 0$을 선택하면 다음과 같다.

$$\mathcal{P}(r) = -\frac{\rho\omega^2 R^4}{2r^2}. \tag{7.3-13}$$

P에서 반지름 방향으로의 변화는 $\mathcal{P}$에서의 그것과 동일하다. 따라서 액체에서 어떤 주어진 깊이에서 봉(rod) 근처의 P는 멀리 떨어진 정지된 유체에서의 것보다 더 낮을 것이다. 만약 P가 액체의 증기압 이하로 떨어진다면, 기포들이 형성되는 경향이 있을 것이다. *공동화(cavitation)*라고 불리는 이러한 기포들이 빠르게 형성되고 사라지는 것은 회전하는 기계류에 심각한 손상을 줄 수 있다. 이러한 유동에서의 압력 변화들은 예제 7.4-2에서 더 살펴볼 것이다.

예제 7.3-3 ● 갑자기 움직이는 판. 지금 고려되는 시간-의존적인 유동은 *Rayleigh 문제*라고

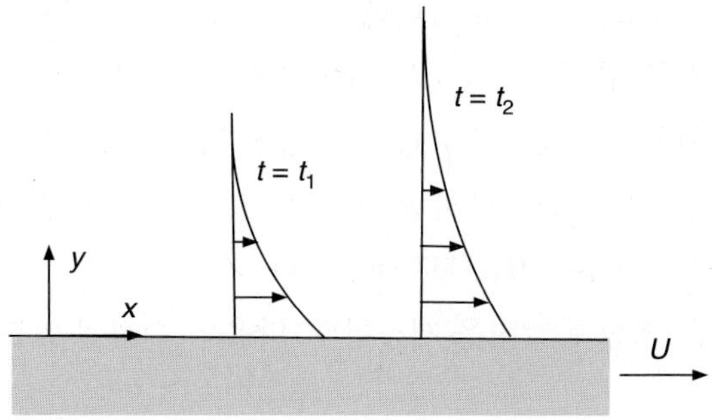

그림 7.3 급격히 가속된 판 주위의 유동. 속도 프로파일이 두 번 그려졌으며, $t_2 > t_1 > 0$이다.

부른다(Rayleigh, 1911). $y = 0$에서 한 평판이 갑자기 가속되어 정지된 상태에서 $+x$ 방향으로 일정한 속력인 U로 갑자기 가속되었다고 가정하자(그림 7.3). $y \geq 0$인 공간을 차지하는 인접한 유체는 초기에 정지 상태이다. 도시된 2개의 속도 프로파일에 보인 것과 같이, 시간에 따라 더 많은 유체가 움직이게 된다. 평면 쿠에트 유동에서와 같이 $\mathcal{P}$는 일정하고 v_x는 x와 z에 독립적이라고 가정한다. 목표는 $v_x(y, t)$를 구하는 것이다. 편미분 방정식을 풀기위한 특별한 방법이 소개될 것이고 유체 내에서 점성 응력이 전파되는 데 필요한 시간(점성 시간 척도)이 구해질 것이다. 점성 시간 척도와의 익숙함은 8장에서 필요하고 그 풀이 방법은 다시 9장에서 사용된다.

이것은 직교형(Cartesian) 좌표계에서 또 다른 완전 발달 유동이다. v_x가 z에 독립적이고 압력 구배가 없다면, 식 (7.2-24)는 다음과 같이 간단해진다.

$$\frac{\partial v_x}{\partial t} = \nu \frac{\partial^2 v_x}{\partial y^2}. \tag{7.3-14}$$

초기 조건과 경계 조건은 다음과 같다.

$$v_x(y, 0) = 0 \tag{7.3-15}$$

$$v_x(0, t) = U \tag{7.3-16}$$

$$v_x(\infty, t) = 0. \tag{7.3-17}$$

식 (7.3-15)는 모든 y에 대해 유체가 초기에 정지되어 있음을 나타내고, 식 (7.3-16)은 모든 $t > 0$에 대해 판과 접촉하고 있는 유체는 비-미끄럼 조건과 부합하여 속도 U로 움직인다. 식 (7.3-17)은 보다 미묘한 것들을 포함하고 있는데, 이것은 판으로부터 충분하게 떨어진 어떤 유체는 한정된 시간 t에 대해 정지 상태로 유지될 것이라는 가정이다. 풀이는 움직임이 시간에 따라 즉각적이라기보다는 점진적으로 더 큰 y로 확대해 가는 것을 확인할 것이다.

미분 방정식과 보조 조건들은 선형이며, 식 (7.3-16)에서 단지 1개의 비동차 항(nonhomogeneous term) U를 포함한다. 결과적으로, $v_x(y,t)$는 항상 U에 비례해야만 한다. 표준화된 속도, 즉 $F = v_x/U$을 활용하면 U를 변수로서 소거시킴으로 문제를 단순화 한다. 각 지배 방정식을 U로 나누면 v_x는 F로 대체되고 U는 1로 대체된다.

차원해석(dimensional analysis)은 핵심 통찰력을 제공한다. 다음의 수정된 미분방정식을 고려하자.

$$\frac{\partial F}{\partial t} = \nu \frac{\partial^2 F}{\partial y^2} \tag{7.3-18}$$

이 식은 무차원 미지항(F)과 거기에 의존하는 3개의 차원을 가진 변수들(y, t와 ν)을 포함한다. 표준화된 보조 조건들은 단지 F, y와 t만을 포함하고, 추가적인 변수나 매개변수들은 포함되지 않았다. 3개의 차원을 가진 변수들은 단지 2개의 독립된 차원들(L과 T)만을 포함한다. 따라서 Pi 이론(1.4절)으로부터 그것들은 단지 하나의 독립 무차원 군을 형성할 수 있다. 즉, F는 단 하나의 군에만 의존해야 한다. y를 그 군의 분자로 선택하게 되면, 그 분모는 또한 차원 L을 가진 t와 ν의 조합으로 구성되어야만 한다. 다음과 같이 놓는 것은

$$\mathrm{L} = [t^a \nu^b] = \mathrm{T}^a(\mathrm{L}^2\mathrm{T}^{-1})^b = \mathrm{T}^{a-b}\mathrm{L}^{2b} \tag{7.3-19}$$

$a = b = 1/2$로 이끈다. 결과적으로 $F = F(\eta)$이 되며, η는 다음과 같다.

$$\eta = \frac{y}{2(\nu t)^{1/2}}. \tag{7.3-20}$$

여기서 인자 2는 단지 이 풀이를 가장 간단한 형태에서 해를 놓기 위한 것이며, 앞으로 보일 것이다. 중요한 것은 F가 각기 y와 t에 의존하지 않는 것이다. 따라서 식 (7.3-18)을 $F(\eta)$를 지배하는 상미분 방정식으로 다시 쓰는 것이 가능해야만 한다.

편도함수(partial derivative)들은 다음과 같이 변형된다.

$$\frac{\partial F}{\partial t} = \frac{dF}{d\eta}\frac{\partial \eta}{\partial t} = \frac{dF}{d\eta}\left(-\frac{\eta}{2t}\right) \tag{7.3-21}$$

$$\frac{\partial F}{\partial y} = \frac{dF}{d\eta}\frac{\partial \eta}{\partial y} = \frac{dF}{d\eta}\frac{1}{2(\nu t)^{1/2}} \tag{7.3-22}$$

$$\frac{\partial^2 F}{\partial y^2} = \frac{d^2F}{d\eta^2}\left(\frac{\partial \eta}{\partial y}\right)^2 = \frac{d^2F}{d\eta^2}\frac{1}{4\nu t}. \tag{7.3-23}$$

이 표현들을 식 (7.3-18)에 대입하면 다음 식이 얻어진다.

$$\frac{d^2F}{d\eta^2} + 2\eta \frac{dF}{d\eta} = 0. \tag{7.3-24}$$

초기 및 경계 조건들[식 (7.3-15)~(7.3-17)]은 다음과 같이 변형된다.

$$F(0) = 1 \tag{7.3-25}$$

$$F(\infty) = 0. \tag{7.3-26}$$

$t = 0$과 $y = \infty$ 각각은 $\eta = \infty$에 일치하기 때문에 초기 조건과 멀리 떨어진 경계조건은 식 (7.3-26) 하나로 동일해진다는 것을 주목해야 한다. 따라서 비록 식 (7.3-24)는 단지 2개의 경계 조건을 만족시킬 수 있고 우리는 3개의 보조 조건으로 시작했지만, 버려진 정보는 없다. η가 식 (7.3-24)~(7.3-26)에서 유일한 독립 변수라는 점에서 차원 해석으로부터의 결론은 확인되었다.

식 (7.3-24)는 $dF/d\eta$에 대한 선형 1차 방정식과 동등하며, 그 해는 다음과 같다.

$$\frac{dF}{d\eta} = Ce^{-\eta^2} \tag{7.3-27}$$

여기서 C는 상수이다.[2] 적분하면 다음 식이 얻어진다.

$$F(\eta) - F(0) = C \int_0^{\eta} e^{-s^2}\, ds \tag{7.3-28}$$

여기서 s는 임시변수이다. 정적분을 적용하면 $F(0)$는 이차 적분 상수가 된다. $\eta = \infty$에서 식 (7.3-28)을 계산하고, 식 (7.3-25)와 식 (7.3-26)을 이용하면 다음 식이 얻어진다.

$$C = -\left(\int_0^{\infty} e^{-s^2}\, ds \right)^{-1} = -\frac{2}{\sqrt{\pi}}. \tag{7.3-29}$$

속도에 대한 최종 식은 다음과 같다.

$$F(\eta) = \frac{v_x}{U} = 1 - \mathrm{erf}(\eta) = \mathrm{erfc}(\eta) \tag{7.3-30}$$

---

2) 이것이 식 (7.3-20)에서 2가 도움이 되는 곳인데, 식 (7.3-24)에서 $dF/d\eta$의 계수가 정확하게 η^2의 도함수가 되기 때문이다. 이것은 식 (7.3-27)에서의 지수 논의를 단순화시킨다.

$$\text{erf}(x) = \frac{2}{\sqrt{\pi}} \int_0^x e^{-s^2}\, ds. \tag{7.3-31}$$

식 (7.3-31)에 의해 정의되는 함수 erf(x)는 *오차함수(error function)*이다. 이것은 확률 이론과 다른 분야에서 매우 자주 접하기 때문에 스프레드시트(spreadsheets), 수학 소프트웨어와 인쇄된 표 등의 형태로 쉽게 구할 수 있다. *여오차함수(complementary error function)*인 erfc(x) $= 1 - \text{erf}(x)$는 매우 밀접하게 연관되어 있다.

유체 속도가 그림 7.4에 도시되어 있다. y와 t를 η로 결합한 것은 그림 7.3에 보인 것들과 같은 속도 프로파일들을 하나의 곡선으로 겹쳐 놓는다. 결과들은 어느 순간이든지 판 바로 근처의 일정한 두께의 영역 안에서만 측정 가능한 속도들이 있다는 것을 확인시켜준다. 그 두께는 시간에 따라서 커진다. 그 두께가 커지는 것을 설명할 수 있는 많은 방법 중에서, $y = \delta_{50}(t)$와 $\delta_5(t)$를 각각 판에서 속도가 50%와 5%일 때의 위치라고 하자. erfc(0.477) = 0.500이고 erfc(1.386) = 0.0500이므로, 식 (7.3-20)은 $\delta_{50}(t) = 0.95(\nu t)^{1/2}$과 $\delta_5(t) = 2.8(\nu t)^{1/2}$임을 나타낸다. 이러한 결과는 $\delta(t) = c(\nu t)^{1/2}$로 요약될 수 있으며, 여기서 c는 한 자릿수를 갖는 어떤 임의 상수이다. $c = 1$이라 놓으면, 거리 δ에 대해 속도 변화가 전파되는 데 필요한 시간은 다음과 같이 예측된다.

$$t_v = \frac{\delta^2}{\nu}. \tag{7.3-32}$$

유동이 완전히 점성 응력 때문인 경우, 이것은 *점성 시간 척도(viscous time scale)*라 불린다. 1.3절에서 언급된 것과 같이, 이러한 시간 척도는 또한 차원 논의들로부터 추론된다.

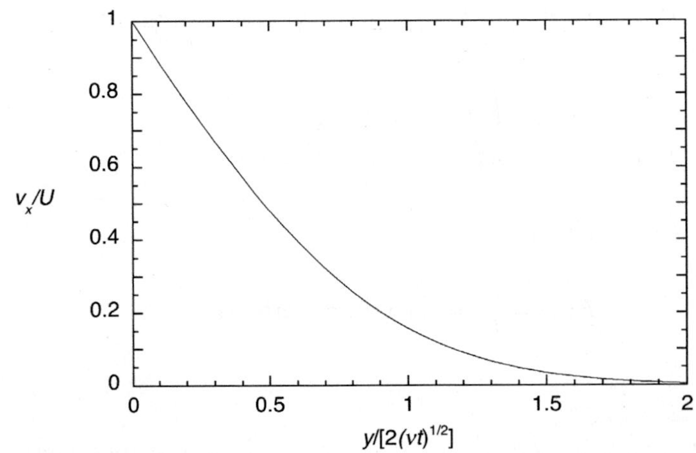

그림 7.4 $y = 0$에서 평판이 정지상태에서 속도 U로 급격히 가속됨에 따른 유체 속도

이 유동에서 점성 응력 때문에 y 방향으로 점진적인 운동량 전달이 있다. 이것은 공식적으로 용질의 확산이나 열의 전도와 동일한 분산 공정(dispersion process)이다. 따라서 ν는 운동량의 확산계수로 볼 수 있다(Deen, 2017, p.7). 이것은 또한 와류도(vorticity)에 대한 확산계수(5.5절)인데, 여기서 점차적으로 많은 양의 유체가 0이 아닌 $w_z(= -\partial v_x/\partial y)$ 값을 얻는다. 와류도의 이동은 9장에서 더 검토될 것이다.

Rayleigh 문제는 유체를 제한하는 두 번째 판이 없다는 것을 제외하고는 평면 쿠에트 유동의 시작(startup)과 비슷하다. 예제 7.3-1에서와 같이 판의 간격이 H라고 가정하자. 현재 결과는 $(\nu t)^{1/2} \ll H$와 같은 매우 초기에는 고정판의 영향이 아직 감지되지 않을 것이다. 즉, 만약 평면 쿠에트 유동의 매우 초기의 과도 상태를 수식화(model)하고 싶다면, 유체 영역을 반무한(semi-infinite)으로 보는 것이 좋은 가정일 것이다. 반무한 유체나 작은 t에서 쿠에트 유동에 대해서, 움직이는 판이 유체에 가하는 전단응력은 다음과 같다.

$$-\tau_{yx}|_{y=0} = -\mu \frac{\partial v_x}{\partial y}\bigg|_{y=0} = -\frac{\mu U}{2(\nu t)^{1/2}} \frac{dF}{d\eta}(0) = \frac{\mu U}{(\pi \nu t)^{1/2}}. \tag{7.3-33}$$

편미분 방정식을 풀기 위한 많은 해석적 방법들은 모두 편미분 방정식을 하나 또는 그 이상의 상미분 방정식으로 단순화한다. 여기서 사용된 방법은 2개의 원래 무차원 변수들을 하나로 결합함으로써 특별한 방식으로 상미분 방정식으로 변형시킨다. 이 방법이 통한 이유는 각 경우에 속도 프로파일들이 정확하게 같은 모양을 가지기 때문이다. 즉, 다른 값의 t에서 v_x 대 y의 그래프들은 시간-의존 길이 척도를 설명하기 위해 $(\nu t)^{1/2}$ 인자를 사용함으로써 겹쳐 놓을 수 있다. 이러한 프로파일들은 자기-상사(self-similar)로 지칭되고, 이 방법은 *상사성 전환(similarity transformation)* 또는 *변수 조합(combination of variables)*이라고 불린다. 상사성 해(similarity solution)는 이 문제에서와 같이 매우 명쾌할 수 있으나, 이 방법은 오직 반무한 또는 무한 영역에 대해서만 적용될 수 있고 특정한 종류의 미분 방정식에만 적용된다.

차원해석(dimensional analysis)은 상사성 방법이 잘 적용될 것이라는 것을 나타냈고 어떻게 독립 변수들을 결합할 것인지를 보여주었다. 만약 문제가 한정된 거리인 H만큼 떨어진 판들을 포함했었더라면, 상사성 방법이 실패했을 것이라고 (정확하게) 제시했었을 것이다. 즉, 경계 조건에서 H를 갖는 것은 추가적인 무차원 군을 생성했을 것이고, 그 경우에 y와 t는 더 이상 조합에서만은 나타날 필요가 없었을 것이다. 실제로, 그 경우 무차원 독립 변수들에 대한 자연적인 선택은 y/H와 $t\nu/H^2$일 것이다. 마지막으로, 1.4절의 예제들은 관련된 양들의 리스트를 모으는 데 어느 정도의 추측이 포함된 반면, 이 문제에서는 어떤 것이 포함되었는지 상당히 확신할 수 있었다는 것을 주목하라. 일반적으로, 지배 방정식에 대해 더 알면 알수록 차원 해석으로부터 결론을 도출하는 데 더욱 확신할 수 있을 것이다.

7.4 자유 표면

7.2절과 7.3절의 예제에서 지배 방정식들은 단지 동적 압력(dynamic pressure) $\mathcal{P}$만을 사용하여 표현될 수 있었다. 이것은 속도장들이 중력에 대한 명확한 고려 없이 얻어지는 것을 허용했다. 자유표면들(유체-유체 계면들)을 포함하는 문제들의 관점은 $\mathcal{P}$를 아는 것이 불충분하다는 것이다. 특별히, 절대압력 P에 대한 정보가 수직 응력 경계조건을 적용하기 위해 필요하다는 것이다.

예제 7.4-1 ● 연직 벽 위의 낙하 경막. 그림 7.5와 같이, 평평한 연직 표면을 따라 아래로 흐르는 일정한 두께의 액체 경막(film)은 많은 자유 표면 유동들에 대한 대표적인 형태이다. 경막 두께는 H이고, $y = 0$에서 기체-액체 계면이 있으며, 기체 공간의 너비는 W이다. 목표는 정상상태, 완전 발달 유동인 경우 액체에서의 $v_x(y)$를 구하는 것이다. 기체에서의 압력 변화와 점성 응력들은 각각 무시할 수 있다고 가정될 것이다. 왜 기체에 대해 이러한 가정들이 보통 유효한지는 앞으로 논의될 것이다.

이러한 단일방향 유동은 정상상태이고 2차원적이다. 따라서 액체에서 $v_x = v_x(y)$, $\mathcal{P} = \mathcal{P}(x)$이고 $d\mathcal{P}/dx$는 상수이며, Navier-Stokes 방정식은 다시 다음과 같이 단순화된다.

$$\frac{d^2 v_x}{dy^2} = \frac{1}{\mu}\frac{d\mathcal{P}}{dx}. \tag{7.4-1}$$

액체에서 v_x에 대한 경계 조건들은 다음과 같다.

$$\frac{dv_x}{dy}(0) = 0 \tag{7.4-2}$$

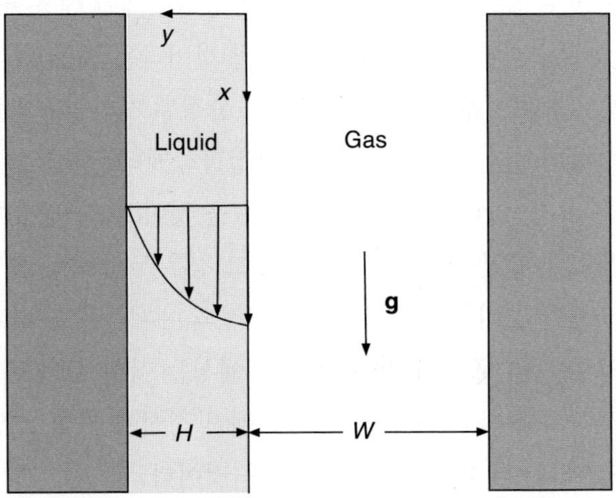

그림 7.5 평평한 연직 표면을 따라 아래로 흐르는 두께 H인 액체 경막

$$v_x(H) = 0. \tag{7.4-3}$$

식 (7.4-2)는 기체-액체 계면에서 전단응력들이 같다는 것[식 (6.6-19)]과 기체에서 점성 응력들은 무시할 수 있다는 가정의 결과이다. 이것은 $\tau_{yx}(0) = 0$으로 놓고 $y = 0$에서 $\partial v_y/\partial x = 0$인 것을 인식하는 것으로부터 얻어진다.

자유 표면에서 수직응력 경계 조건[식 (6.6-18)]은 $d\mathcal{P}/dx$의 값을 알려준다. 액체에서 모든 곳에서 $v_y = 0$이기 때문에 $\tau_{yy}(0) = 0$이고, 기체에서 τ_{yy}은 무시할 수 있다고 가정한다. 계면은 평평하기 때문에 수직응력 수지는 표면 장력에 의해 영향 받지 않는다. 따라서 이것은 두 상에서 동일한 P가 되도록 한다. 식 (6.6-4)를 참조하고 $g_x = g$이고 $g_y = 0$인 것을 주목하면, 액체 안에서 P와 $\mathcal{P}$의 도함수들은 다음과 같이 연관된다.

$$\frac{\partial \mathcal{P}}{\partial x} = \frac{\partial P}{\partial x} - \rho_L g \tag{7.4-4}$$

$$\frac{\partial \mathcal{P}}{\partial y} = \frac{\partial P}{\partial y} \tag{7.4-5}$$

여기서 ρ_L은 액체 밀도이다. 단일방향 유동은 액체 전체에 대해 $\partial\mathcal{P}/\partial y = 0$인 것을 의미하기 때문에, 식 (7.4-5)는 $\mathcal{P}$와 P 모두 y에 독립적이다. 이것은 만약 기체에서 P가 $y = 0$인 표면을 따라 상수이면 P는 액체 전체에 대하여 똑같은 상수값을 갖게 될 것이라는 것을 의미한다. 액체에서 $\partial P/\partial x = 0$이면, 식 (7.4-4)는 다음을 나타낸다.

$$\frac{d\mathcal{P}}{dx} = -\rho_L g \tag{7.4-6}$$

이것은 운동량 방정식을 위해 필요한 정보이다.

식 (7.4-6)을 식 (7.4-1)에 대입하면 다음 식이 얻어진다.

$$\frac{d^2 v_x}{dy^2} = \frac{1}{\mu_L}\frac{d\mathcal{P}}{dx} = -\frac{g}{\nu_L} \tag{7.4-7}$$

여기서 μ_L과 ν_L은 각각 액체의 전단 점도와 운동 점도이다. 두 번 적분하고 식 (7.4-2)와 (7.4-3)을 적용하면 다음과 같은 속도 프로파일이 얻어진다.

$$v_x(y) = \frac{gH^2}{2\nu_L}\left[1 - \left(\frac{y}{H}\right)^2\right]. \tag{7.4-8}$$

그림 7.5에 도식되었듯이 속도 프로파일은 포물선 모양이며, 기체-액체 계면에서 최댓값 $gH^2/(2\nu_L)$을 가진다. 평균 속도는 다음과 같다.

$$U = \frac{1}{H}\int_0^H v_x\,dy = \frac{gH^2}{3\nu_L}. \tag{7.4-9}$$

평면 Poiseuille 유동에서와 같이 평균 속도는 최댓값의 2/3이다.

액체 유동을 해석할 때, 여기서 했던 것과 같이 인접한 기체에서의 점성 응력과 압력 변화를 무시하는 것이 일반적이다. 이것을 타당하게 만드는 것은 기체의 밀도들과 점도들이 상대적으로 작다는 것이다. 이 예제에서와 같이 만약 기-액 계면의 위치가 알려졌다면, 그 근사는 기체에서의 양상들로부터 액체 모델을 완전히 분리할 것이다. 따라서 마치 액체가 진공 상태와 접촉하고 있는 것처럼 기체의 속도, 압력, 물질 특성들이 지배 방정식들로부터 모두 사라질 것이다. 이것의 가장 큰 장점은 Navier-Stokes 방정식과 연속방정식들이 기체에 대해 풀 필요가 없어진다는 것이다. 두 세트의 미분 방정식(액체와 기체)을 갖는 대신에, 자유 계면에서의 속도와 응력 조건들을 이용하여 서로를 결합하면 오직 1개의 식이 존재한다. 그러나 이러한 단순화는 오직 단일방향일 때만 가능하다. 즉, 기체에서 속도장과 압력장을 알아내는 데 있어 보통 유동하는 액체에 의해 기체에 가해지는 전단응력을 무시하지 못한다. 비록 액체의 관점에서 기체 점도는 거의 0이지만, 기체의 관점에서 액체의 점도는 거의 무한대이다. 밀도에 대해서도 마찬가지이다.

만약 그림 7.5에서 기체가 단지 액체에 의해 기체에 가해지는 전단에 의해서만 이동된다면, 기체에서 점성 및 관성 응력들은 대략적으로 각각 $\mu_G U/W$과 $\rho_G U^2$일 것이다(1.3절). 액체에서의 전단응력들은 대략 $\mu_L U/H$이다. 따라서 만약 $\mu_G/\mu_L \ll W/H$이고 $\rho_G/\rho_L \ll 1/\mathrm{Re}_L$이라면, 기체에서 응력들은 액체에서의 그 값들에 비해 상대적으로 무시할 수 있을 것이다. 여기서, 액체 Reynolds 수는 $\mathrm{Re}_L = UH/\nu_L$이다. μ_G/μ_L은 보통 약 10^{-2}보다 크지 않고 ρ_G/ρ_L은 보통 약 10^{-3}이므로(1.2절), W/H가 매우 작거나 Re_L가 매우 크지 않다면 액체 유동을 해석할 때 기체를 무시하는 것은 받아들일 만하다. 만약 기체 유동이 완전히 발달되었다면, 관성력은 완전히 무시할 수 있고 밀도와 Re_L을 포함하는 제한도 불필요할 것이다. 이 경우, 기체를 무시하기 위해서는 오직 $\mu_G/\mu_L \ll W/H$ 조건만을 필요로 할 것이다.

예제 7.4-2 • 교반 액체의 표면. 일반적으로, 자유표면의 위치는 양쪽 유체의 속도들과 압력들을 포함하는 수직응력 수지에 의해 결정된다. 따라서, 그 위치는 종종 추가적인 미지 값이다. 각속도 ω로 회전하는 반지름이 R인 봉(rod) 주변을 둘러싸고 있는 큰 규모의 액체 유동을 예제 7.3-2에서 살펴보았다. 여기서의 목표는 앞선 결과들을 이용하여 기-액 계면의 형태를 알아보는 것이다. 봉 주변의 계면에 초점을 맞춘 그림 7.6에서 보듯이, 좌표는 계면에서

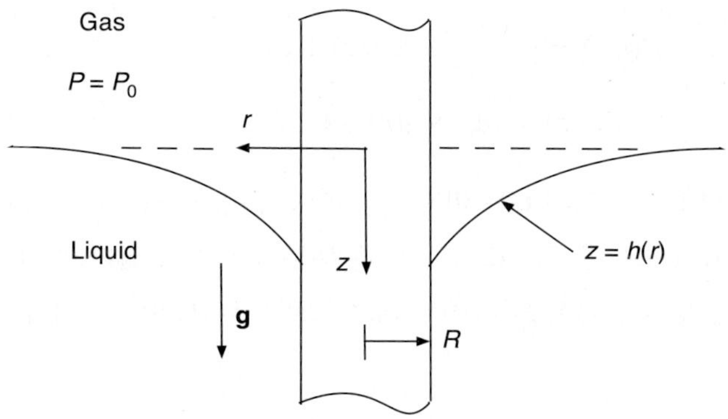

그림 7.6 회전 봉(rod) 주변의 기-액 계면

$z = h(r)$이고 $h(\infty) = 0$이 되도록 선택되었다. 기체 내에서 점성 응력들과 압력 변화들은 무시할 수 있다고 가정되었고, 고정된 기체 압력은 P_0이다. 또한, 표면장력은 중요하지 않다고 가정되었다. 여기서 표면장력은 중력 또는 관성력에 의해 기인한 압력 변화와 경쟁하고, 만약 Bond 수와 Weber 수가 $\text{Bo} = \rho g R^2/\gamma \gg 1$이고 $\text{We} = \rho U^2 R/\gamma \gg 1$이라면 표면장력은 무시할 수 있을 것이다(1.3절)

표면장력이 없을 때, 자유표면에서 수직응력 수지[식 (6.6-18)]는 단지 점성 응력과 압력만을 포함한다. 이미 보였듯이, 기체에서의 수직 점성 응력은 무시할 만하다고 가정되었다. 액체에서의 수직 점성 응력을 계산하기 위해서, 계면 위치인 $h(r)$과 단위 법선벡터인 $\mathbf{n}(r)$이 필요한데, 둘 다 알려져 있지 않다. 그러나 원통형 대칭은 $\mathbf{n}$이 단지 r과 z 성분들만을 가졌다는 것을 알려준다. 이것은 $\tau_{nn} = \mathbf{n} \cdot \mathbf{t} \cdot \mathbf{n}$이 $\tau_{rr}, \tau_{zz}, \tau_{rz}$과 τ_{zr}만을 포함할 것이라는 것을 알려준다. 이러한 단일방향 유동에서 이와 같은 응력 성분들의 각항은 0이며(표 6.5), 그래서 $\tau_{nn} = 0$이다. 따라서 예제 7.4-1에서와 같이 수직응력 수지는 압력이 동일하다는 것으로 단순화된다.

수직응력 수지를 적용하기 위해서 액체에서의 $P(r, z)$를 계산하는 것이 필요하다. 이 유동에서 $\partial\mathcal{P}/\partial z = 0$이고, $\partial\mathcal{P}/\partial r$은 식 (7.3-12)에 의해 주어진다. 따라서 다음과 같다.

$$\frac{\partial P}{\partial r} = \frac{\partial \mathcal{P}}{\partial r} + \rho g_r = \frac{\rho \omega^2 R^4}{r^3} \qquad (7.4\text{-}10)$$

$$\frac{\partial P}{\partial z} = \frac{\partial \mathcal{P}}{\partial z} + \rho g_z = \rho g. \qquad (7.4\text{-}11)$$

각 식을 적분하면 다음과 같다.

$$P(r,z) = -\frac{\rho\omega^2 R^4}{2r^2} + f(z) + C \tag{7.4-12}$$

$$P(r,z) = \rho g z + g(r) + C \tag{7.4-13}$$

여기서 $f(z)$와 $g(r)$은 미지의 함수들이며 C는 미지 상수이다. 분명하게, $f(z)$는 식 (7.4-13)의 z-의존 부분과 같아야 하며, $g(r)$은 식 (7.4-12)의 r-의존 부분과 같아야 한다. 방해받지 않은 계면은 $z = 0$일 때이며 그곳에서 압력은 $P(\infty, 0) = P_0$이므로 $C = P_0$이다. 액체 압력은 다음과 같다.

$$P\,(r,z) = -\frac{\rho\omega^2 R^4}{2r^2} + \rho g z + P_0. \tag{7.4-14}$$

계면의 위치는 액체 압력이 기체에서의 일정한 압력과 같아야 한다는 필요에 의해 영향을 받는다. $P(r,h) = P_0$라 놓고 h에 대해 풀면 다음 식이 얻어진다.

$$h\,(r) = \frac{\omega^2 R^4}{2gr^2}. \tag{7.4-15}$$

이것은 $h > 0$인 것을 나타내며, 계면이 봉(rod)의 회전에 의해 아래로 내려간 것을 확인시켜 준다. 계면의 형태는 그림 7.6에서 보인 것과 유사하다.

7.5 비뉴톤 유체

비뉴톤 유체를 포함한 문제들에서 Navier-Stokes 방정식은 적용 가능하지 않고 Cauchy 운동량 방정식이 필요하다. 아주 큰 온도 변화가 있을 때처럼 점도가 위치에 따라 변하는 뉴톤 유체에 대해서 또한 마찬가지이다.

예제 7.5-1 ● 멱-법칙 유체의 Poiseuille 유동. 반지름이 R인 긴 관 내의 멱-법칙 유체(power-law fluid)의 정상상태이며 완전 발달 유동에 대하여 속도 프로파일과 부피 유량을 구하고자 한다. 주어진 것은 단위 길이당 압력강하인 $|\Delta\mathcal{P}|/L$이다.

이것은 점도가 식 (6.5-17)에 의해 변형률(rate of strain)에 따라 변한다는 것을 제외하면 예제 7.2-2와 동일하다. 일반적인 연속 방정식이 적용되지만, 지금 필요한 것은 Cauchy 운동량 방정식(표 6.2)의 원통형 좌표계 형태이다. $v_z = v_z(r)$이고 $v_r = 0 = v_\theta$라고 주어졌으며, 뉴톤 유체 문제에 대한 것이었으므로 관성력 관련항들은 모두 0이다. 더욱이 표 6.5로부터, 이러한 단일방향 유동에서 모든 점성 응력 성분들은 τ_{rz}와 τ_{zr}을 제외하고는 0이며, 이것들은 기껏해야 r에만 의존할 수 있다. 따라서 Cauchy 방정식의 r과 θ 성분들은 (전과 같이) 단지 $\mathcal{P} = \mathcal{P}(z)$인 것을 나타내며, z 성분은 다음과 같이 단순화 된다.

$$\frac{1}{r}\frac{d}{dr}(r\tau_{rz}) = \frac{d\mathcal{P}}{dz} = -\frac{|\Delta\mathcal{P}|}{L}. \tag{7.5-1}$$

양변에 r을 곱하고 적분하면 다음과 같다.

$$r\tau_{rz}(r) = -\frac{|\Delta\mathcal{P}|\,r^2}{2L} + c \tag{7.5-2}$$

여기서 c는 상수이다. 원통형 대칭은 7.6절에서 보인 것과 같이 $\tau_{rz}(0) = 0$을 필요로 한다. 따라서 $c = 0$이고

$$\tau_{rz}(r) = -\frac{|\Delta\mathcal{P}|\,r}{2L}. \tag{7.5-3}$$

따라서 전단응력은 중심선에서 0으로부터 벽에서 최대 음의 값까지 선형적으로 변한다. 이것은 어떤 일반화된 뉴톤 유체에 대해서도 성립한다.

이러한 단일방향 유동에 대해, 표 6.7은 변형률이 다음과 같음을 나타낸다.

$$\Gamma = \frac{1}{2}\left|\frac{dv_z}{dr}\right|. \tag{7.5-4}$$

$dv_z/dx < 0$이기 때문에 절댓값이 필요하다. 멱-법칙 유체의 겉보기 점도(apparent viscosity)는 다음과 같다.

$$\mu = m(2\Gamma)^{n-1} = m\left|\frac{dv_z}{dr}\right|^{n-1} \tag{7.5-5}$$

그리고 국부 전단응력은 다음과 같다.

$$\tau_{rz}(r) = \mu\frac{dv_z}{dr} = m\left|\frac{dv_z}{dr}\right|^{n-1}\frac{dv_z}{dr} = -m\left|\frac{dv_z}{dr}\right|^{n}. \tag{7.5-6}$$

이것을 이용하여 식 (7.5-3)의 응력을 계산하고 속도 도함수를 구하면 다음과 같다.

$$\frac{dv_z}{dr} = -\left(\frac{|\Delta\mathcal{P}|}{2mL}\right)^{1/n} r^{1/n}. \tag{7.5-7}$$

적분하고 벽에서 비-미끄럼 조건($v_z(R) = 0$)을 적용하면 다음 식이 얻어진다.

$$v_z(r) = \left(\frac{R^{n+1}\,|\Delta\mathcal{P}|}{2mL}\right)^{1/n}\left[1-\left(\frac{r}{R}\right)^{(n+1)/n}\right] \tag{7.5-8}$$

이것은 구하고자 했던 주요 결과이다.

평균 속도 U는 다음과 같이 계산된다.

$$U = \frac{2}{R^2}\int_0^R v_z r\,dr = \left(\frac{n}{3n+1}\right)\left(\frac{R^{n+1}\,|\Delta\mathcal{P}|}{2mL}\right)^{1/n}. \tag{7.5-9}$$

따라서 부피 유량은 다음과 같다.

$$Q = \pi R^2 U = \left(\frac{n\pi}{3n+1}\right)\left(\frac{R^{3n+1}\,|\Delta\mathcal{P}|}{2mL}\right)^{1/n} \tag{7.5-10}$$

그리고 속도 프로파일에 대한 또 다른 형태는 다음과 같다.

$$v_z(r) = \left(\frac{3n+1}{n+1}\right)U\left[1-\left(\frac{r}{R}\right)^{(n+1)/n}\right]. \tag{7.5-11}$$

식 (7.5-11)은 몇 개의 n 값들에 대해 그림 7.7에 도식되었다. 전단-강화(shear-thickening) 유체($n=2$)의 경우 뉴톤 유체($n=1$)보다 속도 프로파일이 더 급격하게 최고점에 도달하였고, 전단-박화(shear-thinning) 유체($n<1$)의 경우 더욱 완만해졌다. 프로파일들이 평평해짐에 따라 국부 속도는 평균 속도에 도달한다. 즉, $n\to 0$일수록 $v_z(r)\to U$이다.

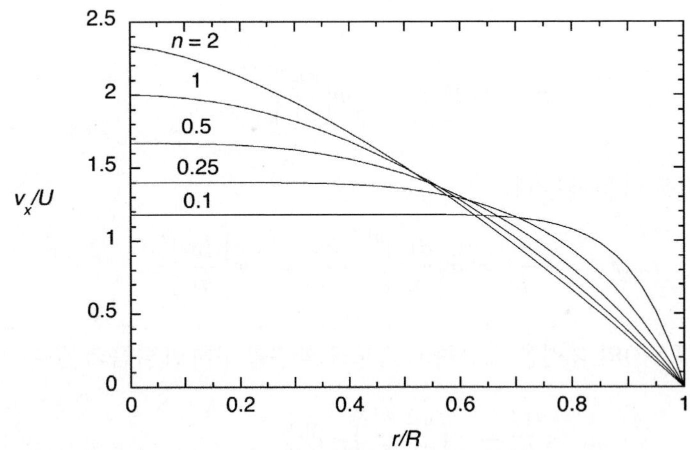

그림 7.7 원통관 내에서 멱-법칙 유체의 압력-구동 유동에 대한 속도 프로파일. 전단-강화(shear-thicknening) 유체($n=2$), 뉴톤 유체($n=1$), 또는 전단-박화(shear-thinning) 유체 ($n=0.1, 0.25$, 또는 0.5)

$$\frac{\mathbf{e_1}}{h_2h_3} = \frac{\mathbf{e_2}}{h_2} \times \frac{\mathbf{e_3}}{h_3} = \nabla u_2 \times \nabla u_3. \tag{A.5-24}$$

표 A.1의 식 (6)은 이 벡터의 발산이 0임을 나타낸다. 식 (A.5-23)의 다른 부분에 대한 증명은 지표들이 순환된다는 것만 요구한다.

발산

벡터 $\mathbf{v}$의 첫 번째 부분의 발산은 다음과 같다.

$$\begin{aligned}\nabla\cdot(v_1\mathbf{e_1}) &= \nabla\cdot\left[h_2h_3v_1\left(\frac{\mathbf{e_1}}{h_2h_3}\right)\right] = \nabla(h_2h_3v_1)\cdot\left(\frac{\mathbf{e_1}}{h_2h_3}\right)\\ &= \sum_i \frac{\mathbf{e_i}}{h_i}\frac{\partial}{\partial u_i}(h_2h_3v_1)\cdot\left(\frac{\mathbf{e_1}}{h_2h_3}\right) = \frac{1}{h_1h_2h_3}\frac{\partial}{\partial u_1}(h_2h_3v_1).\end{aligned} \tag{A.5-25}$$

두 번째 등식을 구하기 위해, 스칼라-벡터의 곱의 발산은 표 A.1의 식 (1)을 사용하여 계산되었고, 표현되지 않은 항은 식 (A.5-23)을 사용하여 제거되었다. 식 (A.5-25)와 $\mathbf{v}$의 두 번째 및 세 번째 부분(아래첨자를 순환하여 얻음)에 대한 유사한 결과를 결합하면 다음과 같다.

$$\nabla\cdot\mathbf{v} = \frac{1}{h_1h_2h_3}\left[\frac{\partial}{\partial u_1}(h_2h_3v_1) + \frac{\partial}{\partial u_2}(h_3h_1v_2) + \frac{\partial}{\partial u_3}(h_1h_2v_3)\right]. \tag{A.5-26}$$

텐서 $\boldsymbol{\tau}$의 발산에 대한 일반적인 표현식은 다음과 같다.

$$\begin{aligned}\nabla\cdot\boldsymbol{\tau} &= \sum_i\sum_j\sum_k \frac{\mathbf{e_k}}{h_k}\cdot\frac{\partial}{\partial u_k}(\tau_{ij}\mathbf{e_i}\mathbf{e_j})\\ &= \sum_i\sum_j\left(\frac{1}{h_i}\frac{\partial\tau_{ij}}{\partial u_i}\mathbf{e_j} + \sum_k\frac{\tau_{ij}}{h_k}\mathbf{e_k}\cdot\frac{\partial\mathbf{e_i}}{\partial u_k}\mathbf{e_j} + \frac{\tau_{ij}}{h_i}\frac{\partial\mathbf{e_j}}{\partial u_i}\right).\end{aligned} \tag{A.5-27}$$

회전(curl)

회전에 대한 계산과정은 발산과 비슷하다. 벡터 $\mathbf{v}$의 첫 번째 부분의 회전(curl, 컬)은 다음과 같다.

$$\begin{aligned}\nabla\times(v_1\mathbf{e_1}) &= \nabla\times\left[h_1v_1\left(\frac{\mathbf{e_1}}{h_1}\right)\right] = \nabla(h_1v_1)\times\frac{\mathbf{e_1}}{h_1} = \sum_i\frac{\mathbf{e_i}}{h_i}\frac{\partial}{\partial u_i}(h_1v_1)\times\frac{\mathbf{e_1}}{h_1}\\ &= \frac{1}{h_1h_2h_3}\left(h_2\mathbf{e_2}\frac{\partial}{\partial u_3} - h_3\mathbf{e_3}\frac{\partial}{\partial u_2}\right)(h_1v_1).\end{aligned} \tag{A.5-28}$$

두 번째 등식을 구하기 위해, 벡터-텐서 곱의 회전(curl, 컬)은 표 A.1의 식 (2)를 사용하여 계산되었고, 표시되지 않은 항은 식 (A.5-21)을 사용하여 제거되었다. 식 (A.5-28)과 $\mathbf{v}$의 다른 부분에 대한 유사한 결과를 결합하면 다음과 같다.

$$\nabla \times \mathbf{v} = \frac{\mathbf{e_1}}{h_2 h_3}\left[\frac{\partial}{\partial u_2}(h_3 v_3) - \frac{\partial}{\partial u_3}(h_2 v_2)\right] + \frac{\mathbf{e_2}}{h_3 h_1}\left[\frac{\partial}{\partial u_3}(h_1 v_1) - \frac{\partial}{\partial u_1}(h_3 v_3)\right] + \frac{\mathbf{e_3}}{h_1 h_2}\left[\frac{\partial}{\partial u_1}(h_2 v_2) - \frac{\partial}{\partial u_2}(h_1 v_1)\right]. \tag{A.5-29}$$

이는 행렬식으로도 나타낼 수 있다.

$$\nabla \times \mathbf{v} = \frac{1}{h_1 h_2 h_3}\begin{vmatrix} h_1\mathbf{e_1} & h_2\mathbf{e_2} & h_3\mathbf{e_3} \\ \partial/\partial u_1 & \partial/\partial u_2 & \partial/\partial u_3 \\ h_1 v_1 & h_2 v_2 & h_3 v_3 \end{vmatrix}. \tag{A.5-30}$$

Laplacian

Laplacian($\nabla^2 = \nabla \cdot \nabla$)을 구하기 위해서 식 (A.5-26)에서 $\mathbf{v} = \nabla$ 또는 $v_i = (1/h_i)\partial/\partial u_i$만 설정하면 된다. 결과 값은 스칼라 f 또는 벡터 $\mathbf{v}$에 적용되어 다음의 관계식을 얻는다.

$$\nabla^2 f = \frac{1}{h_1 h_2 h_3}\left[\frac{\partial}{\partial u_1}\left(\frac{h_2 h_3}{h_1}\frac{\partial f}{\partial u_1}\right) + \frac{\partial}{\partial u_2}\left(\frac{h_3 h_1}{h_2}\frac{\partial f}{\partial u_2}\right) + \frac{\partial}{\partial u_3}\left(\frac{h_1 h_2}{h_3}\frac{\partial f}{\partial u_3}\right)\right] \tag{A.5-31}$$

$$\nabla^2 \mathbf{v} = \frac{1}{h_1 h_2 h_3}\left[\frac{\partial}{\partial u_1}\left(\frac{h_2 h_3}{h_1}\frac{\partial}{\partial u_1}\right) + \frac{\partial}{\partial u_2}\left(\frac{h_3 h_1}{h_2}\frac{\partial}{\partial u_2}\right) + \frac{\partial}{\partial u_3}\left(\frac{h_1 h_2}{h_3}\frac{\partial}{\partial u_3}\right)\right]\sum_i v_i \mathbf{e_i}. \tag{A.5-32}$$

직교형 좌표계

직교형(Cartesian or rectangular) 좌표에서 척도인자는 $h_x = h_y = h_z = 1$이고, 미분 연산자의 일반식은 A.4절의 식으로 단순화된다. 스칼라 f와 벡터 $\mathbf{v}$에 대한 여러 결과가 표 A.2에 요약되어 있다. 여기엔 $\nabla f, \nabla \cdot \mathbf{v}, \nabla \times \mathbf{v}, \nabla^2 f$ 및 $\nabla \mathbf{v}$의 구성 성분이 포함된다. 여기에 표시되지 않았지만 6장에서 사용할 수 있는 것은 $\mathbf{v} \cdot \nabla \mathbf{v}$ (표 6.1과 표 6.8), $\nabla \cdot \boldsymbol{\tau}$ (표 6.1) 및 $\nabla^2 \mathbf{v}$ (표 6.8)가 있다.

원통형 좌표계

원통형 좌표계는 그림 A.3에 나타나 있다. 원통형 좌표 (r, θ, z) 및 직교형 좌표 (x, y, z)는 다음과 같이 관련되어 있다.

$$\frac{\mathbf{e_1}}{h_2 h_3} = \frac{\mathbf{e_2}}{h_2} \times \frac{\mathbf{e_3}}{h_3} = \nabla u_2 \times \nabla u_3. \tag{A.5-24}$$

표 A.1의 식 (6)은 이 벡터의 발산이 0임을 나타낸다. 식 (A.5-23)의 다른 부분에 대한 증명은 지표들이 순환된다는 것만 요구한다.

발산

벡터 **v**의 첫 번째 부분의 발산은 다음과 같다.

$$\begin{aligned}\nabla \cdot (v_1 \mathbf{e_1}) &= \nabla \cdot \left[h_2 h_3 v_1 \left(\frac{\mathbf{e_1}}{h_2 h_3} \right) \right] = \nabla (h_2 h_3 v_1) \cdot \left(\frac{\mathbf{e_1}}{h_2 h_3} \right) \\ &= \sum_i \frac{\mathbf{e_i}}{h_i} \frac{\partial}{\partial u_i} (h_2 h_3 v_1) \cdot \left(\frac{\mathbf{e_1}}{h_2 h_3} \right) = \frac{1}{h_1 h_2 h_3} \frac{\partial}{\partial u_1} (h_2 h_3 v_1).\end{aligned} \tag{A.5-25}$$

두 번째 등식을 구하기 위해, 스칼라-벡터의 곱의 발산은 표 A.1의 식 (1)을 사용하여 계산되었고, 표현되지 않은 항은 식 (A.5-23)을 사용하여 제거되었다. 식 (A.5-25)와 **v**의 두 번째 및 세 번째 부분(아래첨자를 순환하여 얻음)에 대한 유사한 결과를 결합하면 다음과 같다.

$$\nabla \cdot \mathbf{v} = \frac{1}{h_1 h_2 h_3} \left[\frac{\partial}{\partial u_1} (h_2 h_3 v_1) + \frac{\partial}{\partial u_2} (h_3 h_1 v_2) + \frac{\partial}{\partial u_3} (h_1 h_2 v_3) \right]. \tag{A.5-26}$$

텐서 $\boldsymbol{\tau}$의 발산에 대한 일반적인 표현식은 다음과 같다.

$$\begin{aligned}\nabla \cdot \boldsymbol{\tau} &= \sum_i \sum_j \sum_k \frac{\mathbf{e_k}}{h_k} \cdot \frac{\partial}{\partial u_k} (\tau_{ij} \mathbf{e_i} \mathbf{e_j}) \\ &= \sum_i \sum_j \left(\frac{1}{h_i} \frac{\partial \tau_{ij}}{\partial u_i} \mathbf{e_j} + \sum_k \frac{\tau_{ij}}{h_k} \mathbf{e_k} \cdot \frac{\partial \mathbf{e_i}}{\partial u_k} \mathbf{e_j} + \frac{\tau_{ij}}{h_i} \frac{\partial \mathbf{e_j}}{\partial u_i} \right).\end{aligned} \tag{A.5-27}$$

회전(curl)

회전에 대한 계산과정은 발산과 비슷하다. 벡터 **v**의 첫 번째 부분의 회전(curl, 컬)은 다음과 같다.

$$\begin{aligned}\nabla \times (v_1 \mathbf{e_1}) &= \nabla \times \left[h_1 v_1 \left(\frac{\mathbf{e_1}}{h_1} \right) \right] = \nabla (h_1 v_1) \times \frac{\mathbf{e_1}}{h_1} = \sum_i \frac{\mathbf{e_i}}{h_i} \frac{\partial}{\partial u_i} (h_1 v_1) \times \frac{\mathbf{e_1}}{h_1} \\ &= \frac{1}{h_1 h_2 h_3} \left(h_2 \mathbf{e_2} \frac{\partial}{\partial u_3} - h_3 \mathbf{e_3} \frac{\partial}{\partial u_2} \right) (h_1 v_1).\end{aligned} \tag{A.5-28}$$

두 번째 등식을 구하기 위해, 벡터-텐서 곱의 회전(curl, 컬)은 표 A.1의 식 (2)를 사용하여 계산되었고, 표시되지 않은 항은 식 (A.5-21)을 사용하여 제거되었다. 식 (A.5-28)과 **v**의 다른 부분에 대한 유사한 결과를 결합하면 다음과 같다.

$$\nabla \times \mathbf{v} = \frac{\mathbf{e_1}}{h_2 h_3}\left[\frac{\partial}{\partial u_2}(h_3 v_3) - \frac{\partial}{\partial u_3}(h_2 v_2)\right] + \frac{\mathbf{e_2}}{h_3 h_1}\left[\frac{\partial}{\partial u_3}(h_1 v_1) - \frac{\partial}{\partial u_1}(h_3 v_3)\right] + \frac{\mathbf{e_3}}{h_1 h_2}\left[\frac{\partial}{\partial u_1}(h_2 v_2) - \frac{\partial}{\partial u_2}(h_1 v_1)\right]. \tag{A.5-29}$$

이는 행렬식으로도 나타낼 수 있다.

$$\nabla \times \mathbf{v} = \frac{1}{h_1 h_2 h_3}\begin{vmatrix} h_1\mathbf{e_1} & h_2\mathbf{e_2} & h_3\mathbf{e_3} \\ \partial/\partial u_1 & \partial/\partial u_2 & \partial/\partial u_3 \\ h_1 v_1 & h_2 v_2 & h_3 v_3 \end{vmatrix}. \tag{A.5-30}$$

Laplacian

Laplacian($\nabla^2 = \nabla \cdot \nabla$)을 구하기 위해서 식 (A.5-26)에서 $\mathbf{v} = \nabla$ 또는 $v_i = (1/h_i)\partial/\partial u_i$만 설정하면 된다. 결과 값은 스칼라 f 또는 벡터 $\mathbf{v}$에 적용되어 다음의 관계식을 얻는다.

$$\nabla^2 f = \frac{1}{h_1 h_2 h_3}\left[\frac{\partial}{\partial u_1}\left(\frac{h_2 h_3}{h_1}\frac{\partial f}{\partial u_1}\right) + \frac{\partial}{\partial u_2}\left(\frac{h_3 h_1}{h_2}\frac{\partial f}{\partial u_2}\right) + \frac{\partial}{\partial u_3}\left(\frac{h_1 h_2}{h_3}\frac{\partial f}{\partial u_3}\right)\right] \tag{A.5-31}$$

$$\nabla^2 \mathbf{v} = \frac{1}{h_1 h_2 h_3}\left[\frac{\partial}{\partial u_1}\left(\frac{h_2 h_3}{h_1}\frac{\partial}{\partial u_1}\right) + \frac{\partial}{\partial u_2}\left(\frac{h_3 h_1}{h_2}\frac{\partial}{\partial u_2}\right) + \frac{\partial}{\partial u_3}\left(\frac{h_1 h_2}{h_3}\frac{\partial}{\partial u_3}\right)\right]\sum_i v_i \mathbf{e_i}. \tag{A.5-32}$$

직교형 좌표계

직교형(Cartesian or rectangular) 좌표에서 척도인자는 $h_x = h_y = h_z = 1$이고, 미분 연산자의 일반식은 A.4절의 식으로 단순화된다. 스칼라 f와 벡터 $\mathbf{v}$에 대한 여러 결과가 표 A.2에 요약되어 있다. 여기엔 ∇f, $\nabla \cdot \mathbf{v}$, $\nabla \times \mathbf{v}$, $\nabla^2 f$ 및 $\nabla \mathbf{v}$의 구성 성분이 포함된다. 여기에 표시되지 않았지만 6장에서 사용할 수 있는 것은 $\mathbf{v} \cdot \nabla \mathbf{v}$ (표 6.1과 표 6.8), $\nabla \cdot \boldsymbol{\tau}$ (표 6.1) 및 $\nabla^2 \mathbf{v}$ (표 6.8)가 있다.

원통형 좌표계

원통형 좌표계는 그림 A.3에 나타나 있다. 원통형 좌표 (r, θ, z) 및 직교형 좌표 (x, y, z)는 다음과 같이 관련되어 있다.

표 A.2 직교형(Cartesian) 좌표의 미분 연산[a]

(1) $\nabla f = \dfrac{\partial f}{\partial x}\mathbf{e_x} + \dfrac{\partial f}{\partial y}\mathbf{e_y} + \dfrac{\partial f}{\partial z}\mathbf{e_z}$
(2) $\nabla \cdot \mathbf{v} = \dfrac{\partial v_x}{\partial x} + \dfrac{\partial v_y}{\partial y} + \dfrac{\partial v_z}{\partial z}$
(3) $\nabla \times \mathbf{v} = \left[\dfrac{\partial v_z}{\partial y} - \dfrac{\partial v_y}{\partial z}\right]\mathbf{e_x} + \left[\dfrac{\partial v_x}{\partial z} - \dfrac{\partial v_z}{\partial x}\right]\mathbf{e_y} + \left[\dfrac{\partial v_y}{\partial x} - \dfrac{\partial v_x}{\partial y}\right]\mathbf{e_z}$
(4) $\nabla^2 f = \dfrac{\partial^2 f}{\partial x^2} + \dfrac{\partial^2 f}{\partial y^2} + \dfrac{\partial^2 f}{\partial z^2}$
(5) $(\nabla \mathbf{v})_{xx} = \dfrac{\partial v_x}{\partial x}$
(6) $(\nabla \mathbf{v})_{xy} = \dfrac{\partial v_y}{\partial x}$
(7) $(\nabla \mathbf{v})_{xz} = \dfrac{\partial v_z}{\partial x}$
(8) $(\nabla \mathbf{v})_{yx} = \dfrac{\partial v_x}{\partial y}$
(9) $(\nabla \mathbf{v})_{yy} = \dfrac{\partial v_y}{\partial y}$
(10) $(\nabla \mathbf{v})_{yz} = \dfrac{\partial v_z}{\partial y}$
(11) $(\nabla \mathbf{v})_{zx} = \dfrac{\partial v_x}{\partial z}$
(12) $(\nabla \mathbf{v})_{zy} = \dfrac{\partial v_y}{\partial z}$
(13) $(\nabla \mathbf{v})_{zz} = \dfrac{\partial v_z}{\partial z}$

[a] 이러한 관계식에서 f는 모든 미분 가능한 스칼라이고 $\mathbf{v}$는 모든 미분 가능한 벡터이다.

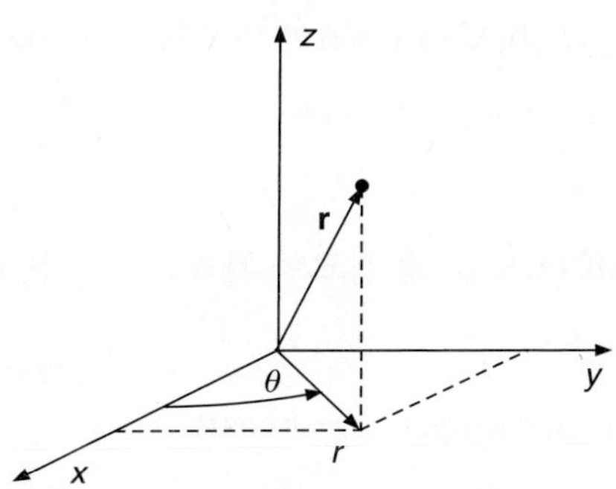

그림 A.3 원통형 좌표 (r, θ, z) 및 직교형 좌표 (x, y, z) 간의 관계. 원통형에서 각도의 범위는 $0 \le \theta \le 2\pi$이다. x-y 평면 위의 임의의 점에 대한 위치 벡터는 $\mathbf{r}$로 표시된다. $r \neq |\mathbf{r}|$과 같이 표기법에 불규칙성이 있다. 오히려 r은 파선으로 표시된 원점에서 x-y 평면으로 투영된 거리이다.

$$x = r\cos\theta, \quad y = r\sin\theta, \quad z = z. \tag{A.5-33}$$

식 (A.5-10)과 식 (A.5-11)을 사용하면, 척도 인자와 기본 벡터는 다음과 같이 나타난다.

$$h_r = 1, \quad h_\theta = r, \quad h_z = 1 \tag{A.5-34}$$

$$\mathbf{e_r} = \cos\theta\mathbf{e_x} + \sin\theta\mathbf{e_y} \tag{A.5-35a}$$

$$\mathbf{e_\theta} = -\sin\theta\mathbf{e_x} + \cos\theta\mathbf{e_y} \tag{A.5-35b}$$

$$\mathbf{e_z} = \mathbf{e_z}. \tag{A.5-35c}$$

직교형 기본 벡터에 대한 식 (A.5-35)를 풀어보면

$$\mathbf{e_x} = \cos\theta\mathbf{e_r} - \sin\theta\mathbf{e_\theta} \tag{A.5-36a}$$

$$\mathbf{e_y} = \sin\theta\mathbf{e_r} + \cos\theta\mathbf{e_\theta} \tag{A.5-36b}$$

$$\mathbf{e_z} = \mathbf{e_z}. \tag{A.5-36c}$$

벡터 $\mathbf{e_r}$과 $\mathbf{e_\theta}$는 각각 θ에만 의존하는 반면에 $\mathbf{e_z}$는 위치에 영향을 받지 않는다. 식 (A.5-35)를 미분하고 식 (A.5-36)을 사용하여 원통형 기본 벡터로 바꾸면 다음과 같다.

$$\frac{\partial\mathbf{e_r}}{\partial\theta} = \mathbf{e_\theta}, \quad \frac{\partial\mathbf{e_\theta}}{\partial\theta} = -\mathbf{e_r}. \tag{A.5-37}$$

원통형 좌표에 대한 원통형 기본 벡터의 서로 다른 7개 편도함수는 모두 0이다. 좌표 표면의 미분 부피와 미분 면적은 다음과 같다.

$$dV = r\,dr\,d\theta\,dz \tag{A.5-38}$$

$$dS_r = r\,d\theta\,dz, \quad dS_\theta = dr\,dz, \quad dS_z = r\,dr\,d\theta. \tag{A.5-39}$$

원통형 좌표계의 다양한 미분 연산이 표 A.3에 나와 있다. 여기에 포함되어 있지 않지만 6장에서 사용할 수 있는 것은 $\mathbf{v}\cdot\nabla\mathbf{v}$ (표 6.2 또는 6.9), $\nabla\cdot\boldsymbol{\tau}$ (표 6.2) 및 $\nabla^2\mathbf{v}$ (표 6.9)가 있다.

구형 좌표계

구형 좌표계는 그림 A.4에 나와 있다. 구형 좌표 (r, θ, ϕ) 및 직교형 좌표 (x, y, z)는 다음과 같이 관련이 있다.

$$x = r\sin\theta\cos\phi, \quad y = r\sin\theta\sin\phi, \quad z = r\cos\theta. \tag{A.5-40}$$

척도인자와 기본 벡터는 식 (A.5-10)과 식 (A.5-11)을 사용하여 다음의 식을 얻는다.

$$h_r = 1, \quad h_\theta = r, \quad h_\phi = r\sin\theta \tag{A.5-41}$$

표 A.2 직교형(Cartesian) 좌표의 미분 연산[a]

(1) $\nabla f = \dfrac{\partial f}{\partial x}\mathbf{e_x} + \dfrac{\partial f}{\partial y}\mathbf{e_y} + \dfrac{\partial f}{\partial z}\mathbf{e_z}$
(2) $\nabla \cdot \mathbf{v} = \dfrac{\partial v_x}{\partial x} + \dfrac{\partial v_y}{\partial y} + \dfrac{\partial v_z}{\partial z}$
(3) $\nabla \times \mathbf{v} = \left[\dfrac{\partial v_z}{\partial y} - \dfrac{\partial v_y}{\partial z}\right]\mathbf{e_x} + \left[\dfrac{\partial v_x}{\partial z} - \dfrac{\partial v_z}{\partial x}\right]\mathbf{e_y} + \left[\dfrac{\partial v_y}{\partial x} - \dfrac{\partial v_x}{\partial y}\right]\mathbf{e_z}$
(4) $\nabla^2 f = \dfrac{\partial^2 f}{\partial x^2} + \dfrac{\partial^2 f}{\partial y^2} + \dfrac{\partial^2 f}{\partial z^2}$
(5) $(\nabla \mathbf{v})_{xx} = \dfrac{\partial v_x}{\partial x}$
(6) $(\nabla \mathbf{v})_{xy} = \dfrac{\partial v_y}{\partial x}$
(7) $(\nabla \mathbf{v})_{xz} = \dfrac{\partial v_z}{\partial x}$
(8) $(\nabla \mathbf{v})_{yx} = \dfrac{\partial v_x}{\partial y}$
(9) $(\nabla \mathbf{v})_{yy} = \dfrac{\partial v_y}{\partial y}$
(10) $(\nabla \mathbf{v})_{yz} = \dfrac{\partial v_z}{\partial y}$
(11) $(\nabla \mathbf{v})_{zx} = \dfrac{\partial v_x}{\partial z}$
(12) $(\nabla \mathbf{v})_{zy} = \dfrac{\partial v_y}{\partial z}$
(13) $(\nabla \mathbf{v})_{zz} = \dfrac{\partial v_z}{\partial z}$

[a] 이러한 관계식에서 f는 모든 미분 가능한 스칼라이고 $\mathbf{v}$는 모든 미분 가능한 벡터이다.

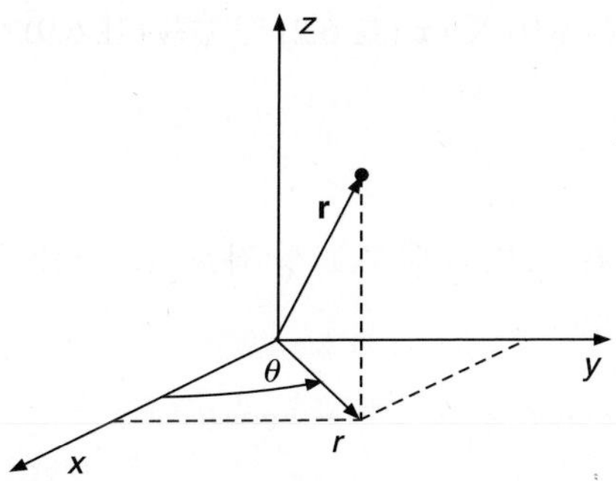

그림 A.3 원통형 좌표 (r, θ, z) 및 직교형 좌표 (x, y, z) 간의 관계. 원통형에서 각도의 범위는 $0 \le \theta \le 2\pi$이다. x-y 평면 위의 임의의 점에 대한 위치 벡터는 $\mathbf{r}$로 표시된다. $r \neq |\mathbf{r}|$과 같이 표기법에 불규칙성이 있다. 오히려 r은 파선으로 표시된 원점에서 x-y 평면으로 투영된 거리이다.

$$x = r\cos\theta, \quad y = r\sin\theta, \quad z = z. \tag{A.5-33}$$

식 (A.5-10)과 식 (A.5-11)을 사용하면, 척도 인자와 기본 벡터는 다음과 같이 나타난다.

$$h_r = 1, \quad h_\theta = r, \quad h_z = 1 \tag{A.5-34}$$

$$\mathbf{e_r} = \cos\theta\,\mathbf{e_x} + \sin\theta\,\mathbf{e_y} \tag{A.5-35a}$$

$$\mathbf{e_\theta} = -\sin\theta\,\mathbf{e_x} + \cos\theta\,\mathbf{e_y} \tag{A.5-35b}$$

$$\mathbf{e_z} = \mathbf{e_z}. \tag{A.5-35c}$$

직교형 기본 벡터에 대한 식 (A.5-35)를 풀어보면

$$\mathbf{e_x} = \cos\theta\,\mathbf{e_r} - \sin\theta\,\mathbf{e_\theta} \tag{A.5-36a}$$

$$\mathbf{e_y} = \sin\theta\,\mathbf{e_r} + \cos\theta\,\mathbf{e_\theta} \tag{A.5-36b}$$

$$\mathbf{e_z} = \mathbf{e_z}. \tag{A.5-36c}$$

벡터 $\mathbf{e_r}$과 $\mathbf{e_\theta}$는 각각 θ에만 의존하는 반면에 $\mathbf{e_z}$는 위치에 영향을 받지 않는다. 식 (A.5-35)를 미분하고 식 (A.5-36)을 사용하여 원통형 기본 벡터로 바꾸면 다음과 같다.

$$\frac{\partial \mathbf{e_r}}{\partial \theta} = \mathbf{e_\theta}, \quad \frac{\partial \mathbf{e_\theta}}{\partial \theta} = -\mathbf{e_r}. \tag{A.5-37}$$

원통형 좌표에 대한 원통형 기본 벡터의 서로 다른 7개 편도함수는 모두 0이다. 좌표 표면의 미분 부피와 미분 면적은 다음과 같다.

$$dV = r\,dr\,d\theta\,dz \tag{A.5-38}$$

$$dS_r = r\,d\theta\,dz, \quad dS_\theta = dr\,dz, \quad dS_z = r\,dr\,d\theta. \tag{A.5-39}$$

원통형 좌표계의 다양한 미분 연산이 표 A.3에 나와 있다. 여기에 포함되어 있지 않지만 6장에서 사용할 수 있는 것은 $\mathbf{v}\cdot\nabla\mathbf{v}$ (표 6.2 또는 6.9), $\nabla\cdot\boldsymbol{\tau}$ (표 6.2) 및 $\nabla^2\mathbf{v}$ (표 6.9)가 있다.

구형 좌표계

구형 좌표계는 그림 A.4에 나와 있다. 구형 좌표 (r, θ, ϕ) 및 직교형 좌표 (x, y, z)는 다음과 같이 관련이 있다.

$$x = r\sin\theta\cos\phi, \quad y = r\sin\theta\sin\phi, \quad z = r\cos\theta. \tag{A.5-40}$$

척도인자와 기본 벡터는 식 (A.5-10)과 식 (A.5-11)을 사용하여 다음의 식을 얻는다.

$$h_r = 1, \quad h_\theta = r, \quad h_\phi = r\sin\theta \tag{A.5-41}$$

표 A.3 원통형 좌표의 미분 연산[a]

$$(1)\ \nabla f = \frac{\partial f}{\partial r}\mathbf{e_r} + \frac{1}{r}\frac{\partial f}{\partial \theta}\mathbf{e_\theta} + \frac{\partial f}{\partial z}\mathbf{e_z}$$

$$(2)\ \nabla \cdot \mathbf{v} = \frac{1}{r}\frac{\partial}{\partial r}(rv_r) + \frac{1}{r}\frac{\partial v_\theta}{\partial \theta} + \frac{\partial v_z}{\partial z}$$

$$(3)\ \nabla \times \mathbf{v} = \left[\frac{1}{r}\frac{\partial v_z}{\partial \theta} - \frac{\partial v_\theta}{\partial z}\right]\mathbf{e_r} + \left[\frac{\partial v_r}{\partial z} - \frac{\partial v_z}{\partial r}\right]\mathbf{e_\theta} + \left[\frac{1}{r}\frac{\partial}{\partial r}(rv_\theta) - \frac{1}{r}\frac{\partial v_r}{\partial \theta}\right]\mathbf{e_z}$$

$$(4)\ \nabla^2 f = \frac{1}{r}\frac{\partial}{\partial r}\left(r\frac{\partial f}{\partial r}\right) + \frac{1}{r^2}\frac{\partial^2 f}{\partial \theta^2} + \frac{\partial^2 f}{\partial z^2}$$

$$(5)\ (\nabla \mathbf{v})_{rr} = \frac{\partial v_r}{\partial r}$$

$$(6)\ (\nabla \mathbf{v})_{r\theta} = \frac{\partial v_\theta}{\partial r}$$

$$(7)\ (\nabla \mathbf{v})_{rz} = \frac{\partial v_z}{\partial r}$$

$$(8)\ (\nabla \mathbf{v})_{\theta r} = \frac{1}{r}\frac{\partial v_r}{\partial \theta} - \frac{v_\theta}{r}$$

$$(9)\ (\nabla \mathbf{v})_{\theta\theta} = \frac{1}{r}\frac{\partial v_\theta}{\partial \theta} + \frac{v_r}{r}$$

$$(10)\ (\nabla \mathbf{v})_{\theta z} = \frac{1}{r}\frac{\partial v_z}{\partial \theta}$$

$$(11)\ (\nabla \mathbf{v})_{zr} = \frac{\partial v_r}{\partial z}$$

$$(12)\ (\nabla \mathbf{v})_{z\theta} = \frac{\partial v_\theta}{\partial z}$$

$$(13)\ (\nabla \mathbf{v})_{zz} = \frac{\partial v_z}{\partial z}$$

[a] 이러한 관계식에서 f는 모든 미분 가능한 스칼라이고 $\mathbf{v}$는 모든 미분 가능한 벡터이다.

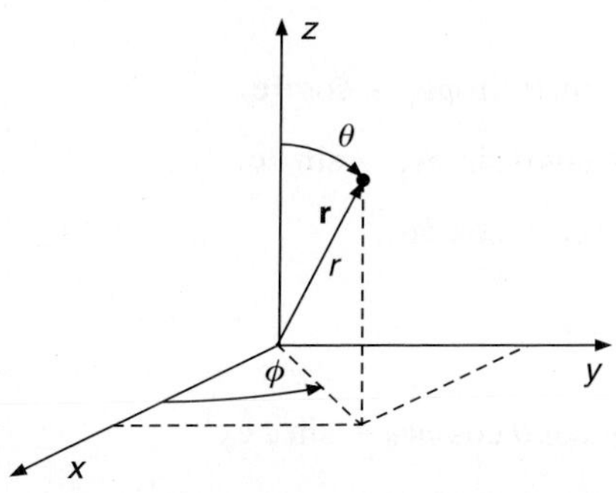

그림 A.4 구형 좌표(r, θ, ϕ) 및 직교형 좌표 (x, y, z) 간의 관계. 구형에서 각도의 범위는 $0 \le \theta \le 2\pi$이다. x-y 평면 위의 임의의 점에 대한 위치 벡터는 $\mathbf{r}$로 표시된다. 그것의 크기는 r로, 원점으로부터의 거리를 의미한다.

표 A.4 구형 좌표의 미분 연산[a]

(1) $\nabla f = \dfrac{\partial f}{\partial r}\mathbf{e_r} + \dfrac{1}{r}\dfrac{\partial f}{\partial \theta}\mathbf{e_\theta} + \dfrac{1}{r\sin\theta}\dfrac{\partial f}{\partial \phi}\mathbf{e_\phi}$
(2) $\nabla\cdot\mathbf{v} = \dfrac{1}{r^2}\dfrac{\partial}{\partial r}(r^2 v_r) + \dfrac{1}{r\sin\theta}\dfrac{\partial}{\partial\theta}(v_\theta\sin\theta) + \dfrac{1}{r\sin\theta}\dfrac{\partial v_\phi}{\partial\phi}$
(3) $\nabla\times\mathbf{v} = \dfrac{1}{r\sin\theta}\left[\dfrac{\partial}{\partial\theta}(v_\phi\sin\theta) - \dfrac{\partial v_\theta}{\partial\phi}\right]\mathbf{e_r} + \left[\dfrac{1}{r\sin\theta}\dfrac{\partial v_r}{\partial\phi} - \dfrac{1}{r}\dfrac{\partial}{\partial r}(rv_\phi)\right]\mathbf{e_\theta} + \left[\dfrac{1}{r}\dfrac{\partial}{\partial r}(rv_\theta) - \dfrac{1}{r}\dfrac{\partial v_r}{\partial\theta}\right]\mathbf{e_\phi}$
(4) $\nabla^2 f = \dfrac{1}{r^2}\dfrac{\partial}{\partial r}\left(r^2\dfrac{\partial f}{\partial r}\right) + \dfrac{1}{r^2\sin\theta}\dfrac{\partial}{\partial\theta}\left(\sin\theta\dfrac{\partial f}{\partial\theta}\right) + \dfrac{1}{r^2\sin^2\theta}\dfrac{\partial^2 f}{\partial\phi^2}$
(5) $(\nabla\mathbf{v})_{rr} = \dfrac{\partial v_r}{\partial r}$
(6) $(\nabla\mathbf{v})_{r\theta} = \dfrac{\partial v_\theta}{\partial r}$
(7) $(\nabla\mathbf{v})_{r\phi} = \dfrac{\partial v_\phi}{\partial r}$
(8) $(\nabla\mathbf{v})_{\theta r} = \dfrac{1}{r}\dfrac{\partial v_r}{\partial\theta} - \dfrac{v_\theta}{r}$
(9) $(\nabla\mathbf{v})_{\theta\theta} = \dfrac{1}{r}\dfrac{\partial v_\theta}{\partial\theta} + \dfrac{v_r}{r}$
(10) $(\nabla\mathbf{v})_{\theta\phi} = \dfrac{1}{r}\dfrac{\partial v_\phi}{\partial\theta}$
(11) $(\nabla\mathbf{v})_{\phi r} = \dfrac{1}{r\sin\theta}\dfrac{\partial v_r}{\partial\phi} - \dfrac{v_\phi}{r}$
(12) $(\nabla\mathbf{v})_{\phi\theta} = \dfrac{1}{r\sin\theta}\dfrac{\partial v_\theta}{\partial\phi} - \dfrac{v_\phi\cot\theta}{r}$
(13) $(\nabla\mathbf{v})_{\phi\phi} = \dfrac{1}{r\sin\theta}\dfrac{\partial v_\phi}{\partial\phi} + \dfrac{v_r}{r} + \dfrac{v_\theta\cot\theta}{r}$

[a] 이러한 관계식에서 f는 모든 미분 가능한 스칼라이고 $\mathbf{v}$는 모든 미분 가능한 벡터이다.

$$\mathbf{e_r} = \sin\theta\cos\phi\,\mathbf{e_x} + \sin\theta\sin\phi\,\mathbf{e_y} + \cos\theta\,\mathbf{e_z} \tag{A.5-42a}$$

$$\mathbf{e_\theta} = \cos\theta\cos\phi\,\mathbf{e_x} + \cos\theta\sin\phi\,\mathbf{e_y} - \sin\theta\,\mathbf{e_z} \tag{A.5-42b}$$

$$\mathbf{e_\phi} = -\sin\phi\,\mathbf{e_x} + \cos\phi\,\mathbf{e_y}. \tag{A.5-42c}$$

직교형 기본 벡터에 대해 풀면 다음과 같다.

$$\mathbf{e_x} = \sin\theta\cos\phi\,\mathbf{e_r} + \cos\theta\cos\phi\,\mathbf{e_\theta} - \sin\phi\,\mathbf{e_\phi} \tag{A.5-43a}$$

$$\mathbf{e_y} = \sin\theta\sin\phi\,\mathbf{e_r} + \cos\theta\sin\phi\,\mathbf{e_\theta} + \cos\phi\,\mathbf{e_\phi} \tag{A.5-43b}$$

$$\mathbf{e_z} = \cos\theta\,\mathbf{e_r} - \sin\theta\,\mathbf{e_\theta}. \tag{A.5-43c}$$

표 A.3 원통형 좌표의 미분 연산[a]

(1) $\nabla f = \frac{\partial f}{\partial r}\mathbf{e_r} + \frac{1}{r}\frac{\partial f}{\partial \theta}\mathbf{e_\theta} + \frac{\partial f}{\partial z}\mathbf{e_z}$

(2) $\nabla \cdot \mathbf{v} = \frac{1}{r}\frac{\partial}{\partial r}(rv_r) + \frac{1}{r}\frac{\partial v_\theta}{\partial \theta} + \frac{\partial v_z}{\partial z}$

(3) $\nabla \times \mathbf{v} = \left[\frac{1}{r}\frac{\partial v_z}{\partial \theta} - \frac{\partial v_\theta}{\partial z}\right]\mathbf{e_r} + \left[\frac{\partial v_r}{\partial z} - \frac{\partial v_z}{\partial r}\right]\mathbf{e_\theta} + \left[\frac{1}{r}\frac{\partial}{\partial r}(rv_\theta) - \frac{1}{r}\frac{\partial v_r}{\partial \theta}\right]\mathbf{e_z}$

(4) $\nabla^2 f = \frac{1}{r}\frac{\partial}{\partial r}\left(r\frac{\partial f}{\partial r}\right) + \frac{1}{r^2}\frac{\partial^2 f}{\partial \theta^2} + \frac{\partial^2 f}{\partial z^2}$

(5) $(\nabla \mathbf{v})_{rr} = \frac{\partial v_r}{\partial r}$

(6) $(\nabla \mathbf{v})_{r\theta} = \frac{\partial v_\theta}{\partial r}$

(7) $(\nabla \mathbf{v})_{rz} = \frac{\partial v_z}{\partial r}$

(8) $(\nabla \mathbf{v})_{\theta r} = \frac{1}{r}\frac{\partial v_r}{\partial \theta} - \frac{v_\theta}{r}$

(9) $(\nabla \mathbf{v})_{\theta\theta} = \frac{1}{r}\frac{\partial v_\theta}{\partial \theta} + \frac{v_r}{r}$

(10) $(\nabla \mathbf{v})_{\theta z} = \frac{1}{r}\frac{\partial v_z}{\partial \theta}$

(11) $(\nabla \mathbf{v})_{zr} = \frac{\partial v_r}{\partial z}$

(12) $(\nabla \mathbf{v})_{z\theta} = \frac{\partial v_\theta}{\partial z}$

(13) $(\nabla \mathbf{v})_{zz} = \frac{\partial v_z}{\partial z}$

[a] 이러한 관계식에서 f는 모든 미분 가능한 스칼라이고 **v**는 모든 미분 가능한 벡터이다.

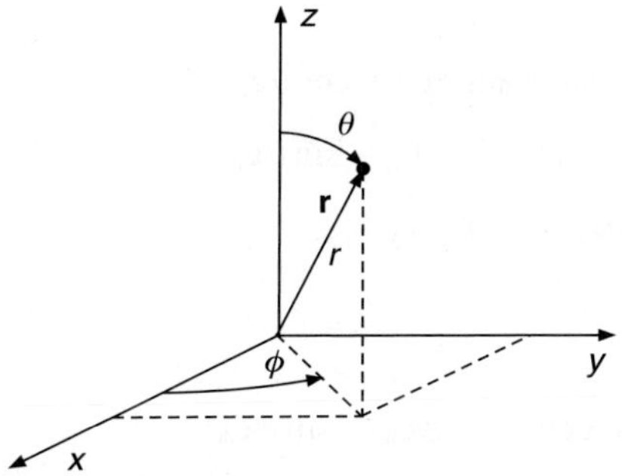

그림 A.4 구형 좌표(r, θ, ϕ) 및 직교형 좌표 (x, y, z) 간의 관계. 구형에서 각도의 범위는 $0 \le \theta \le 2\pi$이다. x-y 평면 위의 임의의 점에 대한 위치 벡터는 **r**로 표시된다. 그것의 크기는 r로, 원점으로부터의 거리를 의미한다.

표 A.4 구형 좌표의 미분 연산[a]

(1) $\nabla f = \dfrac{\partial f}{\partial r}\mathbf{e_r} + \dfrac{1}{r}\dfrac{\partial f}{\partial \theta}\mathbf{e_\theta} + \dfrac{1}{r\sin\theta}\dfrac{\partial f}{\partial \phi}\mathbf{e_\phi}$
(2) $\nabla \cdot \mathbf{v} = \dfrac{1}{r^2}\dfrac{\partial}{\partial r}(r^2 v_r) + \dfrac{1}{r\sin\theta}\dfrac{\partial}{\partial \theta}(v_\theta \sin\theta) + \dfrac{1}{r\sin\theta}\dfrac{\partial v_\phi}{\partial \phi}$
(3) $\nabla \times \mathbf{v} = \dfrac{1}{r\sin\theta}\left[\dfrac{\partial}{\partial \theta}(v_\phi \sin\theta) - \dfrac{\partial v_\theta}{\partial \phi}\right]\mathbf{e_r} + \left[\dfrac{1}{r\sin\theta}\dfrac{\partial v_r}{\partial \phi} - \dfrac{1}{r}\dfrac{\partial}{\partial r}(r v_\phi)\right]\mathbf{e_\theta} + \left[\dfrac{1}{r}\dfrac{\partial}{\partial r}(r v_\theta) - \dfrac{1}{r}\dfrac{\partial v_r}{\partial \theta}\right]\mathbf{e_\phi}$
(4) $\nabla^2 f = \dfrac{1}{r^2}\dfrac{\partial}{\partial r}\left(r^2\dfrac{\partial f}{\partial r}\right) + \dfrac{1}{r^2\sin\theta}\dfrac{\partial}{\partial \theta}\left(\sin\theta\dfrac{\partial f}{\partial \theta}\right) + \dfrac{1}{r^2\sin^2\theta}\dfrac{\partial^2 f}{\partial \phi^2}$
(5) $(\nabla \mathbf{v})_{rr} = \dfrac{\partial v_r}{\partial r}$
(6) $(\nabla \mathbf{v})_{r\theta} = \dfrac{\partial v_\theta}{\partial r}$
(7) $(\nabla \mathbf{v})_{r\phi} = \dfrac{\partial v_\phi}{\partial r}$
(8) $(\nabla \mathbf{v})_{\theta r} = \dfrac{1}{r}\dfrac{\partial v_r}{\partial \theta} - \dfrac{v_\theta}{r}$
(9) $(\nabla \mathbf{v})_{\theta\theta} = \dfrac{1}{r}\dfrac{\partial v_\theta}{\partial \theta} + \dfrac{v_r}{r}$
(10) $(\nabla \mathbf{v})_{\theta\phi} = \dfrac{1}{r}\dfrac{\partial v_\phi}{\partial \theta}$
(11) $(\nabla \mathbf{v})_{\phi r} = \dfrac{1}{r\sin\theta}\dfrac{\partial v_r}{\partial \phi} - \dfrac{v_\phi}{r}$
(12) $(\nabla \mathbf{v})_{\phi\theta} = \dfrac{1}{r\sin\theta}\dfrac{\partial v_\theta}{\partial \phi} - \dfrac{v_\phi \cot\theta}{r}$
(13) $(\nabla \mathbf{v})_{\phi\phi} = \dfrac{1}{r\sin\theta}\dfrac{\partial v_\phi}{\partial \phi} + \dfrac{v_r}{r} + \dfrac{v_\theta \cot\theta}{r}$

[a] 이러한 관계식에서 f는 모든 미분 가능한 스칼라이고 $\mathbf{v}$는 모든 미분 가능한 벡터이다.

$$\mathbf{e_r} = \sin\theta\cos\phi\mathbf{e_x} + \sin\theta\sin\phi\mathbf{e_y} + \cos\theta\mathbf{e_z} \tag{A.5-42a}$$

$$\mathbf{e_\theta} = \cos\theta\cos\phi\mathbf{e_x} + \cos\theta\sin\phi\mathbf{e_y} - \sin\theta\mathbf{e_z} \tag{A.5-42b}$$

$$\mathbf{e_\phi} = -\sin\phi\mathbf{e_x} + \cos\phi\mathbf{e_y}. \tag{A.5-42c}$$

직교형 기본 벡터에 대해 풀면 다음과 같다.

$$\mathbf{e_x} = \sin\theta\cos\phi\mathbf{e_r} + \cos\theta\cos\phi\mathbf{e_\theta} - \sin\phi\mathbf{e_\phi} \tag{A.5-43a}$$

$$\mathbf{e_y} = \sin\theta\sin\phi\mathbf{e_r} + \cos\theta\sin\phi\mathbf{e_\theta} + \cos\phi\mathbf{e_\phi} \tag{A.5-43b}$$

$$\mathbf{e_z} = \cos\theta\mathbf{e_r} - \sin\theta\mathbf{e_\theta}. \tag{A.5-43c}$$

구형 기본 벡터의 편도함수는 다음과 같다.

$$\frac{\partial \mathbf{e_r}}{\partial r} = \mathbf{0}, \quad \frac{\partial \mathbf{e_r}}{\partial \theta} = \mathbf{e_\theta}, \quad \frac{\partial \mathbf{e_r}}{\partial \phi} = \sin\theta\,\mathbf{e_\phi} \tag{A.5-44a}$$

$$\frac{\partial \mathbf{e_\theta}}{\partial r} = \mathbf{0}, \quad \frac{\partial \mathbf{e_\theta}}{\partial \theta} = -\mathbf{e_r}, \quad \frac{\partial \mathbf{e_\theta}}{\partial \phi} = \cos\theta\,\mathbf{e_\phi} \tag{A.5-44b}$$

$$\frac{\partial \mathbf{e_\phi}}{\partial r} = \mathbf{0}, \quad \frac{\partial \mathbf{e_\phi}}{\partial \theta} = \mathbf{0}, \quad \frac{\partial \mathbf{e_\phi}}{\partial \phi} = -(\sin\theta\,\mathbf{e_r} + \cos\theta\,\mathbf{e_\theta}). \tag{A.5-44c}$$

좌표 표면의 미분 부피와 미분 면적은 다음과 같다.

$$dV = r^2 \sin\theta\, dr\, d\theta\, d\phi \tag{A.5-45}$$

$$dS_r = r^2 \sin\theta\, d\theta\, d\phi, \quad dS_\theta = r\sin\theta\, dr\, d\phi, \quad dS_\phi = r\, dr\, d\theta. \tag{A.5-46}$$

표 A.4는 구형 좌표의 미분 연산의 수를 나타낸다. 여기에 포함되지는 않았지만 6장에서 사용할 수 있는 것은 $\mathbf{v}\cdot\nabla\mathbf{v}$ (표 6.3 또는 6.10), $\nabla\cdot\tau$ (표 6.3) 및 $\nabla^2\mathbf{v}$ (표 6.10)가 있다.

많은 다른 직교 좌표계가 특수한 적용을 위해 개발되고 있다. 약 40가지 시스템에 대한 척도인자, 미분 연산자, 그리고 Laplace 식이 Moon and Spencer (1961)의 저서에 기록되어 있다.

참고문헌

Bird, R. B., W. E. Stewart, and E. N. Lightfoot. *Transport Phenomena*, 2nd ed. Wiley, New York, 2002.

Brand, L. *Vector and Tensor Analysis*. Wiley, New York, 1947.

Deen, W. M. *Analysis of Transport Phenomena*, 2nd ed. Oxford University Press, New York, 2012.

Hay, G. B. *Vector and Tensor Analysis*. Dover, New York, 1953.

Hildebrand, F. B. *Advanced Calculus for Applications*, 2nd ed. Prentice-Hall, Englewood Cliffs, NJ, 1976.

Jeffreys, H. *Cartesian Tensors*. Cambridge University Press, Cambridge, 1963.

Moon, P. and D. E. Spencer. *Field Theory Handbook*. Springer-Verlag, Berlin, 1961.

Thomas, G.B., Jr. and R. L. Finney. *Calculus and Analytic Geometry*, 6th ed. Addison-Wesley, Reading, MA, 1984.

Wilson, E. B. *Vector Analysis*. Yale University Press, New Haven, 1901.

구형 기본 벡터의 편도함수는 다음과 같다.

$$\frac{\partial \mathbf{e_r}}{\partial r} = \mathbf{0}, \quad \frac{\partial \mathbf{e_r}}{\partial \theta} = \mathbf{e_\theta}, \quad \frac{\partial \mathbf{e_r}}{\partial \phi} = \sin\theta\, \mathbf{e_\phi} \tag{A.5-44a}$$

$$\frac{\partial \mathbf{e_\theta}}{\partial r} = \mathbf{0}, \quad \frac{\partial \mathbf{e_\theta}}{\partial \theta} = -\mathbf{e_r}, \quad \frac{\partial \mathbf{e_\theta}}{\partial \phi} = \cos\theta\, \mathbf{e_\phi} \tag{A.5-44b}$$

$$\frac{\partial \mathbf{e_\phi}}{\partial r} = \mathbf{0}, \quad \frac{\partial \mathbf{e_\phi}}{\partial \theta} = \mathbf{0}, \quad \frac{\partial \mathbf{e_\phi}}{\partial \phi} = -(\sin\theta\, \mathbf{e_r} + \cos\theta\, \mathbf{e_\theta}). \tag{A.5-44c}$$

좌표 표면의 미분 부피와 미분 면적은 다음과 같다.

$$dV = r^2 \sin\theta\, dr\, d\theta\, d\phi \tag{A.5-45}$$

$$dS_r = r^2 \sin\theta\, d\theta\, d\phi, \quad dS_\theta = r \sin\theta\, dr\, d\phi, \quad dS_\phi = r\, dr\, d\theta. \tag{A.5-46}$$

표 A.4는 구형 좌표의 미분 연산의 수를 나타낸다. 여기에 포함되지는 않았지만 6장에서 사용할 수 있는 것은 $\mathbf{v} \cdot \nabla \mathbf{v}$ (표 6.3 또는 6.10), $\nabla \cdot \tau$ (표 6.3) 및 $\nabla^2 \mathbf{v}$ (표 6.10)가 있다.

많은 다른 직교 좌표계가 특수한 적용을 위해 개발되고 있다. 약 40가지 시스템에 대한 척도인자, 미분 연산자, 그리고 Laplace 식이 Moon and Spencer (1961)의 저서에 기록되어 있다.

참고문헌

Bird, R. B., W. E. Stewart, and E. N. Lightfoot. *Transport Phenomena*, 2nd ed. Wiley, New York, 2002.

Brand, L. *Vector and Tensor Analysis*. Wiley, New York, 1947.

Deen, W. M. *Analysis of Transport Phenomena*, 2nd ed. Oxford University Press, New York, 2012.

Hay, G. B. *Vector and Tensor Analysis*. Dover, New York, 1953.

Hildebrand, F. B. *Advanced Calculus for Applications*, 2nd ed. Prentice-Hall, Englewood Cliffs, NJ, 1976.

Jeffreys, H. *Cartesian Tensors*. Cambridge University Press, Cambridge, 1963.

Moon, P. and D. E. Spencer. *Field Theory Handbook*. Springer-Verlag, Berlin, 1961.

Thomas, G.B., Jr. and R. L. Finney. *Calculus and Analytic Geometry*, 6th ed. Addison-Wesley, Reading, MA, 1984.

Wilson, E. B. *Vector Analysis*. Yale University Press, New Haven, 1901.

8

점성 유동에 대한 근사

8.1 서론

단일방향 유동의 경우는 7장에서 소개된 연속방정식(continuity equation)과 Navier-Stokes 방정식이 명확한 해를 갖는다는 것이 특별한 점이다. 문제(예를 들면, 완전히 전개된 유동)를 정의하는 초기 가정들을 설정한 후, 0이 되는 모든 항들을 소거함으로써 풀이가 간단한 미분 방정식을 얻을 수 있다. 단일방향 유동 현상도 중요한 활용도가 있지만, 공학적으로 유동 현상들은 대체로 훨씬 더 복잡하다. 다행스럽게도, 수많은 실질적인 상황에 있어서 해석적 또는 기초적 수치해석적 해를 구할 수 있도록 Navier-Stokes 방정식을 간략화 시킬 수 있는 경우들이 매우 많이 존재한다. 8장과 9장에서는 7장에서 명확히 0이었던 일부 항들이 단지 작은 값을 갖는 유동에 대해 다루어 보기로 한다. 이 장에서는 관성효과(inertial effect)를 완전히 무시할 수는 없지만, 점성응력(viscous stress)에 비해 훨씬 덜 중요한 한 여러 가지 종류의 유동들에 관해 논의하고자 한다. 이러한 형태의 유동들이 갖는 수학적 공통점은 Navier-Stokes 방정식의 $\mathbf{v} \cdot \nabla\mathbf{v}$ 항을 무시할 수 있으며, 이로 인해 미분 방정식들이 선형화 된다는 점이다. 9장에서는 관성이 중요하고, 운동량 방정식이 비선형인 층류 유동(laminar flow) 흐름들에 관해 다루도록 한다.

이 장에서는 먼저 *거의 단일방향* 유동을 나타내는 Reynolds 수 (Re)가 작거나 중간 정도의 유동에 관해 고려해 보도록 한다. 이 경우, 단일방향의 속도성분이 다른 방향의 속도성분에 비해 훨씬 더 큰 경우에 해당된다. 이에 따른 간략화를 *윤활근사(lubrication approximation)*라고 한다. 이 같은 근사법은 얇은 경막 또는 좁은 유로에 대해 광범위하게 활용되고 있다. 두 번째로 중요한 주제로는 Reynolds 수가 매우 작기 때문에 관성이 무시될 수 있는 *크리핑 유동(creeping flow)*에 관한 내용이다. Re가 0에 접근하는 유동은 가역성등과 같은 특징들을 갖는다. 세 번째 주제는 *유사정상 유동(pseudosteady flow)*인데, 이 경우에는 속도와 압력이 시간 의존적이지만, 운동량 방정식에서의 시간에 대한 미분값은 무시한다. 크리핑 유동(creeping flow)은 전형적인 유사정상 유동이다. 이 장의 끝에서는 위수크기(order-of-magnitude, OM) 해석을 활용한 다양한 근사법에 대한 재검토에 관한 내용을 다루게 된다. 1.3절에서 다룬 척도의 개념에 기반으로 한 OM 해석은 특정 간략화가 언제 유효할 것인지를 예측하는 방법을 제시한다.

8.2 윤활근사

Re가 작거나 중간 정도의 수준의 단일방향 유동에 가까운 유동은 관성이나 점성 응력이 완전히 존재하지 않는 특징을 보인다. 이러한 경우는 x축 방향 운동량 식은 *윤활근사 (lubrication approximation)*에 의해 지배되며, 2차원의 정상상태 문제가 다음과 같이 간략화된다.

$$\frac{\partial^2 v_x}{\partial y^2} = \frac{1}{\mu}\frac{d\mathcal{P}}{dx}, \qquad \mathcal{P} = \mathcal{P}(x) \text{ only.} \tag{8.2-1}$$

이는 $v_x = v_x(x, y)$이기 때문에 좌측에 편미분이 필요하다는 점에서 완전히 단일방향 유동에 적용되는 식 (7.2-3)과는 다르다. v_x의 x에 대한 의존성은 이 식의 양변이 x의 함수임을 의미한다. $d\mathcal{P}/dx$가 더 이상 상수는 아니지만, 7장에서와 같이 진행해도 무방하다. 접근방법은 먼저 이 식을 v_x와 $\mathcal{P}$에 관해 풀고, 그런 후 (필요하다면) 연속방정식을 이용하여 작은 속도성분인 $v_y(x, y)$을 계산한다. 이러한 풀이순서는 식 (8.2-1)에 v_y가 포함되어 있지 않기 때문에 가능하다.

예제 8.2-1 ● 좁아지는 유로. 벽이 평평하지만 평행하지 않은 유로에서의 속도와 압력을 계산하고자 한다. 대칭되는 표면은 그림 8.1과 같이 바깥쪽으로 좁아지거나 또는 안쪽으로 좁

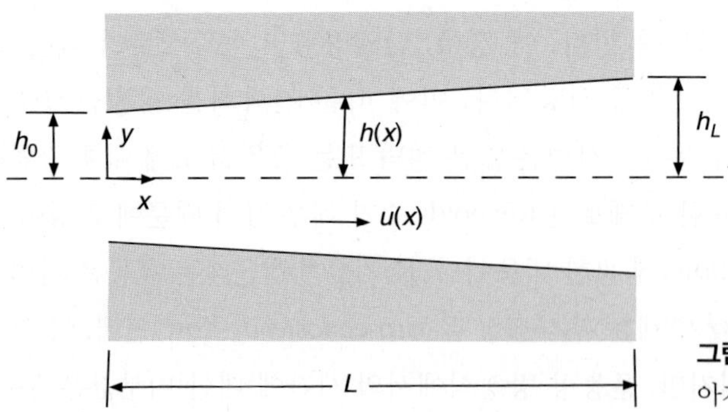

그림 8.1 평면 벽(planar wall)들로 형성된 좁아지는 유로에서의 유동

아지지만, 두 경우 모두 동일한 결과를 갖는다. 부피 유량(flow rate)은 Q이고 유로 너비(z축 방향)는 W이다. 이와 같은 2차원 문제들은 단위 너비당 부피 유량으로 사용하는 것이 편리하다. 유로의 절반-높이(half-height)는 다음과 같다.

$$h(x) = h_0 + (h_L - h_0)\frac{x}{L} \tag{8.2-2}$$

국소평균속도(local mean velocity; y에 대한 평균 v_x)는 $u(x)$이다.

점차적으로 좁아지는 유로에서의 속도장과 압력장은 평면에서의 Poiseuille 유동과 매우 유사하다고 가정할 수 있다. 특히, 식 (7.2-12)에서와 같이, 속도 프로파일을 포물선 형태로 추측할 수 있다. 절반-높이와 평균속도의 변화가 허용되는 경우에는 다음과 같다.

$$v_x(x, y) = \frac{3}{2}u(x)\left[1 - \left(\frac{y}{h(x)}\right)^2\right] = \frac{3q}{4h(x)}\left[1 - \left(\frac{y}{h(x)}\right)^2\right]. \tag{8.2-3}$$

두 번째 등식에서는 미지의 값인 $u(x)$를 제거하기 위해 총질량 보존 $q = 2u(x)h(x)$인 관계를 활용하였다.

식 (8.2-3)이 나타내는 추정치는 윤활 근사치와 일치한다. 즉, $\mathcal{P}$가 x만의 함수일 때, 식 (8.2-1)을 두 번 적분하면 다음과 같다.

$$v_x(x, y) = \frac{y^2}{2\mu}\frac{d\mathcal{P}}{dx} + a(x)y + b(x). \tag{8.2-4}$$

예제 7.2-1에서의 적분상수들은 여기서는 x의 함수, 즉 $a(x)$와 $b(x)$이다. 벽면[1)]에서의 비-미끄럼(no-slip) 조건과 비침투성(no-penetration) 조건을 만족시키기 위해서는 다음 조건이 필요하다.

$$v_x(x, \pm h) = 0. \tag{8.2-5}$$

이 조건을 이용하여 $a(x)$와 $b(x)$를 구하면 다음과 같이 구할 수 있다.

$$v_x(x, y) = -\frac{h^2(x)}{2\mu}\frac{d\mathcal{P}}{dx}\left[1 - \left(\frac{y}{h(x)}\right)^2\right] \tag{8.2-6}$$

여기서 앞에서 가정한 y에 대한 포물선 형태의 의존성을 알 수 있다.

---

1) 이들 조건은 $\mathbf{e_x}$가 어느 쪽 벽과도 완전히 평행하지 않기 때문에 간단한 비-미끄럼 조건이 아니다. 따라서 접선속도는 수직속도와 마찬가지로 x축과 y축 성분을 갖는다. 그러나 접선속도와 수직속도가 모두 0인 경우는 v_x와 v_y가 각각 $y = \pm hy = \pm h$에서 없어진다는 것을 의미한다.

만일 포물선 프로파일이 맞다면, 식 (8.2-3)과 (8.2-6)을 비교해 보면 다음과 같이 구해진다.

$$\frac{d\mathcal{P}}{dx} = -\frac{3}{2}\frac{\mu q}{h^3(x)}. \tag{8.2-7}$$

이는 유로가 넓어지면 압력구배의 크기가 감소하고, 좁아지면 증가한다는 것을 의미한다. 이 식을 적분하면 다음과 같다.

$$\mathcal{P}(0) - \mathcal{P}(x) = \frac{3}{2}\mu q \int_0^x \frac{dX}{h^3(X)} \tag{8.2-8}$$

여기서 X는 더미변수(dummy variable)이다. 식 (8.2-2)를 $h(x)$에 관하여 적분하면 다음과 같다.

$$\mathcal{P}(0) - \mathcal{P}(x) = \frac{3}{2}\frac{\mu q L}{h_0^3}\left[\frac{\left(\frac{x}{L}\right) + \frac{\Delta h}{2h_0}\left(\frac{x}{L}\right)^2}{\left(1 + \frac{\Delta h}{h_0}\left(\frac{x}{L}\right)\right)^2}\right] \tag{8.2-9}$$

여기서 $\Delta h = h_L - h_0$이다. 총 압력강하는 다음과 같다.

$$\mathcal{P}(0) - \mathcal{P}(L) = \frac{3}{2}\mu q L\left(\frac{h_0 + h_L}{2h_0^2 h_L^2}\right) \tag{8.2-10}$$

이는 벽면이 평행한 특별한 경우 ($h_0 = h_L = H$)에 관한 식 (7.2-11)과 같다.

v_x를 아는 경우, 다음의 2차원 연속방정식을 이용하여 v_y를 구할 수 있다.

$$\frac{\partial v_x}{\partial x} + \frac{\partial v_y}{\partial y} = 0 \tag{8.2-11}$$

대칭인 경우에 $v_y(x, 0) = 0$이므로, 적분하면 다음과 같이 구할 수 있다.

$$v_y(x, y) = -\int_0^y \frac{\partial v_x}{\partial x}\, dY \tag{8.2-12}$$

여기서 Y는 더미변수이다. $h(x)$를 단순히 h로 놓고 식 (8.2-3)을 미분하면 다음과 같다.

$$\frac{\partial v_x}{\partial x} = -\frac{3q}{4h^2}\frac{dh}{dx}\left[1 - 3\left(\frac{y}{h}\right)^2\right]. \tag{8.2-13}$$

식 (8.2-12)를 적분하면 다음과 같다.

$$v_y(x, y) = \frac{3q}{4h}\frac{dh}{dx}\left[\left(\frac{y}{h}\right) - \left(\frac{y}{h}\right)^3\right]. \tag{8.2-14}$$

v_y는 dh/dx에 비례하며, 따라서 벽간의 공간이 서서히 변하는 경우 매우 작은 값을 가질 것이다. 따라서 중심과 벽면($v_y = 0$가 되는)을 제외하고, 유로가 넓어지면 외부방향의 속도가 존재하고, 좁아지면 내부방향의 속도가 존재한다.

이러한 해가 그럴듯하지만, 정확한 해를 구하고자 하는 경우에는 좀 더 세밀하게 검토해야 한다. 이를 위해서는 Navier-Stokes 방정식에서 완전히 0은 아니지만 무시된 모든 항들에 관해 검토해야 한다. 2차원 정상상태 문제에서 x와 y축 성분들은 다음과 같다.

$$\rho\Big(\underbrace{v_x\frac{\partial v_x}{\partial x}}_{\text{T4}} + \underbrace{v_y\frac{\partial v_x}{\partial y}}_{\text{T3}}\Big) = -\frac{\partial \mathcal{P}}{\partial x} + \mu\Big(\underbrace{\frac{\partial^2 v_x}{\partial x^2}}_{\text{T2}} + \underbrace{\frac{\partial^2 v_x}{\partial y^2}}_{\text{T1}}\Big) \tag{8.2-15}$$

$$\rho\Big(\underbrace{v_x\frac{\partial v_y}{\partial x}}_{\text{T8}} + \underbrace{v_y\frac{\partial v_y}{\partial y}}_{\text{T7}}\Big) = -\frac{\partial \mathcal{P}}{\partial y} + \mu\Big(\underbrace{\frac{\partial^2 v_y}{\partial x^2}}_{\text{T6}} + \underbrace{\frac{\partial^2 v_y}{\partial y^2}}_{\text{T5}}\Big). \tag{8.2-16}$$

여러 점성 및 관성과 관련된 항들에 번호를 표시하였다. 식 (8.2-1)과 (8.2-7)을 이용하면, 현저한 점성 항(T1)은 다음과 같다.

$$\text{T1} = \mu\frac{\partial^2 v_x}{\partial y^2} = \frac{\partial \mathcal{P}}{\partial x} = -\frac{3}{2}\frac{\mu q}{h^3}. \tag{8.2-17}$$

T1은 식 (8.2-1)에 남아있는 v_x를 포함하고 있는 유일한 항이기 때문에, 소거된 항들이 비교해 보아야 한다. 식 (8.2-13)을 x로 미분하면, x축 성분에서 무시된 점성 항은 다음과 같다.

$$\text{T2} = \mu\frac{\partial^2 v_x}{\partial x^2} = \frac{3}{2}\frac{\mu q}{h^3}\left(\frac{dh}{dx}\right)^2\left[1 - 6\left(\frac{y}{h}\right)^2\right]. \tag{8.2-18}$$

비교를 위해, 유로의 높이에 따른 각 항들의 평균값을 구한 후 절댓값들만 고려하도록 한다. 대괄호를 사용하여 평균값들은 다음과 같다.

$$\frac{\langle \text{T2}\rangle}{\langle \text{T1}\rangle} = \left|\frac{dh}{dx}\right|^2. \tag{8.2-19}$$

따라서 만일 $|dh/dx| \ll 1$이며, T2는 가정한 바와 같이 무시할 만하다. x축 성분에서 두 관성 항의 평균값은 다음과 같다.

$$\langle \text{T3}\rangle = \frac{3}{20}\frac{\rho q^2}{h^3}\left|\frac{dh}{dx}\right| = \langle \text{T4}\rangle. \tag{8.2-20}$$

부분적으로 일치하지 않지만, T3와 T4는 동일한 부호를 가지며 구해진 바와 같이 대체로 동일한 것으로 나타났다. 이들의 합한 값을 현저한 점성항과 비교한 결과는 다음과 같다.

$$\frac{\langle \text{T3} + \text{T4} \rangle}{\langle \text{T1} \rangle} = \frac{1}{5}\frac{\rho q}{\mu}\left|\frac{dh}{dx}\right| \equiv \frac{\text{Re}}{5}\left|\frac{dh}{dx}\right|. \tag{8.2-21}$$

이 결과는 Re $|dh/dx| \ll 1$이면 관성항을 충분히 무시할 수 있다는 것을 의미한다.

윤활근사의 다른 부분은 $\mathcal{P}$가 x에만 의존한다는 가정이다. 다르게 표현하면, $|\partial\mathcal{P}/\partial y| \ll |\partial\mathcal{P}/\partial x|$와 같다. 식 (8.2-15)에서 T1이 현저한 속도항인 것처럼, 식 (8.2-16)에서는 T5가 현저한 값을 갖는다. 이 식에서 가장 큰 항이기 때문에 T5가 $|\partial\mathcal{P}/\partial y|$의 상한값을 정한다. 이어서 T5과 T1을 비교하는 것이 압력 미분항을 비교하는 한 방법이라는 것이 된다. 식 (8.2-14)를 이용하여 계산하면 다음과 같다.

$$\text{T5} = \mu\frac{\partial^2 v_y}{\partial y^2} = -\frac{9}{2}\frac{\mu q}{h^3}\frac{dh}{dx}\frac{y}{h}. \tag{8.2-22}$$

이를 y에 대해 평균값은 다음과 같다.

$$\frac{|\partial\mathcal{P}/\partial y|}{|\partial\mathcal{P}/\partial x|} \cong \frac{\langle \text{T5} \rangle}{\langle \text{T1} \rangle} = \frac{3}{2}\left|\frac{dh}{dx}\right|. \tag{8.2-23}$$

이 결과는 $\mathcal{P}$의 y에 대한 의존성을 무시하는 데 필요한 조건은 작은 점성항인 T2를 무시하는 데 필요한 조건과 기본적으로 동일하다는 것을 의미한다.

윤활근사법은 $|dh/dx| \ll 1$이며 Re $|dh/dx| \ll 1$, 여기서 Re $= \rho q/\mu$, 경우 정확한 결과를 얻을 수 있다. 만일 dh/dx가 일정하지 않은 경우, $|dh/dx|$와 Re $|dh/dx|$의 *최댓값*은 작은 값이어야 한다. 휘어진 또는 파형의 벽면이라 할지라도 만일 벽간 공간이 대칭적이고 점진적으로 변화하는 경우라면 속도 방정식은 여전히 동일하다. 그러나 식 (8.2-8)을 이용하여 압력을 계산하는 경우에 비평면(nonplanar) 벽면의 경우 압력이 변하게 된다.

이중부등호 기호를 이용한 경우에 대한 코멘트도 순서대로 되어 있다. $x \ll 1$로 표시된 제한사항은 "x는 1보다 훨씬 작다"라고 읽는데, 이 의미는 $x \to 0$과 거의 동일한 의미이다. 마찬가지로, $x \gg 1$은 $x \to \infty$일 때의 명확한 해를 구하는 것을 의미한다. 실제적으로는, 각각을 $x < 0.1$과 $x > 10$으로 제한하는 경우에도 용인할 만한 결과를 얻을 수 있다.

예제 8.2-2 ● 투과성 관. 단면적이 일정한 투과성 벽을 갖는 유로에서도 거의 단일방향 유동이 발생할 수 있다. 예를 들면, 공중사(hollow fiber)들로 이루어진 여과장치에서 섬유의 벽

은 다공성 멤브레인(porous membrane)으로 되어 있고, 일종의 윤활 근사법이 대개 적용가능하다. 반지름이 R, 길이가 L인 다공성 실린더형 관(tube)의 외부압력을 조절하여 벽에서의 반지름방향 속도(radial velocity)가 $v_r(R, z) = v_w$인 일정한 속도를 갖도록 조절하였다고 가정하자. 입구에서의 평균속도가 u_0일 때, 내부 속도 및 압력장을 결정하고자 한다.

만일 v_w가 작으면, 관을 따라 속도가 윤활 근사가 가능한 정도로 점진적으로 변한다. 식 (8.2-1)의 실린더에 대한 유사식은 다음과 같다.

$$\frac{1}{r}\frac{\partial}{\partial r}\left(r\frac{\partial v_z}{\partial r}\right) = \frac{1}{\mu}\frac{d\mathcal{P}}{dz}, \quad \mathcal{P} = \mathcal{P}(z)\,\text{only}. \tag{8.2-24}$$

앞에서와 같이, 단일 점성항은 포함되어 있고 횡 축압력 변화는 무시되었다. 고정경계조건은 다공성 표면에도 적용이 가능하다. 따라서 두 번 적분하면 다음과 같다.

$$v_z(r, z) = -\frac{R^2}{4\mu}\frac{d\mathcal{P}}{dz}\left[1 - \left(\frac{r}{R}\right)^2\right] = 2u(z)\left[1 - \left(\frac{r}{R}\right)^2\right]. \tag{8.2-25}$$

이고, 이 속도 프로파일은 평균속도가 관의 위치에 따라 변하는 함수, 즉 $u(z)$인 점을 제외하면, Poiseuille 유동(예제 7.2-2)과 같은 포물선 형태이다.

예제 5.2-3과 같이, v_w가 일정할 때 평균속도는 다음과 같다.

$$u(z) = u_0 - \frac{2v_w z}{R}. \tag{8.2-26}$$

이 식을 식 (8.2-25)에 대입하면 $v_z(r, z)$를 결정할 수 있다. 중심속도에 대한 두 방정식을 비교하여 구한 축방향 압력구배는 다음과 같다.

$$\frac{d\mathcal{P}}{dz} = -\frac{8\mu}{R^2}\left(u_0 - \frac{2v_w z}{R}\right). \tag{8.2-27}$$

국소압력을 구하기 위해 적분하면 다음과 같다.

$$\mathcal{P}(0) - \mathcal{P}(z) = \frac{8\mu u_0 z}{R^2}\left(1 - \frac{v_w z}{u_0 R}\right). \tag{8.2-28}$$

비투과성 관과 비교했을 때 상대적으로 바깥방향 유동($v_w > 0$)은 압력강하를 감소시키고, 내부방향 유동($v_w < 0$)은 증가시키는 것을 알 수 있다. 연속방정식을 이용하여 해를 구하면 다음과 같다.

$$v_r(r) = v_w\left[2\left(\frac{r}{R}\right) - \left(\frac{r}{R}\right)^3\right] \tag{8.2-29}$$

이는 예제 5.2-3에서 상세하게 다루었던 사항이다.

이 해는 윤활 근사의 적용이 정확할 것인지를 검토할 수 있게 해준다. 식 (8.2-15), (8.2-16)에서와 유사한 번호매김 방법을 이용하면, Navier-Stokes 방정식의 z축 성분의 현저한 점성항은 다음과 같다.

$$\mathrm{T1} = \frac{\mu}{r}\frac{\partial}{\partial r}\left(r\frac{\partial v_z}{\partial r}\right) = -\frac{8\mu u}{R^2}. \tag{8.2-30}$$

v_z가 z축 방향으로 선형이기 때문에 $\partial^2 v_z/\partial z^2$를 포함하는 점성항 T2는 0이 된다. 횡단면에 대해 평균값을 계산하면, 2개의 관성항들은 다음과 같다.

$$\langle \mathrm{T3} \rangle = \frac{8}{3}\frac{\rho v_w u}{R} = \langle \mathrm{T4} \rangle. \tag{8.2-31}$$

그러므로, 관성항과 점성항의 비는 다음과 같다.

$$\frac{\langle \mathrm{T3} + \mathrm{T4} \rangle}{\langle \mathrm{T1} \rangle} = \frac{2}{3}\frac{\rho |v_w| R}{\mu} \equiv \frac{2}{3}\mathrm{Re}_w. \tag{8.2-32}$$

따라서 벽 Reynolds 수, $\mathrm{Re}_w = \rho|v_w| R/\mu$가 작아야만, 관성(inertia)을 무시할 수 있다. 반지름 방향의 압력변화를 무시하는 것이 적절한지 평가하기 위해, 상응하는 압력 도함수들의 크기를 결정하는 r과 z축 방향의 운동량 방정식의 현저한 점성항들을 비교해 본다. r축 성분 중 가장 큰 항은 다음과 같다.

$$\mathrm{T5} = \mu\frac{\partial}{\partial r}\left(\frac{1}{r}\frac{\partial}{\partial r}(r v_r)\right) = -\frac{8\mu v_w r}{R^2}. \tag{8.2-33}$$

이 값을 횡단면에 걸쳐 평균치를 계산하여 식 (8.2-30)과 비교하면 다음과 같다.

$$\frac{|\partial \mathcal{P}/\partial r|}{|\partial \mathcal{P}/\partial z|} \cong \frac{\langle \mathrm{T5} \rangle}{\langle \mathrm{T1} \rangle} = \frac{2}{3}\frac{|v_w|}{u}. \tag{8.2-34}$$

요약하면, 윤활근사를 적용하기 위해 필요한 두 기준은 $\mathrm{Re}_w \ll 1$와 $|v_w|/u \ll 1$이다. 여기서 $\mathrm{Re}_w = \rho|v_w|R/\mu$이다. 이러한 조건들은 공중사(hollow-fiber) 장치들에서 종종 만족된다.

예제 8.2-3 • 슬라이더 베어링. Reynolds (1886)는 처음으로 식 (8.2-1)을 윤활작용(lubrication)에 적용하였다. 핵심 원칙은 그림 8.2의 추력 베어링(thrust bearing)으로 예시하였다. 여기서 물체는 오일 속에 잠겨 있는 기기부품이 될 수도 있다. 수평한 바닥면은 오른쪽으로 일정한 속도 U로 이동하고 있고, 평평하지만 기울어진 상단면은 정지되어 있다. 상단

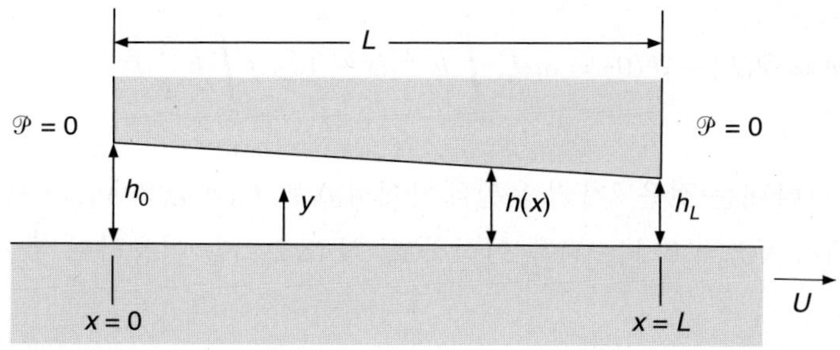

그림 8.2 슬라이더 베어링(slider bearing)

면의 위치는 식 (8.2-2)로 정할 수 있고, 상류와 하류방향의 압력은 동일하다. 윤활근사를 적용하기 위한 요건들은 예제 8.2-1과 동일하다. 그러나 압력에 의해 점진적으로 넓어지는 유로에서의 압력에 의한 유동은 점진적으로 좁아지는 경우와 거의 동일한 반면, 슬라이더 베어링(slider bearing)의 경우 중요한 특징은 $h_0 > h_L$이다.

a와 b를 구하기 위해 식 (8.2-4)와 경계조건 $v_x(x, 0) = U$와 $v_x(x, h) = 0$을 활용하면 다음과 같다.

$$v_x(x, y) = U\left[1 - \left(\frac{y}{h}\right)\right] - \frac{h^2}{2\mu}\frac{d\mathscr{P}}{dx}\left[\left(\frac{y}{h}\right) - \left(\frac{y}{h}\right)^2\right]. \tag{8.2-35}$$

틈새(gap) 높이에 대해 적분하여, 압력구배는 아래와 같이 단위 너비당 부피 유량 (q)와 연관시키면 다음과 같다.

$$q = \int_0^h v_x\, dy = \frac{Uh}{2} - \frac{h^3}{12\mu}\frac{d\mathscr{P}}{dx}. \tag{8.2-36}$$

이 결과를 이용하여 식 (8.2-35)의 $d\mathscr{P}/dx$를 제거하면, 다음과 같이 얻을 수 있다.

$$v_x(x, y) = U\left[1 - 4\left(\frac{y}{h}\right) + 3\left(\frac{y}{h}\right)^2\right] + \frac{6q}{h}\left[\left(\frac{y}{h}\right) - \left(\frac{y}{h}\right)^2\right]. \tag{8.2-37}$$

v_x에 미지의 함수($d\mathscr{P}/dx$) 대신 미지의 상수(q)를 두는 것이 더 좋은 결과이다.

총압력차이는 q를 계산하는 데 필요한 정보를 추가적으로 제공할 수 있다. 식 (8.2-36)을 다시 정리한 결과는 다음과 같다.

$$\frac{d\mathscr{P}}{dx} = \frac{6\mu U}{h^2} - \frac{12\mu q}{h^3}. \tag{8.2-38}$$

이 식을 유체가 채워진 틈새의 길이에 대해 적분하면 다음과 같다.

$$\Delta\mathcal{P} = \mathcal{P}(L) - \mathcal{P}(0) = 6\mu U \int_0^L h^{-2}\,dx - 12\mu q \int_0^L h^{-3}\,dx. \tag{8.2-39}$$

이 식이 전체적으로 나타내는 것은 2차원 윤활해석에서 $\Delta\mathcal{P}$, U, q 중 2개만이 독립적이라는 것이다. 본 예제에서 $\Delta\mathcal{P} = 0$라는 점을 인식하고, 식 (8.2-2)를 이용하여 두 적분 값을 구하면 다음과 같다.

$$q = U\left(\frac{h_0 h_L}{h_0 + h_L}\right) \equiv U\bar{h}. \tag{8.2-40}$$

이 관계식을 식 (8.2-37)에 대입하면 주요(major) 속도성분에 대한 최종적인 방정식은 다음과 같다.

$$v_x(x,y) = U\left[1 - 4\left(\frac{y}{h}\right)\left(1 - \frac{3\bar{h}}{2h}\right) + 3\left(\frac{y}{h}\right)^2\left(1 - \frac{2\bar{h}}{h}\right)\right]. \tag{8.2-41}$$

연속방정식으로부터 얻어지는 소수(minor) 속도성분은 다음과 같다.

$$v_y(x,y) = 2U\frac{dh}{dx}\left(\frac{3\bar{h}}{h} - 1\right)\left[\left(\frac{y}{h}\right)^2 - \left(\frac{y}{h}\right)^3\right]. \tag{8.2-42}$$

식 (8.2-40)을 식 (8.2-38)에 대입함으로써 압력을 구할 수 있고, $x = 0$에서 임의의 지점까지 적분하여 구한 관계식은 다음과 같다.

$$\mathcal{P}(x) = 6\mu UL\left[\frac{(h_0 - h)(h - h_L)}{(h_0^2 - h_L^2)\,h^2}\right]. \tag{8.2-43}$$

$h_0 \geq h \geq h_L$임을 고려하면, 틈새 내에서의 $\mathcal{P} > 0$이 명백하다. 이는 지속적으로 좁아지는 공간으로 끌려들어가는 유체에 의한 결과이다. 최대압력은 상당히 큰 값이 될 수도 있으며, 구한 식은 다음과 같다.

$$\mathcal{P}_{\max} = \frac{3}{2}\frac{\mu UL}{h_0 h_L}\frac{(h_0 - h_L)}{(h_0 + h_L)}. \tag{8.2-44}$$

이는 $x/L = h_0/(h_0 + h_L)$에서의 압력이 된다. 그림 8.3은 h_L/h_0의 3개의 값에 대한 압력 프로파일을 보여준다. h_L/h_0 값이 감소함에 따라, 최대압력이 발생하는 위치는 하류 방향으로 이동한다.

유체에 의해 상단면에 가해지는 힘은 예제 8.5-4에서 설명한 바와 같이 계산할 수 있다. 너비가 W인 베어링의 경우, 힘 성분들 F_x와 F_y는 다음과 같다.

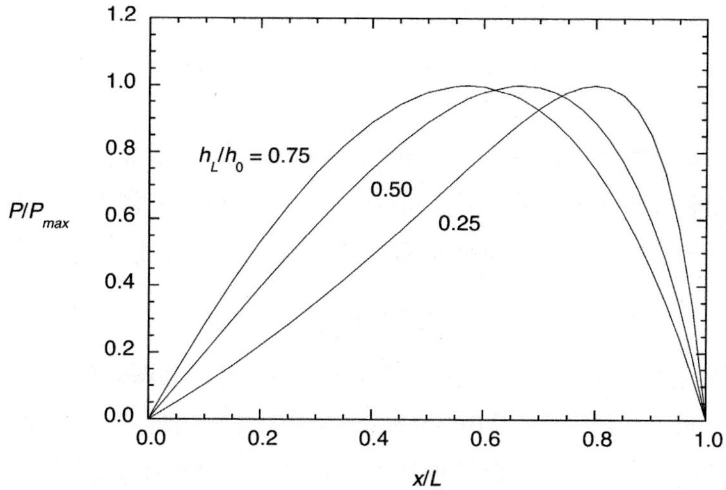

그림 8.3 슬라이더 베어링에서의 위치에 따른 압력분포

$$\frac{F_x}{W} = \frac{6\mu UL}{(h_0 - h_L)}\left[\frac{2}{3}\ln\left(\frac{h_0}{h_L}\right) - \left(\frac{h_0 - h_L}{h_0 + h_L}\right)\right] \tag{8.2-45}$$

$$\frac{F_y}{W} = \frac{6\mu UL^2}{(h_0 - h_L)^2}\left[\ln\frac{h_0}{h_L} - 2\left(\frac{h_0 - h_L}{h_0 + h_L}\right)\right]. \tag{8.2-46}$$

베어링이 상대적으로 작은 항력(힘의 x축 성분)으로 큰 하중(힘의 y축 성분)을 지지할 수 있는 능력은 효과적인 윤활작용의 특징이라 할 수 있다. $h_0/h_L = 2$인 경우, 힘의 비율은 다음과 같다.

$$\frac{F_y}{F_x} = 0.41\frac{L}{h_0}. \tag{8.2-47}$$

이것은 물체의 틈새가 상당히 얇은 경우 아주 큰 값을 가지게 된다.

다른 여러 종류의 베어링들에 대한 해석도 수행되었다(Cameron, 1981; Pinkus and Sternlicht, 1961). 윤활근사에 대한 다른 응용사례들로는 코팅 공정과 칼렌더링과 같은 폴리머 처리공정(Middleman, 1977; Tanner, 2000) 등이 있다. 투과성 관이나 다른 유로들에서의 유동에 대한 해석은 생리학적 공정이나 미세유체(microfluidic) 장치 등에도 적용할 수 있다. 여기서는 거의 단일방향 유동의 2차원적인 문제에 관해서만 논의했으나, 윤활 근사에 대한 3차원적 해석도 나와 있다(Cameron, 1981, pp.46~47; Tanner, 2000, pp.312~313). 2개의 주된 속도성분과 다른 작은 속도성분이 존재하는 박막(thin film)의 경우에 적용되었다.

8.3 크리핑 유동

Stokes 방정식

Stokes 유동이라고도 하는 *크리핑 유동*의 특성은 Reynolds 수가 사실상 0인 경우에 해당된다. Re는 관성응력에 대한 점성응력의 비를 나타내고, Navier-Stokes 방정식의 좌변항의 관성항은 대개 Re가 0으로 접근할 때 무시할 수 있으며, 다음과 같이 된다.

$$0 = -\nabla \mathscr{P} + \mu \nabla^2 \mathbf{v}. \tag{8.3-1}$$

이와 같이 비압축성 뉴톤 유체에 대해 간략화 된 운동량 방정식을 *Stokes 방정식*(G.G Stokes 이름을 명명하여)이라고 한다. 이는 식 (6.6-5)에서 $\rho = 0$로 놓은 것과 같다. $\rho\mathbf{v}$는 단위 부피당 운동량이고 ρ는 더 이상 포함되지 않기 때문에, 크리핑 유동 문제에서 운동량은 존재하지 않는다. 운동량의 변화가 무시할 만한 경우, 압력, 중력, 그리고 점도에 기인하는 힘들은, 합이 0이 되는 식 (8.3-1)의 우변항과 같이, 유체의 각 점에서 거의 완벽하게 균형을 이루게 된다.

유체의 거동에 대한 예측은 대부분 일상적으로 접하는 Re가 큰 공기와 물이기 때문에, 크리핑 유동은 직감적으로 느끼기는 매우 어렵다. 이러한 특성은 주로 *운동학적 가역성 (kinematic reversibility)*으로부터 기인한다. 즉 만일 유체의 이동을 위한 추진력이 갑작스럽게 역전되면, 유체의 개별 요소들의 방향이 신속하게 역전되며 이전의 경로를 되돌아가게 된다.[2] 예를 들면, 예제 7.3-2에서 봉(rod)을 점성이 매우 높은 액체 내에서 $\text{Re} = \omega R^2/\nu \ll 1$이 되도록 서서히 회전시키는 경우를 가정해 보자. 그림 8.4에 나타낸 것같이, $t = 0$에 액체의 표면에 염료로 선을 그려놓았다고 가정하자. 염료의 확산을 무시할 수 있다고 가정하면, 반바퀴를 회전했을 때 직선이 나선형으로 될 것이다. 그런 후 봉을 역방향으로 반바퀴 회전

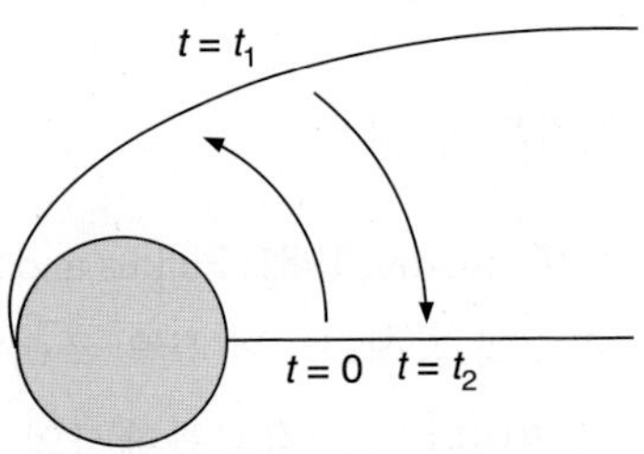

그림 8.4 회전하는 봉(rod) 주위의 크리핑 유동의 염료 유맥(streak): 초기($t = 0$일 때), 반시계방향 반바퀴 회전($t = t_1$일 때), 그리고 이어서 시계방향 반바퀴 회전($t = t_2$일 때)

2) 운동학적 가역성, 또는 운동의 가역성은 열역학적 가역성과는 다르다. 역학적 에너지는 낮은 Re의 정방향과 역방향 유동이 진행되는 동안 열로 소산되는데, 이는 열역학 제2법칙과 일치한다.

시키면, 염료 유맥(dye streak)은 정확히 원래의 형태와 위치로 돌아오게 된다. 이는 정방향과 역방향의 속도가 다르더라도 동일하게 발생한다. 수학적으로, 식 (8.3-1)의 선형성이 가역적 운동을 가능하게 만들어 주는 요인이며, 시간의 도함수가 없기 때문에 즉각적인 유체의 반응이 가능하게 한다.

운동학적 가역성은 수학적 해석 없이도 다양한 추론이 가능하도록 한다. 한 예를 들면, 어떤 고체물체를 지나는 유동의 유선(streamline)은 유동의 방향이 역전되더라도 그대로 유지된다. 따라서 Re가 낮은 경우의 유맥선(streakline)에 대한 사진들은 유동의 방향을 보여주지 못한다. 이러한 현상은 물체의 전후방 대칭성이 부족한 경우에도 성립된다(예를 들면, 물체의 전방면이 뭉툭하고 후방부위가 유선형으로 된 경우). 모든 속도성분이 단순히 부호가 바뀌기 때문에 전단응력과 압력 구배도 동일하게 변한다. 결과적으로, 유동 방향이 역전되었다면 항력계수(drag coefficient)는 동일하다. 예를 들면, 그림 8.5(a)의 뿔(cone)이나 쐐기(wedge)에 대한 항력은 그림 8.5(b)의 것과 같다. 유선이 변화가 없다는 것은 단단한 입자가 그 경로를 되돌아가는 것과 같다. 예를 들면, 크리핑 유동에서 고체 구는 그림 8.5(c)에 나타낸 것처럼 연직 벽(vertical wall)과 평행하게 침강한다. 거리 d가 일정한 경우, 담고 있는 용기를 뒤집어서 중력이 역방향이 되도록 하는 경우에도 구는 그 경로로 되돌아가게 된다. 이와 비슷하게, 그림 8.5(d)에 나타낸 것과 같이 전단 유동에서 중립부력구체도 벽과 평행하게 이동할 것이다. 반면, Re가 큰 경우에는 식별이 용이한 소용돌이가 발생하며 비대칭성 물체에 대한 항력계수가 유동의 방향에 민감하게 된다.

Re가 작은 경우의 운동학적(kinematic) 가역성은 신체의 부속물을 전후방으로 반복적인

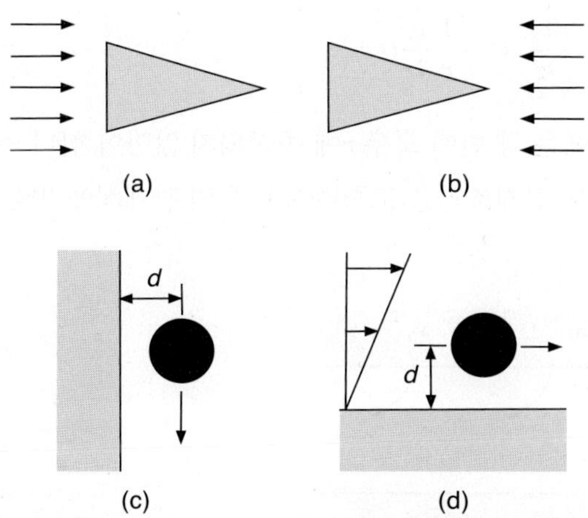

그림 8.5 크리핑 유동의 가역성의 결과. (a)와 같은 방향으로 놓인 뿔이나 쐐기의 항력계수는 (b)와 같으며, (c)와 같이 침강하거나 또는 (d)와 같이 중립부력과 유체에 의해 추진되는 경우에 구는 벽과 평행하게 이동한다.

운동을 (수중에서 노를 젓는 것과 같은) 비효율적으로 만들기 때문에 미생물들의 이동을 제한한다(Purcell, 1977). 이와 같은 관성이 없는 조건은 에어로졸 입자, 미세순환계의 적혈구, 그리고 다양한 미세유체(microfluidic) 반응기 또는 분리장치에서의 입자, 기포 또는 물방울 등에서도 경험할 수 있다.

8.2절의 윤활관련 식들과는 다르게, Stokes 방정식을 사용하면 거의 단일방향 유동 조건이 반드시 필요하지는 않다. 다음 예제에서는 0이 아닌 비슷한 크기의 2개의 속도성분을 갖는 선대칭형 유동에 관한 내용을 다룬다. Stokes 방정식과 같이 선형이고 균일한 편미분 방정식들은 대개 분리가 가능한 해(separable solution)들을 구할 수 있다. 즉, 어떤 특정한 경계조건들에 대해, x와 y 축에 모두 의존하는 변수는 $f(x)g(y)$와 같은 형태를 갖는다. 예제에서는 압력과 속도 성분들이 여기에 해당된다.

예제 8.3-1 ● 다공성 고체 원반(disk) 사이의 유동. 그림 8.6에 나타낸 바와 같이 반지름이 무한대인 2개의 원반의 간격이 H인 틈새 공간에 유체를 지속적으로 주입한다고 가정하자. 위상단(다공성) 표면에서의 유입속도는 v_0로 일정하다. $\text{Re} = v_0 H/\nu \ll 1$일 때, $v_r(r, z)$와 $v_z(r, z)$ 를 구하고자 한다.

먼저 v_r이 $v_r(r, z) = g(r)f(z)$와 같이 분리가 가능하다는 가설을 도입한다. v_z에도 이 가설이 동일하게 적용될 수 있지만, 더 나아가 $v_z(r, z) = h(z)$라고 가정하자. 여기서 경계조건 $v_z(r, 0) = v_0$와 $v_z(r, H) = 0$에서 v_x가 r에 의존할 필요는 없다. 원통좌표계의 연속방정식은 다음과 같다.

$$\frac{\partial v_z}{\partial z} = -\frac{1}{r}\frac{\partial}{\partial r}(rv_r). \tag{8.3-2}$$

만일 v_z이 실제로 z만의 함수인 경우에는 양 변이 모두 r에 종속되지 않아야 한다. 이는 $rv_r \propto r^2$ 또는 $g(r) = r$인 경우에만 해당된다. 경계조건을 포함하여 다음의 관계식을 얻을 수 있다.

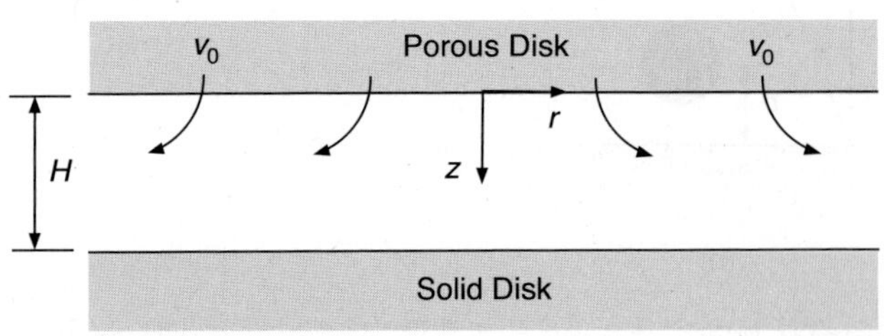

그림 8.6 다공성 고체 원반(disk) 틈새 공간에 유체주입에 따른 유동

$$v_r(r,z) = rf(z), \quad f(0) = 0 = f(H) \tag{8.3-3}$$

$$v_z(r,z) = h(z), \quad h(0) = v_0, \quad h(H) = 0. \tag{8.3-4}$$

이 형태의 속도장을 식 (8.3-2)에 대입하면 $h(z)$와 $f(z)$가 다음과 같이 연관된다.

$$\frac{dh}{dz} = -\frac{1}{r}\frac{\partial}{\partial r}(r^2 f) = -2f. \tag{8.3-5}$$

압력항을 좌변항에 대입하면, Stokes 방정식의 r과 z 성분들은 다음과 같다.

$$\frac{1}{\mu}\frac{\partial \mathcal{P}}{\partial r} = \frac{\partial}{\partial r}\left(\frac{1}{r}\frac{\partial}{\partial r}(rv_r)\right) + \frac{\partial^2 v_r}{\partial z^2} \tag{8.3-6}$$

$$\frac{1}{\mu}\frac{\partial \mathcal{P}}{\partial z} = \frac{1}{r}\frac{\partial}{\partial r}\left(r\frac{\partial v_z}{\partial r}\right) + \frac{\partial^2 v_z}{\partial z^2}. \tag{8.3-7}$$

여기서, v_r과 v_z의 형태에 대한 가정에 따라, 두 방정식의 우변항의 r에 관한 도함수들은 소거된다. 식 (8.3-7)을 r에 관해 미분하면 $\partial^2\mathcal{P}/\partial r\,\partial z$이 된다. 식 (8.3-6)을 z에 관해 미분하면 $\partial^2\mathcal{P}/\partial r\,\partial z$에 관한 또 다른 표현을 얻을 수 있다. 이를 0으로 놓으면 다음과 같다.

$$\frac{d^3 f}{dz^3} = 0. \tag{8.3-8}$$

이 식과 식 (8.3-5)는 $f(z)$와 $h(z)$를 지배하는 두 선형 미분 방정식을 제공한다. 이 식의 해는 식 (8.3-8)에 h가 소거되어 간략화된 형태로 얻을 수 있다. 지배 방정식으로부터 압력이 소거되었기 때문에, $P(r,z)$와 같이 함수형태로 취할 필요가 없다. 식 (8.3-8)을 세 번 적분하면 다음과 같이 구할 수 있다.

$$f(z) = az^2 + bz + c. \tag{8.3-9}$$

식 (8.3-3)의 경계조건들을 이용하여 3개의 상수 중 2개를 계산하면, 다음과 같다.

$$f(z) = -aH^2\left[\left(\frac{z}{H}\right) - \left(\frac{z}{H}\right)^2\right] \tag{8.3-10}$$

여기서 a는 미지수로 남아있다. 이 식을 식 (8.3-5)에 대입하면 다음과 같다.

$$h(z) = aH^3\left[\left(\frac{z}{H}\right)^2 - \frac{2}{3}\left(\frac{z}{H}\right)^3\right] + d. \tag{8.3-11}$$

식 (8.3-4)의 경계조건들을 만족하기 위해서는 $a = -3v_0/H^3$과 $d = v_0$가 되어야 한다. 최종적인 결과는 다음과 같다.

$$v_r(r, z) = \frac{3v_0 r}{H}\left[\left(\frac{z}{H}\right) - \left(\frac{z}{H}\right)^2\right] \qquad (8.3\text{-}12)$$

$$v_z(z) = v_0\left[1 - 3\left(\frac{z}{H}\right)^2 + 2\left(\frac{z}{H}\right)^3\right]. \qquad (8.3\text{-}13)$$

연속방정식, Stokes 방정식, 그리고 경계조건들을 만족시킨다는 것은 앞에서 가정된 속도 성분들의 형태가 적절했음을 확인해 주는 것이다. 만일 필요하다면, $\mathcal{P}(r, z)$는 속도들을 식 (8.3-6)과 (8.3-7)에 대입한 후 적분하면 얻을 수 있다(연습문제 6.8).

예제 8.3-2 ● 구를 지나는 유동. 구를 지나는 크리핑 유동의 속도와 압력장을 구하고자 한다. 이 문제에 관한 Stokes (1851)의 해석은 점성 유동에 대해 최초로 출판된 해답이며, Poiseuille 유동보다도 더 앞선 것이다. 그림 8.7에 나타낸 바와 같이, z축을 접근하는 유동에 맞추면 편리하다. 따라서 어떤 방향이든, 구로부터 멀리 떨어진 지점에서 $v_z = U$이다. z축을 중심으로 회전대칭이 되어, 속도와 압력은 구면각 ϕ 의존하지 않으며, $v_\phi = 0$이다. 여기서, $\text{Re} = 2UR/\nu \ll 1$인 경우에 대해 $v_r = (r, \theta)$, $v_\theta = (r, \theta)$, 그리고 $\mathcal{P}(r, \theta)$를 구하고자 한다.

$\mathbf{e_z}$를 구 단위벡터에 연관시키기 위해 식 (A.5-43)을 이용하면, 구에서 멀리 떨어진 위치에서의 교란되지 않은 속도는 다음과 같다.

$$\mathbf{v}(\infty, \theta) = U\mathbf{e_z} = U\cos\theta\,\mathbf{e_r} - U\sin\theta\,\mathbf{e_\theta} \qquad (8.3\text{-}14)$$

여기서, r이 큰 값을 가질 때, $v_r = U\cos\theta$와 $v_\theta = -U\sin\theta$임을 보여 준다. 만일 속도성분이

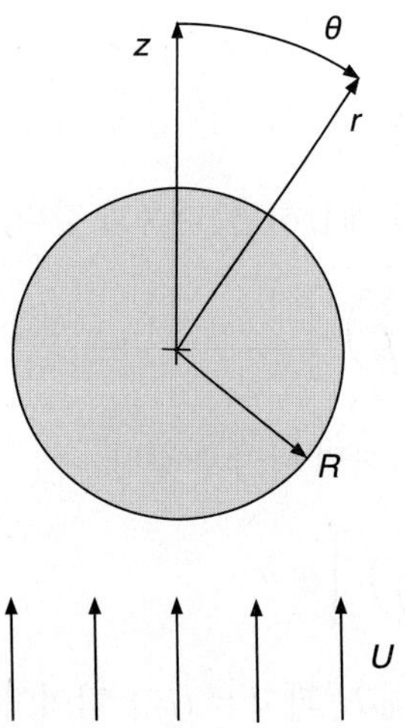

그림 8.7 반지름 R인 구를 속도 U로 지나는 흐르는 유동

분리가 가능한 함수(separable function)이면, 경계조건은 다음과 같다.

$$v_r(r,\theta) = f(r)\cos\theta, \quad f(R) = 0, \quad f(\infty) = U \tag{8.3-15}$$

$$v_\theta(r,\theta) = g(r)\sin\theta, \quad g(R) = 0, \quad g(\infty) = -U. \tag{8.3-16}$$

구 표면에서의 비투과성, 비-미끄럼 조건은 $f(R) = 0$과 $g(R) = 0$이 각각 만족되어야 한다. 그러나 $r = \infty$에서 $v_z = U$이 되기 위해서는 각각의 속도 성분이 θ에 의존함을 나타낸다. 추후에 P가 θ에 대한 의존성은 v_r의 경우와 유사한 형태이며, 따라서 다음과 같다.

$$\mathcal{P}(r,\theta) = h(r)\cos\theta, \quad h(\infty) = 0. \tag{8.3-17}$$

구로부터 멀리 떨어진 지점에서의 균일한 속도는 그 지점에서의 $\mathcal{P}$이 일정하다는 것을 의미하고, 이 상수는 0으로 설정되어 있다. 가정된 3개의 함수들의 정확도는 함수 연속방정식, Stokes 방정식 그리고 경계조건들을 만족시키는 $f(r)$, $g(r)$, 그리고 $h(r)$ 함수들을 통해 확인할 수 있다.

구좌표 연속방정식은 다음과 같다.

$$\frac{1}{r^2}\frac{\partial}{\partial r}(r^2 v_r) = -\frac{1}{r\sin\theta}\frac{\partial}{\partial\theta}(v_\theta\sin\theta). \tag{8.3-18}$$

v_r과 v_θ에 대해 가정된 식에 대입하면 다음과 같다.

$$\frac{1}{r^2}\frac{\partial}{\partial r}(r^2 f\cos\theta) = -\frac{1}{r\sin\theta}\frac{\partial}{\partial\theta}(g\sin^2\theta) = -\frac{2g}{r}\cos\theta. \tag{8.3-19}$$

공통인자인 $\cos\theta$을 소거하고 다시 정리하여 구하면 다음과 같다.

$$g = -\frac{r}{2}\frac{df}{dr} - f. \tag{8.3-20}$$

압력항을 좌변에 두면, Stokes 방정식의 구좌표의 축대칭형 r과 θ 성분들은 다음과 같다.

$$\frac{1}{\mu}\frac{\partial\mathcal{P}}{\partial r} = \nabla^2 v_r - \frac{2}{r^2}\left(v_r + \frac{\partial v_\theta}{\partial\theta} + v_\theta\cot\theta\right) \tag{8.3-21}$$

$$\frac{1}{\mu r}\frac{\partial\mathcal{P}}{\partial\theta} = \nabla^2 v_\theta + \frac{2}{r^2}\left(\frac{\partial v_r}{\partial\theta} - \frac{v_\theta}{2\sin^2\theta}\right) \tag{8.3-22}$$

여기서 라플라스 연산자는 다음과 같다.

$$\nabla^2 = \frac{1}{r^2}\frac{\partial}{\partial r}\left(r^2\frac{\partial}{\partial r}\right) + \frac{1}{r^2\sin\theta}\frac{\partial}{\partial\theta}\left(\sin\theta\frac{\partial}{\partial\theta}\right). \tag{8.3-23}$$

식 (8.3-21)의 $\nabla^2 v_r$과 다른 속도항들은 식 (8.3-17)에서 확인된 바와 같이 P는 반드시 $\cos\theta$와

같이 변해야 한다는 것을 의미한다. 3개의 함수들에 대입하고, 도함수들을 구하면, Stokes's 방정식의 성분들은 다음과 같다.

$$\frac{1}{\mu}\frac{dh}{dr} = \frac{1}{r^2}\left[\frac{d}{dr}\left(r^2\frac{df}{dr}\right) - 4(f+g)\right] \tag{8.3-24}$$

$$\frac{h}{\mu} = -\frac{1}{r}\left[\frac{d}{dr}\left(r^2\frac{dg}{dr}\right) - 2(f+g)\right]. \tag{8.3-25}$$

식 (8.3-20)과 이 식들로 부터 r에 대한 3개의 미지함수를 결정하는 3개의 선형 미분 방정식을 구할 수 있다.

h가 포함된 운동량 방정식의 항들은 식 (8.3-25)를 r에 관해 미분하고 그 결과를 식 (8.3-24)와 같이 놓음으로써 소거할 수 있다. 그런 후, g는 식 (8.3-20)을 이용하여 소거할 수 있다. f에 관해 결과적으로 얻어지는 방정식은 다음과 같다.

$$\frac{d^4 f}{dr^4} + \frac{8}{r}\frac{d^3 f}{dr^3} + \frac{8}{r^2}\frac{d^2 f}{dr^2} - \frac{8}{r^3}\frac{df}{dr} = 0. \tag{8.3-26}$$

변수 계수들을 갖는 이 4차 선형 미분 방정식을 *등차원*(또는 *Euler*) 방정식이라고 한다. 이러한 방정식들은 기본적으로 $f(r) = r^n$ 형태의 해를 가지며, 여기서 n은 정수이다. 이 해를 식 (8.3-26)에 대입하여 얻은 특성 방정식은 다음과 같다.

$$n(n-1)(n-2)(n-3) + 8n(n-1)(n-2) + 8n(n-2) = 0. \tag{8.3-27}$$

검토해 보면, 해들 중 2개는 $n = 2$와 $n = 0$이다. 공통인자 $n(n-2)$를 소거하면 2차 방정식을 얻을 수 있고, 나머지 해들은 $n = -1$과 $n = -3$이 된다. 따라서 식 (8.3-26)의 일반해는 다음과 같다.

$$f(r) = Ar^2 + B + \frac{C}{r} + \frac{D}{r^3}. \tag{8.3-28}$$

식 (8.3-20)과 (8.3-25)로부터, g와 h에 대해 상응하는 해는 다음과 같다.

$$g(r) = -B - \frac{1}{2}\frac{C}{r} + \frac{1}{2}\frac{D}{r^3} \tag{8.3-29}$$

$$\frac{h(r)}{\mu} = 2Ar + \frac{C}{r^2}. \tag{8.3-30}$$

따라서 4개의 상수(A, B, C, D)가 결정되면 해를 얻을 수 있다.

식 (8.3-15)와 (8.3-16)에서 경계조건들은 다음의 관계를 필요로 한다.

$$A = 0, \quad B = U, \quad C = -\frac{3}{2}UR, \quad D = \frac{UR^3}{2}. \tag{8.3-31}$$

따라서 속도성분들과 압력에 대한 최종결과는 다음과 같다.

$$\frac{v_r(r,\theta)}{U} = \left[1 - \frac{3}{2}\left(\frac{R}{r}\right) + \frac{1}{2}\left(\frac{R}{r}\right)^3\right]\cos\theta \tag{8.3-32}$$

$$\frac{v_\theta(r,\theta)}{U} = -\left[1 - \frac{3}{4}\left(\frac{R}{r}\right) - \frac{1}{4}\left(\frac{R}{r}\right)^3\right]\sin\theta \tag{8.3-33}$$

$$\frac{\mathcal{P}(r,\theta)}{\mu U/R} = -\frac{3}{2}\left(\frac{R}{r}\right)^2\cos\theta. \tag{8.3-34}$$

크리핑 유동에서 관성효과가 없는 것은 $\mathcal{P}$의 변화가 $\mu U/R$인 점성 압력 척도(viscous pressure scale)와 비슷하다는 것을 의미한다. 식 (8.3-34)에서 교란되지 않은 유동에서의 0이 되는 $\mathcal{P}$는 구의 상류측에서는 증가하고(여기서 $\pi/2 < \theta \le \pi$임) 하류측에서는 감소함(여기서 $0 < \theta \le \pi/2$임)을 알 수 있다. 이러한 압력변화는 구의 표면에서의 전단응력과 같이 응력으로 작용한다. 속도와 압력에 관한 결과들은 예제 8.3-3에서 항력에 대한 Stokes의 법칙을 유도하기 위해 활용된다.

유동 형태는 흐름 함수 $\psi(r,\theta)$의 상수값들을 그래프로 표시하여 가시화시킬 수 있다. 표 5.4와 v_r과 v_θ에 대한 결과로부터 다음과 같이 나타난다.

$$\frac{\partial\psi}{\partial\theta} = v_r r^2\sin\theta = Ur^2\sin\theta\cos\theta\left[1 - \frac{3}{2}\left(\frac{R}{r}\right) + \frac{1}{2}\left(\frac{R}{r}\right)^3\right] \tag{8.3-35}$$

$$\frac{\partial\psi}{\partial r} = -v_\theta r\sin\theta = Ur\sin^2\theta\left[1 - \frac{3}{4}\left(\frac{R}{r}\right) - \frac{1}{4}\left(\frac{R}{r}\right)^3\right]. \tag{8.3-36}$$

적분의 결과로부터 $\psi(r,\theta)$에 관한 2개의 동일한 식을 얻을 수 있다. 공통 적분상수를 0으로 놓으면 다음과 같다.

$$\psi(r,\theta) = \frac{UR^2}{2}\sin^2\theta\left[\left(\frac{r}{R}\right)^2 - \frac{3}{2}\left(\frac{r}{R}\right) + \frac{1}{2}\left(\frac{R}{r}\right)\right]. \tag{8.3-37}$$

다양한 ψ에 상응하는 유선들을 그림 8.8에 나타내었다. 5.6절에서 논의한 바와 같이, 유선들이 가장 근접해 있을 경우에 속도가 가장 크다.

앞에서의 두 예제에서의 해답은 같은 단계를 포함하고 있다. (1) 경계조건을 잡고 이를 활용하여 속도성분에 대해 분리가 가능한 형태(separable form)를 가정한다. (2) 연속방정식

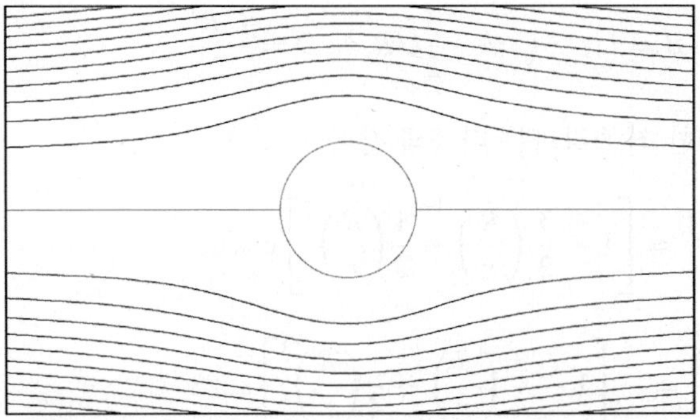

그림 8.8 구를 지나는 크리핑 유동(creeping flow)의 유선들

을 활용하여 한 속도성분을 다른 속도성분과 연관시킨다. (3) 연속방정식을 Stokes 방정식과 결합시켜 압력과 한 개의 속도성분을 소거한다. (4) 결과적으로 구해진 3차 또는 4차 미분 방정식을 남아있는 속도성분에 대해 푼다. (5) 기지의 속도성분 1개를 이용하여, (6) 압력(구할 필요가 있다면)을 Stokes 방정식을 활용하여 계산한다.

이 책의 범위를 넘어서지만, 연속방정식과 Navier-Stokes 방정식을 흐름 함수(stream function)에 관한 표현으로 다시 유도하면 양방성 문제(bidirectional problems)를 푸는 데 효과적인 방법이 될 수 있다. 지배 방정식들을 흐름 함수가 유일한 종속변수인 단일 4차 미분 방정식으로 묶는다. Navier-Stokes 방정식의 흐름 함수 형태들은 Deen (2012)과 Leal (2007) 등의 여러 문헌을 참고하도록 한다. 흐름 함수를 이용하는 경우 압력과 1개의 속도 성분을 제거하기 위해 때로는 지루한 유도단계들을 피할 수 있다. 구를 지나는 크리핑 유동에 대한 흐름 함수 해는 Deen (2012, pp.326~328)를 참조하도록 한다.

예제 8.3-3 • Stokes 법칙. 앞에서 소개된 식 (3.2-3)과 관련하여 Re가 낮은 조건에서 구에 작용하는 항력에 대한 Stokes 방정식을 유도하도록 한다.

예제 6.6-3으로부터, 고체 구를 지나는 축대칭 유동(점성이 있거나 또는 없는)에서 항력은 다음과 같다.

$$F_D = -2\pi R^2 \int_0^\pi [\mathcal{P}(R,\theta)\cos\theta + \tau_{r\theta}(R,\theta)\sin\theta]\sin\theta\, d\theta. \tag{8.3-38}$$

식 (8.3-32)~(8.3-34)를 이용하여 표면에서의 압력과 전단응력을 구하면 다음과 같다.

$$\mathcal{P}(R,\theta) = -\frac{3}{2}\frac{\mu U}{R}\cos\theta \tag{8.3-39}$$

$$\tau_{r\theta}(R,\theta) = -\frac{3}{2}\frac{\mu U}{R}\sin\theta. \tag{8.3-40}$$

이를 식 (8.3-38)에 대입하면 다음과 같다.

$$F_D = 3\pi\mu UR \int_0^\pi (\cos^2\theta + \sin^2\theta)\sin\theta\, d\theta. \tag{8.3-41}$$

압력과 점성효과를 분리시켜 2개의 적분으로 분리시키면 다음과 같다.

$$\int_0^\pi \cos^2\theta \sin\theta\, d\theta = \frac{2}{3}, \quad \int_0^\pi \sin^3\theta\, d\theta = \frac{4}{3}. \tag{8.3-42}$$

따라서 항력은 다음과 같다.

$$F_D = 6\pi\mu UR \tag{8.3-43}$$

이는 Stokes의 법칙을 반지름 항으로 나타낸 형태이다. 식 (8.3-42)에 보인 바와 같이 항력의 3분의 1은 압력(형태 항력, 첫 번째 적분식)으로부터, 3분의 2는 전단응력(마찰 항력, 두 번째 적분식)으로부터 기인한다. 이는 형태 항력(form drag)이 주도하는 Re가 클 때의 구 또는 뭉툭한 물체를 지나는 유동과는 대조적이다.

Navier-Stokes 방정식에 대한 유효한 근사법들은 내부적으로 일관된 결과를 낼 수 있어야 한다. 따라서 8.2절에서 논의된 바와 같이 무시된 항들이 기하학적, 역학적 측면에서 무시할 만큼 작다는 것을 증명해야 한다. Re가 작은 경우에 식 (8.3-43)이 정확하다는 많은 실험결과들을 고려할 때, 의외로 구를 지나는 유동에 대한 Stokes의 해는 r이 큰 경우에는 맞지 않는다. 특히 식 (8.3-32)와 (8.3-33)을 이용했을 때, r 성분의 점성항의 합은 $3\,\mu UR\cos\theta/r^3$이 된다. 관성항들의 합은 $r/R \to \infty$의 조건에서 $(3/4)(\rho U^2 R/r^2)(3\cos^2\theta - 1)$에 접근한다. r이 큰 경우에 점성항에 대한 관성항의 비는 다음과 같다.

$$\frac{Ur}{\nu}\left|\frac{3\cos^2\theta - 1}{4\cos\theta}\right| = \mathrm{Re}\left(\frac{r}{R}\right)\left|\frac{3\cos^2\theta - 1}{8\cos\theta}\right|. \tag{8.3-44}$$

첫 번째 방정식은 R이 없는데, 이는 구로부터 멀리 떨어진 영역에 대한 반지름은 R이 아니라 r이 된다는 것을 의미한다. 두 번째 방정식의 θ에 대한 함수는 항상 작은 것은 아니기 때문에, 관성을 무시할 수 있다면 $\mathrm{Re}(r/R) \ll 1$ 또는 $r/R \ll 1/\mathrm{Re}$이 되어야 한다. 그러나 Re가 0이 아닌 경우, 구로부터 충분히 멀리 떨어진 영역에는 이 조건이 맞지 않게 된다. 다행스럽게도, r이 큰 경우에 Stokes 방정식이 맞지 않는 것은 구 주위에서의 속도와 압력에 큰 영향을 미치지 않으며, 첨단 해석법을 통해 Re → 0인 조건에 대해 식 (8.3-43)이 정확하다는 것이 입증되었다(Deen, 2012, pp.343~349). 그러나 r이 큰 경우에는 관성효과가 상당히 중요해지기 때문에 이 조건을 긴 실린더를 지나는 2차원 유동에까지 적용할 수는 없다. 구와는 다르게, 경계조건 $r \to \infty$을 만족시키는 실린더에 대한 Stokes 방정식의 해는 없다. 결과적으로, 실린더에 작용하는 항력은 Re에, Re → 0인 경우에도 의존한다(연습문제 8.12).[3)]

다공성 매질

다공성 매질에서의 크리핑 유동(creeping flow)은 대개 Stokes 방정식을 Darcy 법칙으로 대체해서 모델링하며, 이때의 벡터 형태는 다음과 같다.

$$\mathbf{v} = -\frac{k}{\mu}\nabla\mathcal{P} \tag{8.3-45}$$

여기서 k는 Darcy 투과도(permeability)이다. 3.4절에서 논의한 바와 같이, 이 식은 기공 크기에 비해 길이가 훨씬 큰 경우에 적용이 가능하며, $\mathbf{v}$는 공탑 속도(superficial velocity)이다. 균일하고 k가 일정한 다공성 매체에 대해 Darcy 법칙을 연속방정식($\nabla \cdot \mathbf{v} = 0$)을 조합하면 다음과 같이 된다.

$$\nabla^2\mathcal{P} = 0. \tag{8.3-46}$$

만일 압력 또는 압력구배의 수직 성분을 모든 경계에서 알고 있다면, 이 식은 $\mathcal{P}$에 대해 풀 수 있으며(해석적 또는 수학적으로), 식 (8.3-45)로부터 $\mathbf{v}$를 구할 수 있다.

낮은 Reynolds 수의 유동에 관한 최고의 논문은 Happel과 Brenner (1965)의 논문이다. Leal (2007)도 크리핑 유동에 관한 많은 연구를 수행하였다.

8.4 유사정상 유동

만일 유동이 시간-의존성(time-dependent)이지만, 운동량 방정식에서의 시간의 도함수가 무시할 만한 경우, 이를 *유사정상(pseudosteady)*이라고 한다. 이러한 현상은 계가 가해진 힘

---

3) Stokes는 1851년의 선구적인 논문에서 실린더를 지나는 유동에 대한 해가 없다는 것을 알게 되었다. 적절하게 보이는 지배 방정식들의 조합으로 해를 구할 수 없는 상황을 Stokes의 역설이라고 한다. Re가 작을 때의 관성의 미묘한 효과는 1910년 C. W. Oseen에 의해 밝혀질 때까지 인정받지 못했으며, 관련된 수학적 난제가 해결된 1950년대에 단수형 섭동이론(singular perturbation theory)이 도입된 후에 인정을 받게 되었다.

에 즉각적으로 반응하는 경우에 발생한다. 주위(surroundings)에 의해 가해진 압력이나 속도가 시간에 따라 변한다 할지라도, 신속한 반응은 모든 순간에 적용가능한 일정한 형태의 운동량 방정식이 되도록 한다. 섭동(perturbation)에 대한 시간, 또는 *공정 시간(process time)*을 t_p라고 표시하고, 관성이 무시할 만 할 때 계의 반응은 점성 시간 $t_\upsilon = L^2/\nu$에 의해 지배된다(예제 7.3-3). 따라서 $t_\upsilon/t_p \ll 1$인 경우, 점성 유동은 정상상태가 된다. 이러한 조건은 섭동(perturbation)이 극도로 신속한 경우가 아니면, 길이가 짧은 경우에 충족이 된다. 예를 들면, $L = 1$과 $\nu = 1 \times 10^{-6}\ \mathrm{m^2\ s^{-1}}$인 경우, $t_\upsilon = 1$ s가 된다. 현재로는 점성 항력에 의해 지배되는 유동에 대해 중점을 두고 있지만, 관성 유동도 유사정상(pseudosteady)이 될 수 있다.[4)]

시간 도함수가 무시되는 경우, t는 단지 변수로 작용한다. 사실상, 이를 통해 운동량 방정식의 독립변수 중 하나가 줄어든다. 편미분 방정식에서 독립변수의 수가 감소하게 되면 그 방정식을 푸는 것이 매우 용이하게 되며, 이러한 가능성에 대해 충분히 검토해야 한다.

예제 8.4-1 ● 압력강하가 감소되는 평행판 유로. 예제 7.2-1에서와 같이 벽간 간격이 $2H$인 평행판 유로에서 유동이 완전히 전개되었으나, 가해진 압력은 시간에 따라 점차적으로 감소한다고 가정하자. 결과적으로, 구해진 평균속도의 변화는 다음과 같다.

$$U(t) = U_0 e^{-t/t_0} \tag{8.4-1}$$

여기서 U_0와 t_0는 일정하다. 정해진 시간 상수, t_0은 특히 중요한 사항이다. 그림 7.1에서의 좌표에서 $\upsilon_x(y, t)$를 결정해야 한다.

시간의존성은 유동이 완전히 전개되었다면 모든 위치에서 $\upsilon_y = 0$인 2차원 연속방정식의 결론에 영향을 미치지 않는다. 따라서 $\partial\mathcal{P}/\partial y = 0$와 $\mathcal{P} = \mathcal{P}(x, t)$가 되어야 한다. 만일 $\partial\upsilon_x/\partial t$를 무시할 수 있을 정도로 U의 변화가 서서히 진행된다면, Navier-Stokes 방정식의 x 성분은 간략화하면 다음과 같다.

$$\frac{\partial^2 \upsilon_x}{\partial y^2} = \frac{1}{\mu}\frac{\partial\mathcal{P}}{\partial x}. \tag{8.4-2}$$

y에 독립적인 $\mathcal{P}$와 관련하여, 적분할 수 있고 비-미끄럼(no-slip) 조건을 적용하여, 예제 7.2-1과 같이 압력 구배를 평균속도에 연관시킬 수 있다. 그 결과는 다음과 같다.

$$\upsilon_x(y, t) = \frac{3}{2}U(t)\left[1 - \left(\frac{y}{H}\right)^2\right] \tag{8.4-3}$$

---

4) 유사정상(pseudosteady) 거동은 다른 역학시스템에서도 발생한다. 편미분 지배 방정식들은 일시적인 열전도, 확산, 화학반응, 또는 향류가 있는 시스템에서 때때로 시간 도함수를 무시할 수 있다.

여기서 $U(t)$는 식 (8.4-1)로 놓을 수 있다. 이 결과는 정상상태 해[식 (7.2-12)]와 비교했을 때, 일정한 평균속도를 시간 의존성 속도로 대체한 점에서 다르다.

t_0는 압력강하와 평균속도가 변할 때의 속도에 영향을 미치기 때문에, 이 예제에서는 $t_p = t_0$이다. 예제 7.3-3에서, 속도분포의 조정은 전단응력이 유로를 가로질러 변화할 때의 속도 프로파일에 의해 제한된다는 것을 알 수 있다. 따라서 $t_v = H^2/\nu$이며, 만일 $t_v/t_0 \ll 1$이면, 유동이 유사정상 상태라고 할 수 있다. 남아있는 점성항과 소거된 시간 도함수를 구하기 위해 식 (8.4-3)을 이용하여 확인할 수 있다. y에 대해 평균값의 절댓값을 꺾쇠괄호로 표시하면, $\langle \partial v_x/\partial t \rangle = U/t_0$, $\langle \partial^2 v_x/\partial y^2 \rangle = 3U/H^2$이고, 다음과 같이 된다.

$$\frac{\langle \partial v_x/\partial t \rangle}{\nu \langle \partial^2 v_x/\partial y^2 \rangle} = \frac{1}{3}\frac{H^2}{\nu t_0} = \frac{1}{3}\frac{t_v}{t_0}. \tag{8.4-4}$$

이 결과는 유동이 유사정상(pseudosteady)이 되기 위해 t_v/t_0이 작아야 하는 조건과 일치한다.

예제 8.4-2 ● 압착 유동. 그림 8.9와 같이 반지름이 R인 원반(disk)에 힘을 가하여 평평한 면을 향해 이동시킨다고 가정하자. 두 물체 사이의 공간이 좁아지면서, 끼어 있던 유체는 압착되어 빠져나간다. 외부힘은 $F(t)$, 이격거리는 $H(t)$, 그리고 원반의 속도는 $U(t)$이다. 디스크는 서서히 이동하고, 공간은 매우 얇아서 $\mathrm{Re} = U_0H_0/\nu \ll 1$이며 $H_0/R \ll 1$이 된다. 여기서 U_0와 H_0는 각각 최대속도와 최대이격거리이다. $F(t)$, $H(t)$, 그리고 $U(t)$의 관계를 구하라.

이 예제는 앞에서 논의한 중요한 근사들을 포함하고 있다는 점에서 일종의 총괄적인 성격을 갖는다. 예제 8.5-3의 상세한 설명에 의거하여, 유동은 거의 단일방향이고, 관성효과가 없으며, 이동은 유사정상(pseudosteady)이라고 할 수 있다. 즉, 이는 크리핑 유동(creeping flow)에 의해 유사정상상태로 만들어진 윤활 문제이다. 윤활 근사의 적용 가능한 형태는 다음과 같다.

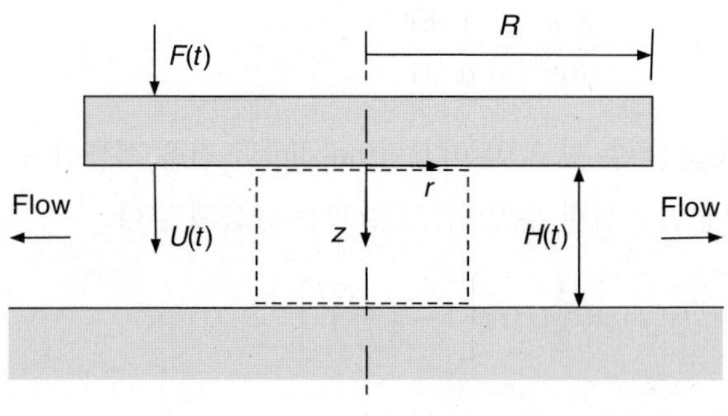

그림 8.9 압착 유동(squeeze flow). 반지름이 R인 원반(disk)에 힘을 가하여 거리 $H(t)$만큼 떨어져 있는 평평한 면(flat surface)을 향해 속도 $U(t)$로 밀착시키면, 그 사이에 끼여 있는 유체가 압착되어 반지름 방향으로 빠져나간다.

$$\frac{\partial^2 v_r}{\partial z^2} = \frac{1}{\mu}\frac{\partial \mathcal{P}}{\partial r}, \quad \mathcal{P} = \mathcal{P}(r, t) \text{ only.} \tag{8.4-5}$$

두 번의 적분과 $z = 0$과 $z = H(t)$에서 비-미끄럼 조건을 적용하면, 다음과 같다.

$$v_r(r, z, t) = -\frac{H^2}{2\mu}\frac{\partial \mathcal{P}}{\partial r}\left[\left(\frac{z}{H}\right) - \left(\frac{z}{H}\right)^2\right]. \tag{8.4-6}$$

여기서, r에 대한 v_r의 의존성은 반지름 방향에서의 $\partial\mathcal{P}/\partial r$의 변화로부터 발생하고, t에 대한 v_r의 의존성은 $\partial\mathcal{P}/\partial r$과 H에 내포되어 있다.

압력구배를 구하기 위해서는 그림 8.9에 점선 직사각형으로 표시된 높이 $H(t)$이고 임의의 반지름 r을 갖는 대상 부피(control volume)를 고려해 보자. 위에서 이동하는 표면은 피스톤으로 작용하여 $\pi r^2 U$의 속도로 부피를 감소시킨다. 그리고 유체는 반지름 방향으로 빠져나간다. 단위 원주 길이당 부피 유량(flow rate)을 q라고 놓으면, $\pi r^2 U = 2\pi r q$가 되므로 다음과 같다.

$$q(r, t) = \frac{rU}{2}. \tag{8.4-7}$$

식 (8.4-6)으로부터 다음과 같이 된다.

$$q(r, t) = \int_0^H v_r\, dz = -\frac{H^3}{12\mu}\frac{\partial \mathcal{P}}{\partial r}. \tag{8.4-8}$$

q에 대한 이 두 식을 같다고 놓으면, 다음과 같이 된다.

$$\frac{\partial \mathcal{P}}{\partial r} = -\frac{6\mu r U}{H^3}, \quad \mathcal{P}(R) = 0 \tag{8.4-9}$$

여기서 원반(disk)의 외부모서리의 압력은 0으로 간주한다. 적분하면 다음과 같이 된다.

$$\mathcal{P}(r, t) = \frac{3\mu R^2 U}{H^3}\left[1 - \left(\frac{r}{R}\right)^2\right]. \tag{8.4-10}$$

압력은 $\mathcal{P}$가 H^{-3}에 따라 변하기 때문에, 두 물체 간의 간격이 좁아질수록 급격하게 증가하는 것을 알 수 있다.

원반(disk)의 관성 자체를 무시하면, 원반에 작용하는 순(net) 힘은 0이 된다. 또한 중력, 부력, 그리고 틈 외부의 작은 유체의 힘들을 무시하면, 가해진 힘은 $z = 0$에서의 압력과 균형을 이루어야 한다. 고체 표면에서 점성 응력의 수직성분이 0이기 때문에(연습문제 6.5), τ_{zz}은 힘의 균형에 영향을 미치지 않는다. 이 경우 압력힘의 역학적 부분만 남게 되어 다음과 같이 된다.

$$F(t) = 2\pi \int_0^R \mathcal{P}(r, t) r\, dr = \frac{3\pi}{2}\frac{\mu R^4 U(t)}{H^3(t)}. \tag{8.4-11}$$

이 관계식은 1877년에 J. Stefan에 의해 최초로 얻어졌으며, *Stefan 방정식*이라고 한다. 만일 F가 상수인 경우, U는 시간의 경과에 따라 감소한다는 것을 나타내며(H^3와 같이 변화하며), 그리고 U를 일정하게 유지하기 위해서는 F는 시간의 경과에 따라 증가해야만 한다는 것을 나타낸다(H^{-3}과 같이 변화). 속도를 $U = -dH/dt$를 이용하여 속도를 변수로 대체하여 얻어지는 미분 방정식을 풀면 특정한 $F(t)$에 대해 $H(t)$를 결정할 수 있다.

8.5 근사 예측

이 장 앞부분에서 논의된 근사에 대한 정량적 적정성은 특정 예제에서만 제공하였다. 즉, 특정한 문제에서 간략화된 Navier-Stokes 방정식을 적용한 후, 얻어진 해는 무시된 항들을 추정하기 위해 이용된다. 그런 다음 해가 정확할 때 결론을 도출하였다. 이러한 일관성 시험들은 유용한 정보를 제공한다. 그러나 완전해 또는 수치해를 얻기 위해 시도하기 전에 가능한 근사치를 평가하는 방법이 있다면 훨씬 더 좋을 것이다. 얻어진 결과를 문제 군(family)에 일반화시킬 수 있다면 매우 바람직할 것이다. 이 절에서 논의된 방법론은 이를 목표로 하고 있다. 중요한 요소는 도함수와 적분의 위수-크기 추산(order-of-magnitude estimation)을 구하기 위해 척도를 이용하는 것이다. 추산 방법들을 다룬 후, 중요한 근사들이 유효한 경우에 대해 좀 더 일반적으로 검토하도록 한다.

위수-크기 추산

해석 초기단계에서 Navier-Stokes 방정식을 간략화하기 위해서는 속도성분들과 이의 1차 및 2차 도함수를 구해야 한다. 속도장이 아직 알려져 있지 않은 상황에서는 불가능하게 보일수도 있다. 그러나 대개 최소한 1개의 속도성분의 최대 또는 평균값이 주어지고, 길이와 시간 척도(scale)에 관한 단서가 포함되어 있다. 더구나, 모델링의 첫 번째 사항은 무시할 만한 항이 무엇인지를 파악하는 것이란 점에서 위수-크기(order-of-magnitude, OM)가 충분히 정확하다고 할 수 있다. 실제로 적절한 추산치를 간단히 얻을 수 있는 방법에 관해 추후에 논의할 것이다.

전형적으로 속도성분이 되는 $f(x, y, t)$ 함수에 관해 고려해 보자. f와 여러 편 도함수(partial derivative)들을 계산하는 데 있어서, 대수부호가 아닌 절댓값에만 관심이 있다. x 도함수를 구하는 방법은 다음과 같다.

$$\frac{\partial f}{\partial x} \sim \frac{(\Delta f)_x}{\Delta x} \tag{8.5-1}$$

$$\frac{\partial^2 f}{\partial x^2} \sim \frac{(\Delta f)_x}{(\Delta x)^2}. \tag{8.5-2}$$

'~' 기호는 OM 추산치라는 것을 의미한다. 여기서 f는 구간 Δx에 대해 x축 방향으로 $(\Delta f)_x$만큼 점차적으로 증가한다고 가정한다. 이 구간에 대해 $(\Delta f)_x/\Delta x$가 $\partial f/\partial x$의 평균값과 같다는 점에서, 식 (8.5-1)에서 항상 정확한 OM을 구할 수 있다. 즉, $\partial^2 f/\partial x^2 \sim (|\partial f/\partial x|_{max} - 0)/\Delta x$로 가정한다. 대개 상당히 정확하지만, 식 (8.5-2)는 곡률이 없거나 거의 없는 함수의 2차 도함수를 과하게 추산하게 된다. 2차 도함수가 불확실하지만, 이들 식들이 잘못된 결론을 유발시키는 경우는 드물다. y 또는 t 도함수에 대해, Δy 또는 Δt는 Δx를 대체하고, 분자는 각각 $(\Delta f)_y$와 $(\Delta f)_t$가 된다. 속도성분들과 압력이 연속방정식과 운동량 방정식에 의해 밀접하게 연계되어 있기 때문에, 분모에는 아래첨자가 필요 없다. 따라서 위치와 시간의 비슷한 간격들에 대해 모두 변하게 된다.

구간들에서 OM 추산치가 필요한 경우가 있다. 만일 $f(x)$가 구간 $[0, \Delta x]$ 구간에서 점차적으로 증가한다면, 다음과 같다.

$$\int_0^{\Delta x} f\,dx \sim f_s\,\Delta x \qquad (8.5\text{-}3)$$

여기서 f_s는 동일 구간에서 $f(x)$에 대한 *척도*가 된다. 1.3절에서 설명한 바와 같이, 변수의 척도는 그 변수의 최댓값이다. 이 추산의 정확도 범위 내에서, 어떤 경우에 대한 척도, 평균값, 그리고 OM은 모두 동일하다. 식 (8.5-3)에서 f_s의 평균값을 사용하게 되면 등식은 확실하게 성립한다.

식 (8.5-1)과 (8.5-2)에서, $(\Delta f)_x$와 Δx는 각각 f와 x의 *변화*에 대한 척도이다. 만일 f가 0에서 어떤 최댓값까지 변한다면, 속도성분에서는 일반적인 Δf에 대한 척도는 f와 같다. 독립변수(위치와 시간)에 대한 척도를 확인하는 것은 좀 더 미묘한 작업이다. 예를 들면, 도함수 공식에서 Δx는 대개 f 값이 상당히 변하는 거리를 나타낸다. 이 역학적으로 관련된 x의 구간은 x축 전체 범위와는 다를 수 있다. 이와 비슷하게, Δt도 어떤 공정의 전체 기간이 될 수도 있고 또는 아닐 수도 있다. 척도의 추산에 관해 다음 예제에서 설명하도록 한다.

예제 8.5-1 • 좁아지는 유로의 위수크기 해석. 그림 8.1에 나타낸 좁아지는 유로에 대한 속도성분의 크기와 이의 도함수를 구하고자 한다. 여기서는 예제 8.2-1에서 얻은 $v_x(x, y)$와 $v_y(x, y)$에 대한 해들이 없다고 가정하고 진행한다. 이들 해들은 OM 추산치가 정확한지를 확인하는 데만 사용한다. 유로의 x축의 특정한 위치에서의 높이평균값들 간의 비교도 할 것이다. 예제 8.2-1에서와 같이, y축에 대해 평균값의 절댓값은 꺾쇠표로 표시한다.

유로를 따라 특정한 위치에서의 v_x에 대한 적절한 척도는 평균속도(mean velocity)이다.

표 8.1 좁아지는 유로의 속도 성분들과 이의 도함수

Quantity	OM estimate	OM/exact	Quantity	OM estimate	OM/exact
$\langle v_x \rangle$	u	1	$\langle v_y \rangle$	$u\left\|\frac{dh}{dx}\right\|$	$\frac{8}{3}$
$\langle \partial v_x/\partial y \rangle$	$\frac{u}{h}$	$\frac{2}{3}$	$\langle \partial v_y/\partial y \rangle$	$\frac{u}{h}\left\|\frac{dh}{dx}\right\|$	–
$\langle \partial^2 v_x/\partial y^2 \rangle$	$\frac{u}{h^2}$	$\frac{1}{3}$	$\langle \partial^2 v_y/\partial y^2 \rangle$	$\frac{u}{h^2}\left\|\frac{dh}{dx}\right\|$	$\frac{2}{9}$
$\langle \partial v_x/\partial x \rangle$	$\frac{u}{h}\left\|\frac{dh}{dx}\right\|$	–	$\langle \partial v_y/\partial x \rangle$	$\frac{u}{h}\left\|\frac{dh}{dx}\right\|^2$	–
$\langle \partial^2 v_x/\partial x^2 \rangle$	$\frac{2u}{h^2}\left\|\frac{dh}{dx}\right\|^2$	$\frac{2}{3}$	$\langle \partial^2 v_y/\partial x^2 \rangle$	$\frac{2u}{h^2}\left\|\frac{dh}{dx}\right\|^3$	$\frac{2}{21}$

즉, $v_x \sim u(x)$이다. v_x는 벽에서 0이고 중심에서 대략 u가 되며, $(\Delta v_x)_y = u$이고, $\Delta y = h$이다. 식 (8.5-1)과 (8.5-2)로부터 $\partial v_x/\partial y \sim u/h$와 $\partial^2 v_x/\partial y^2 \sim u/h^2$가 된다. $(\Delta v_x)_x$와 Δx(아래 참조)의 값들은 명확하지는 않다. 그러나 x 도함수들은 $q = 2u(x)h(x)$의 일정성으로부터 추측할 수 있다. $d(uh)/dx = 0$에서, 다음과 같다.

$$\frac{du}{dx} = -\frac{u}{h}\frac{dh}{dx} \tag{8.5-4}$$

$$\frac{d^2u}{dx^2} = \frac{2u}{h^2}\left(\frac{dh}{dx}\right)^2. \tag{8.5-5}$$

두 번째 식은 일정한 dh/dx(평면의 벽들)로 제한된다. 따라서 $\partial v_x/\partial x \sim (u/h)|dh/dx|$와 $\partial^2 v_x/\partial x^2 \sim (2u/h^2)|dh/dx|^2$가 된다. v_x에 대한 OM 결과는 표 8.1의 두 번째 열에 요약해 놓았다.

알려져 있는 척도가 도함수의 추산치를 제공하듯이, 알려져 있는 도함수는 미지의 척도를 추측하는 데 사용할 수 있다. $\partial v_x/\partial x$의 결과는 정리하면 다음과 같다.

$$\frac{\partial v_x}{\partial x} \sim \frac{(\Delta v_x)_x}{\Delta x} \sim \frac{u}{h/|dh/dx|}. \tag{8.5-6}$$

만일 Δx가 v_x가 상당한 변화에 필요한 유로의 길이로 정의하면, 예를 들면 두 배 또는 절반으로, $(\Delta v_x) \sim u$이고 $\Delta x \sim h/|dh/dx| = (h/|\Delta h|)L$이 되며, 여기서 L은 유로의 길이이고 $|\Delta h| = |h_L - h_0|$은 이의 절반-높이의 변화를 의미한다(그림 8.1). 따라서 만일 $|\Delta h|$가 h_0 또는 h_L의 작은 분율일 뿐이라면, $\Delta x \gg L$이 된다. 다르게 말하면, 역학적으로 상당한 길이 척도는 유로의 실제 길이를 훨씬 초과할 수 있다는 것이다. 역학적 길이척도가 기하학적 차원보다 훨

씬 더 작은 경계층과 같은 다른 상황도 있을 수 있다.

연속방정식과 적분 규칙[식 (8.5-3)]을 활용하면, v_y에 대한 OM은 다음과 같이 구할 수 있다.

$$v_y \sim \int_0^h \frac{\partial v_x}{\partial x}\,dy \sim \frac{\partial v_x}{\partial x}h \sim u\left|\frac{dh}{dx}\right|. \tag{8.5-7}$$

이는 $(\Delta v_y)_y$에 대한 척도이기도 하다. 따라서 h 또는 h^2로 나누면 각각 $\partial v_y/\partial y$와 $\partial^2 v_y/\partial y^2$에 대한 값을 얻을 수 있다. v_y의 OM 추산치와 이의 도함수는 표 8.1의 다섯 번째 열에 요약하였다. v_y값에 대한 값들은 v_x값과 $|dh/dx|$의 곱과 일치하는 것을 알 수 있다.

표 8.1에서 'OM/exact'로 분류된 열들은 식 (8.2-3)과 (8.2-14)로 구한 높이평균값들에 대한 OM 추산치들의 비이다. 이 비율은 약 0.1에서 3까지 변하는 것을 알 수 있다. 값이 없는 경우는 '완전' 도함수('exact' derivative)의 부호가 높이평균이 0이 되는 형태로 부호가 바뀐 경우이다. 이러한 세 가지 경우에서, OM 추산치는 '완전' 최대치('exact' maximum)의 1/3이었다. 전체적으로, 비교를 통해 OM의 정확도 내에서 다양한 도함수를 추산하는 데는 속도 프로파일에 대한 기초적인 지식만 있으면 된다는 것을 보여준다. OM 추산치로부터 $|dh/dx| \ll 1$과 $\mathrm{Re}\,|dh/dx| \ll 1$일 때 식 (8.2-1)을 좁아지는 유로에 적용할 수 있다는 것을 예측할 수 있었다.

예제 8.5-2 ● 구를 지나는 Stokes 유동에 대한 위수크기 해석. 이 문제의 목적은 구로부터 멀리 떨어진 특성길이가 R이 아니라 r이라는 것을 안다면, r이 큰 경우에 대해 Stokes 방정식(8.3절)이 맞지 않는다는 것을 보이는 것이다. θ 성분도 적용이 되겠지만, 구형 Navier-Stokes 방정식의 r 성분에 대해 검토하고자 한다. OM 수준에서, $\nabla^2 v_r$은 $\partial^2 v_y/\partial r^2$에 $(1/r^2)\partial^2 v_r/\partial\theta^2$를 더한 값이 된다. $v_r \sim U$과 $\Delta r \sim r$일 때, 이 항들은 각각 $\sim U/r^2$이 된다. 식 우변의 $\nabla^2 v_r$을 포함하는 항들도 각각 $\sim U/r^2$이다. 좌변에서 $v_r \partial v_r/\partial r \sim U^2/r$ 그리고 이를 동반하는 모든 항들은 비슷한 크기이다. 부적절하게 소거하지 않으면, 점성 항들의 합은 $\sim \rho U^2/r$이 된다. 부적절하게 소거하지 않아도, 점성항의 합은 $\sim \mu U/r^2$이 된다. 그러면 점성항에 대한 관성항의 비는 다음과 같다.

$$\frac{\rho U^2/r}{\mu U/r^2} = \frac{Ur}{\nu} \sim \mathrm{Re}\left(\frac{r}{R}\right). \tag{8.5-8}$$

이 식과 식 (8.3-44)가 일치한다는 것은 실제로 구로부터 먼 영역에서 r이 올바른 길이 척도라는 것을 증명한다.

윤활근사

2차원 윤활근사에 대한 8.2절에서 논의한 바와 같이, 정상유동은 다음 두 조건에 해당된다. 유동이 거의 단일방향이고 관성효과는 무시할 만하다. U를 v_x와 v_x의 변화에 대한 척도로 놓고, V를 v_y와 v_y의 변화에 대한 척도라고 하자. 그러면 연속방정식(continuity equation)은 다음과 같이 나타나게 된다.

$$\frac{\partial v_x}{\partial x} \sim \frac{\partial v_y}{\partial y} \quad \text{또는} \quad \frac{U}{\Delta x} \sim \frac{V}{\Delta y} \quad \text{또는} \quad \frac{V}{U} \sim \frac{\Delta y}{\Delta x}. \tag{8.5-9}$$

따라서 거의 단일방향 유동($V/U \ll 1$)은 전형적으로 상대적으로 길고 좁은 계에서 발생한다($\Delta y/\Delta x \ll 1$). (예제 8.2-2는 V/U가 기하학적 특성이 아니라 벽을 통한 투과성에 의해 좌우되는 예외적인 경우에 해당된다.) 이와 같은 '얇음'은 두 가지의 결론을 갖는다. 첫 번째는 Navier-Stokes 방정식의 x 성분에서 점성 항력 중 하나가 무시할 만하다. 즉, 다음과 같다.

$$\frac{\partial^2 v_x}{\partial x^2} \sim \frac{U}{(\Delta x)^2} \ll \frac{U}{(\Delta y)^2} \sim \frac{\partial^2 v_x}{\partial y^2}. \tag{8.5-10}$$

두 번째 결론은 압력이 y에 거의 의존하지 않는다는 것이다. 8.2절에서 언급한 바와 같이, 운동량 방정식에서 가장 큰 속도항이 압력 도함수의 상한값이 된다. 거의 단일방향 유동의 경우, Navier-Stokes 방정식의 y 성분의 각 항들은 x 성분의 상응하는 값보다 V/U만큼 더 작다(표 8.1). 따라서 이런 유동의 경우, 두 방향에서의 압력변화의 비율은 다음과 같다.

$$\frac{(\Delta\mathcal{P})_y}{(\Delta\mathcal{P})_x} \sim \frac{(\partial\mathcal{P}/\partial y)\,\Delta y}{(\partial\mathcal{P}/\partial x)\,\Delta x} \sim \frac{\left(\dfrac{\mu V}{(\Delta y)^2}\right)\Delta y}{\left(\dfrac{\mu U}{(\Delta y)^2}\right)\Delta x} \sim \frac{V}{U}\frac{\Delta y}{\Delta x} \sim \left(\frac{\Delta y}{\Delta x}\right)^2. \tag{8.5-11}$$

관성은 유동이 거의 단일방향이거나 또는 아니라도, 연속(continuity)에 의해 $\mathbf{v}\cdot\nabla\mathbf{v}$의 두 항이 OM 수준에서 구분이 안 된다는 점에서 간략화 될 수 있다. 즉, 식 (8.5-9)를 이용하면 다음과 같다.

$$v_x\frac{\partial v_x}{\partial x} \sim \frac{U^2}{\Delta x} \sim \frac{VU}{\Delta y} \sim v_y\frac{\partial v_x}{\partial y}. \tag{8.5-12}$$

따라서 어느 관성항을 지배적인 점성항과 비교하는 것이 충분하다. 따라서 거의 단일방향 유동의 경우, 점성효과에 대한 관성효과의 비율은 다음과 같이 된다.

$$\left|\frac{\rho v_x\,\partial v_x/\partial x}{\mu\,\partial^2 v_x/\partial y^2}\right| \sim \frac{\rho U^2/\Delta x}{\mu U/(\Delta y)^2} = \mathrm{Re}\frac{\Delta y}{\Delta x} \tag{8.5-13}$$

여기서 $\mathrm{Re} = U\Delta y/\nu$이다. 요약하면, 윤활근사(lubrication approximation)는 전형적으로 $\Delta y/\Delta x \ll 1$이고 $\mathrm{Re}\,\Delta y/\Delta x \ll 1$이 되어야 한다. 9장의 경계층 유동들은 거의 단일방향이지만, 큰 Re가 큰 경우에는 관성이 중요해진다는 점에서 차이가 있다.

크리핑 유동 근사

정상 크리핑 유동의 경우, $\mu\nabla^2\mathbf{v}$에 비해 $\rho\mathbf{v}\cdot\nabla\mathbf{v}$가 무시할 만하다. 이와 같은 유동은 반드시 단일방향일 필요가 없기 때문에, 일반적으로 $\Delta x \sim \Delta y$이다. 식 (8.5-13)에서 $\Delta x = \Delta y$로 놓으면, 8.3절에서 Stokes 방정식을 활용하기 위한 기준이 되는데, 즉 $\mathrm{Re} = UL/\upsilon \ll 1$이 된다. 구를 지나는 유동의 경우, 구로부터 멀리 떨어져 있지 않는 유체에 대해 $L = R$이다. 따라서, $UR/\upsilon \ll 1$은 이 영역에서 크리핑 유동이 적절한 근사가 되기 충분한 조건이다. 그러나 구로부터 멀리 떨어진 유체의 경우, $L = r$이고 관성을 무시하려면 $Ur/\upsilon \ll 1$이 되어야 한다(예제 8.5-2).

유사정상 근사

유사정상(pseudosteady) 점성유동의 특성은 $\mu\nabla^2\mathbf{v}$에 비해 $\rho\partial\mathbf{v}/\partial t$이 무시할 만하다는 것이다. 이런 유동은 반드시 단일방향성이 아니라는 점에서, 다시 $\Delta x \sim \Delta y \sim L$가 된다. 만일 t_p가 속도변화에 대한 특성시간이라면, $\Delta t = t_p$이고, 다음과 같다.

$$\left|\frac{\rho\,\partial v_x/\partial t}{\mu\,\partial^2 v_x/\partial y^2}\right| \sim \frac{\rho U/t_p}{\mu U/L^2} = \frac{L^2/\nu}{t_p} = \frac{t_\upsilon}{t_p}. \tag{8.5-14}$$

따라서 8.4절에서 논의한 바와 같이, 시간 도함수를 무시하기 위해 필요한 조건은 $t_\upsilon/t_p \ll 1$이다. 이 필요사항은 Reynolds와 Strouhal 수로 다시 표시하도록 한다. 1.3절에서 언급한 바와 같이, $\mathrm{Sr} = t_p/t_c$이고, 여기서 $t_c = L/U$는 대류시간 척도이고, $\mathrm{Re} = t_\upsilon/t_c$이다. 점성 유동이 유사정상이 되기 위해 필요한 조건은 $\mathrm{Re/Sr} \ll 1$이다. 가해진 힘이 약해지거나 증가 또는 진동함으로써 발생하는 시간 척도를 적용하지 않는 경우, $t_p = t_c$이고 $\mathrm{Sr} = 1$이 된다. 이런 경우에는 $\mathrm{Re} \ll 1$가 되면 유동이 충분히 유사정상이 된다. 따라서 크리핑 유동은 대개 유사정상이다. 계에 매우 빠르게 힘이 가해지는 경우에만, Stokes 방정식의 좌변에 $\rho\partial\mathbf{v}/\partial t$를 포함시켜야 한다.

예제 8.5-3 ● 압착 유동(squeeze flow)의 위수-크기 해석. 이 예제에서는 예제 8.4-2에서 구한 근사를 검토하도록 한다. 그림 8.9의 계에 대해, $H_0/R \ll 1$과 $\mathrm{Re} = U_0H_0/\nu \ll 1$이라고 가정하자. 여기서 H_0와 U_0는 각각 최대이격(maximum separation)과 최대속도이다. 이들 최

댓값은 $t = 0$에서 가해진 힘이 일정하거나 또는 속도가 일정할 때 나타난다. 따라서 $H(t) \le H(0) = H_0$이고, 일반적으로 $U(t) \le U(0) = U_0$이다.

길이와 속도 척도는 공간 도함수를 구하기 위해 필요하다. 대칭축으로부터 r인 지점에서 바깥 방향으로 움직일 때, v_r은 0에서 z 방향으로 평균인 대략 $\langle v_r \rangle$으로 변한다. 맨 위와 바닥에서 비-미끄럼 조건이라면, 이는 r 값이 고정된 상태에서 z 방향에서의 v_r의 변화이기도 하다. 식 (8.4-7)의 총괄 질량수지로부터 $\langle v_r \rangle = q/H = rU/2H$가 된다. z 값이 0에서 H까지 변할 때, v_z는 U에서 0으로 변한다. 따라서 변화에 대한 척도들은 $\Delta r = r, \Delta z = H, (\Delta v_r)_r = (\Delta v_r)_z = rU/(2H)$이고, $(\Delta v_z)_z = U$가 된다. v_r과 v_z 자체에 대한 척도는 이들의 변화에 대한 척도와 같다. $(\Delta v_z)_r$의 값은 개괄적으로는 명확하지 않지만, 추후의 내용에서 필요하지는 않다.

$v_z/v_r \sim 2H/r$에서 확인했지만, 만일 $H_0/R \ll 1$이라면, 모델링한 대부분의 영역에서 항상 거의 단일 방향성을 갖는다. 이러한 점에서 $\mathcal{P}$가 z에 거의 의존하지 않게 되고 r축 운동량 방정식의 점성항 중 1개를 무시할 수 있다. 무시된 점성항의 OM은 다음과 같다.

$$\frac{\partial}{\partial r}\left(\frac{1}{r}\frac{\partial}{\partial r}(rv_r)\right) = \frac{\partial^2 v_r}{\partial r^2} + \frac{1}{r}\frac{\partial v_r}{\partial r} - \frac{v_r}{r^2} \sim \frac{(\Delta v_r)_r}{r^2} \tag{8.5-15}$$

원통형 좌표계에서 곡률 수정에 의해 영향을 받지 않는다. 즉, 각각이 $\sim(\Delta v_r)_r/r^2$인 세 종류의 영향은 여전히 $\sim(\Delta v_r)_r/r^2$이다. 남겨진 2차 도함수는 $\partial v_r/\partial z^2 \sim (v_r)_z/H^2$이다. 따라서 남겨진 것에 대해 소거된 항의 비는 $\sim (H/r)^2$이고, 대부분의 반지름 방향에서는 무시할 만하다.

r축 운동량 방정식의 비선형 관성항들은 다음과 같다.

$$\rho v_r \frac{\partial v_r}{\partial r} \sim \frac{\rho \langle v_r \rangle^2}{r} = \frac{\rho r U^2}{4H^2} \tag{8.5-16}$$

$$\rho v_z \frac{\partial v_r}{\partial z} \sim \frac{\rho U \langle v_r \rangle}{H} = \frac{\rho r U^2}{2H}. \tag{8.5-17}$$

이 식들은 OM 수준에서는 구분이 어렵다. 점성효과에 대한 관성효과의 비율은 다음과 같다.

$$\left|\frac{\rho v_z \partial v_r/\partial z}{\mu \partial^2 v_r/\partial z^2}\right| \sim \frac{\rho r U^2/(2H)}{\mu r U/(2H^2)} = \frac{UH}{\nu} = \mathrm{Re}\left(\frac{U}{U_0}\right)\left(\frac{H}{H_0}\right). \tag{8.5-18}$$

따라서 만일 $\mathrm{Re} \ll 1$이라면 모든 t 값에서 관성은 무시할 수 있다.

최종적으로, 이 문제에서의 공정시간 척도는 표면들의 밀착에 소요되는 시간이며, 이는 대략적으로 H_0/U_0이다. 이는 대류시간 척도이기도 하다. $\Delta t = t_p = t_c, \partial v_r/\partial t \sim \langle v_r \rangle U_0/H_0$, 그리고 다음과 같다.

$$\left|\frac{\rho \partial v_r/\partial t}{\mu \partial^2 v_r/\partial z^2}\right| \sim \frac{\rho \langle v_r \rangle U_0/H_0}{\mu \langle v_r \rangle/H^2} = \mathrm{Re}\left(\frac{H}{H_0}\right)^2. \tag{8.5-19}$$

따라서 이 계에서는 Sr = 1이고 Re ≪ 1이면 모든 t에 대해 시간 도함수를 무시할 수 있다. 요약하면, H_0/R ≪ 1이고 Re ≪ 1를 아는 경우, 식 (8.4-5)로 나타낸 유사정상(pseudosteady)의 윤활근사를 적용할 수 있다는 것을 충분히 예측할 수 있다.

예제 8.5-4 ● 슬라이더 베어링에 작용하는 힘. 속도장과 압력장을 구하는 데 유용한 근사법 확인과 함께, OM 해석은 다음의 힘 계산을 간략화 할 수 있다. 이에 대해서는 그림 8.2에서 예제 8.2-3의 슬라이더 베어링(slider bearing)의 정지상태의 부분에 해당되는 상부 표면에 작용하는 유체역학적 힘을 구하는 것으로 설명한다.

예제 A.4-5에 나타낸 바와 같이, 유체로 향하는 대한 단위 법선벡터는 다음과 같다.

$$\mathbf{n} = \frac{1}{g}\frac{dh}{dx}\mathbf{e_x} - \frac{1}{g}\mathbf{e_y}, \quad g(x) = \left[1 + \left(\frac{dh}{dx}\right)^2\right]^{1/2}. \tag{8.5-20}$$

유동으로 인한 힘을 고려해 보면, 항력벡터는 $\mathbf{s} = -\mathbf{n}\mathcal{P} + \mathbf{n}\cdot\boldsymbol{\tau}$으로 표시할 수 있다. 그러면 항력 성분들은 다음과 같다.

$$s_x = n_x(-\mathcal{P} + \tau_{xx}) + n_y\tau_{yx} = \frac{1}{g}\left[(-\mathcal{P} + \tau_{xx})\frac{dh}{dx} - \tau_{yx}\right] \tag{8.5-21}$$

$$s_y = n_x\tau_{xy} + n_y(-\mathcal{P} + \tau_{yy}) = \frac{1}{g}\left[\tau_{xy}\frac{dh}{dx} + \mathcal{P} - \tau_{yy}\right]. \tag{8.5-22}$$

너비가 W인 베어링에 대해, 미분 표면요소는 $dS = Wgdx$ (예제 A.4-5)이다. 힘의 성분들은 다음과 같다.

$$\frac{F_x}{W} = \int_0^L \left[(-\mathcal{P} + \tau_{xx})\frac{dh}{dx} - \tau_{yx}\right]_{y=h} dx \tag{8.5-23}$$

$$\frac{F_y}{W} = \int_0^L \left[\tau_{xy}\frac{dh}{dx} + \mathcal{P} - \tau_{yy}\right]_{y=h} dx. \tag{8.5-24}$$

해를 구했지만, 식 (8.5-23)과 (8.5-24)는 불필요하게 복잡하다. 점성 응력(viscous stresses)과 압력의 OM 추산치로부터 일부 항들은 무시할 수 있다는 것을 알 수 있다. 좁아지는 유로와 같이(예제 8.5-1), 슬라이더 베어링의 Δx와 Δy에 대한 척도는 각각 $h/|dh/dx|$와 h이다. 이때 $|dh/dx| \ll 1$이어야 한다. $v_x \sim U$일 때(하부 베어링의 표면의 속도), 연속에 의해 $v_y \sim U|dh/dx|$가 된다. 따라서 표 8.1의 식에서 단순히 u를 U로 치환할 수 있다. 점성 응력 성분들은 다

음과 같다.

$$\tau_{xx} = 2\mu \frac{\partial v_z}{\partial x} \sim \frac{\mu U}{h} \left| \frac{dh}{dx} \right| \tag{8.5-25}$$

$$\tau_{yx} = \tau_{xy} = \mu \left(\frac{\partial v_x}{\partial y} + \frac{\partial v_y}{\partial x} \right) \sim \frac{\mu U}{h} \left(1 + \left| \frac{dh}{dx} \right|^2 \right) \sim \frac{\mu U}{h} \tag{8.5-26}$$

$$\tau_{yy} = 2\mu \frac{\partial v_y}{\partial y} \sim \frac{\mu U}{h} \left| \frac{dh}{dx} \right|. \tag{8.5-27}$$

운동량 방정식의 윤활 형태로부터 $d\mathcal{P}/dx = \mu\partial v_x/\partial y^2$이 된다. 따라서 $\mathcal{P}/\Delta x = (\mathcal{P}/h)|dh/dx| \sim \mu U/h^2$ 또는 다음과 같다.

$$\mathcal{P} \sim \frac{\mu U}{h\,|dh/dx|}. \tag{8.5-28}$$

이제 $\mathcal{P}\,dh/dx$와 τ_{yx}가 비슷하다는 것이 명확해졌다. 이는 $|dh/dx|$가 작은 값을 가지는 것을 보정하기에 $\mathcal{P}$가 충분히 크기 때문이다. 더구나 τ_{yx} 범위 내에서 $\partial v_x/\partial y$만이 중요하다는 것을 보였다. 또한 F_y에 대한 점성에 의한 기여는 무시할 만하다는 것을 확실히 알 수 있다. 따라서 힘에 관한 식은 단순히 다음과 같다.

$$\frac{F_x}{W} = -\int_0^L \left[\mathcal{P} \frac{dh}{dx} + \mu \frac{\partial v_x}{\partial y}(x, h) \right] dx \tag{8.5-29}$$

그리고

$$\frac{F_y}{W} = \int_0^L \mathcal{P}\, dx. \tag{8.5-30}$$

v_x에 대해 식 (8.2-41)을 이용하면, 요구되는 속도 도함수는 다음과 같다.

$$\frac{\partial v_x}{\partial y}(x, h) = \frac{2U}{h} \left(1 - \frac{3\bar{h}}{h} \right). \tag{8.5-31}$$

식 (8.2-43)과 (8.5-31)을 식 (8.5-29)와 (8.5-30)에 대입하고 적분하면 힘을 식 (8.2-45)와 (8.2-46)과 같이 구할 수 있다.

8.6 결론

관성이 점성 응력에 비해 훨씬 더 작은 경우에는 Navier-Stokes 방정식(NSE)을 상당히 간소화시킬 수 있다. 만일 $\mathbf{v} \cdot \nabla \mathbf{v}$ 항이 무시할 만하면, 결과적으로 NSE가 선형화되는데 이를 활용하면 해석해를 구하기 위한 다양한 기회를 얻을 수 있다. 세 종류의 중요한 근사법에 관해 소개하였으며, 모두가 대개 점성 유동에 대한 것이다. 첫 번째가 윤활근사[식 (8.2-1) 또는 (8.2-24)]에 관한 것이며, 길고 단면적이 점차적으로 변하거나 또는 어느 정도의 투과성 벽으로 된 좁은 유로에서 발생하는 2차원 또는 거의 단일방향인 선대칭형 유동에 적용할 수 있다. Re가 작거나 중간 정도인, 거의 단일방향인 유동에서는 점성항들의 일부와 같이 관성효과를 무시할 수 있으며, 간략화된 NSE가 완전 발달 유동에 대한 것과 같이 된다. 그러나 윤활근사에서 압력구배는 일정하기보다는 유동방향으로 변한다. 순차적인 해결순서를 이용하면, 주요 속도성분을 먼저 구하고, 그런 후 P와 (만일 필요하다면) 작은 속도성분들을 구한다.

두 번째 논의된 근사 종류는 크리핑 유동(creeping flow) 또는 Stokes 유동이며, 이는 Re가 매우 작은 경우에 적용된다. Re → 0인 경우, NSE는 Stokes 방정식[식 (8.3-1)]으로 간단하게 된다. 이 경우에는 기하학적 제한사항이 없다. 크리핑 유동의 특이한 성질은 만일 유동의 방향이 역전되면 유선들(streamlines)과 항력계수들(drag coefficients)이 동일하게 유지된다는 것이다. 가장 잘 알려진 크리핑 유동은 구에 작용하는 항력에 대한 Stokes 법칙이다[식 (8.3-43)].

세 번째 종류의 근사인 유사정상 유동(pseudosteady flow)은 NSE의 $\partial \mathbf{v}/\partial t$ 항이 무시할만한 시간 종속적인 문제에 응용할 수 있다. 이에 대한 수학적 결론은 NSE의 독립변수의 수가 효과적으로 감소하고, t는 매개변수로만 작용한다. 유사정상 유동은 계가 가해진 힘의 변화에 대해 신속하게 반응하는 경우에 발생한다. 점성 응력들이 지배적인 경우에 필요한 조건은 점성 시간 척도가 가해진 변화에 대한 척도에 대해 상대적으로 작아야 한다는 것이다. 크리핑 유동은 대개 유사정상이다.

NSE의 근사적 형태를 사용하는 것은 두 가지 방법으로 정당화시킬 수 있다. 한 접근법은 적절하고, 해를 얻을 수 있고, 얻은 해를 무시한 항들의 크기를 검증하는 데 사용할 수 있는 방법을 선택해야 한다. 두 번째 접근법은 관련된 속도, 길이, 시간 척도를 먼저 확인하고, 이 척도들을 이용하여 NSE의 관련된 항들의 위수-크기 추산치를 구하는 데 이용하는 방법이다. 필요한 척도들은 대개 유동의 세부사항에 대해 미리 알지 못하는 상태에서도 추산할 수 있고, 신뢰할만한 추산치를 얻는 것이 가능하다. 어떤 근사접근법이 유효한지를 예측하기 위해 OM 추산법을 활용하는 것은 유체역학 연구에 핵심적인 수단이라고 할 수 있다.

참고문헌

Batchelor, G. K. *An Introduction to Fluid Dynamics*. Cambridge University Press, Cambridge, 1967.

Baxter, L. T. and R. K. Jain. Transport of fluid and macromolecules in tumors, I: Role of interstitial pressure and convection. *Microvasc. Res.* 37: 77-104, 1989.

Cameron, A. *Basic Lubrication Theory*, 3rd ed. Halsted Press, New York, 1981.

Deen, W. M. Analysis of Transport Phenomena, 2nd ed. Oxford University Press, New York, 2012.

Happel, J. and H. Brenner. *Low Reynolds Number Hydrodynamics*. Prentice-Hall, Englewood Cliffs, NJ, 1965 [reprinted by Martinus Nijhoff, The Hague, 1983].

Leal, L. G. *Advanced Transport Phenomena*. Cambridge University Press, Cambridge, 2007.

Middleman, S. *Fundamentals of Polymer Processing*. McGraw-Hill, New York, 1977.

Pinkus, O. and B. Sternlicht. *Theory of Hydrodynamic Lubrication*. McGraw-Hill, NewYork,1961.

Purcell, E. M. Life at low Reynolds number. *Am. J. Phys*. 45: 3-11, 1977.

Randall, G. C. and P. S. Doyle. Permeation-driven in poly(dimethylsiloxane) microfluidic devices. *Proc. Natl. Acad. Sci. U.S.A*. 102: 10813-10818, 2005.

Reynolds, O. On the theory of lubrication and its application to Mr. Beauchamp Tower's experiments, including an experimental determination of the viscosity of olive oil. *Philos. Trans. R. Soc. Lond.* A 177: 157-234, 1886.

Stokes, G. G. On the effect of the internal friction of fluids on the motion of pendulums. *Trans. Camb. Phil.* Soc. 9: 8-106, 1851.

Tanner, R. I. *Engineering Rheology*, 2nd ed. Oxford University Press, Oxford, 2000.

Walker, G. M. and D. J. Beebe. A passive pumping method for microfluidic devices. *Lab Chip* 2: 131&-134, 20

연습문제

8.1. 불완전한 평행판 유로 평행판 유로가 불완전하게 설치되었을 때 미치는 영향을 예측하고자 한다. 그림 P5.2에 나타낸 바와 같이, 절반-높이(half-height)가 아래와 같이 사인파 형태로 변할 가능성이 있는데, 다음과 같이 나타낼 수 있다.

$$h(x) = h_0 \left[1 + \varepsilon \sin\left(\frac{2\pi x}{L} \right) \right] \quad \text{(P8.1-1)}$$

즉, h는 길이 L을 따라 평균값 h_0를 중심으로 $\pm\,\varepsilon h_0$만큼 변할 수 있다. 정상상태 유량(flow rate) q(단위 너비당 부피유량)를 알고 있다고 가정하자.

(a) 윤활근사를 적용하기 위해서 q에 의해 만족되어야 할 제한조건들과 선형차원은 무엇인가?

(b) (a)의 조건들을 유지된다는 가정하에, $v_x(x, y)$를 구하라.

(c) 길이 L을 따라 발생하는 압력강하는 절반-높이 h_0가 일정한 유로와 비교할 때, 작은지, 동일한지, 아니면 더 큰지를 결정하라. (힌트: 사인형 유로에서 $|\Delta\mathcal{P}|$를 계산하기 위한 적분은 해석해를 구하는 데 상당히 지루한 과정이다. $\varepsilon = 0$에 대해 압력강하 비를 계산해도 된다.)

8.2. 한쪽 끝이 막힌 투과성 관 그림 P8.2에 나타낸 것과 같이, 한쪽 끝이 막혀 있는 반지름 R이고 길이가 L인 작고 투과성 관을 고려해 보자. 높은 외부압력에 의해 관벽에서 내부 쪽으로 일정한 속도 v_w의 유동이 발생하지만, 막혀있는 말단을 통해서는 유동이 없다고 가정하자.

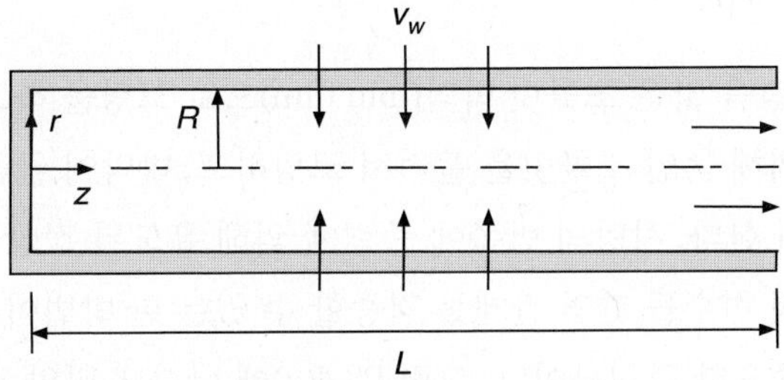

그림 P8.2 한쪽 끝이 막혀 있고 관벽에서 내부방향으로의 일정한 속도의 유동이 발생하는 관

(a) v_w를 국부(local) 평균속도 $u(z)$로 표시하라.

(b) 적용할 윤활근사에 대해, v_w를 만족시켜야 하는 제한사항들과 선형 차원을 구하라.

(c) (b)의 조건들이 유지되는 조건하에서, $v_z(r, z)$, $v_r(r, z)$, 그리고 $\mathcal{P}(z)$를 결정하라.

8.3. 미세유관에서의 투과성에 의한 유동 Randall과 Doyle (2005)은 미세유체(microfluidic) 유로의 상부에 형성된 poly (dimethylsiloxane; PDMS)를 통해 물이 확산되면서 관측 가능한 유동이 발생하는 것을 발견하였다. 이 현상에 대한 모식도를 그림 P8.3에 나타내었다. 두께 H이고 길이가 $2L$인 유로의 각 말단이 완전히 채워진 저장소와 연결되어 있다. 유로의 너비

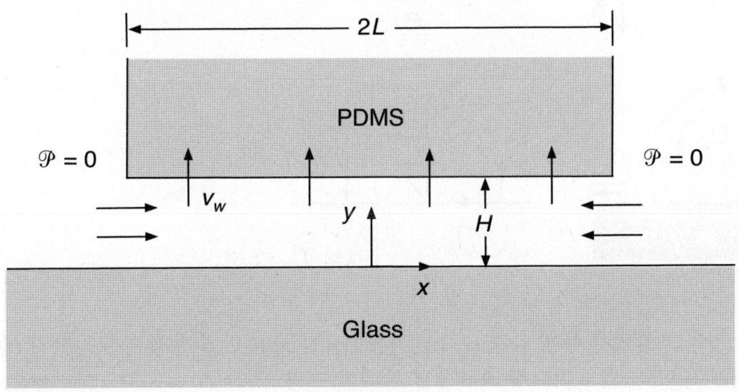

그림 P8.3 미세유로에서 투과에 의해 유도된 물의 유동

W는 H보다 훨씬 큰 조건이며, 따라서 2차원 모델에 해당된다. 유로의 윗벽은 PDMS이고, 아랫벽은 물이 투과할 수 없는 유리이다. PDMS를 통한 물의 확산에 의해 윗벽에 수직방향의 속도 v_w인 유동이 발생하였다. v_w가 실제적으로 x의 함수이지만, 여기서는 일정하다고 가정하자.

(a) v_w를 국부(local) 평균속도 $u(x)$로 표시하라.

(b) 유로의 차원이 $H = 2\ \mu m$, $W = 50\ \mu m$, $L = 12.5$ mm이고 $|x| = 10$ mm일 때, $u = 35\ \mu m/s$임을 알았다. v_w의 평균속도를 구하고, 윤활근사를 적용한 것이 적절하다는 것을 설명하라.

(c) $v_x(x, y)$와 $v_y(x, y)$에 대한 식을 유도하라.

8.4. 사탕 제조 사탕제조업자가 사탕을 얇은 초콜릿 박막(thin film)으로 코팅을 하고자 한다. 이 작업은 사탕의 중심에 중력에 의해 녹인 초콜릿을 흘려서 코팅하고, 박막이 굳을 수 있도록 신속하게 냉각을 시켜 코팅하려 한다. 사탕의 반쪽에 중력에 의해 유도된 정상상태 유동의 박막에 대한 윤활해석이 이 공정 변수들 간의 관계를 검증할 수 있는 한 방법이라고 제안되었다. 코팅의 두께와 균일성이 중요한 관심사이다. 그림 P8.4(a)에 나타낸 바와 같이, 반지름이 a인 반구에 아랫방향으로 진행되는 부피 유량(flow rate) Q에 의해 두께가 다른 액체박막 $h(\theta)$이 형성되게 될 것이다. 대부분의 θ에 대해 $h \ll a$인 조건이 될 것이고, 따라서 박막 내에서의 고체 표면은 평평한 것으로 간주할 수 있다. 이를 통해 그림 8.4(b)에 나타낸 국부(local) 직교형 좌표계를 이용할 수 있으며, $x = a\theta$와 $y = r - a$와 같이 구좌표계에 연계시킬 수 있게 된다. 박막이라는 가정은 해석 전반에 걸쳐 적용된다.

(a) $h(\theta)$와 평균속도 $u(\theta)$는 사전에 알려져 있지 않다. 질량수지식을 세워 이 값들을 포함하는 Q를 구하라. (힌트: 유도과정에서 그림 8.4(a)의 반지름 $b(\theta)$를 이용하면 도움이 된다.)

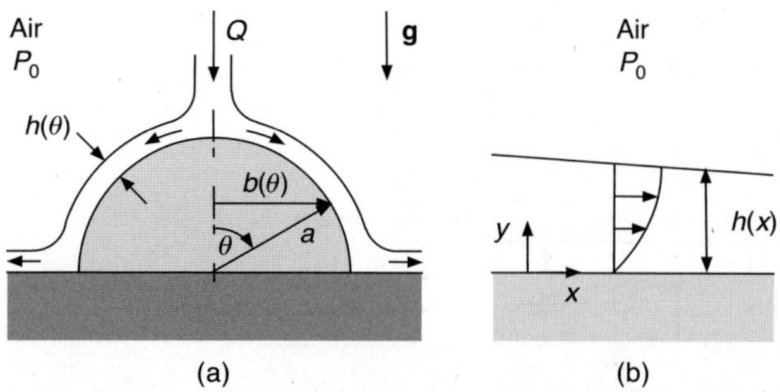

그림 P8.4 사탕 코팅. (a) 녹인 초콜릿을 부피 유량 Q로 반지름이 a인 사탕 반쪽에 흘려서 두께가 $h(\theta)$인 박막 형성, (b) 박막 내에서의 국부적으로 x와 y 직교형 좌표계를 확대한 그림

(b) $v_x(\theta, y)$를 구하고, 이를 이용하여 $h(\theta)$와 $u(\theta)$의 관계를 구하라.

(c) $h(\theta)$와 $u(\theta)$에 대한 해를 구하라. 박막 두께가 운전 매개변수들과 위치에 따른 변화는 것을 어떻게 예측하는가?

8.5. 날 코팅 날 코팅(blade coating)은 종이와 같은 판상형 물질에 많이 쓰이는데, 종이와 같은 기질을 코팅액체로 채워져 있는 저장소로부터 고정된 높이의 개방된 틈을 통해 기질을 빼내면서 코팅을 하게 된다. 이 틈은 다양한 형태로 만들 수 있다. 그림 P8.5에 나타낸 바와 같이, 날과 기질 사이의 틈은 식 (8.2-2)와 같이 길이 L에 따라 h_0로부터 h_L로 선형적으로 감소한다. 기질의 속도는 U이다. 다른 코팅의 최종 두께 h_∞는 일반적으로 h_L와 다르며, 이 값이 중요하다. 액체의 상류유동의 압력 P_1은 공기의 압력 P_0보다 더 클 것이다. 높이에 따른 정압(static pressure)의 변화는 무시할 수 있다. 윤활근사를 적용할 수 있고, 표면장력은 무시할 수 있다고 가정한다.

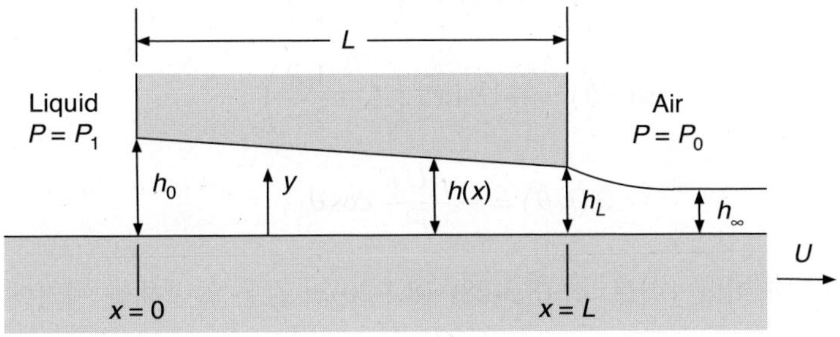

그림 P8.5 날 코팅

(a) 틈으로부터 멀리 떨어진 위치에서 $h = h_\infty$일 때, 모든 y에 대해 $v_x = U$와 같은 플러그 유동(plug flow)인 이유를 설명하라.

(b) h_∞를 차원, U, 그리고 압력강하($|\Delta P| = P_1 - P_0$)에 연관시키고, h_L에 비해 작거나, 같거나, 또는 더 클 수 있는지를 보여라. (힌트: 예제 8.2-3 해석의 첫 번째 부분을 여기에 적용 가능하다.)

(c) 특정한 조건하에서, 틈의 일부에서 유동이 역전되면 액체의 일부를 상류 저장소로 역류시킬 수 있다. 이러한 재순환은 일부 액체가 계 내에 체류하는 시간을 상당히 증가시킬 수 있으며, 결과적으로 코팅물질을 특성을 저하시킬 수도 있다. 모든 y에 대해서 $v_x \geq 0$가 되려면 차원과 운전조건들을 어떻게 설정해야 하는가?

8.6. 회전하는 구에 가해진 우력(torque) 정적 유체가 담긴 큰 용기 내에서 반지름이 R인 작은 구가 각속도 ω로 회전하고 있다고 가정하자. 반지름과 속도는 $\mathrm{Re} = \omega R^2/\nu \ll 1$의 관계이

다. z축을 중심으로 회전하는 구로 인해 유체는 ϕ 방향으로 움직인다.

(a) $v_\phi(r,\theta) = f(r)\sin\theta$ 형태의 Stokes 방정식의 ϕ 성분에 대한 해가 존재한다는 것을 보이고, $f(r)$을 구하라.

(b) 만일 $v_r = v_\theta = 0$와 $\mathcal{P}$가 일정하다면 다른 모든 방정식들이 성립한다는 것을 보여라. 이것은 크리핑 유동이 단일방향이라는 것을 확정한다(즉, 전적으로 회전하는).

(c) 구에 작용하는 우력(torque)이 다음과 같음을 보여라.

$$G = 8\pi\,\mu\omega R^3 \tag{P8.6-1}$$

8.7. 기포를 지나는 유동의 속도와 압력 그림 8.7과 같은 좌표계에서 반지름이 R인 구형 기포에 대해 속도가 U인 액체의 크리핑 유동에 관해 고려해 보자. 주위 액체의 속도와 압력이 아래와 같다는 것을 보여라.

$$v_r(r,\theta) = U\cos\theta\left(1-\frac{R}{r}\right) \tag{P8.7-1}$$

$$v_\theta(r,\theta) = -U\sin\theta\left(1-\frac{1}{2}\frac{R}{r}\right) \tag{P8.7-2}$$

$$\mathcal{P}(r,\theta) = -\frac{\mu UR}{r^2}\cos\theta \tag{P8.7-3}$$

여기서 μ는 액체의 점도이다. [힌트: 식 (8.3-28)~(8.3-30)과 같은 일반해를 여기에 적용할 수 있다.]

8.8. 작은 기포의 종단속도

(a) 연습문제 8.7의 속도와 압력을 사용하여 크리핑 유동(creeping flow)에서의 기체에 대한 항력계수(drag coefficient)를 계산하라. 압력과 점성의 기여를 어떻게 비교하겠는가?

(b) 기포의 종단속도(terminal velocity)를 나타내는 식을 유도하라.

8.9. 회전하는 원반과 정지상태의 원반 그림 P8.9에 나타낸 바와 같이 반지름 R인 두 원반(disk) 사이에 두께가 H인 공간에 점성이 매우 높은 액체로 채워져 있다. 상부 원반은 가속도 ω로 일정한 속도로 회전하고 있으며, 하부 원반은 고정되어 있다. 관성은 $\mathrm{Re} = \omega R^2/\nu \ll 1$이기 때문에 무시할 수 있다.

(a) $v_\theta(r,z) = rf(z)$ 형태의 Stokes 방정식의 θ 성분에 대한 해가 존재함을 보이고, $f(z)$를 구하라.

(b) 만일 $v_r = v_z = 0$이고 $\mathcal{P}$가 일정하다면, 다른 모든 방정식들이 성립한다는 것을 보여라.

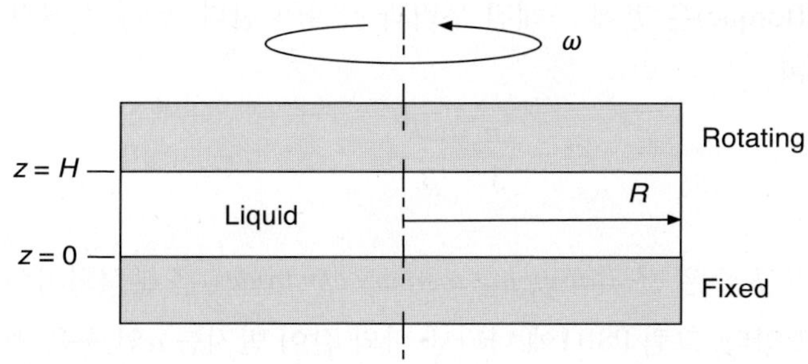

그림 P8.9 두 원반(disk)들 사이의 유동. 한 원반은 고정되어 있고, 다른 원반은 회전하고 있다.

이는 이 크리핑 유동이 단일방향임을 확정한다(즉, 전적으로 회전성의).

(c) 회전을 유지하기 위해 상부 원반에 가해져야 하는 우력(torque)을 계산하라.

8.10. 원뿔-판 점도계 그림 P8.10과 같은 배열은 작은 액체 시료의 점도를 측정하는 데 편리하다. 반지름이 R이고 작은 각도 β인 뒤집어 놓은 원뿔을 평판(flat plate) 위에 있는 액체와 접촉시킨 상태에서, 원뿔을 일정한 각속도 ω로 회전시키는 데 필요한 우력(torque)을 측정함으로써 액체의 점도 μ를 측정한다. Stokes 방정식을 응용할 수 있으며, 그림에 나타낸 바와 같이 구형 좌표계를 이용한다.

(a) $\upsilon_\phi(r,\theta) = rf(\theta)$와 $\upsilon_r = \upsilon_\theta = 0$인 속도장이 질량 보존, 운동량 보존, 그리고 고체 표면에서 경계조건과 일치함을 보여라. $f(\theta)$에 대한 미분 방정식과 경계조건을 유도하라.

(b) $\beta \ll 1$일 때 $f(\theta)$에 대한 지배 방정식들을 간략화된 지배 방정식들을 구하고, $\upsilon_\phi(r,\theta)$를 구하라.

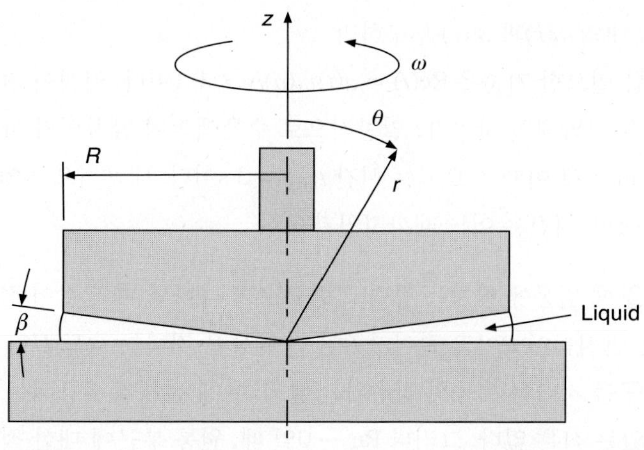

그림 P8.10 원뿔-판(cone and plate) 점도계. 정지된 판 위에서 원뿔을 회전할 때에 가해진 우력 측정

(c) 원뿔에 가해진 우력(torque)은 판에 가해진 우력과 같아야 한다. 판에 가해진 우력 G가 다음과 같음을 보여라.

$$G = \frac{2\pi}{3}\frac{\mu\omega R^3}{\beta}. \tag{P8.10-1}$$

8.11. 수은 액적의 성장 *적하-수은 전극(dropping-mercury electrodes)*은 분석화학이나 전기화학 연구에 많이 활용되고 있다. 그림 P8.11에 나타낸 바와 같이 반지름 a인 수은 액적이 수용성 전해질 용액 내의 관에 매달려 있다. 일정한 부피 유량(flow rate) Q에 의해 수은 액적은 표면장력에 의해 더 이상 지탱되지 못하고 탈착될 때까지 성장한다. 수은 액적이 탈착되는 순간까지 수은-물 계면에서 발생하는 전기화학적 반응에 의해 발생하는 시간의존성 전류를 측정한다. 이 자료들을 완전히 해석하기 위해서는 용액 내에서의 속도에 정보가 필요하다.

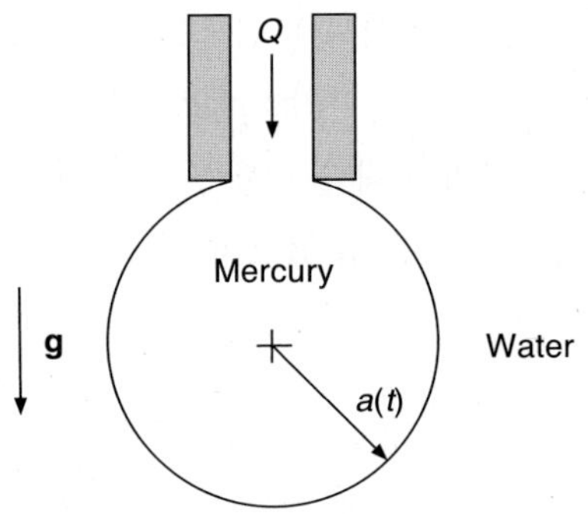

그림 P8.11 수용액 내의 관에 매달려 있는 수은 액적의 성장

(a) Stokes 방정식이 전해질 용액에서 적용되고, 수은 액적 내부의 v_θ와 v_ϕ는 무시할 수 있다고 가정하고, 외부유동이 시간에 의존하지 않으며 전적으로 반지름 방향이라는 것을 보이시오. 전해질 용액 내의 $v_r(r)$과 $\mathcal{P}(r)$을 구하라.

(b) Stokes 방정식에 대한 필요한 기준은 $\text{Re}(t) = a(t)v_r(a)/\nu < 0.1$이다. 액적이 커짐에 따라 Stokes 방정식이 다소 정확해질 것인가? 일반적으로 수은액적이 탈착되기 바로 직전의 반지름 $a_{\max} = 0.5$ mm이고 이때 소요되는 시간 $t_{\max} = 3$ s이다. 대략적으로 Stokes 방정식이 적용될 수 있는 소요시간은 어느 때까지인가?

8.12. Reynolds 수가 작을 때 원통에 미치는 항력 그림 P6.6에 나타낸 바와 같이 접근하는 유체에 수직으로 위치하는 반지름이 R이고 길이가 L인 긴 원통을 지나는 속도 U인 크리핑 유동에 관해 고려해 보자. 구를 지나는 유동의 경우와는 달리, 유체 전체에 적용되는 속도와 압력을 간단히 표시할 수 있는 식은 없다. 그러나 $\text{Re} \to 0$일 때, 원통 부근에 대한 적절한 근사

치들은 다음과 같다(Batchelor, 1967, pp.244~246).

$$v_r(r,\theta) = -\frac{C}{2}\left[1 - \left(\frac{R}{r}\right)^2 - 2\ln\left(\frac{r}{R}\right)\right]\cos\theta \tag{P8.12-1}$$

$$v_\theta(r,\theta) = -\frac{C}{2}\left[1 - \left(\frac{R}{r}\right)^2 - 2\ln\left(\frac{r}{R}\right)\right]\sin\theta \tag{P8.12-2}$$

$$\mathcal{P}(r,\theta) = -\frac{2\mu C}{r}\cos\theta \tag{P8.12-3}$$

$$C = \frac{U}{\ln(7.4/\mathrm{Re})}, \quad \mathrm{Re} = \frac{2RU}{\nu}. \tag{P8.12-4}$$

이 결과들을 이용하여 항력을 표시하면, 다음과 같다.

$$F_D = \frac{4\pi\mu UL}{\ln(7.4/\mathrm{Re})} \tag{P8.12-5}$$

와 같이 식 (3.2-10)에 의해 암시된 것과 같은 형태이다. 압력과 점성 응력의 상대적으로 기여하는 부분은 무엇인가(형태 항력과 마찰 항력)?

8.13. 종양에서 Darcy 유동 인체 조직의 *사잇공간(interstitiu)*, 즉 혈관과 세포 외부의 공간은 콜라겐섬유, 글리코사미노글리칸, 그리고 다른 생체고분자들이 물에 의해 둘러싸여 있다. 이 공간에서의 유체의 이동은 영양분과 약물 전달에 영향을 미친다. 다른 다공성 물질들과 같이, 간극에서의 유동은 Darcy 법칙을 이용하여 설명할 수 있다. 여기서 설명하고자 하는 모델은 Baxter와 Jain (1989)이 제시한 간략화 된 버전으로, '고체 형태인' 종양(tumor)에서의 간극 압력과 속도의 치료결과를 검토해 보는 데 사용된다.

그림 P8.13(a)에 다수의 혈관을 포함할 수 있을 정도로 충분히 큰 반지름인 구형 종양을

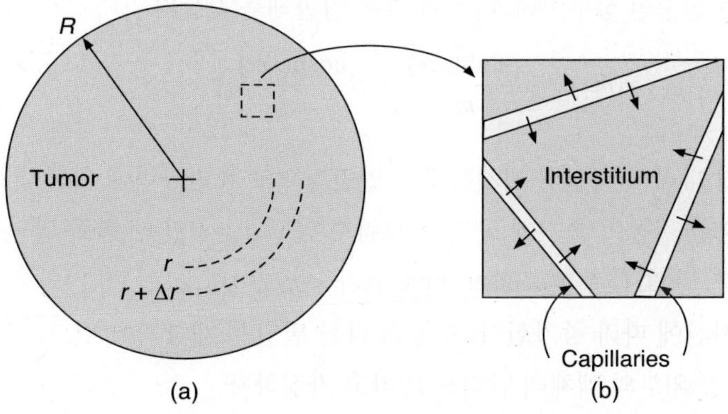

그림 P8.13 구형 종양(tumor). (a) 전체 모양, (b) 작은 영역을 확대한 모양

나타낸다. 그림 P8.13(b)에 확대된 부피요소는 모세혈관들과 관련된 간극들을 나타내었다. 일반적으로 모세혈관으로부터 나오는 순 유동(net flow)이 존재한다. 림프관에서 발생할 수 있는 누출을 무시하면, 모세혈관으로부터 유출되는 유체는 간질액 유동을 통해 종양의 주위로 이동해야 한다.

(a) 종양(tumor)의 단위 부피당, 단위 시간당 모세혈관으로부터 간극으로 이동하는 물의 부피를 W라고 하자. 이 유동이 정상상태이고 순수하게 반지름 방향이라고 한다면, 두께가 Δr인 구형 껍질에 대한 수지식을 이용하여 W를 $v_r(t)$에 관련시키는 미분방식을 유도하라. 이 결과(일종의 연속방정식인)를 Darcy 법칙과 연계하여 다음 식을 유도하라.

$$\frac{1}{r^2}\frac{d}{dr}\left(r^2\frac{d\mathcal{P}}{dr}\right)+\frac{\mu W}{k}=0. \tag{P8.13-1}$$

이 결과는 식 (8.3-46)의 구형 형태이지만, 생성항(source term)이 더해져 있다.

(b) 만일 W가 일정한 경우, $\mathcal{P}(r)$과 $v_r(r)$을 구하라. 간극의 Darcy 투과도(k)를 알고, $\mathcal{P}(R) = 0$이라고 가정한다.

(c) 모세혈관의 투과성 벽을 통과하는 유동이 압력차에 의해 발생하기 때문에, $\mathcal{P}$가 감소하면 W가 증가한다고 가정하는 것이 좀 더 실질적이다. 다음과 같은 가정을 하고,

$$W(r)=\alpha[\mathcal{P}_0-\mathcal{P}(r)] \tag{P8.13-2}$$

여기서 α는 모세혈관 벽의 수력 투과도(hydraulic permeability)에 종양(tumor)의 부피당 모세혈관의 표면적을 곱한 값이고, $\mathcal{P}_0$는 모세혈관 내의 압력과 용해된 단백질의 삼투압에 의해 결정된 상수이다. 여기서 $\mathcal{P}(r)$과 $v_r(r)$을 결정하라. [힌트: 미분 방정식]

$$\frac{1}{x^2}\frac{d}{dx}\left(x^2\frac{dy}{dx}\right)-m^2y=0 \tag{P8.13-3}$$

이고, 여기서 m은 실수인 상수이며, 다음과 같은 일반해를 갖는다.

$$y(mx)=A\frac{\sinh(mx)}{mx}+B\frac{\cosh(mx)}{mx}.] \tag{P8.13-4}$$

8.14. Washburn 법칙 다공성 매질의 액체흡수는 일반적으로 표면장력에 의해 발생한다. 반지름이 a인 길고 수평한 기공이 초기에 공기로 채워져 있고, $t = 0$일 때 한쪽 말단은 액체에 잠겨 있다고 가정하자. 만일 접촉각(contact angle) α가 $< \pi/2$이면, 그림 P8.14와 같이 액체의 액두의 길이 $L(t)$가 시간에 따라 증가한다. 기공의 다른 말단은 개방되어 있고, 공기의 압력은 P_0로 일정하며, 기공 외부의 액체의 압력도 P_0라고 가정하자.

(a) 액체의 부피 유량(flow rate) $Q(t)$을 dL/dt로 표시하라.

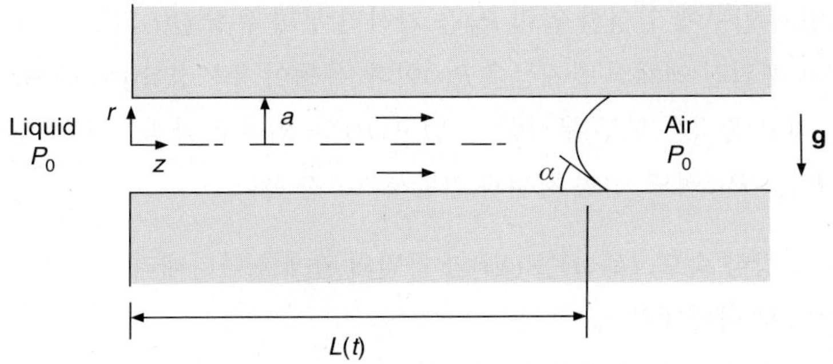

그림 P8.14 수평의 기공으로 흐르는 모세관 유동

(b) 기공에서의 유동이 유사정상(pseudosteady)이고 완전히 발달되었다고 가정한다면, 아래의 관계가 성립함을 증명하라.

$$L(t) = \left[\frac{a\gamma \cos\alpha}{2\mu} t \right]^{1/2} \qquad \text{(P8.14-1)}$$

이 식을 *Washburn 법칙*이라고 한다.

(c) 유사정상(pseudosteady) 근사가 유효하기 위해 필요한 경과시간 t을 결정하라. 만일 관측시점이 이 시간보다 훨씬 더 크다면 Washburn 법칙이 정확히 적용될 수 있다.

8.15. 사출성형 사출성형은 주형에 액체를 채운 후 냉각하여 고형화시키는 제조공정이다. 그런 후 주형을 개봉하여 고형화 된 생성물을 얻게 된다. 주형에는 액체를 주입하기 위한 주입구와 공기가 빠져나갈 배기구가 있다. 그림 P8.15와 같은 간단한 모형에 관해 고려해 보자. 액체를 주입할 때, 액체로 채워질 공간은 반지름 R_2인 두 원반(disk)들 간격 H만큼 이격된 한

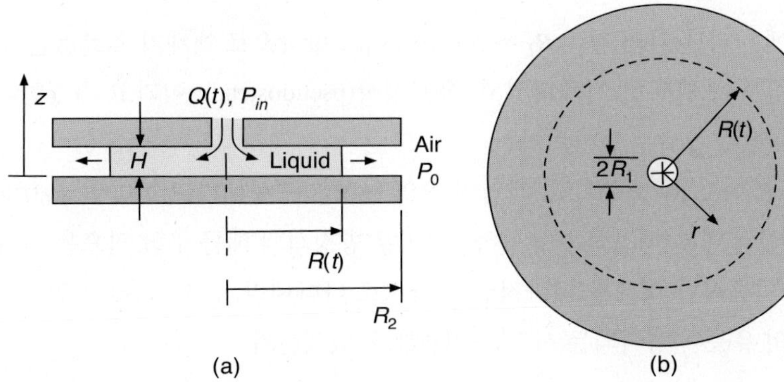

그림 P8.15 반지름이 R_2인 두 원반 사이의 거리가 H인 공간에 액체를 부피 유량 Q로 주입하고자 한다. 주입구의 반지름이 R_1이고 이때의 압력은 P_{in}이다.

원반에 반지름 R_1인 주입구에 일정한 압력 P_{in}을 가하면 부피 유량 $Q(t)$의 유동이 발생하게 된다. 임의의 시점에 채워진 액체의 반지름은 $R(t)$이다. 유동이 유사정상(pseudosteady)이고, 관성, 표면장력, 그리고 중력은 모두 무시할 수 있고, $R_2 \gg R_1$라고 가정한다. 주입시간 t_f를 압력강하 $|\Delta P| = P_{in} - P_0$, 점도, 선형 차원과 연관시키고자 한다.

(a) 높이평균 반지름 방향 속도, $U(r, t)$를 $Q(t)$와 차원의 관계를 나타내라.

(b) $v_r(r, z, t)$를 $\partial P/\partial r$로 나타내라.

(c) $\partial P/\partial r$를 구하고, $|\Delta P|$와 $R(t)$를 $Q(t)$로 나타내라.

(d) $R(t)$를 결정하는 미분 방정식을 구하고, t_f와 $|\Delta P|$의 관계를 구하라.

(e) 유사정상 근사를 적용하기 위해 요구되는 경과시간 t_f를 대략적으로 결정하라.

8.16. 모세관 펌프* Walker와 Beebe (2002)은 가동부(moving part) 없이 작은 관을 통해 액체를 수송하기 위한 방법을 고안하였고, 이를 현장 진단용 기기나 미세유체(microfluidic) 기기에 응용하였다. 이에 대한 개념을 그림 P8.16에 나타내었다. 반지름이 R_0와 R_L인 액적을 반지름이 R이고 길이가 L인 수평모세관의 양쪽 말단에 접촉시키면, 액적의 반지름 차이로 인해 유동이 발생하게 된다.

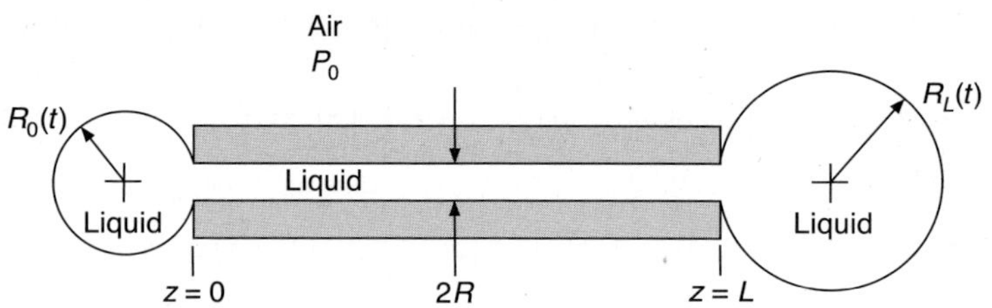

그림 P8.16 양쪽 말단에 구형 액적이 접해 있는 액체로 채워진 모세관

(a) 만일 그림에 나타낸 바와 같이 $R_L > R_0$이면, 어느 방향으로 액체가 흐르겠는가?

(b) 관에서의 유동이 완전히 전개되었고, 유사정상(pseudosteady)이라고 가정한다면, 순간 유체의 부피유량 $Q(t)$는 얼마인가?

(c) 만일 $R_0 \gg R_0$이고 $R_L \gg R$이고, 액적이 거의 완벽한 구형태라고 한다면, $R_0(t)$와 $R_L(t)$를 결정할 수 있는 미분 방정식을 유도하라. (미분 방정식의 해를 구할 필요는 없다.)

(d) 두 액적의 최종적인 형태를 대략적인 그림으로 나타내라. 문제 (c)에서 얻은 식을 이용하면 액체의 유동이 정지되는 시간 t_f을 구할 수 있겠는가?

* 이 문제는 P. S. Doyle이 제안하였다.

9

관성을 포함하는 층류 유동

9.1 서론

8장에서 소개된 층류에 대한 근사에 관한 내용을 이 장에서 관성이 주도적인 경우에 대해 확대 적용해 보기로 한다. 관성은 Reynolds 수가 클 때 점도보다 더 중요한 영향을 미치는 경향이 있다. 자연에서나 공학적인 환경에서 Re > 100인 유동은 상당히 흔하게 볼 수 있다. 이러한 유동들을 해석하기 위한 논리적 출발점은 유체가 *비점성(inviscid)*인, 즉 점성이 0인 이상적인 유체에 대한 극단적인 경우이다. $\mu \to 0$이면 Re $\to \infty$인 점에서, 비점성 유동은 크리핑 유동과는 정반대되는 경우에 해당된다. 5장에서 언급한 바와 같이, 비회전성 유동은 모든 위치에서 소용돌이가 없는 유동이고, 만일 유동이 비회전성이면, 속도포텐셜(velocity potential)이 존재한다. 따라서 비회전성 유동을 포텐셜유동(potential flow)이라고도 한다. 원칙적으로는 어떤 Re에서든지 비회전성 유동이 존재하지만, 앞에서 논의한 바와 같이 점도가 무시할 만한 경우에 발생하는 경향이 있다. 해석적으로는 속도포텐셜이 편한데, 그 이유는 Navier-Stokes 방정식과는 다르게 선형 편미분 방정식(Laplace 방정식)에 의해 결정되기 때문이다. 이러한 문제들에 대한 연구는 점성 항력에 관해 충분히 이해가 되기 훨씬 전인 1700년대에 시작되었다. 포텐셜-유동 이론(potential-flow theory)을 통해 공학적으로 유용한 수많은 결과를 얻었지만, 심각하게 제한적인 부분도 있다.

포텐셜-유동 이론의 가장 문제가 되는 측면은 모든 고체 물체에 작용하는 항력이 0이 된다는 것이다. 이 사실은 1752년 J. R. d'Alembert에 의해 밝혀졌고, 이를 *d'Alembert 독설*이라고 한다. 이로 인해 이론유체역학의 신빙성이 수 세대 동안 크게 훼손되었지만, 이 독설은 1904년 L. Prandtl (Prandtl, 1904)에 의해 해결되었다. 그는 Re $\to \infty$인 경우에도, 물체에 접해 있는 얇은 경계층(boundary layer)에서는 점성 항력들은 매우 중요하다는 것을 보였다. 핵심적인 견해는 역학은 반드시 2개의 다른 길이 척도에 대해 검토해야 되는데, 그 하나는 물체의 전체 크기에 해당되며, 다른 하나는 경계층의 두께에 의해 결정된다. 경계층 외부에서는

Re가 클 때의 유동은 항상 가정해 왔듯이 거의 비점성이며, 내부에서는 추후에 설명되겠지만, Navier-Stokes 방정식에 대한 다른 근사법이 필요하다. 경계층은 고체의 표면에만 존재하는 것이 아니며, 다른 속도로 이동하는 유체들이 서로 접촉하는 경우에도 존재한다. 길이 척도가 다른 역학적으로도 다른 영역에 대한 개념은 유체역학, 열전달, 물질전달 분야가 발전할 수 있는 수많은 경로를 제공하였다. 다중 시간 척도들에 대한 유사한 개념도 화학속도론에 응용되고 있다.

9.2 비점성, 비회전성 유동

비점성 유동

비점성 유체에 대한 운동량 방정식은 Navier-Stokes 방정식에서 $\mu = 0$로 놓거나 또는 Cauchy 운동량 방정식에서 $\boldsymbol{\tau} = \mathbf{0}$으로 설정하여 얻을 수 있다. 정상상태 유동의 경우, 다음과 같다.

$$\mathbf{v} \cdot \nabla \mathbf{v} + \frac{1}{\rho} \nabla \mathcal{P} = 0. \tag{9.2-1}$$

이와 같이 사용되는 경우는 드물지만, 이 식은 유체역학에서 가장 잘 알려진 방정식 중 하나이다. 벡터 항등식(vector identity; 표 A.1의 $\mathbf{a} = \mathbf{b} = \mathbf{v}$로 설정하여 얻어진)은 다음과 같다.

$$\mathbf{v} \cdot \nabla \mathbf{v} = \nabla \left(\frac{v^2}{2} \right) - \mathbf{v} \times (\nabla \times \mathbf{v}) \tag{9.2-2}$$

여기서 v는 속도벡터의 크기이다. 양 변을 $\mathbf{v}$의 내적으로 표시하면 다음과 같다.

$$\mathbf{v} \cdot (\mathbf{v} \cdot \nabla \mathbf{v}) = \mathbf{v} \cdot \nabla \left(\frac{v^2}{2} \right) - \mathbf{v} \cdot [\mathbf{v} \times (\nabla \times \mathbf{v})] = \mathbf{v} \cdot \nabla \left(\frac{v^2}{2} \right). \tag{9.2-3}$$

마지막 등호는 $\mathbf{v} \times \mathbf{a}$이 $\mathbf{v}$에 직교(orthogonal)이기 때문에 성립하고, 따라서 모든 $\mathbf{a}$에 대해 $\mathbf{v} \cdot (\mathbf{v} \times \mathbf{a}) = 0$이다. 이 경우에 $\mathbf{a} = \nabla \times \mathbf{v}$이다. 일정한 ρ에 대해, $\mathbf{v}$와 식 (9.2-1)의 내적은 다음과 같다.

$$\mathbf{v} \cdot \nabla \left(\frac{v^2}{2} + \frac{\mathcal{P}}{\rho} \right) = \mathbf{v} \cdot \nabla \left(\frac{v^2}{2} + \frac{P}{\rho} + gh \right) = 0 \tag{9.2-4}$$

여기서 h는 기준평면으로부터의 높이이다. $\mathbf{v} \cdot \nabla f$이 유선을 변하는 함수 f의 변화 률(rate)임을 감안하여 이 식을 다시 쓰면 다음과 같다.

$$\Delta \left(\frac{v^2}{2} + \frac{\mathcal{P}}{\rho} \right) = \Delta \left(\frac{v^2}{2} + \frac{P}{\rho} + gh \right) = 0 \tag{9.2-5}$$

여기서 Δ는 동일한 유선상에서의 어떤 두 위치 사이의 차이를 의미한다. 이 식을 고전 유체 역학의 초석인 *베르누이 방정식*이라고 한다.[1] 식은 정상상태, 비점성(inviscid), 비압축성 유동의 경우, 어떤 유선에서 괄호 안의 항들을 합한 값은 일정하게 유지된다는 것을 의미한다. 따라서 $\mathcal{P}$는 v가 증가함에 따라 감소하고, v가 감소하면 증가한다. 주어진 유선 상에서 그 합한 값이 일정하지만, 다른 유선과는 다를 수 있다.

운동량 보존의 법칙으로부터 유도되었지만, 식 (9.2-5)는 일종의 역학적 에너지 수지이다. 이 식은 압력-부피 일에 의해 영향을 받음에 따른 운동에너지(단위 질량당 $v^2/2$)와 중력 위치에너지(단위 질량당 gh)의 가역적 상호변환에 관한 것이다. 비점성 유체의 경우, 내부 마찰은 없으며, 따라서 역학적 에너지가 열로 소산(dissipation)되는 것은 없다. ρ가 일정할 때, 유체의 압축이나 팽창에 의한 역학적 에너지의 손실이나 증가도 없다는 것이다. 베르누이 방정식은 이러한 역학적 에너지의 생성원(sources)이나 소멸(sinks)구들을 포함시키기 위해 11.4절에서 일반화 형태로 주어진다.

와류도 전달

와류도(vorticity)가 어떻게 유체를 통해 이동하는지에 대한 통해 비점성 유동과 비회전성 유동간의 관련성을 밝혀졌고, 여기서 간단히 설명하고자 한다. Navier-Stokes 방정식은 다음과 같다.

$$\frac{\partial \mathbf{v}}{\partial t} + \mathbf{v} \cdot \nabla \mathbf{v} = -\frac{1}{\rho} \nabla \mathcal{P} + \nu \nabla^2 \mathbf{v}. \qquad (9.2\text{-}6)$$

w를 포함하는 동등한 관계는 각 항들의 회전(curl)을 취함으로써 구할 수 있다. 식 (9.2-2)과 표 A.1의 다른 항등식들을 이용하면, 다음을 구할 수 있다.

$$\nabla \times \frac{\partial \mathbf{v}}{\partial t} = \frac{\partial \mathbf{w}}{\partial t} \qquad (9.2\text{-}7)$$

$$\nabla \times (\mathbf{v} \cdot \nabla \mathbf{v}) = \mathbf{v} \cdot \nabla \mathbf{w} - \mathbf{w} \cdot \nabla \mathbf{v} \qquad (9.2\text{-}8)$$

$$\nabla \times \nabla \mathcal{P} = \mathbf{0} \qquad (9.2\text{-}9)$$

$$\nabla \times \nabla^2 \mathbf{v} = \nabla^2 \mathbf{w}. \qquad (9.2\text{-}10)$$

---

1) Daniel Bernoulli (1700~1782)는 유체역학, 통계학, 확률이론, 그리고 다른 주제들에 대한 선구적인 기여를 한 스위스 수학자이며 물리학자이다. 그는 많은 업적을 남긴 수학자이고, 비점성 유체에 대한 연속 방정식과 운동량 방정식을 수립한 Leonhard Euler (1707~1783)의 동시대인이면서 친구이기도 하다.

이 결과들을 연관시키면 다음을 얻을 수 있다.

$$\frac{\partial \mathbf{w}}{\partial t} + \mathbf{v} \cdot \nabla \mathbf{w} - \mathbf{w} \cdot \nabla \mathbf{v} = \nu \nabla^2 \mathbf{w} \tag{9.2-11}$$

이 식을 *와류도 전달 방정식(vorticity transport equation)*이라고 한다.

비회전성 유동

식 (9.2-11)은 $\mathbf{w}$에서 균일하다는(homogeneous) 사실은 $\mathbf{w} = \mathbf{0}$이 해라는 것을 의미한다. 와류도-전달과 Navier-Stokes 방정식들은 동등하기 때문에, 비회전성 속도장은 명백히 전체 Navier-Stokes 방정식을 만족시킨다. $\upsilon \neq 0$라고 하더라도 $\mathbf{w} = \mathbf{0}$인 경우 식 (9.2-6)의 점성항을 제거할 수 있는 것은 주목할 만하다. 이는 표 A.1의 $\nabla^2 \mathbf{v} = \nabla(\nabla \cdot \mathbf{v}) - \nabla \times \mathbf{w}$에서 $\mathbf{a} = \mathbf{v}$로 설정한 경우에 해당된다. 따라서 비압축성 $(\nabla \cdot \mathbf{v} = 0)$와 비회전성 $(\mathbf{w} = \mathbf{0})$인 모든 유동에 대해 $\nabla^2 \mathbf{v} = 0$이 된다.

비점성 유체의 경우, $\upsilon = 0$이고 식 (9.2-11)은 다음과 같이 간략화 시킬 수 있다.

$$\frac{D\mathbf{w}}{Dt} = \frac{\partial \mathbf{w}}{\partial t} + \mathbf{v} \cdot \nabla \mathbf{w} = \mathbf{w} \cdot \nabla \mathbf{v}. \tag{9.2-12}$$

D/Dt가 유동과 함께 운반되고 있는 유체의 미세 요소의 변화율이다(5.3절). 따라서 어떤 점에서의 $\mathbf{w}$의 변화율은 $\mathbf{w} \cdot \nabla \mathbf{v}$이다. 유체 요소가 최초 비회전성이라고 가정해 보자. $\mathbf{w} = 0$이면 $D\mathbf{w}/Dt = \mathbf{0}$이기 때문에, 나중의 어떤 시점의 새로운 위치에서도 비회전성으로 유지되게 된다. 그러나 $\mathbf{w}$의 변화율이 항상 0이면, $\mathbf{w} = \mathbf{0}$이라는 조건은 항상 유효할 것이다. 따라서 *비점성 유체의 경우, 비회전성 유동은 비회전성으로 유지된다*. 비점성 유체의 비회선성 유동의 지속에 대한 또 다른 증거는 Lamb (1945, pp.17~18)에서 확인할 수 있다. 물리적으로 와류도는 회전과 연관되며(5.5절), 유체 요소가 회전하도록 하기 위해서는 우력(torque)이 필요하며, 이를 위해 전단응력이 가해져야 하는데, 점성이 없는 경우 전단응력도 존재하지 않는다. 따라서 비점성 유체의 경우 와류도를 생성하기 위한 내부 메커니즘이 미흡하다.

정지된 물체를 지나는 비점성 유체의 정상상태 유동은 비회전성이다. 물체로부터 멀리 떨어진 위치에서의 균일한 속도는 이 위치에서의 와류도가 0임을 나타낸다. 모든 유선들이 이러한 위치까지 확대되기 때문에, 각각의 어떤 위치에서 $\mathbf{w} = \mathbf{0}$이다. 비회전성의 지속성은 모든 유선들 상의 모든 위치에서, 유선들이 물체의 주위에서 곡선으로 진행되는 경우라도 $\mathbf{w} = \mathbf{0}$가 된다. 어떤 위치나 시점에 모든 유체 요소들이 비회전성이고, 전술한 바와 같이 비회전성으로 유지되는 비점성 유동들이 많이 있다. 따라서 비점성 비회전성 유동은 대개 동시에 발생한다.

비회전성이며, 비점성 또는 그렇지 않은 모든 유동에서, 베르누이 방정식의 강력한 형태는 완벽 Navier-Stokes 방정식으로 되돌아가면 얻어지게 된다. 이런 유동들의 경우, $\mathbf{v} = \nabla\phi$이고, 여기서 ϕ는 속도 포텐셜(5.5절)이다. 시간 도함수를 ϕ로 나타내고, 식 (9.2-2)를 이용하여 $\mathbf{v} \cdot \nabla\mathbf{v}$ 계산하고, $\nabla^2\mathbf{v} = 0$임을 상기하면, 식 (9.2-6)은 다음과 같이 표시된다.

$$\nabla\left(\frac{\partial\phi}{\partial t} + \frac{v^2}{2} + \frac{\mathscr{P}}{\rho}\right) = \nabla\left(\frac{\partial\phi}{\partial t} + \frac{v^2}{2} + \frac{P}{\rho} + gh\right) = 0. \quad (9.2\text{-}13)$$

식 (9.2-5)에서 이 합들은 주어진 유선을 따라서만 일정한데, 여기서는 이들 총합이 전체적인 유체에서 일정하다. 이러한 균일성을 고려할 때, 식 (9.2-13)은 다음과 같이 쓸 수 있다.

$$\frac{\partial\phi}{\partial t} + \frac{v^2}{2} + \frac{\mathscr{P}}{\rho} = F(t) \quad (9.2\text{-}14)$$

이 식을 *비회전성 베르누이 방정식*이라고 한다. 위치에 관해 적분할 때 나타나는 함수 $F(t)$는 임의적이며, 통상 일정한 것으로 간주한다. 식 (9.2-14)는 미시적인 해석에 대한 베르누이 방정식의 유용한 형태이지만, 반면 식 (9.2-5)는 거시적인 문제들에서 많이 응용된다(11장과 12장 참고).

예제 9.2-1 ● 실린더를 지나가는 포텐셜 유동의 속도. 반지름이 R인 긴 실린더를 지나는 비회전성 유동의 속도장을 구하고자 한다. 그림 9.1에 보인 바와 같이, 실린더로부터 멀리 떨어진 위치에서는 x축 방향에서의 속도는 균일하다. 즉 $r \to \infty$일 때, $\mathbf{v} \to U\mathbf{e_x}$이다.

식 (5.5-5)로부터, 속도포텐셜 $\phi(r, \theta)$는 다음 식에 의해 지배된다.

$$\nabla^2\phi = \frac{1}{r}\frac{\partial}{\partial r}\left(r\frac{\partial\phi}{\partial r}\right) + \frac{1}{r^2}\frac{\partial^2\phi}{\partial\theta^2} = 0. \quad (9.2\text{-}15)$$

실린더의 표면의 비침투성, 비-미끄럼(no-slip) 조건들은 다음과 같다.

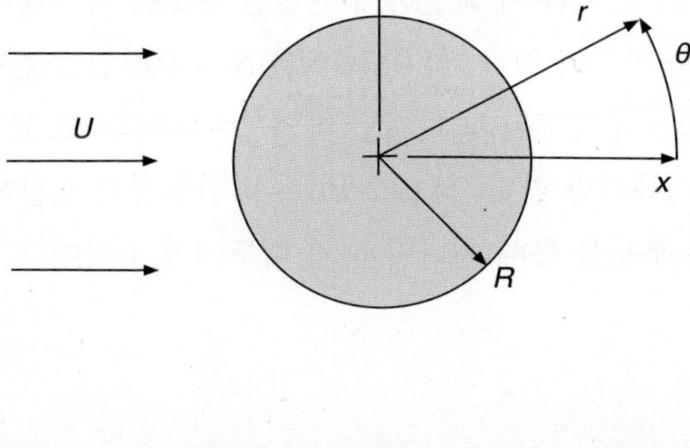

그림 9.1 반지름이 R인 긴 실린더 주위를 통과한 정상상태 유동

$$v_r(R,\theta) = \frac{\partial \phi}{\partial r}(R,\theta) = 0 \tag{9.2-16}$$

$$v_\theta(R,\theta) = \frac{1}{R}\frac{\partial \phi}{\partial \theta}(R,\theta) = 0. \tag{9.2-17}$$

$\mathbf{e_x} = \cos\theta\,\mathbf{e_r} - \sin\theta\,\mathbf{e}_\theta$ [식 (A.5-36a)]를 이용하여, 실린더로부터 멀리 떨어진 위치의 섭동되지 않은(unperturbed) 속도를 다음과 같이 실린더 좌표계로 전환한다.

$$v_r(\infty,\theta) = \lim_{r\to\infty}\frac{\partial \phi}{\partial r} = U\cos\theta \tag{9.2-18}$$

$$v_\theta(\infty,\theta) = \lim_{r\to\infty}\frac{1}{r}\frac{\partial \phi}{\partial \theta} = -U\sin\theta. \tag{9.2-19}$$

속도포텐셜을 분리가 가능하다고 가정하면, 예를 들면 $\phi(r,\theta) = f(r)g(\theta)$, 식 (9.2-18)과 (9.2-19)는 각각 $g(\theta) = \cos\theta$임을 나타낸다. $\phi = f(r)\cos\theta$를 식 (9.2-15)에 대입하면, 공통인자인 $\cos\theta$를 상쇄시킬 수 있다. 결과적으로 $f(r)$에 대한 미분 방정식은 다음과 같다.

$$\frac{d^2 f}{dr^2} + \frac{1}{r}\frac{df}{dr} - \frac{f}{r^2} = 0 \tag{9.2-20}$$

이를 등차원 (또는 Euler) 방정식이라고 한다. $f(r) = r^n$을 대입하면, $n^2 - 1 = 0$ 또는 $n = \pm 1$을 얻을 수 있다. 그러면 $\phi(r,\theta)$에 대한 일반해(general solution)는 다음과 같다.

$$\phi(r,\theta) = \left(Ar + \frac{B}{r}\right)\cos\theta \tag{9.2-21}$$

이에 상응하는 속도성분들은 다음과 같다.

$$v_r(r,\theta) = \frac{\partial \phi}{\partial r}(r,\theta) = \left(A - \frac{B}{r^2}\right)\cos\theta \tag{9.2-22}$$

$$v_\theta(r,\theta) = \frac{1}{r}\frac{\partial \phi}{\partial r}(r,\theta) = -\left(A + \frac{B}{r^2}\right)\sin\theta. \tag{9.2-23}$$

이제 상수 A와 B를 결정하여야 한다. 식 (9.2-22)와 (9.2-23)을 식 (9.2-18)과 (9.2-19)와 각각 비교해 보면, $A = U$의 관계는 r이 큰 경우에 적절하게 균일한 속도를 나타낸다. 그러나 원통의 경계조건들의 설정은 조금 어려움이 있다. 식 (9.2-16)은 $B = UR^2$인 조건이 필요한 반면, 식 (9.2-17)은 $B = -UR^2$인 조건이 요구된다. 나타난 바와 같이 과잉으로 규정되었고, $r = R$에서의 1개의 경계조건은 무시해야만 한다. 식 (9.2-16)은 비침투성인 조건이 없을 때는 유체가 고체 원통이 되어야 하는 부분을 통해 지나야 하기 때문에 필수적이다. 비침투성 조건을 만족시키기 위해 $B = UR^2$이라고 하면, 속도성분들에 대한 최종적인 방정식은 다음과 같다.

$$v_r(r,\theta) = U\left[1 - \left(\frac{R}{r}\right)^2\right]\cos\theta \tag{9.2-24}$$

$$v_\theta(r,\theta) = -U\left[1 + \left(\frac{R}{r}\right)^2\right]\sin\theta. \tag{9.2-25}$$

흐름 함수(stream function) $\psi(r,\theta)$를 이용하여 유동의 형태를 가시화시킬 수 있다. 표 5.4에서 다음의 관계식을 얻을 수 있다.

$$\frac{\partial\psi}{\partial\theta} = rv_r = Ur\cos\theta\left[1 - \left(\frac{R}{r}\right)^2\right] \tag{9.2-26}$$

$$\frac{\partial\psi}{\partial r} = -v_\theta = U\sin\theta\left[1 + \left(\frac{R}{r}\right)^2\right]. \tag{9.2-27}$$

이 두 방정식들을 적분하면 $\psi(r,\theta)$에 대해 2개의 동일한 방정식을 얻을 수 있다. 공통 적분상수를 0이라고 놓으면 다음을 얻는다.

$$\psi(r,\theta) = UR\sin\theta\left[\frac{r}{R} - \frac{R}{r}\right]. \tag{9.2-28}$$

그림 9.2에 ψ을 동일 간격으로 하여 계산된 유선(streamline)들을 나타내었다. Laplace 방정식의 선형성은 포텐셜 유동을 크리핑 유동(8.3절)과 같이 가역적 유동이 되게 한다.

따라서 유동에 있어서 좌측으로부터의 유동에 대한 유선들은 우측으로부터의 유동의 유선들과 동일하다.

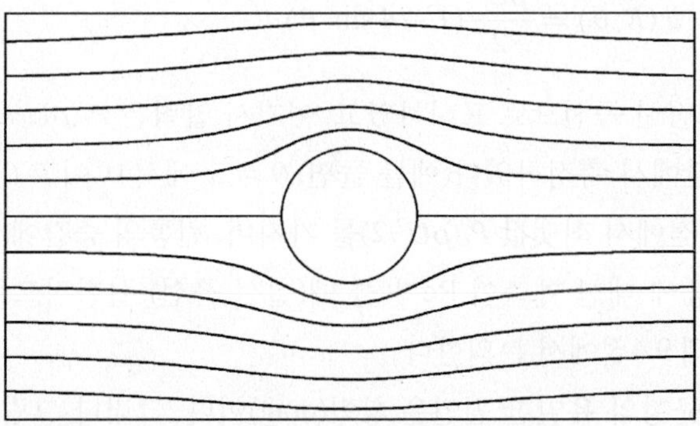

그림 9.2 원통을 지나는 포텐셜 유동의 유선들

식 (9.2-25)로부터, 원통 표면에서의 접선속도는 다음과 같다.

$$v_\theta(R, \theta) = -2U \sin\theta. \tag{9.2-29}$$

정체점($\theta = 0$과 π)들을 제외하면, 비-미끄럼(no-slip) 조건을 위반하는 것을 알 수 있다. 비-미끄럼 조건을 만족하는 포텐셜 유동에 대한 해는 일반적으로 적용하기가 어렵다. 이러한 결함은 비점성 근사가 고체 표면 부근에서 Re → ∞인 경우에서조차 성립되지 않는다는 단서가 된다.

예제 9.2-2 ● 원통을 지나는 비점성 비회전성 유동에 대한 압력과 항력. 이 문제에서는 앞의 예제로부터 얻은 결과를 이용하여 유체가 비점성이라는 가정하에 압력과 항력을 구하고자 한다.

압력은 비회전성 베르누이 방정식으로부터 구할 수 있다. 식 (9.2-14)에서 $F(t) = U^2/2$라고 놓는다. 이는 원통으로부터 멀리 떨어진 지점에서 $\mathcal{P} = 0$로 놓는 것과 같고, 그 방정식은 다음과 같다.

$$\frac{v^2(r, \theta)}{2} + \frac{\mathcal{P}(r, \theta)}{\rho} = \frac{U^2}{2} \tag{9.2-30}$$

여기서 $v^2 = v_r^2 + v_\theta^2$이다. 식 (9.2-24)와 (9.2-25)의 속도성분들을 치환하면 다음 식을 얻을 수 있다.

$$\mathcal{P}(r, \theta) = \frac{\rho U^2}{2}\left(\frac{R}{r}\right)^2\left[2 - 4\sin^2\theta - \left(\frac{R}{r}\right)^2\right]. \tag{9.2-31}$$

그러면 표면에서의 압력은 다음과 같다.

$$\mathcal{P}(R, \theta) = \frac{\rho U^2}{2}(1 - 4\sin^2\theta). \tag{9.2-32}$$

이 결과는 그림 9.3에서 나타낸 점선 곡선으로 표시하였고, 여기서 압력은 $P/(\rho U^2/2)$에 관해 표시하였고, 각은 정체점의 전단에서 측정하였다(예를 들면, $\theta = \pi$ 에서 0°이고 $\theta = 0$에서 180°로 측정함). $\mathcal{P}$가 양쪽 정체점에서 최댓값 $P/(\rho U^2/2)$를 가지며, 원통의 중간에서 최솟값 $-3\rho U^2/2$을 갖는다. 포텐셜 유동에 대한 예측이 Re가 클 때(실선 곡선) 실험적으로 관찰된 값과 큰 차이가 나는 이유에 관해 9.4절에서 논의한다.

비점성 유체에서 압력의 불균형의 유일한 원인은 항력(drag)이다. 그러나 그림 9.3에 원통 주위의 포텐셜 유동에 대한 $\mathcal{P}$는 각도 90°를 주위로 대칭이며, 이는 그림 9.1에서 평면에

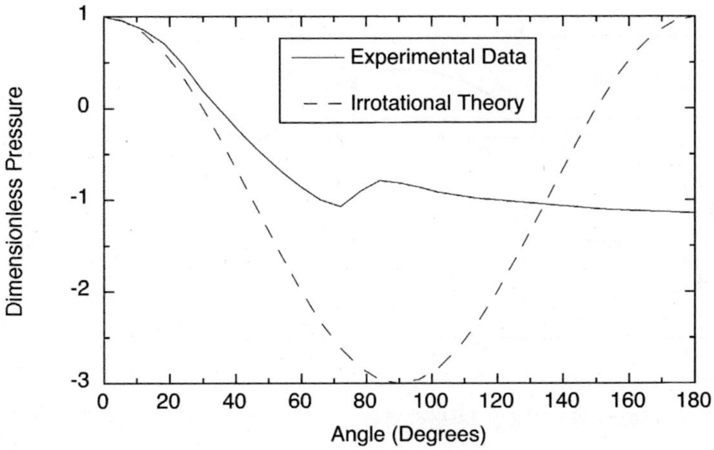

그림 9.3 Reynolds 수가 클 때 원통의 표면에서의 압력. 세로축은 $\mathscr{P}/(\rho U^2/2)$이며, 각은 정체점의 전단에서 측정한 값이다. 비회전성 유동은 식 (9.2-32)로부터 계산하였고, (Re = 1.88×10^5에서의) 데이터는 Schlichting (1968, p.21)이 제시한 바와 같은 O. Flachsbart의 자료를 활용하였다.

서의 $x = 0$에 해당된다. 따라서 원통의 상류부의 각 위치와 관련하여 압력힘이 동일하고 방향이 반대인 하류부의 상응하는 점이 존재한다. 결과적으로, 항력이 0이 된다. 이러한 사실은 항력을 구하기 위한 식 (6.6-26)을 이용하여 확인할 수 있다. 즉, 다음과 같다.

$$F_D = -\int_S \mathbf{e_x} \cdot \mathbf{n}\mathscr{P}\, dS = -\frac{\rho U^2 RL}{2} \int_0^{2\pi} (1 - 4\sin^2\theta)\cos\theta\, d\theta = 0 \tag{9.2-33}$$

여기서 L은 원통의 길이이다.

원통을 지나는 비점성 유동은 $F_D = 0$인 것은 d'Alembert 독설의 한 예이다. 이와 같은 불안정한 결과는 원통이나 구에서 전후방 대칭이 있을 때만 발생하는 것이 아니라 어떤 모양의 물체에 대해서도 발생한다(Deen, 2012, p.374~375). 항력은 접근하는 유동에 평행하지만, *상승힘(lift force)*은 수직이다. 포텐셜 유동 이론은 항력이 존재한다는 것을 예측하지 못하지만, 상승힘에 대한 고찰과 비행기의 날개를 설계하는 데 있어서는 매우 중요하다. 항공기의 날개는 상하부의 비대칭성이 있으며, 이로 인해 상부에서의 공기의 속도는 하부 근처의 속도보다 빠르게 된다. 베르누이 방정식을 참조하면, 이로 인해 상부의 압력은 하부의 압력보다 작아져서 상승하는 힘이 발생하게 된다. 날개 모양이 바람직하다면 항력에 대한 상승힘의 비율이 커지게 된다. 포텐셜 유동이론이 유용하게 적용되는 다른 예는 파동역학이며, 이에 관해서는 다음 예제에서 다룬다.

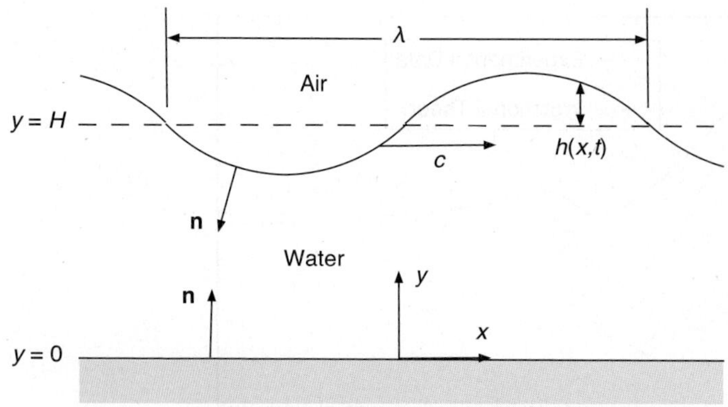

그림 9.4 수심 H인 물에서 속도 c와 파장 λ인 2차원적 파동

예제 9.2-3 ● 물 파도. 이 예제에서는 다량의 물속에서 파동(wave)의 속력(speed)을 예측해 보도록 한다. 파동은 그림 9.4에 나타낸 것과 같이 규칙적이며, 이차원 형태를 갖는다고 가정하자. 공기-물의 계면은 $y = H + h(x, t)$에 위치하고 있으며, 여기서 H는 평균 깊이(mean depth)이고 $h(x, t)$는 다음과 같다.

$$h(x, t) = h_0 \sin[k(x - ct)]. \tag{9.2-34}$$

파동의 진폭과 속도는 각각 h_0와 c이고, 파동수(wavenumber) k는 $k = 2\pi/\lambda$와 같이 파장(wavelength) λ에 의존한다. 수심과 파동의 규모는 주어져 있으나, 파동의 속도는 미지수이다. c를 구한 후, $v_x(x, y, t)$와 $v_y(x, y, t)$를 계산한다.

Reynolds 수가 충분히 크기 때문에 관성에 비해 점성 응력은 무시할 수 있으며, Bond 수가 충분히 크기 때문에 중력에 비해 상대적으로 표면장력은 무시할 수 있다(예제 1.3-1). 속도장은 파동을 발생시키기 전에 비회전성이며 거의 비점성 조건 상태로 유지된다고 가정한다. 직교형 좌표계에서 포텐셜 유동과 관련하여, 식 (5.5-5)는 다음과 같다.

$$\frac{\partial^2 \phi}{\partial x^2} + \frac{\partial^2 \phi}{\partial y^2} = 0. \tag{9.2-35}$$

x 방향의 경계 조건을 대신하여, 해가 공간적으로 주기적이라고 가정할 것이다.

$$\phi(x + \lambda, y, t) = \phi(x, y, t). \tag{9.2-36}$$

$\mathbf{n} = \mathbf{e_y}$일 때 바닥에 대해 수직인 유동은 존재하지 않는다. 따라서 y 방향에 대한 1개의 경계 조건은 다음과 같다.

$$v_y(x, 0, t) = \frac{\partial \phi}{\partial y}(x, 0, t) = 0. \tag{9.2-37}$$

자유표면이 평면이지도 않고 정지된 상태도 아니기 때문에 수면의 경계조건 설정에 어려움이 있다. 증발이나 응축을 무시함으로써 계면을 가로지르는 물의 유동은 발생하지 않는다. 유동적인 경계와 관련하여 유동이 없기 때문에, 물의 속도의 수직성분은 반드시 계면 그 자체의 속도의 수직성분과 같아야 한다[식 (6.6-12)]. **u**를 계면속도로, **n**을 액체로의 수직 방향의 단위벡터라고 한다면 다음과 같다.

$$\mathbf{n} \cdot \mathbf{v}|_{y=H+h} = \mathbf{n} \cdot \mathbf{u}. \tag{9.2-38}$$

간략화하기 위해서 파동은 높이에 비해 길이가 길다고, 예를 들면 $h_0/\lambda \ll 1$(또는 $kh_0 \ll 1$)로 가정한다. 따라서 수면의 표면은 거의 수평하며, $\mathbf{n} \cong -\mathbf{e_y}$가 된다. 또한 물의 수심이 파동의 높이에 비해 충분히 깊어서 $h_0/H \ll 1$이 되며, 자유표면에서 $y \cong H$가 된다. $u_y = \partial h/\partial t$ 이기 때문에, 식 (9.2-38)은 다음과 같이 된다.

$$\frac{\partial \phi}{\partial y}(x, H, t) = \frac{\partial h}{\partial t} = -h_0 kc \cos[k(x - ct)]. \tag{9.2-39}$$

마지막 방정식은 식 (9.2-34)를 미분한 형태이다.

속도포텐셜(velocity potential)이 분리가 가능하다고 가정하면, 식 (9.2-39)는 다음과 같이 된다.

$$\phi(x, y, t) = h_0 kc \cos[k(x - ct)]G(y). \tag{9.2-40}$$

이때, x와 t를 포함하는 f는 식 (9.2-36)의 주기성 조건과 일치한다. 식 (9.2-40)을 식 (9.2-35), (9.2-37) 그리고 (9.2-39)에 대입하면, cosine 항들을 제거할 수 있고 $G(y)$가 다음의 조건에 의해 지배된다는 것을 알 수 있다.

$$\frac{d^2G}{dy^2} = k^2 G, \quad \frac{dG}{dy}(0) = 0, \quad \frac{dG}{dy}(H) = -1. \tag{9.2-41}$$

y축을 일정한 간격으로 나누면 쌍곡선 함수가 지수함수에 비해 훨씬 더 편리하다. 따라서 일반해는 다음과 같이 쓸 수 있다.

$$G(y) = A \sinh(ky) + B \cosh(ky). \tag{9.2-42}$$

경계조건들은 $A = 0$과 $B = -1/[k \sinh(ky)]$임을 알 수 있다. 그러면 속도 포텐셜에 대한 최종적인 방정식은 다음과 같다.

$$\phi(x, y, t) = -h_0 c \cos[k(x - ct)]\frac{\cosh(ky)}{\sinh(kH)}. \tag{9.2-43}$$

그러나 여전히 c는 미지수이다.

파동의 속력(speed)을 결정하기 위해 추가적으로 필요한 정보는 비회전성 베르누이 방정식을 자유표면에 대해 적용함으로써 얻을 수 있다. $P = P_0$(대기압)이라는 것에 주목하면서, $y = H$를 $\mathcal{P}$에 대한 기준높이로 선택하고, 식 (9.2-14)에서 $F(t) = 0$로 설정하면 다음과 같이 된다.

$$\frac{\partial \phi}{\partial t}(x, H, t) + \frac{v^2(x, H, t)}{2} + \frac{P_0}{\rho} + gh(x, t) = 0. \tag{9.2-44}$$

마지막 간략화로서 운동에너지($v^2/2$항)가 무시할 만하다고 가정한다. 식 (9.2-44)를 h에 관해 풀면 다음과 같다.

$$h(x, t) = -\frac{1}{g}\frac{\partial \phi}{\partial t}(x, H, t) - \frac{P_0}{\rho g} \tag{9.2-45}$$

이 식을 시간에 관해 미분하면 다음과 같다.

$$\frac{\partial h}{\partial t} = -\frac{1}{g}\frac{\partial^2 \phi}{\partial t^2}(x, H, t). \tag{9.2-46}$$

이때, $\partial h/\partial t$에 대한 이 식을 식 (9.2-39)와 같다고 놓으면 다음을 얻을 수 있다.

$$\frac{\partial \phi}{\partial y}(x, H, t) = -\frac{1}{g}\frac{\partial^2 \phi}{\partial t^2}(x, H, t). \tag{9.2-47}$$

식 (9.2-43)을 이용하여 도함수들을 구하면 파동의 속력이 다음과 같이 된다.

$$c^2 = \frac{g\tanh(kH)}{k} \tag{9.2-48}$$

이는 G. B. Airy가 1845년에 얻은 결과와 같다.

파장과 관련하여 물의 깊이가 얕거나 또는 깊을 때 식 (9.2-48)의 한계를 검토해 보는 것도 유익한 정보를 제공한다. $kH \to 0$인 경우, $\tanh(kH) \to kH$가 되므로, c는 다음과 같이 된다.

$$c = \sqrt{gH}. \tag{9.2-49}$$

따라서 수심이 얕은 물에서는 파동의 속력이 평균수심에만 의존한다. $kH \to \infty$인 경우, $\tanh(kH) \to 1$이므로 c는 다음과 같이 된다.

$$c = \sqrt{\frac{g}{k}} = \sqrt{\frac{g\lambda}{2\pi}}. \tag{9.2-50}$$

이 사실은 수심이 깊은 물에서는 파동의 속력이 파장에만 의존한다는 것을 의미한다. 모든 결과들은 앞에서 언급한 바와 같이 파장이나 평균 수심에 비해 작은 값인 파동의 진폭에 의해 한정된다. 따라서 수심이 얕은 물의 경우, $h_0 \ll H \ll \lambda$인 조건이 요구되고, 수심이 깊은 물은 $h_0 \ll \lambda \ll H$인 조건이 필요하다.

식 (9.2-43)을 미분하여 얻은 속도성분들은 다음과 같다.

$$v_x(x, y, t) = \frac{\partial \phi}{\partial x} = h_0 kc \sin[k(x - ct)] \frac{\cosh(ky)}{\sinh(kH)} \tag{9.2-51}$$

$$v_x(x, y, t) = \frac{\partial \phi}{\partial x} = h_0 kc \sin[k(x - ct)] \frac{\cosh(ky)}{\sinh(kH)} \tag{9.2-52}$$

식 (9.2-51)은 $y = 0$인 바닥표면에서 $v_x \neq 0$임을 의미한다. 따라서 포텐셜 유동에서 일반적으로, 비-미끄럼 조건이 충족되지 않는다. 이는 항력 계산과정에서 나타난 바와는 반대로, 파동 계산에서는 영향을 거의 주지 않으며, 여전히 해양공학에서 활용되고 있다.

자유표면에서의 포텐셜에너지에 비해 운동에너지를 무시한 경우, 식 (9.2-44)를 간략화 할 때와 같이, 해석을 위한 기하학적 요구사항이 만족되는 경우에는 정당화 될 수 있다. 이는 OM 추산과정에서도 볼 수 있다. 식 (9.2-51)과 (9.2-52)는 $v_x \sim h_0kc/\tanh(kH)$와 $v_y \sim h_0kc$임을 나타낸다. c를 구하기 위해 식 (9.2-48)을 이용하면, 자유표면에서의 운동에너지를 무시하기 위해 요구되는 사항은 $v^2 \sim gh_0^2k/\tanh(kH) \ll gh_0$이거나 $h_0k \ll \tanh(kH)$이어야 한다. 얕은 수심에 대해 적용하기 위해서는 $h_0 \ll H$이어야 하며, 수심이 깊은 경우에는 $h_0 \ll \lambda$이어야 한다. 자유표면의 위치를 $y = H$로 추정하기 위해서는 이러한 조건들이 미리 만족되어야 한다.

9.3 경계층: 미분 해석

경계층 근사

경계층은 Re가 매우 크지만, 점도가 관성과 같은 정도로 중요한 얇은 영역이다. 유동이 거의 비점성인 '바깥' 영역들은 이들과 공존하며 유체로 구성되어 있다. 따라서 경계층 문제는 최소한 2개의 역학적으로 다른 영역들, 경계층과 바깥 영역을 포함한다. 포텐셜 유동(9.2절)은 대개 바깥 영역들에 대한 적절한 근사치이다. 이 절에서는, 2차원 경계층에 대한 운동량 방정식을 나타내고 경계층과 인접한 바깥 영역 간의 관계에 관해 논의한다. 이와 같은 복수영역 문제에 대한 해는 이 절과 9.4절의 예제로 다루었다.

상당히 '유선형(streamlined)'(절벽과는 반대)인 물체를 지나치는 높은 Reynolds 수에서의 정상상태 유동에 대한 영역이 그림 9.5에서 보여진다. 상부와 하부 표면에 존재하는 경계

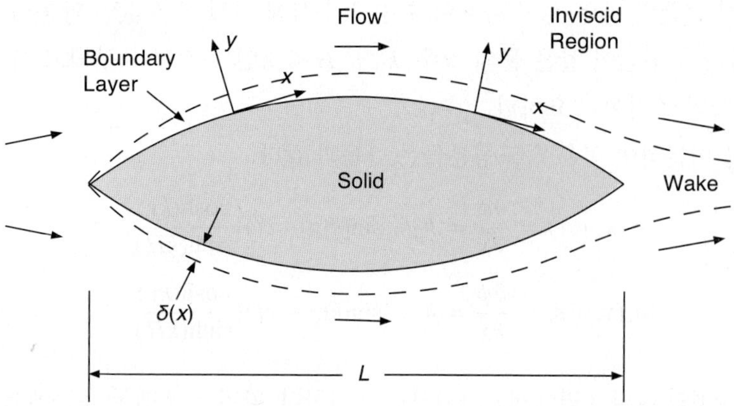

그림 9.5 높은 Reynolds 수에서 물체를 지나가는 유동에 대한 영역들과 길이 척도

층을 점선 곡선으로 표시하였다. 이 경계층들은 선두 정체점으로부터 시작되고, 표면을 따라 두께가 증가하며, 만나서 하류로 빠져나간다. (경계층들의 두께를 과장되게 표현하였다.) 경계층 외부와 하류는 점성 응력을 무시할 수 있는 영역이다. 이 바깥 영역에서 관련된 상대적인 길이 척도는 물체의 전체 크기이다. 이는 물체의 횡단길이 L이고, 표면을 따라가는 등고선 길이(contour length)와 거의 같다. 이러한 유동의 Reynolds 수는 $\mathrm{Re} = UL/\nu$이며, 여기서 U는 접근하는 유체의 속도이다. 경계층과 가장 관련이 되는 것은 경계층의 두께 δ이고, 이는 대개 표면의 곡률반경(radius of curvature)에 비해 작은 값이다. 따라서 경계층과 관련된 측면에서 물체의 표면은 거의 평면으로 볼 수 있다. 경계층에 대해 국부(local) 직교형 좌표계를 활용할 수 있고, 여기서 x는 표면에 접선방향이고 y는 수직방향이다. 일반적으로, 바깥 영역에 대해서는 그림 9.1의 원통형 좌표계와 같은 다른 좌표계가 필요하다. 중요한 사항은 정의에 따라 경계층 문제에서 $\delta(x)/L \ll 1$이라는 것이다.

경계층은 길이에 비해 훨씬 얇기 때문에, 만일 2차원적으로 보면 유동은 거의 단일방향성이다. 윤활 문제(8.5절)에서와 같은 추론을 이용하면, $\upsilon_y/\upsilon_x \sim \delta/L \ll 1$이다. 만일 경계층에 대해 적용하면, $\mathscr{P}$는 거의 x만의 함수이고, 거의 단일방향 유동에 대해 전술한 $\partial^2\upsilon_x/\partial x^2 \ll \partial^2\upsilon_x/\partial y^2$이다. 경계층이 근사문제와 구분되는 것은 경계층의 Re가 충분히 크기 때문에 관성이 무시될 수 없다는 것이다. 따라서 경계층 운동량 방정식은 다음과 같다.

$$\upsilon_x\frac{\partial \upsilon_x}{\partial x} + \upsilon_y\frac{\partial \upsilon_x}{\partial y} = -\frac{1}{\rho}\frac{d\mathscr{P}}{dx} + \nu\frac{\partial^2 \upsilon_x}{\partial y^2}. \tag{9.3-1}$$

δ에 대한 척도는 식 (9.3-1)의 관성과 점성 항들을 비교함으로써 추론할 수 있다. x의 변화에 대한 척도 L과 함께 δ는 y의 변화에 대한 척도이며, U는 υ_x와 양쪽 방향에서의 υ_x의 변화

에 대한 척도이고, 관성과 점성 항들은 $U^2/L \sim \nu U/\delta^2$일 때 거의 비슷하다.

$$\frac{\delta}{L} \sim \left(\frac{\nu}{UL}\right)^{1/2} = \text{Re}^{-1/2}. \tag{9.3-2}$$

이는 Re가 크다면 δ/L이 작아진다는 것을 보여준다. Re가 증가할 때, 점성응력들이 무시되지 않는다는 것이 매우 중요하다. 반면, 이들은 점진적으로 얇아지는 영역 내에서 작용한다. 경계에서 비-미끄럼(no-slip) 조건을 만족하기 위해서 Re $\rightarrow \infty$인 조건이라 하더라도 점성응력들이 유지되어야 한다. 수학적으로, 비점성 운동량 방정식에서 $\partial^2 v_x/\partial y^2$와 같은 2차 도함수가 없다면 비-미끄럼 조건을 만족시키는 것은 불가능하다. 물리적으로, 유체가 고체 표면에 부착하려는 경향은 표면 근처에서 전단률(shear rates)을 발생시키는데, 이는 점도가 작은 경우에도 점성응력들이 관성과 비슷할 정도로 충분히 크다.

영역의 연결

경계층 내에서의 유동문제를 충분히 정의하기 위해서는 인접한 바깥 영역에 대한 정보가 필요하다. 2개의 사항이 필요하다: 경계층의 바깥 가장자리에서의 v_x에 대한 경계조건과 $d\mathcal{P}/dx$를 계산할 수 있는 방안. 이 정보들은 원칙적으로 상응하는 바깥 영역에 대한 문제에 대한 해로부터 얻을 수 있다. 만일 $\delta/L \rightarrow 0$이라면, 비점성 영역은 경계층이 존재하지 않을 때와 거의 동일한 크기와 형태가 될 것이며, 경계층 내의 정보가 없이도 바깥 영역 문제에 대한 수식을 얻을 수 있다. 9.2절에서 논의한 바와 같이, 포텐셜 유동에 대한 속도장은 Laplace 방정식을 해결함으로써 해석적으로나 또는 수치적인 방법으로 얻을 수 있다. 경계층 관련 중요 사항은 표면에서 얻어지는 $u(x)$로 표시되는 바깥 속도의 접선성분이다. 이 속도는 포텐셜 유

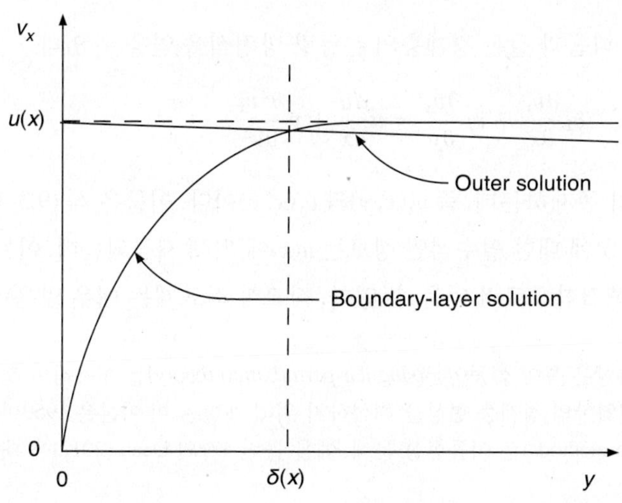

그림 9.6 경계층과 인접한 바깥쪽 영역에서 접선 속도들 사이의 관계

동이 비-미끄럼 조건을 만족시키지 않기 때문에 0이 아니다. 원통을 지나는 유동에 관해(예제 9.2-1), $u(x)$는 $-v_\theta(R, \theta) = 2\,U \sin\theta$에 해당되고, 경계층 좌표는 $x = R(\pi - \theta)$와 같은 원통형 각도와 관련이 있다. 우리는 원통에 대해 추후에 다시 다루도록 한다(예제 9.4-2).

그림 9.6에는 두 영역에서 계산된 속도들 간의 연결을 나타내었다. 경계층 두께보다 좀 더 큰 위치에서 바깥 용액의 v_x는 표면으로 접근함에 따라 약간 변하게 된다. 예시된 가상적인 상황에서 바깥 v_x는 증가하게 되고, $y = 0$에서 $u(x)$가 된다. 경계층에 대한 가정은 v_x는 $y = 0$에서 0이고 y의 증가에 따라 $u(x)$의 한계값으로 증가하는데, 거리 δ에서 대부분의 변화가 발생한다. 경계층 용액이 바깥 용액과 $y = \delta(x)$로 표시되는 점이 경계층 두께를 정의하는 여러 방법 중 하나이다. 이 점까지의 경계층 곡선과 그 후의 바깥 용액으로 변화를 통해 v_x의 실질적인 변화에 대한 충분한 근사치를 얻을 수 있다. Re가 클수록, 교차점이 좌측으로 이동하는 폭이 커지게 되고, 더 나은 근사치를 얻을 수 있다. 요약하면, $u(x)$는 이중적 중요성을 가진다. $u(x)$는 $y/L \to 0$일 때 바깥 v_x이면서, 동시에 $y/\delta \to 0$일 때 경계층 v_x이기도 하다. 어떤 측면에서 y가 작고, 다른 측면에서는 크게 되는 것은 Re $\to \infty$에 따라 $\delta/L \to 0$이 되기 때문이다.[2)]

경계층에서의 $\mathcal{P}$는 y에 의존하지 않는다는 사실은 압력이 바깥 영역에서의 유동에 의해 결정된다는 것이다. 경계층 내에서의 압력은 바깥유동에 의해 가해지기 때문에, $d\mathcal{P}/dx$ 는 베르누이 방정식을 $y = 0$에서의 바깥 용액에 적용함으로써 결정할 수 있다. 바깥 유동이 근사적으로 비점성이며 비투과성 표면은 하나의 유선이므로, 식 (9.2-5)를 적용할 수 있다. $v = u(x)$라고 놓고, x에 관해 미분하여 다음 식을 얻을 수 있다.

$$-\frac{1}{\rho}\frac{d\mathcal{P}}{dx} = \frac{d}{dx}\left(\frac{u^2}{2}\right) = u\frac{du}{dx}. \tag{9.3-3}$$

이를 식 (9.3-1)에 대입하면 다음과 같은 경계층의 운동량 방정식을 얻을 수 있다.

$$v_x\frac{\partial v_x}{\partial x} + v_y\frac{\partial v_x}{\partial y} = u\frac{du}{dx} + \nu\frac{\partial^2 v_x}{\partial y^2}. \tag{9.3-4}$$

경계층에는 2개의 미지수가 존재하는데, 즉 $v_x(x, y)$와 $v_y(x, y)$이다. 이들은 식 (9.3-4)에 의해 지배되는 연속방정식이다. $\mathcal{P}$에 대한 필수적인 정보는 $u(x)$에 의해 제공되는데, 이는 바깥 영역에 대한 별도의 문제를 해결함으로써 얻을 수 있다. 직교형 좌표계는 매우 얇은 경계층에

---

2) 여기서의 정성적인 논의 사항은 *특이 섭동이론(singular perturbation theory)*을 이용하면 정밀한 결과를 얻을 수 있다. 주로 유체역학의 경계층 현상을 해석하기 위해 개발된 이 이론은 1950년대에 개발되었다. 섭동법(perturbation methods)은 이동현상 문제, 예를 들면 4장의 Dean (2012)에 대한 해석에서 소개되었다.

대하여 모두 이용할 수 있는데, 형태가 변하는 물체는 단지 $u(x)$의 차이만 있을 뿐이다.

예제 9.3-1 ● 평판에 대한 Blasius 해. 이 예제에서는 얇은 평판에 대해 평행하게 흐르는 유동에 대한 속도장(velocity field)과 항력계수(drag coefficient)를 구하고자 한다. 접근속도는 U이고, 판의 길이는 L, 그리고 선단 모서리 위치는 $x = 0$라고 하자. 평판의 한쪽 면($y \geq 0$)만 고려해도 충분할 것이다.

무한히 얇은 판은 비-미끄럼 조건이 적용되지 않기 때문에 비점성 유체가 판에 평행하게 흐르는 것을 방해하지 않는다. 따라서 바깥 영역 전체가 $v_x = U$이며, 압력은 일정하고, 식 (9.3-4)는 다음과 같이 된다.

$$v_x \frac{\partial v_x}{\partial x} + v_y \frac{\partial v_y}{\partial y} = \nu \frac{\partial^2 v_x}{\partial y^2}. \tag{9.3-5}$$

연속방정식과 함께 이 식도 상사성 변환(similarity transformation)을 사용하여 x와 y를 단일 독립변수로 변화시킴으로써 해를 구할 수 있다.

예제 7.3-3에서 급속하게 가속되는 판에서 발생하는 현상과 다르게, 차원해석으로는 이들 독립변수들을 어떻게 조합시킬 수 있는지를 알 수 없다. 주된 차원의 양은 x, y, v_x, ν 그리고 U이다.[3] 이들 5개의 양들은 단지 2개의 독립적인 차원을 가진다(즉, L과 LT^{-1}). 따라서 3개의 독립적인 무차원군이 존재한다. v_x/U는 명백하게 무차원이다. 다른 2개로는 Ux/ν 와 Uy/ν가 가능하다. 따라서 v_x/U가 의존하는 그룹들은 x와 y를 반드시 동시에 포함할 필요는 없다. 그러나 정체되어 있거나 갑작스럽게 가속되는 평판들의 공통점은 표면에서 발생하는 점성 응력과 와류도가 인접한 무한대의 유체에 점진적으로 퍼진다는 것이다. 예제 7.3-3에서, 영향을 받는 유체 층의 두께는 $(\nu t)^{1/2}$로 변한다. 이와 유사하게, 경계층 두께는 $(\nu x/U)^{1/2}$에 따라 변하고, 여기서 x/U는 선단 모서리로부터 위치 x에 이르는 데 소요되는 통과(transit) 시간이다. 경계층 두께는 y에 대한 척도이다. 그러면, 다음과 같이 나타낼 수 있다.

$$\eta = \frac{y}{(2\nu x/U)^{1/2}} \tag{9.3-6}$$

이 식은 x와 y를 적절하게 조합한 형태라고 가정할 수 있다. 우리는 본 문제에서 η만을 포함하고, x나 y가 따로 존재하지 않는 형태로 변환가능하기 때문에, 이 가정이 적절하다는 것을 확인할 것이다. 식 (9.3-6)에서 인자 2는 단지 최종적으로 얻어진 식을 간단한 형태로 나타낸

---

3) v_y는 연속을 이용하는 v_x로부터 계산할 수 있기 때문에 제외시켰다. L이 평판에 평균적으로 작용하는 전단응력 영향을 미치겠지만, v_x뿐만 아니라 v_y에도 영향을 미치지 않는다는 것을 보일 것이다.

것이다.

무차원 함수 $f(\eta)$는 다음과 같이 정의된다.

$$v_x = U\frac{df}{d\eta} = Uf'. \tag{9.3-7}$$

프라임($'$)은 f를 η에 관해 미분한 도함수를 나타내기 위해 사용하였고, 운동량 방정식의 v_x에 대한 다양한 도함수들을 다음과 같이 전환하였다.

$$\frac{\partial v_x}{\partial x} = U\frac{\partial \eta}{\partial x}f'' = -\frac{U\eta}{2x}f'' \tag{9.3-8}$$

$$\frac{\partial v_x}{\partial y} = U\frac{\partial \eta}{\partial y}f'' = \left(\frac{U^3}{2x\nu}\right)^{1/2} f'' \tag{9.3-9}$$

$$\frac{\partial^2 v_x}{\partial y^2} = U\left(\frac{\partial \eta}{\partial y}\right)^2 f''' = \frac{U^2}{2x\nu}f'''. \tag{9.3-10}$$

연속방정식에서 식 (9.3-8)을 이용하여 부분별로 적분하면, 다음과 같은 결과를 얻게 된다.

$$v_y = -\int \frac{\partial v_x}{\partial x}dy = \left(\frac{U\nu}{2x}\right)^{1/2}\int \eta f''\,d\eta = \left(\frac{U\nu}{2x}\right)^{1/2}(\eta f' - f). \tag{9.3-11}$$

비-미끄럼 조건이 성립하기 위해서는 $f'(0) = 0$가 되어야 하고, 그러면 비침투성 조건은 $f(0) = 0$을 의미한다.

식 (9.3-7)~(9.3-11)을 식 (9.3-5)에 적용하면, 평판의 경계층에 대한 운동량 방정식은

$$f''' + ff'' = 0. \tag{9.3-12}$$

가 된다. [만일 식 (9.3-6)에서 2를 제외했다면, ff''의 계수는 1이 아닌 1/2가 되었을 것이다.] 이 3차 미분 방정식에 대한 경계조건들은 다음과 같이 된다.

$$f(0) = 0, \quad f'(0) = 0, \quad f'(\infty) = 1. \tag{9.3-13}$$

첫 번째 두 조건들은 각각 비침투성과 비-미끄럼 조건에 해당된다. 세 번째 조건은 그림 9.6에 나타낸 경계층과 바깥 속도들의 연결조건을 나타낸다. 식 (9.3-12)와 (9.3-13)은 $f(\eta)$를 결정하는 데 충분하고, x와 y는 더 이상 따로 나타나지 않는다. 이는 독립변수들이 조합될 수 있다는 것을 확인해준다.

이와 같이 수식화된 경계에 대한 문제는 비선형이고, 명확한 해석해가 존재하지 않는다. Blasius (1908)는 작은 η 값에 대한 멱-급수(power-series) 전개와 큰 η에 대해 점근선(asymtotic)의 결과를 조합하는 긴 풀이과정을 이용하여 이와 비슷한 문제에 대한 해를 구하

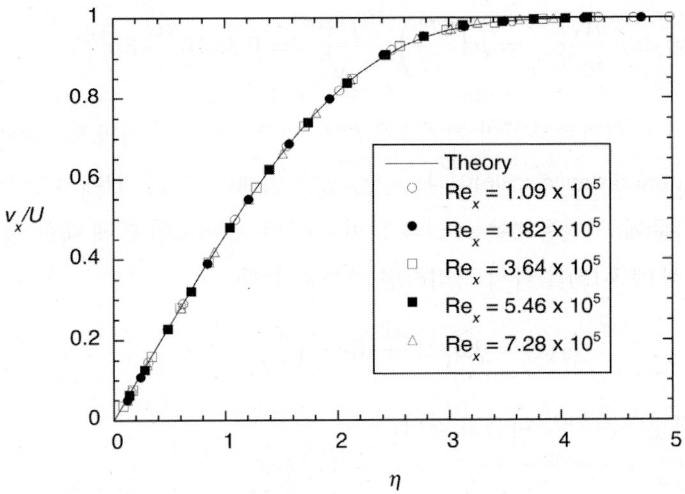

그림 9.7 평판을 지나는 유동의 속도 프로파일. 이론적 그래프는 식 (9.3-12)와 (9.3-13)의 해이며, (공기유동에 대한) 데이터들은 Nikuradse (1942)의 결과이다.

였다. 그의 결과는 수치해석법을 사용한 다른 연구자들에 의해 좀 더 다듬어졌다. 그림 9.7에 보인 곡선은 Jones와 Watson (1963)의 표에 나열된 계산 결과들 토대로 한 것이다. 이 이론은 Nikuradse (1942, p.37)의 공기 유동의 데이터들과 매우 잘 일치한다. 결과들은 선단 모서리로부터의 거리에 따른 다양한 Reynolds 수 $\mathrm{Re}_x = Ux/\nu$에 대한 것이다.

$\eta \to \infty$인 경우에서만 $v_x \to U$라는 점을 고려하면서, 표면으로부터 경계층에서 바깥 영역으로의 전환이 완료되는 특정한 거리는 존재하지 않는다. 그러나 그림 9.7에서는 y가 $(\nu x/U)^{1/2}$보다 조금 클 때 이 전이(transition)가 완료된다는 것을 보여주고 있다. 경계층 두께는 다음과 같이 표시될 수 있다.

$$\delta(x) = c\left(\frac{\nu x}{U}\right)^{1/2} \tag{9.3-14}$$

여기서 c는 v_x가 U에 얼마만큼 접근해야 되는지를 나타내는 상수이다. $y = \delta$이고, $c = 1.1$, 2.4, 그리고 3.5일 때 v_x/U가 0.50, 0.90, 그리고 0.99가 된다. 그러나 c가 정해진 경우에는, δ는 명백하게 $x^{1/2}$의 형태로 증가한다. 식 (9.3-14)의 양변을 x로 나누면 $\delta/x = c\,\mathrm{Re}_x^{-1/2}$가 된다. $x = L$로 놓으면, 경계층의 최대두께가 $\delta/L = c\,\mathrm{Re}_x^{-1/2}$가 되며, 여기서 $\mathrm{Re} = UL/\nu$이다. 이 결과는 식 (9.3-2)의 일반적인 예측치와 일치한다.

식 (9.3-9)와 $ff''(0) = 0.46960$ (Jones and Watson, 1963)임을 이용하면, 국부(local) 판에 작용한 전단응력은 다음과 같이 계산할 수 있다.

$$\tau_0(x) \equiv \mu \frac{\partial v_x}{\partial y}\bigg|_{y=0} = \mu \left(\frac{U^3}{x\nu}\right)^{1/2} \frac{f''(0)}{\sqrt{2}} = 0.3321 \frac{\mu U}{x} \mathrm{Re}_x^{1/2}. \tag{9.3-15}$$

L이 없다는 것은 선단 모서리로부터의 거리 x가 L이 아니고 점성 응력과 Reynolds 수에 대한 자연 거리척도(natural distance scale)이다. τ_0가 u/δ에 비례하고, u는 U에서 일정하며, δ는 $x^{1/2}$에 따라 변하기 때문에, 전단응력은 $x^{-1/2}$와 같이 변한다. 길이 L인 판에 대한 평균 전단응력을 계산하기 위해 식 (9.3-15)를 다시 정리하면 다음과 같다.

$$\tau_0\,(x) = 0.3321 \frac{\mu U}{L} \mathrm{Re}^{1/2} \left(\frac{x}{L}\right)^{-1/2}. \tag{9.3-16}$$

평균전단응력과 항력계수는 각각 다음과 같다.

$$\langle \tau_0 \rangle = \frac{1}{L} \int_0^L \tau_0\, dx = 0.6642 \frac{\mu U}{L} \mathrm{Re}^{1/2} \tag{9.3-17}$$

$$C_f = \frac{2\,\langle \tau_0 \rangle}{\rho U^2} = 1.328\, \mathrm{Re}^{-1/2}. \tag{9.3-18}$$

여기서, C_t에 대한 결과는 식 (3.2-15)에서 보였다.

쐐기유동

좀 더 일반적으로, 상사성 변환(similarity transformations)은 $u(x) = ax^m$인 경우에는 언제나 적용된다. 여기서 a와 m은 상수이다. 이러한 해들은 그림 9.8에 나타낸 쐐기형 물체를 지나는 유동에 해당된다. 지수 m은 $m = \beta/(2 - \beta)$의 형태로 쐐기 각도 β와 관련된다. 따라서 평판의 경우 $\beta = 0$이고 $m = 0$이며, 직각인 경우 $\beta = 1/2$이고 $m = 1/3$이며, 평면 정체 유동(planar stagnation flow)의 경우, $\beta = 1$이고 $m = 1$이다.

쐐기유동에서 x에 대한 δ의 의존성은 관성과 점성 응력 간의 균형이 필요하다는 사실로부터 추론될 수 있다. 따라서 표면을 따라 어떤 주어진 위치에서 $v_x \partial v_x/\partial x \sim \nu \partial^2 v_x/\partial y^2$이다. $\Delta x \sim x$, $\Delta y \sim \delta$, 그리고 $v_x \sim u(x) \sim \Delta v_x$임을 이용하면, $a^2 x^{2m-1} \sim \nu a x^m/\delta^2$이거나 또는 다음과 같다.

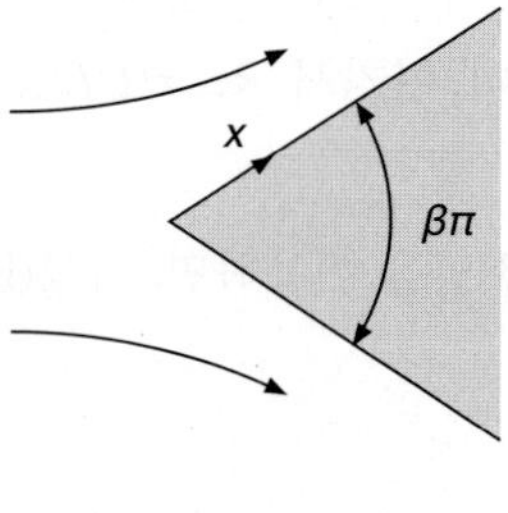

그림 9.8 쐐기형 물체 지나는 유동

$$\delta(x) \sim \left(\frac{\nu}{a}\right)^{1/2} x^{(1-m)/2}. \tag{9.3-19}$$

따라서 평판에서 δ는 $x^{1/2}$[식 (9.3-14)와 같이] 형태로, 직각 쐐기의 경우에는 $x^{1/3}$ 형태로 변하게 되며, 평면 정체 유동(planar stagnation flow)에서는 일정하다. 일반적으로 상사성 변수(similarity variable)는 $y/\delta(x)$에 비례하기 때문에, $\eta = byx^{(m-1)/2}$의 형태이며, 여기서 b는 양의 상수이다.

$$\eta = \left(\frac{(1+m)\,a}{2\nu}\right)^{1/2} yx^{(m-1)/2} \tag{9.3-20}$$

위의 식을 선택함으로써 쐐기유동의 운동량 방정식을 다음과 같이 변환시킬 수 있다.

$$f''' + ff'' + \beta[1 - (f')^2] = 0 \tag{9.3-21}$$

이 식을 *Falkner-Skan 방정식*이라고 한다. 경계조건은 식 (9.3-13)에 의해 정해진다. Falkner-Skan 방정식에 대한 수치해석 해들은 다양한 β 값들에 대해 구해져 있다(Hartree, 1937; Jones and Watson, 1963). 식 (9.3-21)의 도함수들과 수치해석 결과들에 대한 요약은 Schlichting (1968, pp.137~141과 150~151) 또는 Deen (2012, pp.381~383) 등을 참고하면 된다.

내부 경계층

경계층들은 Re가 클 때 고체 표면에서만 아니라 전단률이 충분히 큰 경우에 항상 존재한다. 전단률이 점성응력을 무시할 수 없게 될 정도로 충분히 큰 경우, 다른 속도로 이동하는 유동들이 접촉하게 되면 얇은 영역이 생성된다. 동일하거나 다른 유체들이 관련될 수도 있으며, 이들 유동의 방향들이 동일하거나 반대방향일 수도 있다.

예제 9.3-2 ● 평면의 제트. 그림 9.9에 보인 것과 같이, 좁은 구멍을 통해 크고, 정체된 부피

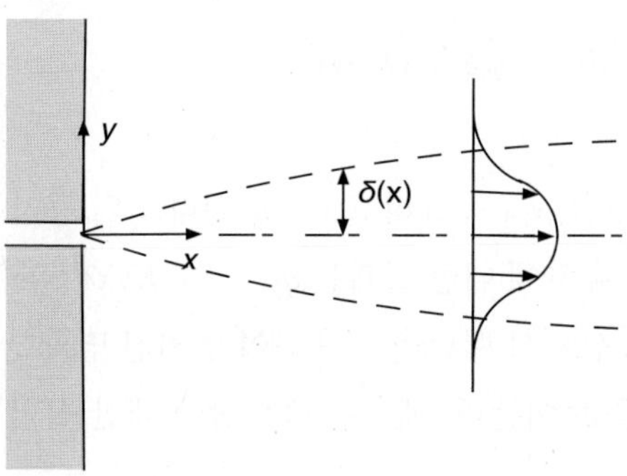

그림 9.9 구멍을 통해 큰 부피를 갖는 동일한 유체로의 2차원적 제트

를 갖는 동일한 유체로 2차원 제트가 분사되는 경우에 관해 생각해보자. 제트는 운동량이 바깥 유체로 전달되면서 점진적으로 감속되고 확대된다. 제트의 강도는 *운동학적 운동량(kinematic momentum)*에 의해 다음과 같이 나타낼 수 있다.

$$K = \int_{-\infty}^{\infty} v_x^2 \, dy \tag{9.3-22}$$

이는 일정한 것으로 알려져 있다고 가정한다. 점선 곡선들로 나타낸 것처럼, 제트의 두께의 절반은 $\delta(x)$이다. 최대속도($y = 0$에서)는 $v_m(x)$이고 z축 방향에서의 단위 너비당 유량(flow rate)은 $q(x)$이다. 여기서 OM 정확도 내에서 δ, v_m, q를 추산하고자 한다. 그런 후 K가 실제로 일정하다는 것을 보일 것이다.

전단률이 높을 때 얇은 영역이므로 제트가 경계층이 된다. 따라서 그 내부는 $v_x \partial v_x / \partial x \sim \nu \partial^2 v_x / \partial y^2$가 된다. $\Delta x \sim x, \Delta y \sim \delta$, 그리고 $v_x \sim v_m \sim \Delta v_x$를 이용함으로써 이는 $v_m^2 / x \sim \nu v_m / \delta^2$ 또는 다음과 같이 된다.

$$v_m \sim \frac{\nu x}{\delta^2}. \tag{9.3-23}$$

식 (9.3-22)로부터 OM 추산치는 다음과 같다.

$$v_m^2 \delta \sim K. \tag{9.3-24}$$

이를 식 (9.3-23)에 대입하고 δ에 관해 풀면 다음을 얻을 수 있다.

$$\delta(x) \sim \frac{(\nu x)^{2/3}}{K^{1/3}}. \tag{9.3-25}$$

그러면 속도와 유량은 다음과 같이 된다.

$$v_m(x) \sim \frac{K^{2/3}}{(\nu x)^{1/3}} \tag{9.3-26}$$

$$q(x) = \int_{-\infty}^{\infty} v_x \, dy \sim v_m \delta \sim (K \nu x)^{1/3}. \tag{9.3-27}$$

제트의 두께, 속도, 그리고 유량들은 각각 $x^{2/3}, x^{-1/3}$, 그리고 $x^{1/3}$이 된다. q의 증가는 주변의 유체가 동조가 발생한다는 것을 의미한다. 유량에 대한 결과는 $q(x) = c(K\nu x)^{1/3}$와 같이 나타낼 수 있으며, 여기서 c는 상수, 즉 ~1이다. 상사성 변환을 이용하여 얻어진 명확한 해는 $c =$ 3.3019 (Schlichting, 1968, pp.170~174)임을 보여준다. 예측된 속도장에 대한 실험적 증거가

이 자료에 인용되어 있다.

이 계의 운동학적(kinematic) 운동량이 일정한 이유를 설명해야 한다. K의 변화율에 대한 관계식은 식 (9.3-4)를 y에 대해 각 항들을 적분함으로써 얻어진다. 여기서 $y \geq 0$인 경우에만 고려해도 충분하다. 점성항의 적분은 다음과 같다.

$$\int_0^\infty \nu \frac{\partial^2 v_x}{\partial y^2}\, dy = \nu \frac{\partial v_x}{\partial y}\bigg|_0^\infty = 0 \tag{9.3-28}$$

이때 $y = 0$에서의 대칭과 $y = \infty$에서 전단이 존재하지 않기 때문에 소실될 것이다. 바깥 유체가 정체되어 있기 때문에($u = 0$), 압력항도 소실되며 단지 적분항만 남게 된다. 연속방정식과 부분적분을 이용하면, 두 번째 관성항은 다음과 같이 얻을 수 있다.

$$\begin{aligned}\int_0^\infty v_y \frac{\partial v_x}{\partial y}\, dy &= \int_0^\infty \left(-\int_0^y \frac{\partial v_x}{\partial x}\, dY\right) \frac{\partial v_x}{\partial y}\, dy = -\, v_x \int_0^y \frac{\partial v_x}{\partial x}\, dY\bigg|_0^\infty + \int_0^\infty v_x \frac{\partial v_x}{\partial x}\, dy \\ &= \int_0^\infty (v_x - u) \frac{\partial v_x}{\partial x}\, dy.\end{aligned} \tag{9.3-29}$$

이때 $u = 0$로 하면, 적분된 운동량 방정식은 다음과 같이 된다.

$$0 = \int_0^\infty \left(v_x \frac{\partial v_x}{\partial x} + v_y \frac{\partial v_x}{\partial y}\right) dy = \int_0^\infty 2 v_x \frac{\partial v_x}{\partial x}\, dy = \frac{\partial}{\partial x}\int_0^\infty v_x^2\, dy = \frac{1}{2}\frac{dK}{dx}. \tag{9.3-30}$$

이 결과는 앞에서 가정한 바와 같이 K가 일정하다는 사실을 보여준다.

9.4 경계층: 적분 해석

적분형 운동량 방정식

경계층은 운동량 방정식을 y에 대해 적분하고 운동량 보존이 전체적으로 만족하는 좀 더 거시적인 관점에서도 해석할 수 있다. 이는 추후에 소개할 1개의 1차 상미분 방정식으로 2개의 (연속 및 운동량) 편미분 방정식들을 대체할 수 있기 때문에 계산과정을 크게 감소시킬 수 있다. 정확성에서 조금 손해가 있지만, 다른 방법으로는 풀기가 매우 어려운 문제에 대해 해석적이거나 또는 기본적인 수치해석 방법으로 해를 얻을 수 있다. 비록 현재는 연구에 많이 활용되고 있지는 않지만, 이 방법의 개념은 적분법이 연구에 매우 유용함을 제시한다.

이어지는 식 (9.3-4)에 대한 적분은 $y = \infty$를 $y = \delta(x)$로 대체하는 것 외에는 예제 9.3-2의

후반부와 동일하다. 즉, 경계층의 바깥 모서리를 유한한 위치로 간주한다. 또한 평면의 제트(planar jet)에서 존재하는 대칭평면 대신 고체 표면이 $y = 0$이다. 경계층 바깥 모서리에서의 전단응력이 무시할 만하다는 사실에 주목하면, 다음과 같다.

$$\int_0^\delta \nu \frac{\partial^2 v_x}{\partial y^2}\, dy = -\nu \frac{\partial v_x}{\partial y}\bigg|_{y=0} = -\frac{\tau_0}{\rho} \tag{9.4-1}$$

여기서, $\tau_0(x)$는 $y = 0$에서의 전단응력이다. 식 (9.3-29)를 활용하여 관성항을 계산하여, 운동량 방정식을 적분하여 다음의 식을 얻을 수 있다.

$$\int_0^\delta (2v_x - u)\frac{\partial v_x}{\partial x}\, dy = \int_0^\delta u\frac{du}{dx}\, dy - \frac{\tau_0}{\rho}. \tag{9.4-2}$$

이 식을 다시 정리하면, 다음과 같다.

$$\frac{\tau_0}{\rho} = \int_0^\delta \frac{\partial}{\partial x}[v_x(u - v_x)]\, dy + \frac{du}{dx}\int_0^\delta (u - v_x)\, dy. \tag{9.4-3}$$

식 (9.4-2)의 피적분함수로부터 $v_x du/dx$를 빼면 이와 같은 형태를 얻을 수 있다. 꺽쇠괄호의 항들을 양 극단에서 제거되기 때문에 도함수는 적분기호 밖으로 빼낼 수 있고, 그러면 다음의 식을 얻을 수 있다.

$$\frac{\tau_0}{\rho} = \frac{d}{dx}\int_0^\delta v_x(u - v_x)\, dy + \frac{du}{dx}\int_0^\delta (u - v_x)\, dy. \tag{9.4-4}$$

이 식을 *Kámán 적분형 방정식(integral equation)* 또는 *적분형 운동량 방정식(integral momentum equation)*이라고 한다.

경계층의 접선속도는 일반적으로 다음과 같이 쓸 수 있다.

$$\frac{v_x}{u(x)} = F(x, \eta), \qquad \eta = \frac{y}{\delta(x)}. \tag{9.4-5}$$

무차원군 η는 식 (9.3-20)의 상사성변수(similarity variable)와 유사하지만, 크기는 0에서 1까지의 범위를 갖는다. 만일 속도 프로파일들이 자기-상사(self-similar)의 경우라면, 쐐기유동에 관해, $F = F(\eta)$이다. 식 (9.4-4)의 좀 더 간단한 형태는 다음과 같다.

$$\frac{\tau_0}{\rho} = \frac{d}{dx}(u^2\delta_2) + u\frac{du}{dx}\delta_1. \tag{9.4-6}$$

길이 차원을 갖는 $\delta_1(x)$와 $\delta_2(x)$ 함수들을 각각 *변위 두께(displacement thickness)*와 *운동량 두께(momentum thickness)*라고 한다. 이들은 δ와 F와 다음과 같은 관계를 갖는다.

$$\frac{\delta_1}{\delta} = \int_0^1 (1 - F)\, d\eta, \quad \frac{\delta_2}{\delta} = \int_0^1 F(1 - F)\, d\eta. \tag{9.4-7}$$

자기-상사(self-similar) 프로파일들에 대해, δ_1/δ_2와 δ_2/δ가 일정하지만, 일반적으로는 이들의 비는 x에 의존한다.[4] 표면에서의 전단응력은 다음과 같이 주어진다.

$$\frac{\tau_0}{\rho} = \frac{\nu u}{\delta}\frac{\partial F}{\partial \eta}(x, 0) = \frac{\nu u}{\delta}F'(x, 0). \tag{9.4-8}$$

프라임들은 편 도함수(partial derivative)이지만 η에 관한 도함수를 표시한다.

문제해결에 있어서, 먼저 F의 η-의존성에 관해 다항식과 같은 간단한 형식을 취하고, 이는 명확한 해의 속성을 갖는다. 그러면 식 (9.4-7)의 적분들에 대한 해를 구할 수 있고, 식 (9.4-8)은 전단응력을 $\delta(x)$와 $u(x)$에 연계시키는 데 이용할 수 있다. 이들 결과를 식 (9.4-6)에 대입하면 미지의 경계층 두께 $\delta(x)$와 기지의 속도 $u(x)$를 포함하는 1차 미분 방정식을 얻을 수 있다. 이를 $\delta(x)$에 대해 풀면 $\tau_0(x)$를 구할 수 있다.

이 방법을 사용하기 위해서는 F에 대해 적분과 미분이 용이한, 그럼에도 정확한 결과를 얻기에 충분한 형태의 함수가 필요하다. $y = 0$에서 정체된 고체에 대해, υ_x의 특징과 F에 대한 상응하는 요건들을 표 9.1에 표시하였다. 조건 (a)와 (b)는 필수적으로 필요한 조건이다. 경계층 바깥 모서리에서의 점성 응력들은 무시할 수 있다는 사실을 포함하고 있는 조건 (c)은 매우 필요한 조건이다. 조건 (d)는 표면에서 식 (9.3-4)를 계산하여 얻을 수 있다. 이는 속도 프로파일의 모양이 x가 증가함에 따라 변하는 경계층에서 중요한 사항이다. 왜냐하면 이 조건이 프로파일들이 자기-상사(self-similar)하지 않게 되는 유일한 조건이기 때문이다. $u(x)$를 통해 물체의 형태와 관련되는 무차원 함수 $\Lambda(x)$를 *형상인자(shape factor)*라고 한다. 조건 (e)는 경계층의 경계면에 대해 식 (9.3-4) 계산값과 경계면에서 $\upsilon_x \partial\upsilon_x/\partial x = u\, du/\partial x$이며 $\partial\upsilon_x/\partial y = 0$이라는 사실로부터 얻어진다.

---

4) 좀 더 정확하게 해석하면, $y \to \infty$일 때, $\upsilon_x \to u$가 점근선적으로 변하며, 다음과 같다.

$$\delta_1 = \int_0^\infty (1 - F)\, dy, \quad \delta_2 = \int_0^\infty F(1 - F)\, dy.$$

평판(flat plate)에 대하여 변위 및 운동량 두께는 식 (9.3-14)를 따른다. 예제 9.3-1에서의 상사성 해(similarity solution)를 사용하여 적분값을 계산하면, δ_1은 $c = 1.7208$, δ_1는 $c = 0.6641$이 된다(Jones and Watson, 1963).

표 9.1 경계층 속도 프로파일의 특징

(a) $v_x\|_{y=0} = 0$	$F(x, 0) = 0$
(b) $v_x\|_{y=\delta} = u(x)$	$F(x, 1) = 1$
(c) $\left.\dfrac{\partial v_x}{\partial y}\right\|_{y=\delta} = 0$	$F'(x, 1) = 0$
(d) $\left.\dfrac{\partial^2 v_x}{\partial y^2}\right\|_{y=0} = -\dfrac{u}{\nu}\dfrac{du}{dx}$	$F''(x, 0) = -\dfrac{\delta^2}{\nu}\dfrac{du}{dx} \equiv -\Lambda(x)$
(e) $\left.\dfrac{\partial^2 v_x}{\partial y^2}\right\|_{y=\delta} = 0$	$F''(x, 1) = 0$

표 9.1에 $F(x, \eta)$를 만족시키는 조건들이 많을수록, 개선되는 정도를 완전히 예측하기는 힘들지만 보다 정확한 결과를 얻을 수 있다. *Kámán-Pohlhausen 법*에서는 4차 다항식을 가정하고, 5개의 모든 조건들을 적용하였다(Schlichting, 1968, pp.192~206). 다음 예제에서 좀 더 간략화된 함수들로도 충분하다는 것을 알 수 있다.

예제 9.4-1 ● 평판에 대한 적분해. 이 예제에서는 평판에서의 항력 계산을 위해 적분접근법을 활용하고자 한다. 다양한 가상의 속도 프로파일들에 대한 결과를 예제 9.3-1에서 얻은 정확한 결과 값들과 비교해 보고자 한다.

여기서 유동 $u(x) = U$(상수)이고 속도 프로파일들이 자기-상사(self-similar)하다는 것을 앞에서 다루었다. 따라서 식 (9.4-4) 또는 (9.4-6)의 우변의 두 번째 항은 0이며 적분형 운동량 방정식은 다음과 같이 간략화 된다.

$$\frac{\nu U}{\delta} F'(0) = U^2 \frac{d\delta}{dx} \int_0^1 F(1-F)\, d\eta \tag{9.4-9}$$

여기서 $F = F(\eta)$이다. δ에 대해 비선형이지만 분리가 가능한 방정식을 다음과 같이 표시할 수 있다.

$$\frac{d(\delta^2)}{dx} = \frac{2\nu}{U} \frac{F'(0)}{\int_0^1 F(1-F)\, d\eta}. \tag{9.4-10}$$

$\delta(0) = 0$을 만족하는 해는 다음과 같다.

$$\delta(x) = \left[\frac{2F'(0)}{\int_0^1 F(1-F)\, d\eta}\right]^{1/2} \left(\frac{\nu x}{U}\right)^{1/2} \equiv c\left(\frac{\nu x}{U}\right)^{1/2}. \tag{9.4-11}$$

표 9.2 적분 근사법으로 구한 평판에서의 항력계수

$F(\eta)$	Properties from Table 9.1	b	% Error
(1) η	(a) and (b)	1.155	–13.1
(2) $2\eta - \eta^2$	(a)–(c)	1.461	+10.0
(3) $\frac{3}{2}\eta - \frac{1}{2}\eta^3$	(a)–(d)	1.293	–2.6
(4) $\sin\left(\frac{\pi\eta}{2}\right)$	(a)–(d)	1.310	–1.3
(5) $2\eta - 2\eta^3 + \eta^4$	(a)–(e)	1.371	+3.2

따라서, 근사적 적분해석은 평판에서의 δ는 $x^{1/2}$와 같이 변하며, 이는 예제 9.3-1의 명확한 해와 일치한다는 것을 보여준다. 식 (9.4-11)의 상수 c는 식 (9.3-14)의 값과 유사하지만, 여기서의 c는 어떤 $F(\eta)$에 대해 특정한 값을 갖는다.

식 (9.4-8)을 이용하여 $\tau_0(x)$를 계산하고 판의 길이 L에 대해 평균값을 구하면, 다음과 같다.

$$C_f = \left[8F'(0)\int_0^1 F(1-F)\,d\eta\right]^{1/2} \mathrm{Re}^{-1/2} \equiv b\,\mathrm{Re}^{-1/2}. \tag{9.4-12}$$

표 9.2는 여러 종류의 속도 프로파일로부터 얻은 결과를 비교하여 나타내었다. 여기에는 $F(\eta)$를 만족시키는 조건들, 식 (9.4-12)로부터 얻은 b 값, 그리고 식 (9.3-18)에서 얻은 b 값의 정확한 값인 1.328에 대해 퍼센트 오차 등을 포함하고 있다. 프로파일 (1)이 표 9.1의 조건 (a)와 (b)만을 만족시킨다는 전제하에 오차가 13%밖에 되지 않는다는 것은 매우 놀라운 것이다. 조건 (a)~(c)를 만족시키는 프로파일 (2)에서는 조금 더 향상된 결과를 얻는다. 조건 (a)~(d)가 만족되는 경우, 프로파일 (3)과 (4), 오차가 <3%이다. 프로파일 (5)에 대해 부여된 조건 (e)은 평판에 대한 결과가 개선되지는 않지만, 다른 유동들에서는 중요하다. 프로파일 (4)에 나타낸 바와 같이, $F(\eta)$는 다항식이 필요하지 않다. 전체적으로 적분법은 계산과정을 줄이면서도 상당히 정확한 결과값을 얻을 수 있다는 것을 알 수 있다.

경계층 분리

끝이 뭉뚝한 물체의 하류면에서 물체의 표면을 따라 이동해 온 유체가 갑작스럽게 표면으로부터 이탈하는 경향을 보인다. 이러한 현상을 *경계층 분리(boundary-layer separation)*라고 하며, 물체의 후면에서 복잡한 와류를 생성시킨다. 이는 유동의 상당한 부분이 비회전성이라는 점에서 해석적으로 큰 어려움이 있다. 이는 새롭게 발생한 영역의 크기와 형태에 대해 알

지 못하고 있기 때문에, 포텐셜 유동 가정이 어디까지 유효한지가 불분명하다. 더구나 경계층 근사법은 분리점 이후부터는 부정확해지고, 하류의 와류영역에서는 적용가능한 간략화가 어렵다. 그럼에도 불구하고, 경계층 방정식들을 적용할 수 없는 위치까지 적용하여 풀어보면 분리가 발생하는 원인에 대해 이해할 수 있게 해준다. 분리의 원인과 결과를 이해하는 것이 d'Alembert 독설을 풀 수 있는 중요한 요건 중 하나이다.

예제 9.4-2 ● 원통에 대한 적분해. 이 예제에서는 원통을 지나는 Re가 큰 유동에서 경계층 분리 발생에 관해 알아보도록 한다. 분리가 존재한다는 것을 초기에 가정하지 않으며, 바깥 속도는 예제 9.2-1로부터 구한다. $\eta = y/\delta(x)$로 놓고, $X = x/R$을 사용하여 무차원 x 좌표를 사용하는 것이 편리하다. $u(X) = -v_\theta(R, \theta)$와 $X = \pi - \theta$를 활용하여 식 (9.2-29)를 원통형 좌표로 변환시키면, 다음의 식을 얻을 수 있다.

$$u(X) = 2U \sin X, \quad \frac{du}{dx} = \frac{2U}{R}\cos X. \tag{9.4-13}$$

이 식은 유동이 상류 표면을 따라 가속되고($0 \leq X \leq \pi/2$에 대해 $du/dx > 0$), 하류 표면을 따라 감속됨을 보인다($\pi/2 \leq X \leq \pi$에 대해 $du/dx < 0$). 이러한 변화는 상류부의 정방향 유동을 촉진하는 반면 하류부에 대해서 반대되는 압력구배와 일치한다($d\mathcal{P}/dx > 0$)[식 (9.3-3)].

다음과 같이 정의되는 무차원 경계층 두께가 유용한 종속변수가 될 수 있다.

$$\Phi(X) = \left(\frac{\delta}{R}\right)^2 \left(\frac{UR}{\nu}\right) = \left(\frac{\delta}{R}\right)^2 \mathrm{Re}_R. \tag{9.4-14}$$

여기서 Re_R는 원통의 반지름에 근거한 Reynolds 수이다. 식 (9.3-2)는 $\Phi \sim 1$임을 나타내고, 이는 수치해석에 도움이 된다. 표 9.1의 정의와 식 (9.4-13)의 du/dx에 대한 방정식으로부터, 형상 인자(shape factor)를 Φ와 X와 다음과 같이 연관시킬 수 있다.

$$\Lambda(X) = \frac{\delta^2}{\nu}\frac{du}{dx} = 2\Phi \cos X. \tag{9.4-15}$$

표 9.1의 다섯 가지 모든 조건들을 만족시키는 다항식은 다음과 같다.

$$F(X, \eta) = \left(2 + \frac{\Lambda}{6}\right)\eta - \frac{\Lambda}{2}\eta^2 - \left(2 - \frac{\Lambda}{2}\right)\eta^3 + \left(1 - \frac{\Lambda}{6}\right)\eta^4. \tag{9.4-16}$$

이 속도 프로파일에서, 식 (9.4-6)의 좌변은 다음과 같다.

표 9.3 원통의 경계층 두께 계산에 이용된 상수들

$a_1 = \dfrac{4}{945} = 0.004233$	$a_5 = \dfrac{2}{567} = 0.003527$
$a_2 = \dfrac{232}{315} = 0.7365$	$a_6 = \dfrac{37}{315} = 0.1175$
$a_3 = \dfrac{1}{567} = 0.001764$	$a_7 = \dfrac{2}{315} = 0.006349$
$a_4 = \dfrac{29}{630} = 0.04603$	$a_8 = \dfrac{5}{2268} = 0.002205$

$$\frac{\tau_0}{\rho} = \frac{\nu u}{\delta}F'(X,0) = \left(\frac{\nu U^3}{R}\right)^{1/2} \Phi^{-1/2} \sin X \left(4 + \frac{\Lambda}{3}\right). \tag{9.4-17}$$

식 (9.4-7)을 계산하면, 변위 및 운동량 두께는 다음과 같다.

$$\frac{\delta_1}{\delta} = \frac{3}{10} - \frac{1}{120}\Lambda \tag{9.4-18}$$

$$\frac{\delta_2}{\delta} = \frac{37}{315} - \frac{1}{945}\Lambda - \frac{1}{9072}\Lambda^2. \tag{9.4-19}$$

이 결과들을 식 (9.4-6)에 대입하고, 공통인자들을 삭제하고, 식 (9.4-15)를 이용하여 Λ를 Φ와 연결하면 다음과 같다.

$$\frac{d\Phi}{dX} = \frac{2 - a_1\Phi^2 - (a_2 + a_3\Phi^2)\Phi \cos X + a_4\Phi^2\cos^2 X + a_5\Phi^3\cos^3 X}{(a_6 - a_7\Phi \cos X - a_8\Phi^2\cos^2 X)\sin X}. \tag{9.4-20}$$

상수 a_i의 값은 표 9.3에 나열하였다.

수식을 완성시키기 위해서는 Φ의 초깃값이 필요하다. 원통은 둥글며 $\delta \ll R$이기 때문에, $X \to 0$일 때의 속도장은 δ가 일정한 평면 정체 유동(planar stagnation flow)과 유사한 값을 갖는다[식 (9.3-19)]. 이는 $X = 0$에서 $d\Phi/dX = 0$임을 의미한다. 식 (9.4-20)의 분자를 $X = 0$에서 0으로 놓으면, 3차 방정식을 얻게 된다.

$$(a_5 - a_3)\Phi_0^3 + (a_4 - a_1)\Phi_0^2 - a_2\Phi_0 + 2 = 0 \tag{9.4-21}$$

여기서 $\Phi_0 = \Phi(0)$이다. 이 식은 물리적으로 현실적인 범위 내에서 다음과 같은 1개의 근을 갖는다.

$$\Phi_0 = \Phi(0) = 3.5262 \tag{9.4-22}$$

이로부터 필요한 초기값을 얻을 수 있다.

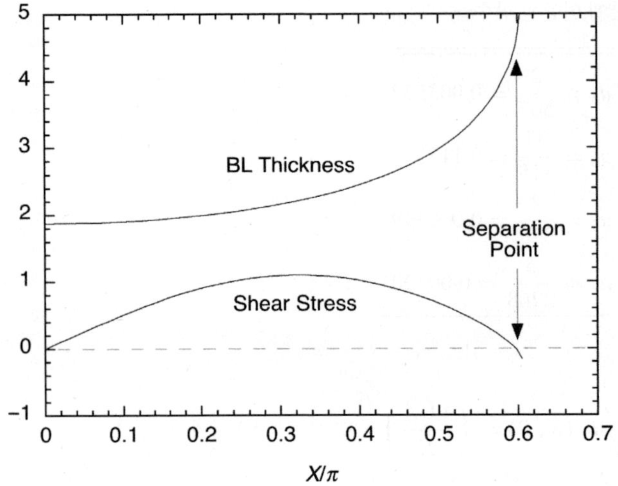

그림 9.10 식 (9.4-20)에 의거한 원통에 대한 무차원 경계층 두께와 전단응력. $\Phi^{1/2}$(BL 두께)와 $F'(X, 0)\sin X/\Phi^{1/2}$ (전단응력)의 그래프. 여기서 $F'(X, 0) = 2 + (\Phi \cos X)/3$이다.

식 (9.4-20)은 선형도 아니며 분리도 가능하지 않다. 따라서 수치해석법이 필요하다.[5)] 그림 9.10에 나타낸 위치함수들로 나타낸 것과 같이 무차원 경계층 두께와 전단응력을 구할 수 있다. 원통의 상류부를 따라 ($X/\pi < 0.5$) 경계층 두께($\Phi^{1/2}$로 표시된)가 약간 증가한다. 상류부에서 $F(X, 0)\sin X/\Phi^{1/2}$로 나타낸 전단응력이 초기에는 증가하다가 나중에 감소하고, u가 초기에는 지배적으로 증가하며, 추후에는 δ가 증가한다. 하류부에서는 경계층 두께가 훨씬 더 빨리 증가한다. 이와 함께 u의 감소는 전단응력을 지속적으로 감소시키고, $X/\pi < 0.597$에서 0이 된다. 선단의 정체점으로부터 107°의 각을 이루는 이 지점을 넘어서면, 전단응력은 음이 되고 계산된 경계층 두께는 바로 무한대가 된다.

τ_0이 양에서 음으로 변화는 것은 표면 근처에서 유동이 역전된다는 것을 의미하며, 이는 경계층 분리의 현저한 특징이다. 분리점 부근에서의 유선들을 그림 9.11(a)에 나타내었다. *로 표시된 유선은 분리점(위치 2)의 표면으로부터 분기된 유선이다. 이렇게 분리되는 유선의 좌측으로 위치 1을 포함하는 모든 유동은 정방향이며, 우측으로는 위치 3을 포함하는 표면 부근에서 역전 유동이 존재하며, 정방향 유동은 더 멀리 떨어진 위치에 있다. 세 지점에서의 속도 프로파일을 그림 9.11(b)에 나타내었다. 분리점의 특징은 $y = 0$에서 $\partial v_x/\partial y = 0$이다. 그림 9.11(c)에는 전반적으로 분리에 의해 발생하는 와류들을 나타내었다. 여기에 묘사된 사항은 단지 여러 종류의 와류 패턴 중 Re에 의존하는 하나의 경우일 뿐이다. Re가 증가함에

5) 4차 Runge-Kutta 법이 사용되었다. $X = 0$에서의 특이성을 피하기 위해 적분을 $X = 0.01$에서 시작하였다.

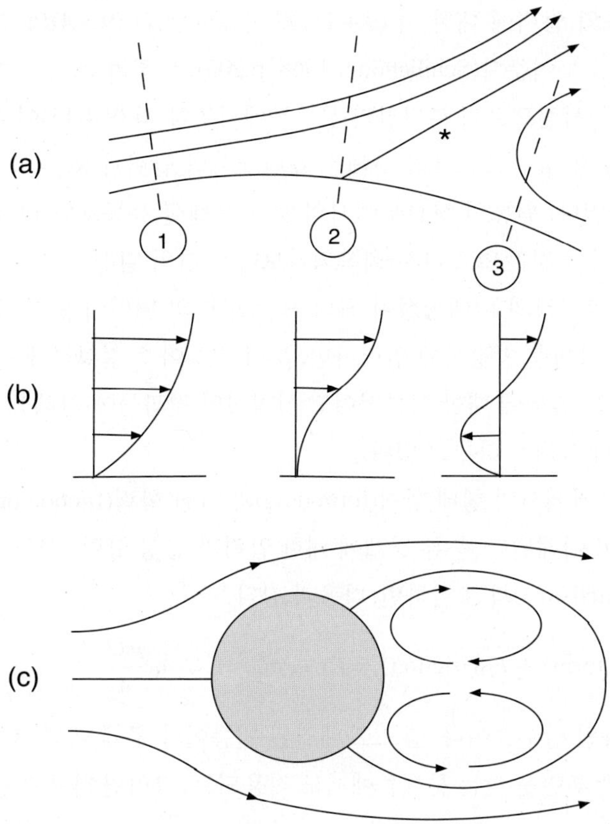

그림 9.11 원통에서의 경계층 분리: (a) 분리점 부근에서의 유선들, (b) 위치 1, 2, 그리고 3에서의 $v_x(y)$, 그리고 (c) 분리와 동반되는 하류부에서의 와류

따라 유동은 결국 상부에서 하부로의 대칭성을 상실하게 되며, 와류들이 원통으로부터 간헐적으로 분리되고, 시간에 따라 하류부로 흐르게 된다. 하류부에서의 정확한 유동의 형태가 어떠하든 간에, 포텐셜 유동의 특징인 전후 대칭성이 분리에 의해 파괴된다(그림 9.2).

물리적으로, 점성마찰은 유체가 표면을 따라 이동하는 유체요소의 속도를 저하시키는 반면, 관성은 유체요소의 유동을 유지시키는 경향을 보인다. 만일 압력이 유동의 방향으로 급격히 감소한다면, 표면 부근에서의 유체요소의 경로는 그대로 유지된다. 그러나 압력이 유동방향으로 증가하면, 유체요소의 관성(또는 운동에너지)이 신속하게 고갈되고, 유체가 증가하는 압력에 의해 표면으로부터 밀려나게 된다.

Reynolds 수가 경계층 이론이 가장 정확하게 적용되는 범위의 상단($1 \times 10^4 < Re < 1 \times 10^5$)에 속하는 경우, 107°에서 식 (9.4-20)에 의해 예측된 결과와는 상반되게 81°에서 실제로 분리가 발생한다(Churchill, 1988, p.317). 이와 같이 상당히 큰 차이점은 적분법의 한계로

인한 것이 아니다. 바깥 속도와 압력에 대한 식 (9.4-13)을 이용하는 식 (9.3-4)의 수치적 해가 거의 동일한 결과, 104.5°를 보여준다(Schilichting, 1968, p.203). 오히려 문제는 하류 와류들이 유선 패턴을 완전히 왜곡시킴으로써 분리점의 상류부에서조차 식 (9.4-13)이 성립되지 않게 된다. 그림 9.3에는 포텐셜 유동으로부터 구해진 표면에서의 압력과 Re $= 1.86 \times 10^5$에 대해 측정된 값과 비교하였다. 원통의 상류부에서의 $\mathcal{P}$가 포텐셜 유동보다 더 점진적으로 감소되며, 하류부에서 $\mathcal{P}$가 초깃값으로 다시 회복되기보다는 거의 일정하게 유지된다는 것을 알 수 있다. 이와 같은 압력장의 비대칭성이 거의 모든 항력의 원인이 된다. 흥미롭게도, 측정된 압력 프로파일을 경계층 방정식에 입력하면, 분리점을 아주 정확하게 예측할 수 있다(SChlichting, 1968, p.202). 원통에 대한 이론적이고 실험적인 결과들에 관해 Schlichting (1968)과 Churchill (1988)에서 자세히 다루고 있다.

일반적으로, Re가 높은 조건에서의 형태 항력(form drag)과 마찰 항력(friction drag)의 상대적인 중요성은 다음과 같이 이해된다. 층류 경계에 대한 압력과 점성 항력 척도들을 3.2절에서 정의한 투사면적(projected area)과 조합하면, 다음과 같다.

$$F_D = F_D(\text{form}) + F_D(\text{friction}) = C_1 A_\perp \rho U^2 + C_2 A_{||} \frac{\mu U}{\delta} \tag{9.4-23}$$

여기서 C_1과 C_2는 ~1인 무차원 상수들이다. 옆으로 배열된 원통이나 구에 대해, $A_\perp = A_\parallel$이다. 만일 $A_\perp \sim A_\parallel$이면, 뭉뚝한 후면을 갖는 물체들에서도 적용되는, 그러면 다음과 같다.

$$\frac{F_D(\text{friction})}{F_D(\text{form})} \sim \frac{\mu U/\delta}{\rho U^2} = \left(\frac{\mu}{\rho U L}\right)\left(\frac{L}{\delta}\right) \sim \text{Re}^{-1/2} \tag{9.4-24}$$

여기서 L은 물체의 특징적인 차원이다. 따라서 Re $\to \infty$에 따라, 마찰 항력은 항상 그렇게 가정해 온 바와 같이 무시할 수 있게 된다. d'Alembert 독설의 근에서 점도가 형태 항력의 원인이 되는 방법을 인식하기가 어렵다. 즉, 점성이 경계층을 발생시키고, 끝이 무딘 물체에서의 경계층 분리는 형태 항력의 근간이 되는 압력 불균형을 유발시킨다.

9.5 결론

$\mu = 0$이고 Re $= \infty$인 비점성 이상화를 통해 Re가 크고 관성이 현저한 유동에 관해 알아보았다. 비점성 유동에서는 주어진 유선을 따라 속도와 압력 간의 교환이 이루어지는데, 베르누이 방정식[식 (9.2-5)]에서 설명한 바와 같이 한 쪽이 증가하면 다른 한쪽은 감소한다. 와류도가 존재하지 않는($\mathrm{w} = \nabla \times \mathbf{v} = \mathbf{0}$) 비회전성 유동은 비점성 유동과 연계되어 있다. 이 연계 관계는 비점성 유체의 경우 비회전성 속도장이 비회전성으로 유지된다는 사실로부터 유래한

다. 포텐셜 유동은 어떤 비회전성 속도장이 Navier-Stokes 방정식을 만족시키기 때문에 물리적으로 흥미롭고, 속도 포텐셜의 존재가 **v**에 관한 해를 용이하게 하기 때문에 수학적으로 매력적이다. 이러한 유동에서, 보다 완전한 베르누이 방정식을 적용하게 된다[식 (9.2-14)]. 그중 비회전성 베르누이 방정식은 **v**로부터 $\mathcal{P}$(또는 P)를 계산할 수 있는 지름길을 제공한다.

포텐셜 유동 이론은 수많은 경우에 대해 활용이 되었으나, 중대한 결점도 가지고 있다. 즉, 이 이론은 어떤 물체를 고속으로 지나는 유동에서 항력이 존재하지 않는 것으로 예측한다. d'Alembert 독설이라고 불리는 이 오래된 문제는, 유체의 속도가 큰 경우에서도 고체의 표면에서 비-미끄럼 조건이 성립한다는 것을 도입함으로써 해결되었다. 비-미끄럼(no-slip) 조건은 표면의 바로 유체의 얇은 층, 경계층을 생성시키고, 여기서는 임의의 큰 Re에서도 점성과 관성 효과들이 서로 비교할 만하게 된다. 관성과 점성 간의 균형은 경계층 운동량 방정식[식 (9.3-4)]에 반영되었다. Re가 증가하면 경계층 두께는 감소하고, $\mathrm{Re}^{-1/2}$와 같이 변하지만, 점도의 영향이 무시할만한 정도가 되지는 않는다. 최소한 1개의 영역이 경계층과 같이 공존하며, 이 영역은 상당히 크고 유동은 거의 비점성이다. 이런 측면에서 최소한 2개의 동역학적으로 상이하고 매우 다른 길이 척도를 갖는 영역들을 고려할 필요가 있다. 끝이 무딘 물체에서의 마찰 항력은 Re가 큰 경우에는 무시할 수 있다. 그러나 점성이 경계층을 발생시키고, 경계층 분리는 형태 항력을 유발시키는 압력 불균형을 발생시킨다. 따라서 점도는 간접적으로 모든 항력의 원인으로 작용한다.

참고문헌

Blasius, H. Grenzschichten in Flüssigkeiten mit kleiner Reibung. *Z. Math. Phys.* 56: 1–37, 1908. [Translated into English as NACA Technical Memorandum No. 1256, 1950.]

Churchill, S. W. *Viscous Flows*. Butterworth, Boston, MA, 1988.

Clift, R., J. R. Grace, and M. E. Weber. *Bubbles, Drops, and Particles*. Academic Press, New York, 1978.

Davies, R. M. and G. I. Taylor. The mechanics of large bubbles rising through extended liquids and through liquids in tubes. *Proc. Roy. Soc. Lond. A* 200:375–390, 1950.

Deen, W. M. *Analysis of Transport Phenomena*, 2nd ed. Oxford University Press, New York, 2012.

Hartree, D. R. On an equation occurring in Falkner and Skan's approximate treatment of the equations of the boundary layer. *Proc. Cambr. Philos. Soc.* 33: 223–239, 1937.

Jones, C. W. and E. J. Watson. Two-dimensional boundary layers. In *Laminar Boundary Layers*, L. Rosenhead (Ed.), Clarendon Press, Oxford, 1963, pp. 198–257.

Lamb, H. *Hydrodynamics*, 6th ed. Dover Publications, New York, 1945.

Nikuradse, I. *Laminare Reibungsschichten und der längs angeströmten Platte*. Zentrale für wissenschaftliches Berichtswesen, Berlin, 1942.

Prandtl, L. Über Flüssigkeitsbewegung bei sehr kleiner Reibung. *Proceedings of the 3rd International Mathematical Congress*, Heidelberg, 1904, pp. 484–491. [Reprinted in *Vier Abhandlungen zur Hydrodynamik und Aerodynamik*, Göttingen,1927, translated into English as NACA Technical Memorandum No. 452, 1928.]

Rogers, M. H. and G. N. Lance. The rotationally symmetric flow of a viscous fluid in the presence of an infinite rotating disk. *J. Fluid Mech*. 7: 617–631, 1960.

Schlichting, H. *Boundary-Layer Theory*, 6th ed. McGraw-Hill, New York, 1968.

연습문제

9.1. 구를 지나는 포텐셜 유동 그림 8.7에 나타낸 좌표에서 반지름이 R인 정체되어 있는 구를 속도 U로 지나는 비회전성 유동에 대해 고려한다.

(a) 예제 9.2-1에서와 같이, 속도장은 분리가 가능한 함수이다. 다음의 관계를 증명하고

$$\phi(r,\theta) = U\cos\theta\left(r + \frac{1}{2}\frac{R^3}{r^2}\right) \tag{P9.1-1}$$

$v_r(r,\theta)$와 $v_\theta(r,\theta)$를 구하라.

(b) 구 표면에서의 압력이 다음과 같음을 보여라.

$$\mathscr{P}(R,\theta) = \frac{\rho U^2}{2}\left(1 - \frac{9}{4}\sin^2\theta\right). \tag{P9.1-2}$$

(c) 만일 유체가 비점성인 경우, $F_D = 0$임을 증명하라.

9.2. 반원통의 양력* 그림 P9.2에 나타낸 바와 같이 반지름이 R이고 길이가 L인 반원통을 속도 U로 지나는 비회전성 유동에 대해 고려해 보자. 속도장에 대한 수치해석의 해를 구하기 위해서는 속도와 압력장들에 대한 정확한 결과를 얻어야 한다. 그러나 최초 근사치로 $y < 0$에 대한 유동이 평판을 지나는 경우와 같고, $y > 0$에 대한 유동이 완전한 원통을 지나는 경

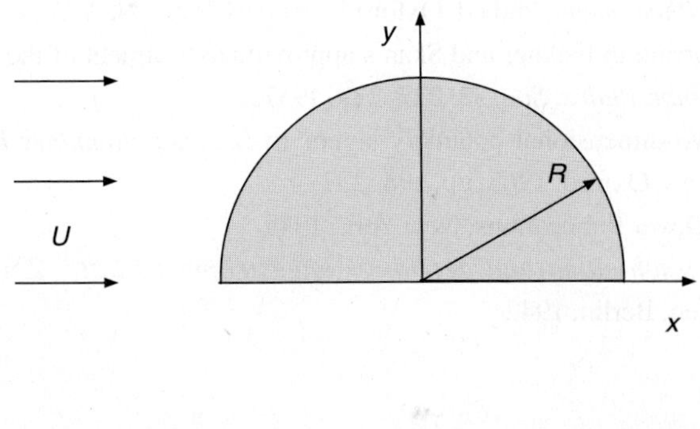

그림 P9.2 반원통을 지나는 포텐셜 유동

우와 같다고 가정한다. 양력(lift force) F_L을 구하라.

* 이 문제는 R. G. Larson이 제안하였다.

9.3. 축대칭 정체 유동 축대칭 정체 유동(axisymmetric stagnation flow)은 원형 유선을 평면(planar surface)에 수직으로 향할 때 발생하는데, 이는 유체가 반지름 방향으로 바깥쪽으로 비껴가도록 한다. 표면은 $z = 0$라고 가정하고, 접근하는 유동은 $-z$축 방향이라고 가정하자.

(a) 속도장이 다음과 같음을 증명하라.

$$v_r(r, z) = Cr, \quad v_z(r, z) = -2Cz \tag{P9.3-1}$$

여기서 C는 어떤 양의 상수이고, $v_\theta = 0$이며 비회전성이다.

(b) $\mathcal{P}(r, z)$를 결정하라.

(c) 이 속도와 압력이 Navier-Stokes 방정식을 만족함을 증명하라.

9.4. 마주 향한 원형 제트 마주보는 방향으로 분사되는 원형 제트들을 기상 연소에 관한 연구에 이용하였다. 한 제트는 메테인과 같은 연료를 포함하고 있고, 다른 제트는 산소를 포함하고 있다. 연소가 되면, 제트들이 만나는 지점에서 정체성 화염이 발생한다. 이러한 구도에서는 마주 향한 제트들이 바로 설정이 되고, 질량과 열전달을 해석하는 데 필요한, 속도장이 상대적으로 간단해지기 때문에 유리한 점이 있다. $+z$와 $-z$ 방향에서 도입되는 제트들이 동일한 유량(flow rates)과 성질을 가지며 결과적으로 형성되는 대칭면의 위치가 $z = 0$라고 가정하자.

식 (P9.3-1)에서 비회전성 속도장이 각각의 제트 전체에 적용됨을 보여라. 특히 속도가 클 수 있는데도 불구하고, $z = 0$에서 경계층이 없는 이유를 설명하라.

9.5. 구에 더해진 질량 정적 유체(static fluid)를 통해 이동하는 물체가 이동 중인 유체의 일부로 속해 있는 상태에서 가속이 되면, 주위의 유체들도 가속되어야 한다. 유체의 가속은 물체의 가속을 낮추게 한다. 예제 3.3-3에서 논의한 바와 같이, 이는 실제 물체의 질량을 초과하는 유효질량을 물체에 부여함으로써 설명될 수 있다. 이러한 질량의 증가, 또는 *더해진 질량 (added mass)*은 포텐셜 유동에서 계산이 가장 수월하다. 이 예제에서는 반지름이 R인 고체 구에서 이를 계산하고자 한다. 구가 z축 방향으로 속도 $U(t)$로 이동하고 있고, 밀도가 ρ인 비점성 유체는 정체되어 있다고 가정하자.

(a) $U(t)$를 알고 있다고 가정하고, 속도 포텐셜 $\phi(r, \theta, t)$를 구하라. (힌트: ϕ의 일반해는 연습문제 9.1과 동일하지만, 여기서는 r에서의 경계조건들이 구에 상응하는 조건들이어야

한다. 구는 움직이고 있지만 멀리 떨어져 있는 유체는 정체되어 있다.)

(b) 구의 표면에서 식 (9.2-14)를 적용하여 $\mathcal{P}(R,\theta,t)$를 구하라.

(c) 구에 작용하는 유체-역학적 힘의 z축 성분이 다음과 같음을 증명하라.

$$F_z(t) = -\frac{2}{3}\pi R^3 \rho \frac{dU}{dt}. \qquad \text{(P9.5-1)}$$

음의 부호는 주위의 유체를 밀어내는 작용이 구의 속도를 감속시킨다는 것을 의미하고, dU/dt의 계수는 더해진 질량(added mass)이 $(2\pi/3)R^3\rho$이거나 또는 밀쳐진 유체의 질량의 절반임을 나타낸다. (dU/dt와는 반대로) U를 포함하는 F_z에 영향을 미치는 것이 없다는 사실은 정상상태 포텐셜 유동에서는 항력이 존재하지 않는다는 것을 나타낸다.

9.6. 회전 코팅 고체 표면에 액체를 일부 가한 후 빠르게 회전시킴으로써 평평한 표면에 액체를 균일하게 코팅할 수 있다. 가해진 액체가 형성하는 경막(film)이 신속하게 고르게 퍼지고 점차적으로 두께가 얇아지게 된다. 이 과정에서 경막의 두께가 얇아지는 단계를 그림 P9.6에 나타내었다. 어떤 시점에서 경막의 두께는 $h(t)$로 균일하다. 수평의 기질을 각속도 ω로 회전시키면 액체가 바깥방향으로 흐르게 되고, h가 서서히 감소하게 된다. $h(t)$를 예측하고자 한다.

(a) $v_\theta(r) = \omega r$이고 Navier-Stokes 방정식의 r축 성분을 다음과 같이 간략화 시킬 수 있다고 가정하자.

$$\frac{\partial^2 v_r}{\partial z^2} = -\frac{\omega^2 r}{\nu}. \qquad \text{(P9.6-1)}$$

경막의 두께가 서서히 감소하기 때문에 유사정상(pseudosteady)으로 가정할 수 있으며, h가 충분히 작아서 $\text{Re} = \omega h^2/\nu \ll 1$인 윤활 문제에서와 같이 다른 점성 및 관성항들을 무시할 수 있다고 가정한다. 그러나 여기서는 원심력($\rho v_\theta^2/r$)이 반지름 방향 유동을 유발시키는 원인이라는 점에서 관성이 매우 중요하다. $v_r(r,z,t)$를 구하라.

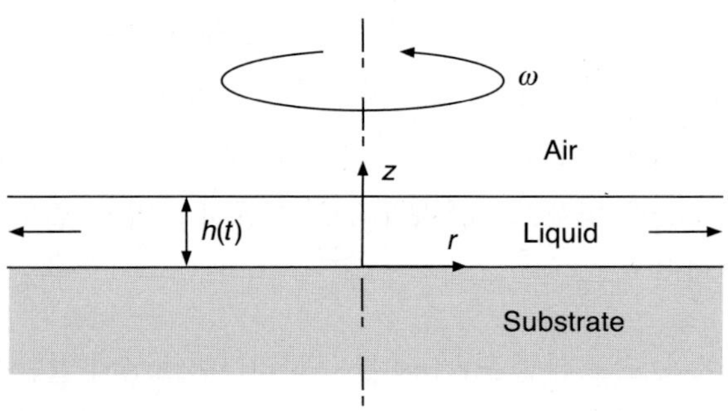

그림 P9.6 스핀코팅. 기질을 회전시키면 액체 경막의 두께가 서서히 감소하게 되고, 전체적으로 균일하게 된다.

(b) 단위 원주당 반지름 방향 유량(flow rates)이 다음과 같음을 증명하라.

$$q(r, t) = \int_0^{h(t)} v_r \, dz. \tag{P9.6-2}$$

(c) dh/dt와 q의 관계를 구하라. (힌트: $r = 0$와 임의의 반지름 방향의 위치 사이에 있는 액체에 대한 대상 부피에 대해 질량수지를 이용하라.)

(d) $h(0) = h_0$라고 가정하고 $h(t)$를 구하라.

9.7. 액체 내에서의 기포성장 관을 액체 내에 넣고 공기를 주입하면 그림 P9.7에 나타낸 바와 같이 관의 끝에 기포가 형성된다. 기포의 반지름이 R_0일 때를 $t = 0$로 정하고 공기의 부피 유량(flow rate)이 Q로 일정하게 유지된다고 하자. 이 과정은 무중력 상태에서 진행되고 있다고 가정한다. 따라서 기포는 구 형태로 유지되며, 정적 압력변화는 없으며, 기포가 반드시 작을 필요는 없다. 액체 내에서의 운동은 반지름 방향(radial)이라고 가정한다.

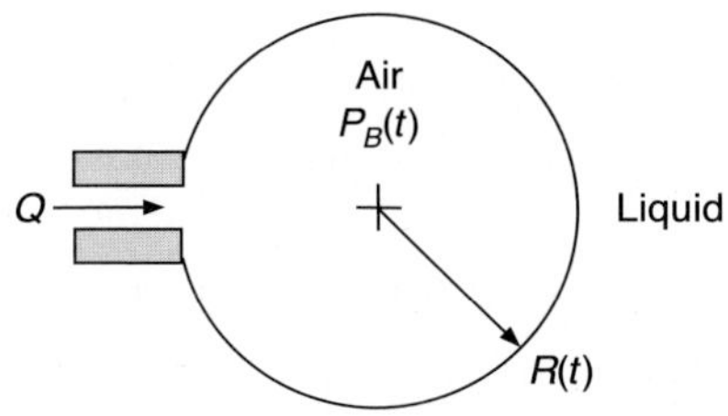

그림 P9.7 관의 말단에서의 공기기포의 성장

(a) R_0과 Q는 알고 있다는 가정하에서 성장하는 기포의 반지름 $R(t)$를 결정하라.

(b) 모든 $r \geq R(t)$에 대해 액체의 v_r을 구하라.

(c) 기포로부터 멀리 떨어진 위치에서 $P = P_\infty$라고 가정하고, 모든 $r \geq R(t)$에서 액체의 P를 구하라. (힌트: 순전히 반지름 방향 유동은 비회전성임.)

(d) 표면장력, 점도, 관성 효과들을 포함하는 기포압력 $P_B(t)$에 대한 일반식을 유도하라.

9.8. 입구길이 어떤 긴 파이프 또는 단면적이 일정한 도관에서의 속도 프로파일은 7장에서 본 바와 같이 궁극적으로는 완전히 전개된 형태가 된다. 유동이 완전히 전개되는 입구로부터의 거리를 *입구길이(entrance length)* L_E라고 한다. 입구 영역 내에서 초기 속도 프로파일에 따라 유체의 일부분이 가속되며 일부는 감속되게 된다. 만일 그림 P9.8과 같이 입구에서 플러그 유동(plug flow)이 존재하면, 최종적으로 포물선 프로파일에 도달할 때까지 중심에서의 흐름은 가속되고 벽에서의 유동은 감속된다. 따라서 Navier-Stokes 방정식의 관성항은 완전히 발달된 영역에 존재하기 때문에 0이 아니다. 아래에서 논의될 L_E의 OM 추산값들을 좀

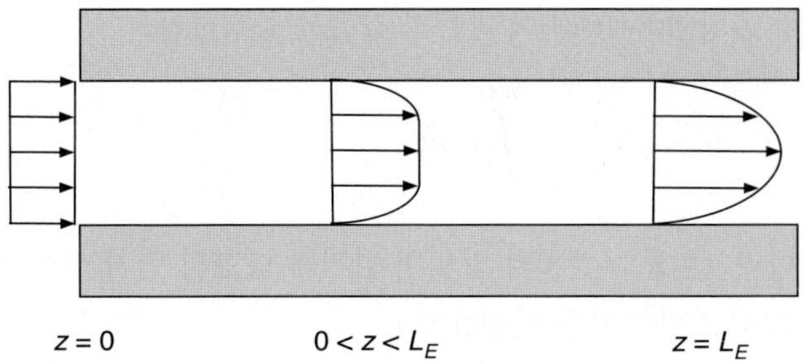

그림 P9.8 관 입구에서 속도 프로파일의 발달

더 정확한 식 (12.2-1)과 비교해 볼 수 있다.

(a) Re가 클 때, 입구영역에서의 관성은 점성과 마찬가지로 중요하다. Re $\gg$ 1이라는 가정하에, 반지름이 R인 관(tube) 내의 평균속도가 U일 때의 L_E의 OM 추산값을 구하라. 입구영역에서의 유동은 경계층 또는 윤활 유동에서와 같이 거의 단일방향이다. 이유를 설명하라.

(b) Re가 작을 때, 관성항은 전체적으로 무시할 수 있다. 완전히 전개된 영역과 입구영역을 결정하는 것은 무엇인가? 크리핑 유동에 대한 L_E의 OM 추산값을 구하라.

9.9. 축대칭 제트 원형 개방부로부터 분사하는 제트는 예제 9.3-2의 평면 제트(planar jet)와 유사하다. 축대칭 유동에 대한 경계층 운동량 방정식은 다음과 같다.

$$v_r \frac{\partial v_z}{\partial r} + v_z \frac{\partial v_z}{\partial z} = \frac{\nu}{r}\frac{\partial}{\partial r}\left(r \frac{\partial v_z}{\partial r}\right) \tag{P9.9-1}$$

또한 운동학적(kinematic) 운동량은 다음과 같이 정의된다.

$$K = 2\pi \int_0^\infty v_z^2 r\, dr. \tag{P9.9-2}$$

(a) K가 일정하다는 것을 증명하라. (힌트: $r = 0$에서부터 $r = \infty$까지의 구간에 대해 운동량 방정식을 적분하고, $v_r \partial v_z / \partial r$의 영향을 구하기 위해 적분의 일부를 이용하라.)

(b) K가 정해져 있다는 가정하에서, 제트의 반지름 $\delta(z)$, 최대속도 $v_m(z)$, 그리고 부피유속 $Q(z)$에 대한 OM 추산값을 구하라. 부피 유량(flow rate)의 정확한 값인 $Q = 8\pi\nu z$와 비교하라(Schlichting, 1968, p.221). K가 제트의 강도를 나타내지만, Q에 영향을 미치지 않는다는 점에 주의하라.

9.10. 멱-법칙 유체의 경계층 식 (6.5-17)을 따르는 유체의 경계층에 관한 일반적인 특징을 결정하고자 한다. 속도 척도는 U이며 물체의 차원은 L이다.

(a) 만일 $\delta/L \ll 1$이라면, 2차원적 경계층에 대한 운동량 방정식은 다음과 같다.

$$v_x \frac{\partial v_x}{\partial x} + v_y \frac{\partial v_x}{\partial y} = u\frac{du}{dx} + \frac{m}{\rho}\frac{\partial}{\partial y}\left(\frac{\partial v_x}{\partial y}\right)^n. \quad \text{(P9.10-1)}$$

다른 점성항들이 무시할 수 있는 이유는 무엇인가?

(b) 만일 δ/L이 작다면, 어느 무차원 변수(Reynolds 수의 일반화)가 큰 값을 가져야 하는가? OM 추산을 이용하여 δ/L과 τ_0의 n과 일반화된 Re에 대한 의존성을 추론하라.

9.11. 평판에 대한 수직 속도성분 평판을 따라 흐르는 유체는 그림 9.3-1에 나타낸 바와 같이 점차적으로 감속된다. 속도가 감속되면 경계층의 경계면에서 양의 값을 갖는 v_y가 발생하게 한다. 수직 속도(V)의 평균값을 접근속도(U)와 비교해 보고자 한다. 제안된 대상 부피는 그림 P9.11에서 직사각형 점선으로 표시하였으며, 여기서 $h > \delta(x)$이다.

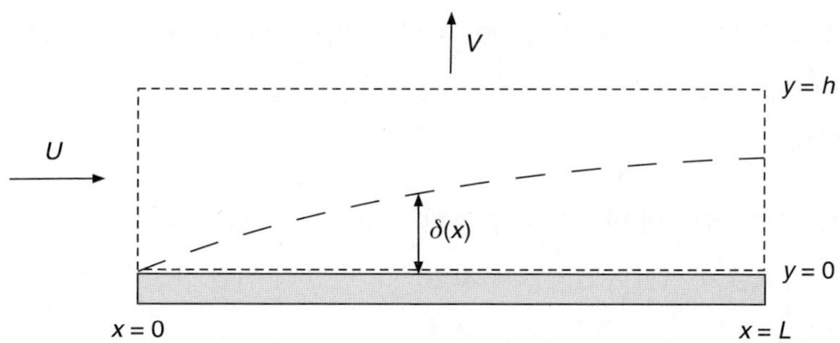

그림 P9.11 V를 계산하기 위한 대상 부피와 접근속도 U와 길이 L인 평판에 수직인 평균속도. 높이 h는 경계층 두께 $\delta(x)$보다 크다.

상사성 해(similarity solution)에 의거하여 다음의 관계가 성립한다(Jones and Watson, 1963, p.224).

$$\int_0^\infty (1 - f')\, d\eta = 1.21678. \quad \text{(P9.11-1)}$$

이 관계식을 이용하여 V/U를 구하고, 그 결과를 $10^2 \leq \text{Re} \leq 10^6$ 구간에 속하는 Re의 함수로 그래프를 그려라. 여러분이 구한 결과가 Re가 경계층보다 훨씬 클 때 V/U가 아주 작다는 것을 확인할 수 있어야 한다.

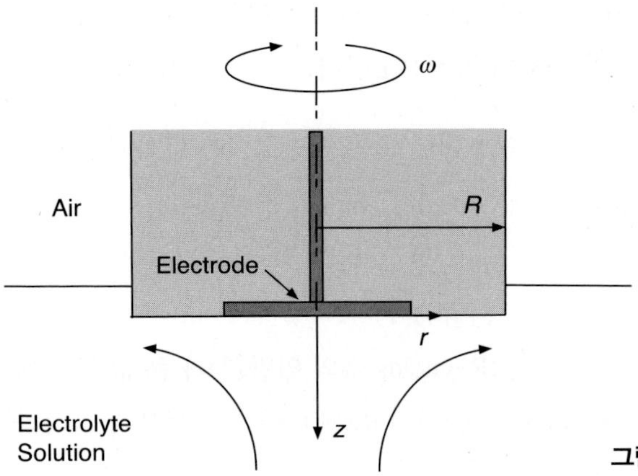

그림 P9.12 회전 원반(disk) 전극

9.12. 회전 원반 회전 원반(disk)형 전극들은 전기화학반응 연구에 널리 활용된다. 그림 P9.12에 나타낸 바와 같이, 금속(예를 들면, 백금) 전극을 전해질 용액에 잠겨있는 반지름 R인 절연 봉(insulating rod)의 끝에 설치하였다. 봉(rod)을 각속도 ω로 회전시키면 주위의 액체도 회전하게 되는데, 반면 봉의 끝으로 끌어당긴 후 외부 방향으로 방출되도록 한다. 따라서 모든 3종류의 속도성분(v_r, v_θ, v_z) 모두 0이 아니다. 이들 유동이 반응에 참가하는 이온들을 표면으로 운반하는 데 도움이 되기 때문에, 측정된 전류를 해석하기 위해 $\mathbf{v}$에 대한 상세한 정보가 필요하다.

(a) 이와 같은 시스템에서 봉의 반지름이 충분히 커서 전극 주위의 유동이 R에 대해 민감하지 못하다. 만약 R을 무시한다면, z를 무차원으로 만들기 위한 유일한 방법은 다음과 같음을 증명하라.

$$\zeta = z\sqrt{\omega/\nu}. \tag{P9.12-1}$$

(b) 속도를 다음과 같은 형태로 가정할 수 있는 이유를 설명하라.

$$v_r = r\omega F(\zeta), \quad v_\theta = r\omega G(\zeta), \quad v_z = \sqrt{\nu\omega}H(\zeta). \tag{P9.12-2}$$

특히 연속방정식이 다음과 같음을 보여라.

$$H' + 2F = 0 \tag{P9.12-3}$$

여기서 프라임은 ζ에 관한 적분을 의미한다. 또한 3개의 미지함수들에 대한 경계조건이 다음과 같음을 설명하라.

$$F(0) = 0, \quad G(0) = 1, \quad H(0) = 0, \quad F(\infty) = 0, \quad G(\infty) = 0. \tag{P9.12-4}$$

(c) 만약 압력이 다음과 같은 형태로 가정한다면,

$$\mathcal{P} = \mu\omega P(\zeta), \quad P(0) = 0 \tag{P9.12-5}$$

Navier-Stokes 방정식이 다음과 같이 된다는 것을 보여라.

$$F'' - F^2 + G^2 - HF' = 0 \tag{P9.12-6}$$

$$G'' - 2FG - HG' = 0 \tag{P9.12-7}$$

$$H'' - HH' - P' = 0. \tag{P9.12-8}$$

따라서 연속방정식과 3차원 Navier-Stokes 방정식이 4개의 상미분 방정식으로 귀결된다. 이들을 연립하면, 비선형 방정식들을 수치해석으로 풀어야 한다.

(d) R이 전극 주위의 속도에는 영향을 미치지 않지만 가해진 우력(torque)에 영향을 미친다. $F'(0) = 0.5102$와 $G'(0) = -0.6159$ 로 주어진 경우(Rogers and Lance, 1960), 우력을 구하라. 잠긴 깊이가 얕아서 봉(rod)의 측면에 가해지는 전단응력을 무시할 수 있다고 가정할 수 있다.

9.13. 흡인부가 있는 평판 어떤 물체의 표면 일부에 흡인부(suction)를 설치하면 항력을 줄일 수 있다. 이를 통해 유동의 분리를 늦추거나 방지할 수 있으며, 또한 벽전단응력을 감소시킬 수 있다. 이 예제에서는 벽전단응력 감소되는 현상에 중점을 둔다. 다공성 평판에 설치된 흡인부는 v_0가 양의 값을 갖는 상수일 때, 표면에 수직인 속도 $v_y(x, 0) = -v_0$가 발생한다. 비-미끄럼 조건은 여전히 유효하다. v_0/U가 충분히 작아서 경계층 근사가 유효하고 바깥 속도(U)가 거의 일정하다고 가정할 수 있다.

(a) 경계층에서의 유동은 궁극적으로는 완전히 전개된 상태가 된다. $v_x(y)$와 이 영역에서의 벽전단응력을 구하라. (여기서 τ_0이 μ에 무관하다는 것을 알아야 한다!)

(b) 만일 너비가 W인 판의 거의 전체길이 L에 대해 유동이 (a)와 같다면, 흡인부가 없는 경우에 비해 항력이 어떻게 달라지겠는가?

9.14. 큰 기포의 종단속도 Re가 클 때의 기포들은 그림 P9.14에 보인 것처럼 전형적으로 구형-뚜껑 형태를 띠게 된다. 끌리는 표면은 보인 것보다 훨씬 더 불규칙적이지만, 선단 표면은 거의 완벽한 구형이다. 밀도가 ρ_0이고 정상부의 반지름이 R인 기포가 밀도가 ρ인 액체를 통해 상승할 때의 종단속도(terminal velocity) U를 구하고자 한다. 액체와 기체의 구 표면의 측면에는 경계층이 존재한다. 기포의 크기가 큰 경우에는 표면장력이 무시할만하다.

(a) 상부 표면의 액체면에서는 식 (P9.1-2)에 나타낸 것과 같은 완벽한 구를 지나는 포텐셜

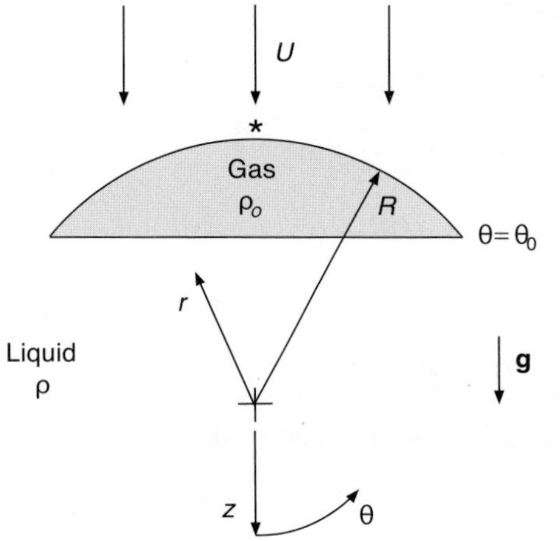

그림 P9.14 액체 내에서 상승하는 구형-뚜껑의 기포. 기포는 정체상태이고 접근속도는 U이다. 기포의 정상부위를 *로 표시하였고, 기저부는 z축으로부터 각도 θ_0인 지점이다.

유동이라고 가정하자. $\mathcal{P}$를 다음과 같이 $\mathcal{P}$로 변환시켜라.

$$P(R,\theta) = \rho g R(1+\cos\theta) - \frac{9}{8}\rho U^2 \sin^2\theta + P^* \tag{P9.14-1}$$

여기서 P^*는 '앞부분'$(\theta = \pi)$에서의 압력을 의미한다.

(b) 상부표면에서의 접선속도가 크다고 하더라도, 기체의 대부분은 서서히 회전한다. 따라서 기체 쪽의 경계층에 대한 압력은 거의 정체된 기체의 압력이 된다. 기체의 압력이 다음과 같음을 보여라.

$$P(R,\theta) = \rho_o g R(1+\cos\theta) + P^*. \tag{P9.14-2}$$

(c) 만일 표면장력과 수직 점성응력이 둘 다 무시할 만한 값이면, (a)와 (b)에서 얻은 압력을 단순히 같다고 놓을 수 있고, U에 관해 풀 수 있다. 그러나 이를 통해 얻어지는 값이 다음과 같음을 보여라.

$$U^2 = \frac{8}{9}\frac{\Delta\rho}{\rho} g R \frac{(1+\cos\theta)}{\sin^2\theta} \tag{P9.14-3}$$

이 식은 상부 표면의 모든 θ 값에 대해 유효한 것은 아니다.

(d) 선행 부위에만 작용되는 압력 근사치를 예상하는 것은 명확하지 않다. $\theta = \pi$ 주위에 대해 삼각함수를 확대적용하면 Davies와 Taylor (1950)와 같은 다음의 관계식을 얻게 된다.

$$U = \frac{2}{3}\left(\frac{gR\,\Delta\rho}{\rho}\right)^{1/2} \tag{P9.14-4}$$

(e) Davies-Taylor 방정식은 Re > 40인 범위에서 놀랄 만큼 정확하게 적용되는데(Clift *et al.*, 1978, p.206), 여기서 Re는 액체의 성질과 동등 부피의 구의 지름(D_E)으로부터 얻을 수 있다. Re > 150의 경우에는 $\theta_0 \cong 130°$이고 $D_E/R = 0.77$이 된다. 수중에서 $R = 1.0$ cm인 공기기포에 대해 U를 계산하라.

9.15. 평면 정체 유동

(a) 표 9.2의 프로파일 (3)과 적분법을 활용하여 $u(x) = ax$인 평면 정체 유동(planar stagnation flow)에 대한 경계층 두께를 구하라.

(b) 벽전단응력이 다음과 같이 주어진다.

$$\frac{\tau_0(x)}{\rho u^2(x)} = K\,\mathrm{Re}_x^{-1/2} \tag{P9.15-1}$$

평면 정체 유동에 대한 Falkner-Skan 방정식의 수치해석의 해가 $K = 1.233$이 된다(Jones and Watson, 1963, p.232). 여러분이 구한 근삿값과 비교하라.

9.16. 직각 쐐기를 지나는 유동

(a) 표 9.2의 프로파일 (3)과 적분법을 이용하여 $u(x) = ax^{1/3}$일 때 직각 쐐기(right-angle wedge)를 지나는 유동에서의 경계층 두께를 결정하라.

(b) 벽전단응력이 다음과 같이 주어진다.

$$\frac{\tau_0(x)}{\rho u^2(x)} = K\,\mathrm{Re}_x^{-1/2} \tag{P9.16-1}$$

직각 쐐기에 대해 Falkner-Skan 방정식을 이용한 수치해석의 해가 $K = 0.758$이다(Jones and Watson, 1963, p.237). 여러분이 구한 근삿값과 이 값을 비교하라.

10

난류 유동

10.1 서론

제2장과 제3장에서 논의한 것과 같이 층류 유동은 큰 Reynolds 수에서는 불안정해지는 경향이 있다. 난류로의 전이(transition)는 시스템에 따라 수천에서 수십만의 수치를 갖는 임계값을 Re가 넘어설 때 발생한다. 난류는 일상생활, 자연 환경, 대규모 연속 공정 어디에나 존재한다. 난류의 특징 중 하나는 벽 전단응력이 현저하게 증가한다는 것이다. 이는 파이프 내(그림 2.2) 또는 평판을 지나는(그림 3.5) 유동에서 훨씬 큰 마찰인자(friction factor)로 표시되고 층류보다 난류에서 더욱 빠르게 유동을 가로질러 운동량이 전달되는 것을 반영한다. 층류 유동에서 유선을 가로지르는 운동량 전달은 단지 점도에 의해 생기는 분자 수준의 마찰에 기인하다. 난류 유동에서는 다양한 크기의 에디(eddy)와 소용돌이가 평균 운동에 중첩된다. 순간마다 무작위로 변화하는 에디는 분자 수준의 운동량 전달 속도를 크게 초과하는 속도로 운동량을 전달한다.

에디와 관련된 무작위 속도 변동(fluctuation)에 의해 어떠한 두 난류 유동도 정확히 동일하지는 않게 된다. 유동에 대해 상세한 확정론적 모델은 적용될 수 없으며 대신 통계적인 설명이 사용되어야 한다. 공학에서 순간적인 변동은 2차 관심 대상이며 주로 시간-평활화(time-smoothed) 또는 시간-평균화(time-averaged)된 양을 예측하는 것이 바람직하다. 그럼에도 차원 해석, 실험, 해석 이론 및 계산과 같이 사용 가능한 모든 방법들이 고려되어야 한다. 현재의 지식 상태와 함께 실험적인 발견이 특히 중요하다. 층류 유동의 세부 사항은 종종 1차 원칙들로부터 예측될 수 있는 반면 난류 계산은 거의 항상 경험주의적인 요소를 포함한다.

이 장은 다음과 같이 구성되어 있다. 난류의 여러 측면이 정성적으로 기술된 후에 주요 관측치와 차원해석을 결합하여 얻을 수 있는 속도 및 길이 스케일이 논의된다. 그런 후, *Reynolds 평균화(averaging)*라고 불리는, 연속 방정식과 Navier-Stokes 방정식을 시간 평활화된 양으로 재구성하는 방법이 설명된다. 난류 계산을 실용적으로 만들기 위한 고전적인 접근 방법인 *에디 확산* 개념이 도입된다. 그런 후, 몇 가지 예를 통해 도관 및 경계층에서 전단 유동 개념의 응용을 보여준다.

10.2 특성과 척도

기본 특징

난류의 혼돈(chaotic) 성질 때문에 혼합이 증대된다. Reynolds (1883)의 선구적인 연구에서와 같이 염료 가시화 실험을 통해 관 유동에서 하나의 유동 영역으로부터 다른 유동 영역으로 전이(transition)되는 것에 대한 증거를 얻을 수 있다. 층류 유동에서 각 물질 점(material point)은 그림 10.1(a)와 같이 직선을 따르고 이는 연속적으로 주입되어 천천히 확산되는 염료에 의해 볼 수 있다. 난류 유동에서 유체 요소의 경로는 흔들리고 시간에 따라 변화한다. 그림 10.1(b)는 서로 다른 순간 동일한 위치에서 시작하는 물질 점에 대한 가상적인 줄무늬를 보여준다. 난류 에디로 인해 관 단면에 염료가 급속히 분산되어 실제로 이러한 줄무늬가 보이지 않게 된다.

모든 난류 유동은 3차원적이며, 시간 의존적이고 불규칙하다. 무작위적인 변동(fluctuation)은 세 속도 구성 요소 모두와 압력에서 발생한다. 주된 속도 요소의 변동은 종종 평균값의 수 퍼센트이다. 그림 10.2에서 가상적인 난류 유동 내 한 지점에서 순간 속도 v_x는 실선으로 표시되었으며 시간 평활화된 값 $\bar{v}_x$는 점선으로 표시되었다. 이 두 속도 사이의 차이가 속도 *변동(velocity fluctuation)* u_x이다. 즉, 이는 다음의 식으로 표현된다.

$$v_x = \bar{v}_x + u_x. \tag{10.2-1}$$

10.3절에서 설명되는 바와 같이 $\bar{v}_x$는 여러 변동을 포함하는 시간 간격에 걸쳐 v_x를 연속적으로 평균화하여 계산되지만 이는 공정 시간 척도보다 훨씬 작다. 따라서 $\bar{v}_x$는 그림 10.2에서 보이는 것처럼 $t < t_0$에서 시간에 따라 변할 수 있다. 이 예에서 유동은 비록 짧은 시간 범위

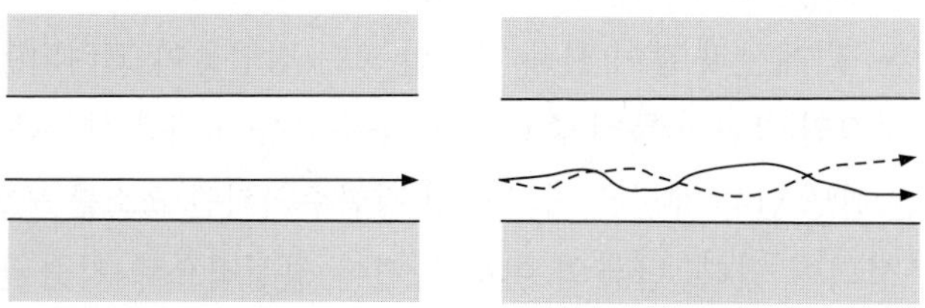

(a) (b)

그림 10.1 (a) 층류 유동 및 (b) 난류 유동에 대한 관 내 물질 점 경로. 두 경우 모두 유동이 완전 발달되었고 평균적으로 정상 상태이다. (b)의 두 곡선은 서로 다른 시간에 같은 위치에서 시작하는 유체 요소에 해당한다.

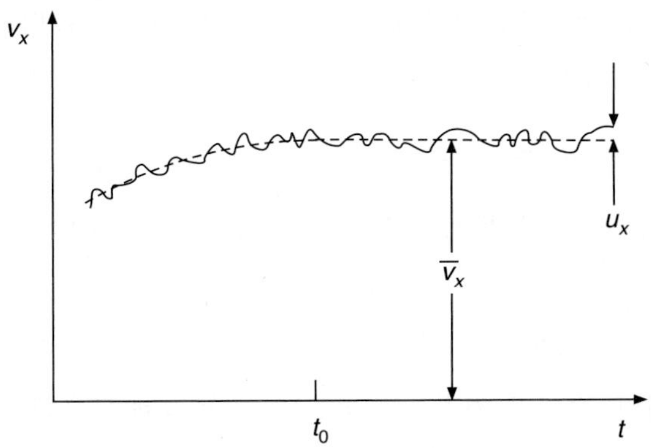

그림 10.2 난류 유동에서 고정된 위치에서의 속도 변동. 순간 속도는 v_x이고(실선), 시간-평활화된 값은 $\bar{v}_x$이며(점선), 변동은 u_x이다.

에서 살펴볼 때는 여전히 비정상상태이지만 $t > t_0$에 대해서는 전체적으로 정상상태이다. 다른 속도 요소도 평활화된 값과 변동으로 분해될 수 있다. 심지어 x축에 평행한 유동에서와 같이 $\bar{v}_y = 0 = \bar{v}_z$일 때에도 $u_y \neq 0$이고 $u_z \neq 0$이다.

정의에 의해 시간 평활화 변동 값은 0이다. 즉, $\bar{u}_i = 0 (i = x, y,$ 또는 $z)$이다. 따라서 변동의 크기에 대한 다른 척도가 필요하다. 일반적으로 사용되는 것은 제곱근 평균(root-mean-square, rms) 값 $(\overline{u_i^2})^{1/2} = 0$이다. 변동(양수 또는 음수)을 제곱하고 결과를 평활화한 후 제곱근을 계산한다. 세 가지 속도 성분의 rms 변동은 $\bar{v}_i$ 값들이 같지 않은 경우에도 비슷하다.

벽 변수

난류 유동의 독특한 특징은 10.5절에서 논의되는 것처럼 고체 표면 근처의 속도 프로파일(velocity profile)이 거의 범용적인 형태라는 것이다. 이는 도관 모양에 영향을 받지 않으며 도관 내 유동이거나 평판과 같은 물체를 지나는 유동인 것에도 영향을 받지 않는다. 원통형 관의 결과를 비원형 단면(2.4절)으로 확장시키는 수력학적 지름 접근 방식의 성공은 이 범용성(universality)의 결과이다. 이것은 벽 근처의 난류 전단 유동이 주로 국부(local) 현상에 의해 영향을 받는다는 것을 의미한다. 이는 벽 근처의 $\bar{v}_x$가 표면으로부터의 거리(y), 유체 물성들(μ 및 ρ)과 벽 전단 응력(τ_0)에 의해서만 결정된다는 가정으로 표현된다.

이러한 가정은 μ, ρ, τ_0에만 의존하는 $\bar{v}_x$와 y에 대한 국부(local) 척도가 있음을 암시한다. 차원의 요구조건은 다음과 같다.

$$[\bar{v}_x] = \mathrm{LT}^{-1} = [\mu]^a[\rho]^b[\tau_0]^c = (\mathrm{ML}^{-1}\mathrm{T}^{-1})^a(\mathrm{ML}^{-3})^b(\mathrm{ML}^{-1}\mathrm{T}^{-2})^c \qquad (10.2\text{-}2)$$

$$[y] = \mathrm{L} = [\mu]^A[\rho]^B[\tau_0]^C = (\mathrm{ML}^{-1}\mathrm{T}^{-1})^A(\mathrm{ML}^{-3})^B(\mathrm{ML}^{-1}\mathrm{T}^{-2})^C. \qquad (10.2\text{-}3)$$

지수 항들을 풀면 $a = 0, b = -1/2, c = 1/2, A = 1, B = -1/2, C = -1/2$이다. 따라서 속도 척도는 다음과 같이 얻어진다.

$$u_\tau = (\tau_0/\rho)^{1/2} \tag{10.2-4}$$

위 식은 *마찰속도(friction velocity)*로 불린다. 무차원 속도와 길이는 다음과 같다.

$$v_x^+ = \frac{\bar{v}_x}{u_\tau}, \quad y^+ = \frac{u_\tau y}{\nu} \tag{10.2-5}$$

이들은 *벽 변수(wall variable)*들이다. 수많은 연구들에 따르면 고체 경계 부근의 난류 유동에 대해 v_x^+는 단지 y^+에만 의존한다(10.5절). 특히 u_τ는 rms 속도 변동에 대한 척도가 된다(McComb, 1990, p.27).

반지름이 R인 관에서 평균 속도가 U인 유동에 대해, 마찰인자(friction factor)의 정의[식(2.2-4)]를 다시 정리하면 다음과 같다.

$$\frac{u_\tau}{U} = \left(\frac{f}{2}\right)^{1/2}, \quad R^+ = \frac{u_\tau R}{\nu} = \text{Re}\left(\frac{f}{8}\right)^{1/2} \tag{10.2-6}$$

여기에서 R^+와 y^+는 관의 중심선에서 결정된다. 즉, $0 \leq y^+ \leq R^+$이다. u_τ/U와 R^+의 대표적인 값들은 표 10.1에 나와 있다. 세 속도 성분에서의 rms 변동은 각각 u_τ에 비슷하고, 이 결과는 변동이 U의 수 퍼센트임을 나타낸다. 또한 R^+가 일반적으로 상당히 크기 때문에 y^+의 수백 또는 수천 배 값이 실제로 벽 근처의 위치에 해당 할 수 있다.

Kolmogorov 척도

난류는 높은 에너지 상태이다. 에디를 만드는 에너지는 난류 유동을 유지하는 데 필요한 추가적인 힘의 공급에 의해 제공된다. 예를 들어, 관에서 층류 유동을 상회하는 $|\Delta\mathcal{P}|$의 증가는 더 큰 압력-부피 일이 유체에 가해지므로 더 많은 동력이 요구된다는 것을 의미한다. 추가적인 동력은 완전히 발달된 층류 유동에서의 동력과 마찬가지로 궁극적으로는 열로 소산된

표 10.1 관 유동에서 최대 마찰속도와 최대 벽 좌표

Re	u_τ/U	R^+
1×10^4	0.062	310
1×10^5	0.047	2400
1×10^6	0.038	19,000
1×10^7	0.032	160,000

다. 단위 질량당 난류 유동의 *추가적인* 에너지 소산 률(dissipation rate)은 d로 표시된다. 이는 단위 시간, 단위 질량당 에너지 차원인 L^2T^{-3}의 차원을 갖는다.

난류 유동에서 에디의 크기와 수명은 다양하다. 다양한 크기의 것들이 각 위치에서 공존한다. 이것들은 운동에너지가 더 큰 것에서 연속적으로 더 작은 것까지 전달된다는 점에서 상호 작용한다(McComb, 1990; Tennekes and Lumley, 1972). 이 다단 전달의 초기에, 에디들은 점도의 영향을 무시할 수 있을 만큼 큰 Reynolds 수를 나타내고 있다. 가장 작은 에디에서만 점성 마찰이 중요하며 운동에너지가 열로 변환된다.[1)] 가장 큰 에디의 크기는 시스템의 크기에 의해서만 제한된다. 1940년대 모스크바에서 A. N. Kolmogorov에 의해 수행된 해석에 의해 제안된 바와 같이, 가장 작은 에디의 크기는 d에 의해 결정된다.

가장 큰 에디의 속도, 길이 및 시간 척도는 각각 u_1, L_1 및 t_1으로 표시되고, 가장 작은 에디에 대한 속도, 길이 및 시간 척도는 u_2, L_2 및 t_2로 표시될 것이다. 작은 에디 척도는 차원해석에서 추론할 수 있다. 필요한 유일한 가정은 가장 작은 에디의 특성이 추가적인 소산(dissipation) d와 유체 특성에 의해 전적으로 결정된다는 것이다. 즉, 시스템의 크기와 모양은 이 수준에서 중요하지 않다. 다른 물성 중 어느 것도 차원 M을 포함하지 않으므로 μ와 ρ는 ν로 결합되어야 한다. 그러면 요구되는 차원은 다음과 같다.

$$[u_2] = \mathrm{LT^{-1}} = [d]^a[\nu]^b = (\mathrm{L^2T^{-3}})^a(\mathrm{L^2T^{-1}})^b \tag{10.2-7}$$

$$[L_2] = \mathrm{L} = [d]^A[\nu]^B = (\mathrm{L^2T^{-3}})^A(\mathrm{L^2T^{-1}})^B \tag{10.2-8}$$

$$[t_2] = \mathrm{T} = [d]^\alpha[\nu]^\beta = (\mathrm{L^2T^{-3}})^\alpha(\mathrm{L^2T^{-1}})^\beta. \tag{10.2-9}$$

세 쌍의 지수들을 풀면 다음과 같다.

$$u_2 = (\nu d)^{1/4}, \quad L_2 = \left(\frac{\nu^3}{d}\right)^{1/4}, \quad t_2 = \left(\frac{\nu}{d}\right)^{1/2}. \tag{10.2-10}$$

이들은 *Kolmogorov 척도*(또는 *미세척도*)로 불린다. 대응되는 Reynolds 수는 $\mathrm{Re}_2 = u_2L_2/\nu = 1$이다. 이는 에너지의 점성 소산(dissipation)이 중요해지면 에디(eddy) Reynolds 수는 거의 1로 감소해야 한다는 예상과 일치한다.

두 가지 추가적인 가정에 의해 가장 큰 에디의 척도가 가장 작은 에디의 척도와 관련된다. 첫째, 에디의 수명은 그것의 대류 시간 척도로 가정한다. 식 (10.2-10)에서 확인될 수 있

---

1) L. F. Richardson은 다음과 같이 요약했다. "큰 에디(eddy)는 속도를 공급해주는 작은 에디들을 지니고 있고 작은 에디들은 더 작은 에디들을 갖고 있으며 이렇게 분자 측면에서 점도까지 내려간다." (Richardson, 1922, p.66)

는 것과 같이, $t_2 = L_2/u_2$이고 마찬가지로, $t_1 = L_1/u_1$이라고 가정한다. 둘째, 비정상 유동에서도 운동에너지 손실과 점성 소산이 항상 대략 균형을 이루고 있다고 가정한다. 가장 큰 에디의 단위 질량당 운동에너지는 $u_1^2/2$ 또는 $\sim u_1^2$이다. 그러한 에디에서 발생하는 운동에너지 손실률을 점진적인 소산 률(dissipation rate)과 같게 하면 다음과 같다.

$$d \sim \frac{u_1^2}{t_1} = \frac{u_1^3}{L_1}. \tag{10.2-11}$$

위 식을 식 (10.2-10)의 d를 구하는 데 사용하면 다음과 같다.

$$\frac{u_2}{u_1} \sim \mathrm{Re}_1^{-1/4}, \quad \frac{L_2}{L_1} \sim \mathrm{Re}_1^{-3/4}, \quad \frac{t_2}{t_1} \sim \mathrm{Re}_1^{-1/2} \tag{10.2-12}$$

여기에서 $\mathrm{Re}_1 = u_1L_1/\nu$이다.

식 (10.2-12)는 중요한 내용을 담고 있다. 특히, L_2/L_1에 대한 결과는 Reynolds 수가 증가함에 따라 에디 크기의 범위가 넓어짐을 나타낸다. 즉, 난류는 “더 세밀하게” 된다. 자세하게 묘사된 이미지를 표현하기 위해서는 단위 길이당 더 많은 픽셀을 필요로 하는 것처럼, 난류 유동의 계산 연구는 Re가 증가함에 따라 더욱 더 미세한 격자 또는 망을 사용해야 한다. 이것은 직접 수치 모사(direct numerical simulation, DNS)를 통해 난류 유동의 세부 사항을 예측하려는 시도에 크게 영향을 미치게 된다. 실질적으로 DNS는 $\bar{\mathbf{v}}$와 $\mathbf{u}$에 대한 풍부한 정보를 제공한다(Moin and Mahesh, 1998). 그러나 이것의 사용은 난류를 발생시키는 것보다 훨씬 크지 않은 Re의 값으로 제한되었다(도관에서는 $< 10^4$). 문제는 Kolmogorov 척도를 풀기위해 필요한 격자 점의 수가 Re에 따라 증가하여 대략 Re^3으로 계산량 증가가 유발된다(Sandham, 2005).

예제 10.2-1 • 파이프 내 공기 유동에 대한 난류 척도. 이 예제의 목적은 대형 파이프 내 공기 유동에서 가장 큰 에디와 가장 작은 에디의 척도를 결정하는 것이다. 파이프 지름 D = 0.50 m이고 총괄 Reynolds 수(D와 평균 속도 U를 기준) Re = 1×10^6이며, 공기 특성으로 ρ = 1.2 kg m^{-3}이고 $\nu = 1.6 \times 10^{-5}$ m^2 s^{-1}이다.

에디는 단면 치수 D만큼 클 수 있다. 그러나 속도 측정 결과 0.1 D가 더 현실적이므로(문제 10.6) L_1 = 0.0050 m로 설정한다. 이러한 에디는 마찰 속도의 규모에 있는 가장 큰 속도 변동과 관련된다. 따라서 $u_1 = u_\tau$이다. 평균 속도는 다음과 같다.

$$U = \frac{\nu\,\mathrm{Re}}{D} = \frac{(1.6 \times 10^{-5})(1 \times 10^{6})}{0.50} = 32.0 \text{ m/s}.$$

비록 공정 유동으로는 크지만 U는 여전히 음속(해수면에서 340 m/s)의 단지 9%이다. 매끄러운 파이프의 Colebrook 방정식에서[식 (2.2-8)] 다음과 같이 주어진다.

$$f = \left[3.6 \log\left(\frac{1 \times 10^6}{6.9}\right)\right]^{-2} = 2.90 \times 10^{-3}.$$

식 (10.2-6)으로부터 가장 큰 에디의 속도 척도는 다음과 같다.

$$u_1 = \left(\frac{2.90 \times 10^{-3}}{2}\right)^{1/2} 32.0 = 1.22 \text{ m/s}$$

이는 U의 약 4%이다. 이러한 에디들의 시간 척도는 다음과 같다.

$$t_1 = \frac{L_1}{u_1} = \frac{0.050}{1.22} = 0.041 \text{ s}$$

그리고 Reynolds 수는 다음과 같다.

$$\text{Re}_1 = \frac{(1.22)(0.050)}{1.6 \times 10^{-5}} = 3.81 \times 10^3.$$

비록 Re_1이 Re보다 훨씬 작지만 가장 큰 에디에서의 점도는 여전히 무시할 만하다.

가장 작은 에디의 길이와 속도는 Re_1과 식 (10.2-12)에 의해 계산된다.

$$L_2 = (0.050)(3.81 \times 10^3)^{-3/4} = 1.0 \times 10^{-4} \text{ m}$$
$$u_2 = (1.22)(3.81 \times 10^3)^{-1/4} = 0.16 \text{ m/s}.$$

비록 파이프 지름에 비해 훨씬 작지만, $L_2(=100\ \mu\text{m})$는 여전히 일반적인 평균 자유경로[식 (1.2-7)]의 1,000배이다. 이는 이러한 파이프에서의 난류는 분자 현상이 아닌 연속성(continuum) 현상임을 나타낸다. 이는 항상 연속성 현상이다. 작은 에디의 시간 척도는 다음과 같다.

$$t_2 = \frac{1.0 \times 10^{-4}}{0.16} = 6.7 \times 10^{-4} \text{ s}$$

이것은 이 유동의 속도 변동을 완전히 풀기 위해서는 천분의 일초 이하의 응답을 지닌 기구가 필요하다는 것을 의미한다.

만약 $L_1 = D$로 가정했다면, 작은 에디들($L_2 = 1.8 \times 10^{-4}$ m, $u_2 = 0.087$ m/s, $t_2 = 2.1 \times 10^{-3}$ s)에 대한 결과도 앞 선 결론을 변경할 정도로 차이가 생기지는 않았을 것이다.

10.3 Reynolds 평균

난류의 근본적인 측면이기는 하지만 속도 변동은 공학에서는 별로 관심을 받지 않는다. 일반적으로 공정 설계에서 필요한 것은 시간-평활화된 값들이다. 난류와 관련된 2장과 3장에서의 모든 계산들에는 속도와 압력 모두에 평활화가 암시되어 있었다. Reynolds (1895)는 평활화된 양들의 관점에서 연속 방정식과 Naiver-Stokes 방정식을 재작성하는 방법을 보여주었다. 이상적으로, 변동 값에 대한 지식은 그러한 방정식의 적용에 필요하지는 않다. 그렇다고 해도 Reynolds 평균은 여전히 난류 유동을 모델링하는 일반적인 전략의 핵심이다.

시간-평활화 변수들

스칼라, 벡터, 또는 텐서인 ξ의 시간-평활화(time-smoothed) 값은 다음과 같이 정의된다.

$$\bar{\xi} = \frac{1}{t_a} \int_{t}^{t+t_a} \xi \, dt' \tag{10.3-1}$$

위에서 t_a는 평균화되는 시간이다. 이 평균은 다양한 초기 시간 t에 대해 반복적으로 계산될 수 있다. 대표적인 변동 횟수를 포함하려면 $t_a \gg t_f$이어야 한다. 여기에서 t_f는 하나의 변동에 대한 시간 척도이다. 그러나 비정상 공정을 모델링하기 위해서는 $t_a \ll t_p$이어야 한다. 이때, t_p는 공정 시간 척도이다. 일반적으로 이러한 t_a 값이 존재한다. 예제 10.2-1의 큰 에디 시간 척도가 단지 40 ms에 불과하다는 사실은 그 유동에 대한 t_a 가 수십 분의 1초 이상일 필요는 없다는 것을 의미한다.

시간-평활화된 양들의 조작은 두 가지 규칙에 의해 지배된다. 첫 번째는 평활화된 변수가 반복적인 평활화의 영향을 받지 않는다는 것이다. 속도 벡터를 예로 들면, $\bar{\bar{\mathbf{v}}} = \bar{\mathbf{v}}$이다. 만약 순간 속도가 변동 $\mathbf{u}$에 의해 다음과 같이 분해된다.

$$\mathbf{v} = \bar{\mathbf{v}} + \mathbf{u} \tag{10.3-2}$$

평활화는 다음과 같다.

$$\bar{\mathbf{v}} = \overline{(\bar{\mathbf{v}} + \mathbf{u})} = \bar{\bar{\mathbf{v}}} + \bar{\mathbf{u}} = \bar{\mathbf{v}} + \bar{\mathbf{u}}. \tag{10.3-3}$$

10.2절에서 언급한 것과 같이 속도변동의 평활화 양은 다음과 같다.

$$\bar{\mathbf{u}} = \mathbf{0} \tag{10.3-4}$$

변동의 시간 평활화된 값은 어떤 변동에서도 0이지만 변동의 곱의 평활화된 값은 일반적으로는 사라지지 않는다.

두 번째 규칙은 변수의 평활화와 변수의 미분은 순서를 바꿀 수 있다는 것이다. 다시 속도를 사용하면

$$\overline{\nabla \cdot \mathbf{v}} = \nabla \cdot \bar{\mathbf{v}} \tag{10.3-5}$$

$$\overline{\nabla^2 \mathbf{v}} = \nabla^2 \bar{\mathbf{v}} \tag{10.3-6}$$

$$\overline{\frac{\partial \mathbf{v}}{\partial t}} = \frac{\partial \bar{\mathbf{v}}}{\partial t}. \tag{10.3-7}$$

식 (10.3-5)와 (10.3-6)은 모든 공간 도함수가 식 (10.3-1)의 시간 적분의 내부 또는 외부로 이동할 수 있다는 사실에서 간단히 얻을 수 있다. 시간 도함수에 대해 식 (10.3-7)의 좌변은 다음과 같이 계산된다.

$$\overline{\frac{\partial \mathbf{v}}{\partial t}} = \frac{1}{t_a} \int_t^{t+t_a} \frac{\partial \mathbf{v}}{\partial t}\, dt' = \frac{1}{t_a} [\mathbf{v}(t+t_a) - \mathbf{v}(t)]. \tag{10.3-8}$$

변수 한계가 있는 적분에 대한 미분의 Leibniz 규칙을 사용하면 식 (10.3-7)의 우변은 다음과 같다.

$$\begin{aligned} \frac{\partial \bar{\mathbf{v}}}{\partial t} &= \frac{1}{t_a} \frac{\partial}{\partial t} \left[\int_t^{t+t_a} \mathbf{v}\, dt' \right] = \frac{1}{t_a} \left[\mathbf{v}(t+t_a) \frac{d}{dt}(t+t_a) - \mathbf{v}(t) \frac{d}{dt}(t) \right] \\ &= \frac{1}{t_a} [\mathbf{v}(t+t_a) - \mathbf{v}(t)] \end{aligned} \tag{10.3-9}$$

이는 평활화와 시간 미분이 순서를 바꿀 수 있다는 것을 보여준다.

연속방정식

비압축성 유체에서 순간적인 속도는 다음을 만족시킨다.

$$\nabla \cdot \mathbf{v} = \mathbf{0}. \tag{10.3-10}$$

양 변을 평활화시키고 식 (10.3-5)를 사용하면 다음과 같다.

$$\nabla \cdot \bar{\mathbf{v}} = \mathbf{0}. \tag{10.3-11}$$

식 (10.3-2)를 식 (10.3-10)에 넣으면 다음과 같다.

$$\nabla \cdot \mathbf{v} = \nabla \cdot (\bar{\mathbf{v}} + \mathbf{u}) = \nabla \cdot \bar{\mathbf{v}} + \nabla \cdot \mathbf{u} = \mathbf{0}. \tag{10.3-12}$$

식 (10.3-11)과 함께 이는 다음을 의미한다.

$$\nabla \cdot \mathbf{u} = \mathbf{0}. \tag{10.3-13}$$

그러므로 $\bar{\mathbf{v}}$와 $\mathbf{u}$는 각각 일반적인 연속방정식을 만족시킨다.

Navier-Stokes 방정식

일정한 특성을 지니는 뉴톤 유체에서 순간적인 속도와 압력은 다음 식을 따른다.

$$\frac{\partial \mathbf{v}}{\partial t} + \mathbf{v} \cdot \nabla \mathbf{v} = -\frac{1}{\rho} \nabla \mathcal{P} + \nu \nabla^2 \mathbf{v}. \tag{10.3-14}$$

시간 도함수, 압력 구배와 점성 항들 평활화하면 단순히 $\mathbf{v}$는 $\bar{\mathbf{v}}$로 $\mathcal{P}$는 $\bar{\mathcal{P}}$로 바뀐다. 비선형인 관성 항은 더 많은 주의가 필요하다. 식 (10.3-2)를 사용하면 다음과 같이 확장된다.

$$\mathbf{v} \cdot \nabla \mathbf{v} = \bar{\mathbf{v}} \cdot \nabla \bar{\mathbf{v}} + \mathbf{u} \cdot \nabla \bar{\mathbf{v}} + \bar{\mathbf{v}} \cdot \nabla \mathbf{u} + \mathbf{u} \cdot \nabla \mathbf{u}. \tag{10.3-15}$$

위 식이 평활화되면 우변의 첫 번째 항은 이미 평활화된 변수들만을 포함하고 있기 때문에 영향을 받지 않는다. 두 번째와 세 번째 항들은 $\bar{\mathbf{u}} = \mathbf{0}$이기 때문에 사라지지만 네 번째 항은 그렇지 않다. 결국 다음과 같다.

$$\overline{\mathbf{v} \cdot \nabla \mathbf{v}} = \bar{\mathbf{v}} \cdot \nabla \bar{\mathbf{v}} + \overline{\mathbf{u} \cdot \nabla \mathbf{u}}. \tag{10.3-16}$$

그러면 Navier-Stokes 방정식의 평활화된 형태는 다음과 같다.

$$\frac{\partial \bar{\mathbf{v}}}{\partial t} + \bar{\mathbf{v}} \cdot \nabla \bar{\mathbf{v}} = -\frac{1}{\rho} \nabla \bar{\mathcal{P}} + \nu \nabla^2 \bar{\mathbf{v}} - \overline{\mathbf{u} \cdot \nabla \mathbf{u}} \tag{10.3-17}$$

위에서 $\mathbf{u}$를 포함하고 있는 항은 우변으로 이동되었다. 추가적인 항들 제외하고 이 미분식은 순간에 대한 Navier-Stokes 방정식과 동일한 형태이다.

종결 문제

층류 유동에서 식 (10.3-10)과 식(10.3-14)는 4개의 미지수, 3개의 속도 성분 및 $\mathcal{P}$에 대한 총 4개의 미분 방정식을 제공한다. 초기 조건과 경계 조건이 지정되면 이러한 문제는 완전히 정의된다. 난류 유동을 모델링하기 위해 Reynolds 평균을 사용할 때 평활화된 Navier-Stokes 방정식에서 속도 변동을 완전히 없앨 수 없기 때문에 $\mathbf{u}$의 세 요소가 미지수로 추가된다. 식 (10.3-11)과 (10.3-17)에서 제공되는 네 식들과 식 (10.3-13)의 또 하나의 식이 7개의 미지수를 결정한다. 따라서 일반적으로 질량 보존과 운동량 보존은 7개의 미지수에 대해 5개의 방정식만을 제공한다. 방정식의 부족은 *종결 문제(closure problem)*라 불리는 것을 만들게 된다. Reynolds 평균의 사용은 보존 방정식(conservation equation)들이 불가피하게 덜 엄격한 다른 정보에 의해 보충될 것을 요구하게 된다.

이를 닫기 위해(즉, 독립적인 지배 방정식 세트를 얻기 위해) 수많은 전략이 사용되어 왔다. 다양한 여러 가정들에 기반을 두고 있지만, 모두 특정 유형의 유동에 대한 실험 데이터에 맞춰진 상수를 포함하고 있다. 난류에 관한 문헌에서 이와 같이 부분적으로는 이론적이며 부분적으로는 경험적인 구조는 *모델*이라 불린다. 가장 단순한 것은 10.4절에서 설명되는 *에디 확산도(eddy diffusivity)* 접근이다.

Reynolds 응력

식 (10.3-17)은 점성과 속도 변동(fluctuation) 항들을 재배열하여 단순화될 수 있다. 식 (6.6-1)로부터 다음과 같다.

$$\nu\nabla^2\mathbf{v} = \frac{1}{\rho}\nabla\cdot\boldsymbol{\tau} \tag{10.3-18}$$

이로부터 다음과 같다.

$$\nu\nabla^2\bar{\mathbf{v}} = \overline{\nu\nabla^2\mathbf{v}} = \overline{\frac{1}{\rho}\nabla\cdot\boldsymbol{\tau}} = \frac{1}{\rho}\nabla\cdot\bar{\boldsymbol{\tau}}. \tag{10.3-19}$$

속도 변동 항은 또한 텐서의 발산으로 표현될 수 있다. 표 A.1의 동일성 (10)과 식 (10.3-13)으로부터 다음과 같다.

$$\nabla\cdot(\mathbf{uu}) = (\nabla\cdot\mathbf{u})\mathbf{u} + \mathbf{u}\cdot\nabla\mathbf{u} = \mathbf{u}\cdot\nabla\mathbf{u}. \tag{10.3-20}$$

따라서 다음과 같이 된다.

$$\overline{\mathbf{u}\cdot\nabla\mathbf{u}} = \nabla\cdot(\overline{\mathbf{uu}}) = \frac{1}{\rho}\nabla\cdot(\rho\overline{\mathbf{uu}}). \tag{10.3-21}$$

다음의 새로운 텐서는 *Reynolds 응력(stress)*이라 불린다.

$$\boldsymbol{\tau}^* = -\rho\overline{\mathbf{uu}}. \tag{10.3-22}$$

그럼에도 기호 타우(tau)는 점도와는 관련이 없다. 이것은 속도의 곱과 밀도를 포함한다는 점에서 분명히 일종의 관성 응력이다. 이것은 난류 에디에 의한 운동량의 대류 전달을 나타낸다.

식 (10.3-17)은 이제 다음과 같이 쓸 수 있다.

$$\rho\left(\frac{\partial\bar{\mathbf{v}}}{\partial t} + \bar{\mathbf{v}}\cdot\nabla\bar{\mathbf{v}}\right) = -\nabla\bar{\mathcal{P}} + \nabla\cdot(\bar{\boldsymbol{\tau}} + \boldsymbol{\tau}^*) \tag{10.3-23}$$

위 식은 Cauchy 운동량 방정식[식 (6.4-8)]과 유사하다. 강화된 교차-흐름 운동량 전달과 급격한 혼합은 난류 유동을 특징짓는 $\boldsymbol{\tau}^*$에 포함된 속도 변동에 기인한다.

비록 식 (10.3-23)에 함께 나타나지만 점성 응력과 Reynolds 응력은 매우 다른 성질이다. 난류 유동에서 평균적으로는 단일방향성(unidirectional)이며 고체 표면인 $y = 0$에서 점성 전단응력은 다음과 같다.

$$\bar{\tau}_{yx}|_{y=0} = \mu \left.\frac{\partial \bar{v}_x}{\partial y}\right|_{y=0} \tag{10.3-24}$$

이는 층류 유동에서와 유사하다. 그러나 이에 대응하는 Reynolds 응력은 다음과 같다.

$$\tau^*_{yx}|_{y=0} = -\rho\overline{u_y u_x}|_{y=0} = 0. \tag{10.3-25}$$

τ^*_{yx}가 사라지는 이유는 비-미끄럼(no-slip) 조건과 비투과 조건에 따라 $y = 0$에서 $v_x, v_y, \bar{v}_x, \bar{v}_y$ 모두 0이 되기 때문이다. 다음으로는 매 순간 경계에서 $u_x = 0 = u_y$이다. 비슷한 추론에 의해 어떤 고체 표면에서도 $\boldsymbol{\tau}^*$의 모든 성분이 사라진다는 결론을 이끌어 낼 수 있다.

10.4 종결 계획

종결 문제(closure problem)의 본질은 $\boldsymbol{\tau}^*$와 시간-평활화된 양들을 연관시키는 방법이다. 어려움은 뉴톤 유체에 대한 구성 방정식(constitutive equation)이 알려지기 전인 1800년대 초반 이전에 점성 응력을 평가할 때 발생하는 것과 유사하다. 공학자, 물리학자 및 응용수학자들에 의한 한 세기가 넘는 난류 연구에도 식 (6.5-14)와 같이 일반적이고 단순하며 정확한 $\boldsymbol{\tau}^*$에 대한 방정식을 얻는 것은 실패하였다. 그럼에도 불구하고 진전이 이루어졌다. 가장 기본적인 접근법을 설명할 때 단일방향이거나 거의 단일방향인 전단 유동에 초점을 맞출 것이다.

에디 확산도

에디 확산도(eddy diffusivity) 모델은 실용적인 가치가 있는 종결 문제(closure problem)를 해결하는 가장 간단한 방법을 제공한다. 단일방향성 층류의 전단응력은 다음과 같이 동점도로 나타낼 수 있다.

$$\bar{\tau}_{yx} = \rho\nu\frac{\partial \bar{v}_x}{\partial y}. \tag{10.4-1}$$

1877년 J. Boussinesq와 함께 시작된 유사성(analogy)에 의해 많은 연구자들은 다음과 같이 생각했다.

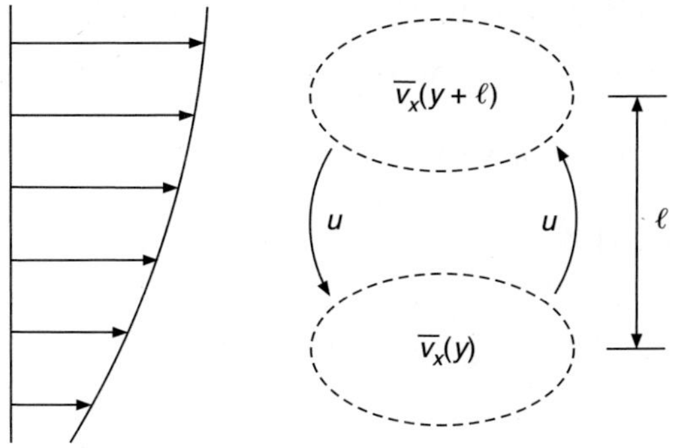

그림 10.3 y와 $y+\ell$에 위치된 유체 덩어리의 상호 교환과 관련된 난류 에디에 의한 운동량 전달 개념 모델

$$\tau_{yx}^{*} = \rho\varepsilon\frac{\partial \bar{v}_x}{\partial y} \tag{10.4-2}$$

위 식에서 ε은 *운동량 에디 확산도*이다. 에디 확산도는 동점도, 혼합물에서 화학종의 확산도, 또는 열전도의 열확산도와 동일한 차원(L^2T^{-1})이다. 식 (10.3-25)와는 유사하지 않은 식(10.4-2)는 난류 에디와 기체 분자의 무작위 운동 사이의 유사성(analogy)을 가정한 것이다. 기체에서 분자의 확산과 분자 수준에서의 에너지 및 운동량 전달은 모두 분자 속도와 충돌 사이에 분자 이동 거리에 의해 좌우된다. 무작위 걸음(random walk) 통계에 따르면, 만약 분자가 u의 속도로 3차원에서 ℓ의 거리로 무작위 점프를 한다면 확산도는 $u\ell/6$이다(Deen, 2012, p.47). 만약 u와 ℓ이 기체의 운동 이론을 사용하여 평가되는 경우, ν와 화학종의 확산도 및 열확산도에 대한 좋은 추산치가 얻어진다(Deen, 2012, pp.15-16). 에디 속도와 크기의 추산이 ε의 좋은 예측 값으로 안내할 것을 희망할 수도 있다. *유체*의 특성인 ν와 달리, ε은 *유동*의 특성이라는 것을 명심해야 한다.

그림 10.3에 나타낸 모델은 식 (10.4-2)을 설명하고 ε을 어떻게 평가할지 제안하고 있다. 점선타원으로 표시된 유체 '덩어리(lumps)'의 위치를 바꾸게 하는 에디 운동을 생각하면 각 타원은 시작점과 관련된 x-운동량을 운반하고 있다. 이렇게 하기 위해, 덩어리는 속도 y로 $\pm y$ 방향으로 거리 ℓ만큼 이동한다. 6.4절에서 벌크 움직임에 의한 운동량 플럭스가 속도 곱하기 운동량 농도이었던 것을 기억한다면 $-y$ 방향으로 운동량의 순 전달률(rate)은 다음과 같다.

$$\tau_{yx}^{*} = u\rho\bar{v}_x(y+\ell) - u\rho\bar{v}_x(y) = \rho u\,\Delta\bar{v}_x \tag{10.4-3}$$

위 식에서 $\Delta\bar{v}_x$는 속도 차이이다. τ_{yx}^{*}는 더 큰 y에 있는 유체에 의해 작용되는 단위 면적당 힘이기 때문에 이것은 에디가 $-y$ 방향으로 x-운동량을 전달하는 속도이다. 그러므로 보인 것과 같이 $\Delta\bar{v}_x > 0$일 때 $\tau_{yx}^{*} > 0$이다.

유체 덩어리들은 순간적으로 초기 값인 $\bar{v}_x$를 유지하는 것으로 가정되고 따라서 새로운 위치에 도착하면 속도 변동 $u_x \sim \Delta\bar{v}_x$가 유발된다. 10.2절에서 언급되었던 것과 같이 모든 속도 요소들에서 rms 변동은 비슷하다. 따라서 $u \sim u_y \sim u_x$이고 식 (10.4-3)은 다음과 같다.

$$\tau_{yx}^* \sim \rho(\Delta\bar{v}_x)^2. \tag{10.4-4}$$

일차 도함수의 추산 규칙으로부터 다음과 같이 된다.

$$\Delta\bar{v}_x \sim \ell\frac{\partial\bar{v}_x}{\partial y}. \tag{10.4-5}$$

그러면 Reynolds 응력은 다음과 같다.

$$\tau_{yx}^* = \rho\ell^2\left(\frac{\partial\bar{v}_x}{\partial y}\right)^2. \tag{10.4-6}$$

이제, *혼합길이(mixing length)*라고 불리는 ℓ에 미지의 비례상수가 포함된 것으로 이해되기 때문에 등호가 사용되었다. 식 (10.4-6)은 이와 같은 방식으로 Prandtl (1925)에 의해 얻어졌다. 다른 추론을 사용하여 G. I. Taylor와 T. von Kármán는 본질적으로 동일한 방정식을 도출하였다(Schlichting, 1968, pp.545~553).

식 (10.4-6)과 (10.4-2)를 비교해보면 다음을 알 수 있다.

$$\varepsilon = \ell^2\left|\frac{\partial\bar{v}_x}{\partial y}\right|. \tag{10.4-7}$$

절댓값에 의해 $\varepsilon > 0$이 보장되므로 τ_{yx}^*가 $\partial\bar{v}_x/\partial y$와 같은 부호인 것이 보장된다. 무작위 걸음 비유의 관점에서, 점프 길이와 점프 속도의 척도는 각각 ℓ과 $\ell|\partial\bar{v}_x/\partial y|$로 나타난다.

식 (10.4-6)은 단일방향 또는 단일방향에 가까운 유동에 대한 해를 거의 제공하고 있다. 누락된 것은 혼합길이를 계산하는 방법으로 이는 실험 결과에서 결정되어야만 한다. ℓ이 상수가 아니라는 것이 상당히 복잡하게 만든다. 식 (10.3-25)에서 보인 것과 같이 $y = 0$인 고체 표면 위치에서 τ_{yx}^*는 사라진다. 이러한 표면에서 전단률(shear rate)은 일반적으로 0이 아니기 때문에 $y = 0$ 에서 $\ell = 0$인 조건이 필요하게 된다. 그러므로 고체 표면 근처에서 난류 유동을 모델링할 때 혼합길이에 대한 가장 단순하고 현실적인 방정식은 다음과 같다.

$$\ell = \kappa y \tag{10.4-8}$$

위 식에서 κ는 실험 상수이다. ℓ과 y 사이의 이러한 비례성질은 Prandtl (1933)에 의해 제안되었다. 표면으로부터 거리 y를 중심으로 한 소용돌이가 y보다 클 수 없다는 점에서, $\kappa \sim 1$로 가정하는 것이 타당하다. 실제 경우에 그러하며 가장 적합한 값은 $\kappa = 0.40$이다(예제 10.5-1). 식 (10.4-8)을 식 (10.4-7)에 대입하고 벽 변수(wall variable)들로 바꾸면 다음과 같다.

$$\frac{\varepsilon}{\nu} = (\kappa y^+)^2 \left| \frac{\partial v_x^+}{\partial y^+} \right|. \tag{10.4-9}$$

위와 같은 동점도에 대한 에디 확산도의 비는 보여준 것과 같이 난류 속도 프로파일을 예측하기 위해 필요하다.

$\varepsilon(y)$에 대한 많은 다른 식들이 제안되었다. Van Driest (1956)의 것은 정확한 속도 프로파일을 제시하는 연속 함수이다.

$$\frac{\varepsilon}{\nu} = (\kappa y^+)^2 (1 - e^{-y^+/A})^2 \left| \frac{\partial v_x^+}{\partial y^+} \right| \tag{10.4-10}$$

위 식에서 이전과 같이 $\kappa = 0.40$이고 파이프 유동에서 $A = 26$이다. 이것은 $y^+ \to 0$ 또는 $y^+ \gg A$에 대해 식 (10.4-9)의 거동을 모사한다. 그러나 Van Driest의 ε은 중간 범위의 y^+ 값에서 Prandtl의 값들보다 상당히 작다.

다른 접근방법

서론에서의 논의와 함께 10.5절과 10.6절의 예제들은 혼합길이 개념만을 포함한다. 그러나 Speziale (1991)에 의해 검토된 바와 같이 해를 얻기 위한 다른 많은 방법들이 제안되었다. 널리 사용되는 방법은 *k-ε 방법*이다. 이것은 평활화된 연속방정식과 Navier-Stokes 방정식에 2개의 편미분 방정식을 추가한다. 하나는 난류 운동에너지를 포함하고 다른 하나는 에너지 소산(dissipation)의 과잉 률(excess rate)을 포함한다. 혼합길이를 지정해야 되는 필요성은 에디 확산도를 운동에너지와 과잉 소산(excess dissipation)과 관련시킴으로서 제거된다(Kays and Crawford, 1993, pp.213-222). 결과 식은 단지 하나의 경험 상수를 포함하며 위치에 따라 에디 확산도가 어떻게 변화하는지 미리 지정할 필요가 없다.

10.5 단일방향 유동

평균적으로 정상상태이고 단일방향(unidirectional)인 난류 유동에서 식 (10.3-23)의 직교형(Cartesian) 형태는 다음과 같이 축소된다.

$$0 = -\frac{d\bar{\mathcal{P}}}{dx} + \frac{d}{dy}(\bar{\tau}_{yx} + \tau_{yx}^*). \tag{10.5-1}$$

좌변의 관성 항들은 0이지만 $\bar{\tau}_{yx}$를 크게 넘어서는 τ_{yx}^*에 관성의 영향이 포함되어 있다. 시간-평활화 속도에서 대응하는 공간 도함수가 0이기 때문에 여기에서는 $\tau_{xx}^* = 0 = \tau_{zx}^*$으로 가정되었다.

예제 10.5-1 ● 벽 근처 속도 프로파일. 이 예제의 목적은 관 벽 근처에서 난류 속도 프로파일을 계산하는 것이다. 식 (10.4-9)와 (10.4-10)의 예측이 실험 결과와 비교될 것이다.

원통관의 완전발달 유동에서 식 (10.5-1)의 유사형은 다음과 같다.

$$0 = -\frac{d\bar{\mathcal{P}}}{dz} + \frac{1}{r}\frac{d}{dr}[r(\bar{\tau}_{rz} + \tau^*_{rz})]. \tag{10.5-2}$$

r에 대해 적분하고 대칭성으로부터 $\bar{\tau}_{rz}(0) + \tau^*_{rz} = 0$을 이용하면 다음과 같다.

$$\bar{\tau}_{rz}(r) + \tau^*_{rz}(r) = \frac{r}{2}\frac{d\bar{\mathcal{P}}}{dz}. \tag{10.5-3}$$

일반적인 방식으로 압력 구배를 벽 전단응력과 연관시키면 위 식은 다음과 같이 된다.

$$\bar{\tau}_{rz}(r) + \tau^*_{rz}(r) = -\frac{\tau_0 r}{R} \tag{10.5-4}$$

위 식에서 $\tau_0(>0)$는 벽에 작용하는 유체의 전단응력이고 R은 관 지름이다.

벽 근처에 초점을 두기 위해 $y = R - r$로 놓으면 식 (10.5-4)는 다음과 같이 다시 정리된다.

$$\bar{\tau}_{yz}(y) + \tau^*_{yz}(y) = \tau_0\left(1 - \frac{y}{R}\right). \tag{10.5-5}$$

식 (10.4-1)과 (10.4-2)에서와 같이 점성응력과 Reynolds 응력을 각각 추산하고 해석범위를 $y \ll R$로 제한하면 운동량 방정식은 다음과 같다.

$$\rho(\nu + \varepsilon)\frac{d\bar{v}_z}{dy} = \tau_0. \tag{10.5-6}$$

벽 변수들로 전환시키면 위 식은 다음과 같이 단순해진다.

$$\left(1 + \frac{\varepsilon}{\nu}\right)\frac{dv_z^+}{dy^+} = 1, \quad v_z^+(0) = 0. \tag{10.5-7}$$

이것은 함수 $\varepsilon(y^+)$의 선택에 의해 풀려야 하는 문제이다.

혼합길이에 대한 Prandtl의 제안에 따라 ε/ν는 식 (10.4-9)와 다음 식으로 추산된다.

$$\left[1 + (\kappa y^+)^2\frac{dv_z^+}{dy^+}\right]\frac{dv_z^+}{dy^+} = 1, \quad v_z^+(0) = 0. \tag{10.5-8}$$

위 식은 비록 비선형이지만 분리가 가능하며 해석적 해가 있는 1차 미분 방정식이다. 복잡한 형태를 지닌 완전한 해를 고려하기 전에 y^+의 극단에서 $v_z{}^+(y^+)$의 거동을 검토하는 것은 도움이 된다. Reynolds 응력이 무시될 수 있는 $y^+ \to 0$에서 미분 방정식은 축소되어 다음과 같다.

$$\frac{dv_z^+}{dy^+} = 1 \tag{10.5-9}$$

그리고 해는 단순하게 다음과 같이 된다.

$$v_z^+(y^+) = y^+ \quad (y^+ \to 0). \tag{10.5-10}$$

난류 에디가 없는 것처럼 $\kappa = 0$로 하였을 때 동일한 결과가 얻어진다. 따라서 식 (10.5-10)이 적용되는 영역을 *층류저층(laminar sublayer)*이라 부른다.

$y^+ \to \infty$일 때, 점성응력은 무시될 수 있고 미분 방정식은 다음과 같다.

$$\left(\kappa y^+ \frac{dy_z^+}{dy^+}\right)^2 = 1. \tag{10.5-11}$$

양변에 제곱근을 취하고 κy^+로 나누면 다음과 같다.

$$\frac{dv_z^+}{dy^+} = \frac{1}{\kappa y^+} \tag{10.5-12}$$

위 식의 해는 다음과 같다.

$$v_z^+(y^+) = \frac{1}{\kappa}\ln y^+ + c \quad (y^+ \to \infty). \tag{10.5-13}$$

큰 y^+만을 고려할 때 벽의 경계 조건을 적용할 수 없기 때문에 상수 c는 아직 결정되지 않았다. 요약하면 Prandtl의 혼합길이 가설은 $v_z^+ y^+$를 작은 y^+에서는 선형으로 큰 y^+에서는 로그형으로 예측한다.[2)] 이러한 점근적 결과가 적용되기 위해서 얼마나 y^+가 작은지 또는 큰지는 곧 논의될 것이다.

식 (10.5-8)의 완전해(저자는 다른 곳에서는 본 적이 없다)는 다음과 같다.

$$v_z^+(y^+) = \frac{1 - \sqrt{1 + (2\kappa y^+)^2}}{2\kappa^2 y^+} + \frac{1}{\kappa}\ln\left(2\kappa y^+ + \sqrt{1 + (2\kappa y^+)^2}\right). \tag{10.5-14}$$

위 식은 식 (10.5-10)과 (10.5-13)에 의해 주어진 제한된 형태를 가지고 있음을 확인할 수 있다. $y^+ \to \infty$에 대해 식 (10.5-13)과 (10.5-14)를 비교하면 다음을 알 수 있다.

2) 식 (10.5-13)은 Kármán (1934)에서 검토된 것과 같이 T. von Kármán에 의해서도 유도되었으며 따라서 로그형 프로파일은 그와 Prandtl이 관련된다.

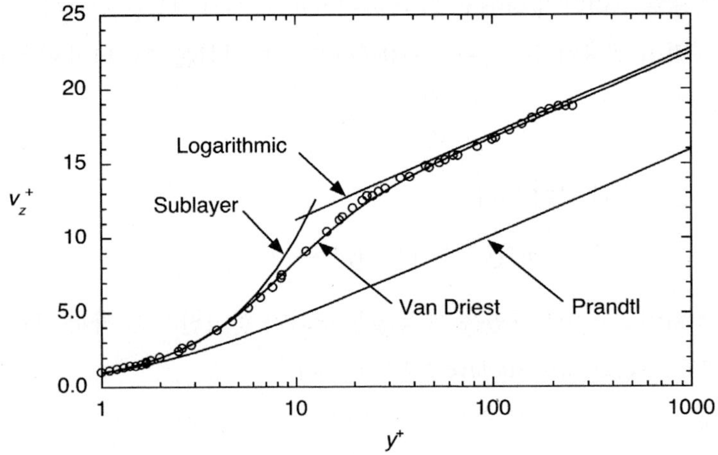

그림 10.4 벽 근처에서 난류 유동의 속도. '층류저층', '로그'와 'Prandtl'로 표기된 곡선들은 각각 식 (10.5-10), (10.5-16)과 (10.5-14)의 그림이다. 'Van Driest' 곡선은 식 (10.5-17)의 수치해로부터 얻었다. 기호는 레이저-도플러 속도계를 사용하여 얻은 Durst *et al.* (1993)의 데이터를 나타낸다.

$$c = \frac{1}{\kappa}\left[\ln(4\kappa) - 1\right]. \tag{10.5-15}$$

그러므로 Prandtl 모델에서 κ는 속도 데이터를 맞추기 위해 조정될 수 있는 유일한 독립적인 상수이다.

벽 근처 속도 프로파일에 대한 에디 확산도 예측이 그림 10.4에서 Durst *et al*. (1993)의 실험 결과와 비교되었다. 그림 10.4는 반-로그(semilogarithmic) 좌표임에 유의하라. $\kappa = 0.40$으로 식 (10.5-14)의 완전해가 작은 y^+에서 데이터와 잘 맞고 큰 y^+에서는 기울기가 정확한 것을 볼 수 있다. 그러나 대부분의 위치에서 속도를 크게 과소평가 한다. 식 (10.5-10)의 층류저층에 대한 결과는 $0 \le y^+ \le 5$에서 정확한 것으로 보인다. $y^+ > 30$에서 데이터는 다음 식에 의해 잘 나타난다.

$$v_z^+(y^+) = 2.5 \ln y^+ + 5.5. \tag{10.5-16}$$

이는 식 (10.5-13)과 기울기($\kappa = 0.04$에서 $2.5 = 1/\kappa$)가 일치하지만 절편은 식 (10.5-15)에서 계산된 값보다 훨씬 크다(5.5 vs. $\kappa = 0.04$에서 $c = -1.3$).

Van Driest 모델을 사용하여 eddy 점도를 계산하면 속도 데이터를 훨씬 더 잘 맞출 수 있다. 식 (10.5-7)에 있는 식 (10.4-10)을 사용하면 다음과 같다.

$$\left[1 + (\kappa y^+)^2 (1 - e^{-y^+/A})^2 \frac{dv_z^+}{dy^+}\right] \frac{dv_z^+}{dy^+} = 1, \quad v_z^+(0) = 0. \tag{10.5-17}$$

이전과 같이 위 식은 $v_z^+(y^+)$가 작은 y^+에서 선형이고 큰 y^+에서 로그 값임을 의미한다. 그러나 그림 10.4에서 보인 것과 같이 식 (10.5-17)의 수치해($\kappa = 0.40$과 $A = 26$에서)는 y^+의 전 영역에서 데이터를 매우 잘 맞추고 있다. 벽 근처에서 총 전단응력은 거의 일정하기 때문에 중간 영역의 y^+를 위한 더 작은 값의 ε으로 더 큰 dv_z^+/dy^+를 얻을 수 있다. 이는 Van Driest 모델에서 v_z^+를 상승시킨다.

전체적으로 처음에는 난류 속도 프로파일이 선형이고 이 후 로그 값으로 된다는 예상은 에디 점도와 혼합길이 개념의 성과이다. 데이터 또는 그림 10.4의 Van Driest 곡선에 의해 보인 주목할 만한 프로파일의 견해는 거의 범용적인 특성이다. 그것이 *벽의 법칙(the law of the wall)*으로 불리게 되었다. 본질적으로 벽 근처의 동일한 속도 프로파일은 비원형인 도관 및 잠긴 물체의 경계층에서도 발견된다. 예로 Kim *et al*. (1987)과 Kays and Crawford (1993, p.211) 참조하라.

관 유동에서 완전한 속도 프로파일

그림 10.4에서 속도는 관 벽 근처 영역에 대한 것이다. 보다 완전한 프로파일이 그림 10.5에 나타나 있으며 속도는 중심선에서의 값 $\bar{v}_{z,c}$으로 표준화되었다. 기호는 두 Re 값에서 Laufer (1954)의 데이터를 나타낸다. 실험 결과(특히 더 작은 Re에서)는 지수법칙 관계에 의해 잘 나타내진다.

$$\frac{\bar{v}_z}{\bar{v}_{z,c}} = \left(\frac{y}{R}\right)^{1/7}. \tag{10.5-18}$$

식 (10.5-16)의 로그 프로파일로부터 유도된 곡선 또한 데이터와 근접한다. $y^+/R^+ = y/R$임

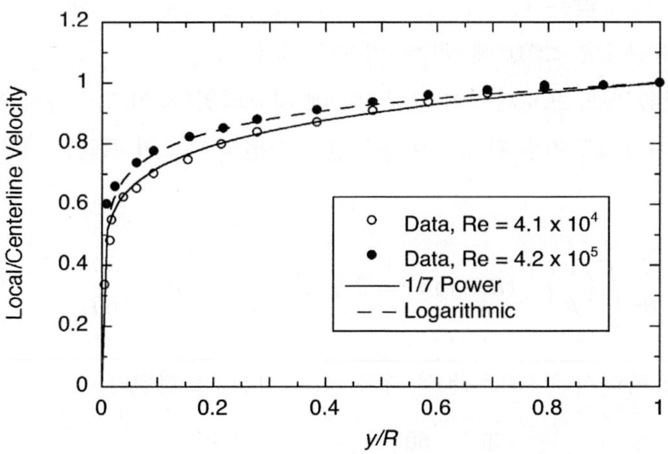

그림 10.5 중심선 값을 기준으로 한 관에서의 속도. 기호는 2개의 Reynolds 수에서 Laufer (1954)의 열선 속도 측정 데이터를 나타낸다. '1/7 지수'와 '로그' 곡선은 각각 식 (10.5-18)과 (10.5-19)에 근거하고 있다.

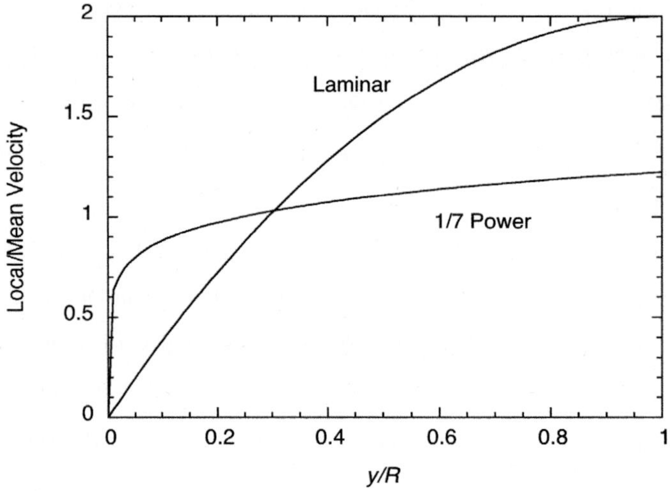

그림 10.6 관에서 완전 발단된 층류 또는 난류 유동에 대한 속도 프로파일. 층류와 난류 곡선은 각각 식 (7.2-19)와 (10.5-21)에 기초하고 있다.

에 주목하고 $\bar{v}_z$와 y로 바꾸면, 로그 표현은 다음 식으로 된다.

$$\frac{\bar{v}_z}{\bar{v}_{z,c}} = \frac{2.5 \ln [R^+(y/R)] + 5.5}{2.5 \ln R^+ + 5.5}. \tag{10.5-19}$$

명확성을 위해 밝히면 이 경우에 표시된 것은 두 Re 값에서 얻은 결과의 단지 평균값이다. $y/R \ll 1$을(예제 10.5-1) 가정하며 유도되었다는 점에서 대부분의 관 단면에 걸친 로그 프로파일의 정확성은 놀랍다. 이것이 비-미끄럼 조건(no-slip condition)을 만족시키지 못하고 $y^+ < 30$에 대한 정확성을 잃지 않는다는 사실은 시각적으로 분명하지 않다. 왜냐하면 이러한 Reynolds 수에서 $y^+ < 30$은 $y/R < 0.03$에 해당하기 때문이다.

관에서의 층류와 난류 속도 프로파일이 그림 10.6에 비교되었다. 이 그림에서 속도는 평균값인 U로 나눈 값들이다. 1/7 지수 관계를 이용하면 중심선의 속도와 평균은 다음 식의 관계를 갖는다.

$$\frac{U}{\bar{v}_{z,c}} = \frac{2}{R^2} \int_0^R \left(\frac{y}{R}\right)^{1/7} (R - y)\, dy = 2 \int_0^1 \eta^{1/7} (1 - \eta)\, d\eta = \frac{49}{60} \tag{10.5-20}$$

위 식에서 $\eta = y/R$이다. 따라서 식 (10.5-18)은 다음 식으로 다시 표현된다.

$$\frac{\bar{v}_z}{U} = \frac{60}{49} \left(\frac{y}{R}\right)^{1/7}. \tag{10.5-21}$$

난류 속도 프로파일은 층류 유동의 포물선 프로파일보다 훨씬 더 뭉툭하다는 것을 볼 수 있다(플러그 유동에 더 가깝다).

예제 10.5-2 ● Prandtl-Kármán 방정식. 로그 속도 프로파일에 의해 의미되는 관 유동에 대한 마찰인자(friction factor)-Reynolds 수 관계를 도출하려 한다. 그림 10.4와 10.5의 비교와 표 10.1에서 R^+의 큰 값에 근거하여 식 (10.5-16)이 거의 모든 반지름 위치에서 만족스럽다는 것이 가정된다. 그러나 $y = 0$에서 로그 프로파일을 다르게 하여 전단응력을 계산하면 $\tau_0 = \infty$가 된다. 이것은 식 (10.5-16)이 벽에서 유효하지 않다는 것을 반영하고 있으며 더 간접적인 접근법이 요구된다. 얻어지게 되는 것은 본질적으로 Prandtl-Kármán 방정식인 식 (2.2-7)이다.

f와 Re 사이의 관계는 평균 속도를 계산하여 얻을 수 있다. $\eta = y/R$로 하면 식 (10.5-16)은 다음과 같다.

$$v_z^+ = \frac{\bar{v}_z}{u_\tau} = 2.5 \ln \eta + 2.5 \ln R^+ + 5.5. \tag{10.5-22}$$

식 (10.5-20)에서와 같이 평균을 계산하면 마찰 속도에 상대적인 평균 속도는 다음과 같다.

$$\frac{U}{u_\tau} = 5.0 \int_0^1 \ln \eta (1 - \eta)\, d\eta + 2.5 \ln R^+ + 5.5. \tag{10.5-23}$$

$x \to 0$에 따라 $x \ln x \to 0$이라는 사실을 이용하면 적분은 다음과 같이 계산된다.

$$\int_0^1 \ln \eta (1 - \eta)\, d\eta = \left(\eta \ln \eta - \eta - \frac{\eta^2}{2} \ln \eta + \frac{\eta^2}{4} \right) \Bigg|_0^1 = -\frac{3}{4}. \tag{10.5-24}$$

상수값들을 결합시키면 속도비는 다음과 같다.

$$\frac{U}{u_\tau} = 2.5 \ln R^+ + 1.75. \tag{10.5-25}$$

변수들을 f와 Re로 변경시키기 위해 식 (10.2-6)을 사용하면 다음과 같다.

$$\frac{1}{\sqrt{f}} = \frac{2.5(2.303)}{\sqrt{2}} \log\left(\mathrm{Re}\sqrt{f}\right) + \frac{1.75 - 2.5\sqrt{8}}{\sqrt{2}} = 4.1 \log\left(\mathrm{Re}\sqrt{f}\right) - 0.60. \tag{10.5-26}$$

이 식은 상수들이 다소 다른 것을(4.1 vs. 4.0과 0.60 vs. 0.40) 제외하면 식 (2.2-7)과 동일하다. 식 (10.5-16)이 속도 프로파일을 명확히 표현하고 있지 않다는 점에서 f(Re) 데이터에 대한 적합성을 최적화하기 위해 상수를 조정해야 하는 것은 놀라운 일은 아니다. Prandtl-Kármán 방정식의 독특한 형태에 대한 기초가 이제 이해될 수 있다.

10.6 경계층

층류 경계층에 대한 운동량 방정식과 유사하게 정상상태 난류에 대한 방정식은 다음과 같다.

$$\bar{v}_x \frac{\partial \bar{v}_x}{\partial x} + \bar{v}_y \frac{\partial \bar{v}_x}{\partial y} = u\frac{du}{dx} + \frac{1}{\rho}\frac{\partial}{\partial y}(\bar{\tau}_{yx} + \tau^*_{yx}). \tag{10.6-1}$$

9장에서와 같이 $u(x)$는 $y = 3$에서의 해로부터 v_x를 추산함으로써 얻을 수 있다.[3] u의 변동에 의한 영향은 τ^*_{yx}에 의해 설명되는 것으로 가정된다. 식 (10.4-1)과 (10.4-2)를 전단응력에 사용함으로서 운동량 방정식은 다음과 같다.

$$\bar{v}_x \frac{\partial \bar{v}_x}{\partial x} + \bar{v}_y \frac{\partial \bar{v}_x}{\partial y} = u\frac{du}{dx} + \frac{\partial}{\partial y}\left((\nu + \varepsilon)\frac{\partial \bar{v}_x}{\partial y}\right). \tag{10.6-2}$$

식 (10.6-1) 또는 (10.6-2)를 경계층($0 \le y \le \delta$)에 걸쳐 적분하면 다음 식을 얻는다.

$$\frac{\tau_0}{\rho} = \frac{d}{dx}\int_0^\delta \bar{v}_x(u - \bar{v}_x)\,dy + \frac{du}{dx}\int_0^\delta (u - \bar{v}_x)\,dy. \tag{10.6-3}$$

다시 언급하면 이는 층류 방정식과 유사하다. 적분 시 $y = \delta$에서 전단응력의 두 부분이 모두 사라지는 것으로 가정하였다. 식 (10.3-25)와 연결하여 설명하면 Reynolds 응력은 유체가 $y = 0$인 고체 표면에 작용하는 전단응력 τ_0에 기여하지 않는다.

예제 10.6-1 • 평판. 관 유동에서 논의되었던 것과 같이 1/7 지수 관계식은 평판의 난류 경계층에서 속도 프로파일을 나타내기 위해 사용된다. 벽 좌표를 사용하면 실험적인 결과(Kay and Crawford, 1993, p.207)는 다음과 같다.

$$v_x^+ = 8.75(y^+)^{1/7}. \tag{10.6-4}$$

이 예제의 목적은 경계층 두께와 항력 계수에 대해 위 식이 무엇을 의미하는지 확인하는 것이다. 예제 10.5-2에서와 같이 $y = 0$에서 주어진 속도 프로파일을 미분하면 $\tau_0 = \infty$를 얻기 때문에 더 간접적인 접근방식이 필요하다. 운동량 방정식의 적분형이 사용될 것이다.

---

3) 이 절에서 사용되는 $u(x)$를 앞에서 논의되었던 속도변동과 혼동해서는 안 된다.

평판에서 $u = U$(상수)이고 식 (10.6-3)을 다시 쓰면 다음과 같다.

$$\frac{\tau_0}{\rho} = \frac{d}{dx}\int_0^\delta \bar{v}_x(U - \bar{v}_x)\,dy = U^2\frac{d\delta}{dx}\int_0^1 \frac{\bar{v}_x}{U}\left(1 - \frac{\bar{v}_x}{U}\right)d\eta \tag{10.6-5}$$

위 식에서 $\eta = y/\delta(x)$이다. 주어진 속도 프로파일은 다음을 의미한다.

$$\frac{\bar{v}_x}{U} = \eta^{1/7}. \tag{10.6-6}$$

식 (10.6-5)에 있는 적분을 계산하기 위해 위 식을 사용하면 다음과 같다.

$$\frac{\tau_0}{\rho U^2} = \frac{d\delta}{dx}\left(\frac{7}{8}\eta^{8/7} - \frac{7}{9}\eta^{9/7}\right)\bigg|_0^1 = \frac{7}{72}\frac{d\delta}{dx}. \tag{10.6-7}$$

τ_0에 대한 두 번째 방정식을 벽 좌표와 관련된 속도 프로파일로부터 보다 직접적으로 얻을 수 있다. $y = \delta$에서 $\bar{v}_x = U$임을 주목하면 다음과 같다.

$$\frac{U}{u_\tau} = 8.75\left(\frac{\delta u_\tau}{\nu}\right)^{1/7}. \tag{10.6-8}$$

마찰속도에 대해 풀면 다음과 같다.

$$u_\tau = \left(\frac{\tau_0}{\rho}\right)^{1/2} = \left(\frac{1}{8.75}\right)^{7/8} U^{7/8}\left(\frac{\nu}{\delta}\right)^{1/8}. \tag{10.6-9}$$

양 변을 제곱하고 전단응력을 구하면 다음과 같다.

$$\frac{\tau_0}{\rho U^2} = \left(\frac{1}{8.75}\right)^{7/4}\left(\frac{\nu}{U\delta}\right)^{1/4}. \tag{10.6-10}$$

마치 경계층이 층류인 것처럼 τ_0가 $1/\delta$에 단순 비례하지 않는 것에 주목하자.

τ_0의 방정식인 식 (10.6-7)과 (10.6-10)을 같게 놓으면 경계층 두께는 다음 식으로 표현되는 것을 보일 수 있다.

$$\delta^{1/4}\frac{d\delta}{dx} = \frac{72}{7}\left(\frac{1}{8.75}\right)^{7/4}\left(\frac{\nu}{U}\right)^{1/4}, \quad \delta(x_t) = \delta_t \tag{10.6-11}$$

위 식에서 x_t는 층류-난류 전이(transition)가 발생하는 선단(leading edge)으로부터의 거리이고 δ_t는 그곳에서의 경계층 두께이다. 해는 다음과 같다.

$$\delta(x) = \left[\frac{90}{7}\left(\frac{1}{8.75}\right)^{7/4}\left(\frac{\nu}{U}\right)^{1/4}(x - x_t) + \delta_t^{5/4}\right]^{4/5}. \tag{10.6-12}$$

$x \gg x_t$와 $\delta \gg \delta_t$에서 위 식은 단순화되어 다음과 같다.

$$\delta(x) = 0.370\left(\frac{\nu x^4}{U}\right)^{1/5}. \tag{10.6-13}$$

그러므로 1/7 지수 속도 프로파일은 경계층 두께가 $x^{4/5}$로 성장한다는 것을 암시한다. 이는 δ가 $x^{1/2}$에 따라 변화하는[식 (9.3-14)] 층류 영역에서 보다 훨씬 급격하다는 것이다. 이 차이는 정성적으로는 그림 3.4에서 설명되었다.

국부 전단응력은 식 (10.6-12) 또는 (10.6-13)을 식 (10.6-10)에 대입함으로써 계산될 수 있다. $x \gg x_t$에 대하여 다음과 같다.

$$\frac{\tau_0}{\rho U^2} = 0.0288\,\mathrm{Re}^{-1/5}\left(\frac{x}{L}\right)^{-1/5}. \tag{10.6-14}$$

만약 층류 영력을 무시할 수 있을 정도로 Re가 크다면 전단응력은 판의 길이에 대해 평균화된다.

$$\frac{\langle\tau_0\rangle}{\rho U^2} = 0.0288\,\mathrm{Re}^{-1/5}\frac{1}{L}\int_0^L \left(\frac{x}{L}\right)^{-1/5} dx = 0.0360\,\mathrm{Re}^{-1/5} \tag{10.6-15}$$

항력계수는 다음과 같이 된다.

$$C_f = \frac{2\,\langle\tau_0\rangle}{\rho U^2} = 0.0720\,\mathrm{Re}^{-1/5}. \tag{10.6-16}$$

식 (3.2-16)(B/Re항이 무시될 수 있다는 가정하에)과 비교하면 식 (10.6-16)이 C_f를 Re $= 1 \times 10^7$에서 4%, Re $= 1 \times 10^8$에서 27%, Re $= 1 \times 10^9$에서 27% 과소평가하는 것을 알 수 있다. 명백하게 1/7 지수 속도 프로파일은 Re가 증가함에 따라 정확성을 잃는다. 이는 높은 Re에서 가장 잘 맞는 지수가 감소하여 Re $= 3 \times 10^6$에서 1/10만큼 작아지는 관 유동에서도 마찬가지이다(Schlichting, 1968, p.563).

예제 10.6-2 ● 축 대칭 제트. 그림 10.7과 같이 난류 제트가 원형 구멍에서 동일한 유체의 큰 부피로 통과한다고 가정하자. 이 예제의 목적은 축 방향 위치(z)에 의존하는 제트의 반지름(δ), 최대 속도(v_m), 부피 유량 (Q)의 OM 추산치를 얻는 것이다.

제트는 고체 표면을 따라 흐르지 않기 때문에 에디 확산도에 대해 식 (10.4-9) 및 (10.4-10)은 적용할 수 없다. 대신 혼합 길이가 $\delta(z)$에 비례하고 r에 무관하다고 가정할 것이다. 마찬가지로 에디 속도는 $r = 0$에서 시간-평활화 속도 $v_m(z)$와 비례하는 것으로 (아마도 더 작

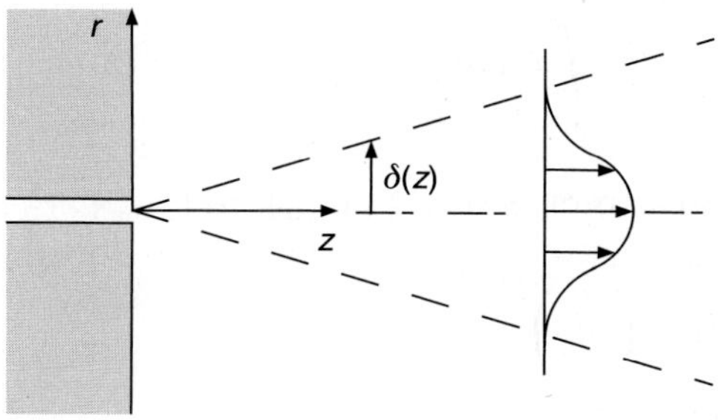

그림 10.7 동일한 유체의 큰 부피 내로 원형 난류 제트

겠지만) 가정된다. 각각 에디 길이와 속도 척도인 ℓ과 u에 대해 $\varepsilon \sim \ell u$라는 아이디어에 기초하여 다음 식이 가정된다.

$$\varepsilon(z) = a\delta(z)v_m(z) \gg \nu \tag{10.6-17}$$

위 식에서 a는 무차원 상수이다. 만약 가정과 같이 모든 곳에서 $\varepsilon \gg \nu$라면 점성 응력은 전적으로 무시될 수 있다. 이렇게 하면 난류 제트와 후류(wake)를 모델링하는 것이 고체 표면에서 유동보다 간단해진다. 즉, 제트에는 층류 하층이 없으므로 ε이 벽과의 거리에 따라 어떻게 달라지는지를 설명할 필요가 없다.

$u = 0$인 경계층에서 축 대칭 운동량 방정식은 식 (P9.9-1)과 유사해진다. ν를 ε으로 대체하면 다음과 같다.

$$\bar{v}_r \frac{\partial \bar{v}_z}{\partial r} + \bar{v}_z \frac{\partial \bar{v}_z}{\partial z} = \frac{\varepsilon}{r}\frac{\partial}{\partial r}\left(r\frac{\partial \bar{v}_z}{\partial r}\right). \tag{10.6-18}$$

좌변의 관성 항은 우변의 Reynolds 응력 항과 균형을 이루어야만 한다. $\bar{v}_z \sim v_m, \partial\bar{v}_z/\partial z \sim v_m/z$, $(1/r)\partial(r\partial\bar{v}_z/\partial r)/\partial r \sim \partial^2\bar{v}_z/\partial r^2 \sim v_m/\delta^2$과 식 (10.6-17)을 사용하여 구한 ε으로 이는 $v_m^2/z \sim av_m^2/\delta$ 또는 다음 식을 의미한다.

$$\delta(z) \sim az. \tag{10.6-19}$$

그러므로 반지름은 z에 비례하는 것으로 예측되어 제트는 원뿔 모양이 된다. 또한 가정된 것과 같이 a가 범용 상수라면 모든 제트는 동일한 원추각을 지니게 된다. (평활화된 속도가 특정 원추각에 대응하는 최댓값에 대한 특정 비율인 가상 표면에서 속도 분율이 작아질수록 각도는 커진다.)

다른 필요한 정보는 운동학적 운동량인 K의 일정성에 기인한다. 층류 경우와 유사하게 다음과 같다.(연습문제 9.9)

$$K = 2\pi \int_0^\infty \bar{v}_z^2 r\, dr. \tag{10.6-20}$$

위 식은 $K \sim 2\pi v_m^2 \delta^2$임을 암시한다. 식 (10.6-19)와 결합되어 다음과 같다.

$$v_m(z) \sim \left(\frac{K}{2\pi}\right)^{1/2} \frac{1}{az}. \tag{10.6-21}$$

그러므로 에디 확산도는 다음과 같이 추정된다.

$$\varepsilon(z) = a\delta(z) v_m(z) \sim a\left(\frac{K}{2\pi}\right)^{1/2} \tag{10.6-22}$$

이는 위치에 무관하다. 최종적으로, 유량은 다음과 같이 예상된다.

$$Q(z) = 2\pi \int_0^\infty \bar{v}_z r\, dr \sim 2\pi\, v_m \delta^2 \sim (2\pi K)^{1/2} az. \tag{10.6-23}$$

z의 증가에 따른 Q의 증가는 외부 유체가 지속적으로 끌려가는 것을 의미한다.

원형 난류 제트는 원추형이며 범용 원추각을 가진다는 식 (10.6-19)의 예측은 실험적 관찰과 상당히 일치한다(Abramovich, 1963, p.15). 식 (10.6-21)의 v_m과 z 사이의 역수 관계 또한 많은 연구들에 의해 뒷받침된다. 예를 들면, Panchapakesan과 Lumley (1993)는 $z = 0$에 놓인 지름 D의 노즐로부터 멀리 떨어진 곳에서 공기 제트의 최대 속도는 다음 식에 의해 매우 잘 맞는다는 것을 발견하였다.

$$\frac{U}{v_m} = 0.165\frac{z}{D}, \quad 30 \le \frac{z}{D} \le 160 \tag{10.6-24}$$

위 식에서 U는 노즐에서 평균 유속이다. 나아가 만약 δ의 정확한 정의에 의존하는 a의 값이 적절히 선정된다면 식 (10.6-18)의 상사성 해(similarity solution)가 측정된 것과 가깝게 일치하는 속도 프로파일을 표현한다(Schlichting, 1968, pp.699-700).

혼합길이 개념의 한계

혼합길이 개념은 10.5절과 앞서 설명한 것과 같이 주목할 만한 성공을 거두었다. 그러나 식 (10.4-6)의 한계들은 처음 제안되었을 때도 인식되었다. 근본적인 문제는 속도장의 계산이 κ와 같은 파라미터가 실험 데이터에 맞추어져야 한다는 점에서 완전히 예측적이지 않다는 것이다. 이는 점도계에서 층류 유동을 해석하고 데이터를 사용하여 μ를 계산하는 것과는 다르다. 측정된 μ는 모든 유동에 적용할 수 있지만 $\varepsilon(y)$의 형태조차도 계에 특정적이며 추측의 여지가 있다. 또 다른 문제는 $\bar{\mathbf{v}}$가 공간적으로 일정할 때마다 Reynolds 응력이 사라지는 부정확한 예측이다. $k-\varepsilon$ 방법(10.4절)은 이러한 단점을 해결하기 위해 널리 사용되는 방법 중 하나이다. 그러나 이 역시 Reynolds 평균 Navier-Stokes (Reynolds-averaged Navier-Stokes, RANS) 방정식에 기초하고 에디 확산도를 도입한다.

원칙적으로 RANS 방정식에 결부된 경험주의를 피하는 방법은 수치 방법을 사용하여 연속 방정식과 Navier-Stokes 방정식을 직접 풀어내는 것이다. 그러나 Re가 얼마나 크게 될 수 있는지에 대한 다소 심각한 한계(10.2절)는 직접수치모사(direct numerical simulation, DNS)를 앞으로 여러 해 동안 연구 도구로 사용하는 것을 계속 제한할 것으로 보인다. 공학 설계에서 더욱 유망한 것은 *대형-에디 모사(large-eddy simulation, LES)*라 불리는 하이브리드 방식이다(Frölich and Rodi, 2002; Lesieur, 2008; Sandham, 2005). LES에서 더 큰 척도의 움직임은 Navier-Stokes 방정식의 한 형태를 풀어 모사하는 반면, 모델들은 작은 척도를 나타내는 데 사용된다. 계산 격자가 세밀한 정도에서 LES는 DNS와 유사해진다. 이러한 모든 접근법(RANS 방법, DNS와 LES)은 이 책의 서술 시기에 사용 중이다.

10.7 결론

속도와 압력의 무작위적인 변동은 난류 유동의 특징이다. 주 속도 요소의 변동은 일반적으로 평균값의 수 퍼센트이다. 크기, 속도 및 수명에서 범위를 갖는 난류 에디는 점성응력에 의해 전달되는 것보다 훨씬 더 신속하게 유선을 가로질러 운동량을 전달한다. 가장 큰 에디 크기에 대한 가장 작은 에디 크기의 비율은 Re가 증가함에 따라 감소하며[식 (10.2-12)] 난류를 점점 더 세분화된 구조로 만든다. 난류 유동의 혼돈성은 결정론적 모델의 사용을 배제하게 한다. 난류의 통계적 설명은 시간-평활화된 변수들에 초점을 둔다. 이러한 변수의 관점에서 연속 방정식과 Navier-Stokes 방정식을 재구성하는 것을 Reynolds 평균이라 한다. Reynolds 평균 운동방정식[식 (10.3-11), (10.3-13), (10.3-17)]의 고유한 한계는 방정식보다 더 많은 미지수가 있어 종결 문제(closure problem)라 불리는 상황을 만든다는 것이다. 운동량 방정식은 속도 변동의 시간-평활화된 곱과 관련된 Reynolds 응력[식 (10.3-22)]을 포함한다. 일반적으로 Reynolds 응력 계산을 위해서는 기본 방정식에 적어도 부분적으로는 경험적인 모델이 보충될 필요가 있다.

Reynolds 응력을 추산하는 가장 간단한 방법은 혼합길이를 포함하는 에디 확산도 모델[식 (10.4-6)]이다. 혼합길이가 벽으로부터의 거리 y에 비례하는 것으로 가정될 때, 시간-평활화 속도는 처음에는 y에 선형적으로 변화하고 이 후에는 로그적으로 변화한다[식 (10.5-10)과 (10.5-13)]. 모델의 두 상수가 실험 데이터에 의해 맞춰져야 하지만 고체 표면 근처에서 이러한 속도 프로파일의 형태가 실제로 널리 관찰된다. 관에서 난류 유동에 대해 측정된 완전한 속도 프로파일은 층류에 대한 포물선 프로파일보다 훨씬 더 뭉툭하며 지수 함수 또는 로그 함수를 사용하면 잘 맞는다. 로그 프로파일은 마찰인자(friction factor)에 대한 Prandtl-Kármán 방정식을 유도한다. 에디 확산도 개념은 난류 경계층에도 적용되었으며 평활화된 운동량 방정식은 층류 유동에서의 것과 유사하다[식 (10.6-1)]. 고체 표면의 경계층에 대한 속도 프로파일은 도관 벽 근처의 것과 매우 유사하다. 제트에 대한 좋은 예측은 혼합길이가 제트 폭 또는 반지름에 비례한다는 가정에 의해 얻어진다. 공학적 관심인 난류 유동에 대한 결과를 더 잘 예측하기 위해 다양한 계산 방법이 모색되고 있다.

참고문헌

Abramovich, G. N. *The Theory of Turbulent Jets*. MIT Press, Cambridge, MA, 1963.

Deen, W. M. *Analysis of Transport Phenomena*, 2nd ed. Oxford University Press, New York, 2012.

Dimotakis, P. E., R. C. Miake-Lye, and D. A. Papantoniou. Structure and dynamics of round turbulent jets. *Phys. Fluids* 26: 3185–3192, 1983.

Durst, F., J. Jovanovic, and J. Sender. Detailed measurements of the near wall region of turbulent pipe flows. In *Ninth Symposium on Turbulent Shear Flows*, Kyoto, 1993.

Fröhlich, J. and W. Rodi. Introduction to large eddy simulations of turbulent flows. In *Closure Strategies for Turbulent and Transitional Flows*, B. E. Launder and N. D. Sandham (Eds.). Cambridge University Press, Cambridge, 2002, pp. 267–298.

Kármán, T. von. Turbulence and skin friction. *J. Aero. Sci*. 1: 1–20, 1934.

Kays, W. M. and M. E. Crawford. *Convective Heat and Mass Transfer*, 3rd ed. McGraw-Hill, New York, 1993.

Kim, J., P. Moin, and R. Moser. Turbulence statistics in fully developed channel flow at low Reynolds number. *J. Fluid Mech*. 177: 133–166, 1987.

Laufer, J. *The Structure of Turbulence in Fully Developed Pipe Flow*. NACA Technical Report No. 1174, 1954.

Lesieur, M., *Turbulence in Fluids*, 4th ed. Springer, Dordrecht, 2008.

McComb, W. D. *The Physics of Fluid Turbulence*. Clarendon Press, Oxford, 1990.

Moin, P. and K. Mahesh. Direct numerical simulation: A tool in turbulence research. *Annu. Rev. Fluid Mech*. 30: 539–578, 1998.

Panchapakesan, N. R. and J. L. Lumley. Turbulence measurements in axisymmetric jets of air and helium. Part 1. Air jet. *J. Fluid Mech*. 246: 197–223, 1993.

Prandtl, L. Bericht über Untersuchungen zur ausgebildeten Turbulenz. *Z. angew. Math. Mech*. 5: 136–139, 1925. [Translated into English as NACA Technical Memorandum No. 1231, 1949.]

Prandtl, L. Neuere Ergebnisse der Turbulenzforschung. *Z. Ver. deutsch. Ing.* 7: 105–114, 1933. [Translated into English as NACA Technical Memorandum No. 720, 1933.]

Reichardt, H. Vollständige Darstellung der turbulenten Geschwindigkeitsverteilung in glatten Leitungen. *Z. Angew. Math. Mech.* 31: 208–219, 1951.

Reynolds, O. An experimental investigation of the circumstances which determine whether the motion of water shall be direct or sinuous, and of the law of resistance in parallel channels. *Philos. Trans. R. Soc. Lond. A* 174: 935–982, 1883.

Reynolds, O. On the dynamical theory of incompressible viscous fluids and the determination of the criterion. *Philos. Trans. R. Soc. Lond. A* 186: 123–164, 1895.

Richardson, L. F. *Weather Prediction by Numerical Process*. Cambridge University Press, Cambridge, 1922.

Sandham, N. D. Turbulence simulation. In *Prediction of Turbulent Flows*, G. F. Hewitt and J. C. Vassillicos (Eds.). Cambridge University Press, Cambridge, 2005, pp. 207–235.

Schlichting, H. *Boundary-Layer Theory*, 6th ed. McGraw-Hill, New York, 1968.

Speziale, C. G. Analytical methods for the development of Reynolds-stress closures in turbulence. *Annu. Rev. Fluid Mech.* 23: 107–157, 1991.

Tennekes, H. and J. L. Lumley. *A First Course in Turbulence*. MIT Press, Cambridge, MA, 1972.

Van Driest, E. R. On turbulent flow near a wall. *J. Aero. Sci.* 23: 1007–1011, 1956.

Van Dyke, M. *An Album of Fluid Motion*. Parabolic Press, Stanford, CA, 1982.

연습문제

10.1. 파이프에서 물의 유동에 대한 난류 척도 지름 10 cm의 매끄러운 파이프에서 평균 유속 1.0 m/s로 흐르는 20°C 물에서 가장 큰 에디와 가장 작은 에디의 속도, 길이, 시간 척도를 계산하라.

10.2. 난류 유동에서 세포 손상 난류가 세포 크기와 비슷하거나 더 작은 에디를 만들만큼 강할 때 변동하는 전단응력은 세포 손상을 일으킬 수 있다는 것이 알려져 있다. 지름 2.5 cm의 파이프에서 37°C의 물속에 있는 세포의 경우 어떤 속도에서 이와 같은 현상이 발생하는가? 전형적인 세포의 지름은 10 μm이다.

10.3. 사진으로부터 제트 속도* 그림 P.10.3은 물의 잠긴 원형 제트의 순간적인 모습을 보여준다. 상단 노즐에서 나오는 물은 레이저 유도 형광을 사용하여 가시화되었다. 사진의 아래 부분에서 Kolmogorov 척도가 해결된다. 개략적으로 서술된 바와 같이 사진의 길이 비율은 제트 속도를 추산하는 데 사용될 수 있다. 특히, 노즐 지름과 평균 속도를 기반으로 Reynolds 수를 추산하는 것이 이 문제의 목적이다.

노즐로부터 축 거리 z에서 최대 평활화 속도(제트의 중앙)를 v_m, 큰 에디 속도 척도(v_z의

그림 P10.3 Dimotakis *et al*. (1983)에 의해 설명된 바와 레이저 유도 형광을 사용하여 시각화된 물속 아래로 향하는 축 대칭형 물 제트류. 사진은 P. E. Dimotakis의 허가하에 Van Dyke(1982, p.97)로부터 복사함.

변동)을 u_1, 가장 큰 에디와 가장 작은 에디에 대한 길이 척도를 각각 L_1과 L_2라 하자. 원형 제트 내의 난류 강도가 $u_1/v_m = 0.24$임을 알면 유용하다(Panchapakesan and Lumley, 1993). 노즐에서 먼 곳에서는 식 (10.6-24)의 $v_m(z)$ 상관식이 적용가능하다.

(a) Re가 단지 두 비인 z/L_1과 L_1/L_2의 함수로 표현될 수 있다는 것을 보여라.

(b) 사진에서 하단 근처에 초점을 두고 커다란 에디 크기는 볼 수 있는 가장 큰 '와류'의 크기이고 작은 에디 크기(Kolmogorov 길이)는 가장 얇은 '가닥들'의 두께라 가정하자. 확대해서 측정하면 임의의 단위로 $z = 200$, $L_1 = 20$, $L_2 = 0.3$이다. 이 길이들이 Re = 1,900을 나타내는 것을 보여라. 이것은 보고된 2,300과 일치하고 기대했던 것보다 훨씬 좋다.

(c) 가장 큰 와류를 선택하는 데는 주관이 들어가고 가닥의 두께를 정확히 측정하는 데는 어려움이 있다. L_1 값으로 35(대략적인 제트 반지름) 정도가 합리적이며 L_2는 0.2와 0.4 사이에서 합리적이다. 이 중 어떤 것이 Re를 추산할 때 불확실성의 더 중요한 원인인가?

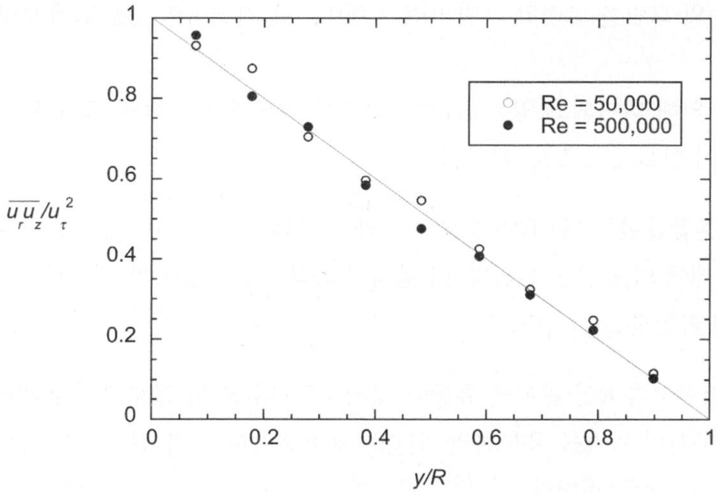

그림 P10.4 Laufer (1954)의 데이터를 기반으로 반지름 R의 관에서 반지름 방향 위치의 함수인 이중 속도 상관관계

*이 문제는 P. S. Virk가 제안하였다.

10.4. Reynolds 응력 데이터 그림 10.5의 관 유동에 대한 시간-평활화된 축 속도에 더해 Laufer (1954)는 세 가지 속도 구성 요소의 변동을 측정했다. 그림 P10.4에 데이터 중 일부가 표시되었다. 세로 좌표는 마찰 속도의 제곱에 의해 정규화된 $u_r u_z$ 곱의 시간-평활화된 값이다. 데이터는 두 Re 값으로 표시되었다. 선의 방정식은 다음과 같다.

$$\frac{\overline{u_r u_z}}{u_\tau^2} = 1 - \frac{y}{R} \tag{P10.4-1}$$

위 식에서 y는 벽으로부터의 거리이고 R은 관의 반지름이다. Reynolds 응력의 정의에서 시작하여 첫 번째 원리로부터 이 식을 유도하라. 그림 P10.4의 데이터가 선에 가깝다는 사실로부터 어떤 결론에 도달할 수 있는가?

10.5. 벽 근처 속도 데이터로부터 에디 확산도 벽 근처에서 속도 프로파일은 때로는 다음과 같이 표현된다.

$$v_z^+(y^+) = \begin{cases} y^+, & 0 \le y^+ \le 5 \\ 5 \ln y^+ - 3.05, & 5 \le y^+ < 30 \\ 2.5 \ln y^+ + 5.5, & y^+ \ge 30. \end{cases} \tag{P10.5-1}$$

(a) 이 구분된 함수의 그림을 그리고 그림 10.4의 데이터에 기초하여 정확도에 대해 논평하라.

(b) 식 (P10.5-1)에 의해 의미되고 있는 $\varepsilon(y^+)/\nu$ 함수를 유도하고 그림을 그려라. 이것이 식 (10.4-10)과 같이 현실적으로 보이는가?

10.6. 관 유동에서 혼합길이* 그림 10.5에 보인 것과 같이 Re = 4.1×10^4에서 관의 속도 프로파일은 1/7 지수 관계에 의해 잘 표현된다. 이 문제의 목적은 혼합길이의 크기에 대해 이것이 무엇을 의미하는지 확인하는 것이다.

(a) 제시된 Re에서 반지름 R인 관에서 유동에 대해 1/7 지수 속도 프로파일에 의해 나타나는 ℓ/R과 y/R 사이의 관계를 유도하라. 연습문제 10.8에서 논의되는 것처럼, 이 결과는 중심선 근처에서 비현실적이다.

(b) 표면에서 무한대의 전단률(shear rate)을 나타내기 때문에 1/7 지수 프로파일을 적용할 수 없는 벽 근처 영역에서 식 (10.4-10)에 의해 암시되는 ℓ/R과 y/R의 관계식을 유도하라.

(c) ℓ/R을 y/R의 함수로 그림을 그리기 위해 (a)와 (b)의 결과를 이용하라. (a)에서의 방정식은 $0.04 < y/R < 0.9$로 제한되어야 한다. 그림은 $\ell/R \sim 0.1$임을 보여야 한다. 이는 0.1 D가 D보다 가장 큰 에디 크기를 더 잘 추산한다는 예제 10.2-1의 주장을 뒷받침한다.

*이 문제는 P. S. Virk가 제안하였다.

10.7. 멱-법칙 속도 프로파일과 Blasisus 마찰인자 관 유동에 적용되었을 때 1/7 지수 속도 프로파일은 다음과 같다.

$$v_z^+ = C(y^+)^{1/7} \tag{P10.7-1}$$

위에서 C는 상수이다. 이 식은 난류 경계층에 대한 식 (10.6-4)와 유사하다. 이 방정식이 매끈한 파이프에 대한 Blasius 방정식[식 (2.2-9)]과 같이 마찰인자(friction factor)가 $\text{Re}^{-1/4}$에 따라 변하는 것을 보여라. 식 (10.6-4)의 상수와 비교하여 Blasius 상관식에 의해 C의 값이 어떻게 의미되는가? (힌트: 관 중심선에서 속도를 추산하기 위해 1/7 지수 방정식을 사용하며 시작하라.)

10.8. 관 유동에서 향상된 속도 프로파일 지수법칙과 로그 속도 프로파일 모두의 약점은 $y = R$에서 $d\bar{v}_z/dy \neq 0$을 나타내는 것이다. 대칭 조건에 의해 중심선에서 전단응력은 상쇄되고 이는 $y \to R$에서 $\varepsilon \to 0$을 의미한다. 난류 에디는 관 중앙에서 어떻게든 사라진다는 생각은 비현실적이고 열과 물질 전달 계산에서 오차를 발생시킬 수 있다. 이 문제를 해결하는 방법은 Reichardt (1951)에 의해 제안되었는데 그는 벽 영역 밖의 에디 확산도를 다음 식으로 근

사하였다.

$$\frac{\varepsilon}{\nu} = \frac{\kappa R^+}{6}(1-\eta^2)(1+2\eta^2) \qquad \text{(P10.8-1)}$$

위에서 $\eta = r/R$, R^+는 식 (10.2-6)에 의해 정의되고 κ 실험에 의한 상수이다.

(a) Reichardt 에디 확산도가 다음 식이 되는 것을 보여라.

$$\frac{dv_z^+}{d\eta} = -\frac{6\eta}{\kappa(1-\eta^2)(1+2\eta^2)}. \qquad \text{(P10.8-2)}$$

그러므로 원하는 바와 같이 $\eta = 0$에서 속도 구배는 사라진다.

(b) 속도에 대한 일반해가 다음 식임을 보여라.

$$v_z^+(\eta) = \frac{1}{\kappa}\ln\left(\frac{1-\eta^2}{1+2\eta^2}\right) + C \qquad \text{(P10.8-3)}$$

위에서 C는 상수이다.

(c) 벽의 법칙이 적용되는 곳에서 $\eta \to 1$이다. κ와 C를 식 (10.5-16)과 일치하게 선택하여 다음과 같이 표현되는 것을 보여라.

$$v_z^+(\eta) = 2.5\ln\left[\frac{3}{2}y^+\left(\frac{1+\eta}{1+2\eta^2}\right)\right] + 5.5. \qquad \text{(P10.8-4)}$$

원한다면 우변은 $y^+ = R^+(1-\eta)$를 사용하여 η만으로 다시 쓸 수 있다.

10.9. 마찰인자와 수력학적 지름 벽 간격이 $2H$인 평행판 유로를 고려해보자. 만약 식 (10.5-16)에 의해 주어진 로그 속도 프로파일이 유로 전체에 적용 가능한 것으로 가정되고 Re는 수력학적 지름에 기초할 때 마찰인자(friction factor)에 대한 방정식이 식 (10.5-26)과 거의 동일해지는 것을 보여라. 이것은 벽의 법칙에 범용성이 비원형 유로에서의 난류에 대한 f를 계산하기 위해 수력학적 지름 접근법의 성공을 어떻게 뒷받침하는지를 보여준다.

10.10. 관 거칠기의 효과 2.5절에서 논의된 것과 같이 매우 큰 Re에서 관의 마찰인자는 Re에 무관하게 되고 벽의 상대 거칠기에만 영향을 받는다. 이 '완전히 거친' 영역에서 다음과 같다.

$$\frac{1}{\sqrt{f}} = -4\log\left(\frac{k}{3.7D}\right) \qquad \text{(P10.10-1)}$$

위에서 k는 유효 거칠기 높이이고 D는 관의 지름이다. 이러한 방정식은 두 가정을 사용하여 유도될 수 있다. 하나는 거친 벽 근처 혼합길이가 다음과 같다고 가정하는 것이다.

$$\ell = \kappa(y + y_0), \quad y_0 = bk. \tag{P10.10-2}$$

이제 일반적인 κ에 더해 길이 y_0를 거칠기 높이 k와 연관시키는 무차원 상수 b가 있게 된다. 그러므로 혼합길이는 벽이 거칠어짐에 따라 증가하는 것으로 가정된다. 두 번째 가정은 이제 τ_0가 점성 전단에 의해서가 아니라 벽으로부터 돌출된 거칠기 요소에 작용하는 압력 힘에 의해 결정된다는 것이다. 이러한 점도의 무시는 f가 Re에 무관하다는 관찰과 일치한다.

(a) 벽 변수들의 항들로 이 문제를 수식화하고 다음을 보여라.

$$v_z^+(y^+) = \frac{1}{\kappa}\ln\left(\frac{y^+}{y_0^+} + 1\right). \tag{P10.10-3}$$

$y = 0$을 포함하여 모든 곳에서 점성 전단을 무시하면 이는 벽에서도 적용된다.

(b) f의 방정식을 얻기 위해 예제 10.5-2에서와 같이 평균속도를 계산하라. 전체 단면을 통해 $y \gg y_0$를 가정함으로써 적분을 간략화할 수 있다. 이는 통상적으로 $k \ll D$이고 (곧 알게 되겠지만) $y_0 < k$이기 때문에 허용된다.

(c) 어떤 b의 값이 (b)의 결과를 식 (P10.10-1)과 일치시키는가? 거친 평판을 통과하는 유동에 대한 유사한 모델은 $b = 0.031$의 최적 값을 갖는다(Kays and Crawford, 1993, p.231).

10.11. 평면의 제트 좁은 구멍에서 동일한 유체의 커다란 부피 속으로 통과하는 난류 제트의 두께의 반(δ), 최대 속도(v_m), 단위 길이당 부피 유량(q)의 OM 추산을 유도하라. 에디 확산도는 식 (10.6-17)에서와 같이 δ 및 v_m와 연관된 것으로 가정하라. 잠긴 제트의 데이터(Abramovich, 1963, p.15)에 의해 보인 것과 같이 δ가 x에 선형으로 증가하는 것을 찾아야만 한다. 축 대칭에서와 같이 평면의 제트(planar jet)에서도 ε는 상수인가 또는 x에 따라 변하는가? 예제 9.3-2의 층류에 대한 결과와 비교하면 어떤가?

10.12. 원형 제트에서 에디 확산도 축 대칭이고 잠긴 난류 제트는 평균적으로 원추형이다(예제 10.6-2). 그림 P10.12에서 보인 것과 같이 β를 어떤 z에서 속도가 최대의 절반인 곳에서의 각도라 하자. 실험적으로 $\tan\beta = 0.096$임이 밝혀졌다(Panchapakesan and Lumley, 1993). 이 문제의 목적은 ε/ν의 크기 규모에 대해 이것이 무엇을 의미하는지 살펴보는 것이다.

(a) 상사성 방법(similarity method)을 사용하여 얻은 식 (10.6-18)의 해석적 해는 많은 연구자들에 의해 측정된 것과 매우 유사한 형태의 속도 프로파일을 표현한다. 이 해는 다음과 같다(Schlichting, 1968, p.220).

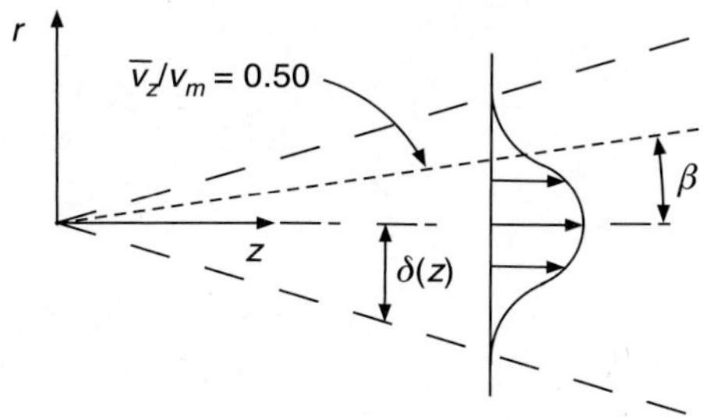

그림 P10.12 축 대칭 난류 제트의 분사. 각 β는 속도가 국부 최대인 $v_m(z)$의 절반인 가상적인 원추형 표면이다.

$$\bar{v}_z(\xi, z) = \frac{3}{8\pi}\frac{K}{\varepsilon z}\left(1+\frac{\xi^2}{4}\right)^{-2} \tag{P10.12-1}$$

$$\xi = \left(\frac{3}{16\pi}\right)^{1/2}\frac{\sqrt{K}}{\varepsilon}\frac{r}{z} \tag{P10.12-2}$$

위에서 운동학적 운동량 K는 식 (10.6-20)에서 정의된다. 어떤 ξ 값에서 속도가 최대 속도의 절반인가?

(b) 실험적인 값 β가 다음을 의미하는 것을 보여라.

$$\varepsilon = 0.0182\sqrt{K}. \tag{P10.12-3}$$

(c) (b)의 결과와 식 (10.6-24)의 상관식을 사용하여 다음을 보여라.

$$\frac{\varepsilon}{\nu} = 0.017\,\mathrm{Re} \tag{P10.12-4}$$

위에서 Re = UD/ν는 노즐에서의 Reynolds 수이다. 이는 Re가 적어도 수천일 때면 언제나 식 (10.6-18)에서 가정했던 것과 같이 ε/ν가 크게 될 것을 나타낸다. 이러한 제트에서 Reynolds 응력이 점성 응력을 크게 초과하기 때문에 분사 각도(spreading angle) β는 그렇지 않은 동일한 층류 제트에서 보다 훨씬 크다.

Part IV

거시적인 해석

11

질량, 운동량 및 에너지에 대한 거시적인 수지

11.1 서론

제III부에서 논의된 바와 같이 때로는 미시적인 해석이 비현실적이다. 복잡한 형상 또는 다중 길이 척도를 갖는 계에서 미분 방정식의 해석적 또는 수치적 해는 구하기가 매우 어려울 수 있다. Reynolds 수에 커짐에 따라 속도와 압력장을 예측하기 위한 어려움은 증가하는 경향이 있으며, 난류에서 가장 어려워지는 경향이 있다. (지점에 대한) 미분형 수지가 아닌 (대상 부피에 대한) 적분형 수지를 사용하는 거시적인 해석은 이러한 어려운 문제에 접근할 수 있는 방법을 제공한다. 적분형 수지만 사용하는 경우, 유용한 결과를 얻는 데 있어서 상세한 묘사와 정밀도는 제외하기도 해야 한다. 이러한 해석방법은 관계식의 형태만 예측할 수 있어도 실험적으로 이를 평가할 수 있는 계수를 가진다는 점에서 가치가 있다. 보다 거시적인 관점을 채택함으로써 얻을 수 있는 이점은 층류 경계층(9.4절)의 적분 해석에 의해 이미 설명되었다. 각 지점에 반드시 필요한 것은 아니지만, 대개 경계층에 대해서만 운동량을 보존하는 것은, 계산 노력을 크게 줄였지만, 여전히 수용할 만한 정확도가 필요하다는 한계를 남겨준다.

거시적인 수지를 도출하는 가장 직접적인 방법은 대상 부피에 대하여 관심 대상의 양들의 축적률(rate)과 대상 면적을 통한 순 유입률(rate)에 대하여 각각의 부피 적분과 면적 적분을 표시하는 것이다. 내부에서의 생성 또는 손실량은 또 다른 부피 적분으로 표시된다. 대안 방법은, 때로는 유일한 선택이기도 하지만, 관심 대상이 되는 부피에 대하여 미분 보존 방정식(conservation equation)을 적분하는 것이다. 이 장에서 이러한 보완적인 접근법은 질량(11.2절), 운동량(11.3절) 및 기계적 에너지(11.4절)에 대한 적분형 수지를 유도하는 데 사용된다. 운동량 방정식은 초기에 유체-고체의 계면만을 고려하고 나서, 자유 표면이 있는 계로 확장된다(11.5절). 별도의 적분형 수지에 대한 수정은 필요하지 않다. 거시적인 수지의 각 종류에 대한 사용은 예제들을 통해 설명된다.

11.2 질량 보존

일반적인 대상 부피

연속방정식은 5.2절에서 작은 육면체 부피의 유체를 가상화하여, 부피에 대한 유체의 질량 증가 률(rate)을 그 표면을 가로지르는 질량의 순 유입률(net rate)과 같게 함으로써 유도된다. 그 육면체 부피의 크기를 0에 접근시키면, 어느 한 지점에서 질량의 보존을 나타내는 미분 방정식에 이르게 된다. 이제 이 절의 목표는 모든 크기 또는 모양의 대상 부피에 대한 질량 수지식을 유도하는 것이다. 그림 11.1에서 점선으로 표시된 영역과 같이, 부피 $V(t)$는 표면 $S(t)$로 둘러싸여 있다고 가정한다. 해석할 계에 따라 S의 일부 또는 전체가 경계와 일치할 수도 있고(도면의 아래쪽 표면과 같이), S가 전체적으로 가상적일 수도 있다. S 상의 각 지점에서 단위 법선 벡터 $\mathbf{n}$은 V로부터 *외부*로 향하고 있다. 평면인 S의 모든 부분에 대하여 $\mathbf{n}$은 위치와 관계가 없이 서로 같지만, 그림 11.1의 아래쪽에 면과 같이 평면이 아니면 $\mathbf{n}$의 방향이 바뀌게 된다. S에 따라 변하는 $\mathbf{n}$이 변하는 방법을 통해 대상 부피(control volume)의 모양이 정의된다. 움직이거나 변형하는 대상 부피를 선택하는 것이 좋다. 그리고 나면 대상 표면의 적어도 일부는 0이 아닌 속도 $\mathbf{u}$를 가진다. S 위에서 $\mathbf{u}$의 변화는, 대상 부피가 크기 또는 모양을 변경하여, V와 S를 시간의 함수들로 만드는 것을 나타낸다. 그림 11.1에서 윗면은 위쪽으로 움직이고 나머지는 고정되어 있어서, V가 증가함을 나타내고 있다.

대상 부피에서 총 질량은 $m(t)$로 표시될 것이다. 대상 표면 위의 한 점에서 유체 속도의 내향(inward) 성분은 $-\mathbf{v}\cdot\mathbf{n}$이고(부호가 음인 이유는 $\mathbf{n}$이 외부 쪽을 향하기 때문임), 표면에 *상대적인 내향* 속도는 $-(\mathbf{v}-\mathbf{n})\cdot\mathbf{n}$이다. 면적 요소 dS를 가로지르는 질량 유입률(entry rate)

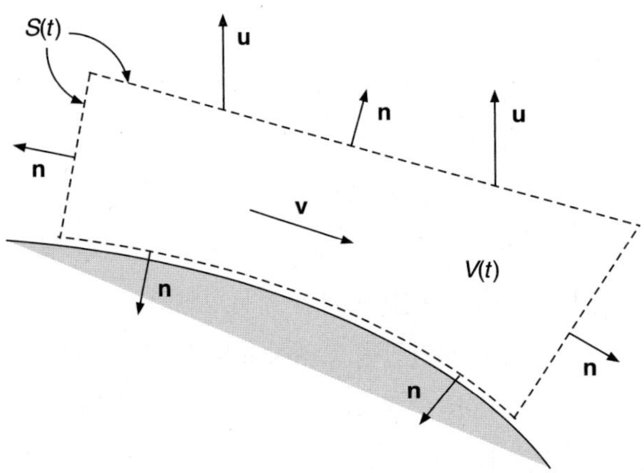

그림 11.1 거시적인 대상 부피

은 밀도와 내향 부피 유량(flow rate)을 곱한 값 또는 $-\rho(\mathbf{v}-\mathbf{n})\cdot\mathbf{n}dS$이다. 유입률에 대한 질량 증가 률의 수식을 나타내면 다음과 같다.

$$\frac{dm}{dt} = -\int \rho(\mathbf{v}-\mathbf{u})\cdot\mathbf{n}\,dS. \tag{11.2-1}$$

이것은 대상 부피에 대한 질량 보존의 가장 일반적인 설명이다. S가 불투과성 경계면과 같다면, 움직이거나 움직이지 않더라도, $\mathbf{u}$와 $\mathbf{v}$의 수직 성분들은 같을 것이므로[식 (6.6-12)] $(\mathbf{v}-\mathbf{n})\cdot\mathbf{n}=0$이 된다. S의 해당 부분은 적분에 기여하지 않는다.

개별 개구부

식 (11.2-1)은 종종 필요한 식보다 더욱 일반적이다. 통상적으로, 장치(device) 또는 공정 단위(process unit)에는 개별 유입구과 배출구가 있다. 열린 면적 S_1이 있는 단일 입구와 열린 면적 S_2가 있는 단일 출구가 있으며, 둘 다 정지되어 있다고 가정하자. 비록 ρ_1와 ρ_2는 다를 수도 있지만, 유체 밀도는 각 개구에 대해 일정하다고 가정한다. 중괄호(〈 〉)는 개구에서의 평균을 나타내는 데 사용된다. S_1에서 들어가고 S_2에서 빠져 나오는 평균속도들은 각각 $\langle v_1\rangle$과 $\langle v_2\rangle$이다(모두 양의 값). 이에 대응하는 질량 유량(mass flow rate)은 각각 $w_2 = \rho_1\langle v_1\rangle S_1$과 $w_2 = \rho_2\langle v_2\rangle S_2$이다. 따라서, 식 (11.2-1)의 적분은 2개의 0이 아닌 부분을 갖게 되고, 다음과 같이 된다.

$$\frac{dm}{dt} = w_1 - w_2. \tag{11.2-2}$$

대상 부피 내부에서의 질량 증가 률은 S_1에서의 질량 유입률(inflow rate)에서 S_2에서의 질량 유출률(outflow rate)을 뺀 값이다. m이 일정하면, 2장의 모든 파이프 유동의 계산에서 사용된 바와 같이, $w_1 = w_2$이다. 다중의 개구부가 있는 경우, 각각의 부가적인 유입구에 대하여는 우변에 항을 더하고, 각각의 부가적인 배출구에 대하여는 빼는 방식으로 식 (11.2-2)를 일반화할 수 있다.

예제 11.2-1 ● 공동으로부터 유체의 이동. 그림 11.2와 같이, 반지름 a의 원통이 속력 U로, 유체가 채워진 반지름 b인 공동 안으로 밀려들어간다고 가정하자. 비압축성 유체가 빠져나가는 평균 속도를 계산하도록 하자.

사용되는 대상 부피는 점선으로 표시되어 있다. 알려진 환형 면적 S_2와 (공동에 기준한) 미지의 속도 $\langle v_2\rangle$를 갖는 단지 하나의 출구가 있다. 어떤 짧은 시간 간격 Δt에 대하여, 원통은

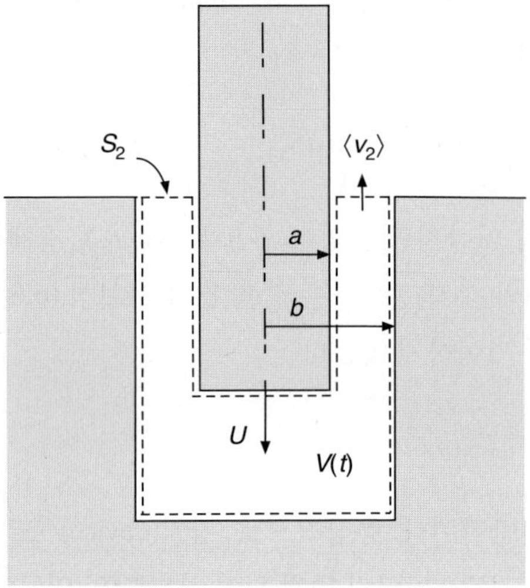

그림 11.2 움직이는 원통에 의한 원통형 공동화로부터 이동하고 있는 유체

거리 $\Delta z = U\Delta t$만큼 이동하고, 부피 $\Delta V = \pi a^2 U \Delta t$를 변위시킨다. 따라서, $dV/dt = -\pi a^2 U$이다. 유체의 밀도가 일정하면, 식 (11.2-2)는 다음과 같이 된다.

$$\frac{dm}{dt} = \rho \frac{dV}{dt} = -\rho \pi a^2 U = -\rho \langle v_2 \rangle S_2. \tag{11.2-3}$$

ρ를 소거할 수 있기 때문에, 질량 보존은 여기서는 부피 보존과 동일하다. 이는 항상 비압축성 유체에 적용되는 경우이다. $S_2 = \pi(b^2 - a^2)$로 설정하고, $\langle v_2 \rangle$를 구하면 다음과 같다.

$$\langle v_2 \rangle = \frac{U}{(b/a)^2 - 1}. \tag{11.2-4}$$

예제 11.2-2 ● 수평 파이프를 통한 탱크의 배수. 액체로 채워진 반지름 R인 원통형 탱크의 바닥이 그림 11.3에서와 같이 지름 d와 길이 L의 수평 파이프에 연결된다고 가정하자. 탱크의 상단과 파이프의 배출구는 모두 대기에 개방되어 있다. $t = 0$에서 밸브(도시되지 않음)가 개방되고, 탱크는 배출을 시작한다. 비움률(rate of emptying)을 예측하는 것이 요구된다. 이와 같은 탱크는 완전히 배출을 위해 무한히 긴 시간이 필요하기 때문에, 계산되어야 할 것은 최초 부피의 절반에 도달하는 데 걸리는 시간 $t_{1/2}$이다. 액체의 수위는 $H(t)$이고, 파이프를 통과하는 부피 유량(flow rate)은 $Q(t)$이다. 초기 액체 수위는 H_0이다. 단순화를 위해, 파이프 유동이 완전히 발달되었으며, 유사정상(pseudosteady)으로 가정할 것이다. 층류 및 난류 파이

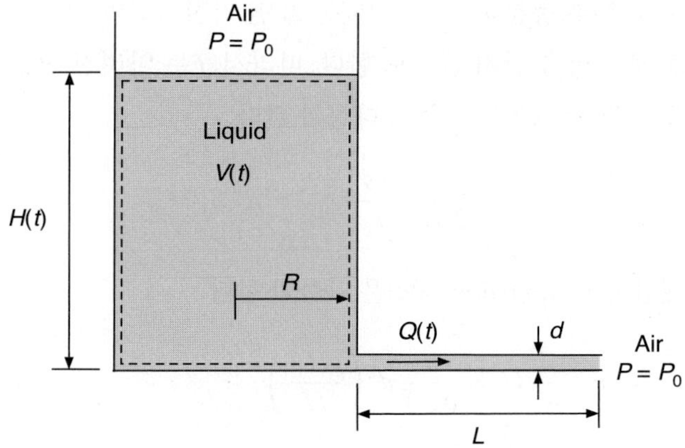

그림 11.3 수평 파이프를 통한 원통형 탱크의 배수

프 유동이 모두 고려된다.

대상 부피에는 탱크의 모든 액체를 포함하며, 하나의 출구만이 있다. 순간적인 시점에서 액체의 부피는 $V(t) = \pi R^2 H(t)$이고, 식 (11.2-2)는 다음과 같이 된다.

$$\pi R^2 \frac{dH}{dt} = -Q. \tag{11.2-5}$$

층류 및 난류의 경우에 대하여, Q는 계산되는 방식만 다르다.

층류 파이프 유동의 경우, Poiseuille의 법칙[식 (2.3-7)]을 사용하자.

$$Q = \frac{\pi d^4}{128\mu} \frac{|\Delta\mathcal{P}|}{L}. \tag{11.2-6}$$

대형 탱크에서 유체는 파이프 입구 근처를 제외하고는 매우 천천히 움직인다. 따라서, 파이프의 상류 압력은 탱크 바닥에서의 정압과 거의 같거나, 또는 $|\Delta\mathcal{P}| = |\Delta P| = \rho g H$이다. 그리고 나면, 액체의 높이는 다음 식에 의해 지배된다.

$$\frac{dH}{dt} = -\left(\frac{d^4 g}{128 R^2 \nu L}\right) H, \quad H(0) = H_0. \tag{11.2-7}$$

위의 1차 선형 미분 방정식은 다음과 같은 해를 갖는다.

$$\frac{H(t)}{H_0} = \exp\left(-\frac{d^4 g t}{128 R^2 \nu L}\right). \tag{11.2-8}$$

$H(t_{1/2})/H_0 = 1/2$로 정의되는 절반 비움 시간은 다음과 같이 구해진다.

$$t_{1/2} = 128 \ln(2) \frac{R^2 \nu L}{d^4 g} = 88.7 \frac{R^2 \nu L}{d^4 g} \qquad (\text{층류}). \tag{11.2-9}$$

난류 파이프 유동에서 Re는 대부분 충분히 크다. 이때는 표면 거칠기도와 결합하기도 하지만, 마찰인자가 속도의 변화에 영향을 받지 않기도 한다. 따라서, f는 알려진 상수로 가정할 것이다. 평균 속도의 제곱에 대한 식 (2.3-6)을 풀면 다음과 같다.

$$U^2 = \frac{d}{2\rho f}\frac{|\Delta\mathcal{P}|}{L}. \tag{11.2-10}$$

이전과 같이 압력 강하를 계산하면, 유량(flow rate)은 다음과 같다.

$$Q = \frac{\pi d^2}{4}U = \frac{\pi}{4\sqrt{2}}d^2\left(\frac{gHd}{fL}\right)^{1/2}. \tag{11.2-11}$$

이를 식 (11.2-5)에 대체하면 다음과 같다.

$$\frac{dH}{dt} = -\frac{1}{4\sqrt{2}}\left(\frac{d}{R}\right)^2\left(\frac{gHd}{fL}\right)^{1/2}, \quad H(0) = H_0. \tag{11.2-12}$$

이때 분리가 가능한 1차 미분 방정식의 해는 다음과 같다.

$$H_0^{1/2} - H^{1/2}(t) = \frac{1}{8\sqrt{2}}\left(\frac{d}{R}\right)^2\left(\frac{gd}{fL}\right)^{1/2}t \tag{11.2-13}$$

이로부터 다음의 결과가 얻어진다.

$$t_{1/2} = 8(\sqrt{2}-1)\left(\frac{R}{d}\right)^2\left(\frac{fLH_0}{gd}\right)^{1/2} = 3.31\left(\frac{R}{d}\right)^2\left(\frac{fLH_0}{gd}\right)^{1/2} \quad (\text{난류}). \tag{11.2-14}$$

층류 유동의 경우 $t_{1/2}$는 탱크의 초기 액체 수위와 무관하며, 난류 유동의 경우 $H_0^{1/2}$으로 변한다.

연속방정식의 적분

식 (11.2-1)은 연속 방정식을 적분하여 얻을 수도 있다.

$$\frac{\partial\rho}{\partial t} = -\nabla\cdot(\rho\mathbf{v}). \tag{11.2-15}$$

양변을 $V(t)$에 대하여 적분하고 나면, 발산 정리[식 (A.4-31)]는 부피 적분 중의 하나를 표면 적분으로 변환하는 데 사용되고, 그 결과는 다음과 같다.

$$\int_{V(t)}\frac{\partial\rho}{\partial t}\,dV = -\int_{V(t)}\nabla\cdot(\rho\mathbf{v})\,dV = -\int_{S(t)}\rho\mathbf{v}\cdot\mathbf{n}\,dS. \tag{11.2-16}$$

부피 적분을 시간-의존성의 한계로 미분하기 위한 공식은 다음과 같다.

$$\frac{d}{dt}\int_{V(t)} f\,dV = \int_{V(t)} \frac{\partial f}{\partial t}\,dV + \int_{S(t)} f\mathbf{u}\cdot\mathbf{n}\,dS \qquad (11.2\text{-}17)$$

여기서 f는 위치와 시간에 대한 연속 함수이고, $\mathbf{u}$는 V를 둘러싸는 표면의 속도이다. (이 방정식은 스칼라 f가 벡터 또는 텐서로 대체되는 경우에도 동일하게 적용된다.) 이것은 대부분의 미적분 서적에 설명된 적분식을 미분하기 위한 라이프니츠 공식(Leibniz formula)의 일반식이다. $f = \rho$로 설정하고, 식 (11.2-17)을 사용하여 식 (11.2-16)의 좌변을 다시 쓰고, $m = \int\rho dV$임을 적용하면, 식 (11.2-1)이 얻어진다. 보존식의 원리가 유체의 전체에 걸쳐 적용되는 미분 방정식으로 표현 될 때마다, 이와 같은 절차는 상응하는 수지식을 구하는 데 있어 사용될 수 있다. 이 단계를 반대로 하면 미분 방정식이 적분 수지식으로부터 추론될 수 있다.

11.3 운동량 보존

일반적인 대상 부피

대상 부피에 가해지는 힘은 부피 V 안의 운동량의 변화 률과 S를 통과하는 운동량의 순 유출률의 합과 같다(6.4절). 축적과 유동에 관한 항들은 질량 보존(11.2절)이 고려되어, 단위 부피당 질량(ρ)이 단위 부피당 선형 운동량($\rho\mathbf{v}$)으로 대체된 수식으로 표현된다. 따라서, 부피 V 내부에서 유체의 총 운동량은 $\int\rho\mathbf{v}dV$이다. 주변에 의해 대상 부피에 가해지는 힘을 $\mathbf{F}$라고 하면, 다음과 같이 표현된다.

$$\mathbf{F} = \frac{d}{dt}\int_{V(t)} \rho\mathbf{v}\,dV + \int_{S(t)} \rho\mathbf{v}(\mathbf{v}-\mathbf{u})\cdot\mathbf{n}\,dS. \qquad (11.3\text{-}1)$$

이때 m으로 표시된 대상 부피 내부의 질량에 대하여, 중력, 압력 그리고 점성에 의한 기여항들을 포함하면, 힘은 다음과 같다.

$$\mathbf{F} = m\mathbf{g} - \int_{S(t)} \mathbf{n}P\,dS + \int_{S(t)} \mathbf{n}\cdot\boldsymbol{\tau}\,dS. \qquad (11.3\text{-}2)$$

$\mathbf{F}$에 대한 위의 두 방정식을 등식화하면, 다음과 같은 운동량 수지가 완성된다.

$$\frac{d}{dt}\int_{V(t)} \rho\mathbf{v}\,dV + \int_{S(t)} \rho\mathbf{v}(\mathbf{v}-\mathbf{u})\cdot\mathbf{n}\,dS = m\mathbf{g} - \int_{S(t)} \mathbf{n}P\,dS + \int_{S(t)} \mathbf{n}\cdot\boldsymbol{\tau}\,dS. \qquad (11.3\text{-}3)$$

개별 개구부

식 (11.3-3)은 (만일 중력이 유일한 체력이면) 완전한 형태이지만, 너무 일반적이어서 사용하기에 종종 편리하다. 거시적인 해석에 의한 응용 사례들은 전형적으로 고정된 크기의 계를 통과하는 정상상태 유동을 포함한다. 보다 실용적인 관계식들을 도출하기 위하여, 다음과 같이 가정하자. (i) 총 운동량은 시간에 대하여 독립적이다. (ii) 대상 면적(control surface)은 정지되어 있다. (iii) S는 외향의 수직 $\mathbf{n_1}$을 갖는 면적 S_1의 평면의 입구와 외향의 수직 $\mathbf{n_2}$을 갖는 면적 S_2의 평면의 출구를 포함하는, 고체 경계면들(공통적으로 S_0로 표시되어 있는)로 구성된다. (iv) ρ는 각각의 개구(opening)에 대하여 균일하다. (v) 개구부에서 점성력은 무시할 만하다. 그리고 (vi) 유동은 개구부에 대하여 수직이며, 따라서 각 개구 i에 대하여 $\mathbf{v} = \pm v_i \mathbf{n_i}$이다. 속도 v_i는 일반적으로 개구에 걸쳐 변하는 국부 값(local value)을 갖는다.[1] $\mathbf{n_i}$ 점들은 외부로 향하고 있기 때문에, 음의 부호는 $i = 1$에서 필요하고, $i = 2$에서는 양의 부호이다.

가정 (i)은 총괄적인 의미에서 계가 정상상태일 것만을 요구한다. 장치의 내부에서 내부 부품(internal parts) 또는 이외의 시간의존성 유동이 있을 수 있다. 일단 속도와 압력의 난류 변동(fluctuation)이 평활화되면(smoothed), 식 (11.3-1)~(11.3-3)에서 부피 적분과 표면 적분은 상수인 것이 가정된다. 가정 (ii)는 자기-설명적이며 가정 (iii)과 (iv)는 이미 거시적인 질량 수지를 단순화하기 위해 사용되었다(11.2절). 가정 (v)는 단일방향 또는 거의 단일방향 유동에 대한 제III부에서 발견된 것에 의해 비롯된다. 그러한 유동들에서는 유동 방향으로의 점성력은 일반적으로 속도가 그 방향으로 천천히 변하기 때문에 (만일 그렇다면) 무시할 만하다. 또한, 대칭 때문에 횡방향의 점성 힘은 일반적으로 0이다. 가정 (vi)은 거의 단일방향 유동을 가정한다.

$\mathbf{F}$에 기여하는 표면 힘을 재작성하면 다음과 같다.

$$-\int_{S(t)} \mathbf{n} P \, dS + \int_{S(t)} \mathbf{n} \cdot \boldsymbol{\tau} \, dS = -\left(\mathbf{n}_1 \langle P_1 \rangle S_1 + \mathbf{n}_2 \langle P_2 \rangle S_2\right) - \mathbf{F}^* \tag{11.3-4}$$

$$\mathbf{F}^* = \int_{S_0} (\mathbf{n} P - \mathbf{n} \cdot \boldsymbol{\tau}) \, dS. \tag{11.3-5}$$

식 (11.3-5)에서 정의된 바와 같이, $\mathbf{F}^*$는 둘러싸인 유체가 경계의 고체 부분인 S_0에 가하는 힘

---

1) 표기법을 단순화하기 위해, 여기서의 아래첨자들은 벡터의 성분이라기보다는 개구를 구분하기 위하여 사용된다. 개구부 i에 대한 방향 정보는 $\mathbf{n_i}$에 의해 제공된다.

이다. 부호는 유체로부터 바깥쪽으로 향하는 $\mathbf{n}$과 일치한다. 음의 부호는 식 (11.3-4)에서 $\mathbf{F}^*$를 동반하는데, 이는 유체가 대상 면적의 일부에 작용하는 힘이기 때문이며, 물론 $\mathbf{F}$는 주변에 의해 계에 가해지는 힘이다.

가정 (iii)과 (vi)에 따르면 개구부 i 위의 한 지점에서의 유체 속도는 $\pm v_i \mathbf{n_i}$이며, 여기서 $v_i \geq 0$이고 $\mathbf{n_i}$는 S_i 영역에 걸쳐 일정하다. 가정 (ii)로부터, $\mathbf{u} = \mathbf{0}$이다. 개구부 i를 통한 운동량 유출률은 다음과 같다.

$$\int_{S_i} \rho \mathbf{v}\mathbf{v} \cdot \mathbf{n}\, dS = \rho_i \left\langle (\pm v_i \mathbf{n}_i)(\pm v_i \mathbf{n}_i) \cdot \mathbf{n}_i \right\rangle S_i = \rho_i \left\langle v_i^2 \right\rangle \mathbf{n}_i S_i. \tag{11.3-6}$$

입구와 출구에 대한 최종 부호는 서로 같다. 따라서, 정상 상태 운동량 방정식은 다음과 같다.

$$\mathbf{F}^* = -\left(\langle P_1\rangle + \rho_1\left\langle v_1^2\right\rangle\right)\mathbf{n}_1 S_1 - \left(\langle P_2\rangle + \rho_2\left\langle v_2^2\right\rangle\right)\mathbf{n}_2 S_2 + m\mathbf{g}. \tag{11.3-7}$$

유체가 장치에 가하는 힘을 평가하는 것이 목적이기 때문에, 이 식은 $\mathbf{F}^*$의 식으로 정리되었다.

식 (11.3-7)은 평균-제곱 속도들을 포함하고 있는데, 평균 속도만을 포함하고 있는 물질 보존과 함께 사용해야 한다. 분리된 미지수로서 평균-제곱 속도들을 갖는 것을 피하기 위하여, 다음과 같은 무차원 상수 a_i를 정의하자.

$$a_i = \frac{\left\langle v_i^2\right\rangle}{\langle v_i\rangle^2}. \tag{11.3-8}$$

a_i의 값은 개구부 i에서 속도 프로파일에 의해 결정되는데, 이는 간단하게 논의될 것이다. 이러한 인자들을 대입하면, 식 (11.3-7)은 다음과 같이 된다.

$$\mathbf{F}^* = -(\langle P_1\rangle + \rho_1 a_1 \langle v_1\rangle^2)\mathbf{n}_1 S_1 - (\langle P_2\rangle + \rho_2 a_2 \langle v_2\rangle^2)\mathbf{n}_2 S_2 + m\mathbf{g} \tag{11.3-9}$$

이는 하나의 입구와 하나의 출구를 갖는 계에 대한 운동량 방정식의 활용 형태이다.

만일 하나의 개구부에서는 플러그 유동(균일한 속도)이면, 국부(local) 그리고 평균 속도들은 서로 같을 것이다. 즉, $v_i = \langle v_i\rangle$, $\langle v_i^2\rangle = \langle v_i\rangle^2$ 그리고 $a_i = 1$이다. 이러한 관계가 난류 유동에 대하여는 좋은 근사식이 될 수 있으나 층류 유동에서는 그렇지 못하다는 것은 원형관에서 완전 발달된 속도 프로파일에서 제안된다. 반지름이 R인 관에서 난류 속도 프로파일은 식(10.5-21)에 의해 잘 표현되며, 이를 다시 쓰면 다음과 같다.

$$\frac{v_i}{\langle v_i\rangle} = \frac{60}{49}\left(\frac{y}{R}\right)^{1/7} \tag{11.3-10}$$

여기서 $y = R - r$은 벽으로부터의 거리이다. 이에 따라, a_i는 다음과 같이 구해진다.

$$a_i = \frac{\langle v_i^2 \rangle}{\langle v_i \rangle^2} = \left(\frac{60}{49}\right)^2 \left(\frac{2}{R^2}\right) \int_0^R \left(\frac{y}{R}\right)^{2/7} (R - y)\, dy = \frac{50}{49}. \tag{11.3-11}$$

따라서, 난류 파이프 유동에 대하여, 플러그-유동 가정에 기인한 오차는 단지 2%이다. 이에 따라, 난류 유동을 갖는 모든 계를 해석하기 위해 식 (11.3-9)를 사용할 때 $a_i = 1$로 설정할 것이다. 이는 거시적 수지들에 가장 일반적인 방법이다. 층류 파이프 유동에 대한 유사한 결과는 다음과 같다.

$$a_i = \frac{\langle v_i^2 \rangle}{\langle v_i \rangle^2} = 4\left(\frac{2}{R^2}\right) \int_0^R \left[1 - \left(\frac{r}{R}\right)^2\right]^2 r\, dr = \frac{4}{3} \tag{11.3-12}$$

이는 층류 계에서 $a_i = 1$을 무심결에 설정하기에는 1과는 너무 차이가 크다는 것을 보여준다.

제III부에서 단방향 또는 거의 단방향인 유동에서 모든 단면에 걸쳐 $\mathcal{P}$가 균일하다는 것을 알 수 있었다. 파이프 또는 다른 공정 장비의 지름에 해당하는 높이의 차이는, 일반적으로 P가 개구부에서 거의 일정할 정도로 충분히 작다. 따라서, 식 (11.3-9)를 적용할 때 압력항의 중괄호가 생략된다. 플러그 유동을 가정하면, 속도항의 중괄호도 필요하지 않다.

운동량 수지는 다중의 입구 또는 출구가 있는 계에도 쉽게 확장된다. N개의 개구부에 대하여, 식 (11.3-9)는 다음과 같이 된다.

$$\mathbf{F}^* = -\sum_{i=1}^{N} (\langle P_i \rangle + \rho_i a_i \langle v_i \rangle^2)\mathbf{n}_i S_i + m\mathbf{g}. \tag{11.3-13}$$

예제 11.3-1 • 회귀 벤드(return bend)에 가해지는 힘. 이 예제의 목적은 정상상태 난류가 180° 파이프의 벤드(bend)에 작용하는 힘을 결정하는 것이다. 그림 11.4의 왼쪽에 표시된 것처럼, 유체는 $+x$ 방향으로 들어가고, $-x$ 방향으로 빠져 나온다. 파이프의 내부 지름은 d이고, 중심선에서 벤드의 반지름은 R이다. 유동 경로는 x-y 평면에 있으며, 수평이다. 오른쪽 그림은 x축에 수직인 평면 위에 투영된 벤드의 모양이다. 파이프의 치수(dimension), 평균 속도 U 그리고 입구 및 출구에서의 압력(각각 P_1과 P_2)이 주어지면, 밀도 ρ의 비압축성 유체가 파이프의 벤드에 작용하는 힘 F_x^*를 계산하는 것이 요구된다. 또한 벤드를 직선 파이프 영역에 연결하는 나사 또는 용접부에 의해 지탱되어야 하는 힘 F_x^0이 결정된다.

파선으로 도시된 바와 같이, 벤드의 입구와 출구 사이의 유체를 둘러싸는 대상 부피가 선

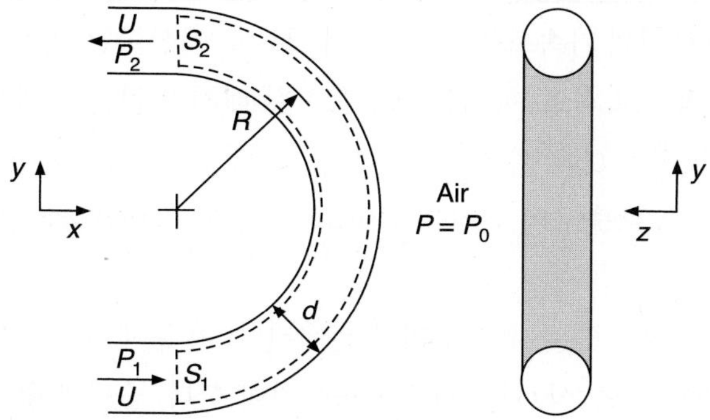

그림 11.4 파이프에서 회귀 벤드(return bend)를 통한 유동

택된다. 파이프의 지름이 일정하게 주어지면, $S_1 = S_2 = S = \pi d^2/4$이다. 플러그-유동 근사를 적용하면, $v_1 = v_2 = U$이다. 개구부에서 외향 법선 벡터는 $\mathbf{n_1} = \mathbf{n_2} = -\mathbf{e_x}$이고, $g_x = 0$이기 때문에, 중력은 고려될 필요가 없다. 또한, 식 (11.3-9)에서 $a_1 = a_2 = 1$과 $\rho_1 = \rho_2 = \rho$로 설정하면, 내부 힘의 x 성분은 다음과 같다.

$$F_x^* = \frac{\pi d^2}{4}(P_1 + P_2 + 2\rho U^2). \tag{11.3-14}$$

개구부에 가해지는 압력 힘들과 유동 방향에 대한 변화에 기인한 관성력은 모두 $+x$ 방향으로 작용함을 알 수 있다.

F_x^0의 계산에는 일정한 압력 P_0에 있는 주변 공기에 의해 가해지는 힘도 포함되어야 한다. 그림 11.4의 오른쪽에 있는 음영 처리된 영역은 양측에서 공기에 노출되는 투영된 면적의 부분이며, 음영이 없는 원형 면적은 한쪽에만 공기가 있고, 다른 한쪽은 파이프의 내부에 있다. 공기가 음영 부분에 작용하는 순 힘(net force)은 없다. 음영이 없는 부분에는 왼쪽으로 $2P_0S$ 크기의 순 힘을 가하고, 파이프의 연결부에 가해지는 힘은 다음과 같다.

$$F_x^0 = F_x^* - 2P_0S = \frac{\pi d^2}{4}[(P_1 - P_0) + (P_2 - P_0) + 2\rho U^2)]. \tag{11.3-15}$$

F_x^*와 F_x^0는 유일한 차이점은 F_x^*는 절대 압력이 필요하고, F_x^0는 계기 압력이 필요하다는 점이다. 어떤 힘도 벤드(bend)의 반지름에 직접적으로 의존하지 않는다. 그러나 R은 $P_1 - P_2$에 영향을 미치며, 유동 저항은 더 가파른 벤드에 대하여 더욱 커진다. 이 해석은 예제 12.3-1에서 확장되는데, 압력 강하가 표준 반지름 벤드에 대해 계산된다.

예제 11.3-2 • 무력(force-free) 로켓의 가속도. 그림 11.5의 극도로 이상화된 로켓을 고려하자. 이때 로켓은 중력이 무시할 정도로 작고, 항력을 생성할만한 대기가 없는 곳에서 작동한다고 가정한다. 일정한 배기가스 속도 U_e와 배기가스 밀도 ρ_e로 인한 로켓의 속도 $U(t)$를 결정하는 것이 바람직하다. 배기가스 배출구의 면적은 S_e이고, 로켓과 그 내용물의 총 질량은 $m(t)$이다.

그림에 보이듯이, 전체 로켓을 포함하는 대상 부피가 선택된다. 이 문제는 움직이는 대상 부피에 대한 시간 의존적인 문제이므로, 식 (11.3-1)로 되돌아가야 한다. 중력과 항력이 없는 경우, 주변에 의해 로켓에 가해지는 힘이 없으며 $\mathbf{F} = \mathbf{0}$이다. 로켓과 그 내용물의 평균 속도가 U라고 가정하면, 다음과 같다.

$$\frac{d}{dt}\int_V \rho \mathbf{v}\, dV = \frac{d}{dt}\left(U\mathbf{e_x}\int_V \rho\, dV\right) = \mathbf{e_x}\frac{d}{dt}(mU). \tag{11.3-16}$$

배기에서 유체의 속도는 $\mathbf{v} = -U_e\mathbf{e_x}$이고, 표면 속도는 $\mathbf{u} = U\mathbf{e_x}$이고, 외향 법선은 $\mathbf{n} = -\mathbf{e_x}$이다. 따라서, S_e에서의 운동량 유출항의 적분은 다음과 같다.

$$\rho\mathbf{v}(\mathbf{v}-\mathbf{u})\cdot\mathbf{n} = \rho_e(-U_e\mathbf{e_x})(-U_e\mathbf{e_x} - U\mathbf{e_x})\cdot(-\mathbf{e_x}) = -\rho_e U_e(U_e+U)\,\mathbf{e_x} \tag{11.3-17}$$

그리고 식 (11.3-1)의 x 성분은 다음과 같다.

$$\frac{d}{dt}(mU) = \rho_e S_e U_e(U_e+U). \tag{11.3-18}$$

이 결과는, 로켓이 비록 무력이라 할지라도, 운동량의 유출로 인해 가속될 것임을 보여준다.

만일 로켓의 몸체가 충분히 크다면 m은 m_0로 거의 일정하게 유지되고, 또한 로켓이 초기에 정지 상태에 있다면, 식 (11.3-18)의 해는 다음과 같다.

$$U(t) = U_e\left[\exp\left(\frac{\rho_e S_e U_e t}{m_0}\right) - 1\right]. \tag{11.3-19}$$

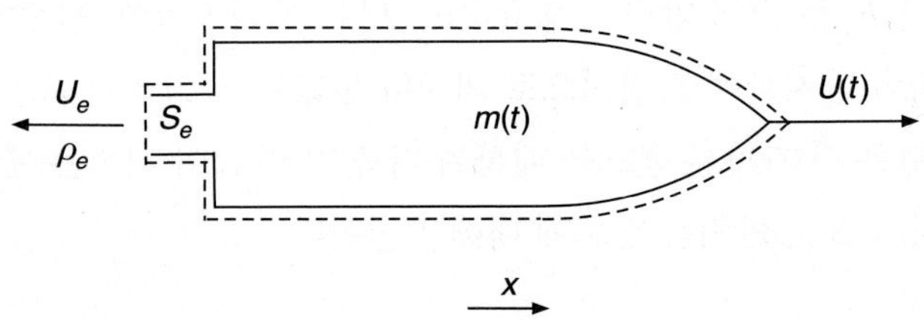

그림 11.5 이상적인 로켓

따라서, U_e와 ρ_e가 일정하게 유지되는 한, 속력은 시간에 따라 지수함수적으로 증가할 것이다.

만일 m이 현저히 감소하게 되면, 식 (11.2-1)의 형태의 질량 보존이 필요하다. 질량-유동항의 적분 함수는 다음과 같다.

$$\rho(\mathbf{v}-\mathbf{u})\cdot\mathbf{n}=\rho_e(-U_e\mathbf{e_x}-U\mathbf{e_x})\cdot(-\mathbf{e_x})=\rho_e(U_e+U) \tag{11.3-20}$$

그리고 결과적인 질량 수지는 다음과 같다.

$$\frac{dm}{dt}=-\rho_e S_e(U_e+U). \tag{11.3-21}$$

m이 계속해서 감소하면, 가속도가 커지게 된다. 식 (11.3-18)과 식 (11.3-21)은 2개의 미지수 $m(t)$와 $U(t)$를 지배하는 결합된 미분 방정식들이다. 이 식들은 $\rho_e, S_e, U_e, m(0)$와 $U(0)$의 값을 지정하여, 수치적으로 풀려질 수 있다.

11.4 역학적 에너지 수지

대부분의 일반적인 형태에서 열역학의 제1법칙은 열린 계의 총 에너지가 내부, 운동 및 위치(potential) 에너지의 유입 또는 유출 시의 유동에 의하여, 열의 증가 또는 감소에 의하여, 그리고 주변으로부터 계에 가해진 일에 의하여, 어떻게 영향을 받는지를 보여준다(예: Deen, 2012, p.423). 내부 에너지에 영향을 미치는 온도 변화는 열전달에는 중요하지만, 유체역학에서는 덜 중요하다. 단지 운동에너지와 중력의 위치에너지만이 고려된다. 단위 질량당 운동에너지는 $\upsilon^2/2$이며, 단위 질량당 위치에너지는 $\Phi = gh$이다. 여기서 $\upsilon^2 = \mathbf{v}\cdot\mathbf{v}$이고, h는 기준면 위의 높이이다. 따라서, 단위 부피당 *역학적 에너지(mechanical energy)*는 $\rho[(\upsilon^2/2) + \Phi]$ 또는 $\rho[(\upsilon^2/2) + gh]$이다.

역학적 에너지는 보존되지 않는다. 유체의 압축, 팽창 또는 점성 가열을 통한 기계 및 내부 에너지의 상호 변환을 반영하여, 질량과는 달리, 움직이는 유체 내에 생성원(source) 또는 소멸부(sink)가 있다. 따라서, 역학적 에너지의 거시적 수지는 질량에 대한 식 (11.2-1) 또는 운동량에 대한 식 (11.3-3)과 같이 직접적으로 쓰일 수 없다. 대신에 역학적 에너지 방정식들은 Cauchy 운동량 방정식으로부터 유도된다. 이는 바로 설명될 것이다. 이는 에너지 보존의 서술(statements)보다도 더욱 분명한 운동량 보존의 결과이다.

어떤 역학적 에너지 수지들은 그들의 근본에 대한 요약으로부터 먼저 기술될 것이다. 그리고 나서 그 사용법이 설명될 것이다. 자세한 유도는 질량 또는 운동량보다 더 지루할 수 있는데, 이 절의 마지막에서 설명된다.

일반적인 대상 부피

나중에 유도되겠지만, 역학적 에너지의 가장 일반적인 거시적인 수지는 다음과 같다.

$$\frac{d}{dt}\int_{V(t)} \rho\left(\frac{v^2}{2}+\Phi\right)dV \tag{11.4-1}$$

$$= -\underbrace{\int_{S(t)} \rho\left(\frac{v^2}{2}+\Phi\right)(\mathbf{v}-\mathbf{u})\cdot\mathbf{n}\,dS}_{\text{T1}} - \underbrace{\int_{S(t)} P\mathbf{n}\cdot\mathbf{v}\,dS}_{\text{T2}} + \underbrace{\int_{S(t)} (\mathbf{n}\cdot\boldsymbol{\tau})\cdot\mathbf{v}\,dS}_{\text{T3}} - E_c - E_v.$$

좌변은 역학적 에너지의 축적률과 같다. 이는 농도 변수 $\rho[(v^2/2)+\Phi]$이 (질량에 대한) ρ 또는 (운동량에 대한) $\rho\mathbf{v}$로 대체된다는 것만을 제외하고는, 질량 또는 운동량에 대한 축적과 동일하다. 우변에서, T1항(음의 부호 포함)은 역학적 에너지의 유입률이다. 이때 $\mathbf{u}$는 대상 표면의 속도이고, $\mathbf{n}$은 외향 단위 법선 벡터이다. 이는 질량 또는 운동량에 대한 유동항들과 유사하다. T2항(음의 부호 포함)은 주변 압력에 의해 계에 가해진 일의 전달률, T3은 점성 힘에 의해 계에 행해지는 일의 전달률이다. 일의 전달률이 힘과 유사하게 지시된 속도와의 곱이라는 개념과 일맥상통하며, 이때 일의 항들은 각각 응력 벡터와 유체 속도벡터의 내적(dot product)을 포함한다.

식 (11.4-1)의 나머지 항들, E_c와 E_v는 유체 내의 역학적 에너지 소멸부(mechanical energy sink)를 나타낸다. 유체의 압축성에 기인한 역학적 에너지의 손실률은 다음과 같이 주어진다.

$$E_c = -\int_{V(t)} P(\nabla\cdot\mathbf{v})\,dV. \tag{11.4-2}$$

식 (5.3-6)의 형태인 연속방정식은 $\nabla\cdot\mathbf{v}<0$일 때 ρ가 증가하고, $\nabla\cdot\mathbf{v}=0$일 때 일정하고, $\nabla\cdot\mathbf{v}>0$일 때 감소한다는 것을 나타낸다. 따라서, 유체가 압축될 때 $E_c>0$, 유체의 밀도가 일정하면 $E_c=0$, 팽창하면 $E_c<0$이다. 즉, 역학적 에너지는 압축 중에 소모되고, 팽창하는 동안에 복구된다. E_c가 0이 아닌 어떤 부호를 가질 수 있다는 것은 역학적 에너지와 내부 에너지의 상호 변환이 가역적임을 나타낸다.

점성 마찰에 의한 역학적 에너지의 손실은 다음과 같이 주어진다.

$$E_v = \int_{V(t)} \boldsymbol{\tau}:\nabla\mathbf{v}\,dV. \tag{11.4-3}$$

뉴톤 또는 일반화된 뉴톤 유체에 대하여, 다음과 같다.

$$\boldsymbol{\tau} : \nabla \mathbf{v} = \mu \left[(2\Gamma)^2 - \frac{2}{3}(\nabla \cdot \mathbf{v})^2 \right] \tag{11.4-4}$$

여기서 $(2\Gamma)^2$은 표 6.7과 같이 계산된다. 비압축성 유체($\nabla \cdot \mathbf{v} = 0$)의 경우, 분명히 $\tau : \nabla \mathbf{v} \geq 0$이며, 이는 압축성 유체에서도 마찬가지이다(예제 A.4-4). 따라서, $E_v \geq 0$이며, 이는 역학적 에너지의 점성 소산(dissipation)이 열로 전환됨은 비가역적이라는 사실을 반영한다.

개별 개구부

식 (11.4-1)은 범용적으로 너무 일반적이어서 편리하지 않지만, 11.2절과 11.3절에서와 같은 가정들을 만들어서 단순화할 수 있다. 모두 정지상태에 있는, 하나의 유입구(S_1에서)와 하나의 유출구(S_2에서)가 있다고 가정하자. 개구(opening)는 평면이고, 유동은 개구에 수직이며, 주어진 개구에 대하여 P, ρ와 Φ는 각각 일정하다고 가정하자. 어떤 개구에 걸쳐 상당한 높이 차가 있다면, Φ는 중심에서의 h 값을 기반으로 한다. 각 개구부의 압력 일은 간단히 평가할 수 있으며, 점성 일은 무시할 수 있다고 가정하자. 정지되어 있는 모든 고체 표면에 *고정된* 고체 표면에서, T2와 T3 항들의 적분함수들은 사라지고 압력과 점성 일의 발생률이 모두 0이다. 움직이는 표면들에 의해 계에 행해진 (압력과 점성) 일의 총 발생률은 W_m로 표시하며, 이는 축 일(shaft work)로 불린다. W_m은 펌프나 교반기 같은 장치에 의해 대상 부피에 전달되는 에너지와 터빈 또는 다른 장치들을 통해 추출되는 에너지를 설명한다. 이러한 가정들을 통해 식 (11.4-1)은 다음과 같이 된다.

$$\begin{aligned} \frac{d}{dt}\int_{V(t)} \rho\left(\frac{v^2}{2} + \Phi\right) dV = \; & \left[\rho_1\left(\frac{\langle v_1^3\rangle}{2} + \Phi_1\langle v_1\rangle\right) + P_1\langle v_1\rangle\right] S_1 \\ & - \left[\rho_2\left(\frac{\langle v_2^3\rangle}{2} + \Phi_2\langle v_2\rangle\right) + P_2\langle v_2\rangle\right] S_2 \\ & + W_m - E_c - E_v. \end{aligned} \tag{11.4-5}$$

필요하면, 이 역학적 에너지 수지가 추가적인 입구 또는 출구를 포함하도록 쉽게 확장된다.

만일 계의 총 질량과 역학적 에너지가 모두 시간과 무관하다면[2], 식 (11.4-5)는 다음과 같이 단순화된다.

---

2) 시간에 의존하는 내부 움직임이 배제되지 않기 때문에, 총 역학적 에너지는 진정한 정상 상태 없이도 일정할 수 있다. 또한 유입구 및 배출구와 일치하는 $S(t)$의 부분들을 제외하고는, 대상 표면의 움직임이 있을 수 있다. 사실, W_m은 그러한 움직임으로부터 전적으로 생성된다. 보통으로는 난류 유동에 대하여 모든 양들은 시간-평활화(time-smoothed)되는 것으로 가정된다.

$$\Delta\left(\frac{\langle v^3\rangle}{2\langle v\rangle}+\frac{P}{\rho}+gh\right)=\Delta\left(\frac{\langle v^3\rangle}{2\langle v\rangle}+\frac{\mathcal{P}}{\rho}\right)=\frac{1}{w}\left(W_m-E_c-E_v\right) \tag{11.4-6}$$

여기서 Δ는 출구(위치 2)와 입구(위치 1) 사이의 차를 나타내며, $w=\rho_1\langle v_1\rangle S_1=\rho_2\langle v_2\rangle S_2$는 질량 유량(flow rate)이다. 평균-부피(cube) 속도는 별도의 변수가 아닌 것이 바람직하다. 따라서, 인자 b(입구와 출구가 다를 수 있음)는 다음과 같이 정의된다.

$$b=\frac{\langle v^3\rangle}{\langle v\rangle^3} \tag{11.4-7}$$

그리고 역학적 에너지 수지를 다시 쓰면 다음과 같다.

$$\Delta\left(\frac{b\langle v\rangle^2}{2}+\frac{P}{\rho}+gh\right)=\Delta\left(\frac{b\langle v\rangle^2}{2}+\frac{\mathcal{P}}{\rho}\right)=\frac{1}{w}\left(W_m-E_c-E_v\right). \tag{11.4-8}$$

널리 사용되는 이 방정식은 *공학용 베르누이 방정식(engineering Bernoulli equation)*으로 불린다.

공학용 베르누이 방정식은 대부분 주로 난류 유동을 갖는 계에서 적용되며, 여기서 플러그-유동 근사(plug-flow approximation)에서 $b=1$과 $\langle v\rangle$를 v로 대체하면 충분히 정확하다. 이와 같은 단순화 작업은 원형관에서 완전 발달 유동에 대한 결과로서 제안된다. 난류의 경우 식 (11.3-11)과 유사한 결과가 다음과 같다.

$$b=\frac{\langle v^3\rangle}{\langle v\rangle^3}=\left(\frac{60}{49}\right)^3\frac{2}{R^2}\int_0^R\left(\frac{y}{R}\right)^{3/7}(R-y)\,dy=1.06. \tag{11.4-9}$$

대략 6%의 오차는 보편적으로 무시할 만하므로, 다른 근사식들이 만들어질 수 있다. 층류의 경우 식 (11.3-12)와 유사한 결과가 다음과 같다.

$$b=\frac{\langle v^3\rangle}{\langle v\rangle^3}=8\left(\frac{2}{R^2}\right)\int_0^R\left[1-\left(\frac{r}{R}\right)^2\right]^3 r\,dr=2. \tag{11.4-10}$$

따라서, 운동량 방정식과 마찬가지로 플러그-유동의 가정은 난류 유동에 적합하지만 일반적으로 층류 유동에는 적합하지 않다.

공학용 베르누이 방정식은 9.2절에서 유도된 베르누이 방정식의 일반화이며, 다음과 같다.

$$\Delta\left(\frac{v^2}{2}+\frac{P}{\rho}+gh\right)=0. \tag{11.4-11}$$

이 식은 정상상태의 비압축성이며, 비점성적인 유동에서 동일한 유선에 있는 두 지점에 적용된다. 이후에는 유선 베르누이 방정식(streamline Bernoulli equation)이라고 불릴 것이다. 유선으로 대상 부피를 압축하면, 평균 속도와 국부 속도를 구분할 필요가 없다. 또한, 축 일(shaft work)을 생성할 수 있는 장치를 제거하면, $W_m = 0$이다. 더구나, ρ가 일정하면 $E_c = 0$이고, $\mu = 0$이면 $E_v = 0$이다. 따라서, 식 (11.4-8)의 우변 항은 이러한 조건하에서 사라지고, 식 (11.4-11)은 특별한 경우로 복구된다.

수리학 문헌에서 베르누이 방정식의 속도와 압력 항들이, 종종 *수두(heads)*라고 불리는 등가 높이로 표현된다. 이러한 높이들은 각 항을 g로 나눔으로써 얻어진다. 따라서, 속도 수두는 $v^2/(2g)$이고, *압력 수두*는 $P/(\rho g)$이며, 이들은 각기 높이 h와 비교될 수 있다.

이 장에서 역학적 에너지 수지들을 적용할 때의 기본 가정은 유체가 비압축성이어서 $\rho_1 = \rho_2 = \rho$ (상수) 및 $E_c = 0$이다. 압축률(compressibility)은 12.4절에서 재검토된다.

예제 11.4-1 ● 파이프 유동에서 점성 손실. 이 예제의 목적은 파이프의 주요 부분에서 정상 상태의 완전 발달된 유동(층류 또는 난류)에 대해 E_v를 평가하는 것이다. 점성 손실은 요구되는 이송 동력(pumping power)과 동일하게 보이며, 마찰인자와도 관련될 것이다. 부피 유량은 Q, 평균 속도는 U, 파이프의 지름과 길이는 각각 D와 L이다.

가장 직접적으로 E_v에 이르는 대상 부피는 그림 11.6에서 지점 1과 2 사이의 유체이다. D가 상수이면, 입구와 출구의 속도들은 서로 같고, 운동에너지는 변하지 않는다. 특별한 장치가 없다면, $W_m = 0$이다. $w = \rho Q$이면, 식 (11.4-8)은 다음과 같이 줄어든다.

$$E_v = Q\,|\Delta \mathscr{P}|. \tag{11.4-12}$$

이는 펌프가 공급하여야만 하는 동력이다. 이때 대상 부피를 위치 1′까지 확장하고 또한 이에 의해 근처의 상류에 있는 펌프까지 포함하는 것으로 보일 수도 있다. 만일, 펌프가 필요한

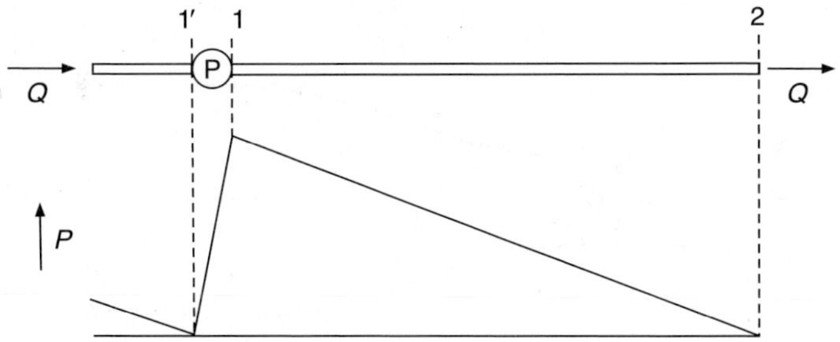

그림 11.6 펌프 (P)의 앞쪽에 있는 파이프의 수평 단면. 유동 경로를 따른 압력 변화는 개략도의 아래쪽에 도시되어 있다. 이송 동력(pumping power)은 펌프의 흡입에서 배출까지의 압력 증가가 파이프의 압력 강하를 정확히 상쇄하도록 하는 것으로 가정한다.

동력을 정확하게 공급할 경우, 흡입구의 압력은 파이프 출구의 압력과 같아질 것이다. 이 경우, 운동에너지의 변화도 없고 또한 1′에서 2까지의 압력 강하도 없다. 그러나 $W_m \neq 0$이고, 식 (11.4-8)은 $W_m = E_v$임을 나타낸다. 또한 그림 11.6에서는 수평 유동에서 P가 위치에 따라 어떻게 변하는지를 보여준다. 7장과 10장에서 볼 수 있듯이, 완전히 발달된 유동에서 파이프를 따라 압력이 선형으로 감소한다. 펌프는 파이프 영역에서 압력 강하를 상쇄시키기 위해 압력을 국부적으로 상승시킨다. 특정 유형의 펌프의 특성은 12.3절에서 논의된다.

모든 직선 파이프에 대하여, 점성 소산 률(rate of viscous dissipation)은 마찰인자와 관련될 수도 있다. 식 (2.3-6)으로부터 압력 강하는 다음과 같다.

$$|\Delta\mathscr{P}| = \frac{2\rho U^2 L f}{D}. \tag{11.4-13}$$

이를 식 (11.4-12)에 대입하고, 질량 유량(flow rate)으로 나누게 되면 다음과 같이 된다.

$$\frac{E_v}{w} = \frac{2U^2 L f}{D}. \tag{11.4-14}$$

E_v가 L에 비례한다는 것을 주목하자. 배관 계(system)에서는 관의 지름 변화, 벤드(bend) 및 밸브(12.3절)와 같은 부품들로 인해, 식 (11.4-8)에서 E_v/w 항에서 항상 추가적인 기여 항들이 있다.

예제 11.4-2 ● 벤츄리 유동 미터. 그림 11.7의 벤츄리 관(Venturi tube)은 파이프의 유량을 측정하는 방법을 제공한다. 이 장치에서 유로(channel)의 지름은 D_1에서 D_2로 점진적으로 감소하고, 다시 D_1으로 복원된다. 게이지에 연결된 탭은 폭이 넓은 부분과 좁은 부분 사이의 압력 차를 모니터 할 수 있도록 한다. 이 예제의 목표는 정상상태 난류 유동에 대한 부피 유량 Q를 수평면상에 있는 장치에 대한 압력 차 $|\Delta P| = P_1 - P_2$와 연관시키는 것이다. 유동 분

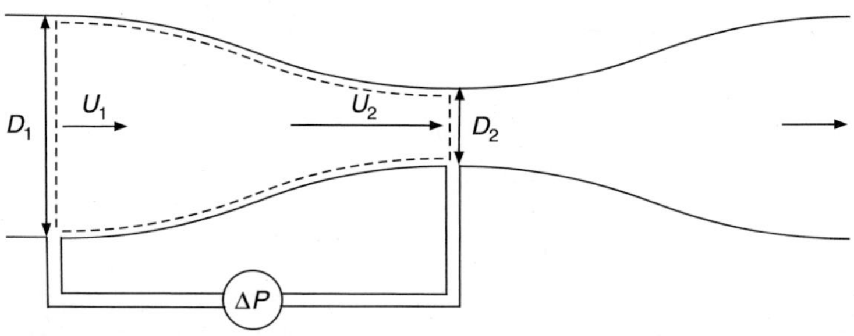

그림 11.7 벤츄리 유동 미터

리와 (점성 손실을 증가시킬 수 있는) 에디 발생을 최소화시키기 위하여, 벤츄리 관들은 보통 짧고 점차 가늘어지는 테이퍼 구조로 설계되기 때문에, $E_v \simeq 0$으로 가정될 것이다.

공학용 베르누이 방정식을 위해 선택된 대상 부피는 점선으로 나타낸 바와 같이, 수렴 부분에 있는 유체를 포함한다. $b = 1$(플러그 유동), $\Delta h = 0$(수평 유동), $W_m = 0$(움직이는 면 없음), $E_c = 0$(비압축성 유체) 그리고 $E_v = 0$(점성 손실 없음)을 적용하면, 다음과 같이 줄어든다.

$$\frac{U_1^2}{2} + \frac{P_1}{\rho} = \frac{U_2^2}{2} + \frac{P_2}{\rho} \tag{11.4-15}$$

여기서 U_1과 U_2는 각각 두 지점에서의 평균 속도이다. 유동이 정상상태이고, 비압축성, 비점성이기 때문에, 유선 베르누이 방정식(streamline Bernoulli equation) 또한 사용될 수도 있었다. 플러그 유동에서는 방정식 (11.4-15)가 중심의 유선을 따라 식 (11.4-11)을 적용함으로써 얻어진다. 이 식이 유도는 되지만, 식 (11.4-15)는 목에서의 속도 증가가 그곳의 압력을 감소시키는 것을 보여준다. 유로가 다시 넓어지면 압력이 회복되고, 만일 E_v가 완전히 무시할 만하면 압력 회복은 멈추게 될 것이다. 속도 증가로 인한 압력 감소를 이탈리아 물리학자인 Giovanni Venturi (1746~1822)를 명명하여, *벤츄리 효과(Venturi effects)*라고 칭한다.

w의 불변성은 $U_2/U_1 = (D_1/D_2)^2$을 요구한다. 이를 이용하여 U_2를 제거하고, $Q = \pi D_1^2 U_1/4$와 같이 부피 유량을 U_1에 연관시키면, 식 (11.4-15)는 다음과 같이 재배열된다.

$$Q = \frac{\pi D_1^2}{2}\left(\frac{|\Delta P|}{2\rho[(D_1/D_2)^4 - 1]}\right)^{1/2}. \tag{11.4-16}$$

이를 통해 압력 측정으로부터 유량(flow rate)을 계산할 수 있다.

예제 11.4-3 ● 수력발전 동력. 그림 11.8은 수력발전 댐과 저수지의 개략도이다. 일정한 질량 유량 w의 물이 저수지의 상부로부터 아래로 깊이 d에서 입구로 들어가서, 터빈(T)을 통과하여, 표면 근처의 하류로 배출된다고 가정하자. 저수지의 물은 배출구에서 상부로 높이 H에 있다. 이 예제의 목표는 생성할 수 있는 최대 동력(maximum power)을 계산하는 것이다.

선택된 대상 부피는 파이프와 터빈 내의 물을 포함한다(개략도의 위치 1과 2 사이). 생성된 전기 동력은 역학적 에너지의 수력학적 손실이 무시할 만하며 그리고 물이 터빈 블레이드에 가해지는 모든 일이 전기로 변환되는 경우, 최대가 된다. 따라서 최대 동력을 구하기 위해 $E_c = 0 = E_v$로 가정하자. 일정한 파이프 지름의 경우 유입구와 배출구 사이의 운동에너지에는 변화가 없다. $z = 0$인 저수지의 상단에서 측정하면, 출구와 입구 사이의 높이차는 Δh

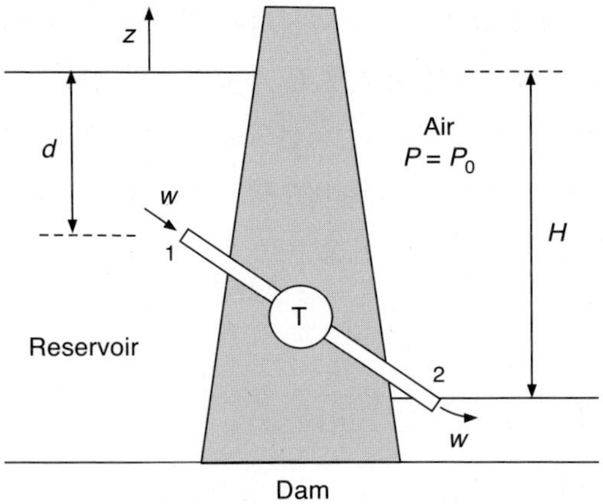

그림 11.8 수력발전 댐과 저수지

$= -H - (-d) = d - H$이다. 유입구에서의 압력이 거의 정적 상태라고 가정하면, $\Delta P = P_0 - (P_0 + \rho g d) = -\rho g d$이다. 그러면 식 (11.4-8)은 다음과 같이 된다.

$$W_m = w\left(\frac{\Delta P}{\rho} + g\,\Delta h\right) = -wgH. \tag{11.4-17}$$

W_m의 음의 부호는 대상 부피 내에 있는 유체가 주변으로 일을 가하고 있음(즉, 터빈의 움직이는 블레이드)을 보여준다. 즉, 동력은 계로부터 추출된다. 최종적인 결과는 유입구의 깊이에는 무관하다는 점을 주목하라. 거대한 현대식 수력발전 장비들은 이론적인 최대 동력의 90% 정도 또는 대략 0.9 wgH 정도 생성한다.

추가 학습: 역학적 에너지의 유도[3)]

역학적 에너지 방정식의 두 가지 미시적인 (미분) 형태가 먼저 유도될 것이다. 그중 하나는 유한한 대상 부피에 걸쳐 적분하여 식 (11.4-1)을 얻게 될 것이다. 입구와 출구가 각각 1개인 계에 대하여 단순화시키면 식 (11.4-5)가 도출된다.

역학적 에너지 방정식의 미분 형태. 이미 거론된 바와 같이, 역학적 에너지 수지식들을 유도하는 데 있어서 시작점은 Cauchy 운동량 방정식이다.

$$\rho\left(\frac{\partial \mathbf{v}}{\partial t} + \mathbf{v}\cdot\nabla\mathbf{v}\right) = \rho\mathbf{g} - \nabla P + \nabla\cdot\boldsymbol{\tau}. \tag{11.4-18}$$

위치에너지(potential energy)는 $\mathbf{g} = -\nabla\Phi$로 지정하여 도입된다. 이는 앞서 주어진 정의(Φ

3) 여기에서의 접근은 일반적으로 Bird et al. (2002, pp.81, 221~223)의 방법을 따른다. 다만, 그들은 $\boldsymbol{\tau}$에 대하여 반대의 부호 관례를 사용한다.

$= gh$)와 일치한다. 예를 들어, 만일 기준 면이 $z = 0$에 있고 z축이 상부를 향하고 있으면, $\Phi = gz$이고 $\nabla\Phi = g\mathbf{e_z} = -\mathbf{g}$이다. 위치에너지를 방정식의 좌변에 대입하고, $\mathbf{v}$로 좌변에 내적을 취하면 다음과 같다.

$$\mathbf{v}\cdot\rho\left(\frac{\partial\mathbf{v}}{\partial t}+\mathbf{v}\cdot\nabla\mathbf{v}+\nabla\Phi\right)=\rho\left[\frac{\partial}{\partial t}\left(\frac{v^2}{2}+\Phi\right)+\mathbf{v}\cdot\nabla\left(\frac{v^2}{2}+\Phi\right)\right]$$
$$=\rho\frac{D}{Dt}\left(\frac{v^2}{2}+\Phi\right) \tag{11.4-19}$$

여기서 식 (9.2-3)이 관성항의 비선형 부분에 적용되었다. Φ가 시간-도함수에 포함될 수 있는 이유는 $\mathbf{g}$가 상수이기 때문이며, 이는 $\partial\Phi/\partial t = 0$을 만들어 준다. Cauchy 방정식에서 다른 항들에 대하여도 $\mathbf{v}$로 내적을 취하면 다음과 같이 된다.

$$\rho\frac{D}{Dt}\left(\frac{v^2}{2}+\Phi\right)=-\mathbf{v}\cdot\nabla P+\mathbf{v}\cdot(\nabla\cdot\boldsymbol{\tau}) \tag{11.4-20}$$

이는 미시적인 역학적 에너지 수지의 가장 간단한 형태이다.

미시적인 수지가 대상 부피에 걸쳐 적분된 후, 이는 곧 마무리된다. 시간-도함수 내에 ρ를 포함하고, 백터의 발산(divergence)과 같이 가능한 많은 항들로 표현하는 것이 도움이 될 것이다. 결과적으로, 식 (11.4-20)은 다음과 같이 확장된다.

$$\rho\frac{D}{Dt}\left(\frac{v^2}{2}+\Phi\right)=\frac{\partial}{\partial t}\left[\rho\left(\frac{v^2}{2}+\Phi\right)\right]+\nabla\cdot\left[\rho\mathbf{v}\left(\frac{v^2}{2}+\Phi\right)\right]$$
$$-\left(\frac{v^2}{2}+\Phi\right)\left(\frac{\partial\rho}{\partial t}+\nabla\cdot(\rho\mathbf{v})\right) \tag{11.4-21}$$

여기서 표 A.1의 항등식 (1)이 사용되었다. 연속 방정식으로부터, 대괄호 내의 마지막 항은 0이다. 표 A.1의 항등식 (1)을 다시 사용하면, 식 (11.4-20)에서 압력항은 다음과 같이 전개된다.

$$\mathbf{v}\cdot\nabla P=\nabla\cdot(P\mathbf{v})-P(\nabla\cdot\mathbf{v}). \tag{11.4-22}$$

예제 A.4-3에서 증명된 항등식을 사용하면, 점성 항이 다음과 같이 다시 쓰인다.

$$\mathbf{v}\cdot(\nabla\cdot\boldsymbol{\tau})=\nabla\cdot(\boldsymbol{\tau}\cdot\mathbf{v})-\boldsymbol{\tau}:\nabla\mathbf{v}. \tag{11.4-23}$$

압력과 점성 항들은 이제는 서로 나누어지는데, 그중 한 부분이 벡터의 발산이 되기도 한다. 역학적 에너지 방정식의 또 다른 형태는 다음과 같이 된다.

$$\frac{\partial}{\partial t}\left[\rho\left(\frac{v^2}{2}+\Phi\right)\right]=-\nabla\cdot\left[\rho\mathbf{v}\left(\frac{v^2}{2}+\Phi\right)\right]-\nabla\cdot(P\mathbf{v})+\nabla\cdot(\boldsymbol{\tau}\cdot\mathbf{v})$$
$$+P(\nabla\cdot\mathbf{v})-\boldsymbol{\tau}:\nabla\mathbf{v}. \tag{11.4-24}$$

비록 식 (11.4-20)보다는 길어지지만, 이 형태가 보다 유용하다는 것이 증명된다.

역학적 에너지 방정식의 적분 형태. 식 (11.4-24)에서 각 항은 임의의 대상 부피에 걸쳐 이제 적분될 것이다. Leibniz 공식[식 (11.2-17)]을 사용하면, 축적항의 적분은 다음과 같이 재정렬된다.

$$\int_{V(t)} \frac{\partial}{\partial t}\left[\rho\left(\frac{v^2}{2}+\Phi\right)\right] dV = \frac{d}{dt}\int_{V(t)} \rho\left(\frac{v^2}{2}+\Phi\right) dV - \int_{S(t)} \rho\left(\frac{v^2}{2}+\Phi\right) \mathbf{u}\cdot\mathbf{n}\, dS. \tag{11.4-25}$$

식 (A.4-31)을 사용하면, 발산의 부피 적분은 이제 각각의 표면 적분으로 전환된다.

$$\int_{V(t)} \nabla\cdot\left[\rho\mathbf{v}\left(\frac{v^2}{2}+\Phi\right)\right] dV = \int_{S(t)} \rho\left(\frac{v^2}{2}+\Phi\right) \mathbf{v}\cdot\mathbf{n}\, dS \tag{11.4-26}$$

$$\int_{V(t)} \nabla\cdot(P\mathbf{v})\, dV = \int_{S(t)} P\mathbf{n}\cdot\mathbf{v}\, dS \tag{11.4-27}$$

$$\int_{V(t)} \nabla\cdot(\boldsymbol{\tau}\cdot\mathbf{v})\, dV = \int_{S(t)} (\boldsymbol{\tau}\cdot\mathbf{v})\cdot\mathbf{n}\, dS = \int_{S(t)} (\mathbf{n}\cdot\boldsymbol{\tau})\cdot\mathbf{v}\, dS. \tag{11.4-28}$$

나머지 적분은 E_c와 E_v에 해당한다. 모든 항들을 모아서 정리하면 거시적인 역학적 에너지 수지의 가장 일반적인 형태인 식 (11.4-1)이 된다.

식 (11.4-1)로부터 식 (11.4-5)를 얻는 것은 특정 제한하에서, 에너지 유입과 일의 항들을 평가하는 것을 포함한다. 단일 유입구와 단일 배출구가 둘 다 ($\mathbf{u} = \mathbf{0}$과 같이) 고정되어 있고 평면인 경우, 역학적 에너지의 순 유입률은 다음과 같다.

$$-\int_{S(t)} \rho\left(\frac{v^2}{2}+\Phi\right)(\mathbf{v}-\mathbf{u})\cdot\mathbf{n}\, dS = \rho_1\left(\frac{\langle v_1\rangle^3}{2}+\Phi_1\langle v_1\rangle\right)S_1 - \rho_2\left(\frac{\langle v_2\rangle^3}{2}+\Phi_2\langle v_2\rangle\right)S_2. \tag{11.4-29}$$

S의 고체 부분은 $\mathbf{v} = \mathbf{u}$(침투도 없고, 미끄럼도 없을 때)인 사실에 의해 구별된다. 이는 고체 부분에서 유입 또는 유출이 없다는 것을 확인해준다. 이러한 표면은 고정된 부분과 움직이는 부분으로 세분화될 수 있다. 고정된 고체 표면에서 $\mathbf{v} = \mathbf{u} = \mathbf{0}$이고, 압력도 점성 일도 없다. 움직이는 고체 표면(면적 S_m)에서 행해진 총 일의 률(rate)은 다음과 같다.

$$W_m = \int_{S_m} [-P\mathbf{n} + (\mathbf{n}\cdot\boldsymbol{\tau})]\cdot\mathbf{v}\, dS. \tag{11.4-30}$$

적분 함수는 유체 속도 벡터와 내적이 이루어진 총 응력 벡터이다. 개구부에서 점성 일은 무시할 수 있는 반면, 거기에서의 총 압력 일은 다음과 같다.

$$-\int_{S_1} P\mathbf{n}\cdot\mathbf{v}\,dS - \int_{S_2} P\mathbf{n}\cdot\mathbf{v}\,dS = P_1\langle v_1\rangle S_1 - P_2\langle v_2\rangle S_2. \tag{11.4-31}$$

식 (11.4-1)에서 유입항과 일의 항이 식 (11.4-29)~(11.4-31)에서와 같이 계산될 때, 그 결과는 식 (11.4-5)이다.

11.5 자유경계면을 갖는 계

단순화된 운동량 수지[식 (11.3-9)]를 유도할 때는, 대상 표면 S의 다양한 부분들이 두 종류의 고체 표면 또는 개구부로 가정되었다. 고체 표면은 유입 또는 유출이 없음과 중요한 점성의 가능성에 의해 구별된다. 입구와 출구에는 유량이 있지만, 점성력들은 일반적으로 무시할 수 있다. 어떤 S가 기체-액체 계면과 일치할 때, 제3종류의 표면이 존재한다. 예제 7.4-1에서 논의된 바와 같이, 기체에 의해 액체상에 가해지는 점성 응력은 무시할 만하다. 따라서, 자유 표면은 유체의 유동이 없기 때문에 고체 표면과 유사하지만, 입구 또는 출구와 마찬가지로 액체에만 압력이 가해진다. 이로부터 표면장력이 무시할 만하다고 가정하는데, 이는 거시적인 해석에 있어서 기본 가정이다. 갇힌 유체가 대상 표면의 고체 부분에 가하는 힘, $\mathbf{F}^*$를 같이 설명하기 위해, 액체가 기체-액체 계면에 작용하는 힘을 $\mathbf{F}^{**}$로 표시하기로 한다. 자유 표면은 복잡한 모양을 가질 수 있지만, 압력은 일반적으로 일정하다. 따라서 투영된 영역(4.3절)은 $\mathbf{F}^{**}$를 평가하는 데 매우 유용하다.

입구, 출구, 고체 경계 및 기체-액체 계면으로 구성된 대상 표면에 대해 식 (11.3-13)은 다음과 같이 일반화된다.

$$\mathbf{F}^* + \mathbf{F}^{**} = -\sum_{i=1}^{N}(\langle P_i\rangle + \rho_i a_i\langle v_i\rangle^2)\mathbf{n}_i S_i + m\mathbf{g}. \tag{11.5-1}$$

만약 압력이 개구부에 대해 일정하다면 $\langle P_i\rangle = P_i$이고, 플러그-유동 근사가 적용된다면 $a_i = 1$ 그리고 $\langle v_i\rangle = v_i$이다. 질량 및 역학적 에너지 수지는 동일하게 유지된다.

예제 11.5-1 ● 모세관 제트. 액체의 흐름(stream)이 그림 11.9에서와 같이, 작은 수평 관(tube)에서 가스가 채워진 공간으로 정상상태로 유동한다고 가정하자. 유동은 층류이며, 액

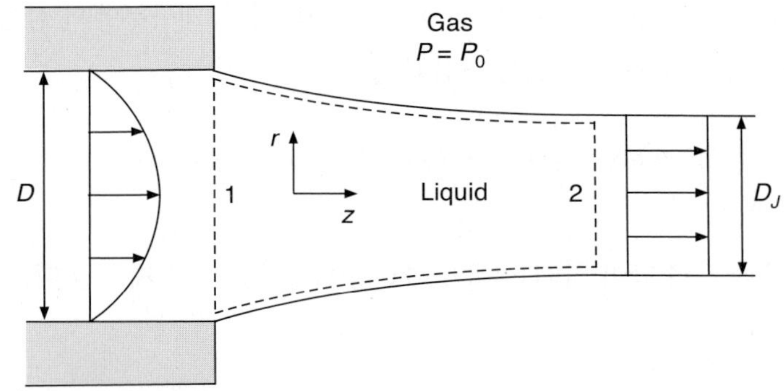

그림 11.9 초기 지름이 D이고 최종 지름이 D_J인 층류 제트

체는 지름 D의 관으로부터 평균 속도 U로 분출된다. 최종 제트 지름 D_J를 계산하도록 하자. 중력에 의해 제트가 현저히 굽어지게 되기 전에 D_J가 도달했다고 가정하자.

도시된 바와 같이, 대상 부피는 관의 개구부로부터 지름이 변화하지 않는 곳까지 연장될 것이며, 원통형 좌표가 사용될 것이다. 표면 장력은 무시할 만하고, 압력이 임의의 단면에 대해 일정하면, 제트 내내 $P = P_0$이다. 대상 표면에서 P가 상수이면, 갇힌 액체에 대한 순 압력 힘은 0이다. 고체 경계가 없기 때문에, 액체에 대한 점성 힘은 또한 무시할 만하다고 가정된다. 대상 부피에 대한 순 수평 힘이 없으므로, 운동량 수지의 사용이 제안될 수 있다. (역학적 에너지 수지를 적용하기 위해서는 제트에서, 알려져 있지 않지만, 점성 손실이 필요하기도 하다.)

투영된 영역을 사용하면 $F_z^{**} = P_0(S_1 - S_2)$가 되며, 그 결과 식 (11.5-1)에서 압력 항들은 취소된다. $F_z^* = 0$이면, 또한 운동량 수지는 다음과 같이 단순화 된다.

$$a_1\langle v_1\rangle^2 S_1 = a_2\langle v_2\rangle^2 S_2. \tag{11.5-2}$$

따라서, 1에서 운동량 유입은 2에서의 운동량 유출과 서로 같다. 질량 유입과 유출도 역시 같아야만 하며, 따라서 다음과 같이 된다.

$$\langle v_1\rangle S_1 = \langle v_2\rangle S_2. \tag{11.5-3}$$

운동량 및 질량 수지들을 서로 결합하면, 속도비율이 제거되어 다음과 같이 된다.

$$\frac{S_2}{S_1} = \left(\frac{D_J}{D}\right)^2 = \frac{a_2}{a_1}. \tag{11.5-4}$$

관의 끝에서 완전히 발달된 유동을 가정하면, $a_1 = 4/3$[식 (11.3-12)]이 된다. 기체-액체 계면에서 전단응력은 무시할 수 있기 때문에, 관의 안에서 반지름 방향의 속도 변화는 제트 내에서 유지되지 않는다. 반지름 방향 변화가 사라지면, 제트 지름이 변경하는 것이 중단되고 결국에는 플러그 유동이 될 것이다. 따라서, $a_2 = 1$이고 다음과 같이 된다.

$$\frac{D_J}{D} = \left(\frac{3}{4}\right)^{1/2} = 0.87. \tag{11.5-5}$$

식 (11.5-5)에 의해 예측된 제트 지름은 Re > 150의 영역에서 실험 결과와 잘 일치한다 (Middleman and Gavis, 1961). 그러나 Re가 작아지는 경우에, D_J/D의 값이 0.87보다 크거나 심지어 1을 넘어설 때가 보인다. 이 간단한 모델은 Re가 작아지는 경우에 실패하는데 그 이유는 다음과 같다. (i) 식 (11.5-1)에서 가정되었듯이, 관의 출구에서 τ_{zz}는 더 이상 무시할 수 없다. (ii) 표면 장력의 영향이 분명해진다. 마지막으로 (iii) 관의 끝에서 속도 프로파일은 더 이상 정확히 포물선이 아니다. Re ≪ 1에 대하여, 경계 조건의 급격한 변화(기체-액체 계면에서 제로 점성 응력을 갖는 벽에서 제로 속도를 대체하는 것과 같은)의 영향은 대략적으로 하나의 반지름 상류로 전파된다. 큰 Re에서 이와 같은 출구 효과는 해석에서 가정되었듯이 무시할 만하지만, 적당히 작은 Re에서는 그렇지 못하다.

예제 11.5-2 ● 수력학적 도약. 그림 11.10에서와 같은 현상이, 수평 개수로에서 정상상태 난류 유동 중에 언제 발생될 것인지 결정해보자. 이와 같이 액체 깊이가 급격하게 증가하는 것을 *수력학적 도약(hydraulic jump)*이라고 한다. 반지름 방향 유동을 포함하는 수력학적 도약은 수도꼭지로부터 평평한 바닥이 있는 싱크대로 물이 흐를 때 간단히 관찰되기도 한다. 특정 반지름에서 발생하는 깊이의 증가는 쉽게 볼 수가 있다. 수력학적 도약은 댐의 방수로에서 에너지를 분산시키는 데 사용되며, 급류와 연안 하천의 갯벌에서 자연적으로 발생한다. 실제 도약의 전형은 격렬한 표면 교반과 그림 11.10에서 묘사된 것보다 훨씬 더 불규칙한 경계를 보인다. 그러나 자유 표면의 정확한 모양은 해석에 영향을 미치지 않는다.

사용될 대상 부피는 점선으로 표시되어 있다. 위치 1과 2에서 플러그 유동 이외에도, 두

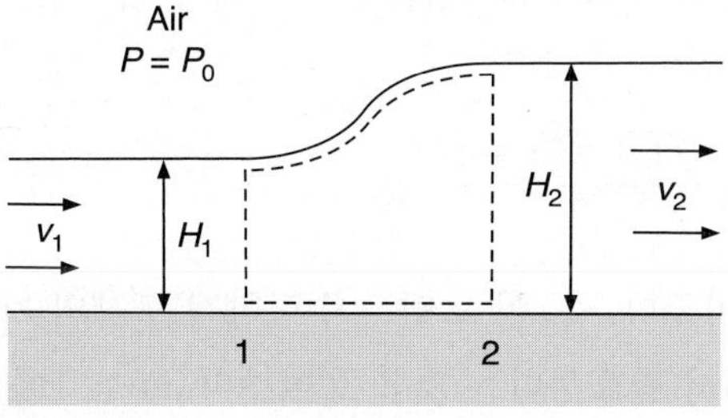

그림 11.10 개수로에서의 수력학적 도약

가지 주요 가정이 있다. 하나는 $F_x^* = 0$이다. 여기서 x는 유동방향이다. 즉, 도약은 개수로의 바닥에서 전단력을 무시할 만큼 충분히 짧은 길이에서 발생한다고 가정한다. 다른 주요 가정은 압력이 정적 계에서와 동일하다는 것이다. 높이 차를 종종 무시하고, 주어진 단면에 대하여 P가 일정하다고 가정하곤 하였다. 그러나 단일방향 또는 거의 단일방향 유동에서 실제로 일정한 것은 $\mathcal{P}$이다. 압력의 변화가 정적이라고 가정하는 것은 $\mathcal{P}$가 일정하다고 가정하는 것과 같다.

개수로 바닥에 대한 알려진 힘(즉, $F_x^* = 0$)과 미지의 점성 손실(E_v)은 운동에너지 수지를 역학적 에너지 수지보다 더 흥미로운 출발점으로 만든다. P_1과 P_2가 각각 깊이에 따라 선형적으로 증가하면, 높이-평균화 압력들은 각각 $\langle P_1 \rangle = P_0 + \rho g H_1/2$와 $\langle P_2 \rangle = P_0 + \rho g H_2/2$이다. 기체-액체 계면에서 액체에 의해 가해지는 압력 힘은 $F_{xx}^* = -P_0(H_2 - H_1)W$이다. 이때 W는 수로의 폭이다. 식 (11.5-1)의 우변으로부터 P_0의 항들은 F_x^{**}에 의해 삭제되어, 다음과 같이 된다.

$$v_1^2 H_1 - v_2^2 H_2 = \frac{g}{2}\left(H_2^2 - H_1^2\right). \tag{11.5-6}$$

또한 다음과 같은 질량 수지를 만족한다.

$$v_1 H_1 = v_2 H_2. \tag{11.5-7}$$

만일 v_1과 H_1이 지정되면, 운동량 및 질량 수지는 $v_2 = v_1$과 $H_2 = H_1$의 자명한 해(trivial solution)를 가져다준다. 그들이 $H_2 > H_1$의 가능성을 또한 허용한다는 것을 보이게 될 것이다.

$\phi = H_2/H_1$과 $\mathrm{Fr} = v_1^2/(gH_1)$으로 하면, 식 (11.5-6)과 (11.5-7)은 다음과 같이 결합될 수 있다.

$$\phi^3 - (1 + 2\,\mathrm{Fr})\,\phi + 2\,\mathrm{Fr} = 0. \tag{11.5-8}$$

높이비 ϕ는 단지 1개의 무차원 매개변수 Froude 수(Fr)에 의존하는 것으로 보인다. 이 3차 방정식의 하나의 해는 $\phi = 1$인 자명한 해(trivial solution)이다. 이를 빼고 나면, $\phi^2 + \phi - 2\mathrm{Fr} = 0$인 2차 방정식이 나오는데, 여기에는 하나의 음수와 하나의 양수 해가 있다. 관련되는 (양의) 해는 다음과 같다.

$$\phi = \frac{\sqrt{1 + 8\,\mathrm{Fr}} - 1}{2} \tag{11.5-9}$$

이는 $\mathrm{Fr} > 1$에 대하여 $\phi > 1$인 것을 보여준다. 즉, 이 모델은 수력학적 도약의 가능성을 확인해주고, $v_1^2 > gH_1$이 이와 같은 현상에서 필요하다는 것을 보여준다. $\mathrm{Fr} > 1$에 대한 예측되는 깊이 비는 실험치들과 매우 일치하고 있다(Sturm, 2010, p.76).

또한, 식 (11.5-9)는 '수력학적 강하(hydraulic drop)'가 (Fr < 1에 대하여 $\phi < 1$)에서 일어날 수도 있다는 것을 제안하지만, 이는 역학적-에너지를 고려하면 배제된다. 압력과 상승분을 주의 깊게 고려하면, 공학용 베르누이 방정식은 다음과 같이 된다.

$$\Delta\left(\frac{v^2}{2}+\frac{\langle P\rangle}{\rho}+g\langle h\rangle\right)=-\frac{E_v}{w}. \tag{11.5-10}$$

평균 압력들의 차는 $\Delta\langle P\rangle = \rho g(H_2 - H_1)/2$이고, 평균 높이들의 차는 $\Delta\langle h\rangle = (H_2 - H_1)/2$이다. 점성 손실에 대한 해를 구하면, 다음과 같이 구해진다.

$$\frac{E_v}{w}=\frac{v_1^2-v_2^2}{2}+g(H_1-H_2). \tag{11.5-11}$$

여기서 v_2를 소거하기 위하여 식 (11.5-7)을 사용하고, 위의 식을 gH_1으로 나누고, 다시 식 (11.5-6)을 사용하여 $v_1^2/(2gH_1)$를 ϕ에 관련시키면 (최종적으로) 다음의 식을 가져다준다.

$$\frac{E_v}{wgH_1}=\frac{(\phi-1)^3}{4\phi}. \tag{11.5-12}$$

어떠한 유동에 대하여도 $E_v \geq 0$이라는 사실은 단지 $\phi \geq 1$이 가능하다는 것을 알려준다.

앞의 해설은 왜 $\phi > 1$이 $\phi = 1$보다 우선 발생할 수 있는지를 설명하지 않는다. 이는 마치 Navier-Stokes 방정식의 검사에서 어떠한 유동도 층류 대신 난류가 될 수 있다는 것을 보여주지 않는 것과 같다. Fr > 1이면 분명히도 교란되지 않은 개수로 유동이 불안정해지는데, 이는 Re가 큰 값을 가지게 되면 층류 유동이 불안정해지는 것과 같은 의미를 갖는다. Fr이 관성과 중력 사이의 비이고, Re가 관성과 점성력 사이의 비(표 1.6)라는 점에서, 관성은 두 종류의 불안정성의 근원에 있다는 것은 분명하다. 그러나 다른 곳에서는 서로 다를 수 있다.

예제 11.5-3 • 경사진 판을 치는 액체 제트. 그림 11.11과 같이, 고정된 위치와 각도로 지지되는 판에 충격을 주는 난류 액체 제트를 고려하자. 평면 제트는 속도 U 및 두께 H를 가지며, 판은 접근하는 유동에 대해 각도 θ로 기울어져 있다. 제트와 판의 폭은 모두 W이고, 선형 차원이 중력 효과를 무시할 정도로 작다. 유동이 거의 비점성이라고 가정하고, 출구 흐름의 두께와 속도 그리고 제트가 판에 가하는 힘을 결정하도록 하자. 특히, 과잉 힘만 지지체에 전달되므로 $\mathbf{F}^*$가 주변 압력 P_0에서 얼마나 많은 힘을 초과하는지 관심을 집중하도록 하자.

파선으로 나타낸 바와 같이, 사용될 대상 부피는 하나의 입구(위치 1) 및 2개의 출구(위치 2 및 3)를 갖는다. 판과 일치하는 대상 표면의 고체 부분은 S_0이다. 개구부($\mathbf{n_1}$과 $\mathbf{n_2}$) 그리고 판($\mathbf{n_0}$)에서 외측방향 법선은 다음과 같다.

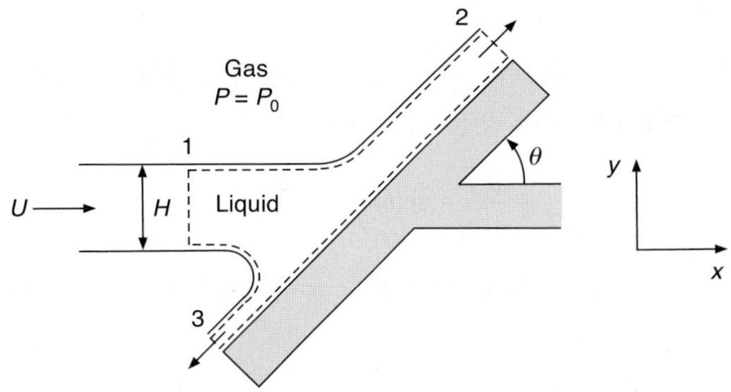

그림 11.11 제자리에 고정된 경사진 판에 부딪치는 평면 액체 제트

$$\mathbf{n_1} = -\mathbf{e_x} \tag{11.5-13a}$$

$$\mathbf{n_2} = \cos\theta \mathbf{e_x} + \sin\theta \mathbf{e_y} = -\mathbf{n_3} \tag{11.5-13b}$$

$$\mathbf{n_0} = \sin\theta \mathbf{e_x} - \cos\theta \mathbf{e_y}. \tag{11.5-13c}$$

$\mathbf{n_0}$이 판을 향하고(대상 부피로부터 외측방향) 있음을 명심하면, 주변 압력에 기인한 판에 가해지는 힘은 $P_0S_0\mathbf{n_0}$이다. 따라서, 계산될 초과하는 힘은 $\mathbf{F}^* - P_0S_0\mathbf{n}_0$이다.

자유 표면 위에 액체에 의해 가해지는 압력 힘 $\mathbf{F}^{**}$는 다음과 같이 간접적으로 계산된다. 자유 표면에서 압력은 P_0으로 일정하고, 이는 각 개구부에서도 같은 경우로 가정될 수 있다. 만일 S_0에서 압력 1이 또한 P_0이면, 대상 부피에 대한 순 압력 힘은 0이 될 것이다[식 (4.3-17)]. 이와 같은 압력 수지를 작성하고, $\mathbf{F}^{**}$에 대하여 풀면 다음과 같이 된다.

$$\mathbf{F}^{**} = -P_0S_0\mathbf{n_0} - \sum_{i=1}^{3} P_0S_i\mathbf{n_i} \tag{11.5-14}$$

이는 가상적인 상황이다. 그러나 이는 실제의 $\mathbf{F}^{**}$도 같을 것이다. 왜냐하면 자유-표면 압력과 기하구조가 두 경우(실제와 가상)에 대하여 서로 같기 때문이다.

식 (11.5-1)에서 중력을 무시하고, 식 (11.5-14)를 사용하여 $\mathbf{F}^{**}$를 구하면, 다음과 같다.

$$\mathbf{F}^* - P_0S_0\mathbf{n_0} - \sum_{i=1}^{3} P_0S_i\mathbf{n_i} = -\sum_{i=1}^{3}\left(P_0 + \frac{\rho v_i^2}{2}\right)S_i\mathbf{n_i}. \tag{11.5-15}$$

개구부에서의 압력 힘들을 삭제하면, 다음의 식으로 남게 된다.

$$\mathbf{F}^* - P_0S_0\mathbf{n_0} = -\sum_{i=1}^{3}\frac{\rho v_i^2}{2}S_i\mathbf{n_i}. \tag{11.5-16}$$

후속적인 관계식들은 무차원 힘 **f**로 작업함으로써 단순화된다. 식 (11.5-16)의 양쪽 항들을 $\rho U^2HW/2$로 나누고, 그 합계를 계산하면 다음과 같다.

$$\frac{\mathbf{F}^* - P_0 S_0 \mathbf{n_0}}{\rho U^2 HW/2} = \mathbf{e_x} + \mathbf{n_2}\left[\left(\frac{v_3}{U}\right)^2\left(\frac{H_3}{H}\right) - \left(\frac{v_2}{U}\right)^2\left(\frac{H_2}{H}\right)\right] \qquad (11.5\text{-}17)$$

여기서 H_2과 H_3는 각 출구 흐름의 두께이다. 이 두께들은 다음과 같은 질량 보존에 의해서 관련지어진다.

$$UH = v_2 H_2 + v_3 H_3. \qquad (11.5\text{-}18)$$

이 문제에는 6개의 미지수($v_2, v_3, H_2, H_3, f_x, f_v$)가 있지만, 지금까지 단지 3개의 방정식 [식 (11.5-17)에서 x와 y 성분으로부터 2개, 그리고 식 (11.5-18)에서 1개]만 주어진다. 나머지 3개의 관계식들은 비점성 유동의 가정으로부터 모두 따르게 된다. 점성 손실이 없으면, 흐름선 베르누이 방정식이 1에서 2까지 그리고 1에서 3까지에 이르는 각 기체-액체 경계를 따라 적용될 수 있다. 이때 경계들을 따라 $P = P_0$를 적용하고, 중력의 효과를 무시하면, $v_2 = U = v_3$에 이르게 된다. 그러고 나면, 질량 보존은 $H = H_2 + H_3$을 보여주게 되고, 식 (11.5-17)은 다음과 같이 단순화 된다.

$$\mathbf{f} = \mathbf{e_x} + \mathbf{n_2}\left(1 - \frac{2H_2}{H}\right). \qquad (11.5\text{-}19)$$

최종 조건은 비점성 유동에서 전단력이 없거나, 또는 $\mathbf{n_2} \cdot \mathbf{f} = 0$임을 인식함으로써 얻어진다. 식 (11.5-13)과 (11.5-19)를 사용하여 내적을 계산하면 H_2가 결정되고, 다른 미지수들은 따라가게 된다. 각 두께와 순 유체 힘에 대한 최종식들은 다음과 같다.

$$\frac{H_2}{H} = \frac{1 + \cos\theta}{2}, \quad \frac{H_3}{H} = \frac{1 - \cos\theta}{2} \qquad (11.5\text{-}20)$$

$$\mathbf{F}^* - P_0 S_0 \mathbf{n_0} = \frac{\rho U^2 HW \sin\theta}{2}(\sin\theta\mathbf{e_x} - \cos\theta\mathbf{e_y}). \qquad (11.5\text{-}21)$$

힘은 제트의 두께에 의존하지만, 판의 길이에 의존하지 않음을 주의하자. 만일 판이 제트에 평행하면($\theta = 0$), 힘의 두 성분들이 모두 없어진다. 만일 직각이면($\theta = \pi/2$), 힘의 y 성분은 0이며(대칭으로 예상), x 성분은 정체 압력(stagnation pressure)과 제트 단면의 곱인 $\rho U^2HW/2$이다. 힘의 y 성분은 $\theta = \pi/4$일 때 가장 크다. 판이 지면(page)에 수직인 회전축을 가진 터빈의 날개(vane)인 경우, 45°의 각도에서 우력(torque)은 최댓값을 갖는다.

11.6 결론

많은 공학적 관심대상의 계에서, 특히 유동이 난류인 경우에는 미시적 해석이 실용적이지 못하다. 그 대안은 보다 거시적 관점을 채택하고, 수지 방정식의 적분 형태를 사용하는 것이다. 임의의 대상 부피에 대한 질량 및 운동량의 보존은 각각 식 (11.2-1)과 (11.3-3)으로 표현된다. 식 (11.4-1)은 비슷하게 일반적인 역학적 에너지 수지이다. 하나의 입구와 하나의 출구만이 있는 계에 대한 거시적인 수지가 제일 널리 사용된다. 질량과 운동량에 대한 그러한 관계식은 식 (11.2-2) 및 (11.3-9)와 같다. 기계 에너지에 대한 식인 식 (11.4-8)은 공학용 베르누이 방정식이다. 운동량과 역학적 에너지 방정식은 각 개구부가 평면이고, 유동이 개구부에 수직이며, 대상 부피 내의 총량이 시간과 무관하다는 가정에 의해 단순화된다. 개구부에서의 점성력과 점성 일은 각각 무시할 만하다고 가정한다. 운동량 수지에서 계에 가해지는 힘은 개구부에서의 압력, 고체 표면에서의 압력 및 점성 응력, 그리고 중력으로부터 비롯되며, 이때 대상 표면은 고정되어 있다고 가정한다. 운동량은 개구부를 통한 유동에 의해 유입되거나 유출된다. 역학적 에너지 수지에서, 운동 및 위치(potential) 에너지가 유입 또는 유출될 수 있으며, 이때 개구부에서 압력-부피 일이 나타난다. 축 일(shaft work)이라고 불리는, 움직이는 표면에서 행해지는 일의 률(rate)은 W_m이다. $W_m > 0$일 때, 일은 펌프와 같이 주변으로부터 계에 행해진다. 반면에 $W_m < 0$일 때는 터빈과 같이 계에서 일이 추출된다. 유체가 팽창할 때는 역학적 에너지가 회수되고, 압축될 때는 소비된다. 점성 소산(dissipation)은 역학적 에너지를 열로 바꾸는 비가역적인 변환이며, 그 률(rate)은 E_v이다.

모든 거시적인 해석에서는 질량의 보존이 어떤 형태로든 표현되어야 한다. 고정된 차원을 갖는 계에 있는 비압축성 유체의 경우, 체적 유입 및 유출 속도는 단순히 동일하다. 힘이 계산되거나 또는 하나가 주어져 있으면(예를 들어, 주위 환경에 의해 힘이 계에 가해지지 않을 때), 운동량 수지들이 필요하다. 공학용 베르누이 방정식은 W_m이 계산되거나 주어질 때마다 나타난다. 점성 소산을 무시할 수 있다면, 그 식의 사용이 용이하다. 유동 경로가 짧고, 단면에 급격한 변화가 없는 경우 E_v를 무시하는 것이 우선적이다. 액체-기체 계면은, 계면을 가로질러 가는 유동이 없다는 점에서(증발 또는 응축이 무시할 수 있을 때) 고체 표면과 닮았지만, 액체 표면에서 점성력이 일반적으로 무시할 수 있으며 압력힘만을 고려해야 한다는 점에서 고체 표면과는 다르다. 미시적인 해석에서처럼, 이와 같은 자유 표면들은 그 위치가 알려지지 않을 수도 있다는 사실에 의해서도 구분된다. 일부 문제들에서는 세 종류의 수지식들을 모두 사용해야 한다.

참고문헌

Bird, R. B., W. E. Stewart, and E. N. Lightfoot. *Transport Phenomena*, 2nd ed. Wiley, New York, 2002.

Deen, W. M. *Analysis of Transport Phenomena*, 2nd ed. Oxford University Press, New York, 2012.

Middleman, S. and J. Gavis. Expansion and contraction of capillary jets of Newtonian liquids. *Phys. Fluids* 4: 355–359, 1961.

Schlichting, H. *Boundary-Layer Theory*, 6th ed. McGraw-Hill, New York, 1968.

Sturm, T. W. *Open Channel Hydraulics*, 2nd ed. McGraw-Hill, New York, 2010.

Townsend, A. A. The fully developed turbulent wake of a circular cylinder. *Austr. J. Sci. Res.* A 2: 451–468, 1949.

연습문제

11.1. Torricelli 법칙 그림 11.3의 탱크가 긴 파이프를 통해 배출되는 대신 바닥 근처에 있는 지름의 구멍을 통해 배출된다고 가정하자. 개구(opening)는 매끄럽고, 안쪽이 둥글다.

(a) 점성 손실이 무시할 만하며, 유동은 난류이고, 액체 수위는 천천히 변화한다고 가정하면, 출구 속도가 다음과 같음을 보여라.

$$v_o(t) = \sqrt{2gH(t)}. \tag{P11.1-1}$$

둥근 개구를 통과하는 속도와 개구 위의 액체 높이 사이의 이 관계식을 이탈리아 과학자 Evan-gelista Torricelli (1608~1647)를 명명하여, *Torricelli의 법칙*이라고 부른다.

(b) $H(t)$와 탱크가 절반이 비어지는 시간($t_{1/2}$)을 결정하라.

11.2. 물시계 물시계(water clock)는 이집트와 고대 세계의 다른 지역에서 매일의 시간 흐름을 측정하는 데 사용되었다. 그림 P11.2에 보이는 버전과 같이, 변하는 반지름 $R(z)$를 갖는 개

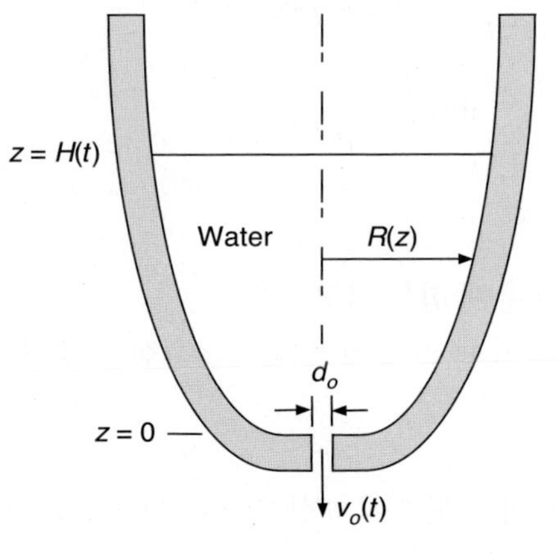

그림 P11.2 물시계

방된 용기에서 그 바닥에 지름 d_0의 작은 개구를 통해 물이 배출된다. 개구에서의 평균 속도는 $\upsilon_0(t)$이고, 수위는 $H(t)$이다. 만일 차원이 바르게 적용되면, dH/dt는 일정할 것이다. 매 시간마다 H가 똑같이 감소하면, 이때 선형의 척도는 시간을 의미하는 것으로 사용될 수 있다. 이와 같은 시계를 설계하라.

(a) dH/dt를 υ_0, d_0와 $R(H)$에 연관시키기 위해 질량 보존을 사용하라.

(b) υ_0가 Torricelli의 법칙[식 (P11.1-1)]을 따르고 또한 $C = |dH/dt|$가 수위 변화 률이 된다고 가정하여, C를 일정하게 하는 함수 $R(z)$를 구하라.

(c) 물의 초기 부피 V_0을 d_0, C와 초기 높이 H_0의 함수로 표현하라.

(d) 지문 (e)에서 확실해지겠지만, 시계는 완전히 배수되지 않아야 한다. H_f를 시간 t_f 동안 동작한 후 수위라고 하자. 방에 맞는 12시간용 시계에 적용할 경우, $H_0 - H_f$에 대한 합리적인 값과 그에 따른 C를 선택하라.

(e) Torricelli의 법칙을 적용하려면 항상 유동이 난류여야 하며, 표면 장력은 무시할 수 있어야 한다. 설계를 완료하려면, H_f 값을 선택하고 그 요구 사항들을 충족시키는지 확인하라. V_0, $R_{max}[=R(H_0)]$와 $R_{min}[=R(H_f)]$의 결과값들은 합리적인가? 그렇지 않은 경우, 물 높이와 출구 지름에 대한 선택을 수정하라.

11.3. 노즐에 가해지는 힘 그림 P11.3은 지름이 D_1에서 D_2로 축소되는 하나는 직선, 다른 하나는 곡선인 2개의 노즐을 보여준다. 물이 각각 평균 속도 U와 압력 P_1로 유입하고, 압력 P_0의 대기로 유출되는 경우를 가정하라. 유동은 난류이고, x-y 평면은 수평면이다.

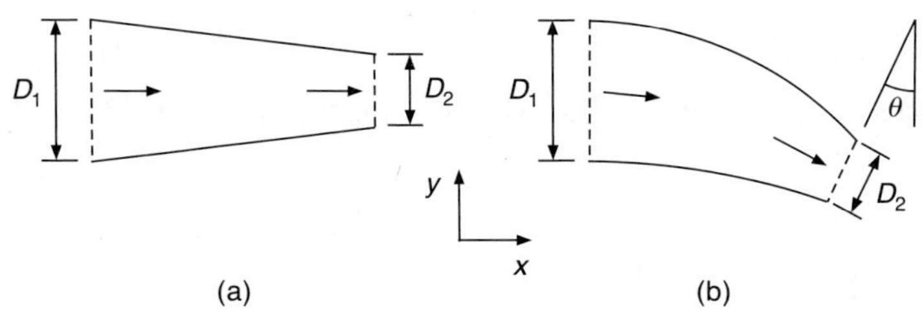

그림 P11.3 직선과 곡선의 노즐을 통한 유동

(a) 그림 P11.3(a)의 직선 노즐에 가해지는 순 유체 힘을 결정하라.

(b) 그림 P11.3(b)의 곡선 노즐에 가해지는 순 유체 힘을 결정하라. 출구와 입구 평면 사이의 각도는 θ이다.

11.4. 후류 속도로부터 계산되는 평판에 대한 항력 물체에 대한 항력은 그 후류(wake)에서의

속도 감소로부터 유추될 수 있다. 그림 P11.4는 평판(flat plate)의 한쪽 면에서 경계층과 후류를 나타내고 있다. S_1부터 S_4까지의 표면들은, $y = 0$에서 $y = H$까지 연장하고 선단 에지($v_x = U$인 곳)의 상류 위치로부터 후미 모서리의 하류에 이르는 대상 부피를 둘러싸고 있다. S_3의 모든 곳에서 $v_x = U$를 보장하려면, $H \to \infty$를 설정하라. 판의 길이는 L이고 폭은 W이다.

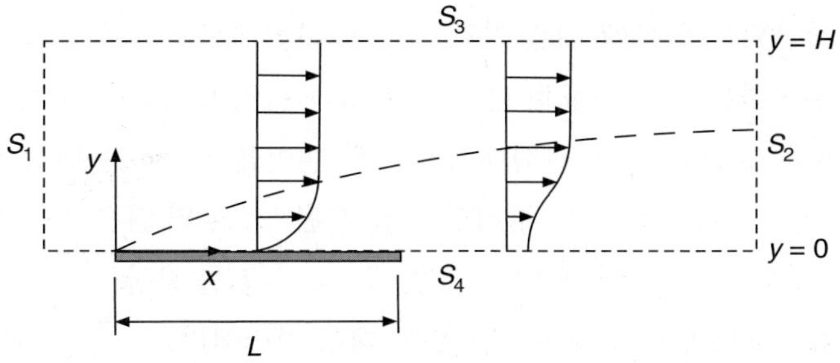

그림 P11.4 평판의 한쪽 면을 지나가는 유동에 대한 대상 부피. 경계층과 후류의 두께는 크게 과장되어 있다.

(a) S_3을 통한 외향 부피 유량이 U와 S_2에서 계산되는 속도 v_x를 관련지어서 다음과 같음을 보여라.

$$\text{유량(flow rate)} = W \int_0^H (U - v_x)\, dy. \tag{P11.4-1}$$

(b) 판의 한쪽 면에 대한 항력이 다음과 같음을 보여라.

$$F_D = \rho W \int_0^H v_x (U - v_x)\, dy \tag{P11.4-2}$$

여기서 v_x는 다시 S_2에서 계산된다.

(c) $x/L > 3$에 대하여 속도 감소 $\Lambda(x, y) = U - v_x(x, y)$는 정확하게 다음과 같이 계산되었다(Schlichting, 1968, p.169).

$$\frac{\Lambda(x, y)}{U} = 0.375\left(\frac{x}{L}\right)^{-1/2} \exp\left(-\frac{Uy^2}{4\nu x}\right). \tag{P11.4-3}$$

x가 $\Lambda/U \ll 1$만큼 충분히 크면, $v_x \simeq U$이고 (b)에서의 결과는 다음과 같이 간단히 될 수 있다.

$$F_D = \rho W U \int_0^\infty \Lambda\, dy. \tag{P11.4-4}$$

이를 사용하여 C_f를 계산하고, 그 결과를 예제 9.3-1의 결과와 비교하라. 여기서의 정적분에서는 다음의 식이 도움이 될 것이다.

$$\int_0^{\infty} e^{-a^2x^2}dx = \frac{\sqrt{\pi}}{2a}. \tag{P11.4-5}$$

11.5. 후류 속도로부터 계산되는 원통에 대한 항력* 후류(wake)에서 측정된 속도 감소로부터 원통에 대한 항력을 추정하는 것을 목표로 한다. 지름 d와 길이 $L(\gg d)$의 원통은 접근하는 유동에 대하여 수직이다. 그림 P11.5는 관심대상의 계의 절반을 포함하는 대상 부피를 보여준다. 그것은 원통(S_1, 여기서 $\upsilon_x = U$)으로 부터인 상류 지점으로부터 많은 지름의 하류 지점(S_2, 여기서 υ_x가 측정됨)까지 연장된다. S_3의 모든 곳에서 $\upsilon_x = U$를 보장하려면, $H \to \infty$를 설정하라. 원통 상단과 일치하는 부분을 제외하면, S_4는 대칭 평면이다.

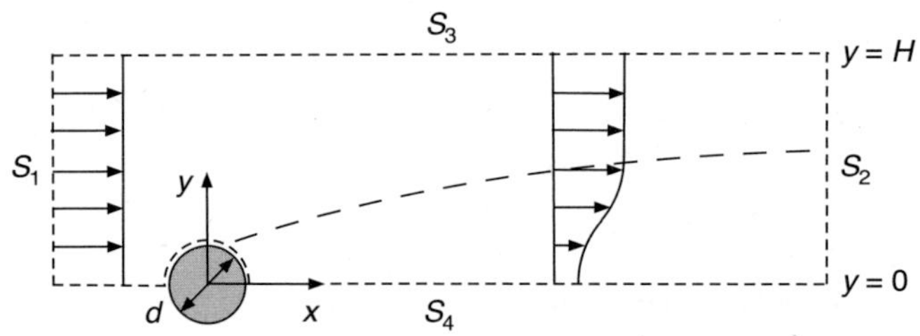

그림 P11.5 후류를 포함하는 지름이 d인 원통을 지나가는 유동에 대한 대상 부피

(a) S_3를 통한 외향 유속은 식 (P11.4-1)과 같은 식으로 주어짐을 보여라.

(b) 항력은 식 (P11.4-2)와 같이 계산될 수 있음을 보여라.

(c) S_2에서의 속도 감소가 $\Lambda(x, y) = U - \upsilon_x(x, y)$인 것이 특히 흥미롭다. 만일 $\Lambda/U \ll 1$이면, 전체 원통에 대한 항력 계수는 다음과 같다.

$$C_D = \frac{4}{Ud}\int_0^{\infty} \Lambda\, dy. \tag{P11.5-1}$$

(d) Townsend (1949)는 $d = 0.159$ cm인 전선을 풍동에 설치했다. Re = 1360에 해당하는 $U = 12.80$ m/s에서, 그는 $500 \le x/d \le 950$ 범위 내의 위치에서 후류 속도를 측정했다. 데이터는 (정확하게는 아니지만) 다음의 식으로 매우 잘 표현되었다.

$$\frac{\Lambda}{U} = \frac{1}{2X^{1/2}}\left\{1.835 \exp\left[-\left(\frac{Y}{0.253X^{1/2}}\right)^2\right]\right\} \tag{P11.5-2}$$

여기서 $Y = y/d, X = (x - x_0)/d$ 그리고 $x_0/d = 90$이다. 이 정보로부터 C_D를 계산하라. [식 (P11.4-5)가 도움이 될 것이다.] 3장에서 원통의 결과와 얼마나 잘 일치하는가?

*이 문제는 P.S. Virk이 제안하였다.

11.6. 제트 배출기 제트 배출기(jet ejector)는 펌프로 사용할 수 있는 움직이는 부품이 없는 장치이다. 그림 P11.6에서 보이듯이, 상류 측에는 지름 D와 λD의 동심 원통 관이 있는데, $\lambda < 1$인 경우이다. 내부 관내에 속도가 v_{jet}인 고속의 액체는 동일한 밀도의 다른 액체를 동반하여 환상의 영역에서 속도를 $v_{an}(< v_{jet})$을 가져다준다. 흐름들이 접촉하는 곳에서는 양쪽의 압력이 모두 P_{jet}로 가정된다. 장치는 압력 P_0와 속도 v_{out}에서 대기 중으로 배출한다. 출구는 혼합이 완료되고 플러그-유동 근사가 다시 유효해질 만큼 충분히 멀리 있다고 가정된다. 유동이 난류이고, 또한 v_{jet}, P_{jet}, 치수와 유체 특성이 알려져 있다고 가정하고, v_{an}, v_{out} 그리고 점성 손실 E_v를 찾는 것이 바람직하다.

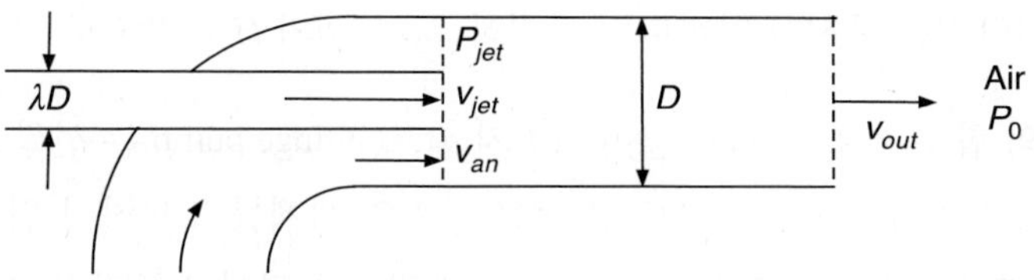

그림 P11.6 제트 배출기

(a) 플러그-유동 근사가 제트와 환형 개구에 개별적으로 적용될 수 있다고 가정하고, 세 속도를 어떻게 관련시켜야 하는지를 보여라.

(b) 점선으로 표시된 두 평면 사이의 거리가 벽에 가해지는 전단력을 무시할 수 있을 정도로 작다고 가정하여, v_{an}을 v_{jet}와 P_{jet}에 관련시키고, $\Delta P = P_0 - P_{jet} > 0$이 필요함을 보여라.

(c) E_v의 식을 유도하라.

(d) $v_{jet} = 5$ m/s, $\lambda = 0.3$, $D = 0.10$ m 그리고 $P_{jet} = 0.99\,P_0$인 물에 대하여, v_{an}, v_{out}와 E_v를 계산하라.

11.7. 파동 탱크 파동(wave) 운동을 연구하기 위해 설계된 실험실 물탱크에는 원하는 일정 속도로 안쪽으로 움직일 수 있는 말단 벽이 장착되어 있다. 그림 P11.7(a)에 보이듯이, 벽 속도 U는 정지하고 있는 수위가 H일 때, 높이 h와 속도 c인 파동을 생성한다. 탱크 바닥에 고정된 기준 프레임에서 파동 선단의 앞과 뒤에서 물의 수평 속도들은 각각 $v_x = U$와 0이다. 파동과 함께 움직이는 기준 프레임이 바람직하며, 이는 정상상태 해석이 가능하게 해준다.

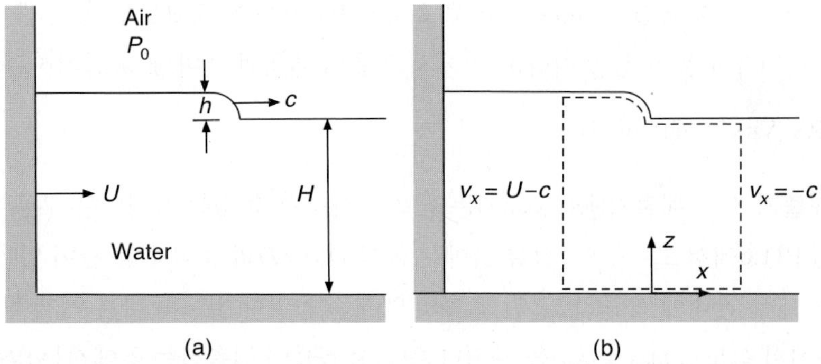

그림 P11.7 실험실 파동 탱크. (a) 탱크 바닥에 대한 벽과 파동 속도, (b) 파동과 함께 움직이는 대상 부피

그림 P11.7(b)의 대상 부피에 대하여 파동 속도는 0이고, 왼쪽의 수위는 $U - c$이며, 오른쪽의 수위는 $-c$이다.

(a) U를 c, h와 H의 관계식으로 나타내어라.

(b) 바닥에 가해지는 전단력은 무시할 만하다고 가정하고, c를 h와 H의 함수로 결정하라.

11.8. 시린지 펌프에서의 힘 문제 2.4에서와 같이 시린지 펌프(syringe pump)는 선형 모터가 플런저에 가할 수 있는 힘에 의해 제한된다. 새로운 펌프 라인의 설계를 도모하기 위해 다양한 크기의 시린지(syringe)에 대한 힘을 예측할 필요가 있다. 배관이 수평이고 플런저 자체가 마찰이 없다고 가정하고, 그림 P2.4의 시린지에 가해져야 하는 힘에 대한 일반적인 식을 유도하라.

11.9. 물 제트에 의해 떠있는 판 그림 P11.9에 보이듯이, 물의 상향 제트가 지지되지 않은 질량 m_p의 수평 판을 강타하고 있다고 가정하자. 난류 제트의 지름은 $D(z)$이고, 그 속도는 $v(z)$이다. 한편, 노즐($z = 0$)에서 지름과 속도는 각각 D_0와 v_0이다.

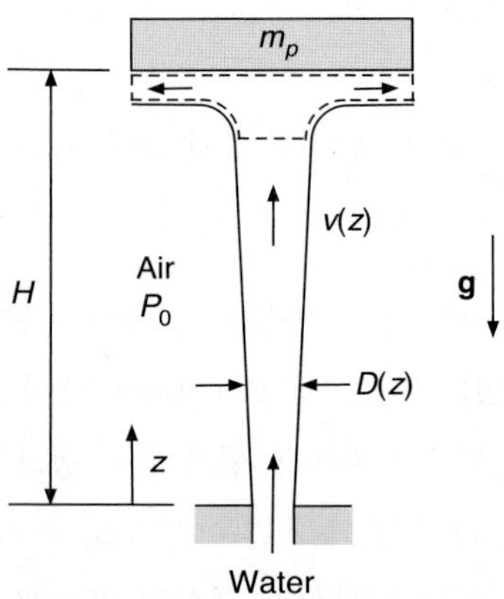

그림 P11.9 상향 물 제트에 의해 높이 H에서 떠있는 질량이 m_p인 판

(a) 제트는 올라갈수록 중력에 의해 속도가 느려지고, 속도가 느려질수록 제트는 넓어져야 한다. 제트의 주요 부분에 대하여, $D(z)$와 $v(z)$를 결정하라.
(b) 판에 가해지는 순 유체 힘에 대한 식을 유도하라. 편리한 대상 부피는 점선으로 표시되어 있다. 대상 부피의 실제 두께가 H보다 훨씬 작으며, 제트에 포함된 물의 질량은 무시할 만하다고 가정해도 좋다.
(c) 만일 $m_p = 1$ kg, $D_0 = 0.1$ m이면, 판을 $H = 1$ m에서 지탱하려면, 노즐 속도 v_0는 얼마가 필요할까?

11.10. 층류 파이프 유동에서 점성 손실 도관 내의 속도장(velocity field)이 완전히 알려져 있을 때, E_v는 식 (11.4-3) 및 (11.4-4)로부터 직접 계산될 수 있다. 반지름 R과 길이 L인 관에서 완전히 발달된 비압축성 유체의 층류에 대하여, 이 방식으로 얻어진 결과가 식 (11.4-12)와 대등하다는 것을 확인하라.

11.11. 수력전기 발전 스노퀄미 폭포(Snoqualmie Falls; WA, USA)에 있는 Puget 발전소 1호는 상류에 위치한 한 쌍의 강철 수압관(penstoke)들을 통해 물이 곧장 아래로 향하여, 일련의 발전기 터빈을 통과하고, 그리고 폭포의 바닥에서 바깥으로 보이는 수평 터널을 통해 빠져나오는 수력발전 설비이다. 평행인 연직 방향(vertical direction)의 수압관들은 각각 지름이 8 ft, 길이가 270 ft이고, 발전 용량은 11,900 kW이다.

(a) 점성 손실을 무시하고, 발전기 효율이 90%라고 가정한다면, 총 용량에서 운전하기 위해 필요한 물의 유속은 얼마일까? 유입시의 강 깊이가 10 ft이고, 유출 터널의 단면적이 2개의 수압관들의 합계와 같다고 가정해도 좋다.
(b) 수압관 내에서 완전히 발달된 유동을 가정하여, 그곳에서 점성 손실이 무시할 만하다는 것을 보여라. [입구 효과(12.2절)를 포함하면 예상 손실이 현저하게 증가하지만, 축 일(shaft work)에 비하여는 작을 것이다.]

11.12. 피토관 유체 속도를 측정하기 위해 프랑스 공학자 Henri Pitot (1695~1771)에 의해 발명된 피토관(Pitot tube)은 다양한 형태가 있다. 피토관은 상업용 제트기의 속도, 기상 관측소의 풍속계 및 산업 또는 실험 장치에서 국부(local) 속도 또는 속도 프로파일을 결정하는 데 사용된다. 그림 P11.12(a)에 나와 있는 가장 단순한 유형의 탐침(probe)은 유동에 대항하는 방향으로 끝이 가늘어지는 유체가 채워진 관이다. 압력계에 연결하면 내부 유체가 정적으로 유지되고, 끝단(*으로 표시)에서 정체점(stagnation point)이 생긴다. 내부 유체와 유체가 정적인 근처의 기준점 사이의 압력차는 끝단 근처의 속도를 추론하는 데 사용된다. 그림 P11.12(b)의 구성은 기준이 관벽의 탭(tap)이 되는데, 탐침의 반지름 위치를 변경하여 속도

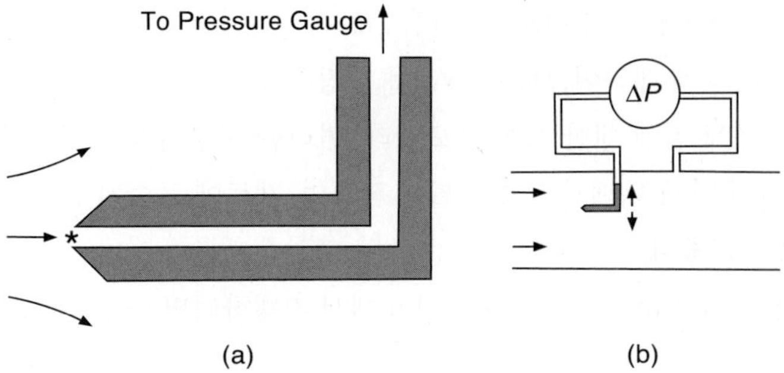

그림 P11.12 피토관. (a) 간단한 탐침(probe), (b) 압력계 및 파이프 벽의 탭으로부터 기준선이 있는 탐침. 관내에서 속도 프로파일은 탐침의 반지름 위치를 변경하여 결정할 수 있다.

프로파일을 측정하는 데 사용할 수 있다.

피토 정관(Pitot-static tube)에서는 탐침 측면의 구멍에 의해 외부로 연결된 제2의 내부 유로가 기준이 된다. 이는 벽면 탭이나 정적 유체(static fluid)에 대한 별도의 연결을 필요하지 않게 해준다.

유체 속도와 측정된 압력차 간의 관계식을 유도하라. 높이 차이를 무시할 수 있다고 가정해도 좋다.

11.13. 사이폰 사이폰(siphon)은 개방된 탱크 또는 유로에서 액체를 그 수위 이상으로 끌어당겨 그 수위 아래로 배출하는 데 사용될 수 있다. 일단 배출이 시작되면, 높이 차이에 의해 유동이 지속된다. 가장 간단한 구성은 그림 P11.13에서와 같이 역 U자형 튜브이다. 여기서는 점성 손실은 무시할 만한 것으로 가정하지만, 실제 사이폰에서는 항상 그런 것은 아니다.

(a) 빈 관(tube)을 탱크에 넣은 후, 유동을 시작하기 위해 위치 C에서 어느 정도의 흡인력(suction)을 가해야 할까?

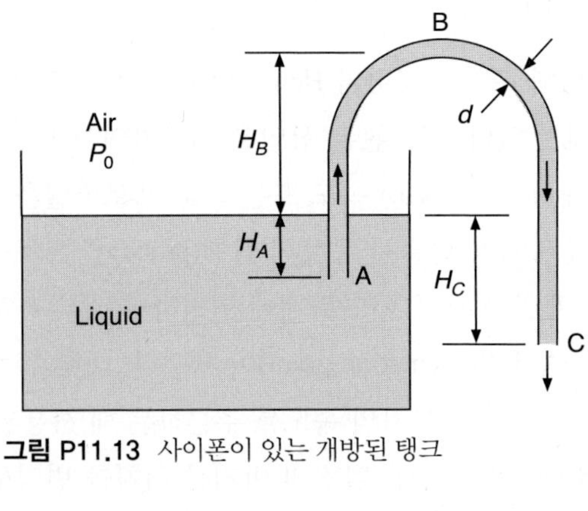

그림 P11.13 사이폰이 있는 개방된 탱크

(b) 일단 유동이 시작된 후, 만일 유동이 난류이면, 관 내 평균 속도 U는 얼마일까?

(c) 동작 중에 위치 B의 압력 P_B는 대기압 이하임을 보여라.

(d) 출구의 위치를 낮추면 유속이 증가한다. 그러나 공동화(cavitation)는 결국 사이폰을 신뢰할 수 없게 만들게 될 것이다. 이는 만일 어느 곳에서나 압력이 액체의 증기압인 P_V를 초과하게 되면 피할 수 있다. 이때 H_C와 U의 제한점은 무엇인가?

11.14. 섬프 펌프 가정용 공칭 1/2 마력(nominal 1/2 hp)의 전기 섬프 펌프(sump pump)가 다음 데이터와 함께 제공된다.

연직 이송 거리 (ft)	0	5	10	15	20	25
유량 (GPM)	66	61	56	50	43	34

여기서 GPM은 분당 갤런을 의미한다. 전형적인 설치가 그림 P11.14에 나와 있다. 흡입구에서의 평균 수심은 h이고, 배출은 높이 H와 평균 속도 v에서 지름 D의 파이프를 통과한다. 이 데이터로부터 펌프의 효율을 추산하고자 한다. 비록 테스트 셋업의 세부 사항은 제공되지 않았지만, 펌프에 장착된 나사식 피팅으로부터 파이프는 1 1/2″ Schedule 40 PVC (D = 4.04 cm)로 추정된다. 파이프의 길이는 높이 H와 같다고 가정하자.

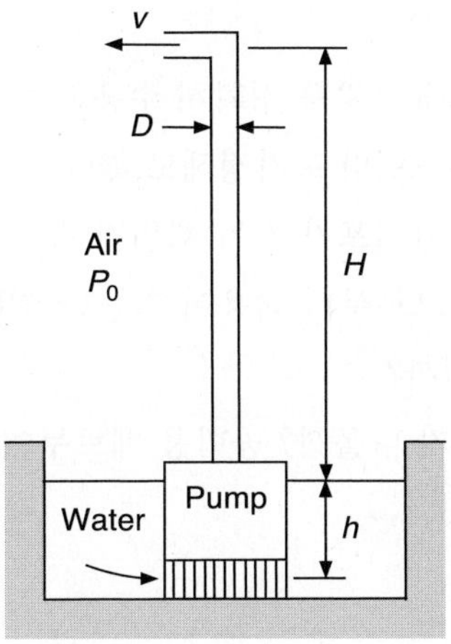

그림 P11.14 배출관이 있는 섬프 펌프

(a) 시험한 모든 조건에서 유동이 난류인지 확인하고, 마찰인자 값의 범위를 구하라. f의 범위는 평균값이 계속해서 사용될 수 있을 정도로 충분히 작다.

(b) W_m을 H, Q와 다양한 상수(f 포함)의 관계를 구하라. 펌프 흡입구에서 운동에너지를 무시하고, 파이프에서만 점성 손실을 고려할 수 있다.

(c) 표의 데이터를 사용하여 $H \geq 5$ ft의 경우, W_m을 H의 함수로 계산하라. [$H = 0$의 결과

를 사용하지 않는 이유는 무엇인가?] 펌프의 공칭 효율(nominal efficiency)을 구하라. 이 값은 W_m을 정격 1/2 마력(hp)으로 나눈 값이다. 올바른 효율(사용된 전력 대비 W_m)을 얻으려면, 테스트 중에 실제로 얼마나 많은 전류가 소비되는지를 알아야 한다.

11.15. 배수관(drainage pipe) 지하 플라스틱 파이프가 건물에서 물을 외부로 이송하는 데 사용되기도 한다. 그림 P11.15에서 보이듯이, 지름이 D인 파이프는 아래쪽을 향하며, 양쪽 끝이 대기에 열려 있다(압력 P_0). 이 부지는 길이 L = 40 m에 걸쳐 H = 2 m의 낙차가 필요하다. 부피 유량 Q는 날씨에 따라 달라지기도 하지만 1 gal/s 또는 3.8×10^{-3} m³/s(= Q_{max})를 초과하지 않는 것으로 가정하자. D에 대한 적절한 값을 선택하도록 하자.

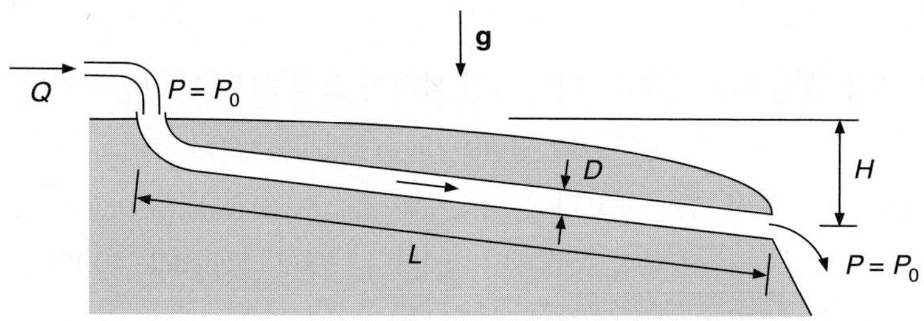

그림 P11.15 배수관

(a) 공학용 베르누이 방정식을 사용하여 예상되는 최대 유량을 정확히 수용할 수 있는 파이프의 지름을 계산하라. 파이프가 수력학적으로 부드럽다고 가정해도 좋다.

(b) 만일 D가 (a)의 결과와 $Q < Q_{max}$으로 선택되면, 파이프가 가득 채워지지 않을 것이다. 수학적으로 어떻게 확인할 수 있을까? [힌트: 2장으로부터 적용이 가능한 f(Re) 관계를 고려하라.] $Q = 0.1\ Q_{max}$일 때 점성 손실은 얼마일까?

(c) 같은 D에 대하여, 만일 $Q > Q_{max}$이면 어떤 결과가 나올까? 공학용 베르누이 방정식이 여전히 파이프에 적용될까?

12

파이프 유동: 입구 효과, 부품, 압축성

12.1 서론

다양한 종류의 도관에서 완전히 발달된 유동에 대한 압력강하 및 유량의 계산은 2장에서 논의되었다. 이러한 유동에 대한 저항은 도관의 길이와 무관한 벽 전단응력 τ_w에 기인하며 τ_w에 대한 정보는 마찰인자 f와 관련지을 수 있다. 긴 파이프에서 비압축성 유동과 관련된 설계 계산에 필요한 것은 유체 특성 데이터와 f에 대한 도표 또는 수식이다. 그러나 정유 시설, 미세유체(microfluidic) 장치 또는 신체에서와 같이 여러 위치에 유체를 분배하는 시스템은 다른 크기의 도관들과 탱크를 연결하는 일정 길이의 도관 또는 다른 요소들로 구성되어 있다. 추가적인 유동 저항이 지름의 급격한 변화 또는 밸브 및 부품의 존재로 인해 발생한다. 추가적인 저항은 일부 시스템에서는 무시할 수 있으나 어떤 시스템에서는 이들의 전체 저항이 파이프의 일반 영역에서의 저항을 초과한다. 관 입구는 지름의 급격한 감소를 보이고 새로운 단면에 유동이 조정되는 입구 영역을 만든다. 그곳에서의 저항은 12.2절에서 설명하는 바와 같이 완전발달 유동에 대한 저항을 초과한다. 12.3절은 '다른' 저항에 대한 논의를 파이프 부품과 밸브로 확장하고 펌프에 대한 기본 정보를 포함함으로써 실제 설계의 기초를 제공한다.

모든 유동 영역과 기하 구조에 대한 기본 가정은 유체 밀도가 일정하다는 것이다. 종종 압력의 변화가 절대 압력에 대해 작은 비율이라면 기체가 비압축성이라는 가정은 만족할만하다. 매우 긴 파이프 또는 음속에 근접한 속도에서의 기체 유동은 예외적이며 각각 12.4절과 12.5절에서 초점을 둔다. 파이프나 노즐을 통해 '막힘현상(choking)'이 유량을 어떻게 제한하는지를 포함하여 압축성 유동의 특징이 소개된다.

12.2 입구효과

입구길이

아직까지 계산에 포함되지 않은 것은 관 또는 다른 도관에서 속도 프로파일이 입구에서 일정 거리 후에야 완전발달한다는 것이다. 입구는 전형적으로 그림 12.1의 위치 1에서와 같이 단면적의 급격한 축소(sudden contraction)를 수반한다. 반지름의 비는 $\beta = R/R_0$로 표시될 것이다. 큰 탱크와 연결된 파이프에서 β는 실질적으로 0이다. 입구길이 L_E는 입구에서부터 더 작은 관에서의 유동이 완전발달하는 곳의 거리이다. 이것은 항상 전체 길이 L에 대해 작은 비율은 아니다. 위치 1에서의 급격한 축소(sudden contraction)는 작은 관의 첫 번째 부분뿐만 아니라 약간의 거리에 있는 상류에서도 속도와 압력에 영향을 주기 때문에 전체 입구영역은 위치 0에서부터 위치 2로 확장된다. 유동은 위치 2에서부터 파이프가 끝나는 위치 3까지 완전발달된다.

관의 속도 프로파일이 완전발달되는 정확한 지점은 임의적이다. 층류 유동에서는 중심선 속도가 최종 값의 99%에 도달하는 거리로 정의하는 것이 일반적이다. Boger (1982)에 의해 검토된 바와 같이 $\beta \leq 0.5$인 축소(contraction)를 통한 뉴톤 유체의 층류 유동에 대한 실험 결과와 수치 모사는 다음과 같다.

$$\frac{L_E}{R} = 0.49 + 0.11\,\mathrm{Re} \qquad \text{(laminar)}. \tag{12.2-1}$$

그러므로 층류 유동이 Re = 2,100까지 유지된다면 입구 영역은 반지름의 230배만큼 길어진다.[1)] R이 H로 대체되고 Re의 관 지름이 $2H$로 대체되는 경우 간격 $2H$를 갖는 평행 판 유로

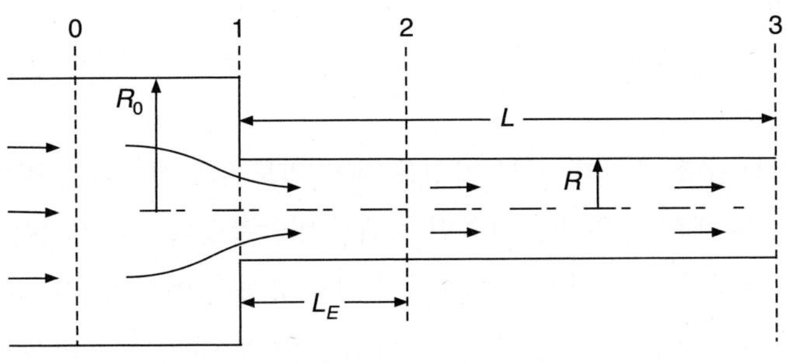

그림 12.1 반지름 R_0인 관에서 반지름 R인 관으로 급격한 축소(sudden contraction). 위치 1의 반지름 변화는 위치 0과 2 사이의 속도장 및 압력장을 교란한다.

1) 플러그 유동이 위치 1에서 가정되고 상류 영역이 무시되는 덜 현실적이지만 계산상 더 편리한 상황에 대해 다소 다른 식(0.49 대신 1.10)이 얻어진다(Boger, 1982).

에 대해서도 동일한 수식이 대략적으로 정확하다.

난류 유동의 입구 길이는 추산하기가 훨씬 더 어렵다. Zagarola와 Smits (1998)는 Re = 3 × 10^5에서 반지름의 160배, Re = 4 × 10^7에서 반지름의 260배로 예전 문헌에서 발견된 반지름의 60~80배를 초과한다고 결론지었다. 그러나 이들 중 더 큰 값조차도 식 (12.2-1)을 난류 유동으로 외삽하여 얻은 것보다는 훨씬 작다. 유동을 가로지르는 운동량 전달이 더 빠르기 때문에(10장) 속도 프로파일은 층류에서보다 난류에서 보다 빠르게 발달한다.

입구영역에서의 과도 압력강하

완전발달된 속도 프로파일을 연구하기 위한 장치를 설계할 때를 제외하면 급격한 축소(sudden contraction)로 인한 과도 압력강하는 L_E보다 중요하다. 그림 12.1 시스템에 대한 펌프 요건은 전체 압력강하 $|\Delta\mathcal{P}| = \mathcal{P}_0 - \mathcal{P}_3$에 의해 결정된다. 이것이 완전발달된 유동에 대한 값을 얼마나 초과하는지를 알면 2장의 계산을 다듬을 수 있다.

역학적 에너지 수지로 $|\Delta\mathcal{P}|$의 기여를 밝힐 수 있다. 위치 0과 3 사이에 적용하면 공학용 베르누이 방정식[식 (11.4-8)]은 다음과 같다.

$$\Delta\left(\frac{b\langle v\rangle^2}{2} + \frac{\mathcal{P}}{\rho}\right) = -\frac{E_v}{w} \tag{12.2-2}$$

위에서 층류 유동에서 $b = 2$이고 난류 유동에서 $b = 1$이다. $\beta \ll 1$이라 하면 더 작은 관에서의 평균 속도 U에 대해 $\langle v_0\rangle = \beta^2\langle v_3\rangle \ll U$이기 때문에 상류의 운동에너지는 무시할 수 있다. 따라서 식 (12.2-2)는 다음과 같이 단순화된다.

$$\left|\frac{\Delta\mathcal{P}}{\rho}\right| = \frac{E_v}{w} + \frac{bU^2}{2}. \tag{12.2-3}$$

위 식에서 전체 압력강하는 점성 손실과 운동에너지 증가의 조합에서 발생하는 것으로 나타났다.

전체 압력강하는 두 부분을 지니고 있는 것으로 볼 수 있다: 반지름 R과 길이 L의 관에서 완전히 발달된 유동에 대한 $|\Delta\mathcal{P}|_{FD}$와 입구 영역에 기인한 증가 $|\Delta\mathcal{P}|_{EN}$. $|\Delta\mathcal{P}|_{FD}$를 완전발달 유동의 벽 전단응력(τ_w)와 연관시키기 위해 식 (2.3-4)를 사용하면 다음과 같다.

$$|\Delta\mathcal{P}| = \frac{2\tau_w L}{R} + |\Delta\mathcal{P}|_{EN}. \tag{12.2-4}$$

$|\Delta\mathcal{P}|_{EN}$을 작은 관의 유효 길이를 늘리는 것으로 생각하면 편리하다. $2\tau_w$로 나누면 다음과 같다.

$$\frac{|\Delta\mathcal{P}|}{2\tau_w} = \frac{L}{R} + \frac{|\Delta\mathcal{P}|_{EN}}{2\tau_w} = \frac{L+L^*}{R} \tag{12.2-5}$$

위에서 L^*는 입구영역에 기인한 길이의 겉보기(apparent) 증가이다. $\beta \leq 0.25$인 층류 유동에서 실험과 계산 결과(Boger, 1982)는 다음과 같다.

$$\frac{|\Delta\mathcal{P}|_{EN}}{2\tau_w} = \frac{L^*}{R} = 0.0709\,\text{Re} + 0.589 \quad \text{(laminar)}. \tag{12.2-6}$$

난류 유동에 대한 유효 관 길이의 증가는 완전발달 유동과 급격한 축소(sudden contraction)에 대한 결과로부터 추론된다. 점성 손실에 대한 각각의 기여는 $E_v^{(FD)}$와 $E_v^{(EN)}$이다. 식 (11.4-14)에서 $E_v^{(FD)}/w = U^2Lf/R$이다. $\beta \to 0$와 급격한 축소의 결과로부터 $E_v^{(EN)}/w = 0.22U^2$이다(Martin, 1974). 그 결과 다음과 같다.

$$\frac{E_v}{w} = \frac{U^2Lf}{R} + 0.22U^2. \tag{12.2-7}$$

위 식과 $b = 1$을 식 (12.2-3)에 대입하면 다음과 같다.

$$\frac{|\Delta\mathcal{P}|}{\rho} = \frac{E_v}{w} + \frac{U^2}{2} = \frac{U^2Lf}{R} + 0.72U^2. \tag{12.2-8}$$

이제 관 길이의 유효 증가는 다음 식을 사용하여 정의된다.

$$\frac{|\Delta\mathcal{P}|}{\rho} = \frac{U^2f\,(L+L^*)}{R} \tag{12.2-9}$$

식 (12.2-8)과 비교하면 다음과 같다.

$$\frac{L^*}{R} = \frac{0.72}{f} \quad \text{(turbulent)}. \tag{12.2-10}$$

$f = 3.6 \times 10^{-3}$이고 $\text{Re} = 3 \times 10^5$인 매끄러운 관에서 위 식으로부터 $L^*/R = 200$이고 이는 L_E/R과 상당히 잘 일치한다. 입구 길이와 겉보기 길이 증가는 층류 유동에서도 유사하다. 식 (12.2-1)과 (12.2-6)으로부터 L^*/L_E는 Re = 0에서 1.20으로부터 Re = 2,000에서 0.65 범위에 있다.

예제 12.2-1 ● 공정 파이프 입구 보정. 입구에서 $\beta \ll 1$의 급격한 축소(sudden contraction)가 있다고 가정할 때, 예제 2.3-1의 수평 파이프에서 물의 압력강하에 대한 입구 영역의 영향을 결정하도록 하자.

Q와 파이프 치수 및 유체 특성이 고정되었기 때문에 입구 영역의 추가적인 저항은 $|\Delta\mathcal{P}|$를 증가시킬 것이다. 이전에 결정된 것과 같이 유동은 난류이고 $\text{Re} = 1.02 \times 10^5$와 $f = 4.43$

$\times 10^{-3}$이다. 식 (12.2-10)으로부터 다음과 같다.

$$\frac{L^*}{R} = \frac{0.72}{4.43 \times 10^{-3}} = 163.$$

파이프 치수로 $L = 30$ m, $D = 0.1$ m이고 $L/R = 30/0.05 = 600$이다. L^*/R이 L/R에 대해 상당한 크기라는 사실로 인해 추가적인 압력강하를 무시할 수 없다. 필요한 펌프 동력은 $W_m = Q|\Delta\mathcal{P}|$(예제 11.4-1)이다. 따라서 압력강하 및 펌프 동력은 완전발달 유동에 대해 각각 $763/600 = 1.27$배이다.

예제 12.2-2 ● 모세관 점도계의 입구 보정. 이 예제의 목적은 시험 부분의 시작에 급격한 축소(sudden contraction)가 있다고 가정하고 예제 2.3-4의 점도계로 측정된 것을 해석하기 위해 보정 인자(correction factor)가 필요한지 확인하는 것이다.

점도계의 $|\Delta\mathcal{P}|$가 고정된 상태에서 입구 저항은 측정된 Q를 감소시키고 μ의 과소 측정을 유발시킨다. 시험 영역에서 $L = 5$ cm, $D = 0.5$ mm이고 $L/R = 5/0.025 = 200$이다. 유동은 층류이고 Re = 34.0이다. 식 (12.2-6)으로부터 다음과 같이 된다.

$$\frac{L^*}{R} = 0.0709\,(34.0) + 0.589 = 3.00.$$

이는 L/R의 1.5%로 정확한 작업에서는 우려하기에 충분하다. μ_{app}를 이전에 측정된 겉보기(무수정) 점도라 하고 μ를 참 값이라 하자.

$$\mu_{app}L = \mu(L + L^*)$$

$$\mu = 1.35 \times 10^{-3}\left(\frac{200}{203}\right) = 1.33 \times 10^{-3}\ \text{Pa}\cdot\text{s}.$$

모세관 점도계의 데이터 해석은 Kestin *et al*. (1973)에 의해 논의되었다.

12.3 부품, 밸브, 펌프

12.2절에서 파이프 지름의 급격한 감소(sudden reduction)가 추가적인 점성 손실을 발생시켜 압력강하를 증가시키는 것을 보았다. 유동이 층류인지 난류인지에 관계없이 급격한 확대(sudden expansion), 파이프 벤드(bend) 및 밸브 또는 부품으로 인한 장애에도 이러한 것은 사실이다. 이러한 '기타' 손실이 반드시 미미한 것은 아니다. 더 실제적으로 중요하며 더 많은 데이터가 이용 가능한 난류에 초점을 맞출 것이다.

손실계수

사건 또는 장치 i에 의한 손실 $E_{v,i}$는 다음과 같이 표현된다.

$$\frac{E_{v,i}}{w} = K_i \frac{U^2}{2} \tag{12.3-1}$$

위 식에서 K_i는 무차원 *손실계수(loss coefficient)*이고 U는 평균 속도이다. 지름에 변화가 있을 때 관습적으로 U는 좁은 유로에서의 값이고 β는 작은 지름을 큰 지름으로 나눈 값($\beta \leq 1$)이다. Re가 플러그-유동 근사를 적용할 수 있을 만큼 충분히 클 때(약 10^5 이상), K_i는 전형적으로 Re와 무관하며 유동 형상에만 의존한다. 예를 들어 K_i를 측정하는 방법은 Crane (2012)에 의해 설명되어 있다. 몇 가지 예에서, K_i에 대한 표현은 하나 또는 2개의 주요한 가정과 함께 거시적 수지식들을 결합하여 유도할 수 있다.

*급격한 축소(sudden contraction)*를 통한 난류 유동의 손실계수는 다음과 같이 주어진다 (Martin, 1974).

$$K_c = \left(\frac{2}{m} - \beta^2 - 1\right)^2 \tag{12.3-2a}$$

$$m = \frac{1.2\sqrt{1 - 0.64\beta^4} - 0.72\beta^2}{1 - \beta^4}. \tag{12.3-2b}$$

이미 식 (12.2-7)에서 사용한 것과 같이 $\beta \to 0$에서 $m \to 1.2$이고 $K_c \to 0.44$이다.

*급격한 확대(sudden expansion)*에 대한 손실계수는 Borda-Carnot *방정식*으로 주어져 있다.

$$K_e = (1 - \beta^2)^2 \tag{12.3-3}$$

위 식은 예제 12.3-2에서 유도된다. 이것은 동일한 유체로 채워진 더 큰 지름의 용기를 통과하는 유동에만 적용된다. 기체로 들어가는 액체 제트의 경우 $K \cong 0$이다.

*오리피스(orifice)*는 얇은 판이나 판에 있는 구멍이다. 수학적으로 이것은 $L_0/D_0 \to 0$인 지름 D_0이고 길이 L_0인 관이다. 관에 있는 오리피스 판에 대한 그림 12.2에서 보인 것과 같이 오리피스를 통과하는 유동은 급격한 축소에 이은 급격한 확대와 관련된다. 유동은 위치 1(상류로 지름길이 정도 떨어진) 곳까지는 흐트러지지 않고 위치 2(하류로 지름길이에 수배 떨어진)에서 다시 완전히 발달하게 된다. 동일한 상류 및 하류 지름에서($D_1 = D_2$) 부피 유량 Q는 전체 압력 강하와 다음과 같이 연관된다(Tilton, 2007).

$$Q = v_o S_o = C_o S_o \left[\frac{2(P_1 - P_2)}{\rho(1 - \beta^2)(1 - \beta^4)}\right]^{1/2} \tag{12.3-4}$$

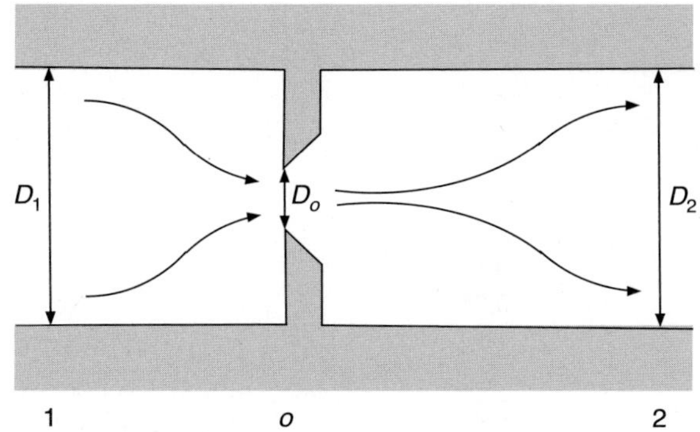

그림 12.2 관에서 오리피스 판을 통과하는 유동

위에서 $S_0 = \pi D_0^2/4, \beta = D_0/D_1$이고 C_0는 *오리피스 계수*이다. 식 (12.3-4)는 *오리피스 유량계*의 데이터를 해석하는 데 사용되며 위치 1 및 2에 압력 탭이 장착되어 있다(Crane, 2012). $C_0 = 0.62$(Tilton, 2007)에서 v_0에 근거한 손실계수는 다음과 같다.

$$K_o = \frac{(1-\beta^2)(1-\beta^4)}{C_o^2} = 2.6(1-\beta^2)(1-\beta^4). \tag{12.3-5}$$

만약 $D_2 \gg D_1$(예를 들어 오리피스에서 관이 끝난다면)이며, 각 방정식에서 $(1-\beta^2)$은 생략된다.

일부 손실계수들을 표 12.1에 나타냈다. 급격한 축소, 급격한 확대 및 오리피스 값은 $\beta \to 0$에 대해서만 표시되었다. 둥근 관 입구, 두 종류의 표준 벤드(bend), 세 가지 유형의 밸브 및 지름 D와 길이 L의 파이프에서 완전 발달된 유동도 포함된다. 손실계수는 보인 것과 같이 밸브 유형에 따라 크게 다르다. 더 완전한 결과가 Blevins (2003), Crane (2012) 및 Tilton (2007)에 의해 주어져 있다. 설계, 특히 밸브 설계의 변경을 위해서는 특정 장치에 대한 제조업체의 데이터를 얻는 것이 현명하다.

펌프 특성

펌프는 그림 11.6에서 설명한 것과 같이 파이프 또는 다른 도관을 따라 특정 지점에서 압력을 증가시킨다. 펌프는 일반적으로 *용적식(positive displacement*, PD)과 *원심(centrifugal*, CF) 두 종류가 있다. 용적식 펌프는 일정한 부피 유량 Q를 유지하고 기체 또는 액체에 사용할 수 있다. 기체에 사용되는 PD 펌프는 *압축기(compressor)*로 불린다. PD 펌프의 출력은 Q를 설정하는 데 필요한 압력에 따라 달라진다. 산업용을 사용되는 것은 왕복 및 회전 타입이 있다(Wiles, 2006, pp.188~194). 주사기 펌프(연습문제 2.4)는 실험실 환경에서 작고 일정한

표 12.1 난류 유동에 대한 손실계수[a]

Object	K
Sudden contraction ($\beta \to 0$)	0.44
Sudden expansion ($\beta \to 0$)	1.0
Orifice ($\beta \to 0$)	2.6
Rounded tube entrance[b]	0.1
90° bend (standard elbow)	0.75
180° bend (close return)	1.5
Diaphragm valve	
Open	2.3
Half open	4.3
Gate valve	
Open	0.17
Half open	4.5
Globe valve (bevel seat)	
Open	6.0
Half open	9.5
Long pipe	$\dfrac{4Lf}{D}$

[a] 식 (11.4-14)부터의 긴 관 결과. 다른 값들은 식 (12.3-2), (12.3-3) 및 (12.3-5) 또는 Tilton (2007)으로부터 얻음.

[b] 반지름이 0.15D보다 크게, 둥글게 된 트럼펫 형태의 입구

Q 값을 제공하는 데 사용되는 간단한 유형의 PD 펌프이다. 원심 펌프 또한 기체 또는 액체에 사용될 수 있다. 기체에 사용되는 CF 펌프는 *송풍기(blower)*라 불리며 가정용 예로는 헤어 드라이어가 있다. 원심 펌프는 큰 유속에 더 적합하며 PD 펌프보다 일반적이다. 일반적으로 유체는 중심에서 입구를 통해 CF 펌프로 들어가고, 임펠러에 의해 회전되고 주변부로 배출된다. 만약 모터 속도가 고정되어 있다면 Q는 고정되지 않으며 이는 논의의 여지가 있다.

CF 펌프 제조업체는 그림 12.3과 같은 그래프로 성능 데이터를 제공한다. 세로축은 ρg로 나눔으로서 수두로 표현된 펌프를 가로지르는 압력 증가 $|\Delta P|_{CF}$이며 가로축은 Q이다. 그림은 세 가지 크기의 CF 펌프에 대한 가상 성능 곡선이다. 각각에 의해 형성된 수두는 작은 Q에서 가장 크며 Q가 증가함에 따라 점차 감소하고 특정 최대 유속(데이터 범위를 벗어날 수 있음)에서 0에 도달한다. 수두의 감소는 주로 펌프 내의 점성 손실의 증가에 기인한다. 전형적인 성능 곡선은 다음과 같다.

$$\frac{|\Delta P|_{CF}}{\rho g} = A - BQ^n \tag{12.3-6}$$

여기서 A와 B는 차원이 있고 n은 차원이 없는 실험 상수이다. 전형적으로 $n \cong 2$이다.

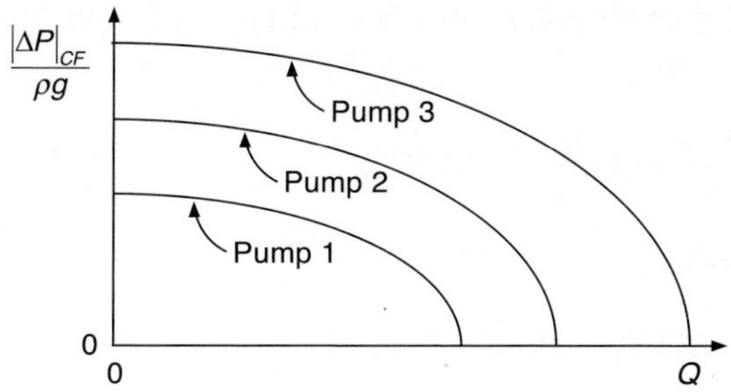

그림 12.3 다른 크기의 원심 펌프의 가상 운전 곡선

범용적인 성능 곡선을 구성하는 방법에 대한 지침은 차원해석을 통해 제공된다. 주어진 설계에서 CF 펌프는 주로 선형 차원 d(예를 들면 전체 지름) 및 임펠러의 각속도 ω로 특징된다고 가정될 수 있다. 펌프가 기하학적으로 상사한 경우 입구와 출구의 지름, 임펠러의 반지름, 임펠러 날개의 크기 및 기타 내부 치수가 모두 d에 비례한다. 이러한 펌프들 내에서 다양한 기하학적 비율이 동일할 것이기 때문에 일일이 열거될 필요는 없다. Reynolds 수가 점도를 무시할 정도로 충분히 크다고 가정하면 d와 ω를 제외하고 관련된 양은 ρ, Q와 $|\Delta P|_{CF}$이다. 3개의 독립적인 차원(M, L, T)을 포함하는 다섯 가지 물성 양에 대해 무차원 유속 N_1과 무차원 펌프 수두 N_2의 두 그룹이 있다. 1.4절에서와 같이 다음을 알 수 있다.

$$N_1 = \frac{Q}{\omega d^3}, \quad N_2 = \frac{|\Delta P|_{CF}}{\rho\omega^2 d^2}. \tag{12.3-7}$$

N_1에 대한 N_2 그림은 그림 12.3의 곡선 중 어떤 것과 동일한 형태를 나타낼 것이다. 그러나 단일 곡선이 주어진 설계에서 모든 CF 펌프에 적용된다.

예제 12.3-1 • 회귀 벤드에 작용하는 힘(재해설). 예제 11.3-1에서 난류 유동으로 180° 파이프 벤드(bend)에 작용하는 순 유체 힘이 다음과 같음을 보이기 위해 운동량 수지를 사용하였다.

$$F_x^0 = S(P_1 + P_2 - 2P_0 + 2\rho U^2) \tag{12.3-8}$$

유체는 $+x$ 방향으로 들어오고 S는 파이프의 단면적, P_1과 P_2는 각각 입구와 출구 압력이고 P_0는 주변 압력이다. P_2를 P_1에 관련시킴으로써 힘의 계산을 완료해야 한다.

공학용 베르누이 방정식[식 (11.4-8)]이 $b = 1, \Delta(v^2) = 0, \Delta h = 0, W_m = 0, E_c = 0$으로 하여 적용된다. 출구 압력으로 풀면 다음과 같다.

$$P_2 = P_1 - \rho\frac{E_{v,b}}{w} \tag{12.3-9}$$

위에서 $E_{v,b}$는 벤드(bend)에서의 점성 손실이다. $K_b = 1.5$(표 12.1)를 사용하면 이때 손실은 다음과 같다.

$$\frac{E_{v,b}}{w} = K_b \frac{U^2}{2} = 0.75U^2. \tag{12.3-10}$$

이 결과를 식 (12.3-8)에 넣으면 다음과 같다.

$$F_x^0 = S[2(P_1 - P_0) + 1.25\rho U^2]. \tag{12.3-11}$$

힘을 계산하기 위해 지정해야 하는 유일한 압력은 입구에서의 게이지 압력이다.

예제 12.3-2 • Borda-Carnot 방정식. 이 예제의 목적은 그림 12.4와 같은 확대를 통한 난류 유동에서 점성 손실을 나타내는 식 (12.3-3)을 유도하는 것이다.

점선은 평면 1과 평면 2 사이의 유체를 포함하는 대상 부피를 나타낸다. 관은 수평으로 가정되고 공학용 베르누이 방정식에 의해 확대에서 압력 강하는 다음과 같다.

$$\frac{P_1 - P_2}{\rho} = \frac{v_2^2 - v_1^2}{2} + \frac{E_{v,e}}{w}. \tag{12.3-12}$$

식 (11.3-9)에 기초한 운동량 수지가 압력 강하에 대한 다른 식을 찾는 데 사용된다. 전체 유동이 $+x$ 방향이라면 구멍에서 외측 법선은 $\mathbf{n}_1 = -\mathbf{e_x}$이고 $\mathbf{n}_2 = \mathbf{e_x}$이며 다음과 같다.

$$F_x^* = (P_1 + \rho v_1^2)S_1 - (P_2 + \rho v_2^2)S_2. \tag{12.3-13}$$

위치 1과 2 사이의 거리가 짧아 두 관 부품 벽에서 전단응력을 무시할 수 있다고 가정한다. 따라서 대상 표면의 고체 부분에 작용하는 유체의 힘은 환형 영역에 작용하는 압력 P_a에만 기인하게 되어 다음과 같이 된다.

$$F_x^* = -P_a(S_2 - S_1). \tag{12.3-14}$$

해석을 완료하는 데 필요한 핵심 가정은 $P_a \cong P_1$이다. 환형 압력이 상류 값과 거의 같아야 하는 이유는 분명하지 않지만 이 근삿값은 전단력을 무시한 것과 마찬가지로 최종 결과의 성공으로 검증된다. 이러한 방식으로 F_x^*를 계산하며 식 (12.3-13)은 다음과 같이 정리된다.

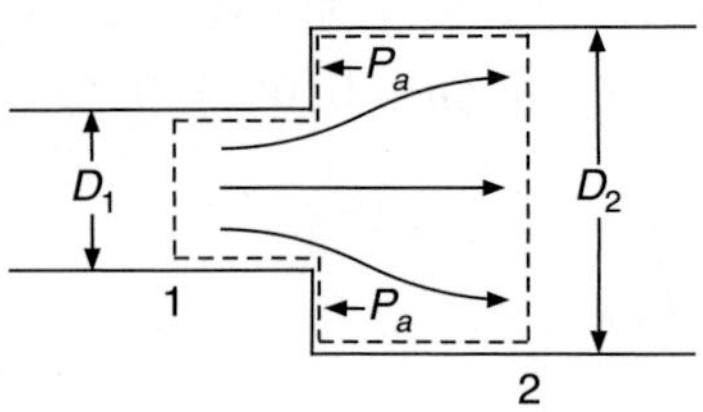

그림 12.4 관 지름의 급격한 확대(sudden expansion)

$$\frac{P_1 - P_2}{\rho} = v_2^2 - \left(\frac{S_1}{S_2}\right) v_1^2. \tag{12.3-15}$$

위의 압력 강하를 식 (12.3-12)와 같게 놓고 점성 손실에 대해 풀면 다음과 같다.

$$\frac{E_{v,e}}{w} = K_e \frac{U^2}{2} = \frac{v_2^2}{2} + \frac{v_1^2}{2}\left(1 - \frac{2S_1}{S_2}\right). \tag{12.3-16}$$

위에서 $v_1 = U$이고 질량 보존에 의해 $v_2 = v_1 S_1/S_2 = \beta^2 U$이다. 이 속도를 식 (12.3-16)에 넣으면 식 (12.3-3)이 얻어진다.

예제 12.3-3 ● 분기점에서 압력 증가. 그림 12.5는 유체의 일부가 지름 D_B인 측면 포트 또는 가지를 통해 배출되는 지름 D의 파이프에서 위치를 보여준다. 벽에 있는 구멍은 오리피스이거나 다른 파이프의 입구일 수 있다. 여러 출구에 유체를 분배하는 *다기배관(manifold)*은 일련의 구멍이 있는 파이프로 구성되는 경우가 많다. 유동이 바깥쪽인 분배 영역은 유동이 안쪽인 복귀 영역을 동반할 수 있다. 주방 가스레인지의 버너는 오리피스가 있는 분배 다기배관의 한 예이다. 이 예제의 목적은 난류 유동에 대해 이러한 가지 근처에서 주 유로를 따라 압력 변화를 예측하는 것이다.

존재하고 있는 유체는 주 파이프에서 속도를 감소시킨다. 유동이 거의 비점성이라면 벤츄리관의 팽창부분에서처럼 압력이 증가한다. 주요 기하학적 매개변수는 면적비 κ와 지름비 β로 $\kappa = S_B/S = (D_B/D)^2 = \beta^2$로 연관된다. $\beta \ll 1$로 가정될 것이고 플러그-유동 근사가 사용될 것이다.

압력 증가를 계산하는 한 가지 방법은 그림 12.5(a)의 대상 부피에서 운동량 수지를 적용하고 벽에서의 전단력을 무시하는 것이다. 그러나 분기로의 유동이 대상 표면의 해당 부분에 수직이 아니므로 문제가 발생할 수 있다. 알 수 없는 양의 축 방향 운동량이 분기로 대류

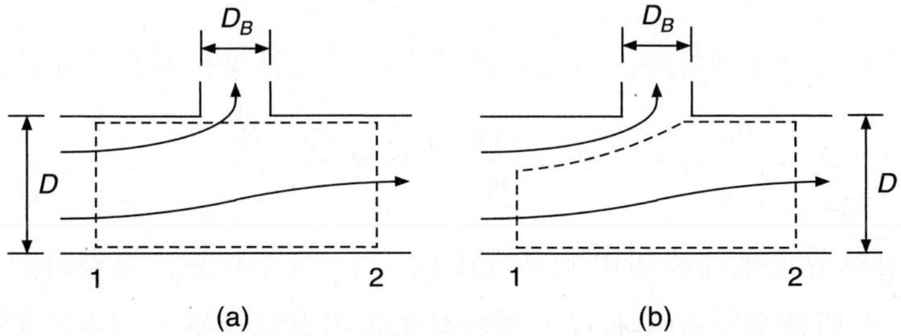

그림 12.5 파이프 분기 근처의 압력 변화를 계산하기 위한 대체 대상 부피

된다. 보다 유용한 방법은 공학용 베르누이 방정식을 그림 12.5(b)의 대상 부피에 적용하는 것이다. 윗면은 주 파이프에서 계속되는 유동과 분기를 시작하는 유동을 분리하는 가상적인 유선이다. 다행스럽게 가상 평면의 정확한 위치(평면과는 거리가 먼) 또는 위치 1의 횡단면(원형과는 거리가 먼)은 해석에 필요하지 않다. '입구'(위치 1)와 '출구'(위치 2) 사이의 점성 손실은 무시할 수 있다고 가정한다.

점성 손실이 없는 수평 유로의 플러그 유동에 대한 공학용 베르누이 방정식은 다음과 같다.

$$\frac{P_2 - P_1}{\rho} = \frac{1}{2}\left(v_1^2 - v_2^2\right). \tag{12.3-17}$$

여기에서 $v_2 < v_1$이기 때문에 이미 언급된 것과 같이 압력 증가 또는 '회복(recovery)'이 발생한다. 질량 보존으로부터 주 파이프의 속도는 가지에서의 속도(v_B)와 다음과 같이 연관된다.

$$v_2 = v_1 - \kappa v_B. \tag{12.3-18}$$

위 식을 식 (12.3-17)에서 v_2를 소거하는 데 사용하면 압력 회복은 다음과 같다.

$$\frac{P_2 - P_1}{\rho} = \frac{\kappa v_B}{2}\left(2v_1 - \kappa v_B\right). \tag{12.3-19}$$

v_B를 계산하기 위해 측면 포트는 압력 P_0으로 열려져 있는 오리피스로 가정한다. 오리피스 넘어 무한히 넓은 영역이 주어지면 식 (12.3-4)의 $(1 - \beta^2)$항은 생략된다. 나아가, $\beta < 0.3$에서 $(1 - \beta^4) > 0.99 \cong 1$이다. 오리피스로부터 상류의 압력을 근사하기 위해 $(P_1 + P_2)/2$를 사용하면 다음과 같다.

$$v_B = C_o\left(\frac{P_1 + P_2 - 2P_0}{\rho}\right)^{1/2} = C_o\left(\frac{P_2 - P_1}{\rho} + \frac{2\,(P_1 - P_0)}{\rho}\right)^{1/2}. \tag{12.3-20}$$

단지 κv_B 곱이 식 (12.3-19)에 필요하기 때문에 면적비와 오리피스 계수는 $\phi = \kappa C_0$로 결합될 것이다. $C_0 = 0.62$와 $\beta < 0.3$에서 $\phi = \beta^2 C_0 < 0.06$이다. $\phi \ll 1$은 최종 결과를 단순화하는 데 사용된다. 주어진 P_1, v_1, ϕ, ρ와 P_0에서 식 (12.3-19)와 (12.3-20)은 P_2를 결정하기에 충분하다.

압력 증가 및 분기 유량을 평가하는 데 필요한 대수는 무차원 양을 사용하여 단순화된다.

$$X = \frac{P_2 - P_1}{\rho v_1^2}, \quad F = \frac{\kappa v_B}{v_1}, \quad G = \frac{P_1 - P_0}{\rho v_1^2} \tag{12.3-21}$$

위에서 X는 관성 압력 규모에 대한 압력 회복이고 F는 가지에 들어오는 유량의 분율이고 G는 관성 압력 규모에 대한 압력차이다. G는 일반적으로 지정되고 두 미지수는 X와 F이다. 식 (12.3-19)와 (12.3-20)을 새로운 변수들로 전환시키면 다음과 같다.

$$X = \frac{F}{2}(2 - F), \quad F = \phi(X + 2G)^{1/2}. \tag{12.3-22}$$

두 번째 방정식은 $Y = (X + 2G)^{1/2}$ 또는 $X = Y^2 - 2G$와 같이 또 다른 변수 전환을 제안한다. X를 Y로 전환시키고 첫 번째 식에 있는 F를 계산하기 위해 두 번째 식을 사용하면 Y에 대한 단일 이차 방정식이 얻어진다. 이 방정식은 물리적으로 현실적인 단지 하나의 (양의) 근을 갖고 있다. 이 근을 선택하고 X로 다시 전환시키면 압력 회복과 가지에서의 유량에 대하여 다음과 같다.

$$X = \left(\frac{\phi + \sqrt{\phi^2 + 4\,(2 + \phi^2)\,G}}{2 + \phi^2}\right) - 2G \tag{12.3-23}$$

$$F = \phi\left(\frac{\phi + \sqrt{\phi^2 + 4\,(2 + \phi^2)\,G}}{2 + \phi^2}\right) \tag{12.3-24}$$

이들 결과는 $\phi \ll 1$일 때 단순화될 수 있다. 이 경우 ($x \to 0$에서 유효한) 두 확장식인 $(1 + x)^{1/2} = 1 + (x/2) + \cdots$과 $(1 + x)^{-1} = 1 - x + \cdots$을 사용하고 맨 앞의 항만 유지하면 다음과 같다.

$$X = \phi\sqrt{2G} = F. \tag{12.3-25}$$

$G = 1$과 $\phi = 0.1$에서 $X = 0.141 = F$이다. 이는 식 (12.3-23)으로부터의 X결과에 단지 4% 크고 식 (12.3-24)로부터의 F결과에 3% 작다. 차원이 있는 양으로 돌아가면 작은 오리피스 결과는 다음과 같다.

$$\frac{P_2 - P_1}{\rho v_1^2} = \kappa C_o\left[\frac{2(P_1 - P_0)}{\rho v_1^2}\right]^{1/2} = \frac{\kappa v_B}{v_1} \quad (\kappa C_o \ll 1). \tag{12.3-26}$$

추가적인 논의는 Denn (1980, pp.125~129)에서 찾을 수 있다.

예제 12.3-4 ● 한 탱크에서 다른 탱크로 배수. 그림 12.6과 같이 지름 D인 2개의 대형 수조가 길이 L과 지름 d의 수평 파이프로 연결되었다 가정하자. 물의 높이 $H_1(t)$와 $H_2(t)$는 초기에 $H_0 = H_1(0) - H_2(0)$ 차이가 있었으며 $t = 0$에서 밸브를 열었다. 두 탱크 모두 일정한 기압 P_0로 유지된다. 수위가 같아지는 데 걸리는 시간을 예측하고자 한다. 치수는 $D = 10$ m, $L = 10$ m, $d = 0.05$ m이고 $H_0 = 5$ m이다. 파이프의 마찰인자는 $f = 5 \times 10^{-3}$으로 추산되었다.

평균 파이프 속도 $U(t)$는 탱크 수위가 서로 접근함에 따라 감소할 것이다. 그러나 이 변화는 정상상태를 가정하는 공학용 베르누이 방정식을 사용할 수 있을 정도로 충분히 느린 것으로 가정될 것이다. 다음의 추가 설명에서 알 수 있듯이 이 유사정상(pseudosteady) 근사는 이동된 총 물의 부피가 파이프의 부피를 크게 초과한다는 것만을 필요로 한다.

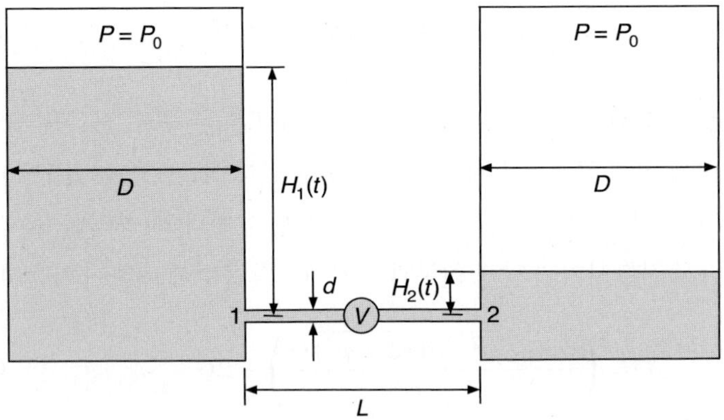

그림 12.6 $t = 0$에서 열리는 밸브가 있는 파이프로 연결된 두 물 탱크

탱크에서 수면은 좋은 기준 위치이다. 그곳에서 압력은 알려져 있고 큰 탱크 지름이 주어지면 운동에너지는 무시할 수 있을 것이다. 어떤 경우에도 속도는 동일하다. $b = 1, \Delta\langle v\rangle^2 = 0, \Delta P = 0,\ \Delta h = H_2 - H_1, W_m = 0$이고 $E_c = 0$에서 식 (11.4-8)은 다음과 같이 축소된다.

$$g(H_1 - H_2) = \frac{E_v}{w}. \tag{12.3-27}$$

파이프, 입구에서의 축소(contraction), 출구에서의 확대(expansion)와 밸브를 포함하는 총 점성손실은 다음과 같다.

$$\frac{E_v}{w} = K\frac{U^2}{2} = \left(\frac{4Lf}{d} + K_c + K_e + K_v\right)\frac{U^2}{2}. \tag{12.3-28}$$

여기에서 K는 보인 것과 같이 손실계수의 합이다. 식 (12.3-27)에서 점성손실을 계산하고 U에 대해 풀면 다음과 같다.

$$U = \left[\frac{2g(H_1 - H_2)}{K}\right]^{1/2}. \tag{12.3-29}$$

f가 Re에 의존하므로 총괄 손실계수 K는 시간에 따라 변한다. 논의되겠지만 이 변화는 작고 단순화를 위해 K를 상수로 고려할 것이다.

각 탱크의 질량수지에서 $dV_1/dt = -Q = -dV_2/dt$이다. 여기에서 V_1과 V_2는 각 탱크에서 물의 부피이고 Q는 파이프 내의 부피 유량이다. 한 수지식과 다른 수지식의 차로부터 $d(V_1 - V_2)/dt = -2\,Q$이다. U를 계산하기 위해 탱크와 파이프 지름을 도입하고 식 (12.3-29)를 사용하면 결합된 질량수지식은 다음과 같다.

$$\frac{\pi D^2}{4}\frac{d(H_1 - H_2)}{dt} = -2\left(\frac{\pi d^2}{4}\right)\left[\frac{2g(H_1 - H_2)}{K}\right]^{1/2}. \tag{12.3-30}$$

편리한 독립변수는 초기 값에 대한 비로 나타낸 높이 차로 $\theta(t) = [H_1(t) - H_2(t)]/H_0$이다. 식 (12.3-30)의 양변에 $4/(\pi D^2 H_0)$를 곱하면 다음과 같다.

$$\frac{d\theta}{dt} = -2\left(\frac{d}{D}\right)^2\left(\frac{2g}{KH_0}\right)^{1/2}\theta^{1/2}, \quad \theta(0) = 1\,. \tag{12.3-31}$$

초기 값의 1%에 이르는 높이 차에 필요한 시간이 공정시간으로 정의되고 t_p로 표기된다. $t = 0(\theta = 1$일 때)에서 $t = t_p(\theta = 0.01$일 때)까지 적분하면 다음과 같다.

$$\int_1^{0.01} \theta^{-1/2}\,d\theta = 2\theta^{1/2}\Big|_1^{0.01} = -1.8 = -2\left(\frac{d}{D}\right)^2\left(\frac{2g}{KH_0}\right)^{1/2} t_p. \tag{12.3-32}$$

그러면 공정시간(process time)은 다음과 같다.

$$t_p = 0.64\left(\frac{D}{d}\right)^2\left(\frac{KH_0}{g}\right)^{1/2}. \tag{12.3-33}$$

주어진 f 값과 표 12.1의 계수들을 사용하면 축소(contraction), 확대(expansion) 그리고 열린 글로브 밸브(open globe valve)에 대하여 다음과 같다.

$$K = \frac{4(10)(5\times 10^{-3})}{0.05} + 0.44 + 1 + 6.0 = 11.44.$$

파이프에서 마찰손실($4Lf/d = 4.00$)은 전체 점성손실의 약 1/3에 불과하다는 것을 알 수 있다. 따라서 Re가 떨어짐에 따라 f가 점차 증가하지만 K는 대부분의 공정에서 가정되었던 것과 같이 일정할 것이다. 공정시간은 다음과 같이 계산된다.

$$t_p = 0.64\left(\frac{10}{0.05}\right)^2\left(\frac{11.44(5)}{9.81}\right)^{1/2} = 6.18\times 10^4\ \text{s} = 17.2\ \text{h}.$$

f와 K의 정확성은 다음과 같이 검토될 수 있다. $K = 11.44$일 때 식 (12.3-29)로부터 초기 속도 $U(0) = 2.93$ m/s이고 초기 Reynolds 수 $\text{Re}(0) = 1.46\times 10^5$이다. 상업용 철강의 유효 거칠기($k = 0.046$ mm, 표 2.2)를 사용하면 식 (2.5-3)으로부터 $f = 5.25\times 10^{-3}$이다. 이 개선된 f 값은 파이프의 손실계수를 4.0에서 4.2로 증가시키고 전체 손실계수를 11.44에서 11.64로 증가시킨다. 이러한 미세 조정은 Re(0)를 거의 변화시키지 않아 1.45×10^5으로 감소시킨다. 마찰인자는 식 (2.5-1)에서 얻은 '완전히 거친' 값인 $f = 4.81\times 10^{-3}$에 가깝다는 점에 주목할

필요가 있다. f과 Re에 무관한 이 영역에서 K는 실제로 일정하다.

추가 학습: 탱크 채우기 또는 비우기에 대한 유사정상 근사

속도가 시간에 따라 다르더라도 공학용 베르누이 방정식이 파이프에 적용이 가능하다면 탱크로부터 또는 탱크로의 액체 유량 계산은 크게 단순화된다. 이러한 유사정상(pseudosteady) 근사를 정당화하기 위해 필요한 것이 정지된 액체로 가득 찬 일정 지름의 파이프에서의 난류 유동에서 검토된다.

축소(contraction) 및 확대(expansion) 손실을 포함하기 위해 식 (11.4-5)의 일시적 역학적 에너지 수지가 파이프 입구 바로 바깥에서 출구 바로 바깥쪽까지 액체에 적용된다. 외부 부피 및 밸브와 부품 내의 부피는 파이프의 일반 영역에 있는 부피 V_v에 비해 무시할 수 있을 것으로 가정한다. 에너지 축적항은 다음과 같다.

$$\frac{d}{dt}\int_{V_p} \rho\left(\frac{v^2}{2}+gh\right)dV = \rho V_p \frac{d}{dt}\left(\frac{U^2}{2}\right). \tag{12.3-34}$$

평균 유속 U가 파이프를 통해 일정하므로 운동에너지 적분은 보인 것과 같이 단순히 계산될 수 있다. 파이프가 채워져 있고 정지되어 있으므로 위치에너지의 시간에 대한 미분은 0이다. 기준 위치들 사이의 운동에너지 차이를 무시하고 식 (11.4-8)에서 남아있는 항들을 계산하면 다음과 같다.

$$\rho V_p \frac{d}{dt}\left(\frac{U^2}{2}\right) = -w\left[\Delta\left(gh+\frac{P}{\rho}\right) - \frac{W_m}{w} + \frac{E_v}{w}\right]. \tag{12.3-35}$$

식 (12.3-35)에 더 정확한 관계식이 식 (11.4-8)로 대체되었을 때 어떻게 결정하는지는 예제 12.3-4로 돌아가 예시로 보일 것이다. 그림 12.6의 파이프에서 $V_p = SL$이고 여기에서 $S = \pi d^2/4$이다. 압력차이가 탱크들 사이의 정압차와 같다고 가정하면 $\Delta P/\rho = g(H_2 - H_1)$이다. 또한, $w = \rho US$, $\Delta h = 0$이고 $E_v/w = KU^2/2$이다. 그러면 식 (12.3-35)는 단순화되어 다음과 같다.

$$\underset{\text{T1}}{\frac{dU}{dt}} = \underset{\text{T2}}{\frac{g(H_1 - H_2)}{L}} - \underset{\text{T3}}{\frac{KU^2}{2L}}, \quad U(0) = 0. \tag{12.3-36}$$

유사정상(pseudosteady) 근사는 대부분의 공정 동안 T1항을 무시하고 T2 ≅ T3로 가정한다. 실제로 T2 = T2로 두는 것이 식 (12.3-29)에서 주어진 것이다. 이것은 특정 시간 후에 정확할 수도 있지만 $t = 0$에서 T3 = 0이기 때문에 초기에는 유지할 수 없다. 유사정상(pseudosteady) 근사는 그림 12.7에서 점선으로 표시된 곡선과 같은 결과를 제공할 수 있지만

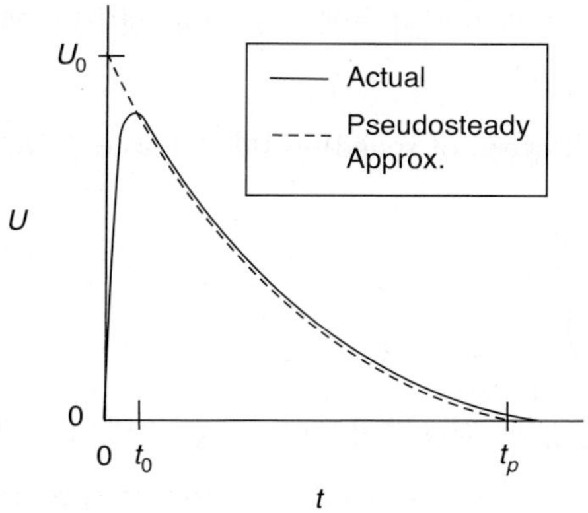

그림 12.7 2개의 대형 탱크(그림 12.6과 같은)를 연결하는 파이프에서 실제 속도와 역학적 에너지 수지식에 유사정상(pseudosteady) 근사를 사용하여 얻은 속도의 정성적 비교

실제 속도는 실선 곡선과 더 비슷하다. 둘의 차이는 $t \leq t_0$에서 확연하다. t_0를 예측하기 위해 유사정상(pseudosteady) 근사를 사용하는 것은 $t_0 \ll t_p$를 필요로 한다.

초기 과도 상태의 지속 시간은 시간 t_0 동안 U가 0에서부터 식 (12.3-29)로부터 얻을 수 있는 초기 속도인 대략 $U_0 = (2gH_0/K)^{1/2}$로 증가하는 것을 지적함으로써 추정될 수 있다. 이 기간 동안 수위는 거의 변하지 않을 것이다. 따라서 $H_1 - H_2 \sim H_0$이다. 또한 이 상태에서 T1~T2이다. 그러므로 $dU/dt \sim U_0/t_0 \sim gH_0/L$ 또는 $t_0 \sim U_0L/(gH_0)$이다. 식 (12.3-33)으로 주어진 공정 시간과 비교하면 유사정상(pseudosteady) 해석을 위한 필요조건은 다음과 같다.

$$\frac{t_0}{t_p} = \frac{\sqrt{2}}{0.64}\left(\frac{L}{KH_0}\right)\left(\frac{d}{D}\right)^2 = \frac{1.1}{K}\left(\frac{V_p}{V_t}\right) \ll 1 \qquad (12.3\text{-}37)$$

위 식에서 $V_t = \pi D^2 H_0/8$은 최종적으로 이동된 총 부피이다. 마지막 표현식은 특히 유용하다. K는 항상 입구와 출구의 손실을 포함하므로 $1.1/K$는 절대로 클 수 없다. 따라서 파이프 부피는 이송된 부피보다 훨씬 더 작아야 한다. 예제 12.3-4의 데이터에 대하여 다음과 같다.

$$\frac{t_0}{t_p} = \frac{2.2}{K}\left(\frac{L}{H_0}\right)\left(\frac{d}{D}\right)^2 = \frac{2.2}{11.44}\left(\frac{10}{5}\right)\left(\frac{0.05}{10}\right)^2 = 9.7 \times 10^{-6}$$

이는 유사정상(pseudosteady) 요건을 쉽게 만족시킨다. 실제로 $t_0 = (9.7 \times 10^{-6}) \times (6.2 \times 10^4\ s)$은 일반적인 밸브를 여는 데 걸리는 시간보다 작다.

12.4 긴 파이프에서 압축성 유동

압축성 유체역학은 음향학 및 항공학의 기초 중 하나이며 이 주제에 관한 많은 저서 중에는 Liepmann과 Roshko (2001), Shapiro (1953)과 Thompson (1972)이 있다. 압축성 유동에 대한 이번 소개는 범위가 제한될 필요가 있어 주로 파이프 유동에 초점을 둘 것이다. Middleman (1998, pp.477~495)은 비슷하게 강조하였다.

압축성 유동에서 주요 속도 척도는 음속(speed of sound) c이다. Laplace가 1825년 보인 것처럼 이상기체에서는 다음과 같다.

$$c = \left(\frac{\gamma RT}{M}\right)^{1/2}, \quad \gamma = \frac{\hat{C}_P}{\hat{C}_V} \tag{12.4-1}$$

위 식에서 M은 분자량, $\hat{C}_p$는 정압 (단위 질량당) 열용량이고 $\hat{C}_V$는 정적 (단위 질량당) 열용량이다. 27°C와 대기압의 공기에서 $\gamma = 1.40$이고 $c = 347$ m/s이다. 이후부터 R[= 8314 Pa m^3(kg-mol)$^{-1}$ K^{-1}]은 범용 기체상수로 (반지름이 아님) γ는 항상 열용량의 비로 (표면장력이 아님) 사용될 것이다. 식 (12.4-1)의 유도는 연습문제 12.19에 요약되어 있다.

이미 언급했듯이 압축성은 매우 긴 파이프 또는 c와 비슷한 속도의 기체 유동에서 중요하다. 현재 초점은 긴 파이프의 난류 유동이며 음속 근처에서의 유동은 12.5절의 주제이다.

가변적인 밀도에 대한 공학용 베르누이 방정식

매우 긴 파이프에서 기체 유동에 공학용 베르누이 방정식을 적용하기 위해 압력이 감소하고 기체가 팽창함에 따라 역학적 에너지가 회수되는 속도를 알아야 한다. 11.4절에서 유도된 것처럼 임의의 대상 부피 내에서 유체를 압축함으로써 발생하는 역학적 에너지 손실은 다음과 같다.

$$E_c = -\int_V P(\nabla \cdot \mathbf{v})\, dV. \tag{12.4-2}$$

이 손실은 그림 12.8과 같은 시스템에서 정상 유동에 대해 상당히 단순하게 추정될 수 있다. 호 길이를 x라 하면 국부 단면적은 $S(x)$이다. 난류 유동의 거시적 해석에서와 같이 유동은 입구에 수직이고 플러그 유동 근사가 사용될 수 있고 P와 ρ는 임의의 단면에서 균일하다고 가정될 것이다. 이러한 1차원 모델은 일정하거나 천천히 변화하는 단면의 곧은 도관 또는 완만

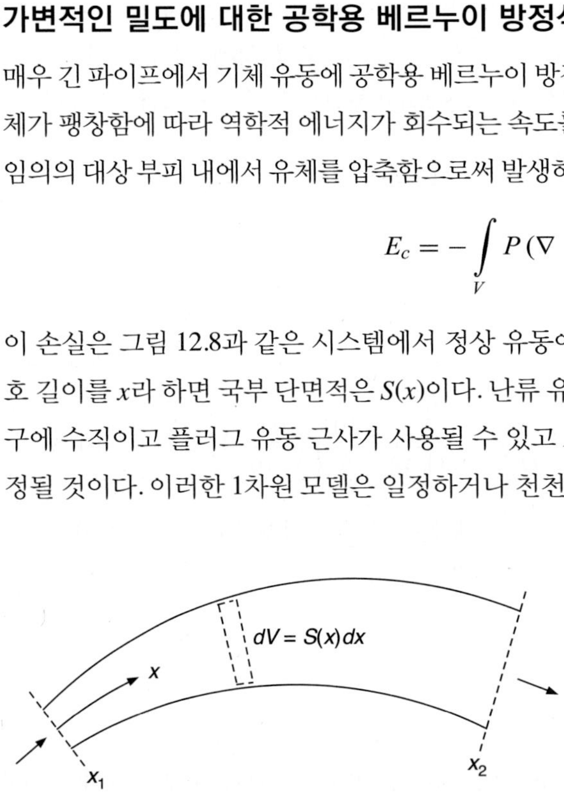

그림 12.8 공학용 베르누이 방정식에서 압축 항을 평가하기 위한 개략도

하게 굽은 도관에 가장 적합하다.

정상 유동에서 연속 방정식은 $\nabla \cdot (\rho \mathbf{v}) = 0$이고 $\nabla \cdot \mathbf{v} = -(\mathbf{v} \cdot \nabla\rho)/\rho$이다. 1차원에서 $\mathbf{v} \cdot \nabla\rho = v d\rho/dx$이고 식 (12.4-2)는 다음과 같이 된다.

$$E_c = \int_{x_1}^{x_2} \frac{Pv}{\rho}\frac{d\rho}{dx} S\,dx = w \int_{x_1}^{x_2} \frac{P}{\rho^2}\frac{d\rho}{dx}\,dx \tag{12.4-3}$$

위 식에서 $w = \rho v S$는 상수라는 사실이 사용되었다. 적분을 나누어서 하면 다음과 같다.

$$\int_{x_1}^{x_2} \frac{P}{\rho^2}\frac{d\rho}{dx}\,dx = -\int_{x_1}^{x_2} P\frac{d}{dx}\left(\frac{1}{\rho}\right) dx = -\frac{P}{\rho}\bigg|_{x_1}^{x_2} + \int_{x_1}^{x_2} \frac{1}{\rho}\frac{dP}{dx}\,dx. \tag{12.4-4}$$

그러므로 압축항은 다음과 같다.

$$\frac{E_c}{w} = -\Delta\left(\frac{P}{\rho}\right) + \int_{P_1}^{P_2} \frac{dP}{\rho}. \tag{12.4-5}$$

위 식이 식 (11.4-8)에 들어가면 E_c/w로부터 $\Delta(P/\rho)$ 항과 좌변에서 소거된다. 변화하는 ρ에서 난류 유동에 대한 공학용 베르누이 방정식은 다음과 같다.

$$\Delta\left(\frac{v^2}{2} + gh\right) + \int_{P_1}^{P_2} \frac{dP}{\rho} = \frac{1}{w}\left(W_m - E_v\right). \tag{12.4-6}$$

ρ가 상수라면 적분은 $\Delta P/\rho$와 같고 이전에 사용되었던 단순한 형태가 얻어진다. 그렇지 않으면 ρ를 P와 T로 연관시키는 상태방정식이 온도에 대한 정보와 함께 적분을 수행하기 위해 필요하다.

여기서는 단지 이상기체만을 고려할 것이다.

$$\rho = \frac{MP}{RT}. \tag{12.4-7}$$

기체가 등온이라면 다음과 같다.

$$\int_{P_1}^{P_2} \frac{dP}{\rho} = \frac{RT}{M}\int_{P_1}^{P_2} \frac{dP}{P} = \frac{RT}{M}\ln\left(\frac{P_2}{P_1}\right) = \frac{P_1}{\rho_1}\ln\left(\frac{P_2}{P_1}\right). \tag{12.4-8}$$

$P_2/P_1 = 1 + (\Delta P/P_1)$이고 작은 x에서 유효한 $\ln(1 + x) = x - x^2/2 + \cdots$을 사용하면 다음과 같다.

$$\int_{P_1}^{P_2} \frac{dP}{\rho} = \frac{\Delta P}{\rho_1}\left(1 - \frac{1}{2}\frac{\Delta P}{P_1} + \ldots\right). \tag{12.4-9}$$

첫 번째 항은 비압축성 유동(incompressible flow)의 결과이다. 그러므로 $|\Delta P| \ll 2P_1$이면 밀도 변화와 관련한 수정 사항은 무시될 수 있다. 이러한 조건은 종종 만족된다. 예를 들면 예제 2.4-1의 공기 도관이 수평이고 입구 압력이 대기압이라면 $|\Delta P| = 4.9$ Pa, $P_1 = 1.0 \times 10^5$ Pa이고 $|\Delta P|/(2P_1) = 2.5 \times 10^{-5}$이다.

큰 Re에서 물체를 지나는 유동의 경우 압력 변화는 관성 압력 척도(inertial pressure scale)인 ρv^2 규모이다. 이러한 변화들이 절대 압력에 비해 작으려면 속도는 $\rho v^2/P \ll 1$이어야 한다. 일반적인 주변 대기($\rho = 1.2$ kg m^{-3}, $P = 1 \times 10^5$ Pa)에서 음속의 대략 1/4인 $v = 91$ m/s일 때 $\rho v^2/P = 0.1$이다. 따라서 유체역학에서 압축성이 중요하기 위해서는 음속과 비슷한 속도가 필요하다. 다음에 논의 될 매우 긴 도관은 이러한 규칙에 예외이다.

등온 파이프 유동

기체가 등온 상태라 가정하면 파이프에서 압축성 유동을 위한 가장 단순한 모델을 얻을 수 있다. 수송 시간이 길수록 유체 온도가 파이프 벽 온도에 도달할 가능성은 커진다. 따라서 등온 가정은 긴 파이프의 보통 속도에 가장 적합하다. 다음의 유도 과정은 지름 D와 길이 L의 원통형 관에 대한 것이지만 수력학적 지름(hydraulic diameter)을 사용하여 다른 도관 모양으로 쉽게 확장된다(2.4절).

등온 1차원 압축 유동에서는 $v(x), P(x), \rho(x)$의 세 미지수가 있다. 이들은 질량보존, 운동량보존(역학적 에너지 수지로서)과 상태방정식의 지배를 받는다. 수평 파이프($W_m = 0$이고 $\Delta h = 0$) 정상 유동에서 식 (12.4-6)은 미분형으로 다시 쓸 수 있다.

$$\frac{d}{dx}\left(\frac{v^2}{2}\right) + \frac{1}{\rho}\frac{dP}{dx} = -\frac{2v^2 f}{D} \tag{12.4-10}$$

식 (11.4-14)는 점성 손실을 표현하기 위해 사용된다.

$$dE_v = \frac{2wv^2 f}{D}\,dx. \tag{12.4-11}$$

가변 속도에도 불구하고 $\text{Re} = Dv\rho/\mu = 4w/(\pi D\mu)$가 위치에 무관하기 때문에 마찰인자 f는 상수로 가정될 수 있다. 1.2절에서 μ는 주로 온도에 의존하다는 것을 기억하면 여기에서는 상수로 가정된다. 균일한 지름에서 질량보존에 의해 ρv는 상수이다. 이를 미분하면 다음과 같다.

$$\frac{1}{\rho}\frac{d\rho}{dx} + \frac{1}{v}\frac{dv}{dx} = 0. \tag{12.4-12}$$

기체가 이상기체라면 압력과 밀도 구배는 다음과 같이 연관된다.

$$\frac{dP}{dx} = \left(\frac{\partial P}{\partial \rho}\right)_T \frac{d\rho}{dx} = \frac{RT}{M}\frac{d\rho}{dx} \equiv b^2 \frac{d\rho}{dx}. \tag{12.4-13}$$

마지막 등호에서 정의되는 상수 b는 속도의 차원을 지니고 있다. 앞으로 보겠지만 이는 등온 파이프 유동에서 $v(x)$에 대한 척도이다. 27°C 공기에 대해 $b = 293$ m/s이고 음속의 약 85%이다.

지배 방정식은 세 미지수 중 단지 하나와 관련된 단일 미분방정식으로 다양한 방법에 의해 결합될 수 있다. $v(x)$로 이 작업을 할 것이다. 식 (12.4-12)와 (12.4-13)으로부터 다음과 같다.

$$\frac{1}{\rho}\frac{dP}{dx} = \frac{b^2}{\rho}\frac{d\rho}{dx} = -\frac{b^2}{v}\frac{dv}{dx} = -\left(\frac{b}{v}\right)^2 \frac{d}{dx}\left(\frac{v^2}{2}\right). \tag{12.4-14}$$

이를 식 (12.4-10)에서 ρ와 P를 소거하기 위해 사용하면 다음과 같다.

$$\frac{d}{dx}\left(\frac{v^2}{2}\right)\left[1 - \left(\frac{b}{v}\right)^2\right] = -\frac{2v^2 f}{D} \tag{12.4-15}$$

또는 $-2/b^2$을 곱하여 정리하면 다음과 같다.

$$\frac{d}{dx}\left(\frac{v}{b}\right)^2\left[\left(\frac{b}{v}\right)^2 - 1\right] = \frac{4f}{D}\left(\frac{v}{b}\right)^2. \tag{12.4-16}$$

편리한 종속변수는 속도비의 제곱인 $\theta(x) = [v(x)/b]^2$이다. 또 다른 단순화로 좌표를 $X = x/L$로 정규화하는 것이다. 그러면 풀어야 하는 문제는 $0 \le X \le 1$에서 다음과 같다.

$$\frac{1}{\theta}\left(\frac{1}{\theta} - 1\right)\frac{d\theta}{dX} = F, \quad \theta(0) = \theta_1 \tag{12.4-17}$$

두 무차원 매개변수는 다음과 같다.

$$F = \frac{4Lf}{D} \tag{12.4-18}$$

$$\theta_1 = \left(\frac{v_1}{b}\right)^2 = \frac{1}{\rho_1 P_1}\left(\frac{w}{S}\right)^2 \tag{12.4-19}$$

위에서 아래첨자 1은 입구를 의미하고 $S = \pi D^2/4$이다. 마찰인자와 파이프 치수로 F를 결정하고 입구 조건과 질량 유량은 θ_1에 내재되어 있다.

식 (12.4-17)은 이러한 유형의 유동에서 주목할 만한 특징을 보여준다. 특히, 이 식은 $\theta <$ 1일 때 $d\theta/dX > 0$이고 $\theta > 1$일 때 $d\theta/dX < 0$임을 보이고 있다. 다른 말로 초기 속도가 무엇이었든 파이프가 충분히 길고 기체 온도가 일정하다면 결국 $v(x) \to b$이다.

식 (12.4-17)은 비선형이지만 분리할 수 있다. 이는 음함수 해를 갖는다.

$$\frac{1}{\theta_1} - \frac{1}{\theta} - \ln\left(\frac{\theta}{\theta_1}\right) = FX. \tag{12.4-20}$$

먼저 $\theta(X)$가 계산되고 입구 값들(v_1, ρ_1과 P_1)을 알면 국부 속도(local velocity), 밀도와 압력이 다음과 같이 추산된다.

$$\frac{v(x)}{v_1} = \frac{b}{v_1}\theta^{1/2}(x) = \frac{\rho_1}{\rho(x)} = \frac{P_1}{P(x)} \tag{12.4-21}$$

예제 12.4-1 • 천연가스 파이프배관. 천연가스 파이프배관은 파이프 길이에 의해 압축성이 중요한 시스템의 한 예이다. 그러한 파이프배관의 부분에 작동하는 압축기에 의해 전달되어야 하는 동력(power)을 구할 필요가 있다. 미국에서 사용되는 대표적인 강철 파이프는 지름 $D = 1.0$ m이고 길이 $L = 8.0 \times 10^4$ m(50마일)로 입구 압력은 $P_1 = 7.0 \times 10^5$ Pa이고 질량 유량은 $w = 400$ kg/s이다. 온도는 27°C로 일정한 것으로 가정되고 파이프는 수평이다. 초기 처리 후 천연가스는 거의 $M = 16.0$ kg (kg-mol)$^{-1}$이고 $\mu = 1.12 \times 10^{-5}$ Pa · s(표 1.1)인 순수한 메탄(CH_4)이다. 이상 기체 법칙을 사용하면 $\rho_1 = 44.9$ kg m^{-3}이다.

W_m을 계산하기 위해 선택된 대상 부피는 압축기 입구에서 파이프 출구이며 그림 11.6의 1'에서 2이다. 파이프에서 점성 손실을 정확히 보상하기 위해(즉, 압축기 입구와 파이프 출구에서 동일한 압력을 유지하기 위해) 펌프 동력은 다음과 같다.

$$W_m = E_v = w\int_0^L \frac{2v^2 f}{D}\,dx = \frac{wFb^2}{2}\langle\theta\rangle \tag{12.4-22}$$

여기서 $\langle\theta\rangle$는 파이프 길이에서 θ의 평균이다. v가 x에 의존하기 때문에 식 (12.4-11)의 점성 손실의 미분형이 사용되었다.

$\theta(X)$를 결정하기 위해 입구 값 θ_1이 필요하다. 식 (12.4-19)에서 다음과 같이 계산된다.

$$\theta_1 = \frac{1}{\rho_1 P_1}\left(\frac{4w}{\pi D^2}\right)^2 = \frac{1}{(44.9)(7.0\times 10^6)}\left(\frac{4(400)}{\pi(1)^2}\right)^2 = 8.253\times 10^{-4}.$$

입력 매개변수는 마찰인자를 포함하고 있는 F이다. Reynolds 수는 다음과 같다.

$$\mathrm{Re} = \frac{4w}{\pi D\mu} = \frac{4(450)}{\pi(1)(1.12\times 10^{-5})} = 5.12\times 10^7.$$

상용 강관은 유효 거칠기 $k = 0.046$ mm(표 2.2)이므로 다음과 같다.

$$\frac{k}{D} = \frac{0.046}{1000} = 4.6 \times 10^{-5}.$$

k/D가 작지만 f가 Re에 무관한 '완전히 거친' 영역에서 유동이 발생하기 충분할 정도로 Re가 크다. 식 (2.5-1)을 사용하면 다음과 같다.

$$f = \left[4 \log\left(\frac{k}{3.7D}\right)\right]^{-2} = \left[4 \log\left(\frac{4.6 \times 10^{-5}}{3.7}\right)\right]^{-2} = 2.60 \times 10^{-3}.$$

따라서 식 (12.4-18)로부터 다음과 같다.

$$F = \frac{4Lf}{D} = \frac{4(8.0 \times 10^4)(2.60 \times 10^{-3})}{(1)} = 832.$$

이제 θ_1과 F가 지정되면 식 (12.4-20)을 반복적으로 풀면 $\theta(X)$가 결정될 수 있다. 그러나 θ_1이 매우 작기 때문에 파이프 내에서 $\theta \ll 1$로 가정한다. 이로 인해 식 (12.4-17)은 다음과 같이 단순화된다.

$$\frac{1}{\theta^2}\frac{d\theta}{dX} = F, \quad \theta(0) = \theta_1. \tag{12.4-23}$$

이는 양함수의 해를 갖고 있다.

$$\theta(X) = \left(\frac{1}{\theta_1} - FX\right)^{-1}. \tag{12.4-24}$$

출구 속도비는 $\theta_2 = \theta(1) = 2.633 \times 10^{-3}$으로 얻어지며 이는 모든 곳에서 $\theta \ll 1$임을 확인시킨다. 파이프 길이에서 θ의 평균은 다음과 같다.

$$\langle\theta\rangle = \int_0^1 \theta\, dX = -\frac{\ln(1 - F\theta_1)}{F}. \tag{12.4-25}$$

파이프배관 매개변수를 사용하면 다음과 같다.

$$\langle\theta\rangle = -\frac{\ln[1 - 832(8.253 \times 10^{-4})]}{832} = 1.395 \times 10^{-3}.$$

이는 $\theta(X)$에 대해 식 (12.4-20)을 풀고 $\langle\theta\rangle$를 찾기 위해 수치적으로 적분하여 얻은 것과 $<0.1\%$ 차이가 있다.

압축기 동력을 계산하기 위해 필요한 입력 값 중 남아있는 것은 다음과 같다.

$$b^2 = \frac{RT}{M} = \frac{(8314)(300)}{16} = 1.559 \times 10^5\ \mathrm{m^2\ s^{-2}}$$

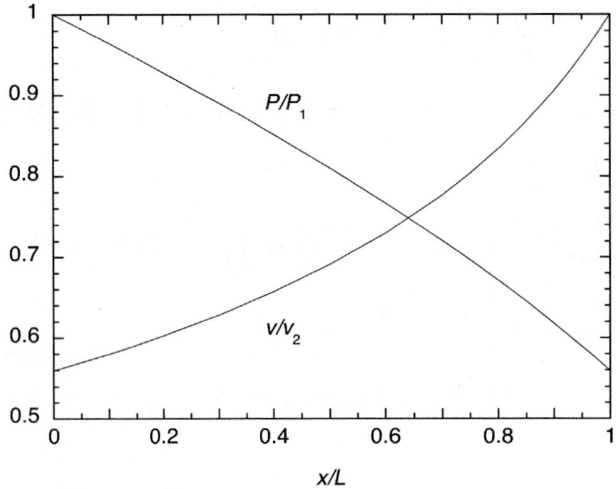

그림 12.9 천연가스 파이프배관에 대해 $\theta_1 = 8.253 \times 10^{-4}$이고 $F = 832$인 등온 유동에 대한 속도와 압력 프로파일

이로부터 $b = 395$ m/s이다. 동력 요구량은 다음과 같다.

$$W_m = \frac{wFb^2}{2}\langle\theta\rangle = \frac{(400)(832)(1.559 \times 10^5)}{2}(1.395 \times 10^{-3}) = 3.62 \times 10^7 \text{ W}$$

또는 약 35메가와트이다. 이 결과와 다른 결과들은 이상기체 법칙보다 고압 메탄에 대해 더 정확한 상태방정식을 사용함으로써 개선될 수 있다.

b, θ_1과 θ_2로부터 입구와 출구 속도는 각각 $v_1 = 11.3$ m/s와 $v_2 = 20.3$ m/s이다. 이들은 메탄의 음속인 약 450 m/s보다 훨씬 작다. 이는 여기에서 압축성을 중요하게 만드는 것은 기체 속도가 아니라 파이프 길이라는 것을 확인시킨다. 파이프를 따라 약 2배의 속도 증가에 대응하여 밀도와 압력이 각각 약 2배 감소한다. 속도와 압력의 변하는 그림 12.9와 같으며, 속도는 출구 값으로 압력은 입구 값으로 정규화 되었다. 이러한 프로파일들은 속도가 일정하고 압력 감소가 선형인 비압축성 유동과는 매우 다르다.

12.5 음속 근처 압축성 유동

단열 파이프 유동

1.3절에서 언급했던 것과 같이 음속으로 유체 속도를 나눈 것이 *Mach* 수이다.

$$\text{Ma} = \frac{v}{c}. \tag{12.5-1}$$

v는 위치에 따라 변하고 온도변화가 있다면 c 또한 변하기 때문에 이것은 일반적으로 상수가 아니다. 진정한 '고속' 기체 유동에서 Ma ~ 1이다. 이러한 속도에서 중간 길이의 관과 기체 사이에 열전달이 거의 없으므로 등온 유동보다 단열 유동이 더 현실적인 근사이다.

단열 유동에서, T는 추가적인 변수이고 지배 방정식이 하나 더 필요하다. 이는 에너지 보존에서 제공된다. 단위 질량당 기준으로 총 에너지는 내부에너지($\hat{U}$), 운동에너지($v^2/2$)와 위치에너지(Φ)의 합이다. 하나의 입구와 하나의 출구가 있는 정상 상태 유동에서 다음과 같다.

$$\Delta\left(\hat{U}+\frac{v^2}{2}+\Phi\right)=\hat{Q}+\hat{W} \tag{12.5-2}$$

위 식에서 $\hat{Q}$는 유체에 더해진 열이고 $\hat{W}$는 유체에 가해진 힘으로 각각은 단위 질량당 값이다. 단열 파이프 유동에서 $\hat{Q}=0$이고 $\hat{W}$에 대한 유일한 기여는 입구와 출구에서 압력-부피 일이다. 11.4절에서와 같이 일을 계산하고 위치에너지 변화를 무시하면 에너지 보존식은 다음과 같다.

$$\Delta\left(\hat{U}+\frac{v^2}{2}+\frac{P}{\rho}\right)=\Delta\left(\hat{H}+\frac{v^2}{2}\right)=0 \tag{12.5-3}$$

위에서 $\hat{H}$는 단위 질량당 엔탈피이다. 그러므로 단열 파이프 유동에서 상수인 것은 엔탈피와 운동에너지의 합이다. 이상 기체에서 $d\hat{H}=\hat{C}_P\,dT$이므로 일차원 에너지 방정식($\hat{C}_P$는 상수)은 다음과 같다.

$$\hat{C}_P\frac{dT}{dx}+\frac{d}{dx}\left(\frac{v^2}{2}\right)=0. \tag{12.5-4}$$

압축 유동 해석에서는 $\hat{C}_P$를 R, M과 γ로 표현하는 것이 일반적이다. 이상기체에서 다음과 같다.

$$\hat{C}_P-\hat{C}_V=\frac{R}{M} \tag{12.5-5}$$

이로부터 다음이 얻어진다.

$$\hat{C}_P=\left(\frac{\hat{C}_P}{\hat{C}_P-\hat{C}_V}\right)\frac{R}{M}=\left(\frac{\gamma}{\gamma-1}\right)\frac{R}{M}. \tag{12.5-6}$$

따라서 정상상태, 일차원, 단열 유동에 대한 에너지 방정식은 다음과 같다.

$$\left(\frac{\gamma}{\gamma-1}\right)\frac{R}{M}\frac{dT}{dx}+\frac{d}{dx}\left(\frac{v^2}{2}\right)=0. \tag{12.5-7}$$

질량 보존, 운동량 보존, 상태 방정식 또한 단열 파이프 유동에서 네 가지의 주요 미지수 (v,

P, ρ, T)를 지배한다. 질량과 운동량(역학적 에너지) 방정식은 12.4절과 같다. ρ, P, T의 모든 변수들은 이상기체 방정식 '$P/(\rho T)$ = 상수'를 따르고 이를 미분하면 다음과 같다.

$$\frac{1}{P}\frac{dP}{dx} - \frac{1}{\rho}\frac{d\rho}{dx} - \frac{1}{T}\frac{dT}{dx} = 0. \tag{12.5-8}$$

요약하면 동시에 풀어야 하는 네 미분 방정식은 식 (12.4-12; 질량), (12.4-10; 운동량), (12.5-7; 에너지)와 (12.5-8; 상태 방정식)이다. 음속(c)은 다섯 번째 미지수이나 식 (12.4-1)을 사용하여 T로부터 쉽게 계산된다.

12.4절의 등온 해석과 같이 모든 정보를 하나의 미분 방정식으로 결합할 것이다. 이러한 조작은 추가적인 미지수에 의해 더 길어진다. 간단히, γ/c^2으로 모든 것을 곱하여 Ma가 식 (12.4-10)에 도입된다. 결과적으로 Ma와 관련된 dP/dx와 dv/dx 사이의 관계식을 얻는다. 두 번째 이러한 관계식은 식 (12.5-8)로부터 $d\rho/dx$와 dT/dx를 제거하기 위해 식 (12.4-12)와 (12.5-7)을 사용하여 얻을 수 있다. dP/dx에 대한 두 표현식을 같게 놓으면 dv/dx와 Ma가 관련된 단일 식이 얻어진다. $\text{Ma}(x) = v(x)/c(x)$를 미분하고 식 (12.4-1)을 사용하여 $c(x)$를 계산하면 $d\text{Ma}/dx$의 항으로 dv/dx를 쓸 수 있다. $\text{Ma}(x)$를 주요 종속 변수로 놓으면 다음과 같다.

$$\frac{1-\text{Ma}^2}{\text{Ma}^4\{1+[(\gamma-1)/2]\text{Ma}^2\}}\frac{d}{dx}(\text{Ma}^2) = \frac{4\gamma f}{D}. \tag{12.5-9}$$

$\gamma > 1$임을 생각하면 $\text{Ma} < 1$이면 $d\text{Ma}/dx > 0$이고 $\text{Ma} > 1$이면 $d\text{Ma}/dx < 0$임을 볼 수 있다. 중요한 결론은 긴 단열 관에서 기체 속도는 음속에 도달할 수는 있지만 그 한계를 넘을 수는 없다는 것이다. 이는 유동이 초기에 아음속(입구에서 $\text{Ma} < 1$) 또는 초음속(입구에서 $\text{Ma} > 1$) 여부에 무관하게 사실이다.

$\phi = \text{Ma}^2$으로 놓고 좌표를 정규화($X = x/L$)하면 식 (12.5-9)는 다음과 같다.

$$\frac{1-\phi}{\phi^2(1+\Gamma\phi)}\frac{d\phi}{dX} = \gamma F, \quad \phi(0) = \phi_1 \tag{12.5-10}$$

위에서 $\Gamma = (\gamma - 1)/2$이고 F는 다시 식 (12.4-18)에 의해 주어진다.[2)] 공기에 대해 Γ = (1.40

2) 매끄러운 관에서 차원해석으로부터 $f = f(\text{Re}, \text{Ma})$이다. 고속 유동에서 온도 변화는 μ에 영향을 미치고 따라서 관을 따라 Re와 Ma 또한 변한다. 그러므로 f는 x에 독립적이지 않으며 식 (12.4-18)은 길이-평균화 값인 $\langle f \rangle$로 f를 대체하면 더 정확해진다. 그러나 난류 유동에서 Re에 대한 f의 의존성은 약해서 μ에 대한 온도 변화 영향은 무시할 수 있다. 또한, 완전 발달한 아음속 유동 유동에서 f는 Ma에 둔감하다(Shapiro, 1954, pp.185, 1131). 그러므로 $\langle f \rangle$의 사용은 주로 입구 영향이 현저하거나 유동이 초음속일 경우 중요하다.

$-1)/2 = 0.20$이다. ϕ(Ma 수의 제곱)의 입구 값은 다음과 같다.

$$\phi_1 = \frac{1}{\rho_1 P_1 \gamma}\left(\frac{w}{S}\right)^2 = \mathrm{Ma}_1^2. \tag{12.5-11}$$

식 (12.5-10)은 분리가능하고 다음의 해를 갖는다.

$$\frac{1}{\phi_1} - \frac{1}{\phi} + (1+\Gamma)\ln\left[\frac{\phi_1(1+\Gamma\phi)}{\phi(1+\Gamma\phi_1)}\right] = \gamma F X. \tag{12.5-12}$$

기체 유속, $v(x) = c(x)\phi(x)^{1/2}$은 $T(x)$의 정보가 필요한 $c(x)$를 알 때까지 완전히 결정되지는 않는다. 식 (12.5-7)에서 다음과 같다.

$$\left(\frac{\gamma}{\gamma-1}\right)\frac{R}{M}\frac{dT}{dx} = -\frac{d}{dx}\left(\frac{v^2}{2}\right) = -\frac{d}{dx}\left(\frac{\gamma R T\phi}{2M}\right). \tag{12.5-13}$$

첫 번째와 마지막 항에서 공통 요소 $\gamma R/M$를 제거하고 $d(T\phi)/dx$를 확장하고 이를 재정렬하면 다음과 같다.

$$\frac{1}{T}\frac{dT}{dx} = -\frac{\Gamma}{1+\Gamma\phi}\frac{d\phi}{dx}. \tag{12.5-14}$$

그러므로 초기에 $\phi_1 < 1$이고 ϕ가 1을 향해 증가하는 아음속인 유동에서 T는 파이프를 따라 감소한다. 초기 초음속인 유동에서 T는 증가한다. 식 (12.5-14)는 $d\ln T = -d\ln(1+\Gamma\phi)$와 동일한 것을 보면 다음과 같이 적분된다.

$$\frac{T(x)}{T_1} = \frac{1+\Gamma\phi_1}{1+\Gamma\phi(x)}. \tag{12.5-15}$$

이로부터 음속, 기체 속도, 밀도와 압력은 다음과 같이 주어진다.

$$\frac{c(x)}{c_1} = \left[\frac{T(x)}{T_1}\right]^{1/2} = \left[\frac{1+\Gamma\phi_1}{1+\Gamma\phi(x)}\right]^{1/2} \tag{12.5-16}$$

$$\frac{v(x)}{v_1} = \frac{c(x)}{c_1}\left[\frac{\phi(x)}{\phi_1}\right]^{1/2} = \left[\frac{[1+\Gamma\phi_1]\phi(x)}{[1+\Gamma\phi(x)]\phi_1}\right]^{1/2} = \frac{\rho_1}{\rho(x)} \tag{12.5-17}$$

$$\frac{P(x)}{P_1} = \frac{\rho(x)T(x)}{\rho_1 T_1} = \left[\frac{[1+\Gamma\phi_1]\phi_1}{[1+\Gamma\phi(x)]\phi(x)}\right]^{1/2}. \tag{12.5-18}$$

파이프를 따라 T가 감소하는 초기 아음속 유동에서 c는 감소하고 v는 증가하여 이 둘은 Ma 증가에 기여한다. 이러한 ρ와 P 모두의 감소가 이러한 변화에 동반된다. 초기 초음속 유동에서 모든 변수들은 반대 방향으로 변한다.

막힘유동

충분히 긴 파이프에서 속도는 계가 단열이면 음속[$c(x)$, 식 (12.4-1)] 또는 등온이면 유사 속도[b, 식 (12.4-13)]에 도달할 것이다.[3] 이러한 현상이 발생되면 유동은 막혔다(choked)고 한다. 막힘유동에 대한 최소 파이프 길이(L_c)는 식 (12.4-20)에서 $\theta(1) = 1$ 또는 $\phi(1) = 1$로 놓으면 찾을 수 있다. 단열에서 결과는 다음과 같다.

$$\frac{L_c}{D} = \frac{1}{4\gamma f}\left\{\frac{1}{\phi_1} - 1 + (1+\Gamma)\ln\left[\frac{\phi_1(1+\Gamma)}{1+\Gamma\phi_1}\right]\right\} \quad \text{(adiabatic)}. \qquad (12.5\text{-}19)$$

이 임계 길이는 입구 Mach 수가 Ma_1인 그림 12.10에 보여진다. Ma_1가 1에서 벗어날수록 마찰인자는 더 작아지고 막힘이 발생하기 위해 필요한 파이프 길이는 더 커진다. 초기 초음속 유동($\text{Ma}_1 > 1$)은 초기 아음속($\text{Ma}_1 < 1$) 유동보다 훨씬 더 막히기 쉽다. Ma_1가 작을 때는 극단적으로 긴 길이가 필요하다.

막힘유동의 특이성은 다른 방식으로 식 (12.5-19)를 그림으로 그리고 $\text{Ma}_1 < 1$인 실험을 상상하면 볼 수 있을 것이다. 막힘의 발생에 대한 임계 길이를 설명하는 것은 보다 일반적인 매개변수 F의 임계 값, $F_c = 4fL_c/D$으로 볼 수 있을 것이다. 그림 12.11의 곡선은 $F = F_c$일 때 γF의 함수로서 Ma_1를 보인다. 이제 동일한 파이프 지름, 기체, 입력 조건(ρ_1과 P_1)에서 파

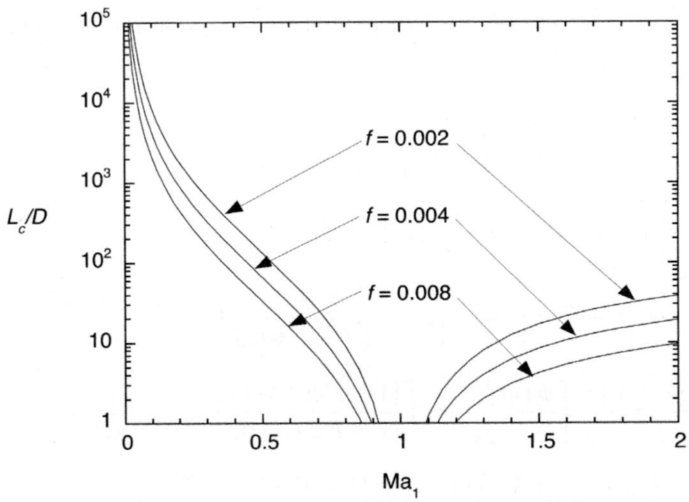

그림 12.10 $\gamma = 1.40$인 단열 유동에서 막힘(choking) 발생에 대한 파이프 길이. 이러한 기체 유동은 $L \geq L_c$면 막힌다.

---

3) $v \to b$로 등온으로 유지되는 유동에서 파이프 벽에서 기체로 열전달 속도는 무한대가 되어야 한다 (Middleman, 1998, p. 492). 그러므로 $v = b$인 한계는 실제로 절대 도달하지 않는다.

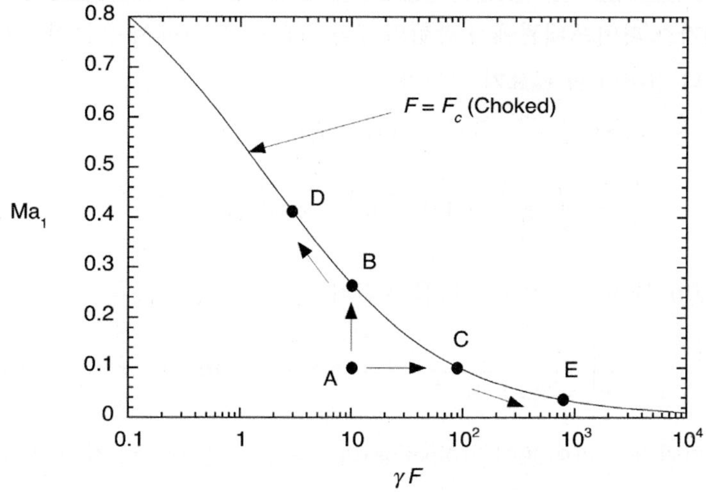

그림 12.11 입구 Mach 수(Ma_1, 질량 유량 w에 비례)와 γF 곱(관 길이 L에 비례) 사이의 관계. 곡선은 유동이 막혔을 때 나타나는 구속 조건. A~E로 표시된 지점은 가상 실험의 결과(본문 참조)

이프 길이 L과 출구 압력 P_2의 함수로 질량 유속 w를 측정한다고 가정하자. w와 L에서 실험 변수들은 각각 식 (12.5-11)과 (12.4-18)에서 Ma_1와 γF 계산 값에서 비례적 변화를 유발한다. 즉, 이 그림에서 Ma_1은 w를 대신하고 γF는 L을 대신한다.[4)]

그림 12.11에서 표시된 지점들은 가상 실험의 결과를 나타낸다. A지점은 L이 막힘을 발생시키기에 너무 작은 값에 해당한다. P_2가 일정한 L에서 감소하면 w는 B지점에서의 값까지 증가할 수 있다. 또는 L을 증가시키며 P_2을 감소시키면 C지점까지 w를 일정하게 유지시킬 수 있다. 그러나 일단 B 또는 C에 도달하면 유동은 막히게 되고 더 이상의 변화는 곡선을 따르게 된다. D로 향하는 것처럼 B지점부터 w는 단지 L을 더 감소시킴으로써 증가될 수 있다. E에서처럼 C지점으로부터 L이 더 증가된다면 유량은 떨어진다. 즉, 막힘에 의해 곡선 위와 오른쪽의 영역은 접근할 수 없다. 예제 12.5-2에서 보일 것과 같이 근본적인 원인은 유동이 막힐 때 파이프 하류 끝 안쪽의 압력을 독립적으로 제어할 수 없기 때문이다.

막힘은 배출 속도에 대한 제한을 인식하지 못하면 보일러 또는 원자로의 안전성에 심각한 영향을 줄 수 있는 압력 방출 장치의 설계에서 중요한 고려 사항이다. 비록 유량을 조절하기 더욱 어렵게 하지만 막힘유동은 질량 유동 제어기와 같이 질량 유량이 하류 압력에 민감하지 않는 것이 바람직하면 장점으로 이용될 수 있다(Middleman, 1998, pp.486~488).

4) 여기에서 Reynolds 수와 관 거칠기는 f를 거의 일정하게 만들만큼 충분히 크다고 가정된다.

예제 12.5-1 ● 천연가스 파이프배관에서 막힘의 부재. 예제 12.4-1에서 유동이 막히기 위해서는 파이프는 얼마나 길어야 할 필요가 있는가?

식 (12.5-19)와 유사한 등온 유동의 결과는 다음과 같다.

$$\frac{L_c}{D} = \frac{1}{4f}\left(\frac{1}{\theta_1} - 1 + \ln\theta_1\right) \quad \text{(isothermal)}. \tag{12.5-20}$$

예제 12.4-1에서 D, f, θ_1의 값을 사용하면 다음과 같다.

$$L_c = \frac{1.0}{4(2.60\times10^{-3})}\left[\frac{1}{8.253\times10^{-4}} - 1 + \ln(8.253\times10^{-4})\right] = 1.16\times10^5\ \text{m}$$

또는 72마일. 미국 천연가스 파이프배관(pipeline)의 구획은 전형적으로 길이 50~60마일보다 길지 않다.

예제 12.5-2 ● 막힘 공기 유동. 대기가 출구와 연결된 챔버의 압력을 낮춰 파이프를 통해 흡입되는 것을 가정하자. 위치 1을 입구의 안쪽 위치 2를 출구의 안쪽, 위치 3을 하류 챔버의 안쪽이라 하자. 공기가 펌핑되는 속도를 변화시키면 챔버 압력(P_3)가 제어될 수 있다. 입구 조건(ρ_1, P_1, T_1)은 고정되었다. $F = 1.60$($f = 2.5\times10^{-3}$이고 $L/D = 160$에서)일 때 초기 아음속 단열 유동에 대해 P_3의 w에 대한 영향을 결정하는 것이 바람직하다.

P_3가 w에 미치는 영향은 파이프의 압력 변화를 조사하여 확인할 수 있다. 압력 프로파일은 식 (12.5-12)를 $\phi(X)$에 대해 반복적으로 풀고 그런 후 $P(X)/P_1$을 찾기 위해 식 (12.5-18)을 사용함으로써 결정된다. 대표적인 그림은 그림 12.12와 같다. 각 곡선은 P_3/P_1의 특정한 값에 대응되고 질량 유량은 Ma_1의 값으로 표현된다. 곡선 1~3에 대해 $P_3 = P_2$이기 때문에 진공의 증가는 파이프 내의 압력 강하를 증가시킨다. 유동이 막힐 수 있을 정도로 충분히 작은 P_3/P_1에 대응하기 때문에 곡선 3은 특별하다. 출구에서의 속도가 최대가 되기 때문에(그리고 그곳에서 압력 구배가 무한대이기 때문에) P_3의 추가 감소(곡선 4에서와 같이)는 P_2 또는 w에 영향을 미치지 않는다. 막힘유동에서 공기 압력은 파이프 출구를 지나 어딘가에서 P_2에서 P_3로 떨어진다. 마지막 압력 강하는 무시할 수 있는 거리에서 발생할 수 있으며, 이는 함수 $P(X)$가 실질적으로 불연속이 되게 한다. P와 다른 상태 변수에서 급격한 변화를 가진 얇은 영역을 충격(shocks)이라고 한다.

막힘유동에 영향을 미치기 위해 P_3를 감소시킬 수 없는 것은 정보 전달 측면에서 볼 수 있다. 음속은 압력 교란(disturbance)들이 유체에 상대적으로 움직이는 속도이다. 음속이 공

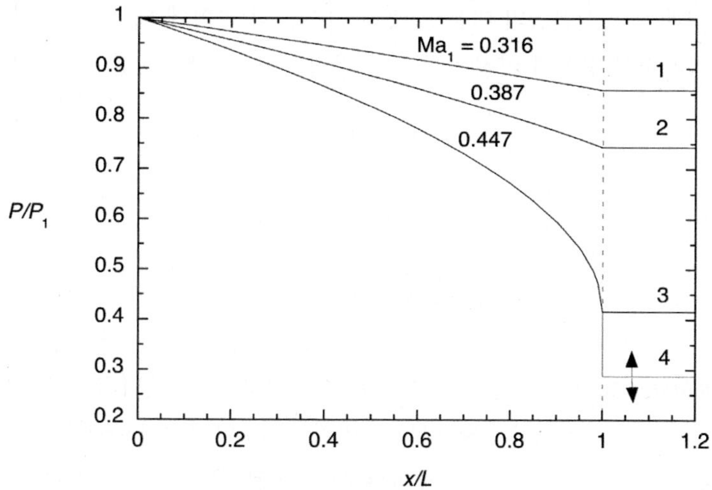

그림 12.12 파이프 내 단열 공기 유동의 압력 프로파일. 입구에서의 세 Mach 수(Ma1)는 $\phi_1 = 0.10, 0.15, 0.20$에 해당하며 모든 경우에서 $F = 1.60$이다. $x/L > 1$에 대한 값은 하류 챔버에서 제어되는 압력에 상응한다.

기 속도에 의해 정확히 상쇄되기 때문에 압력 정보는 $\mathrm{Ma}_2 = 1$일 때 상류로 이동하지 않는다. 액체에서는 Ma가 항상 작기 때문에 막힘유동은 발생하지 않는다. 주위 물속에서 음속은 약 1,500 m/s이며 실제적인 물의 속도보다 훨씬 크다. 따라서 피스톤이 액체 관의 한쪽 끝에서 압력을 증가시키면 다른 끝에서 압력의 증가는 거의 즉각적이다. 기체에서만 유체가 압력파 정도로 빠르거나 더 빠를 수 있다.

변화하는 단면: 노즐과 디퓨저

노즐 또는 디퓨저를 통한 고속 기체 유동의 해석을 위해서는 변화하는 단면적 $S(x)$를 고려해야 한다. 이러한 도구들은 점성 손실이 작을 정도로 짧고 유동은 거의 단열이다. 마찰이 없는 단열 유동에서 비엔탈피는 일정하게 유지되고 이러한 이상화를 *등엔트로피 유동(isentropic flow)*이라 부른다. 지름 변화에도 불구하고 노즐이나 디퓨저에서 등엔트로피 유동의 일차원 해석은 정보를 제공할 만큼 정확하지만 손실이 있는 관 유동에서 이미 논의된 것보다는 간단하다. 알게 되겠지만 노즐을 통한 기체의 질량 유량을 예측하는 것은 단지 대수 방정식을 필요로 한다. 다음에서 주어진 전개는 일반적으로 Thompson (1972)의 것을 따른다.

노즐 또는 디퓨저 문제에서 $S(x)$는 일반적으로 정해지고 위치에 대해 5개의 미지수, 즉 v, P, ρ, T와 c가 있다. 연속 방정식, 운동량(역학적 에너지) 방정식, 에너지 방정식, 상태 방정식과 c와 T 사이의 관계식이 또 다시 필요하다. 열역학적 변수에 우선 초점을 두고 연속과 S의 변화를 마지막으로 남기는 것이 편리하다.

이전에 사용된 지배 방정식은 x의 미분형 대신 변수들의 변화에 대한 항들로 작성될 수 있다. 그러면 단열 에너지 방정식과 비점성 운동량 방정식이 결합될 수 있어 다음과 같다.

$$\left(\frac{\gamma}{\gamma-1}\right)\frac{R}{M}\,dT = -d\left(\frac{v^2}{2}\right) = \frac{1}{\rho}\,dP. \tag{12.5-21}$$

첫 번째 관계식은 정체 기체에서 $T = T_0$로 적분되어 같이 된다.

$$\left(\frac{\gamma}{\gamma-1}\right)\frac{R}{M}(T - T_0) = -\frac{v^2}{2}. \tag{12.5-22}$$

*정체 온도(stagnation temperature)*인 매개변수 T_0는 기체의 총 비에너지의 척도이고 기체가 대상 시스템 내에서 정체되어 있지 않더라도 의미가 있다. 이제부터 아래첨자 '0'은 $v = 0$인 가상적인 지점에서 추산된 물리량을 나타내는 데 사용될 것이다. 식 (12.5-22)를 재정렬하고 c를 도입하기 위해 식 (12.4-1)을 사용하면 다음과 같다.

$$\frac{T_0}{T} = 1 + \left(\frac{\gamma-1}{2}\right)\mathrm{Ma}^2 \tag{12.5-23}$$

위 식은 국부 온도와 국부 Mach 수를 연관시킨다.

이제 식 (12.5-21)에 있는 온도-압력 관계를 고려하면 이상기체 방정식을 사용하여 ρ는 제거되고 결과식은 다음과 같다.

$$\frac{dT}{T} = \left(\frac{\gamma-1}{\gamma}\right)\frac{dP}{P} \tag{12.5-24}$$

또는 $d \ln T = d \ln P^{(\gamma-1)/\gamma}$이다. 이 식을 적분하면 T_0/T에 대한 또 다른 표현식이 얻어진다.

$$\frac{T_0}{T} = \left(\frac{P_0}{P}\right)^{(\gamma-1)/\gamma} \tag{12.5-25}$$

위 식에서 P_0는 *정체 압력(stagnation pressure)*이다. P와 L 사이의 이 관계식을 이용하면 이상기체 방정식으로부터 ρ와 T는 다음과 같은 관계를 갖는다.

$$\frac{T_0}{T} = \left(\frac{\rho_0}{\rho}\right)^{\gamma-1} \tag{12.5-26}$$

위에서 ρ_0는 *정체 밀도(stagnation density)*이다. 식 (12.4-1)로부터 T_0/T에 대한 또 다른 표현식이 나온다.

$$\frac{T_0}{T} = \left(\frac{c_0}{c}\right)^2 \tag{12.5-27}$$

위에서 c_0는 정체 온도에서 음속이다. 모든 열역학 변수들은 이제 온도와 관련되었고 Mach 수 역시 온도와 관련된다. 요약하면 다음과 같다.

$$1+\left(\frac{\gamma-1}{2}\right)\mathrm{Ma}^2=\frac{T_0}{T}=\left(\frac{P_0}{P}\right)^{(\gamma-1)/\gamma}=\left(\frac{\rho_0}{\rho}\right)^{\gamma-1}=\left(\frac{c_0}{c}\right)^2. \qquad (12.5\text{-}28)$$

남아 있는 것은 Ma(x)와 $S(x)$를 연결하는 것이다. 정상상태 유동에서 질량 보존에 의해 $\rho v S$는 상수이다. 이제 $v = c$ 또는 Ma = 1인 ρ와 S로 두 번째 기준 조건(아래첨자 '*'로 표기)을 정의한다. 정체 값들과 같이 이들 음파 값은 관심 시스템에서 실현될 수도 있고 실현되지 않을 수도 있다. $\rho v S = \rho_* v_* S$로 놓고 일반적으로 Ma = v/c임을 기억하고 정의에 의해 $v_* = c_*$임을 고려하면 다음과 같다.

$$\frac{S}{S_*}=\frac{\rho_* c_*}{\rho v}=\left(\frac{\rho_*}{\rho_0}\right)\left(\frac{\rho_0}{\rho}\right)\frac{1}{\mathrm{Ma}}\left(\frac{c_*}{c_0}\right)\left(\frac{c_0}{c}\right). \qquad (12.5\text{-}29)$$

여기에서 나타난 정체 값에 대한 음속의 비는 식 (12.5-28)의 Ma = 1로 놓으면 계산된다. 압력 비(추후에 필요함) 또한 포함하면 다음과 같다.

$$\frac{\rho_*}{\rho_0}=\left(1+\frac{\gamma-1}{2}\right)^{-1/(\gamma-1)},\quad \frac{c_*}{c_0}=\left(1+\frac{\gamma-1}{2}\right)^{-1/2},\quad \frac{P_*}{P_0}=\left(1+\frac{\gamma-1}{2}\right)^{-\gamma/(\gamma-1)}. \qquad (12.5\text{-}30)$$

$\gamma = 1.40$인 공기에서 이 값들은 $\rho_*/\rho_0 = 0.634$, $c_*/c_0 = 0.913$, $P_*/P_0 = 0.528$이다. 식 (12.5-29)의 우변에 있는 네 비율을 계산하기 위해 식 (12.5-28)과 (12.5-30)을 사용하면 S와 Ma 사이의 관계가 주어진다.

$$\frac{S}{S_*}=\frac{1}{\mathrm{Ma}}\left(\frac{2}{\gamma+1}+\frac{\gamma-1}{\gamma+1}\mathrm{Ma}^2\right)^{(\gamma+1)/[2(\gamma-1)]}. \qquad (12.5\text{-}31)$$

공기에서 단순화되어 다음과 같다.

$$\frac{S}{S_*}=\frac{1}{\mathrm{Ma}}\left(0.833+0.167\,\mathrm{Ma}^2\right)^3. \qquad (12.5\text{-}32)$$

이러한 관계의 사용은 다음 예제에서 설명된다.

예제 12.5-3 수렴 노즐. 큰 공기 탱크가 목이 S_1로 좁아지는 노즐을 통해 외부 공기와 접촉하는 곳으로 배출된다고 가정하자. 탱크 공기는 거의 정체되어 있기 때문에 압력과 온도는 각

각 P_0와 T_0와 같다. 외부 공기압은 P_e이다. $P_0 = 3.0$ atm에서 $P_e = 2.0$ atm과 $P_e = 1.0$ atm에 대해 질량 유량을 비교하고자 한다. 상대적인 비율만을 얻기 위해서는 S_t와 T_0는 필요하지 않다.

파이프에서처럼 수렴 노즐에서 초기 아음속 유동은 최대로 음속이 될 수 있다(연습문제 12.20). 따라서 핵심 고려 사항은 P_e가 목에서 Ma = 1에 대한 압력 P_*와 어떻게 비교되는지이다. $P_e > P_*$이면 목의 압력은 $P_t = P_e$가 될 것이다. $P_e < P_*$이면 $P_t = P_*$이고 유동은 막히게 된다. $P_0 = 3.0$ atm인 공기에서 식 (12.5-30)에 의해 $P_* = (3.0)(0.528) = 1.58$ atm이다. 그러므로 유동은 $P_e = 1.0$ atm에서 막히게 되지만 2.0 atm에서는 그렇지 않다.

$P_e = 2.0$ atm에서 $P_t/P_0 = P_e/P_0 = 0.667$이다. Mach 수와 압력 비($\gamma = 1.40$을 사용해서)를 관련시키기 위해 식 (12.5-28)을 재정렬하면 다음과 같다.

$$\text{Ma}_t = \left\{ \frac{2}{\gamma - 1} \left[\left(\frac{P_t}{P_0} \right)^{-(\gamma-1)/\gamma} - 1 \right] \right\}^{1/2} = 0.784. \tag{12.5-33}$$

식 (12.5-28)로 돌아가면 다음과 같다.

$$\frac{c_t}{c_0} = \left(1 + \frac{\gamma - 1}{2} \text{Ma}_t^2 \right)^{-1/2} = 0.944 \tag{12.5-34}$$

$$\frac{\rho_t}{\rho_0} = \left(1 + \frac{\gamma - 1}{2} \text{Ma}_t^2 \right)^{-1/(\gamma-1)} = 0.749. \tag{12.5-35}$$

출구 속도와 질량 유량은 각각 다음과 같다.

$$v_t = \text{Ma}_t c_t = \text{Ma}_t \left(\frac{c_t}{c_0} \right) c_0 = (0.784)(0.944)\, c_0 = 0.740 c_0 \tag{12.5-36}$$

$$w_t = \rho_t v_t S_t = \left(\frac{\rho_t}{\rho_0} \right) \left(\frac{v_t}{c_0} \right) \rho_0 c_0 S_t = (0.749)(0.740) \rho_0 c_0 S_t = 0.554 \rho_0 c_0 S_t. \tag{12.5-37}$$

$P_e = 1.0$ atm(또는 ≤ 1.58 atm인 다른 값)에서 식 (12.5-30)으로부터 $P_t/P_0 = P_*/P_0 = 0.528$이다. $\text{Ma}_t = 1$에서 $c_t/c_0 = c_*/c_0 = 0.913$이고 $\rho_t/\rho_0 = \rho_*/\rho_0 = 0.634$이다. 그러므로 $v_t = 0.913\ c_0$이고 $w_t = (0.634)(0.913)\rho_0 c_0 S_t = 0.579 \rho_0 c_0 S_t$이다. 이 질량 유량은 $P_e = 2.0$ atm에 비해 단지 4.5% 크고 P_e를 더 줄여도 추가적인 w_t의 증가는 달성할 수 없다.

12.6 결론

완전 발달 유동에 대한 마찰인자가 배관 시스템의 해석과 설계의 중심이기는 하지만 직선 파이프 저항 이외의 유동 저항은 언제나 무시할 수 있는 수준은 아니다. 지름 변화, 벤드류(bends) 및 밸브로 인한 저항은 파이프의 평탄한 부분의 저항을 훨씬 초과할 수 있다. 입구 영역에서 추가적인 압력 강하는 층류 유동에 대해서는 식 (12.2-6)으로, 난류 유동에서는 식 (12.2-10)으로 각각 주어지는 관 길이의 유효 증가로 표현될 수 있다. 더 복잡한 시스템에서 개별 요소들에 의한 점성 손실은 식 (12.3-1)로 정의되고 표 12.1에 보인 손실계수로부터 계산될 수 있다. 파이프와 부품들에서 손실계수는 비점성 유동과 점성 유동을 구분 짓게 하고 설계에서 공학용 베르누이 방정식을 사용할 때 중요하다. 대형 탱크 또는 저수지를 연결하는 파이프에서 시간에 따른 유동은 종종 유사정상(pseudosteady)이며 공학용 베르누이 방정식(정상 유동에서는 11.4절에서 유도됨)을 적용할 수 있다.

비압축성의 이상화는 매우 긴 파이프 또는 Mach 수가 1에 가까워지는 것처럼 상당한 압력 변화가 있는 기체 유동에서는 깨진다. Mach 수(Ma)는 음속에 대한 국부 속도의 비로 식 (12.4-1)로 주어진다. 압축성 유체에 대한 공학용 베르누이 방정식의 형태는 식 (12.4-6)이다. 매우 긴 파이프에서 압력 강하는 속도가 크지 않더라도 입구 압력에 상당한 비율이 될 수 있다. 등온 유동 가정은 이러한 시스템에서 유용하며 파이프를 따른 속도 변화에 대한 식 (12.4-20)을 얻을 수 있다. 고속에서 단열 유동이 보다 현실적인 가정이고 속도 변화는 식 (12.5-12)에 의해 표현된다. 단열 파이프 유동의 특수한 측면은 파이프의 길이가 충분하면 입구 조건에 무관하게 Ma → 1이라는 것이다. 출구에서 음속에 도달하면 외부 압력 감소는 더 이상 유량에 영향을 주지 않으며 막혔다라고 한다. 막힘은 또한 노즐에서 발생한다. 유용한 첫 번째 근사법은 노즐과 디퓨저에서 압축성 유동은 비점성이며 단열성이기 때문에 등엔트로피라는 것이다. 등엔트로피 유동 가정으로 식 (12.5-28), (12.5-30)과 (12.5-31)로 주어진 상태 변수들, 기체 속도와 변화하는 단면적의 비교적 단순한 관계식을 얻을 수 있다.

참고문헌

Atkinson, B., M. P. Brocklebank, C. C. H. Card, and J. M. Smith. Low Reynolds number developing flows. *AIChE J*. 15: 548–553, 1969.

Blevins, R. D. *Applied Fluid Dynamics Handbook*. Krieger Publishing, Malabar, FL, 2003.

Boger, D. V. Circular entry flows of inelastic and viscoelastic fluids. *Adv. Transp. Processes 2*: 43–104, 1982.

Crane Company, *Flow of Fluids through Valves, Fittings and Pipe*. Technical Paper No. 410M, Crane Co., Stamford, CT, 2012.

Deen, W. M. *Analysis of Transport Phenomena*, 2nd ed. Oxford University Press, New York, 2012.

Denn, M. M. *Process Fluid Mechanics*. Prentice-Hall, Englewood Cliffs, NJ, 1980.

Epstein, N. B. Hindered transport through porous membranes. S.M. thesis, Department of Chemical Engineering, Massachusetts Institute of Technology, Cambridge, MA, 1979.

Kestin, J., M. Sokolov, and W. Wakeham. Theory of capillary viscometers. *Appl. Sci. Res.* 27: 241–264, 1973.

Liepmann, H. W. and A. Roshko. *Elements of Gasdynamics*. Dover, Mineola, NY, 2001.

Martin, J. J. Expansion and contraction losses in fluid flow. *Chem. Eng. Educ.*, Summer, 138–140 and 148, 1974.

Middleman, S. *An Introduction to Fluid Dynamics*. Wiley, New York, 1998.

Pritchard, P. J. *Fox and McDonald's Introduction to Fluid Mechanics*, 8th ed. Wiley, New York, 2011.

Shapiro, A. H. *The Dynamics and Thermodynamics of Compressible Fluid Flow*. Ronald Press, New York, 1953 (2 volumes).

Thompson, P. A. *Compressible-Fluid Dynamics*. McGraw-Hill, New York, 1972.

Tilton, J. N. Fluid and Particle Dynamics. In *Perry's Chemical Engineers' Handbook*, D. E. Green and R. H. Perry (Eds.), 8th ed. McGraw-Hill, New York, 2007.

Wilkes, J. O. *Fluid Mechanics for Chemical Engineers*, 2nd ed. Prentice Hall, Upper Saddle River, NJ, 2006.

Zagarola, M. V. and A. J. Smits. Mean-flow scaling of turbulent pipe flow. *J. Fluid Mech.* 373: 33–79, 1998.

연습문제

12.1. 공기 유동에서 입구 효과 27°C에서 평균 유속 5.0 m/s로 지름 0.10 m와 길이 10 m인 매끄러운 파이프를 통해 흐르는 공기의 유동을 고려하자. 공기는 대기압에 있는 탱크로부터 들어온다.

(a) 입구에서 급격한 축소(sudden contraction)가 있다면 입구 영역의 길이는 얼마인가?

(b) 실제 압력 강하(유입구 바깥쪽에서 파이프 끝까지)가 완전 발달 유동에 비해 어떠한가?

(c) ρ가 거의 일정하다는 것을 확인하라.

12.2. 입구 영역 모델 벽 간격 $2H$와 평균 속도 U를 갖는 평행 판 유로에서 큰 Re에서의 층류에 대한 입구 길이 L_E를 추정하는 것이 바람직하다. 이러한 유로에서 속도 프로파일은 그림 P12.2에서와 같이 발달한다. 입구에서 플러그 유동에서 최종 포물선 형상으로 전이(transition)되는 동안 벽 옆의 '전단층'은 속도 프로파일에서 평평한 '중심'을 동반한다. 전단층은 층류 경계층과 같고 중심은 경계층 외곽 영역과 유사하다. $\delta(x)$와 $u(x)$를 각각 전단층 두께와 중심 속도라 하자.

(a) 첫 번째 근사로 $\delta(x)$가 평판(flat plate) 유동에서의 경계층 두께와 동일하다고 가정하자.

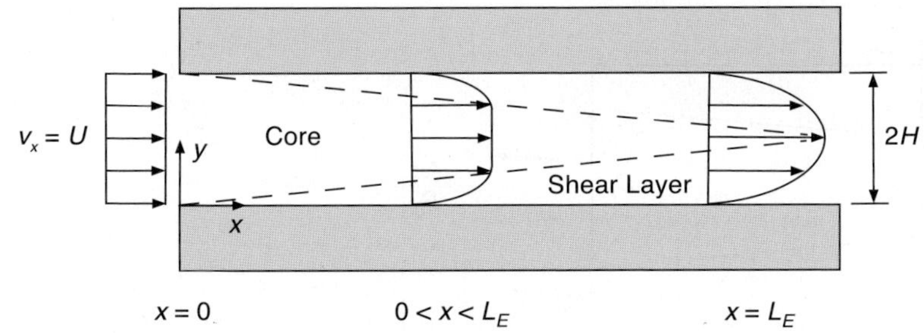

그림 P12.2 평행 판 유로에서 속도 프로파일의 발달

Re ≫ 1에서 식 (12.2-1)과 일치되게 이 근사로 다음과 같은 형태의 관계식이 얻어지는 것을 보여라.

$$\frac{L_E}{H} = a\,\text{Re} \tag{P12.2-1}$$

위에서 a는 상수이고 Re = 2 UH/ν이다.

(b) 예제 9.4-1의 적분 해석을 이용하여 표 9.2의 속도 프로파일 (1), (2) 또는 (3)이 사용됨에 따라 a의 범위가 0.017에서 0.042임을 보여라.

(c) 평판에 대해 외부 속도는 일정하지만 유로에서 $u(x)$는 $\delta(x)$가 증가함에 따라 증가해야 한다. 전단층에서 속도 프로파일 (2)와 중심에서 $v_x = u(x)$에 대해 다음을 보여라.

$$\frac{u(x)}{U} = \left(1 - \frac{\delta(x)}{3H}\right)^{-1}. \tag{P12.2-2}$$

이것을 고려한(재현을 요구하지 않음) 다소 긴 계산은 a = 0.052를 나타낸다(Deen, 2012, p.287). 비교를 위해, 유로 중앙에서 속도 변화가 99% 완료되는 $x = L_E$를 고려한다면 Navier-Stokes 방정식의 수치해는 a = 0.088을 제시한다(Atkinson *et al.*, 1969). 적분 운동량과 수치 결과 사이의 불일치는 a = 0.052가 실제로 속도 변화의 93%에 해당하고 L_E를 정의하는 데 사용된 정확한 비율이 임의적이므로 예상보다 적다.

12.3. 디퓨저가 있는 노즐 디퓨저는 바깥쪽으로 벌어져 유체의 속도를 감소시키는 반면, 노즐은 안쪽으로 가늘어져 유체의 속도를 증가시킨다. 그림 P12.3은 길이 L에 지름이 D_1에서 D_2로 변화하는 디퓨저가 연결된 둥근 노즐을 보여준다. 이 조합이 수위 아래 깊이 H에 있는 대형 개방형 탱크의 벽에 설치된다고 가정하자. 비록 노즐에 (가늘어지거나 가늘어지지 않는) 관을 연결하는 것이 저항을 증가시켜 유동을 줄이는 것처럼 보일지 모르지만 그러한 배

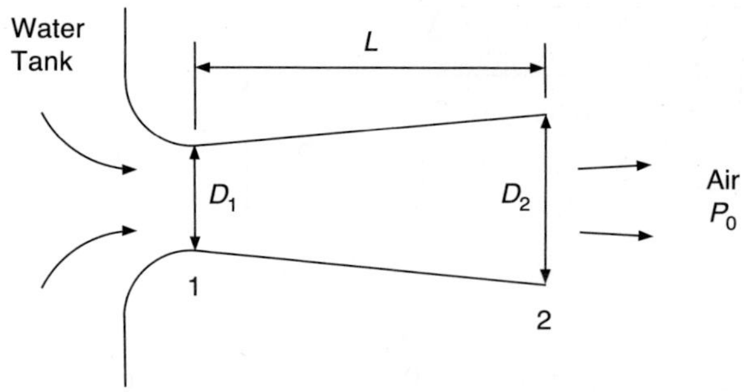

그림 P12.3 물 탱크 구멍에서 노즐-디퓨저 조합

열이 유동을 증가시키는 것이 고대 로마에서도 알려졌다.[5)]

(a) 거의 비점성 조건하에서 디퓨저를 추가하면 부피 유량이 증가하는 이유를 정성적으로 설명하라.

(b) 노즐만을 사용하는 경우와 비교하여 디퓨저를 사용하여 유량을 예측하는 식을 유도하라.

(c) $D_2 = 2D_1$이고 L =5 D에서 Blevins (2003, p.153)에 표시된 데이터는 $K_d = 0.32$ 로 나타난다. 그러면 디퓨저에 의해 증가된 유량의 백분율은 얼마인가?

12.4. 물 사이폰 그림 P11.13의 사이폰에서 $d = 0.10$ m, $H_A = 0.50$ m, $H_B = 1.25$ m, $H_C = 1.00$ m이고 액체는 20°C 물이다. 관은 매끄럽고 총 길이 $L = 5.0$ m로 가정하라.

(a) 점성 손실을 무시할 수 있다면 유량 $Q(m^3/s)$는 얼마인가?

(b) 모든 손실을 고려하여 실제 Q를 예측하라. 관의 곡률은 점진적이어서 벤드(bend)에 의한 손실을 무시할 수 있다.

12.5. 낮은 저수조에서 높은 저수조로 펌핑 그림 P12.5와 같이 물이 부피 유량 Q로 한 저수조에서 다른 저수조로 펌핑되어 올라간다고 하자. 수면의 차이는 거의 일정하게 H이다. 지름 D와 4개의 90° 벤드(bend)가 있는 총 길이 L인 강철 파이프로 연결되어 있다. 입구와 출구의 깊이는 각각 d_1과 d_2이다. $Q = 0.13$ m³/s, $H = 10$ m, $D = 0.40$ m, $L = 1{,}000$ m, $d_1 = 5$ m이고 $d_2 = 4$ m일 때 필요한 펌프 동력(kW)을 구하라.

5) Pritchard(2011, p.380)에서 논의된 바와 같이 일부 시민들은 물 사용에 대한 제한을 피하기 위해 이 전략을 사용했다. 유량은 교정된 청동 노즐을 공표함으로써 표준화되었다.

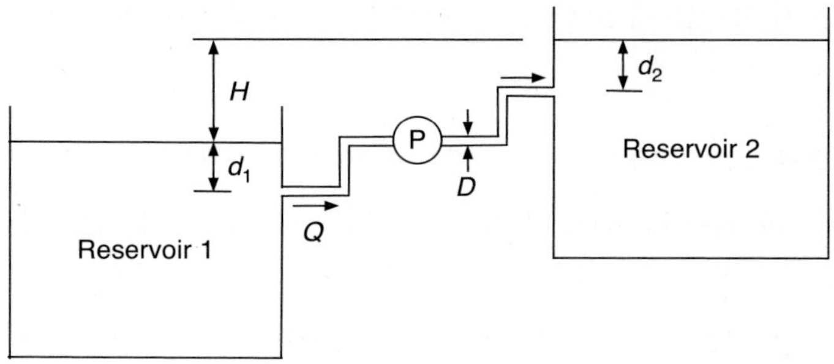

그림 P12.5 낮은 저수조에서 높은 저수조로 펌핑

12.6. 높은 저수조에서 낮은 저수조로 물의 이송 그림 P12.5에서 시스템의 유동을 반대로 할 필요가 있을 때 펌프는 파이프의 짧은 부분으로 우회된다. 관련된 밸브들이 개방되었을 때 저항은 무시할 수 있다. 아래 방향으로의 유동이 펌프의 도움을 받지 않는다면 유량(m^3/s)은 어떻게 되는가?

12.7. 가정 배관 가정용 욕조에서 밸브-수도꼭지 조합의 손실계수 값을 추론할 필요가 있다. 그림 P12.7에서 보인 것과 같이 지하 수도 본관에서 집으로 이어지는 파이프의 지름은 D_1이고 하나의 90° 벤드(bend)가 있고 총 길이는 L_1이다. 집 내부에는 지름 D_2이고 총 길이 L_2인 파이프가 있다. 욕조와 연결된 내부 파이프는 7개의 90° 벤드를 갖고 있고 하나의 개방 게이트 밸브가 있다. 수도 본관에서 수도꼭지의 높이는 H이다. 본관에서의 압력과 대기압은 각각 P_m과 P_0이다.

물은 게이지 압력 $P_m - P_0 = 2.4 \times 10^5$ Pa로 공급된다. 모든 파이프는 동이다. 3/4 inch 외부 파이프는 길이 $L_1 = 20$ m이고 실제 지름 $D_1 = 1.9$ cm이다. 1/2 inch 내부 파이프는 길이 $L_2 = 16$ m이고 실제 지름 $D_2 = 1.4$ cm이다. 높이 차 $H = 4$ m이고 수도꼭지의 지름은 대

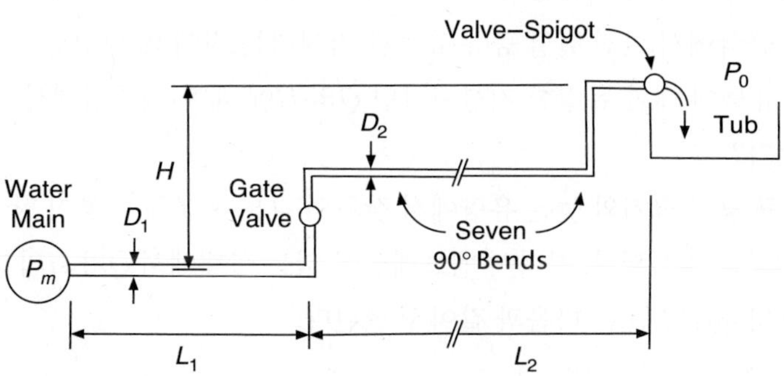

그림 P12.7 가정 배관 시스템의 일부

량 2 cm이다. 욕조 밸브가 열렸을 때 20°C에서 유량이 1.9×10^{-4} m³/s라면 밸브-수도꼭지의 손실계수는 얼마인가?

12.8. 멤브레인 수력 투과도 그림 P12.8과 같은 기구가 확산연구에서 사용되는 다공성 멤브레인을 특징짓기 위해 사용된다(Epstein, 1979). 이 기구를 사용하여 얻은 멤브레인 수력 투과도 k_m은 기공 지름 d를 찾기 위해 사용된다. 멤브레인을 거치는 압력차 $|\Delta P|_m$로 멤브레인 면적 S_m에서 부피 유량 Q가 발생한다면 $k_m = Q/(S_m|\Delta P|_m)$이다. 저장조가 측정된 높이 H에 놓인 후 출구에 위치한 피펫 메니스커스의 움직임에 대한 시간을 측정하여 Q를 결정한다. 출구의 단면적은 S_0이다.

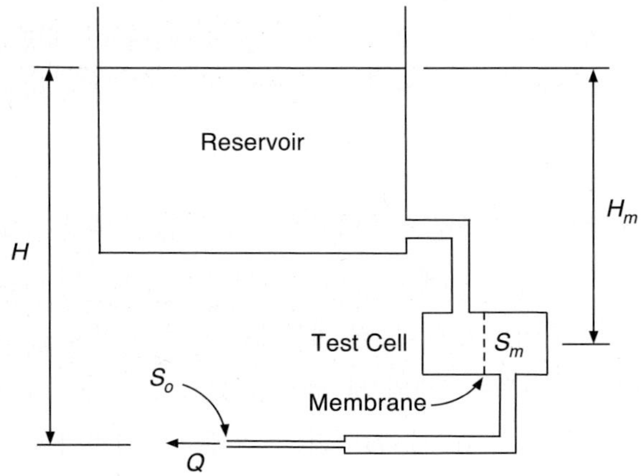

그림 P12.8 멤브레인 수력 투과도 측정을 위한 장치(Epstein, 1979)

(a) 멤브레인은 곧은 원통형 공극을 갖고 있고 각 멤브레인에서 공극의 수밀도(단위 면적당 공극의 수) n과 공극 길이 L은 별도로 측정되었다. 각 공극에 Poiseuille 법칙이 적용된다면 k_m, n, L로부터 d를 어떻게 계산할지 보여라. $H = 20$ cm, $d = 80$ nm, $L = 6.0$ μm가 전형적인 값일 때 공극에서 완전 발달 층류 유동을 가정하는 것이 왜 타당한가?

(b) 만약 멤브레인이 유동에 대한 유일한 저항이라면 Q의 H에 대한 의존성에서 k_m을 어떻게 계산할 수 있는가?

(c) 특히 상대적으로 큰 공극 크기와 높은 유량에서 장치의 다른 부분의 저항이 항상 무시될 수 있는 것은 아니라고 의심된다. 따라서 멤브레인이 없는 상태에서 Q가 H의 함수로 측정된다. 멤브레인 밖 손실 $E_{v,o}$는 다음과 같이 표현된다.

$$\frac{E_{v,o}}{w} = F v_o^2 \qquad \text{(P12.8-1)}$$

위에서 F는 무차원이며 $v_0 = Q/S_0$는 출구에서의 평균 속도이다. 이러한 데이터로부터 F를 어떻게 추산할지 보여라. 손실계수가 거의 상수인 난류 유동과 대조적으로 이 층류 유동 장치에서 F는 Q에 민감하다. (Re가 출구 Reynolds 수일 때 $\mathrm{Re}^{-1.24}$로 변하는 것이 알려졌다.)

(d) Re의 함수로 F가 알려져 있을 때 기존 실험으로부터 어떻게 k_m을 찾을지 보여라. (힌트: 저장조로부터 멤브레인 상류 측으로 오는 손실을 멤브레인의 하류 측으로부터 출구로 가는 손실에 더하라.) H에 대한 Q의 도표가 어떻게 멤브레인 외부 저항이 있음을 보이는가?

12.9. 분배 다기배관 설계 분배 다기배관(manifold)에서 각 가지가 동일한 유량 Q_B을 갖도록 하는 것이 종종 바람직하다. 가지들이 동일하다면 각각의 입구 압력은 같을 필요가 있다. 이와 같이 압력을 일정하게 만들기 위한 전략이 적어도 두 가지는 있다. 만약 주관에서 점성 손실을 무시할 수 있다면 그림 P12.9(a)에서 보인 것과 같이 지름의 연속적인 감소가 속도가 떨어지는 것을 막고 압력이 올라가는 것을 막는다. 만약 손실을 무시할 수 없다면 그림 P12.9(b)와 같이 가지에서의 압력 회복이 다음 파이프 부분에서 압력 강하와 정확히 균형이 되도록 일정한 파이프 지름 D_0와 가지 사이의 거리 L을 선택할 수 있다. 유동이 모든 곳에서 난류라 가정하고 초기 지름, 유량과 속도가 두 경우 모두 각각 D_0, Q_0와 v_0라 하자.

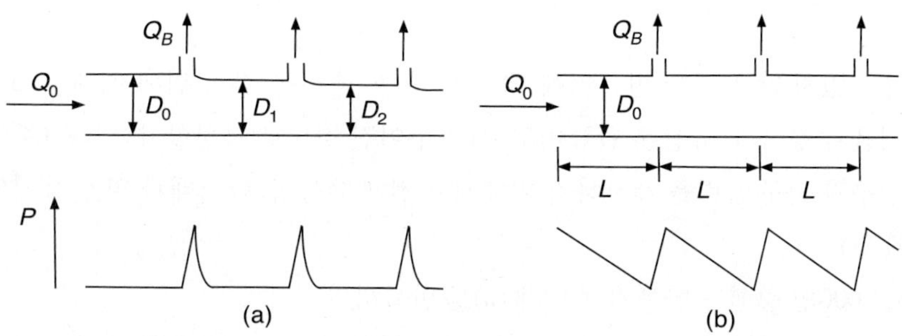

그림 P12.9 가지의 입구에서 압력 회복이 상쇄되는 분배 다기배관. (a) 주관에서 지름 감소(점성 손실을 무시할 수 있을 때) 또는 (b) 일정 지름 주관을 따라 점성 손실이 있을 때. 주관에서 대략적인 압력변화는 각 설계의 하단에 있다. (b)에서와 같은 실험적 압력 프로파일은 Denn (1980, p.129)에서 보인다.

(a) 무시할 수 있는 손실과 변화하는 파이프 지름의 경우 D_n을 가지 n 이후의 지름이라 하자. D_0와 D_1이 어떻게 다른가? 일반적으로 $D_n(n \geq 1)$은 어떻게 되는가?

(b) 점성 압력 강하가 압력 회복과 균형을 이루는 경우 D_0와 L의 선택을 위한 관계를 유도하고, 이것이 어떻게 사용될지 설명하라.

(c) $v_0 = 12.3$ m/s, $D_0 = 100$ mm, $D_B = 25$ mm, $L = 1.8$ m, $P_1 = 1.025$ atm, $P_0 = 1.000$ atm 인 공기 유동에서 첫 번째 부분에서 압력 강하가 첫 번째 가지에서 압력 회복과 어떻게 비교되는가? 이러한 다기배관의 최적화에 두 접근 방법 중 어떤 것이 더 적용가능한가?

12.10. 병렬 관형 반응기 관형 반응기의 크기를 키우지 않고 화학공장에서 생산량을 증대시키기 위해 그림 P12.10과 같이 반응기를 병렬로 연결한다. 각각은 지름 D_R이고 길이 L_R인 열린 관이다. 또는, 각각은 동일한 치수에서 지름 d인 구형 촉매 펠렛이 공극율 ε로 충전되어 있다. 열린 관에서 평균 유속과 충전관에서 공탑속도(superficial velocity)는 v_R로 표시된다. 반응물은 분배 다기배관에 의해 공급되고 생성물은 되돌아오는 다기배관에서 회수된다. 이러한 시스템 설계에 도움을 얻기 위해 압력-속도 관계식을 유도하는 것이 필요하다.

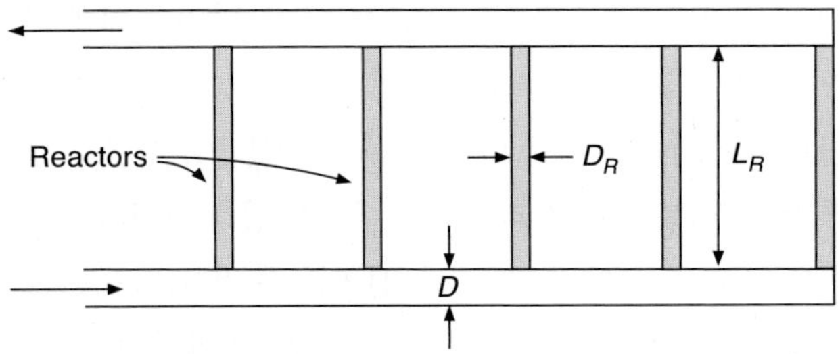

그림 P12.10 병렬 관형 반응기

(a) 충전되어 있지 않은 관형 반응기에 대해 $P_2 - P_1$과 v_R을 찾기 위해 예제 12.3-3에서 유도한 것을 수정하라. 유동은 난류이고 P_0는 주어진 것으로 가정할 수 있다. (주어진 가지에서 입구와 출구 압력을 계산하기 위해서는 전체 유동망, 다기배관 및 반응기의 해석이 요구된다.)

(b) $\mathrm{Re}_p > 1{,}000$인 충전층 반응기에 대해 (a)를 반복하라.

(c) 두 형태의 반응기에서 v_R이 주어져 있을 때 되돌아오는 다기배관의 가지 위치에서 압력 변화를 구하라. 주된 파이프에서 압력은 유동 방향에 대해 증가하는가 감소하는가?

12.11. 탱크 사이의 펌핑 한 탱크에 있는 모두 액체가 동일한 크기의 다른 탱크로 이송된다. 그림 P12.11에서 보인 것과 같이 두 탱크의 반지름은 R이고 처음에는 두 탱크 모두 액체 높이 H_0로 절반보다 조금 적게 차있다. 상단은 개방되어 있으며 일정 속도 원심 펌프가 있는 파이프로 바닥이 연결되어 있다. 펌프는 $n = 2$로 식 (12.3-6)으로 작동한다. 단순화를 위해 펌프 밖에서 점성 손실은 무시할 수 있는 것으로 가정한다.

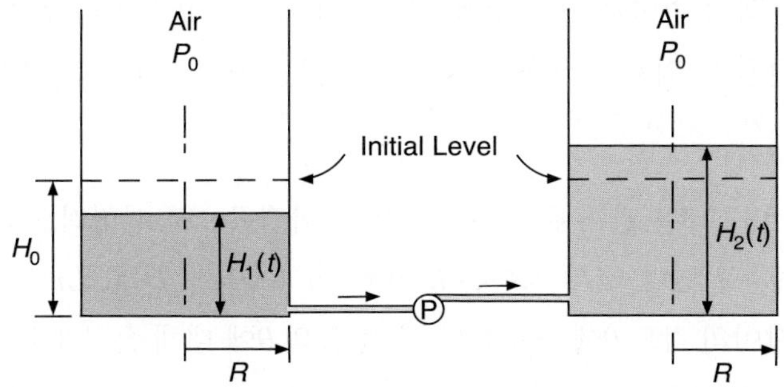

그림 P12.11 펌프를 이용한 탱크 사이의 액체 이송

(a) 필요한 매개변수 A의 최솟값은 무엇인가? 또는 펌프는 얼마나 커야 하는가?

(b) 다음 식을 보여주기 위해 공학용 베르누이 방정식과 펌프 특성을 사용하라.

$$Q = \left(\frac{A - \Delta H}{B}\right)^{1/2} \tag{P12.11-1}$$

위에서 $\Delta H = H_2 - H_1$은 수위 차이이다. ΔH를 나타내는 미분 방정식을 얻기 위해 위 식을 질량 수지와 결합하라.

(c) ΔH보다 편리한 종속변수는 $\phi = (A - \Delta H)/H_0$이다. 다음 식을 보여라.

$$\phi_0^{1/2} - \phi^{1/2}(t) = \left(\frac{H_0}{B}\right)^{1/2} \frac{t}{V_0} \tag{P12.11-2}$$

위에서 $\phi_0 = \phi(0) = A/H_0$이고 $V_0 = \pi R^2 H_0$은 두 탱크의 초기 액체 부피이다.

(d) 전체 부피를 이송하기 위해 필요한 시간 t_p는 얼마인가?

(e) 시간에 대해 Q는 어떻게 변하는가?

12.12. 직렬 또는 병렬 펌프 가정용 난방 오일과 같은 제품의 저장 용량을 높이기 위해 정유 시설에 탱크(tank)가 더해질 것이다. 새로운 탱크의 오일 수위는 그것에 연결된 탱크의 수위보다 높이 H 정도 위에 있어 위쪽 공간에 동일한 압력을 갖게 된다(즉, 동일한 기체 압력). 그러므로 펌핑이 필요하다. $n = 2$로 식 (12.3-6)에 의해 성능이 모사되는 두 동일한 원심 펌프가 이 목적에 사용 가능하다. 이들을 어떻게 가장 잘 구성할지 결정하라.

(a) 펌프들이 직렬로 배열되고 이들을 연결하는 파이프의 손실이 무시될 수 있다면 유량 Q와 관련되어 이들에 의해 발생하는 총 압력 증가 $|\Delta P|_T$는 어떻게 되는가? 두 펌프가 필요하게 되는 H는 얼마나 큰가? 다시 펌프들을 연결하는 파이프와 부품들의 손실을 무시

할 수 있는 것으로 가정하여 병렬로 연결된 펌프들에 대해 (a)를 반복하라. H가 작아 단일 펌프 또는 병렬 연결된 두 펌프가 사용될 수 있다면 병렬 배열의 기능적 장점은 무엇인가?

12.13. 원추형 디퓨저 그림 P12.13은 관이 유동 방향에 따라 바깥쪽으로 선형적으로 점점 커지는 원추형 디퓨저를 보여주고 있다. 국부 지름은 $D(z) = D_1 + (D_2 - D_1)(z/L)$이다. 지름의 증가 률은 관벽과 중심선 사이의 각도 θ에 대응한다. 작은 값의 θ에 대해 손실계수 K를 예측하려 한다.

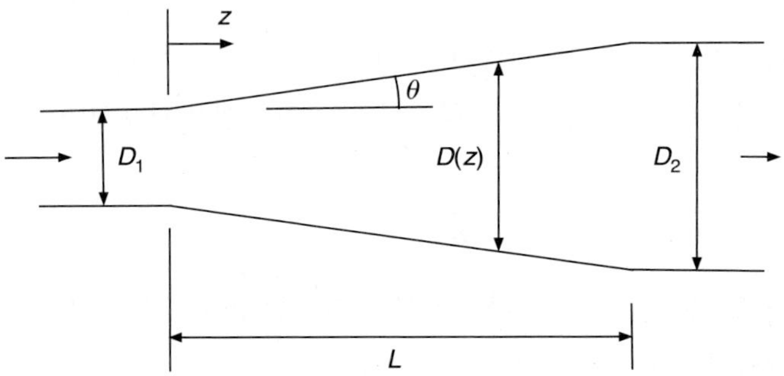

그림 P12.13 원추형 디퓨저

(a) 난류 유동에서 디퓨저 압력 증가는 다음과 같음을 보여라.

$$P_2 - P_1 = \frac{\rho v_1^2}{2}(1 - \beta^4 - K) \tag{P12.13-1}$$

위에서 $\beta = D_1/D_2$이다.

(b) 작은 θ에서 비압축성 유동에 대한 손실은 식 (12.4-11)을 사용하여 추산할 수 있다. 디퓨저의 길이에 따라 미분형 손실을 적분함으로서 마찰인자 f가 대략 일정하다 가정하였을 때 다음을 보여라.

$$K = \frac{Lf}{D_1}\beta(1 + \beta)(1 + \beta^2). \tag{P12.13-2}$$

평평한 관에서 이 손실계수는 축소되어 $\beta \to 1$에서 $K = 4Lf/D$이다.

(c) 입구에서 Reynolds 수를 $\mathrm{Re}_1 = 1 \times 10^5$이라 하자. 벽은 매끄러운 것으로 가정하고 f는 Re_1에 기반한다면 $D_2 = 2D_1$과 $L = 10D_1$에 대해 K를 계산하라. 점성 손실에 의해 유발될 것으로 예상되는 $P_2 - P_1$에서의 백분율 감소는 얼마인가? f가 Re_2에 기반한다면 얼

마나 영향을 받는가? 이 수치에서 벽의 각도 $\theta = \tan^{-1}(0.05) = 2.9^\circ$는 (b)의 접근 방법이 정확한 범위($\theta < 3.5^\circ$) 내에 있다(Tilton, 2007, pp.6~17).

12.14. 풍선 팽창 일정한 질량 유량 w로 공기를 공급하는 피스톤 펌프를 사용하여 큰 풍선이 반지름 a_1에서 a_2로 팽창한다. 벽의 장력이 반지름 a가 a_0를 초과하는 것에 비례한다면 풍선의 압력 P와 주위 압력 P_0는 다음과 같은 관계를 갖는다.

$$P - P_0 = \frac{2\chi\,(a - a_0)}{a} \tag{P12.14-1}$$

위에서 χ는 풍선 물질의 탄성 척도이다. (이는 Young-Laplace 방정식과 유사하여 일정 표면 장력이 변화하는 벽 장력으로 대체된 것이다.) 단순화를 위해 χ는 일정하고 풍선 내의 공기 온도는 주위 온도 T_0로 유지된다고 가정한다.

(a) χ가 클수록 팽창에 필요한 시간 t_p가 증가하는 이유를 정성적으로 설명하라.

(b) χ와 a_0가 알려져 있을 때 t_p를 예측하는 데 사용될 수 있는 표현식을 유도하라.

12.15. 압축 공기 탱크의 배출 일정 부피 V의 단단한 강철 탱크가 압축 공기로 채워져 있으며 $t = 0$에 밸브가 열려 대기로 탱크의 공기가 배출된다. 온도가 T_0로 일정하게 유지될 때 탱크 압력 $P(t)$를 예측하려 한다.

(a) 탱크를 나오는 질량 유량이 w이고 α는 상수 일 때 $w(t) = \alpha P(t)$를 가정하여 $P(t)$를 결정하라.

(b) w와 P 사이의 가정된 비례가 어떤 P 범위에서 좋은 가정이며 α는 어떻게 계산될 수 있는가? (힌트: 이 모델에서 막힘 유동이 선호되는가 선호되지 않는가?)

12.16. 자동차 타이어 팽창 어떤 자동차 타이어의 압력이 이 유형의 자동차 타이어에 권장되는 30 psig보다 낮은 20 psig로 밝혀졌다고 가정하자. 가까운 정비소는 $P_1 = 50$ psig의 압축 공기를 공급한다. 이 공기는 지름 $D = 6$ mm와 길이 $L = 5$ m인 매끄러운 고무호스를 통해 공급된다. 유동이 20°C 등온일 때 타이어 압력을 보정하기 위해 필요한 시간을 추정하려 한다. 이 온도와 평균 타이어 압력($P_2 = 25$ psig)에서 공기의 특성은 $\rho_2 = 3.3$ kg/m^{3}이고 $\upsilon_2 = 5.5 \times 10^{-6}$ m^2/s이다.

(a) P_1과 P_2의 특정 값에서 질량 유량 w를 어떻게 계산할지 보여라. [힌트: 공기 속도는 낮아 식 (12.4-24)에 의해 주어진 근사해를 사용할 수 있고 마찰인자를 찾기 위해 Blasius 방정식이 사용될 수 있음을 가정하라.]

(b) 평균 질량 유량을 추정하기 위해 $P_2 = 25$ psig에서 정상 유동에 대한 w를 계산하라. 식 (12.4-24)와 Blausis 방정식 모두가 적용 가능한 것을 확인하라.

(c) 자동차 타이어는 거의 일정 공기 부피를 나타낼 정도로 단단하다. 만약 $V = 600$ in^{3}이라면 대략적인 팽창 시간은 얼마인가?

12.17. 등온과 단열 파이프 유동의 비교 $T_1 = 27$°C와 $P_1 = 2$ atm의 공기 탱크가 지름 $D = 2.5$ cm의 강철 파이프를 통해 대기 중으로 배출된다. 탱크는 충분히 커서 T_1과 P_1은 거의 일정하게 유지된다. 주위 온도 또한 27°C이다.

(a) 유동이 등온이라면 어떤 파이프 길이 L_c가 막힘을 발생시키기에 충분한가? 그러면 질량 유량 w은 얼마인가?

(b) 유동이 등온이라면 $L = 0.5\,L_c$일 때 w는 얼마인가?

(c) 단열 유동에 대해 (a)를 반복하라. [힌트: 파이프에서 나가는 기체는 이제 27°C보다 낮아진다. 그러므로 입구와 출구 조건에 기반한 Reynolds 수는 다르게 된다. 그러나 이에 대응하는 마찰인자는 서로 거의 같고 등온 f와도 같다.]

12.18. 기체-실린더 위험성 운송 중 및 사용 중 압축 기체 실린더의 부주의한 취급으로 인해 사망자가 발생한다. 이 문제의 목적은 크고 부적절하게 고정된 불활성 기체 실린더가 실험실에서 쓰러지고 실린더 위의 압력 조절기가 떨어져 나간 결과를 설명하기 위한 것이다.

표준 44리터 강철 기체 실린더는 지름이 9인치, 높이가 51인치이며 비었을 때 60.4 kg에 해당하는 133파운드의 용기 질량을 가진다. 이러한 실린더가 2000 psig에서 아르곤[$M = 40$ kg/(kg-mol), $\gamma = 1.67$]으로 채워져 있다. SI 단위로 $V = 0.044$ m^3, $P = 1.38 \times 10^7$ Pa이고 $T = 293$ K이다. 조절기 연결부의 내경은 5 mm이다. 따라서 $t = 0$에서 조절기가 부서져 떨어져나가 이 목 지름을 가진 노즐이 만들어진다.

(a) 기체는 등엔트로피로 팽창한다고 가정하고 초기 목에서 속도 v_t가 음속이 되는 것을 보이고 이 값을 찾아라. 실린더에 있는 기체가 293 K으로 유지된다면 거의 전체 배출 동안 왜 v_t가 일정할지 설명하라.

(b) 초기 질량 유속 $w(0)$를 찾아라.

(c) 실험실에 상대적인 실린더의 속도를 $U(t)$라 하자. 실린더가 넘어진 후 거의 바닥과 접촉하지 않는다면 dU/dt에 대한 표현식을 유도하라. (힌트: 예제 11.3-2의 로켓 해석의 일부가 적용가능하다.)

(d) 초기 dU/dt가 유지되고 어떠한 장애물도 만나지 않는다면 $t = 3$ s에 $U = 9.4$ m/s임을 보

여라. 이는 사람은 말할 것도 없고 벽돌 벽을 심하게 손상시킬 정도이다! (실린더가 비어짐에 따라 w가 감소하고 dU/dt가 감소하는 것을 고려하면 3 s에서 $U = 8.3$ m/s이다.)

12.19. 음속 소리는 압력의 작은 변화의 결과이다. 이러한 교란(disturbance)들이 이동하는 속도를 예측하기 위해 유체에서 P, ρ, v, T가 정지해 있을 때 일정한 값에서부터 약간 섭동되는(perturbed) 것을 가정하자. 정체 값은 아래첨자 0으로 표기하고 시간과 위치에 의존하는 섭동(perturbation)들은 프라임 부호로 표시하고 $v_0 = 0$으로 설정하면 다음과 같다.

$$P = P_0 + P', \quad \rho = \rho_0 + \rho', \quad v = v', \quad T = T_0 + T'. \tag{P12.19-1}$$

소리의 전달에서 속도와 온도 구배는 작아 점성 응력과 열전달 모두 무시할 수 있어 이 공정을 등엔트로피로 만든다. 아래에 설명된 것과 같이 이는 c에 대해 식 (12.4-1)과 파장의 속도로 c를 인식하게 한다.

(a) 시간의존, 일차원 연속 방정식과 비점성 운동량 방정식에서 시작하고 프라임 부호의 양들을 무시할 수 있다고 가정하여 다음을 보여라.

$$\frac{\partial \rho}{\partial t} = -\rho_0 \frac{\partial v}{\partial x} \tag{P12.19-2}$$

$$\frac{\partial v}{\partial t} = -\frac{1}{\rho_0}\frac{\partial P}{\partial x} + g_x. \tag{P12.19-3}$$

(b) 등엔트로피 조건하에서 압력과 밀도 구배는 다음과 같이 관련된다.

$$\frac{\partial P}{\partial x} = \left(\frac{\partial P}{\partial \rho}\right)_S \frac{\partial \rho}{\partial x} \tag{P12.19-4}$$

위에서 아래첨자 S는 일정한 엔트로피를 나타낸다. 식 (12.5-28)과 이상기체 법칙을 사용하여 속도의 제곱 차원(L^2T^{-2})을 갖는 $(\partial P/\partial \rho)_S = \gamma RT/M$임을 보여라. 이 양이 양수이기 때문에 c^2으로 나타낸다.

(c) c의 물리적 중요성은 연속 방정식과 운동량 방정식으로 돌아가면 밝혀진다. 이들이 결합되어 다음과 같이 되는 것을 보여라.

$$\frac{\partial^2 \rho}{\partial t^2} = c^2 \frac{\partial^2 \rho}{\partial x^2}. \tag{P12.19-5}$$

이 형태의 편미분 방정식은 *파동 방정식*이다. (동일한 식이 v를 지배한다.)

(d) 파동 방정식은 가장 완전하게 연구된 미분 방정식이다. 그러나 자세한 해는 c의 해석을 필요로 하지 않는다. 식 (P12.19-5)를 치환함으로써 다음 형태의 해를 얻는 것을 보여라.

$$\rho(x, t) = A(x - ct) + B(x + ct) \tag{P12.19-6}$$

위에서 A와 B는 미분 가능한 어떤 함수들이다. x와 t는 단일 변수 $x \pm ct$로 결합될 수 있고 c는 파장의 속도를 나타낸다. 예를 들면, $\rho(x, t) = A(x - ct)$와 $B = 0$을 가정하자. 시간 t_1에서 위치 x_1에서 밀도는 $A(x_1 - ct)$이다. 이후 시간 t_2에서 밀도는 함수의 인수를 동일하게 유지하는 위치 x_2에서 복제된다. 즉, $x_2 - ct_2 = x_1 - ct_1$ 또는 $\Delta x - x_2 - x_1 = c(t_2 - t_1) = c\Delta t$이다. ρ의 값은 시간 Δt에서 거리 $\Delta x = c\Delta t$를 이동하기 때문에 그림 P12.19에서 설명하는 것과 같이 $+x$ 방향으로 속도 c로 이동하는 밀도 파동이 있어야만 한다. 압력 변화가 밀도 교란(disturbance)들을 동반하고 그러므로 같은 속도로 이동한다. 비슷한 이유로 $B(x + ct)$는 $-x$ 방향으로 속도 c로 이동하는 것을 나타낸다.

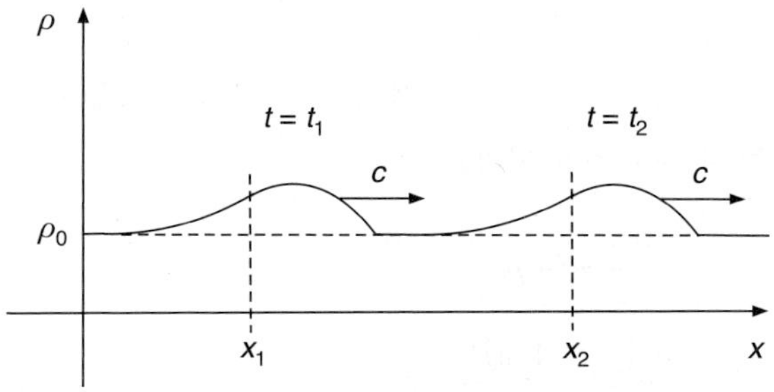

그림 P12.19 두 시간 순간에 $+x$ 방향으로 속도 c로 이동하는 밀도 파동

식 (12.4-1)로부터 예측되는 음속은 전형적으로 대기압에 있는 다양한 기체에서 측정된 값의 1% 이내이다(Thompson, 1972, p.165). 이는 소리의 전달이 등온이라기보다 등엔트로피임을 확인시킨다. 완전히 비압축성 유체에서 $c = \infty$이다. 위의 유도에서 벌크 유체는 정체된 것으로 가정하였다. 더 일반적으로 c는 유체 속도에 상대적인 음속이다.

12.20. 천음속 유동 어디선가 아음속(Ma < 1)에서부터 초음속(Ma > 1)으로 또는 반대로 변화하는 유동을 천음속(遷音速)이라 한다. 식 (12.5-9)는 일정 지름 관에서 이러한 현상이 발생할 수 없다는 것을 보인다. 이 문제의 목적은 천음속 유동이 가능하게 하기 위해 필요한 단면적 변화는 무엇이지 알아보는 것이다.

(a) 연속 방정식과 비점성 운동량 방정식이 다음과 같이 작성될 수 있다는 것을 보여라.

$$\frac{1}{\rho}\frac{d\rho}{dx} + \frac{1}{v}\frac{dv}{dx} + \frac{1}{S}\frac{dS}{dx} = 0 \tag{P12.20-1}$$

$$\rho v \frac{dv}{dx} = -\frac{dP}{dx} \qquad \text{(P12.20-2)}$$

위에서 $S(x)$는 단면적이다.

(b) 등엔트로피(단열과 비점성) 유동에서 압력과 밀도 구배는 식 (P12.19-4)에 의해 관련된다. 다음을 보여라.

$$\frac{1}{v}\frac{dv}{dx} = \left(\frac{1}{\mathrm{Ma}^2 - 1}\right)\frac{1}{S}\frac{dS}{dx}. \qquad \text{(P12.20-3)}$$

이는 아음속 조건에서 v와 S가 반대로 변화하지만 초음속 조건에서는 나란히 변하는 것을 의미한다. 이는 또한 $\mathrm{Ma} = 1$일 때 $dS/dx = 0$이어야만 유한한 가속도가 유지될 수 있다는 것을 의미하므로 우변의 분자 분모를 모두 0으로 만든다. 따라서 단열, 비점성 유동이 $\mathrm{Ma} = 1$을 통과하기 위해서는 목 또는 팽창이 필요하다.

(c) 천음속성 유동을 위해 실제로 필요한 것은 목이라는 것을 증명하기 위해 dv/dx를 $d\mathrm{Ma}/dx$ 와 연관시킬 필요가 있다. 단열 유동에서 에너지 보존[식 (12.5-7)]을 사용하고 식 (12.4-1)에서 음속을 추산하여 다음을 보여라.

$$\frac{1}{v}\frac{dv}{dx}(1 + \Gamma \mathrm{Ma}^2) = \frac{1}{\mathrm{Ma}}\frac{d\mathrm{Ma}}{dx} \qquad \text{(P12.20-4)}$$

위에서 $\Gamma = (\gamma - 1)/2$이다. 이를 식 (P12.20-3)에 넣어 다음을 얻는다.

$$\frac{1}{\mathrm{Ma}}\frac{d\mathrm{Ma}}{dx} = \left(\frac{1 + \Gamma \mathrm{Ma}^2}{\mathrm{Ma}^2 - 1}\right)\frac{1}{S}\frac{dS}{dx}. \qquad \text{(P12.20-5)}$$

(d) 로피탈의 규칙(l'Hôpital's rule)을 사용하여 다음을 보여라.

$$\frac{2}{1+\Gamma}\left(\frac{d\mathrm{Ma}}{dx}\right)^2\bigg|_{\mathrm{Ma}=1} = \left(\frac{1}{S}\frac{d^2S}{dx^2}\right)_{\mathrm{Ma}=1}. \qquad \text{(P12.20-6)}$$

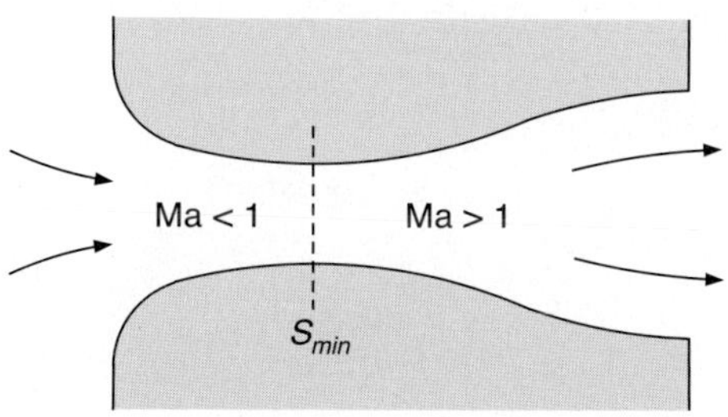

그림 P12.20 De Laval 노즐. $\mathrm{Ma} = 1$인 최소 단면적은 $S_{\min}$으로 표시되었다.

그러므로 Ma = 1에서 $d^2S/dx^2 > 0$이고 기체 속도는 S가 최소인 곳에서만 음속을 통과할 것을 나타낸다. 이러한 노즐-디퓨저 조합은 *de Laval* 노즐이라 불리며 그림 P12.20에 개략적으로 나타내었다. 약 1890년에 스웨덴 공학자 Gustaf de Laval (1845~1913)에 의해 증기 터빈을 위해 개발되었으며 현대 로켓 엔진의 표준 부분이다.

Appendix

벡터, 텐서, 그리고 좌표계

A.1 소개

다음은 이 책에서 여러 식들을 유도하는 데 필요한 벡터, 텐서, 그리고 해석 기하학에 대한 배경 정보들이다. 이는 Bird *et al*. (2012), Brand (1947), Hildebrand (1976)의 영향을 받아 기술한 Deen (2012)의 부록을 압축한 것이다. A.2절에서는 표기법을 설명하고 몇 가지 기본 개념을 검토한다. 벡터와 텐서는 볼드체로 표기되는 Gibbs 표기법[1] (Wilson, 1901)이 사용된다. 이는 방정식이 깔끔하고 좌표에 독립적인 형태로 표현될 수 있게 한다. 벡터 및 텐서의 곱셈은 점, 교차 및 이항 곱을 포함하여 A.3절에서 알아본다. 구배 및 Laplacian과 같은 미분 연산자는 A.4에서 발산과 회전(curl, 컬)과 같은 연산자와 함께 논의된다. 특정한 적분 변환도 제시된다. A.5절은 직교(orthogonal) 좌표계에 대한 일반적인 논의로 시작하여 그 결과가 가장 잘 사용되는 직교형, 원통, 그리고 구형 시스템에 특화시킨다.

A.2 표기법 및 기초

벡터와 텐서의 표현

물리학에서의 *스칼라(scalar)*는 크기만 있는 반면에 벡터에는 크기와 방향이 있다. 이 책에서 벡터는 볼드체 로마자(대문자 또는 소문자)로 표기된다. 벡터는 화살표로 표시할 수 있으며 도식은 화살표의 길이가 벡터의 크기와 일치하도록 구성할 수 있다. 그러나 이러한 그림은 해석을 위한 유틸리티가 제한되어 있어 대신에 다음과 같은 표현식을 사용한다.

$$\mathbf{v} = v_x \mathbf{e_x} + v_y \mathbf{e_y} + v_z \mathbf{e_z}. \tag{A.2-1}$$

---

1) Josiah W. Gibbs (1839~1903)는 예일대학에 있을 때 화학열역학의 많은 기본이론들을 확립하였다.

여기서 $\mathbf{e_x}$, $\mathbf{e_y}$ 및 $\mathbf{e_z}$는 직교형 좌표계[2)]와 평행한 단위 크기의 벡터이고, υ_x, υ_y 및 υ_z는 $\mathbf{v}$의 해당 스칼라 성분이다. 벡터의 크기는 일반적으로 이태리체로 표시되지만 명확성을 위해 절댓값 기호가 사용되기도 한다. (예: 벡터의 경우 $\mathbf{v}$, 크기의 경우 υ 또는 $|\mathbf{v}|$)

성분 형태인 벡터가 보다 간결한 표현을 가지는 것이 바람직하다. 식 (A.2-1)에 대한 두 가지 대안은 다음과 같다.

$$\mathbf{v} = (\upsilon_1, \upsilon_2, \upsilon_3) = \sum_{i=1}^{3} \upsilon_i \mathbf{e_i} \tag{A.2-2}$$

x, y 및 z(또는 다른 시스템의 세 좌표)는 좌표 1, 2 및 3이다. $\mathbf{v}$의 구성 성분은 순서가 지정되어있는 3개의 숫자 세트 또는 합으로 표시되며 주로 후자를 선호한다. 이후에 이러한 합의 한계는 3차원 공간에서 색인(i 이외의 다른 문자 일 수도 있음)이 항상 1에서 3까지 다양하다는 이해와 함께 생략된다. 직교형 텐서 표기법(Jeffreys, 1963)에서 합의 기호와 단위벡터는 생략되고 전체 벡터는 υ_i로 표시된다. 현재의 시스템은 간결하지만 보다 명료하다.

물리에서 *텐서*는 방향에 대한 추가적인 정보를 전달하는 방식으로 벡터의 개념을 일반화한다. 이 책에서 텐서는 볼드체 그리스 문자(대문자 또는 소문자)로 표기된다. 2차 텐서의 각 구성 항에는 한 쌍의 방향에 해당하는 2개의 첨자가 있다. 9개의 성분 τ_{ij}를 가지는 텐서 $\boldsymbol{\tau}$는 3 × 3 행렬 또는 이중 합으로 다음과 같이 표현될 수 있다.

$$\boldsymbol{\tau} = \begin{pmatrix} \tau_{11} & \tau_{12} & \tau_{13} \\ \tau_{21} & \tau_{22} & \tau_{23} \\ \tau_{31} & \tau_{32} & \tau_{33} \end{pmatrix} = \sum_i \sum_j \tau_{ij} \mathbf{e_i} \mathbf{e_j}. \tag{A.2-3}$$

합계 표시법을 보다 선호한다. 단위 *dyad*인 $\mathbf{e_i e_j}$는 단위벡터 $\mathbf{e_i}$와 $\mathbf{e_j}$의 내적과 혼동되어서는 안 된다(A.3). 이것은 일종의 양방향 표지 또는 자리표지자(placeholder)이다. 텐서에는 화살표가 벡터를 규정하는 것과 같은 간단한 도식적 표현이 없다. 직교형(Cartesian) 텐서 표기법에서는 합과 단위 dyad를 생략하고 τ_{ij}로 전체 텐서를 표현한다.

3차 텐서는 3개의 첨자와 27개의 성분을, 4차 텐서는 4개의 첨자와 81개의 성분을 가지고 있다. 스칼라는 0차 텐서와 1차 텐서로서의 벡터로 분류할 수 있다. 그러나 두 방향에서 나온 아홉 가지 성분으로 보통 충분하기 때문에 이 책에서는 '텐서(tensor)'가 '2차 텐서(2nd-order tensor)'의 약자로 사용된다.

---

2) 독자는 직교형(Cartesian) 단위벡터로서 **i**, **j**, 그리고 **k**에 익숙할 수 있다. e-첨자 표기법을 선호하는 이유는 많은 관계식이 다른 좌표계로 즉시 일반화될 수 있도록 하기 위함이다.

기초적 연산

벡터 또는 텐서를 더하고 둘 중의 하나를 스칼라로 곱하면 선형 대수의 행렬과 같다. 즉, 2개의 벡터 또는 2개의 텐서를 더하거나 뺄 때 해당 항을 더하거나 뺀다. 벡터 또는 텐서를 스칼라로 곱하거나 나눌 때, 각 성분은 그 인자로 곱하거나 나누어진다. 스칼라 곱셈은 벡터의 크기는 변하지만 방향은 바뀌지 않는다. 마찬가지로, 텐서의 스칼라 곱셈은 그 크기를 변화시키지만 방향은 변화되지 않는다. 시간과 같은 단일 변수와 관련된 도함수는 각 항을 미분하여 계산한다. 구배 또는 Laplacian 연산자와 같이 다차원 공간 변수가 포함된 도함수는 더 많은 주의가 필요하며 이는 A.4에서 논의될 것이다. 제로 벡터와 제로 텐서는 그 성분들이 0이기 때문에 각각 0으로 표시한다. 2개의 벡터 또는 2개의 텐서가 동일하면 각각의 그들 성분도 일치해야 한다. 달리 말하면, 이러한 벡터 또는 텐서의 차이는 **0**이어야 한다.

한 가지 예외를 제외하고 벡터는 공간상의 특정 위치를 갖지 않는다. 따라서 두 벡터의 동일함은 그들이 동일한 방향과 크기를 갖는다는 것만이 요구된다. 즉, 그들은 동일 선상일 필요가 없다는 것이다. 원점에서 공간상의 점까지 확장되는 위치 벡터는 예외이다.

텐서의 *전치(transpose of a tensor)*는 정사각행렬(square matrix)과 같다. 따라서, τ의 전치(transpose)는 다음과 같다.

$$\boldsymbol{\tau}^t = \begin{pmatrix} \tau_{11} & \tau_{21} & \tau_{31} \\ \tau_{12} & \tau_{22} & \tau_{32} \\ \tau_{13} & \tau_{23} & \tau_{33} \end{pmatrix} = \sum_i \sum_j \tau_{ji}\mathbf{e}_i\mathbf{e}_j \qquad \text{(A.2-4)}$$

여기서 비대각 성분은 상호 교환되었다. 만약 $\tau_{ij} = \tau_{ji}$이면 텐서는 *대칭*이고 이 경우 $\boldsymbol{\tau} = \boldsymbol{\tau}^t$인 반면, 만약 $\tau_{ij} = -\tau_{ji}$이면 텐서는 *비대칭*이다. 텐서는 그 대각 성분의 각각이 0인 경우에만 (즉, $\tau_{ii} = 0$) 비대칭일 수 있다. 그 텐서의 전치 행렬을 더하거나 뺌으로서 모든 텐서는 대칭과 비대칭으로 나뉠 수 있다. 즉, 다음과 같다.

$$\boldsymbol{\tau} = \frac{1}{2}(\boldsymbol{\tau} + \boldsymbol{\tau}^t) + \frac{1}{2}(\boldsymbol{\tau} - \boldsymbol{\tau}^t). \qquad \text{(A.2-5)}$$

식 (A.2-3)과 식 (A.2-4)에서 둘 중 어느 한 형태의 표현으로 시작하면, $\boldsymbol{\tau} + \boldsymbol{\tau}^t$는 대칭이고 $\boldsymbol{\tau} - \boldsymbol{\tau}^t$는 비대칭임을 쉽게 알 수 있다.

좌표의 독립성

해석에 있어서는 제한된 도움인 반면, 공간에서 화살표의 개념은 벡터 계산을 위해 선택될 수 있는 좌표계에 독립적인 속성을 가지고 있음을 상기시켜주는 것이다. 즉, 어떠한 항으로 분해되더라도 그 크기와 방향은 유지되어야 한다. 따라서 벡터 성분은 좌표 변환에서 특정

규칙을 따르며, 한 좌표 시스템에서 벡터의 성분은 다른 시스템에서의 성분을 결정한다. 또한 텐서는 다른 불변의 성질뿐만 아니라 좌표에 독립적인 크기도 가진다. 따라서 방향성과 관련된 모든 물리적 법칙을 표현하는 가장 일반적인 방법은 벡터-텐서 표기법을 사용하는 것이다.

A.3절에서 설명한 곱셈 규칙은 모든 직교(orthogonal) 좌표계에 적용된다. 벡터와 텐서 관계의 좌표 독립성은 미분 연산자가 포함된 항등식이 유도되는 A.4절에서 더 자세히 다룰 예정이다. 사용하는 많은 시스템 중에서 직교형 좌표계(Cartesian coordinates)는 3개의 기본 벡터($\mathbf{e}_x$, $\mathbf{e}_y$, $\mathbf{e}_z$)가 모두 위치에 독립적이라는 점에서 유일하다. 이 변하지 않는 특성은 많은 유도를 촉진시킨다. 직교형(Cartesian) 연산자를 사용하여 유도되었더라도 그 표현식을 Gibbs 형식으로 변환할 수 있으면 모든 좌표계에서 유효하게 사용된다. 그러나 이를 위해서는 A.5절에서 설명한대로 차등 연산자를 좌표계에 맞게 조정해야한다.

A.3 벡터 및 텐서 곱

벡터 내적

a와 **b**의 *내적*은 다음의 스칼라로 주어진다.

$$\mathbf{a} \cdot \mathbf{b} = ab \cos\phi \tag{A.3-1}$$

여기서 ϕ는 그림 A.1(a)에서와 같이 벡터간 각도 ($\leq 180^\circ$ 또는 π 라디안)이다. 내적의 결과가 스칼라이기 때문에 $\mathbf{a}\cdot\mathbf{b}$를 *스칼라 곱*이라고도 한다. $b\cos\phi$은 **b**를 **a**로 투영하였을 때의 크기이고, 내적은 **b**의 투영과 **a**의 크기의 곱으로 해석될 수 있다. 이것은 **b**의 크기와 **b**로 **a**를 투영한 것과의 곱으로 볼 수도 있다.

벡터가 서로 수직이면 $\phi = \pi/2$, $\cos\phi = 0$, 그리고 $\mathbf{a}\cdot\mathbf{b} = 0$ 이다. 만약 벡터가 점선으로 표시되면 $\phi = 0$, $\cos\phi = 1$, 그리고 $\mathbf{a}\cdot\mathbf{a} = a^2$ 이다. 따라서 벡터의 *크기*는 다음과 같이 주어진다.

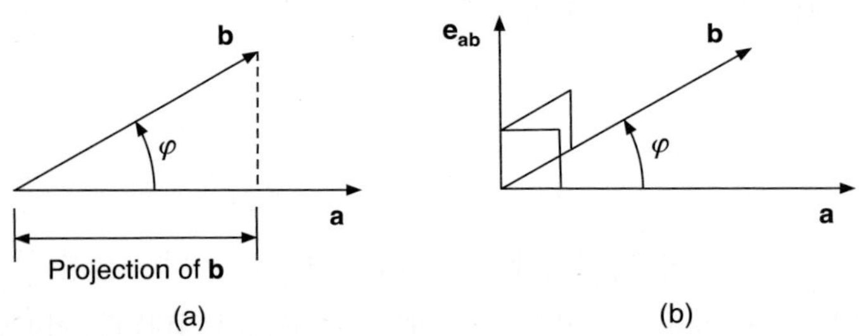

그림 A.1 (a) 내적(dot product) $\mathbf{a}\cdot\mathbf{b}$와 (b) 외적(cross product) $\mathbf{a}\times\mathbf{b}$의 기하학

$$a = |\mathbf{a}| = (\mathbf{a} \cdot \mathbf{a})^{1/2}. \tag{A.3-2}$$

또한 식 (A.3-1)로부터 벡터의 내적은 교환법칙이 성립한다.

$$\mathbf{a} \cdot \mathbf{b} = \mathbf{b} \cdot \mathbf{a}. \tag{A.3-3}$$

또한 분배법칙도 성립한다.

$$\mathbf{a} \cdot (\mathbf{b} + \mathbf{c}) = (\mathbf{a} \cdot \mathbf{b}) + (\mathbf{a} \cdot \mathbf{c}). \tag{A.3-4}$$

내적의 기하학적 해석은 기억하는 것이 좋지만, 일반적으로 각도를 고려하지 않고 벡터 성분을 직접 다루는 것이 더 효율적이다. 이는 기본 벡터의 특성으로 볼 수 있다. 임의의 직교(orthogonal)(상호 수직인) 단위벡터 집합에 대하여는 식 (A.3-1)로부터 독립적 내적은 다음과 같다.

$$\begin{aligned} &\mathbf{e_1} \cdot \mathbf{e_1} = 1, \quad \mathbf{e_2} \cdot \mathbf{e_2} = 1, \quad \mathbf{e_3} \cdot \mathbf{e_3} = 1, \\ &\mathbf{e_1} \cdot \mathbf{e_2} = 0, \quad \mathbf{e_2} \cdot \mathbf{e_3} = 0, \quad \mathbf{e_3} \cdot \mathbf{e_1} = 0, \\ &\mathbf{e_2} \cdot \mathbf{e_1} = 0, \quad \mathbf{e_3} \cdot \mathbf{e_2} = 0, \quad \mathbf{e_1} \cdot \mathbf{e_3} = 0. \end{aligned} \tag{A.3-5}$$

이들 9개의 결과는 *Kronecker delta* (δ_{ij})를 사용하여 다음과 같이 요약할 수 있다.

$$\mathbf{e_i} \cdot \mathbf{e_j} = \delta_{ij} = \begin{cases} 1, & i = j \\ 0, & i \neq j. \end{cases} \tag{A.3-6}$$

따라서 정규직교 기본 벡터의 내적은 아래첨자가 동일하면 1이고 다르면 0이다.

성분을 사용하면 **a**와 **b**의 내적은 다음과 같이 계산된다.

$$\mathbf{a} \cdot \mathbf{b} = \left(\sum_i a_i \mathbf{e_i}\right) \cdot \left(\sum_j b_j \mathbf{e_j}\right) = \sum_i \sum_j a_i b_j \mathbf{e_i} \cdot \mathbf{e_j} = \sum_i \sum_j a_i b_j \delta_{ij} = \sum_i a_i b_i. \tag{A.3-7}$$

중간 표현식은 모든 벡터 곱을 평가할 때의 기본적인 절차를 보여준다. 첫째, 각 벡터는 합으로 표현된다. 둘째, 다른 색인이 포함된 합은 내부 또는 외부로 이동될 수 있음을 염두에 두고 합을 결합한다.[3] 셋째, 기본 벡터의 곱을 계산한다. 마지막으로 남은 수식을 제거한다. 0이 아닌 항은 $i = j$에 대해서만 얻을 수 있기 때문에, 결국 단일 합이 가능하다. 어떤 단계에서 i 또는 j 대신에 다른 문자로 대체할 수 있다. 그 이유는 일단 정적분이 구해지면 적분 변수가 사라지듯이 벡터의 합산이 완료되면 색인이 사라지기 때문이다. 직교형 텐서 표기법에서 최종 기호는 간단히 $a_i b_i$로 표현되고 반복되는 색인은 i에 대한 합을 의미한다.

식 (A.3-2)와 (A.3-7)로부터 그 성분의 항으로 **a**의 크기는 다음과 같다.

3) 이는 $\int a(x)dx \int b(y)dy = \int\int a(x)b(y)dx\,dy$와 유사하다.

$$a = |\mathbf{a}| = \left(\sum_i a_i^2\right)^{1/2}. \tag{A.3-8}$$

a와 평행한 *단위 벡터(unit vector)*는 $\mathbf{a}/a$ 또는 $\mathbf{a}/|\mathbf{a}|$이다. 어떤 벡터의 성분은 해당 좌표축에 대한 투영이다. **a**의 i 번째 성분은 다음과 같이 구할 수 있다.

$$a_i = \mathbf{e_i} \cdot \mathbf{a} = \mathbf{a} \cdot \mathbf{e_i}. \tag{A.3-9}$$

벡터 외적

a와 **b**의 외적[cross product, 또는 벡터 곱(vector product)]은 다음 식에 의해 주어지는 벡터이다.

$$\mathbf{a} \times \mathbf{b} = ab \sin\phi\, \mathbf{e_{ab}} \tag{A.3-10}$$

여기서 $\mathbf{e_{ab}}$는 그림 A.1(b)에서와 같이 **a**와 **b** 모두에 수직인 단위벡터이다. 오른손의 손가락을 **a**에서 **b**로 둥글게 말면 $\mathbf{e_{ab}}$는 곧게 세운 엄지 방향으로 가리킨다. $\mathbf{a} \times \mathbf{b}$의 크기는 인접한 변으로 **a**와 **b**가 있는 평행사변형의 면적과 같다. 어떤 벡터이든지 벡터 그 자체와 외적하거나 평행 벡터와 외적하면 **0**이 된다.

오른손 법칙은 다음을 함축한다.

$$\mathbf{a} \times \mathbf{b} = -\mathbf{b} \times \mathbf{a}. \tag{A.3-11}$$

따라서 외적(cross product)은 교환법칙은 적용이 되지 *않으나*, 분배법칙은 가능하다.

$$\mathbf{a} \times (\mathbf{b} + \mathbf{c}) = (\mathbf{a} \times \mathbf{b}) + (\mathbf{a} \times \mathbf{c}). \tag{A.3-12}$$

내적과 마찬가지로, 성분의 항으로 외적을 평가할 때는 직교(orthogonal) 기본 벡터의 곱셈 속성을 따라야 한다. 식 (A.3-10)을 따르면, 독립적인 외적(cross product)은 다음과 같다.

$$\begin{aligned}
&\mathbf{e_1} \times \mathbf{e_1} = \mathbf{0}, \quad && \mathbf{e_2} \times \mathbf{e_2} = \mathbf{0}, \quad && \mathbf{e_3} \times \mathbf{e_3} = \mathbf{0},\\
&\mathbf{e_1} \times \mathbf{e_2} = \mathbf{e_3}, && \mathbf{e_2} \times \mathbf{e_3} = \mathbf{e_1}, && \mathbf{e_3} \times \mathbf{e_1} = \mathbf{e_2},\\
&\mathbf{e_2} \times \mathbf{e_1} = -\mathbf{e_3}, && \mathbf{e_3} \times \mathbf{e_2} = -\mathbf{e_1}, && \mathbf{e_1} \times \mathbf{e_3} = -\mathbf{e_2}.
\end{aligned} \tag{A.3-13}$$

이 결과는 다음과 같이 요약할 수 있다.

$$\mathbf{e_i} \times \mathbf{e_j} = \sum_k \varepsilon_{ijk} \mathbf{e_k} \tag{A.3-14}$$

여기서 ε_{ijk}는 다음과 같이 정의된 *순열 기호(permutation symbol)*이다.

$$\varepsilon_{ijk} = \begin{cases} 0, & i = j,\ j = k, \text{ or } k = i \\ 1, & ijk = 123, 231, \text{ or } 312 \\ -1, & ijk = 132, 213, \text{ or } 321. \end{cases} \tag{A.3-15}$$

따라서 특정 색인이 반복되면 $\varepsilon_{ijk} = 0$, 순환 순서가 증가하면 $\varepsilon_{ijk} = 1$, 순환 순서가 감소하면 $\varepsilon_{ijk} = -1$이 된다. 동일한 순환 순서가 유지되기 때문에 색인의 값이 어떻게 되든 $\varepsilon_{ijk} = \varepsilon_{jki} = \varepsilon_{kij}$가 된다.

성분의 항으로 **a**와 **b**를 외적(cross product)하면, 다음과 같다.

$$\mathbf{a} \times \mathbf{b} = \sum_i \sum_j \sum_k a_i b_j \varepsilon_{ijk} \mathbf{e_k}. \tag{A.3-16}$$

이를 풀어쓰면 다음과 같다.

$$\mathbf{a} \times \mathbf{b} = (a_2 b_3 - a_3 b_2)\mathbf{e_1} - (a_1 b_3 - a_3 b_1)\mathbf{e_2} + (a_1 b_2 - a_2 b_1)\mathbf{e_3}. \tag{A.3-17}$$

나머지 항들은 반복되는 색인을 포함하기 때문에 오직 27개 항 중에서 6개 항만이 삼중 합으로 남게 된다. 이러한 결과를 기억하는 방법은 결정요소가 동등하다는 것을 아는 것이다.

$$\mathbf{a} \times \mathbf{b} = \begin{vmatrix} \mathbf{e_1} & \mathbf{e_2} & \mathbf{e_3} \\ a_1 & a_2 & a_3 \\ b_1 & b_2 & b_3 \end{vmatrix}. \tag{A.3-18}$$

하나의 외적이 다른 외적을 따르는 수식은 한 쌍의 순열기호를 곱한 후 공통 색인에 대해 합산해야 한다. 유용한 표현식은 다음과 같다.

$$\sum_k \varepsilon_{ijk} \varepsilon_{mnk} = \delta_{im}\delta_{jn} - \delta_{in}\delta_{jm}. \tag{A.3-19}$$

Dyad 곱

한 쌍의 벡터로 구성된 텐서를 *dyad*라고 한다. 벡터 **a**와 **b**를 내적 또는 외적 없이 곱하면 다음과 같은 dyad로 주어진다.

$$\mathbf{ab} = \begin{pmatrix} a_1 b_1 & a_1 b_2 & a_1 b_3 \\ a_2 b_1 & a_2 b_2 & a_2 b_3 \\ a_3 b_1 & a_3 b_2 & a_3 b_3 \end{pmatrix} = \sum_i \sum_j a_i b_j \mathbf{e_i e_j}. \tag{A.3-20}$$

일반적으로 dyad 곱은 교환법칙이 성립되지 않으나 분배법칙은 성립한다. dyad를 포함하는 내적의 경우 텐서를 포함하는 내적과 같이 구하며 이는 다음에 논의할 것이다.

텐서 곱

벡터-텐서와 텐서-텐서의 내적을 구하는 것은 단위벡터와 단위 dyad를 포함하는 다음의 네 가지 연산에 기초를 두고 있다.

$$\mathbf{e_k} \cdot \mathbf{e_i e_j} = \delta_{ik} \mathbf{e_j} \tag{A.3-21}$$

$$\mathbf{e_i e_j} \cdot \mathbf{e_k} = \delta_{jk} \mathbf{e_i} \tag{A.3-22}$$

$$\mathbf{e_i e_j} \cdot \mathbf{e_m e_n} = \delta_{jm} \mathbf{e_i e_n} \tag{A.3-23}$$

$$\mathbf{e_i e_j} : \mathbf{e_m e_n} = \delta_{jm} \delta_{in}. \tag{A.3-24}$$

어느 순서로든 dyad를 가진 벡터를 내적하면 벡터가 생성되고, 2개의 dyad를 내적하면 다른 dyad가 생성된다. 두 dyad의 이중내적(쌍점으로 표시)은 스칼라이다. 점 옆에 있는 기본 벡터의 곱을 구하고 '사용되지 않은' 기본 벡터는 계속 남겨 둠으로써 각각의 관계식을 얻을 수 있다고 기억하면 도움이 될 것이다. 기본 벡터가 나타나는 순서는 식 (A.3-23)에서와 같다. 식 (A.3-24)는 연속적인 2개의 내적으로 볼 수 있는데, 첫 번째 내적은 $\mathbf{e_j}$와 $\mathbf{e_m}$이며, 두 번째는 $\mathbf{e_i}$와 $\mathbf{e_n}$이다.[4)]

일반적으로, 벡터–텐서 내적의 경우에는 교환법칙이 성립되지 않는다. 식 (A.3-21)과 (A.3-22)를 사용하여 $\mathbf{a}$와 $\boldsymbol{\tau}$의 두 가지 가능한 내적을 구하면, 다음과 같다.

$$\mathbf{a} \cdot \boldsymbol{\tau} = \sum_i \sum_j a_i \tau_{ij} \mathbf{e_j} \neq \sum_i \sum_j a_i \tau_{ji} \mathbf{e_j} = \boldsymbol{\tau} \cdot \mathbf{a}. \tag{A.3-25}$$

이 두 식들은 오직 $\boldsymbol{\tau}$가 대칭($\tau_{ij} = \tau_{ji}$)일 경우에만 등식이 성립할 것이다. 마찬가지로 두 텐서의 싱글내적의 경우에도 두 텐서가 대칭일 경우에만 교환법칙이 성립한다. 싱글내적의 경우 형식적으로는 대칭행렬에 대해서만 교환법칙이 성립하는 행렬의 곱셈과 동일하다. 비록 두 텐서의 싱글내적은 일반적으로 교환법칙이 성립하지 않더라도, 이중내적은 성립한다. 텐서 $\boldsymbol{\tau}$와 $\boldsymbol{\kappa}$의 이중내적은 다음과 같다.

$$\boldsymbol{\tau} : \boldsymbol{\kappa} = \sum_i \sum_j \tau_{ij} \kappa_{ji} = \sum_i \sum_j \kappa_{ij} \tau_{ji} = \boldsymbol{\kappa} : \boldsymbol{\tau}. \tag{A.3-26}$$

중간 등식은 어느 쪽이든 한쪽의 이중 합이 임의의 색인 i와 j를 교환하여 다른 쪽의 이중 합으로부터 얻어진다는 것을 인지함으로써 확인할 수 있다.

어느 한 텐서의 이중내적과 그 텐서의 전치는 그 텐서의 크기로 이어진다. 텐서 $\boldsymbol{\tau}$의 크기 τ는 다음과 같다.

$$\tau = \left(\frac{1}{2} \boldsymbol{\tau} : \boldsymbol{\tau}^t \right)^{1/2} = \left(\frac{1}{2} \sum_i \sum_j \tau_{ij}^2 \right)^{1/2}. \tag{A.3-27}$$

---

4) 원래의 정의(Wilson, 1901)를 사용하면, 식 (A.3-24)의 결과는 $\delta_{im}\delta_{in}$이 될 것이다. 다수의 저자들이 선호하는 현재의 정의는 이중내적이 식 (A.3-23)을 훨씬 더 자연스럽게 확장시키도록 하는 것이다.

벡터의 크기와 마찬가지로, τ는 *불변식(invariant)*이며, 이는 좌표계의 영향을 받지 않는다는 것을 의미한다. 만약 $\boldsymbol{\tau}$가 대칭이고 0이 아닌 구성요소가 단지 τ_{12}와 τ_{21}뿐이라면, $\tau = |\tau_{12}| = |\tau_{21}|$이다. 이것은 1개의 0이 아닌 성분 v_1을 가진 벡터 $\mathbf{v}$에서와 유사하다. 즉, $v = |v_1|$이다. 식 (A.3-27)의 지수 1/2는 유사한 형태로 유지된다. 또 다른 텐서의 불변식(invariant)은 대각성분에 있는 요소의 합인 *대각합(trace)*이다. 이러한 $\boldsymbol{\tau}$의 대각합(trace)은 다음과 같다.

$$\operatorname{tr} \boldsymbol{\tau} = \sum_i \tau_{ii}. \tag{A.3-28}$$

텐서를 그 전후에 위치한 벡터와 내적하는 경우에 결합법칙이 성립한다. 즉, 다음과 같다.

$$(\mathbf{a} \cdot \boldsymbol{\tau}) \cdot \mathbf{b} = \sum_i \sum_j a_i \tau_{ij} b_j = \mathbf{a} \cdot (\boldsymbol{\tau} \cdot \mathbf{b}). \tag{A.3-29}$$

따라서 괄호는 생략될 수 있으며 전체 내적은 단순히 $\mathbf{a} \cdot \boldsymbol{\tau} \cdot \mathbf{b}$로 표시할 수 있다. 괄호 안에 있는 내적의 결과는 벡터이며, 벡터와 벡터 간의 내적은 교환법칙이 성립하며, 이와 대등한 또 다른 2개의 표현식은 $\mathbf{b} \cdot (\mathbf{a} \cdot \boldsymbol{\tau})$와 $(\boldsymbol{\tau} \cdot \mathbf{b}) \cdot \mathbf{a}$이다. 이 경우에는 모호함을 없애기 위해 괄호를 사용한다.

식 (A.3-24)는 또한 $\mathbf{e_i e_j e_k}$ 및 $\mathbf{e_i e_j e_m e_n}$와 같은 단위 *polyads*에 대한 내적 규칙을 이끌어낸다. 텐서를 포함하는 외적의 경우에도 같은 방식으로 계산될 수 있다. 단위 dyad의 외적 규칙은 Brand (1947, pp.187~189)의 저서에 나와 있다. 여기서 언급한 것들 이외의 곱은 이 책에서 사용하지 않았다.

등치 텐서

단위행렬과 유사한 항등텐서는 다음과 같다.

$$\boldsymbol{\delta} = \begin{pmatrix} 1 & 0 & 0 \\ 0 & 1 & 0 \\ 0 & 0 & 1 \end{pmatrix} = \sum_i \sum_j \delta_{ij} \mathbf{e_i e_j} = \sum_i \mathbf{e_i e_i}. \tag{A.3-30}$$

각 성분은 Kronecker 델타이므로 텐서의 기호는 δ이다. 항등텐서의 본질적인 특성은 항등텐서를 어떠한 벡터나 텐서와 어떤 순서로든 내적하면 벡터 혹은 텐서로 변환된다는 것이다. 즉,

$$\boldsymbol{\delta} \cdot \mathbf{a} = \mathbf{a} = \mathbf{a} \cdot \boldsymbol{\delta} \tag{A.3-31}$$

$$\boldsymbol{\delta} \cdot \boldsymbol{\tau} = \boldsymbol{\tau} = \boldsymbol{\tau} \cdot \boldsymbol{\delta}. \tag{A.3-32}$$

텐서의 대각합은 항등텐서와 어느 한쪽 방향 순서로 이중 내적하여 얻어진다.

$$\operatorname{tr}\boldsymbol{\tau} = \boldsymbol{\delta} : \boldsymbol{\tau} = \boldsymbol{\tau} : \boldsymbol{\delta} \qquad \text{(A.3-33)}$$

그리고 항등텐서 자체의 대각합(trace)은 다음과 같다.

$$\operatorname{tr}\boldsymbol{\delta} = \boldsymbol{\delta} : \boldsymbol{\delta} = \sum_i \delta_{ii} = 3. \qquad \text{(A.3-34)}$$

예제 A.3-1 ● 반대칭 텐서와 벡터의 반복되는 내적. 이 예제의 목적은 벡터 **p**와 *반대칭* 텐서 $\boldsymbol{\Omega}$의 내적 결과를 보여주는 것이다.

$$\mathbf{p} \cdot \boldsymbol{\Omega} \cdot \mathbf{p} = \sum_i \sum_j p_i \Omega_{ij} p_j = 0. \qquad \text{(A.3-35)}$$

나타난 성분 표시는 식 (A.3-29)로부터 이어진다.

만약에 $\boldsymbol{\Omega}$가 반대칭이라면 $\Omega_{ii} = 0$이기 때문에 이중합은 최대 6개의 0이 아닌 항을 나타낸다. Ω_{ji} $(i \neq j)$와 부합하는 각각의 Ω_{ij}을 묶으면 다음과 같다.

$$\mathbf{p} \cdot \boldsymbol{\Omega} \cdot \mathbf{p} = p_1 p_2(\Omega_{12} + \Omega_{21}) + p_1 p_3(\Omega_{13} + \Omega_{31}) + p_2 p_3(\Omega_{23} + \Omega_{32}). \qquad \text{(A.3-36)}$$

괄호 안의 각 합은 $\Omega_{ij} = -\Omega_{ji}$이기 때문에 서로 상쇄되어 없어진다. 이것으로 증명은 끝난다.

예제 A.3-2 ● 스칼라 삼중 곱. 다음과 같이 나타나는 것을 보여라.

$$\mathbf{a} \cdot (\mathbf{b} \times \mathbf{c}) = \mathbf{b} \cdot (\mathbf{c} \times \mathbf{a}) = \mathbf{c} \cdot (\mathbf{a} \times \mathbf{b}). \qquad \text{(A.3-37)}$$

이러한 식은 *스칼라 삼중 곱*이라고 불리며 **a**, **b**, 그리고 **c**를 인접한 면으로 갖는 평행 육면체의 부피를 나타낸다.

식 (A.3 –37)에서 첫 번째 항은 다음과 같이 확장하여 쓸 수 있다.

$$\mathbf{a} \cdot (\mathbf{b} \times \mathbf{c}) = \sum_n a_n \mathbf{e_n} \cdot \sum_i \sum_j \sum_k b_i c_j \varepsilon_{ijk} \mathbf{e_k} = \sum_i \sum_j \sum_k a_k b_i c_j \varepsilon_{ijk}. \qquad \text{(A.3-38)}$$

다음 식은 유사하게 다음과 같이 쓸 수 있다.

$$\mathbf{b} \cdot (\mathbf{c} \times \mathbf{a}) = \sum_i \sum_j \sum_k b_k c_i a_j \varepsilon_{ijk} = \sum_i \sum_j \sum_k a_k b_i c_j \varepsilon_{jk_i}. \qquad \text{(A.3-39)}$$

두 번째 등식은 지표를 $i \to j, j \to k, k \to i$로 다시 표시함으로써 얻어진다. 또한 3개의 벡터 성분도 식 (A.3-38)과 맞추기 위하여 재배열된다. 동일한 순환 순서에서 $\varepsilon_{ijk} = \varepsilon_{jki}$이기 때문에 그 결과는 이전과 같다. 식 (A.3-37)에서 세 번째 식은 다음과 같이 표현할 수 있다.

$$\mathbf{c}\cdot(\mathbf{a}\times\mathbf{b}) = \sum_i\sum_j\sum_k c_k a_i b_j \varepsilon_{ijk} = \sum_i\sum_j\sum_k a_k b_i c_j \varepsilon_{kij}. \tag{A.3-40}$$

마지막 단계는 단순하게 지표들을 $i \to k, j \to i, k \to j$로 재배열하고 $\varepsilon_{kij} = \varepsilon_{ijk}$로 한다. 이로써 식 (A.3-37)의 세 가지 식은 동일함을 확인할 수 있다.

A.4 미분과 적분의 항등식

구배

위치에 따라 양이 변하는 비율은 *구배 연산자*를 사용하여 계산되며, 직교형(Cartesian) 형식은 다음과 같다.

$$\nabla = \mathbf{e_x}\frac{\partial}{\partial x} + \mathbf{e_y}\frac{\partial}{\partial y} + \mathbf{e_z}\frac{\partial}{\partial z} = \sum_i \mathbf{e_i}\frac{\partial}{\partial x_i}. \tag{A.4-1}$$

합계에서 좌표 (x, y, z)는 (x_1, x_2, x_3)로 바뀐다. 이 절에서의 성분 표시는 직교형 좌표계로 제한된다. 내적(dot product), 외적(cross product), 혹은 dyad 곱에서 구배 연산자는 출현 순서가 바뀌지 않아야 하는 도함수를 제외하고는 일반 벡터로 취급될 수 있다. 예를 들면, 일반적인 내적과 달리 $\nabla\cdot\mathbf{a} \neq \mathbf{a}\cdot\nabla$이다. 식 (A.4-1)에서 기본 벡터는 도함수 앞에 위치하는데 이는 미분하지 않는다는 것을 강조하기 위함이다. 그러나 *직교형* 기본 벡터는 모두가 상수이기 때문에 $\partial/\partial x_i$ 후에 $\mathbf{e_i}$를 쓸 수 있다.

어떤 함수의 구배는 내적 혹은 횡적이 없는 ∇에 의해 연산된다. 따라서 스칼라 f의 기울기는 벡터로 나타난다.

$$\nabla f = \frac{\partial f}{\partial x}\mathbf{e_x} + \frac{\partial f}{\partial y}\mathbf{e_y} + \frac{\partial f}{\partial z}\mathbf{e_z} = \sum_i \frac{\partial f}{\partial x_i}\mathbf{e_i}. \tag{A.4-2}$$

이후에는 합의 기호만이 사용될 것이다. 벡터 **a**의 구배는 dyad이다.

$$\nabla\mathbf{a} = \sum_i\sum_j \frac{\partial a_j}{\partial x_i}\mathbf{e_i}\mathbf{e_j}. \tag{A.4-3}$$

발산

벡터 또는 텐서의 발산은 그 벡터 혹은 텐서의 ∇ 내적이다. 따라서 **a**의 발산은 스칼라 양이며, 다음과 같다.

$$\nabla \cdot \mathbf{a} = \sum_i \frac{\partial a_i}{\partial x_i} \tag{A.4-4}$$

그리고 $\boldsymbol{\tau}$의 발산은 벡터(vector)이다.

$$\nabla \cdot \boldsymbol{\tau} = \sum_i \sum_j \frac{\partial \tau_{ij}}{\partial x_i} \mathbf{e_j}. \tag{A.4-5}$$

회전(curl)

벡터 **a**에 대한 $\boldsymbol{\tau}$의 외적은 *회전(curl, 컬)*이라고 부른다. **a**의 회전(curl, 컬)은 벡터이다.

$$\nabla \times \mathbf{a} = \sum_i \sum_j \sum_k \frac{\partial a_j}{\partial x_i} \varepsilon_{ijk} \mathbf{e_k}. \tag{A.4-6}$$

Laplacian

Laplacian 연산자 ∇^2는 $\nabla \cdot \nabla$으로 표시된다. 즉, 다음과 같다.

$$\nabla^2 = \nabla \cdot \nabla = \sum_i \frac{\partial^2}{\partial x_i^2}. \tag{A.4-7}$$

이 2차 도함수의 합은 모든 위치함수에서 사용할 수 있다. 스칼라 f의 Laplacian은 스칼라이다.

$$\nabla^2 f = \sum_i \frac{\partial^2 f}{\partial x_i^2} \tag{A.4-8}$$

그리고 벡터 **a**의 Laplacian은 벡터이다.

$$\nabla^2 \mathbf{a} = \sum_i \sum_j \frac{\partial^2 a_j}{\partial x_i^2} \mathbf{e_j}. \tag{A.4-9}$$

미분 항등식

앞서 강조한 바와 같이, ∇가 포함된 앞의 각 식들은 직교형(Cartesian) 좌표에서만 유효하다. 구배, 발산, 회전(curl, 컬) 및 다른 좌표계에서의 Laplacian에 대해서는 A.5절에서 논의될 것이다. 이 절에서 각 성분에 대한 표현은 직교형이지만 일반적으로 유효한 벡터-텐서 등식을 증명하는 데 사용할 수 있다. 미분 연산자가 포함된 여러 등식들이 표 A.1에 나와 있다. 다른 미분 연산자는 Brand (1947)와 Hay (1953)의 저서에서 확인할 수 있다.

표 A.1 미분 연산자를 포함한 등식들[a]

(1)	$\nabla \cdot (f\mathbf{a}) = (\nabla f) \cdot \mathbf{a} + f\nabla \cdot \mathbf{a}$
(2)	$\nabla \times (f\mathbf{a}) = (\nabla f) \times \mathbf{a} + f\nabla \times \mathbf{a}$
(3)	$\nabla \cdot (\mathbf{a} \times \mathbf{b}) = (\nabla \times \mathbf{a}) \cdot \mathbf{b} - (\nabla \times \mathbf{b}) \cdot \mathbf{a}$
(4)	$\nabla \times (\mathbf{a} \times \mathbf{b}) = \mathbf{b} \cdot \nabla\mathbf{a} - \mathbf{a} \cdot \nabla\mathbf{b} + \mathbf{a}(\nabla \cdot \mathbf{b}) - \mathbf{b}(\nabla \cdot \mathbf{a})$
(5)	$\nabla \times \nabla f = \mathbf{0}$
(6)	$\nabla \cdot (\nabla f \times \nabla g) = 0$
(7)	$\nabla \cdot (\nabla \times \mathbf{a}) = 0$
(8)	$\nabla \times (\nabla \times \mathbf{a}) = \nabla(\nabla \cdot \mathbf{a}) - \nabla^2\mathbf{a}$
(9)	$\nabla(\mathbf{a} \cdot \mathbf{b}) = (\nabla\mathbf{a}) \cdot \mathbf{b} + (\nabla\mathbf{b}) \cdot \mathbf{a} = \mathbf{a} \cdot \nabla\mathbf{b} + \mathbf{b} \cdot \nabla\mathbf{a} + \mathbf{a} \times (\nabla \times \mathbf{b}) + \mathbf{b} \times (\nabla \times \mathbf{a})$
(10)	$\nabla \cdot (\mathbf{ab}) = \mathbf{a} \cdot \nabla\mathbf{b} + \mathbf{b}(\nabla \cdot \mathbf{a})$
(11)	$\nabla \cdot (f\boldsymbol{\delta}) = \nabla f$

[a] 이들 관계식들은 모든 미분 가능한 스칼라 함수 f와 g, 그리고 모든 미분 가능한 벡터 함수 $\mathbf{a}$와 $\mathbf{b}$에 대한 것이다.

예제 A.4-1 ● 미분 항등식의 증명. 어떤 벡터 $\mathbf{a}$에 대해서 표 A.1의 등식 (8)이 성립하는지를 확인하고자 한다.

$$\nabla \times (\nabla \times \mathbf{a}) = \nabla(\nabla \cdot \mathbf{a}) - \nabla^2\mathbf{a} \tag{A.4-10}$$

∇와 $\nabla \times \mathbf{a}$를 식 (A.4-1)과 (A.4-6)에서처럼 각각 합으로 표현하면, (A.4-10)의 좌변은 다음과 같이 풀어 쓸 수 있다.

$$\begin{aligned}\nabla \times (\nabla \times \mathbf{a}) &= \left(\sum_m \mathbf{e_m}\frac{\partial}{\partial x_m}\right) \times \left(\sum_i\sum_j\sum_k \frac{\partial a_j}{\partial x_i}\varepsilon_{ijk}\mathbf{e_k}\right)\\ &= \sum_i\sum_j\sum_k\sum_m\sum_n \frac{\partial^2 a_j}{\partial x_i \partial x_m}\varepsilon_{ijk}\varepsilon_{mkn}\mathbf{e_n}.\end{aligned} \tag{A.4-11}$$

위 식에서 두 번째 등식은 2차 도함수를 구성하고, 단위벡터의 외적(cross product)을 구하고, 원래의 합을 결합시켜 얻을 수 있다.

$$\mathbf{e_m} \times \mathbf{e_k} = \sum_n \varepsilon_{mkn}\mathbf{e_n}. \tag{A.4-12}$$

식 (A.3-19)와 $\varepsilon_{mkn} = \varepsilon_{nmk}$로부터 다음과 같다.

$$\sum_k \varepsilon_{ijk}\varepsilon_{nmk} = \delta_{in}\delta_{jm} - \delta_{im}\delta_{jn} \tag{A.4-13}$$

식 (A.4-11)에서 마지막 식을 단순화하면 다음과 같다.

$$\sum_i \sum_j \frac{\partial^2 a_j}{\partial x_i \partial x_j} \mathbf{e_i} - \sum_i \sum_j \frac{\partial^2 a_j}{\partial x_i^2} \mathbf{e_j}. \tag{A.4-14}$$

식 (A.4-10)의 우변에 있는 첫째 항을 풀어쓰면 다음과 같다.

$$\nabla(\nabla \cdot \mathbf{a}) = \sum_i \mathbf{e_i} \frac{\partial}{\partial x_i} \sum_j \frac{\partial a_j}{\partial x_j} = \sum_i \sum_j \frac{\partial^2 a_j}{\partial x_i \partial x_j} \mathbf{e_i} \tag{A.4-15}$$

이는 식 (A.4-14)의 첫째 항과 일치한다. 식 (A.4-10)의 우변의 두 번째 항은 식 (A.4-9)와 같이 풀어 쓸 수 있으며, 이는 식 (A.4-14)에서의 두 번째 항과 일치한다. 이것으로 증명은 끝이 난다.

예제 A.4-2 • 미분 항등식의 증명. 이 예제의 목적은 다음을 증명하는 것이다.

$$\nabla \cdot [\nabla \mathbf{v} + (\nabla \mathbf{v})^t] = \nabla^2 \mathbf{v} + \nabla(\nabla \cdot \mathbf{v}) \tag{A.4-16}$$

이는 6.6절에서 Navier-Stokes 방정식을 유도할 때 사용되었다.

식 (A.4-16)에서 좌변의 첫 번째 항을 풀어 쓰면,

$$\nabla \cdot (\nabla \mathbf{v}) = \sum_i \mathbf{e_i} \frac{\partial}{\partial x_i} \cdot \sum_j \sum_k \frac{\partial v_k}{\partial x_j} \mathbf{e_j e_k} = \sum_i \sum_k \frac{\partial^2 v_k}{\partial x_i^2} \mathbf{e_k} = \nabla^2 \mathbf{v} \tag{A.4-17}$$

위 식에서 마지막 등식은 식 (A.4-9)로부터 나온 것이다. $\nabla \cdot \nabla = \nabla^2$에서 이것은 사실 $\mathbf{a} \cdot \mathbf{bc} = (\mathbf{a} \cdot \mathbf{b})\mathbf{c}$의 특별한 경우이며, 이는 모든 벡터 **a**와 dyad **bc**에 대해 성립한다. 식 (A.4-16)의 좌측 항의 두 번째 항은 다음과 같다.

$$\begin{aligned}\nabla \cdot (\nabla \mathbf{v})^t &= \sum_i \mathbf{e_i} \frac{\partial}{\partial x_i} \cdot \sum_j \sum_k \frac{\partial v_j}{\partial x_k} \mathbf{e_j e_k} = \sum_i \sum_k \frac{\partial^2 v_i}{\partial x_i \partial x_k} \mathbf{e_k} \\ &= \sum_k \mathbf{e_k} \frac{\partial}{\partial x_k} \sum_i \frac{\partial v_i}{\partial x_i} = \nabla(\nabla \cdot \mathbf{v})\end{aligned} \tag{A.4-18}$$

이것으로 증명이 끝나게 된다.

예제 A.4-3 • 미분 항등식의 증명. 이 예제의 목적은 $\boldsymbol{\tau}$가 대칭일 때 다음을 증명하는 것이다.

$$\mathbf{v} \cdot (\nabla \cdot \boldsymbol{\tau}) = \nabla \cdot (\boldsymbol{\tau} \cdot \mathbf{v}) - \boldsymbol{\tau} : \nabla \mathbf{v} \tag{A.4-19}$$

이 식은 11.4절의 역학적 에너지수지 방정식을 유도하는 데 사용된다.

좌변은 우선 다음과 같이 계산된다.

$$\mathbf{v}\cdot(\nabla\cdot\boldsymbol{\tau}) = \sum_i\sum_j\sum_m\sum_n v_i\frac{\partial\tau_{mn}}{\partial x_j}\mathbf{e_i}\cdot(\mathbf{e_j}\cdot\mathbf{e_m}\mathbf{e_n}) = \sum_i\sum_j v_i\frac{\partial\tau_{ji}}{\partial x_j}. \tag{A.4-20}$$

식 (A.4-19)의 우변의 첫 번째 항은 다음과 같이 확장된다.

$$\begin{aligned}\nabla\cdot(\boldsymbol{\tau}\cdot\mathbf{v}) &= \sum_i\sum_j\sum_m\sum_n \frac{\partial}{\partial x_i}(\tau_{jm}v_n)\mathbf{e_i}\cdot(\mathbf{e_j}\mathbf{e_m}\cdot\mathbf{e_n})\\ &= \sum_i\sum_m\frac{\partial}{\partial x_i}(\tau_{im}v_m) = \sum_i\sum_j\left(v_i\frac{\partial\tau_{ji}}{\partial x_j}+\tau_{ji}\frac{\partial v_i}{\partial x_j}\right).\end{aligned} \tag{A.4-21}$$

마지막 표현식에서 첫 번째 항이 식 (A.4-20)의 결과와 동일함을 명확히 하기 위해 지수를 다시 표시하였다($i\to j$와 $m\to i$). 식 (A.4-19)의 마지막 항은 다음과 같다.

$$\boldsymbol{\tau}:\nabla\mathbf{v} = \sum_i\sum_j\sum_m\sum_n \tau_{ij}\frac{\partial v_n}{\partial x_m}\mathbf{e_i}\mathbf{e_j}:\mathbf{e_m}\mathbf{e_n} = \sum_i\sum_j\tau_{ij}\frac{\partial v_i}{\partial x_j}. \tag{A.4-22}$$

$\tau_{ij}=\tau_{ji}$ 일 때, 식 (A.4-21)의 나머지 부분을 생략함으로써 증명을 완료한다.

예제 A.4-4 ● 미분 항등식의 증명.[5] 이 예제의 목적은 다음을 증명하는 것이다.

$$(2\Gamma)^2 - \frac{2}{3}(\nabla\cdot\mathbf{v})^2 \geq 0 \tag{A.4-23}$$

대칭 텐서 $\boldsymbol{\Gamma} = [\nabla\mathbf{v} + (\nabla\mathbf{v})^t]/2$이다. 이것은 역학적 에너지의 점성 소산(dissipation)이 비가역적임을 보여주기 위해 11.4절에서 사용된다.

우선 식을 외적(cross product)과 대각합(trace)의 항으로 다시 쓰는 것이 도움이 된다. 식 (A.3-27)의 텐서 크기의 정의로부터 $(2\Gamma)^2 = 2\boldsymbol{\Gamma}:\boldsymbol{\Gamma}$이다. 또한, 다음과 같다.

$$\nabla\cdot\mathbf{v} = \sum_i\frac{\partial v_i}{\partial x_i} = \sum_i\Gamma_{ii} = \operatorname{tr}\boldsymbol{\Gamma}. \tag{A.4-24}$$

따라서 보여주려는 것은 다음과 같다.

$$\boldsymbol{\Gamma}:\boldsymbol{\Gamma} - \frac{1}{3}(\operatorname{tr}\boldsymbol{\Gamma})^2 \geq 0. \tag{A.4-25}$$

---

5) 이 증명은 J. W. Swan에 의해 제공되었다.

텐서 $\boldsymbol{\Gamma}'$는 이제 다음과 같이 정의된다.

$$\boldsymbol{\Gamma} \equiv \boldsymbol{\Gamma}' + \frac{1}{3}(\mathrm{tr}\,\boldsymbol{\Gamma})\boldsymbol{\delta}. \tag{A.4-26}$$

$\boldsymbol{\Gamma}$와 $\boldsymbol{\delta}$는 대칭이므로 $\boldsymbol{\Gamma}'$도 대칭이다. 게다가 그 구성은 $\boldsymbol{\Gamma}'$를 '대각합 없음(traceless)'으로 만든다. 즉, 식 (A.3-33)과 (A.3-34)를 사용하면,

$$\mathrm{tr}\,\boldsymbol{\Gamma} = \boldsymbol{\delta} : \boldsymbol{\Gamma} = \boldsymbol{\delta} : \boldsymbol{\Gamma}' + \left(\frac{1}{3}\right)(\mathrm{tr}\,\boldsymbol{\Gamma})\boldsymbol{\delta} : \boldsymbol{\delta} = \mathrm{tr}\,\boldsymbol{\Gamma}' + \mathrm{tr}\,\boldsymbol{\Gamma} \tag{A.4-27}$$

$\boldsymbol{\Gamma}' = \boldsymbol{\delta} : \boldsymbol{\Gamma}' = 0$임을 알 수 있다. 식 (A.4-25)의 첫 번째 항은 이제 다음과 같이 평가된다.

$$\boldsymbol{\Gamma} : \boldsymbol{\Gamma} = \boldsymbol{\Gamma}' : \boldsymbol{\Gamma}' + \frac{2}{3}(\mathrm{tr}\,\boldsymbol{\Gamma})\boldsymbol{\delta} : \boldsymbol{\Gamma}' + \frac{1}{9}(\mathrm{tr}\,\boldsymbol{\Gamma})^2\boldsymbol{\delta} : \boldsymbol{\delta} = \boldsymbol{\Gamma}' : \boldsymbol{\Gamma}' + \frac{1}{3}(\mathrm{tr}\,\boldsymbol{\Gamma})^2. \tag{A.4-28}$$

$\boldsymbol{\Gamma}'$의 대칭성을 이용하면, 다음과 같다.

$$\boldsymbol{\Gamma} : \boldsymbol{\Gamma} - \frac{1}{3}(\mathrm{tr}\,\boldsymbol{\Gamma})^2 = \boldsymbol{\Gamma}' : \boldsymbol{\Gamma}' = \sum_i \sum_j \Gamma'_{ij}\Gamma'_{ji} = \sum_i \sum_j (\Gamma'_{ij})^2 \geq 0 \tag{A.4-29}$$

이것으로 증명이 완료된다.

적분 변환

닫힌 표면적 S에 대한 적분을 S가 둘러싸고 있는 부피 V에 대한 적분으로 변환하는 것이 도움이 될 수 있다. 관심이 있는 관계식은 *단위 법선 벡터(unit normal vector)* $\mathbf{n}$을 포함하는데, 이는 표면적에 수직이고 둘러싸인 부피에서 *바깥쪽*으로 향하는 단위 크기의 벡터이다. 대상 영역의 모양은 $\mathbf{n}$이 S에서 위치에 따라 어떻게 변하는지로 정의된다. 덧붙여 말하자면, S는 둘 이상의 조각을 가질 수 있으며, 조각은 서로 인접할 필요는 없다. 예를 들면, V가 동심원 사이의 부피라면, 안쪽에 있는 구와 바깥쪽 구의 표면적은 S의 구별되는 부분이다.

밀접하게 관련된 3개의 적분 변환은 다음과 같다.

$$\int_S \mathbf{n} f\, dS = \int_V \nabla f\, dV \tag{A.4-30}$$

$$\int_S \mathbf{n} \cdot \mathbf{a}\, dS = \int_V \nabla \cdot \mathbf{a}\, dV \tag{A.4-31}$$

$$\int_S \mathbf{n} \cdot \boldsymbol{\tau}\, dS = \int_V \nabla \cdot \boldsymbol{\tau}\, dV \tag{A.4-32}$$

여기서 면적 및 부피 적분은 각각 $\int_S dS$와 $\int_V dV$로 표시된다. 해당되는 이중 또는 삼중 적분은 선택된 좌표계에 따라 달라지며, 영역의 모양에 따라 차례로 영향을 받는다. *발산 정리(divergence theorem)*인 식 (A.4-31)은 벡터 미적분에 관한 도서(Thomas and Finney, 1984, pp.976~979)에서 도출되었다. 식 (A.4-30)과 (A.4-32)는 각각 스칼라 또는 텐서에 해당하는 정리이다.

이 책에서 사용되지 않은 정리의 또 다른 계열은 닫힌 등고선 도(contour plots)에 대한 적분을 그러한 곡선으로 둘러싸인 표면의 적분과 관련짓는 것이다. Deen (2012)의 저서에서는 표면의 해석 기하학에 대해 더 깊은 이해를 하는 데 도움이 되는 몇 가지 논의가 있다. 다른 많은 적분 정리(증명 포함)는 Brand (1947)의 저서에서 찾을 수 있다.

단위법선벡터와 단위접선벡터

식 (A.4-30)~(A.4-32)는 모두 단위법선을 포함한다. 면을 정의하는 방정식이 $G(x, y, z) = 0$으로 표시되면, 단위 법선 벡터는 다음과 같다.

$$\mathbf{n} = \frac{\nabla G}{|\nabla G|}. \tag{A.4-33}$$

여기서, 함수 G는 원하는 방향 $\mathbf{n}$에 따라 선택된다. 예를 들어, $G(x, y, z) = z - F(x, y)$이면 $\mathbf{n}$은 양의 z 성분을 가질 것이고, $G(x, y, z) = F(x, y) - z$이면 $\mathbf{n}$은 음의 z 성분을 가진다.

또한, 때때로 표면에 접하는 단위벡터가 필요하다. 그러한 벡터는 반드시 $\mathbf{n}$과 직교(orthogonal)해야 한다. 따라서 *단위접선* $\mathbf{t}$에 대한 두 가지 조건은 $\mathbf{t}\cdot\mathbf{t} = 1$ 및 $\mathbf{t}\cdot\mathbf{n} = 0$이다. 이러한 조건은 그 세 가지 구성성분 중 하나가 $\mathbf{n}$에 대한 $\mathbf{t}$의 회전에 대응하여 여전히 자유롭게 선택할 수 있기 때문에 주어진 $\mathbf{n}$에 대해 $\mathbf{t}$를 완전히 정의하지는 못한다. 구성 성분에 대한 선택은 당면한 문제에 의해 결정된다(예를 들면, $\mathbf{t}$가 x-y 평면상에 놓인 경우, $t_z = 0$). 일단 $\mathbf{n}$과 첫 번째 단위접선 $\mathbf{t_1}$을 알면, 두 번째 단위접선을 $\mathbf{t_2} = \mathbf{n} \times \mathbf{t_1}$로 계산할 수 있다. 벡터 $(\mathbf{n}, \mathbf{t_1}, \mathbf{t_2})$는 우변의 직교(orthogonal) 집합을 형성한다.

예제 A.4-5 • 면에 대한 단위법선의 적분. $y = h(x)$에 위치한 면 S를 생각하자. 그림 A.2(a)에서 보는 바와 같이 이 경우 S는 닫힌 면이 아니다. 면을 $x = 0$에서 L까지, $z = 0$에서 W까지 확장한다. 더 작은 y를 가리키는 단위법선 $\mathbf{n}$을 찾고 적분 $\int_S \mathbf{n}\, dS$를 구하는 것이 요구된다.

$G = h(x) - y$로 하면, 단위법선은 다음과 같이 구할 수 있다.

$$\nabla G = \mathbf{e_x}\frac{\partial G}{\partial x} + \mathbf{e_y}\frac{\partial G}{\partial y} + \mathbf{e_z}\frac{\partial G}{\partial z} = \mathbf{e_x}\frac{dh}{dx} - \mathbf{e_y} \tag{A.4-34}$$

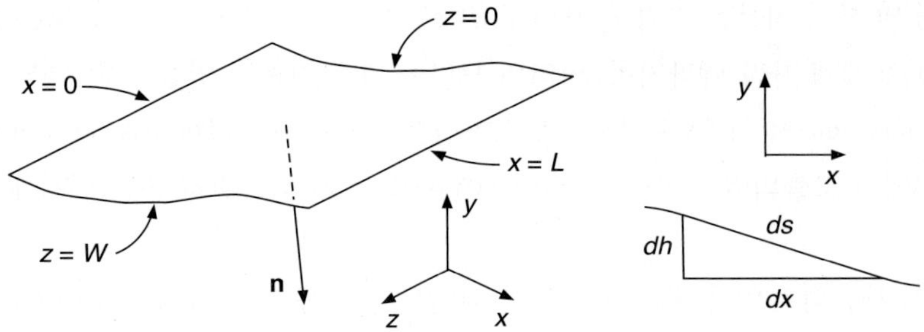

그림 A.2 아래쪽을 향한 단위법선 $\mathbf{n}$을 갖는 $y = h(x)$에서의 표면: (a) 전체 표면 S, (b) S가 x-y 평면과 교차하는 곡선을 따른 미분 호 길이 ds

$$|\nabla G| = \left[\left(\frac{dh}{dx}\right)^2 + 1\right]^{1/2} \equiv g(x) \tag{A.4-35}$$

$$\mathbf{n} = \frac{1}{g}\left(\frac{dh}{dx}\mathbf{e_x} - \mathbf{e_y}\right). \tag{A.4-36}$$

원하는 바와 같이 $\mathbf{n}$은 아래로 향한다(즉, $n_y = -1/g < 0$)는 것에 유념하라. 평면(planar surface)의 경우, dh/dx는 일정하고 $\mathbf{n}$은 위치에 독립적이다. 그렇지 않으면 $\mathbf{n}$의 방향은 x에 의존할 것이다. 그림 A.2(b)를 참조하면, x-y 평면에서 면을 따른 미분의 호 길이 ds는 $(ds)^2 = (dx)^2 + (dh)^2$와 같이 x와 h의 변화와 관련 있다. 그것은 아래 식과 같다.

$$ds = [(dx)^2 + (dh)^2]^{1/2} = \left[1 + \left(\frac{dh}{dx}\right)^2\right]^{1/2} dx = g\,dx. \tag{A.4-37}$$

표면의 위치는 z와는 무관하므로 y-z 평면의 호 길이는 단순히 dz이다. 따라서 미분 면적은 $dS = g\,dx\,dz$이다. 면 적분에서 $\mathbf{n}$ 및 dS의 g 인자는 생략된다.

$$\int_S \mathbf{n}\,dS = \int_0^W \int_0^L \left(\frac{dh}{dx}\mathbf{e_x} - \mathbf{e_y}\right) dx\,dz = W \int_0^L \left(\frac{dh}{dx}\mathbf{e_x} - \mathbf{e_y}\right) dx = W(\Delta h\,\mathbf{e_x} - L\,\mathbf{e_y}) \tag{A.4-38}$$

여기서 $\Delta h = h(L) - h(0)$이다.

A.5 직교 곡선 좌표

가장 유용한 좌표계는 *직교 계(orthogonal system)*이다. 즉, 공간의 어떤 점에서 세 좌표 방향과 일치하는 벡터는 서로 수직이다. 단일 좌표를 변경하면 일반적으로 공간에 직선이 아닌 곡선이 생성되기 때문에 곡선이라는 용어를 사용한다. 이러한 좌표계의 일반적인 특성을 먼저 논의한 다음, 직교형, 원통형, 그리고 구형 시스템에 대한 세부적인 정보를 제공할 것이다. 이러한 좌표계에 대한 특성만을 요구하는 독자는 표 A.2~A.4와 식 (A.5~33)으로 시작하는 관계식으로 건너뛸 수 있다.

기본 벡터

A.4절의 직교형(Cartesian) 좌표(x_1, x_2, x_3)와 구별하기 위해 일반적인 직교 계(orthogonal system)의 좌표를 (u_1, u_2, u_3)로 표시한다. 단위벡터 $\mathbf{e_i}$는 u_i가 증가하는 방향($i = 1, 2$ 또는 3)을 가리킨다. 다른 좌표를 일정하게 유지하면서 u_i를 변경하여 생성된 곡선을 'u_i 곡선'이라고 한다. $\mathbf{e_i}$는 일정한 (단위) 크기를 가지지만 u_i 곡선을 따라 방향을 변경할 수 있으므로 하나의 변수로 보아야 한다. 구별이 필요할 때, 직교형 단위벡터는 $\mathbf{e_i}^{(x)}$로 표시된다. 이미 언급하였듯이, 기본 벡터 세트는 각각이 공간의 위치에 독립적이라는 점이 독특하다.

고려해야 할 유일한 좌표계는 오른손과 정규화 되는 것이다. 기본 벡터가 위치에 따라 달라지는 경우에도 A.3절에서 사용된 특성을 갖는다. 즉, 다음과 같다.

$$\mathbf{e_i} \cdot \mathbf{e_j} = \delta_{ij} \tag{A.5-1}$$

$$\mathbf{e_i} \times \mathbf{e_j} = \sum_k \varepsilon_{ijk} \mathbf{e_k}. \tag{A.5-2}$$

따라서 A.3절의 곱셈공식은 그런 모든 좌표계에 유효하다. 지금의 주요 당면과제는 A.4절의 미분 연산자가 어떻게 수정되어야 하는지를 보여주는 것이다. 이 과정에서 미소 부피 및 면적에 대한 관계식이 얻어질 것이다.

위치벡터와 척도인자

위치벡터(position vector) $\mathbf{r}$은 원점에서 공간상의 한 점으로 확장하므로 그 위치에 위치한다. 그러한 벡터의 직교형(Cartesian) 표현식은 다음과 같다.

$$\mathbf{r} = \sum_i x_i \mathbf{e_i}^{(x)}. \tag{A.5-3}$$

즉, 위치벡터의 직교형 성분은 각각의 좌표와 동일하다. 3차원 위치의 미분 변화는 다음과 같다.

$$d\mathbf{r} = \sum_i \mathbf{e}_\mathbf{i}^{(x)}\, dx_i. \tag{A.5-4}$$

일반적인 직교 좌표계(orthogonal coordinates)를 사용하면, 이런 변위는 다음과 같이 표현된다.

$$d\mathbf{r} = \sum_i \mathbf{e}_\mathbf{i} h_i\, du_i \tag{A.5-5}$$

여기서 h_i는 i번째 좌표의 *척도 인자(scale factor)*이다. du_i는 길이 변화에 반드시 대응하지 않기 때문에 척도 인자가 필요하다. 예를 들면, 각도가 θ인 원통형 좌표계는 길이의 차원조차 가지고 있지 않다. 척도 인자는 위치에 따라 다를 수 있으므로 일반적으로 $h_i = h_i(u_1, u_2, u_3)$가 된다.

식 (A.5-5)에서 주어진 $\mathbf{r}$의 미분 변화는 다음과 같다.

$$\frac{\partial \mathbf{r}}{\partial u_i} = h_i \mathbf{e}_\mathbf{i}. \tag{A.5-6}$$

이것은 u_i 곡선에 접하는 크기 h_i의 벡터이며, 단위벡터 $\mathbf{e}_\mathbf{i}$로 표시된다. 식 (A.5-3)에서와 같이 직교형 성분의 항으로 쓰여진 $\mathbf{r}$을 사용하면 다음과 같다.

$$\frac{\partial \mathbf{r}}{\partial u_i} = \sum_j \frac{\partial x_j}{\partial u_i} \mathbf{e}_\mathbf{j}^{(x)}. \tag{A.5-7}$$

따라서 직교형 좌표 (x_1, x_2, x_3)와 다른 좌표 (u_1, u_2, u_3) 사이의 관계가 알려지면서 척도 인자는 다음과 같이 계산된다.

$$h_i = \left|\frac{\partial \mathbf{r}}{\partial u_i}\right| = \left[\sum_j \left(\frac{\partial x_j}{\partial u_i}\right)^2\right]^{1/2}. \tag{A.5-8}$$

식 (A.5-6)과 (A.5-7)로부터 일반적인 기본 벡터는 직교형 좌표와 다음과 같이 연관된다.

$$\mathbf{e}_\mathbf{i} = \frac{1}{h_i} \sum_j \frac{\partial x_j}{\partial u_i} \mathbf{e}_\mathbf{j}^{(x)}. \tag{A.5-9}$$

(x_1, x_2, x_3)을 (x, y, z)로 대체하고 합하면 척도인자와 기본 벡터를 찾는 방법은 다음과 같다.

$$h_i = \left[\left(\frac{\partial x}{\partial u_i}\right)^2 + \left(\frac{\partial y}{\partial u_i}\right)^2 + \left(\frac{\partial z}{\partial u_i}\right)^2\right]^{1/2} \tag{A.5-10}$$

$$\mathbf{e}_\mathbf{i} = \frac{1}{h_i}\left(\frac{\partial x}{\partial u_i}\mathbf{e}_\mathbf{x} + \frac{\partial y}{\partial u_i}\mathbf{e}_\mathbf{y} + \frac{\partial z}{\partial u_i}\mathbf{e}_\mathbf{z}\right). \tag{A.5-11}$$

부피와 표면적

척도 인자는 부피와 표면적을 계산하는 방법을 나타낸다. 세 좌표 모두에서 미분 변화는 부피의 직각 각기둥을 정의한다.

$$dV = h_1 h_2 h_3 \, du_1 \, du_2 \, du_3. \tag{A.5-12}$$

*좌표면(coordinate surface)*은 하나의 좌표는 일정하게 유지하고 다른 두 좌표를 변경하여 생성된다. 상수 좌표가 u_i이면 이것은 'u_i 표면'이다. u_i 표면의 미분 면적을 dS_i로 표시하면 세 종류의 좌표 표면에 대한 식들은 다음과 같다.

$$dS_1 = h_2 h_3 \, du_2 \, du_3 \tag{A.5-13a}$$

$$dS_2 = h_1 h_3 \, du_1 \, du_3 \tag{A.5-13b}$$

$$dS_3 = h_1 h_2 \, du_1 \, du_2. \tag{A.5-13c}$$

구배

구배 연산자에 대한 일반적인 표현식은 위치의 미분 변화량에 대응하는 함수 f의 미분 변화량을 계산하여 얻는다. 직교형(Cartesian) 좌표계에서 다음과 같다.

$$df = \sum_i \frac{\partial f}{\partial x_i} dx_i = \sum_i \mathbf{e}_\mathbf{i}^{(x)} \, dx_i \cdot \sum_j \mathbf{e}_\mathbf{j}^{(x)} \frac{\partial f}{\partial x_j} = d\mathbf{r} \cdot \nabla f. \tag{A.5-14}$$

첫 번째 등식은 모든 함수 $f(x_1, x_2, x_3)$에 대해 성립하고 나머지는 식 (A.5-4)와 식 (A.4-2)를 따른다. 지금 확인하고자 하는 것은 임의의 직교 좌표계에 대해 $df = d\mathbf{r} \cdot \nabla f$를 보장하는 ∇의 정의이다. 미지의 벡터 ∇f는 다음과 같이 표현된다.

$$\nabla f = \sum_j \lambda_j \mathbf{e}_\mathbf{j} \tag{A.5-15}$$

여기서 성분 λ_j가 결정되어야 한다. 식 (A.5-5)와 식 (A.5-15)를 사용하면 f의 미분 변화량은 다음과 같다.

$$df = \sum_i \frac{\partial f}{\partial u_i} du_i = d\mathbf{r} \cdot \nabla f = \sum_i \mathbf{e}_\mathbf{i} h_i \, du_i \cdot \sum_j \lambda_j \mathbf{e}_\mathbf{j} = \sum_i h_i \lambda_i \, du_i. \tag{A.5-16}$$

따라서 $\lambda_i = (1/h_i)(\partial f/\partial u_i)$이며, 다음과 같다.

$$\nabla = \sum_i \frac{\mathbf{e}_\mathbf{i}}{h_i} \frac{\partial}{\partial u_i}. \tag{A.5-17}$$

이는 구배 연산자의 이상적인 일반화를 나타낸다.

식 (A.5-17)을 사용하면, 스칼라 f와 벡터 $\mathbf{v}$의 구배는 다음과 같다.

$$\nabla f = \sum_i \frac{\mathbf{e_i}}{h_i}\frac{\partial f}{\partial u_i} \tag{A.5-18}$$

$$\nabla \mathbf{v} = \sum_i \sum_j \frac{\mathbf{e_i}}{h_i}\frac{\partial}{\partial u_i}(v_j \mathbf{e_j}) = \sum_i \sum_j \frac{1}{h_i}\left(\frac{\partial v_j}{\partial u_i}\mathbf{e_i}\mathbf{e_j} + v_j \mathbf{e_i}\frac{\partial \mathbf{e_j}}{\partial u_i}\right). \tag{A.5-19}$$

이 결과들은 각각 벡터와 텐서이다. 식 (A.5-19)와 많은 연속식들은 기본 벡터의 편도함수를 구해야 하기 때문에 복잡하다. 원통형과 구형 좌표를 예제로 사용하여 편도함수를 어떻게 구하는지를 나중에 설명한다.

벡터 $\mathbf{v}$와 그 구배의 내적은 다음의 벡터로 나타난다.

$$\mathbf{v} \cdot \nabla \mathbf{v} = \sum_i \sum_j \frac{v_i}{h_i}\left(\frac{\partial v_j}{\partial u_i}\mathbf{e_j} + v_j \frac{\partial \mathbf{e_j}}{\partial u_i}\right). \tag{A.5-20}$$

$\mathbf{v}$가 유체의 속도이고 t가 시간인 경우, $D\mathbf{v}/Dt = \partial \mathbf{v}/\partial t + \mathbf{v}\cdot\nabla\mathbf{v}$는 유체의 관성(6.4절)을 설명하는 데 필요한 속도의 물질 도함수(5.3절)를 의미한다.

척도인자 항등식

척도인자와 기본 벡터를 포함하는 두 가지 식은 발산과 회전에 대한 일반적인 표현식을 유도할 때 매우 유용하다. 하나는 다음과 같다.

$$\nabla \times \frac{\mathbf{e_i}}{h_i} = 0. \tag{A.5-21}$$

식 (A.5-17)은 아래의 식을 얻기 위해 사용된다.

$$\nabla u_i = \sum_j \frac{\mathbf{e_j}}{h_j}\frac{\partial u_i}{\partial u_j} = \sum_j \frac{\mathbf{e_j}}{h_j}\delta_{ij} = \frac{\mathbf{e_i}}{h_i} \tag{A.5-22}$$

그리고 표 A.1의 식 (5)는 식 (A.5-21)을 나타낸다.

다른 유용한 식은 다음과 같다.

$$\nabla \cdot \frac{\mathbf{e_1}}{h_2 h_3} = \nabla \cdot \frac{\mathbf{e_2}}{h_3 h_1} = \nabla \cdot \frac{\mathbf{e_3}}{h_1 h_2} = 0. \tag{A.5-23}$$

첫 번째 벡터로 시작하여 식 (A.5-22)를 사용하면 다음과 같다.

$$\frac{\mathbf{e_1}}{h_2h_3} = \frac{\mathbf{e_2}}{h_2} \times \frac{\mathbf{e_3}}{h_3} = \nabla u_2 \times \nabla u_3. \tag{A.5-24}$$

표 A.1의 식 (6)은 이 벡터의 발산이 0임을 나타낸다. 식 (A.5-23)의 다른 부분에 대한 증명은 지표들이 순환된다는 것만 요구한다.

발산

벡터 $\mathbf{v}$의 첫 번째 부분의 발산은 다음과 같다.

$$\begin{aligned}\nabla \cdot (v_1\mathbf{e_1}) &= \nabla \cdot \left[h_2h_3v_1\left(\frac{\mathbf{e_1}}{h_2h_3}\right)\right] = \nabla(h_2h_3v_1)\cdot\left(\frac{\mathbf{e_1}}{h_2h_3}\right) \\ &= \sum_i \frac{\mathbf{e_i}}{h_i}\frac{\partial}{\partial u_i}(h_2h_3v_1)\cdot\left(\frac{\mathbf{e_1}}{h_2h_3}\right) = \frac{1}{h_1h_2h_3}\frac{\partial}{\partial u_1}(h_2h_3v_1).\end{aligned} \tag{A.5-25}$$

두 번째 등식을 구하기 위해, 스칼라-벡터의 곱의 발산은 표 A.1의 식 (1)을 사용하여 계산되었고, 표현되지 않은 항은 식 (A.5-23)을 사용하여 제거되었다. 식 (A.5-25)와 $\mathbf{v}$의 두 번째 및 세 번째 부분(아래첨자를 순환하여 얻음)에 대한 유사한 결과를 결합하면 다음과 같다.

$$\nabla \cdot \mathbf{v} = \frac{1}{h_1h_2h_3}\left[\frac{\partial}{\partial u_1}(h_2h_3v_1) + \frac{\partial}{\partial u_2}(h_3h_1v_2) + \frac{\partial}{\partial u_3}(h_1h_2v_3)\right]. \tag{A.5-26}$$

텐서 $\boldsymbol{\tau}$의 발산에 대한 일반적인 표현식은 다음과 같다.

$$\begin{aligned}\nabla \cdot \boldsymbol{\tau} &= \sum_i\sum_j\sum_k \frac{\mathbf{e_k}}{h_k}\cdot\frac{\partial}{\partial u_k}(\tau_{ij}\mathbf{e_i}\mathbf{e_j}) \\ &= \sum_i\sum_j\left(\frac{1}{h_i}\frac{\partial \tau_{ij}}{\partial u_i}\mathbf{e_j} + \sum_k \frac{\tau_{ij}}{h_k}\mathbf{e_k}\cdot\frac{\partial \mathbf{e_i}}{\partial u_k}\mathbf{e_j} + \frac{\tau_{ij}}{h_i}\frac{\partial \mathbf{e_j}}{\partial u_i}\right).\end{aligned} \tag{A.5-27}$$

회전(curl)

회전에 대한 계산과정은 발산과 비슷하다. 벡터 $\mathbf{v}$의 첫 번째 부분의 회전(curl, 컬)은 다음과 같다.

$$\begin{aligned}\nabla \times (v_1\mathbf{e_1}) &= \nabla \times \left[h_1v_1\left(\frac{\mathbf{e_1}}{h_1}\right)\right] = \nabla(h_1v_1)\times\frac{\mathbf{e_1}}{h_1} = \sum_i \frac{\mathbf{e_i}}{h_i}\frac{\partial}{\partial u_i}(h_1v_1)\times\frac{\mathbf{e_1}}{h_1} \\ &= \frac{1}{h_1h_2h_3}\left(h_2\mathbf{e_2}\frac{\partial}{\partial u_3} - h_3\mathbf{e_3}\frac{\partial}{\partial u_2}\right)(h_1v_1).\end{aligned} \tag{A.5-28}$$

두 번째 등식을 구하기 위해, 벡터-텐서 곱의 회전(curl, 컬)은 표 A.1의 식 (2)를 사용하여 계산되었고, 표시되지 않은 항은 식 (A.5-21)을 사용하여 제거되었다. 식 (A.5-28)과 $\mathbf{v}$의 다른 부분에 대한 유사한 결과를 결합하면 다음과 같다.

$$\begin{aligned}\nabla \times \mathbf{v} = & \frac{\mathbf{e_1}}{h_2 h_3}\left[\frac{\partial}{\partial u_2}(h_3 v_3) - \frac{\partial}{\partial u_3}(h_2 v_2)\right] \\ & + \frac{\mathbf{e_2}}{h_3 h_1}\left[\frac{\partial}{\partial u_3}(h_1 v_1) - \frac{\partial}{\partial u_1}(h_3 v_3)\right] \\ & + \frac{\mathbf{e_3}}{h_1 h_2}\left[\frac{\partial}{\partial u_1}(h_2 v_2) - \frac{\partial}{\partial u_2}(h_1 v_1)\right].\end{aligned} \tag{A.5-29}$$

이는 행렬식으로도 나타낼 수 있다.

$$\nabla \times \mathbf{v} = \frac{1}{h_1 h_2 h_3}\begin{vmatrix} h_1\mathbf{e_1} & h_2\mathbf{e_2} & h_3\mathbf{e_3} \\ \partial/\partial u_1 & \partial/\partial u_2 & \partial/\partial u_3 \\ h_1 v_1 & h_2 v_2 & h_3 v_3 \end{vmatrix}. \tag{A.5-30}$$

Laplacian

Laplacian($\nabla^2 = \nabla \cdot \nabla$)을 구하기 위해서 식 (A.5-26)에서 $\mathbf{v} = \nabla$ 또는 $v_i = (1/h_i)\partial/\partial u_i$만 설정하면 된다. 결과 값은 스칼라 f 또는 벡터 $\mathbf{v}$에 적용되어 다음의 관계식을 얻는다.

$$\nabla^2 f = \frac{1}{h_1 h_2 h_3}\left[\frac{\partial}{\partial u_1}\left(\frac{h_2 h_3}{h_1}\frac{\partial f}{\partial u_1}\right) + \frac{\partial}{\partial u_2}\left(\frac{h_3 h_1}{h_2}\frac{\partial f}{\partial u_2}\right) + \frac{\partial}{\partial u_3}\left(\frac{h_1 h_2}{h_3}\frac{\partial f}{\partial u_3}\right)\right] \tag{A.5-31}$$

$$\nabla^2 \mathbf{v} = \frac{1}{h_1 h_2 h_3}\left[\frac{\partial}{\partial u_1}\left(\frac{h_2 h_3}{h_1}\frac{\partial}{\partial u_1}\right) + \frac{\partial}{\partial u_2}\left(\frac{h_3 h_1}{h_2}\frac{\partial}{\partial u_2}\right) + \frac{\partial}{\partial u_3}\left(\frac{h_1 h_2}{h_3}\frac{\partial}{\partial u_3}\right)\right]\sum_i v_i \mathbf{e_i}. \tag{A.5-32}$$

직교형 좌표계

직교형(Cartesian or rectangular) 좌표에서 척도인자는 $h_x = h_y = h_z = 1$이고, 미분 연산자의 일반식은 A.4절의 식으로 단순화된다. 스칼라 f와 벡터 $\mathbf{v}$에 대한 여러 결과가 표 A.2에 요약되어 있다. 여기엔 ∇f, $\nabla \cdot \mathbf{v}$, $\nabla \times \mathbf{v}$, $\nabla^2 f$ 및 $\nabla \mathbf{v}$의 구성 성분이 포함된다. 여기에 표시되지 않았지만 6장에서 사용할 수 있는 것은 $\mathbf{v} \cdot \nabla \mathbf{v}$ (표 6.1과 표 6.8), $\nabla \cdot \boldsymbol{\tau}$ (표 6.1) 및 $\nabla^2 \mathbf{v}$ (표 6.8)가 있다.

원통형 좌표계

원통형 좌표계는 그림 A.3에 나타나 있다. 원통형 좌표 (r, θ, z) 및 직교형 좌표 (x, y, z)는 다음과 같이 관련되어 있다.

표 A.2 직교형(Cartesian) 좌표의 미분 연산[a]

(1) $\nabla f = \frac{\partial f}{\partial x}\mathbf{e_x} + \frac{\partial f}{\partial y}\mathbf{e_y} + \frac{\partial f}{\partial z}\mathbf{e_z}$
(2) $\nabla \cdot \mathbf{v} = \frac{\partial v_x}{\partial x} + \frac{\partial v_y}{\partial y} + \frac{\partial v_z}{\partial z}$
(3) $\nabla \times \mathbf{v} = \left[\frac{\partial v_z}{\partial y} - \frac{\partial v_y}{\partial z}\right]\mathbf{e_x} + \left[\frac{\partial v_x}{\partial z} - \frac{\partial v_z}{\partial x}\right]\mathbf{e_y} + \left[\frac{\partial v_y}{\partial x} - \frac{\partial v_x}{\partial y}\right]\mathbf{e_z}$
(4) $\nabla^2 f = \frac{\partial^2 f}{\partial x^2} + \frac{\partial^2 f}{\partial y^2} + \frac{\partial^2 f}{\partial z^2}$
(5) $(\nabla\mathbf{v})_{xx} = \frac{\partial v_x}{\partial x}$
(6) $(\nabla\mathbf{v})_{xy} = \frac{\partial v_y}{\partial x}$
(7) $(\nabla\mathbf{v})_{xz} = \frac{\partial v_z}{\partial x}$
(8) $(\nabla\mathbf{v})_{yx} = \frac{\partial v_x}{\partial y}$
(9) $(\nabla\mathbf{v})_{yy} = \frac{\partial v_y}{\partial y}$
(10) $(\nabla\mathbf{v})_{yz} = \frac{\partial v_z}{\partial y}$
(11) $(\nabla\mathbf{v})_{zx} = \frac{\partial v_x}{\partial z}$
(12) $(\nabla\mathbf{v})_{zy} = \frac{\partial v_y}{\partial z}$
(13) $(\nabla\mathbf{v})_{zz} = \frac{\partial v_z}{\partial z}$

[a] 이러한 관계식에서 f는 모든 미분 가능한 스칼라이고 $\mathbf{v}$는 모든 미분 가능한 벡터이다.

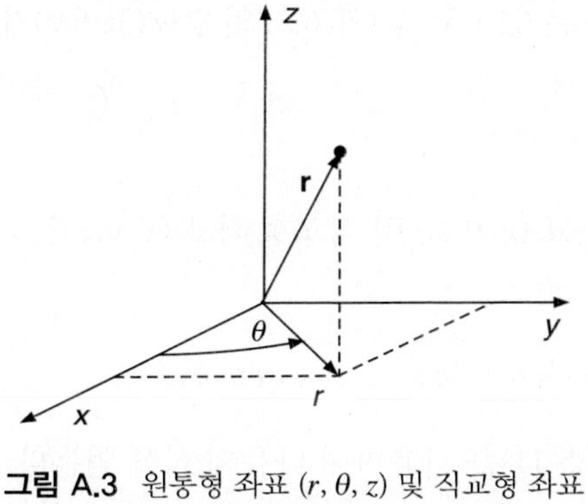

그림 A.3 원통형 좌표 (r, θ, z) 및 직교형 좌표 (x, y, z) 간의 관계. 원통형에서 각도의 범위는 $0 \le \theta \le 2\pi$이다. x-y 평면 위의 임의의 점에 대한 위치 벡터는 $\mathbf{r}$로 표시된다. $r \neq |\mathbf{r}|$과 같이 표기법에 불규칙성이 있다. 오히려 r은 파선으로 표시된 원점에서 x-y 평면으로 투영된 거리이다.

$$x = r\cos\theta, \quad y = r\sin\theta, \quad z = z. \tag{A.5-33}$$

식 (A.5-10)과 식 (A.5-11)을 사용하면, 척도 인자와 기본 벡터는 다음과 같이 나타난다.

$$h_r = 1, \quad h_\theta = r, \quad h_z = 1 \tag{A.5-34}$$

$$\mathbf{e_r} = \cos\theta\,\mathbf{e_x} + \sin\theta\,\mathbf{e_y} \tag{A.5-35a}$$

$$\mathbf{e_\theta} = -\sin\theta\,\mathbf{e_x} + \cos\theta\,\mathbf{e_y} \tag{A.5-35b}$$

$$\mathbf{e_z} = \mathbf{e_z}. \tag{A.5-35c}$$

직교형 기본 벡터에 대한 식 (A.5-35)를 풀어보면

$$\mathbf{e_x} = \cos\theta\,\mathbf{e_r} - \sin\theta\,\mathbf{e_\theta} \tag{A.5-36a}$$

$$\mathbf{e_y} = \sin\theta\,\mathbf{e_r} + \cos\theta\,\mathbf{e_\theta} \tag{A.5-36b}$$

$$\mathbf{e_z} = \mathbf{e_z}. \tag{A.5-36c}$$

벡터 $\mathbf{e_r}$과 $\mathbf{e_\theta}$는 각각 θ에만 의존하는 반면에 $\mathbf{e_z}$는 위치에 영향을 받지 않는다. 식 (A.5-35)를 미분하고 식 (A.5-36)을 사용하여 원통형 기본 벡터로 바꾸면 다음과 같다.

$$\frac{\partial \mathbf{e_r}}{\partial \theta} = \mathbf{e_\theta}, \quad \frac{\partial \mathbf{e_\theta}}{\partial \theta} = -\mathbf{e_r}. \tag{A.5-37}$$

원통형 좌표에 대한 원통형 기본 벡터의 서로 다른 7개 편도함수는 모두 0이다. 좌표 표면의 미분 부피와 미분 면적은 다음과 같다.

$$dV = r\,dr\,d\theta\,dz \tag{A.5-38}$$

$$dS_r = r\,d\theta\,dz, \quad dS_\theta = dr\,dz, \quad dS_z = r\,dr\,d\theta. \tag{A.5-39}$$

원통형 좌표계의 다양한 미분 연산이 표 A.3에 나와 있다. 여기에 포함되어 있지 않지만 6장에서 사용할 수 있는 것은 $\mathbf{v}\cdot\nabla\mathbf{v}$ (표 6.2 또는 6.9), $\nabla\cdot\boldsymbol{\tau}$ (표 6.2) 및 $\nabla^2\mathbf{v}$ (표 6.9)가 있다.

구형 좌표계

구형 좌표계는 그림 A.4에 나와 있다. 구형 좌표 (r, θ, ϕ) 및 직교형 좌표 (x, y, z)는 다음과 같이 관련이 있다.

$$x = r\sin\theta\cos\phi, \quad y = r\sin\theta\sin\phi, \quad z = r\cos\theta. \tag{A.5-40}$$

척도인자와 기본 벡터는 식 (A.5-10)과 식 (A.5-11)을 사용하여 다음의 식을 얻는다.

$$h_r = 1, \quad h_\theta = r, \quad h_\phi = r\sin\theta \tag{A.5-41}$$

표 A.3 원통형 좌표의 미분 연산[a]

(1) $\nabla f = \frac{\partial f}{\partial r}\mathbf{e_r} + \frac{1}{r}\frac{\partial f}{\partial \theta}\mathbf{e_\theta} + \frac{\partial f}{\partial z}\mathbf{e_z}$
(2) $\nabla \cdot \mathbf{v} = \frac{1}{r}\frac{\partial}{\partial r}(rv_r) + \frac{1}{r}\frac{\partial v_\theta}{\partial \theta} + \frac{\partial v_z}{\partial z}$
(3) $\nabla \times \mathbf{v} = \left[\frac{1}{r}\frac{\partial v_z}{\partial \theta} - \frac{\partial v_\theta}{\partial z}\right]\mathbf{e_r} + \left[\frac{\partial v_r}{\partial z} - \frac{\partial v_z}{\partial r}\right]\mathbf{e_\theta} + \left[\frac{1}{r}\frac{\partial}{\partial r}(rv_\theta) - \frac{1}{r}\frac{\partial v_r}{\partial \theta}\right]\mathbf{e_z}$
(4) $\nabla^2 f = \frac{1}{r}\frac{\partial}{\partial r}\left(r\frac{\partial f}{\partial r}\right) + \frac{1}{r^2}\frac{\partial^2 f}{\partial \theta^2} + \frac{\partial^2 f}{\partial z^2}$
(5) $(\nabla \mathbf{v})_{rr} = \frac{\partial v_r}{\partial r}$
(6) $(\nabla \mathbf{v})_{r\theta} = \frac{\partial v_\theta}{\partial r}$
(7) $(\nabla \mathbf{v})_{rz} = \frac{\partial v_z}{\partial r}$
(8) $(\nabla \mathbf{v})_{\theta r} = \frac{1}{r}\frac{\partial v_r}{\partial \theta} - \frac{v_\theta}{r}$
(9) $(\nabla \mathbf{v})_{\theta\theta} = \frac{1}{r}\frac{\partial v_\theta}{\partial \theta} + \frac{v_r}{r}$
(10) $(\nabla \mathbf{v})_{\theta z} = \frac{1}{r}\frac{\partial v_z}{\partial \theta}$
(11) $(\nabla \mathbf{v})_{zr} = \frac{\partial v_r}{\partial z}$
(12) $(\nabla \mathbf{v})_{z\theta} = \frac{\partial v_\theta}{\partial z}$
(13) $(\nabla \mathbf{v})_{zz} = \frac{\partial v_z}{\partial z}$

[a] 이러한 관계식에서 f는 모든 미분 가능한 스칼라이고 $\mathbf{v}$는 모든 미분 가능한 벡터이다.

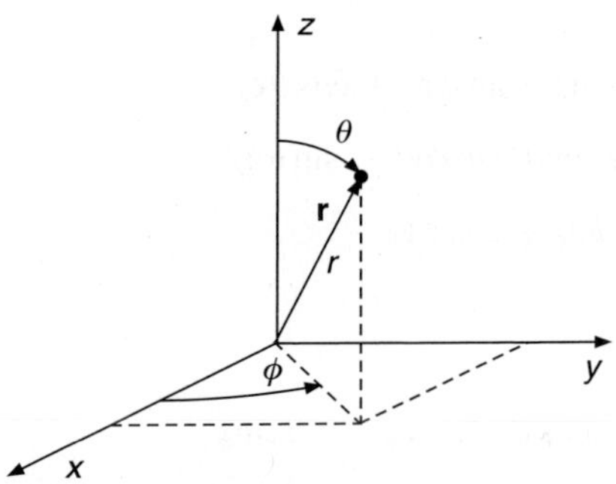

그림 A.4 구형 좌표(r, θ, ϕ) 및 직교형 좌표 (x, y, z) 간의 관계. 구형에서 각도의 범위는 $0 \le \theta \le 2\pi$이다. x-y 평면 위의 임의의 점에 대한 위치 벡터는 $\mathbf{r}$로 표시된다. 그것의 크기는 r로, 원점으로부터의 거리를 의미한다.

표 A.4 구형 좌표의 미분 연산[a]

(1) $\nabla f = \dfrac{\partial f}{\partial r}\mathbf{e_r} + \dfrac{1}{r}\dfrac{\partial f}{\partial \theta}\mathbf{e_\theta} + \dfrac{1}{r\sin\theta}\dfrac{\partial f}{\partial \phi}\mathbf{e_\phi}$
(2) $\nabla \cdot \mathbf{v} = \dfrac{1}{r^2}\dfrac{\partial}{\partial r}(r^2 v_r) + \dfrac{1}{r\sin\theta}\dfrac{\partial}{\partial \theta}(v_\theta \sin\theta) + \dfrac{1}{r\sin\theta}\dfrac{\partial v_\phi}{\partial \phi}$
(3) $\nabla \times \mathbf{v} = \dfrac{1}{r\sin\theta}\left[\dfrac{\partial}{\partial \theta}(v_\phi \sin\theta) - \dfrac{\partial v_\theta}{\partial \phi}\right]\mathbf{e_r} + \left[\dfrac{1}{r\sin\theta}\dfrac{\partial v_r}{\partial \phi} - \dfrac{1}{r}\dfrac{\partial}{\partial r}(r v_\phi)\right]\mathbf{e_\theta} + \left[\dfrac{1}{r}\dfrac{\partial}{\partial r}(r v_\theta) - \dfrac{1}{r}\dfrac{\partial v_r}{\partial \theta}\right]\mathbf{e_\phi}$
(4) $\nabla^2 f = \dfrac{1}{r^2}\dfrac{\partial}{\partial r}\left(r^2\dfrac{\partial f}{\partial r}\right) + \dfrac{1}{r^2\sin\theta}\dfrac{\partial}{\partial \theta}\left(\sin\theta\dfrac{\partial f}{\partial \theta}\right) + \dfrac{1}{r^2\sin^2\theta}\dfrac{\partial^2 f}{\partial \phi^2}$
(5) $(\nabla \mathbf{v})_{rr} = \dfrac{\partial v_r}{\partial r}$
(6) $(\nabla \mathbf{v})_{r\theta} = \dfrac{\partial v_\theta}{\partial r}$
(7) $(\nabla \mathbf{v})_{r\phi} = \dfrac{\partial v_\phi}{\partial r}$
(8) $(\nabla \mathbf{v})_{\theta r} = \dfrac{1}{r}\dfrac{\partial v_r}{\partial \theta} - \dfrac{v_\theta}{r}$
(9) $(\nabla \mathbf{v})_{\theta\theta} = \dfrac{1}{r}\dfrac{\partial v_\theta}{\partial \theta} + \dfrac{v_r}{r}$
(10) $(\nabla \mathbf{v})_{\theta\phi} = \dfrac{1}{r}\dfrac{\partial v_\phi}{\partial \theta}$
(11) $(\nabla \mathbf{v})_{\phi r} = \dfrac{1}{r\sin\theta}\dfrac{\partial v_r}{\partial \phi} - \dfrac{v_\phi}{r}$
(12) $(\nabla \mathbf{v})_{\phi\theta} = \dfrac{1}{r\sin\theta}\dfrac{\partial v_\theta}{\partial \phi} - \dfrac{v_\phi \cot\theta}{r}$
(13) $(\nabla \mathbf{v})_{\phi\phi} = \dfrac{1}{r\sin\theta}\dfrac{\partial v_\phi}{\partial \phi} + \dfrac{v_r}{r} + \dfrac{v_\theta \cot\theta}{r}$

[a] 이러한 관계식에서 f는 모든 미분 가능한 스칼라이고 $\mathbf{v}$는 모든 미분 가능한 벡터이다.

$$\mathbf{e_r} = \sin\theta\cos\phi\,\mathbf{e_x} + \sin\theta\sin\phi\,\mathbf{e_y} + \cos\theta\,\mathbf{e_z} \tag{A.5-42a}$$

$$\mathbf{e_\theta} = \cos\theta\cos\phi\,\mathbf{e_x} + \cos\theta\sin\phi\,\mathbf{e_y} - \sin\theta\,\mathbf{e_z} \tag{A.5-42b}$$

$$\mathbf{e_\phi} = -\sin\phi\,\mathbf{e_x} + \cos\phi\,\mathbf{e_y}. \tag{A.5-42c}$$

직교형 기본 벡터에 대해 풀면 다음과 같다.

$$\mathbf{e_x} = \sin\theta\cos\phi\,\mathbf{e_r} + \cos\theta\cos\phi\,\mathbf{e_\theta} - \sin\phi\,\mathbf{e_\phi} \tag{A.5-43a}$$

$$\mathbf{e_y} = \sin\theta\sin\phi\,\mathbf{e_r} + \cos\theta\sin\phi\,\mathbf{e_\theta} + \cos\phi\,\mathbf{e_\phi} \tag{A.5-43b}$$

$$\mathbf{e_z} = \cos\theta\,\mathbf{e_r} - \sin\theta\,\mathbf{e_\theta}. \tag{A.5-43c}$$

구형 기본 벡터의 편도함수는 다음과 같다.

$$\frac{\partial \mathbf{e_r}}{\partial r} = \mathbf{0}, \quad \frac{\partial \mathbf{e_r}}{\partial \theta} = \mathbf{e_\theta}, \quad \frac{\partial \mathbf{e_r}}{\partial \phi} = \sin\theta\,\mathbf{e_\phi} \tag{A.5-44a}$$

$$\frac{\partial \mathbf{e_\theta}}{\partial r} = \mathbf{0}, \quad \frac{\partial \mathbf{e_\theta}}{\partial \theta} = -\mathbf{e_r}, \quad \frac{\partial \mathbf{e_\theta}}{\partial \phi} = \cos\theta\,\mathbf{e_\phi} \tag{A.5-44b}$$

$$\frac{\partial \mathbf{e_\phi}}{\partial r} = \mathbf{0}, \quad \frac{\partial \mathbf{e_\phi}}{\partial \theta} = \mathbf{0}, \quad \frac{\partial \mathbf{e_\phi}}{\partial \phi} = -(\sin\theta\,\mathbf{e_r} + \cos\theta\,\mathbf{e_\theta}). \tag{A.5-44c}$$

좌표 표면의 미분 부피와 미분 면적은 다음과 같다.

$$dV = r^2 \sin\theta\, dr\, d\theta\, d\phi \tag{A.5-45}$$

$$dS_r = r^2 \sin\theta\, d\theta\, d\phi, \quad dS_\theta = r\sin\theta\, dr\, d\phi, \quad dS_\phi = r\, dr\, d\theta. \tag{A.5-46}$$

표 A.4는 구형 좌표의 미분 연산의 수를 나타낸다. 여기에 포함되지는 않았지만 6장에서 사용할 수 있는 것은 $\mathbf{v}\cdot\nabla\mathbf{v}$ (표 6.3 또는 6.10), $\nabla\cdot\tau$ (표 6.3) 및 $\nabla^2\mathbf{v}$ (표 6.10)가 있다.

많은 다른 직교 좌표계가 특수한 적용을 위해 개발되고 있다. 약 40가지 시스템에 대한 척도인자, 미분 연산자, 그리고 Laplace 식이 Moon and Spencer (1961)의 저서에 기록되어 있다.

참고문헌

Bird, R. B., W. E. Stewart, and E. N. Lightfoot. *Transport Phenomena*, 2nd ed. Wiley, New York, 2002.

Brand, L. *Vector and Tensor Analysis*. Wiley, New York, 1947.

Deen, W. M. *Analysis of Transport Phenomena*, 2nd ed. Oxford University Press, New York, 2012.

Hay, G. B. *Vector and Tensor Analysis*. Dover, New York, 1953.

Hildebrand, F. B. *Advanced Calculus for Applications*, 2nd ed. Prentice-Hall, Englewood Cliffs, NJ, 1976.

Jeffreys, H. *Cartesian Tensors*. Cambridge University Press, Cambridge, 1963.

Moon, P. and D. E. Spencer. *Field Theory Handbook*. Springer-Verlag, Berlin, 1961.

Thomas, G.B., Jr. and R. L. Finney. *Calculus and Analytic Geometry*, 6th ed. Addison-Wesley, Reading, MA, 1984.

Wilson, E. B. *Vector Analysis*. Yale University Press, New Haven, 1901.

찾아보기

국문

ㄱ

ㅈ

ㅊ

ㅋ

영문

A

B

C

D

S

W

Y

기타